ZHIWU DANBAI
GONGNENG YUANLI YU GONGYI

植物蛋白
功能原理与工艺

第二版

周瑞宝　主编

化学工业出版社

·北京·

内 容 简 介

本书对氨基酸和蛋白质的结构及功能特性等进行了简单介绍，重点阐述了大豆蛋白、花生蛋白、葵花籽蛋白、芝麻蛋白、亚麻籽蛋白、菜籽蛋白、棉籽蛋白、谷物蛋白等的组成、特性、营养价值、生产工艺、主要设备、国内外典型工艺、产品质量评价指标等及新的技术进展，同时对近年来广受关注的组织化植物蛋白（人造肉）的分类、生产工艺、应用现状与发展趋势等进行了系统介绍。

本书既可供食品、饲料加工等领域的科技人员、管理者及生产人员参考，同时可供高等、大中专院校相关专业的师生作为教材或教学参考书。

图书在版编目（CIP）数据

植物蛋白功能原理与工艺/周瑞宝主编. —2 版.
—北京：化学工业出版社，2022.5
ISBN 978-7-122-40951-5

Ⅰ.①植… Ⅱ.①周… Ⅲ.①植物蛋白-研究
Ⅳ.①Q946.1

中国版本图书馆 CIP 数据核字（2022）第 042529 号

责任编辑：张 艳 刘 军　　　　　　　文字编辑：陈小滔 刘 璐
责任校对：宋 夏　　　　　　　　　　装帧设计：王晓宇

出版发行：化学工业出版社（北京市东城区青年湖南街 13 号　邮政编码 100011）
印　　装：北京建宏印刷有限公司
710mm×1000mm　1/16　印张 30¾　字数 601 千字　2022 年 6 月北京第 2 版第 1 次印刷

购书咨询：010-64518888　　　　　　　　　售后服务：010-64518899
网　　址：http://www.cip.com.cn
凡购买本书，如有缺损质量问题，本社销售中心负责调换。

定　　价：128.00 元　　　　　　　　　　　　　　　版权所有　违者必究

前　　言

《植物蛋白功能原理与工艺》第一版于 2008 年出版发行。书中的植物蛋白功能原理为开发利用植物蛋白的广大读者提供了理论基础，相关植物蛋白加工工艺参数为从事植物蛋白生产和科学研究的工程技术、科研人员提供了重要依据，并为我国植物蛋白生产和资源利用起到积极的推动作用。

自第一版出版至今，不论是植物蛋白工艺开发的相关研究工作，还是基于植物油料种子显微结构的亚细胞油体和蛋白体的油脂以及蛋白质天然存在状态开展的蛋白质制取与产品功能特性提高的研究都有了新的进展。传统植物油料脱脂制取饼粕蛋白的压榨和溶剂萃取脱脂工艺以及水剂法、水酶法植物油料制油同时制取植物油料蛋白工艺更加完善，植物油料显微结构与加工工艺的关系研究也更加深入。同时在应用领域，植物蛋白组织化用作肉食蛋白替代品也已经达到商业化。

我国是一个人口大国，现有国有土地资源有限，食用蛋白质和饲用蛋白质资源缺乏，科学合理地利用国产和进口植物油料蛋白资源成为每一个从事加工利用科技人员的重大责任。此次，本书正是为满足上述读者的需求而进行了修订。此次修订，有意识地在各个章节中增强了植物油料显微结构、成分与加工工艺关系的内容，并增加了组织化植物蛋白工艺等章节。

参加这次修订工作的人员除了第一版的编者陈洁、郭兴风、莫重文、王金水、魏安池、周兵、周瑞宝之外，还增加了安红周、马宇翔、王爱华等新成员，新增的第 10 章由安红周编写。本次修订工作还得到了山东青岛长寿食品有限公司曲永军先生的支持。在该书第二版出版之际，向所有参与者和支持者表示感谢。

由于编者水平所限，书中难免有疏漏和不妥之处，请读者指正！

编者

2022 年 1 月

前　言

第一版前言

　　蛋白质在生物体中起着更新细胞组织、促进肌肉收缩运动、产生酶和生长因子激素、运输蛋白、增加抗体、维持生命，以及作为种籽胚中的蛋白氮源储存等生物营养重要功能作用。植物蛋白在食品等工业产品中起着凝胶、黏结、乳化、持油、保水、搅打发泡、稳定泡沫、风味结合、热凝固等多种功能特性，使它在肉食、乳品、饮料、烘焙食品和医药、化工、印刷工业中得到广泛应用。

　　植物蛋白功能特性主要与氨基酸组成有关。不论是大豆、花生、芝麻、棉籽、菜籽、向日葵、蓖麻籽、小麦、玉米等种籽蛋白，或绿叶叶蛋白、微生物蛋白和藻类蛋白，都是由 19 种不同 α-氨基酸和一种亚氨基酸，通过不同的肽键连接成多肽聚合体。由于生物遗传的多样性，氨基酸组成、数量和排列顺序千变万化，植物蛋白质的功能性质也不完全一样。即使同类种籽的植物蛋白组分、氨基酸组成、性质也有很大差异，加上不同加工工艺条件对蛋白质性质的影响，商品蛋白质的性质各异。不同种类的种籽，用不同的加工工艺，加上种籽中天然存在的胰蛋白酶抑制剂、毒性蛋白、棉酚、硫葡萄糖苷、氰苷、植酸、酚酸等抗营养成分对蛋白质工艺和功能特性的影响，生产的蛋白产品的性质更是千差万别。可以说，没有一种单一的植物蛋白，能够完全满足所有理想的营养和应用功能特性的需要。只要深入探讨植物中的蛋白氨基酸成分、含量，亚基组分结构、性质，以及抗营养成分的脱毒原理，利用物理化学、生物化学理论指导植物蛋白加工生产，运用蛋白功能差异互补协调，将会达到植物蛋白质生产和应用理想需要的目的。

　　在长期从事粮食、油脂及植物蛋白工程本科和研究生理论教学、科研经验基础上，系统阐述植物蛋白质结构、营养和功能性质，剖析天然抗营养成分毒性机理、在蛋白质生产工艺中脱毒方法，讨论生产制备各种不同规格、用途的植物蛋白产品，普及、提高植物蛋白理论和介绍各式各样的植物蛋白生产工艺，充分利用现有植物蛋白质资源，满足不同行业不同需要的生产和应用高质量植物蛋白产品，就是编写出版这本书的愿望。

　　《植物蛋白功能原理与工艺》一书第一章氨基酸和蛋白质的结构、第二章蛋白质的功能特性、第四章花生蛋白与工艺由周瑞宝编写；第三章大豆蛋白与工艺由莫重文编写；第五章葵花籽、芝麻籽和亚麻籽蛋白与工艺由陈洁、周瑞宝编写；第六章菜籽蛋白与工艺、附录（蛋白产品测定方法）由郭兴凤编写和编汇；第七章棉籽蛋白与工艺由魏安池、周瑞宝编写；第八章谷类种籽蛋白与工艺由王金水、周瑞宝编写；第九章茶籽、蓖麻籽、叶蛋白、微生物和藻类蛋白与工艺由周兵、周瑞宝编写。马宇翔、周媛媛参与部分章节文字整理编写工作。

在本书的编写过程中，得到化学工业出版社杨立新编辑、河南工业大学田少君博士、江南大学华欲飞博士、武汉工业学院刘大川教授、中国工程院盖钧镒院士的关心支持，并为该书的编写提供了许多珍贵建设性意见。河南工业大学图书馆、国家大豆改良中心精深加工研究所、蛋白质资源研究所等单位，对完成此书亦给予很大的帮助。在成书之际，一并由衷地向他们表示感谢。

期望本书的出版能够推动植物蛋白开发、生产和应用，果如所望，将是对本书编者莫大的安慰。

编写人员水平至此，经验所限，虽经多次修改完善，恐谬误之处难免，敬请读者指正，作者不胜感激。

编　者

河南工业大学蛋白质资源研究所

2007 年 4 月 20 日

rbozhouo601@126.com

目　　录

1

氨基酸和蛋白质的结构

　　植物蛋白种类繁多，主要涉及单细胞和藻类蛋白，以及高等植物的根、茎、叶、果肉和种子（籽）蛋白等。不同种类的蛋白质由不同的氨基酸以不同的方式组成，它们都有不同的结构和功能特性。在世界人口增加和食品工业发展形势下，人类正在不断地对食品（或动物饲料）营养和食品加工形态、功能进行研究。植物种子蛋白，特别是谷物、豆类、油料作物的种子是重要的蛋白质资源。为了科学合理地开发应用植物蛋白，借助经典的和现代的分子生物学蛋白质理论，系统阐述植物蛋白的结构和功能原理是非常必要的。

　　植物蛋白包括豆类中的胰蛋白酶抑制剂、细胞色素 C、血球凝集素、α-淀粉酶、脂肪氧化酶、β-伴球蛋白、γ-伴球蛋白、碱性球蛋白、11S 球蛋白和 15S 球蛋白组分，和谷类醇溶蛋白、单体清蛋白/球蛋白、多聚麦谷蛋白、高分子量清蛋白、果聚糖蛋白，以及绿叶蛋白、单细胞蛋白和藻类蛋白等，在食品工业应用中具有不同的营养和应用功能特性。植物蛋白的营养和应用功能特性，是由蛋白质的结构决定的。

　　所有的植物蛋白都是由 20 种基本氨基酸构成的；然而，某些蛋白质的亚基组分可能不含有这 20 种氨基酸。许多蛋白质在结构和功能上的差别是由于以酰胺键连接的氨基酸排列顺序不同而造成的。通过改变氨基酸顺序、氨基酸种类和比例以及多肽的链长，有可能合成品种多到无法计数的、具有独特性质的蛋白质。然而，在实际中应用于食品的蛋白质是那些易于消化、无毒、富有营养、在食品中显示功能性质且来源丰富的蛋白质。谷物、豆类、乳、肉（包括鱼和家禽）、蛋都是传统食品蛋白质的主要来源。

　　种子中的主要蛋白质，是在胚或子叶中由细胞中的液泡逐渐增大发育而成的。不同品种的种子蛋白质组和氨基酸组成有很大差别。蛋白质分子中的一些氨基酸组分被细胞浆酶改性，从而改变了某些蛋白质的元素组成。在细胞中未经酶催化改性的蛋白质被称为简单蛋白质，而经过酶催化改性的或与非蛋白质组分复合的蛋白质，被称为结合蛋白质或杂蛋白质。非蛋白质组分常被称为辅基。结合蛋白质包括核蛋白、糖蛋白、磷蛋白、脂蛋白和金属蛋白。糖蛋白和磷蛋白分别含有共价连接的碳水化合物和磷酸基，而其他结合蛋白质是含有核酸、脂或金属离子的非共价化合物，这些化合物在适当条件下能解离。

植物蛋白的功能特性与它的结构和其他的物理化学特性有关。如果需要提高或充分利用食品中蛋白质的功能性质，那么认真了解其物理性质、化学性质和蛋白质的功能特性以及这些特性在加工过程中的变化是非常必要的。

这一章，主要介绍蛋白质功能的物理化学原理以及特殊食品蛋白质结构与功能特性的关系。

1.1 氨基酸的结构

蛋白质是由 19 种不同的 α-氨基酸和一种亚氨基酸，通过酰胺键（又被称为肽键）连接的聚合体。这些氨基酸结构的不同，决定了 α-碳原子侧链的化学性质变化。因此，氨基酸的物理化学特性，如净电荷、溶解性和化学反应性等，主要取决于侧链的化学性质。脂肪族的氨基酸有丙氨酸、异亮氨酸、亮氨酸、蛋氨酸、脯氨酸和缬氨酸。芳香族氨基酸有苯丙氨酸、色氨酸和酪氨酸。脂肪族和芳香族氨基酸的侧链是非极性的，表现为它们在水中的溶解度非常小。精氨酸、赖氨酸、组氨酸、谷氨酸和天冬氨酸是带电荷的氨基酸，而丝氨酸、苏氨酸、天冬酰胺、谷氨酰胺和半胱氨酸是不带电荷的氨基酸。带和不带电荷的这两种氨基酸的侧链在水中的溶解度很大。脯氨酸是蛋白质中唯一的亚氨基酸。蛋白质在任何 pH 值下的净电荷由蛋白质中碱性氨基酸（精氨酸、赖氨酸和组氨酸）和酸性氨基酸（谷氨酸和天冬氨酸）残基的相对数量所决定。

影响蛋白质特性（如结构稳定性、溶解性、表面活性、脂肪结合等）的主要因素是氨基酸残基组成的疏水特性。疏水特性通常定义为溶质在水中相对于在有机溶剂中的过多自由能，在后述内容中有详细介绍。

1.1.1 一般结构

1.1.1.1 结构和分类

α-氨基酸是蛋白质的基本构成单位，在其羧基的 α-位 C 上连有一个氢原子、一个氨基和一个侧链 R 基。其结构式为：

$$\overset{\alpha}{\underset{R}{H_2N-CH-COOH}}$$

天然存在的蛋白质含有 20 种不同的氨基酸，它们彼此通过酰胺键相连接。这些氨基酸的差别仅在于含有化学性质不同的侧链 R 基团（表 1-1）。氨基酸的物理化学性质（如净电荷、溶解度、化学反应性和氢键形成能力）取决于R基团的化学性质。

表 1-1   蛋白质中的主要氨基酸

氨基酸				分子量	在中性条件下的结构
名称		缩写符号			
中文名称	英文名称	三位字母	一位字母		
丙氨酸	Alanine	Ala	A	89.1	$CH_3-CH-COO^-$ 下接 $^+NH_3$
精氨酸	Arginine	Arg	R	174.2	$H_2N-C-NH-(CH_2)_3-CH-COO^-$，$C$下接$^+NH_2$，$CH$下接$^+NH_3$
天冬酰胺	Asparagine	Asn	N	132.1	$H_2N-C-CH_2-CH-COO^-$，C下接O，CH下接$^+NH_3$
天冬氨酸	Aspartic acid	Asp	D	133.1	$^-O-C-CH_2-CH-COO^-$，C下接O，CH下接$^+NH_3$
半胱氨酸	Cysteine	Cys	C	121.1	$HS-CH_2-CH-COO^-$，CH下接$^+NH_3$
谷氨酰胺	Glutamine	Gln	Q	146.1	$H_2N-C-(CH_2)_2-CH-COO^-$，C下接O，CH下接$^+NH_3$
谷氨酸	Glutamic acid	Glu	E	147.1	$^-O-C-(CH_2)_2-CH-COO^-$，C下接O，CH下接$^+NH_3$
甘氨酸	Glycine	Gly	G	75.1	$H-CH-COO^-$，CH下接$^+NH_3$
组氨酸	Histidine	His	H	155.2	咪唑环$-CH_2-CH-COO^-$，CH下接$^+NH_3$
异亮氨酸	Isoleucine	Ile	I	131.2	$CH_3-CH_2-CH-CH-COO^-$，中间CH下接CH_3，右CH下接$^+NH_3$
亮氨酸	Leucine	Leu	L	131.2	$CH_3-CH-CH_2-CH-COO^-$，左CH下接CH_3，右CH下接$^+NH_3$
赖氨酸	Lysine	Lys	K	146.2	$^+NH_3-(CH_2)_4-CH-COO^-$，CH下接$^+NH_3$
蛋氨酸	Methionine	Met	M	149.2	$CH_3-S-(CH_2)_2-CH-COO^-$，CH下接$^+NH_3$

氨基酸				分子量	在中性条件下的结构
名称		缩写符号			
中文名称	英文名称	三位字母	一位字母		
苯丙氨酸	Phenylalanine	Phe	F	165.2	$\text{C}_6\text{H}_5\text{—CH}_2\text{—CH—COO}^-$, $^+\text{NH}_3$
脯氨酸	Proline	Pro	P	115.1	环状结构 —COO⁻
丝氨酸	Serine	Ser	S	105.1	$\text{HO—CH}_2\text{—CH—COO}^-$, $^+\text{NH}_3$
苏氨酸	Threonine	Thr	T	119.1	$\text{CH}_3\text{—CH—CH—COO}^-$, OH $^+\text{NH}_3$
色氨酸	Trytophan	Trp	W	204.2	吲哚环 $\text{—CH}_2\text{—CH—COO}^-$, $^+\text{NH}_3$
酪氨酸	Tyrosine	Tyr	Y	181.2	$\text{HO—C}_6\text{H}_4\text{—CH}_2\text{—CH—COO}^-$, $^+\text{NH}_3$
缬氨酸	Valine	Val	V	117.1	$\text{CH}_3\text{—CH—CH—COO}^-$, H_3C $^+\text{NH}_3$

　　根据侧链与水相互作用的程度可将氨基酸分成几类。含有脂肪族侧链（Ala、Ile、Leu、Met、Phe 和 Val）和芳香族侧链的氨基酸是疏水的，因此，它们在水中的溶解度是有限的（表 1-2）。极性（亲水）氨基酸易溶于水，它们或者带有电荷（Arg、Asp、Glu、His 和 Lys），或者不带有电荷（Ser、Thr、Asn 和 Cys）。Arg 和 Lys 的侧链分别含有胍基和氨基，因此，在中性条件下 pH 是带正电荷的（是碱性氨基酸）。虽然 His 的咪唑基具有碱性的本质，但在中性条件下它仅略带正电荷。Asp 和 Glu 的侧链含有一个羧基，因此，在中性条件下，这些氨基酸带有一个净负电荷。碱性氨基酸和酸性氨基酸具有很强的亲水性。前已叙及，一种蛋白质的净电荷取决于其分子中碱性氨基酸和酸性氨基酸残基的相对数目。

表 1-2　氨基酸在水中的溶解度（25℃）

氨基酸	溶解度/（g/L）	氨基酸	溶解度/（g/L）
丙氨酸	167.2	半胱氨酸	—
精氨酸	855.6	谷氨酰胺	7.2（37℃）
天冬酰胺	28.5	谷氨酸	8.5
天冬氨酸	5.0	甘氨酸	249.9

氨基酸	溶解度/（g/L）	氨基酸	溶解度/（g/L）
亮氨酸	21.7	脯氨酸	1620.0
赖氨酸	739.0	丝氨酸	422.0
蛋氨酸	56.2	苏氨酸	13.2
苯丙氨酸	27.6	色氨酸	13.6
组氨酸	—	酪氨酸	0.4
异亮氨酸	34.5	缬氨酸	58.1

不带电荷的中性氨基酸的极性处于疏水氨基酸和带电荷的氨基酸之间。Ser 和 Thr 的极性可归于它们含有能与水形成氢键的羟基。Tyr 也含有一个在碱性条件下能解离的酚羟基，因此，可以认为它是一种极性氨基酸。Asn 和 Gln 的酰氨基能通过氢键与水相互作用。经酸或碱水解，Asn 和 Gln 的酰氨基转变成羧基，同时释放出氨。大多数 Cys 残基在蛋白质中以胱氨酸存在，后者是半胱氨酸通过它的巯基氧化形成二硫键交联而产生的二聚体。

脯氨酸是蛋白质分子中唯一的一种亚氨基酸。在脯氨酸分子中，丙基侧链通过共价键连接同时与 α-碳和 α-氨基连接，形成一个吡咯烷环状结构。

除被列举在表 1-1 中的 20 种主要氨基酸外，一些蛋白质还含有一些氨基酸衍生物。含有氨基酸衍生物的蛋白质被称为结合蛋白质。几种氨基酸的简单衍生物存在于一些蛋白质中，例如，4-羟基脯氨酸和 5-羟基赖氨酸存在于胶原蛋白中，它们是在胶原纤维成熟过程中后转译改性的结果。磷酸丝氨酸和磷酸苏氨酸存在于酪蛋白中。N-甲基赖氨酸存在于肌球蛋白中，而 γ-羧基谷氨酸存在于几种凝血因子和结合钙的蛋白质中。

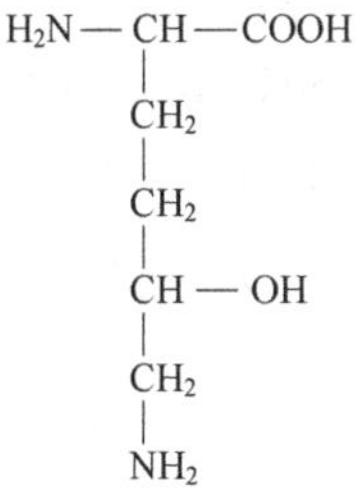

5-羟基赖氨酸

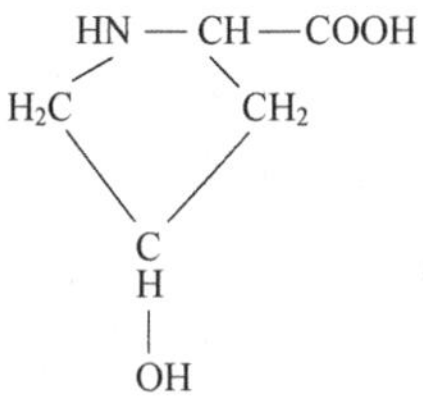

4-羟基脯氨酸

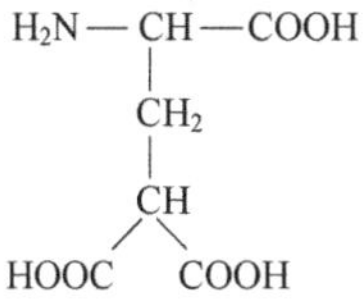

γ-羧基谷氨酸

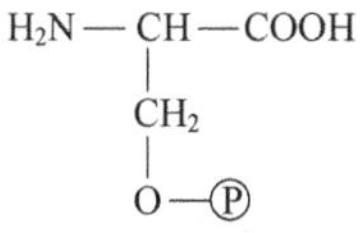

磷酸丝氨酸（Ⓟ代表磷酸基团）

1.1.1.2　氨基酸的立体化学

除 Gly 外，所有氨基酸的 α-碳原子都是不对称的，即有 4 个不同的基团与它相连接。Ile 和 Thr 除了含有不对称的 α-碳原子外，它们的分子中的 β-碳原子也是不对称的，因此，Ile 和 Thr 都有 4 个对映体。在衍生的氨基酸中羟基脯氨酸和羟基赖氨酸也含有 2 个不对称碳原子。在天然存在的蛋白质中，仅含有 L-氨基酸。L-对映体和 D-对映体可用下式表示：

$$
\begin{array}{cc}
\underset{\substack{| \\ R \\ \text{D-氨基酸}}}{\overset{\substack{COOH \\ |}}{H-C_\alpha-NH_2}} & \underset{\substack{| \\ R \\ \text{L-氨基酸}}}{\overset{\substack{COOH \\ |}}{H_2N-C_\alpha-H}}
\end{array}
$$

上述命名是基于 D-甘油醛和 L-甘油醛构型，而不是根据线性偏振光实际转动的方向。这就是说，L-构型并非指左旋，事实上大多数 L-氨基酸是右旋而不是左旋的。

1.1.1.3　氨基酸的酸碱性质

由于氨基酸同时含有羧基（酸性）和氨基（碱性），因此，它们同时具有酸和碱的性质。例如，最简单的氨基酸 Gly 在溶液中受 pH 的影响可能有 3 种不同的解离状态，即：

$$
\underset{\text{酸性}}{H_3N^+-CH_2-COOH} \underset{H^+}{\overset{K_1}{\rightleftharpoons}} \underset{\text{中性}}{H_3N^+-CH_2-COO^-} \underset{-H^+}{\overset{K_2}{\rightleftharpoons}} \underset{\text{碱性}}{H_2N-CH_2-COO^-}
$$

在中性 pH 范围，α-氨基和 β-羧基都处在离子化状态，此时氨基酸分子是偶极离子或两性离子。偶极离子以电中性状态存在时的 pH 被称为等电点（pI）。当两性离子被酸滴定时，$-COO^-$ 基变成质子化状态，$-COO^-$ 和 $-COOH$ 的浓度相等时的 pH 被称为 pK_{a_1}（即解离常数 K_{a_1} 的负对数）。类似地，当两性离子被碱滴定时，$-NH_3^+$ 基变成去质子化状态，$-NH_3^+$ 和 $-NH_2$ 浓度相等时的 pH 被称为 pK_{a_2}。图 1-1 是偶极离子典型的电化学滴定曲线。除 α-氨基和 α-羧基外，Lys、Arg、His、Asp、Glu、Cys 和 Tyr 的侧链也含有可离子化的基团。在表 1-3 中列出了氨基酸中所有可离子化基团的 pK_a。

根据下式可以从氨基酸的 pK_{a_1}、pK_{a_2} 和 pK_{a_3} 估计等电点。

侧链不含有带电荷基团的氨基酸，其 $pI = \dfrac{pK_{a_1}+pK_{a_2}}{2}$；酸性氨基酸，

$pI = \dfrac{pK_{a_1}+pK_{a_3}}{2}$；

碱性氨基酸，$pI = \dfrac{pK_{a_2}+pK_{a_3}}{2}$。

式中，下标 1、2 和 3 分别指失去的 H^+ 的个数。

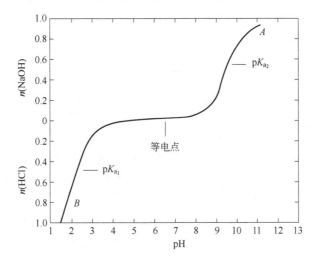

图 1-1　一种典型的氨基酸滴定曲线

表 1-3　在 25℃时，游离氨基酸和蛋白质的可离子化基团的 **pK_a** 和 **pI**

氨基酸	pK_{a_1} (α-COOH)	pK_{a_2} (α-NH$_3^+$)	pK_{a_3}		pI
			AA	侧链①	
丙氨酸	2.34	9.69	—		6.00
精氨酸	2.17	9.04	12.48	＞12.00	10.76
天冬酰胺	2.02	8.80	—		5.41
天冬氨酸	1.88	9.60	3.65	4.60	2.77
半胱氨酸	1.96	10.28	8.18	8.80	5.07
谷氨酰胺	2.17	9.13	—		5.65
谷氨酸	2.19	9.67	4.25	4.60	3.22
甘氨酸	2.34	9.60	—		5.98
组氨酸	1.82	9.17	6.00	7.00	7.59
异亮氨酸	2.36	9.68	—		6.02
亮氨酸	2.30	9.60	—		5.98
赖氨酸	2.18	8.95	10.53	10.20	9.74
蛋氨酸	2.28	9.21	—		5.74
苯丙氨酸	1.83	9.13	—		5.48
脯氨酸	1.94	10.60	—		6.30
丝氨酸	2.20	9.15	—		5.68
苏氨酸	2.21	9.15	—		5.68

氨基酸	pK_{a_1} (α-COOH)	pK_{a_2} (α-NH$_3^+$)	pK_{a_3}		pI
			AA	侧链[①]	
色氨酸	2.38	9.39	—		5.89
酪氨酸	2.20	9.11	10.07	9.60	5.66
缬氨酸	2.32	9.62	—		5.96

① 在蛋白质中的 pK_a。

在蛋白质分子中，一个氨基酸的 α-COOH 通过酰胺键与另一个氨基酸的 α-NH$_2$ 相结合，于是，可以离子化的基团是 N-末端氨基、C-末端羧基和侧链上可解离的基团。在蛋白质分子中，这些可离子化的基团的 pK_a 不同于它们在游离氨基酸中相应的数值（表 1-3）。在蛋白质分子中，酸性侧链（Glu 和 Asp）的 pK_{a_3} 大于在游离氨基酸中相应的值；而碱性侧链的 pK_{a_3} 则小于游离氨基酸相应的值。

根据 Hendersen-Hasselbach 方程可以计算一个基团在任何指定的溶液 pH 下的离子化程度：

$$pH = pK_a + \lg \frac{[共轭碱]}{[共轭酸]} \tag{1-1}$$

根据式（1-1）测定各个可离子化基团的离子化程度，然后将总的负电荷和正电荷相加，作为一种蛋白质在一定 pH 下的净电荷。

1.1.1.4 氨基酸的疏水性

构成蛋白质的氨基酸残基的疏水性是影响蛋白质和肽的物理化学性质（如结构、溶解度和结合脂肪的能力等）的一个重要因素。疏水性可被定义如下：在相同的条件下，一种溶于水的溶质的自由能，与溶于有机溶剂的相同溶质的自由能相比所超过的数值。估计氨基酸侧链相对疏水性的最直接和最简单的方法，包括实验测定氨基酸侧链溶于水和溶于一种有机溶剂（如乙醇）的自由能变化，都可用溶于水的氨基酸的化学位来表示。

$$\mu_{AA,W} = \mu_{AA,W}^{\ominus} + RT \ln \gamma_{AA,W} c_{AA,W} \tag{1-2}$$

式中 $\mu_{AA,W}^{\ominus}$ ——氨基酸的标准化学位；

$\gamma_{AA,W}$ ——活度系数；

$c_{AA,W}$ ——浓度；

T ——热力学温度；

R ——摩尔气体常数。

类似地，可用式（1-3）表示溶于乙醇的一种氨基酸的化学位。

$$\mu_{AA,Et} = \mu_{AA,Et}^{\ominus} + RT \ln \gamma_{AA,Et} c_{AA,Et} \tag{1-3}$$

在饱和溶液中，$c_{AA,W}$ 和 $c_{AA,Et}$ 分别表示溶质在水中和乙醇中的溶解度，此时氨基酸在水中和乙醇中的化学位是相同的，即：

$$\mu_{AA,W} = \mu_{AA,Et}$$

于是，

$$\mu_{AA,Et}^{\ominus} + RT\ln\gamma_{AA,Et}c_{AA,Et} = \mu_{AA,W}^{\ominus} + \Delta G_{t,Et\rightarrow W}\gamma_{AA,W}c_{AA,W} \qquad (1\text{-}4)$$

量（$\mu_{AA,W} = \mu_{AA,Et}$）代表氨基酸与乙醇和氨基酸与水相互作用所产生的化学位的差别，它可被定义为氨基酸从乙醇转移至水时自由能的变化（$\Delta G_{t,Et\rightarrow W}$）。因此，假定活度系数的比是 1，那么，方程式可被表示如下：

$$\Delta G_{t,Et\rightarrow W} = RT\ln(S_{AA,Et} / S_{AA,W}) \qquad (1\text{-}5)$$

式中，$S_{AA,Et}$ 和 $S_{AA,W}$ 分别代表氨基酸在乙醇中和水中的溶解度。

与所有其他热力学参数相同，ΔG 也是一个加和函数。也就是说，如果一个分子内含有两个基团，即 A 和 B，它们通过共价键结合在一起，那么，ΔG_t 是基团 A 和基团 B 分别从一种溶剂转移至另一种溶剂的活化能变化的加和，即：

$$\Delta G_{t,AB} = \Delta G_{t,A} + \Delta G_{t,B} \qquad (1\text{-}6)$$

此规则也能用于一种氨基酸从水转移至乙醇。例如，缬氨酸可被看作是甘氨酸在 α-碳原子上连接着异丙基侧链的一个衍生物。

从式（1-7）或式（1-8）可以计算缬氨酸从乙醇转移至水的自由能变化。

$$\Delta G_{t,缬氨酸} = \Delta G_{t,甘氨酸} + \Delta G_{t,侧链} \qquad (1\text{-}7)$$

或

$$\Delta G_{t,侧链} = \Delta G_{t,缬氨酸} - \Delta G_{t,甘氨酸} \qquad (1\text{-}8)$$

换言之，可通过从 $\Delta G_{t,AA}$ 减去 $\Delta G_{t,甘氨酸}$ 来确定氨基酸侧链的疏水性。

表 1-4 中列出了按上述方法得到的氨基酸侧链的疏水性值。具有大的正 ΔG_t 的氨基酸侧链是疏水性的，它会优先选择处在有机相而不是水相。在蛋白质分子中，疏水性的氨基酸残基倾向于排布在蛋白质分子的内部。具有负的 ΔG_t 的氨基酸侧链是亲水性的，这些氨基酸残基倾向于排布在蛋白质分子的表面。应注意到，虽然 Lys 被认为是蛋白质分子中的一种亲水性的氨基酸残基，但是它具有一个正的 ΔG_t，这是由于它的侧链含有优先选择有机环境的 4 个—CH_2—基。事

实上，在蛋白质分子中，Lys 侧链被埋藏的同时，它的 ε-氨基突出在分子立体结构的表面。

表 1-4　氨基酸侧链的疏水性（25℃）

氨基酸	ΔG（乙醇→水）/（kJ/mol）	氨基酸	ΔG（乙醇→水）/（kJ/mol）
丙氨酸	2.09	亮氨酸	9.61
精氨酸	—	赖氨酸	—
天冬酰胺	0	蛋氨酸	5.43
天冬氨酸	2.09	苯丙氨酸	10.45
半胱氨酸	4.18	脯氨酸	10.87
谷氨酰胺	−0.42	丝氨酸	−1.25
谷氨酸	2.09	苏氨酸	1.67
甘氨酸	0	色氨酸	14.21
组氨酸	2.09	酪氨酸	9.61
异亮氨酸	12.54	缬氨酸	6.27

1.1.1.5　氨基酸的光学性质

芳香族的氨基酸 Trp、Tyr 和 Phe 在近紫外区（250～300nm）吸收光。此外，Trp 和 Tyr 在紫外区还显示荧光。表 1-5 列出了芳香族氨基酸最大吸收和荧光发射的波长。由于氨基酸所处环境的极性影响它们的吸收和荧光性质，因此，往往将氨基酸光学性质的变化作为考察蛋白质构象变化的手段。

表 1-5　芳香族氨基酸的紫外吸收和荧光特性

氨基酸	最大吸收波长 λ_{max}/nm	摩尔消光系数/[L/（mol·cm）]	最大荧光波长 λ'_{max}/nm
苯丙氨酸	260	190	282
色氨酸	278	5590	348
酪氨酸	275	1340	304

1.1.2　氨基酸的化学反应特性

存在于游离氨基酸和蛋白质分子中的反应基团，像氨基、羧基、巯基、酚羟基、羟基、硫醚基（Met）、咪唑基和胍基能参与的反应类似于它们与其他小的有机分子相连接时所能参与的反应。表 1-6 提供了各种侧链基团的典型反应，其中有些反应可被用来改变蛋白质和肽的亲水和疏水性质或功能性质。还有一些反应可被用来定量氨基酸和蛋白质中的特定氨基酸残基。例如，氨基酸与茚三酮、邻苯二甲醛或荧光胺的反应常被用来定量氨基酸。

1.1.2.1 与茚三酮反应

茚三酮反应常被用来定量游离氨基酸。当氨基酸与过量茚三酮反应时，会生氨、醛、CO_2和还原性茚三酮。释放出的氨随即与茚三酮和还原性茚三酮反应，生成一种被称为Ruhemann's紫的紫色物质，后者在570nm处显示最高吸收。脯氨酸和羟基脯氨酸与茚三酮反应产生一种黄色物质，在440nm处显示最高吸收。这些颜色反应是比色法测定氨基酸的基础。

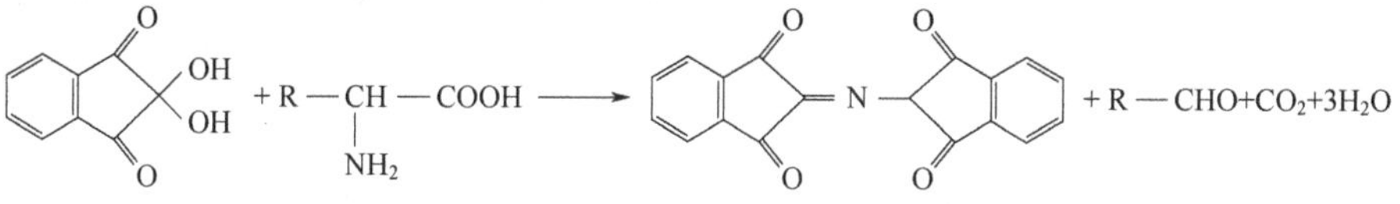

茚三酮　　Ruhemann's紫

通常采用茚三酮反应帮助测定蛋白质的氨基酸组成。此时，先将蛋白质水解至氨基酸水平，然后采用离子交换/疏水色谱分离和鉴定游离氨基酸。当柱的洗脱物同茚三酮反应后，在570nm和440nm波长下测定反应液的吸光度，再计算氨基酸的量。

1.1.2.2 与邻苯二甲醛反应

当存在2-巯基乙醇时，氨基酸与邻苯二甲醛（1,2-苯二甲醛）反应生成高荧光的衍生物，它在380nm激发时，在450nm处具有最高荧光发射。

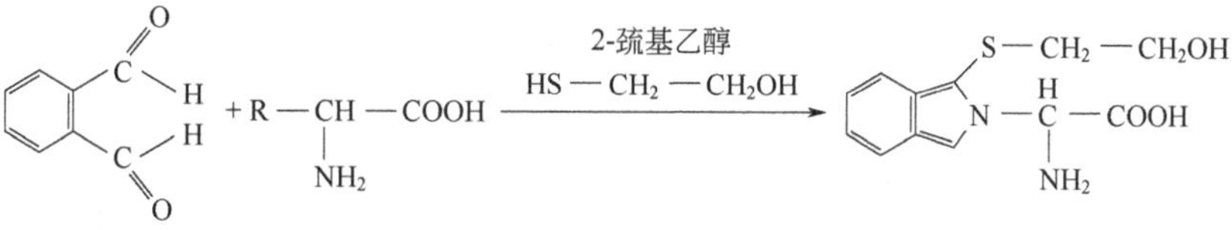

邻苯二甲醛　　氨基酸

表1-6　氨基酸和蛋白质中功能基团的化学反应性

反应的类型	试剂和条件	产物	评论
		A.氨基	
1. 还原烷基化	HCHO（甲醛），$NaBH_4$	Ⓡ—$\overset{+}{N}H(CH_3)_2$	对放射性标记蛋白质有用
2. 胍基化	$NH{=}C(O{-}CH_3){-}NH_2$（邻甲基异脲）pH10.6，4℃，4d	Ⓡ—NH—C(=$\overset{+}{N}H_2$)—NH_2	将赖氨酸基侧链转移至高精氨酸
3. 乙酰化	乙酸酐	Ⓡ—NH—C(=O)—CH_3	消去正电荷
4. 琥珀酰化	琥珀酸酐	Ⓡ—NH—C(=O)—$(CH_2)_2$—COOH	在赖氨酰基残基上引入一个负电荷基团

反应的类型	试剂和条件	产物	评论
5. 巯基化	硫代仲康酸(thioparaconic acid)	Ⓡ—NH—C(=O)—CH₂—CH—CH₂—SH（带COOH）	消去正电荷，在赖氨酰基残基引入巯基
6. 芳基化	1-氟-2,4-二硝基苯（FDNB）	Ⓡ—NH—苯环(NO₂, NO₂, NO₂)	用于测定氨基
	2,4,6-三硝基苯磺酸（TNBS）	Ⓡ—NH—苯环(NO₂, NO₂, NO₂)	在 367nm 处的消光系数是 1.1×10^4 [L/(mol·cm)]，用于测定在蛋白质中的活性赖氨酰基残基
7. 脱氨基作用	含 1.5mol/L $NaNO_2$ 的乙酸，0℃	$R—OH+N_2+H_2O$	
B. 羧基			
1. 酯化	酸性甲醇	$Ⓡ—COOCH_3+H_2O$	在 pH>6.0 时发生酯的水解
2. 还原	含氢硼化合物的四氢呋喃，三氟乙酸	$Ⓡ—CH_2OH$	
3. 脱羧基化	酸、碱、热处理	$Ⓡ—CH_2—NH_2$	仅发生在氨基酸，而不发生在蛋白质
C. 巯基			
1. 氧化	过甲酸	$Ⓡ—CH_2—SO_3H$	
2. 封闭	$CH_2—CH_2$ / NH（氮丙环）	$Ⓡ—CH_2—S—(CH_2)_2—NH_3^+$	引入氨基
	碘乙酸	$Ⓡ—CH_2—S—CH_2—COOH$	引入一个羧基
	CH—C=O / CH—C=O（苹果酸酐）	$Ⓡ—CH_2—S—CH—COOH$，$CH_2—COOH$	封闭一个巯基引入两个负电荷
	对汞代苯甲酸	$Ⓡ—CH_2—S—Hg—$苯环$—COO^-$	此衍生物在 250nm（pH7）的消光系数是 7500 [L/(mol·cm)]；此反应被用于测定蛋白质中的巯基含量
	N-乙基马来酰亚胺	$Ⓡ—CH_2—S—CH—CO$，$CH_2—CO$，NH	用于封闭巯基

反应的类型	试剂和条件	产物	评论
2. 封闭	5,5′-二硫双（2-硝基苯甲酸）（DT-NB）	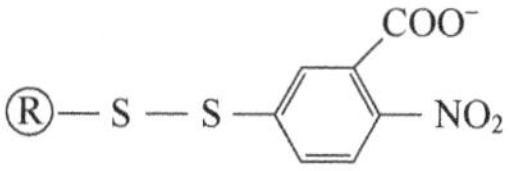 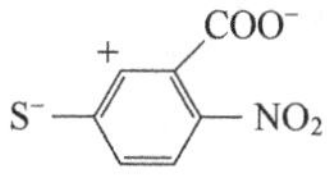 ®—S—S— (COO⁻, NO₂) S⁻— (COO⁻, NO₂) （硫代硝基苯甲酸）	1mol 硫代硝基苯甲酸被释出；硫代硝基苯甲酸在 412nm 的消光系数 是 13600 [L/(mol·cm)]；此反应被用于测定蛋白质中的巯基含量

D. 丝氨酸和苏氨酸

酯化	CH₃—COCl	®—O—C(=O)—CH₃	

E. 蛋氨酸

1. 烷烃卤	CH₃I	®—CH₂—S⁺(—CH₃)—CH₃	
2. β-丙醇酸内酯	CH₂—CH₂—CO，O	®—CH₂—S⁺(—CH₃)—CH₂—CH₂—COOH	

1.1.2.3 与荧光胺反应

含有伯胺的氨基酸、肽和蛋白质与荧光胺反应生成高荧光的衍生物，在 475nm 处具有最高荧光发射。此法能被用于氨基酸以及蛋白质和肽的定量检测。

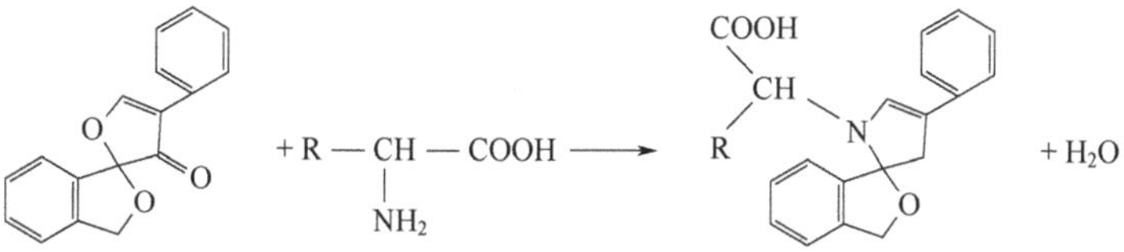

荧光胺　　　　氨基酸

1.2 蛋白质的结构

1.2.1 蛋白质的四级结构

蛋白质结构可以分为一级、二级、三级和四级（图 1-2）。

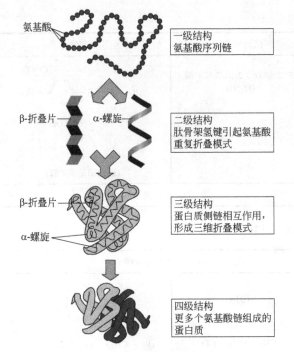

图 1-2　蛋白质四级结构构型

1.2.1.1　一级结构

蛋白质的构成单元氨基酸通过酰胺键（也称为肽键）共价地连接成线性序列（linear sequence），被称为蛋白质的一级结构。第 i 个氨基酸的 α-羧基同第 $i+1$ 个氨基酸的 α-氨基形成肽键，同时失去一分子水。在线性序列中，所有的氨基酸残基都是 L-型。由 n 个氨基酸残基构成的蛋白质分子含有（$n-1$）个肽键。游离的 α-氨基末端被称为 N-末端，而游离的 α-羧基末端被称为 C-末端。根据惯例，可采用 N 表示多肽链的始端，C 表示多肽链的末端。

$$- NH- CH- COOH + H_2N - CH- COOH$$
$$\quad\quad\ \ |\quad\quad\quad\quad\quad\quad\quad\quad |$$
$$\quad\quad\ \ R_i\quad\quad\quad\quad\quad\quad\quad\ R_{i+1}$$

$$\downarrow$$

$$- NH- CH- CO- NH - CH- COOH + H_2O$$
$$\quad\quad\ \ |\quad\quad\quad\quad\quad\quad\quad\quad |$$
$$\quad\quad\ \ R_i\quad\quad\quad\quad\quad\quad\quad\ R_{i+1}$$

由 n 个氨基酸残基连接而形成的链长和序列决定着蛋白质的物理化学性质、结构和生物性质及功能。氨基酸序列的作用如同二级和三级结构的编码（code），而最终决定着蛋白质的生物功能。蛋白质的分子质量从几千至超过百万道尔顿（Da），例如，存在于大豆子叶的大豆清蛋白 2S 蛋白质分子质量为从 0.8 万到 2.4 万道尔顿（Da），11S 球蛋白蛋白质分子质量为从 340kDa 到 380kDa。

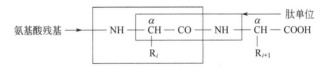

多肽链的主链可用重复的—N—C—C—或—C—C—N—单位表示，—NH—CHR—CO—代表一个氨基酸残基，而—CHR—CO—NH—代表一个肽单位。虽然 CO—NH 键被描述为一个共价单键，实际上，由于电子非定域作用而导致的共振结构使它具有部分双键的性质。

肽键的这个特征对于蛋白质的结构具有重要影响。首先，它的共振结构排除了肽键中 N—H 基的质子化；其次，由于部分双键的特征限制了 CO—NH 键的转动角度（即其最大值为 6°）。由于这个限制，多肽链的 6 原子片段（—C_α—CO—C_α—）处在一个平面中，多肽链主链基本上可被描述为通过 C_α 原子连接的一系列—C_α—CO—NH—C_α—平面（图 1-3）。由于多肽主链中肽键约占共价

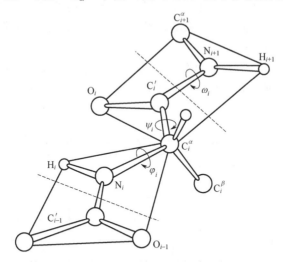

图 1-3 多肽链主链肽单位的原子平面构型

φ 和 ψ 是 C_α—N 和 C_α—C 键的两面（扭转）角。侧链位于平面的上面和下面

键总数的 1/3，因此，它们有限的转动自由度显著地减少了主链的柔性。仅 N—C_α 和 C_α—C 键具有转动自由度，它们分别被定义为 φ 和 ψ 两面角，也称为主链扭转角。第三，中子的去定域作用也使羧基氧原子具有部分的负电荷和 N—H 基的氢原子具有部分的正电荷。由于这个原因，在适当条件下，多肽主链的 C=O 和 N—H 基之间有可能形成氢键。

反式　　　　　　顺式

由肽键的部分双键性质而产生的另一个结果是连接在键上的 4 个原子能以反式或顺式构型存在。然而，几乎所有的蛋白质肽键都是以反式构型存在的，这是因为在热力学上反式构型比顺式构型稳定。由于反式-顺式转变增加肽键自由能 34.8kJ/mol，因此，在蛋白质中不会发生肽键的异构化。含有脯氨酸的肽键是一个例外，对于含脯氨酸残基的肽键，反式-顺式转变仅增加自由能约 7.8kJ/mol，因此，在高温条件下这些肽键有时确实存在反式-顺式异构化。

虽然 N—C_α 和 C_α—C 键确实是单键，φ 和 ψ 在理论上具有 360° 转动自由度，然而它们的实际转动自由度由于 C_α 原子上侧链原子的立体位阻而被限制，也正是这些限制进一步减少了多肽链的柔性。

1.2.1.2 二级结构

二级结构是指多肽链某些片段的氨基酸残基周期性的空间排列。当一个片段中连续的氨基酸残基采取同一套 φ 和 ψ 两面角时就形成周期性的结构。氨基酸残基侧链之间近邻或短距离的非共价相互作用导致局部自由能下降，这就驱动了 φ 和 ψ 两面角的扭转。非周期性或随机结构是指连续的氨基酸残基具有不同套的 φ 和 ψ 两面角所形成的区域。

一般来说，在蛋白质分子中存在着两种周期性的（有规则的）二级结构，它们是螺旋结构和伸展片状结构。表 1-7 列出了蛋白质分子中各种有规则结构的几何特征。

表 1-7　蛋白质分子中有规则的二级结构的几何特征

结构	φ	ψ	n	r	h/nm	t
α-右手螺旋	−58°	−47°	3.6	13	0.150	100°
α-左手螺旋	+58°	+47°	3.6	13	0.150	100°
π-螺旋	−57.06°	−69.6°	4.4	16	0.115	81°
3_{10}-螺旋	−75.5°	−4.5°	3	10	0.200	120°
完全伸展链	180°	180°	2	—	0.363	180°
β-平行折叠片	−119°	+113°	2	—	0.325	—
β-反平行折叠片	−139°	+135°	2	—	0.350	—
聚脯氨酸 I（顺式）	−83°	+158°				
聚脯氨酸 II（反式）	−78°	+149°				

注：φ 和 ψ 分别代表 N—C_α 和 C_α—C 键的两面角；n 是每转的残基数；r 是在螺旋的一个氢键圈中主链的原子数；h 是相当于每一个氨基酸残基的螺距；t=360°/n，即相当于每个氨基酸残基的螺旋扭转角度。

（1）螺旋结构

当连续的氨基酸残基的 φ 和 ψ 两面角按同一套值扭转时，形成了蛋白质的螺旋结构。通过选择不同的 φ 和 ψ 两面角组合，理论上可能产生几种几何形状的螺旋结构。然而，在蛋白质分子中仅存在 3 种螺旋结构，即 α-螺旋、3_{10}-螺旋和 π-螺旋（图 1-4）。

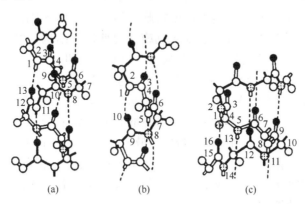

图 1-4   在 α-螺旋（a）、3_{10}-螺旋（b）和 π-螺旋（c）中多肽的空间排列

在此 3 种螺旋结构中，α-螺旋是蛋白质中主要的形式，并且是最稳定的。α-螺旋的螺距，即每圈所占的长度为 0.54nm，每圈包含 3.6 个氨基酸残基，每一个氨基酸残基占轴长 0.15nm。每一个氨基酸残基的转动角度是 100°（即 360°/3.6）。氨基酸残基的侧链按照垂直于螺旋的轴的方向定向。

α-螺旋是依靠氢键而稳定的。在此结构中，主链上每一个残基的 N—H 基与前面第 4 个残基的 C＝O 基形成氢键，在此氢键圈中包含 13 个主链原子，于是 α-螺旋有时也被称为 3.6_{13} 螺旋。氢键平行于螺旋轴而定向。氢键的 N、H 和 O 原子几乎处在一条直线上，即氢键角几乎为 0。氢键的长度，即 N—H…O 距离约为 0.29nm，键的强度约为 18.8kJ/mol。α-螺旋能以右手和左手螺旋两种方式存在，而右手螺旋较为稳定。

α-螺旋形成的细节是以一个二元编码包埋在氨基酸序列中，此二元编码关系到极性和非极性残基在序列中的排列。多肽链片段含有重复的—P—N—P—P—N—N—P—7 个氨基酸残基顺序（P 和 N 分别是极性和非极性残基），易在水溶液中形成 α-螺旋。正是此二元编码精确的性质支配着 α-螺旋的形成，而不是在 7 个氨基酸残基序列中的极性和非极性残基。

存在于蛋白质分子中的大多数 α-螺旋结构具有两性的本质，也就是说螺旋表面的一侧被疏水侧链所占据，而另一侧被亲水残基所占据。在图 1-4 中用一个螺旋轮显示了这一特征。在大多数蛋白质中，螺旋的非极性表面面向蛋白质内部，一般参与和其他非极性表面的疏水相互作用。

π-螺旋和 3_{10}-螺旋是存在于蛋白质中的其他类型螺旋结构，π-螺旋和 3_{10}-螺旋的能量分别约为 2.1kJ/mol 和 4.2kJ/mol，它们的稳定性低于 α-螺旋。这些螺旋仅含有几个氨基酸残基，因此，对于大多数蛋白质结构不重要。

在脯氨酸残基中，由于丙基侧链共价结合至氨基而形成了环状结构，N—C$_\alpha$ 键不可能再转动，因而，φ 角具有 70° 的固定值。此外，由于在 N 原子上不存在 H，它已不能形成氢键。由于脯氨酸残基的上述两个特征，含有脯氨酸残基的片段不能形成 α-螺旋。事实上，可将脯氨酸残基看作 α-螺旋的中止物。脯氨酸残基含量高的蛋白质倾向于采取随机或非周期性的结构。例如，在 β-酪蛋白和 α_{s1}-酪蛋白中脯氨酸残基分别占氨基酸残基数的 17% 和 8.5%，而且它们均匀地分布在整个蛋白质分子的一级结构中，因此，在这两种蛋白质分子中不存在 α-螺旋结构。然而，聚脯氨酸能形成两种类型的螺旋结构，即聚脯氨酸 I 和聚脯氨酸 II。在聚脯氨酸 I 中，肽键是顺式构型；在聚脯氨酸 II 中，肽键是反式构型。这些螺旋的其他几何特征被列于表 1-7 中。胶原蛋白是最丰富的动物蛋白，它以聚脯氨酸 II 型螺旋形式存在。在胶原蛋白中，每 3 个残基是 1 个甘氨酸，它的前 1 个残基通常是脯氨酸残基。3 个多肽链盘绕形成 1 个三股螺旋，它的稳定性依靠链间氢键得以维持。

（2）β-折叠片结构

β-折叠片结构是一种具有特定几何形状的伸展结构（表 1-7）。在此伸展结构中，C═O 和 N—H 基按照与主链垂直的方向定向，因此，氢键只可能在多肽链的两个片段之间形成，而不可能在一个片段之内形成。在 β-折叠片结构中，每股通常由 5～15 个氨基酸组成。在同一个蛋白质分子中的各个股之间通过氢键相互作用形成 β-折叠片结构。在此片状结构中，多肽主链上的氨基酸残基的侧链按垂直于片状结构的平面（在平面上和平面下）定向。根据多肽主链 N—C 的指向，存在着两类 β-折叠结构，即平行 β-折叠结构和反平行 β-折叠结构（图 1-5）。在

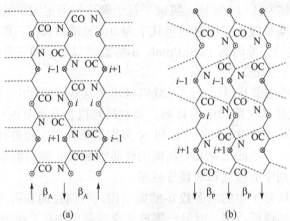

(a)   (b)

图 1-5　反平行（a）和平行（b）β-折叠片结构

曲线代表肽基团之间的氢键，箭头指出了 N—C 的链走向，在 C$_\alpha$ 原子上的侧链

按垂直于主链（上或下）的方向定向

平行 β-折叠结构中，各股指向相互平行，而在反平行 β-折叠片结构中，各股指向彼此相反。链指向上的差别影响着氢键的几何形状。在反平行 β-折叠片结构中，N—H···O 原子处在一条直线上（0 氢键角），增加了氢键的稳定性。于是，反平行 β-折叠片结构比平行 β-折叠片结构更为稳定。

指定蛋白质中 β-折叠片结构形成的二元密码是—N—P—N—P—N—P—N—P—。显然，含有交替的极性和非极性残基的多肽片段，更倾向于形成 β-折叠片结构。大的疏水性侧链，如 Val 和 Ile，富集的片段也具有形成 β-折叠片结构的倾向。正如预料的那样，编码的一些变动是允许的。

β-折叠片结构通常比 α-螺旋结构更为稳定。β-折叠片结构含量高的蛋白质一般呈现高变性温度。大豆 11S 球蛋白（64% β-折叠片结构）和 β-乳球蛋白（51%β-折叠片结构），它们的热变性温度分别为 84.5℃ 和 75.6℃。另一方面，牛血清白蛋白含有约 64%α-螺旋结构，因此，它的变性温度仅为约 64℃。α-螺旋类型蛋白质溶液经加热和冷却，α-螺旋结构通常转变成 β-折叠片结构。然而，从 β-折叠片结构转变成 α-螺旋结构的现象在蛋白质中尚未发现。

β-弯曲（β-bend）或 β-旋转（β-turn）是蛋白质分子中的另一种常见的结构。β-折叠片结构中多肽链反转 180° 就形成 β-旋转（图 1-6）。发夹弯曲是反平行 β-折叠片结构形成的结果；而交叉弯曲是平行 β-折叠片结构形成的结果。通常一个 β-弯曲包括 4 个折叠返回的残基，此弯曲结构通过一个氢键来稳定。最常见于 β-弯曲中的氨基酸残基是 Asp、Cys、Asn、Gly、Tyr 和 Pro。在表 1-8 中列出了几种蛋白质的二级结构组成。

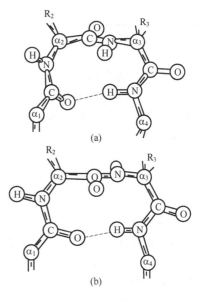

图 1-6　类型 I（a）和类型 II（b）β-弯曲的构象

表 1-8　蛋白质的二级结构组成　　　　　　　单位：%

蛋白质	α-螺旋	β-折叠片结构	β-弯曲	非周期性的结构
大豆 11S 球蛋白	8.5	64.5	0	27.0
大豆 7S 球蛋白	6.0	62.5	2.0	29.5
云扁豆蛋白	10.5	50.5	11.5	27.5
脱氧血红蛋白	85.7	0	8.8	5.5
牛血清清蛋白	67.0	0	0	33.0

续表

蛋白质	α-螺旋	β-折叠片结构	β-弯曲	非周期性的结构
胰凝乳蛋白酶原	11.0	49.4	21.2	18.4
免疫球蛋白 G	2.5	67.2	17.8	12.5
胰岛素（二聚体）	60.8	14.7	10.8	15.7
牛胰蛋白酶抑制剂	25.9	44.8	8.8	20.5
核糖核酸酶 A	22.6	46.0	18.5	12.9
溶菌酶	45.7	19.4	22.5	12.4
木瓜蛋白酶	27.8	29.2	24.5	18.5
α-球蛋白	26.0	14.0	—	60.0
β-乳球蛋白	6.8	51.2	10.5	31.5

注：表中数值代表占总的氨基酸残基的百分数。

1.2.1.3 三级结构

当含有二级结构片段的线性蛋白质链进一步折叠成紧密的三维形式时，就形成了蛋白质的三级结构，因此，蛋白质的三级结构涉及多肽链的空间排列。图 1-7 是云扁豆蛋白（云扁豆的储藏蛋白）和 β-乳球蛋白的三级结构。蛋白质从线性构型转变成折叠状三级结构是一个复杂的过程。在分子水平上，蛋白质结构形成的细节存在于它的氨基酸序列中。从能学角度考虑，三级结构的形成包括蛋白质中各种基团之间相互作用（疏水、静电和范德华力）和氢键的优化，使得蛋白质分子的自由能尽可能地降至最低。在三级结构形成过程中最重要的几何排列是大多数疏水性氨基酸残基重新排布在蛋白质结构的内部，以及大多数亲水性（尤其是带电荷的）氨基酸残基重新排布在蛋白质-水界面，同时伴随着自由能的减少。虽然疏水性氨基酸残基一般具有埋藏在蛋白质内部的性质，然而往往只能部分地实现这样的排布。事实上，在大多数球状蛋白质中，接近表面的 40%～50%的水是被非极性氨基酸残基占据着。于是，一些极性基团不可避免地埋藏在蛋白质内部，它们总是与其他极性基团形成氢键，使这些基团在蛋白质内部非极性环境中的自由能降到最低。

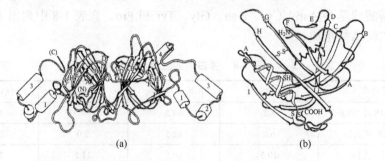

(a)　　　　　　　　(b)

图 1-7　云扁豆蛋白亚基（a）和 β-乳球蛋白（b）的三级结构

A,B,C,D…I 箭头指出了 β-折叠结构；1,2,3,4 圆柱指出了 α-螺旋结构；
(C)，(N) 为云扁豆蛋白亚基首端和末端

蛋白质从线性结构折叠至折叠状三级结构伴随着界面面积的减小。蛋白质所占据的三维空间的总界面面积被定义为蛋白质的可接近界面面积，测定的方法可比喻为用一个半径为 0.14nm 的球状水分子滚过蛋白质分子的整个表面。对于天然的球状蛋白质，可接近的界面面积（nm^2）是它们分子量的函数，可用式（1-9）表示。

$$A_s = 6.3M_r^{0.73} \qquad (1-9)$$

对于一个处于伸展状态的初生态多肽（即没有二级、三级或四级结构）的总的可接近面积也与它的分子量有关，可用式（1-10）表示。

$$A_t = 1.48M_r + 21 \qquad (1-10)$$

可从式（1-9）与式（1-10）估计在形成的球状三级结构中折叠蛋白质的埋藏面积（A_b）。

一级结构中亲水性氨基酸残基的比例和分布影响着蛋白质的某些物理化学性质。例如，氨基酸的序列决定着蛋白质分子的形状。如果一种蛋白质含有大量并均匀地分布在氨基酸序列中的亲水性氨基酸残基，那么，蛋白质分子将呈拉长或棒状。这是因为当质量给定时，拉长的形状具有一个大的表面积与体积之比，于是能有较多的亲水性残基配置在表面上。反之，如果一种蛋白质含有大量的疏水性氨基酸残基，那么，蛋白质分子将呈球状（大致球体），于是表面积与体积之比降至最低，使更多的疏水性氨基酸残基可以埋藏在蛋白质分子的内部。在球状蛋白质中，大分子一般比较小分子含有更高比例的非极性氨基酸。

一些单多肽链蛋白质的三级结构是由结构区域构成的，结构区域的定义是多肽链序列中折叠成独立的三级结构形式的那些区域。结构区域在本质上只是一个简单蛋白质中的微蛋白质。每个结构区域的结构稳定性基本上与其他区域的结构稳定性无关。在大多数单链蛋白质中，结构区域独立地折叠，随后相互作用形成独特的三级结构。在一些蛋白质中，如云扁豆蛋白（图1-7），三级结构含有两个或更多的不同的结构区域（结构本体），它们通过多肽链的一个片段连接在一起。一个蛋白质中结构区域的数目通常取决于分子量。含有 100～150 个氨基酸残基的小蛋白质（如溶菌酶、β-乳球蛋白和 α-乳清蛋白）通常形成一个结构区域的三级结构。大的蛋白质（如免疫球蛋白）含有多个结构区域。免疫球蛋白 G 的轻链含有 2 个结构区域而重链含有 4 个结构区域，每一个结构区域的大小约为 120 个氨基酸残基。由 585 个氨基酸残基构成的人血清清蛋白含有 3 个类似的结构区域，每一个结构区域又含有 2 个亚结构区域。

1.2.1.4 四级结构

四级结构是指含有多于一条多肽链的蛋白质分子的空间排列。一些生理上重要的蛋白质以二聚体、三聚体、四聚体等形式存在。这些四级复合物（也称为寡聚体）由蛋白质亚基（单体）构成，这些亚基可以是相同的（同类）或者是不同的（异类）。例如，乳清中的 β-乳球蛋白在 pH 5～8 时以二聚体的形式存在；在 pH 3～5 时以八聚体的形式存在；在 pH 高于 8 时以单体形式存在，且构成这些复合物的单体都是相同的。另一方面，血红蛋白是由 2 种不同的多肽链（即 α 链和 β 链）构成的四聚体。

寡聚体结构的形成是蛋白质-蛋白质特定的相互作用的结果。这些相互作用基本上是非共价相互作用，如氢键、疏水相互作用和静电相互作用。疏水性氨基酸残基所占的比例似乎影响着形成寡聚体结构的倾向。含有超过 30% 疏水性氨基酸残基的蛋白质形成寡聚体的倾向大于那些含有较少疏水性氨基酸残基的蛋白质。

从热力学角度考虑，需要将暴露的疏水性亚基表面埋藏起来，这就驱使着蛋白质分子四级结构的形成。当一个蛋白质分子含有高于 30% 疏水性氨基酸残基时，它在物理上已不可能形成一种将所有的非极性残基埋藏在内部的结构，因此，在表面存在疏水性小区的可能性就很大，在相邻单体的小区之间的相互作用能导致形成二聚体、三聚体等（图 1-8）。

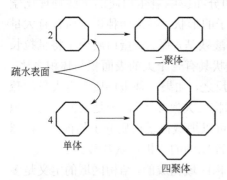

图 1-8　在蛋白质中二聚体和
寡聚体形成的图示

许多食品蛋白质（尤其是谷类蛋白质）是以不同的多肽链构成的寡聚体形式存在的。正如预料的那样，这些蛋白质含有高于 35% 的疏水性氨基酸残基（Ile、Leu、Trp、Tyr、Val、Phe 和 Pro）。此外，它们还含有 6%～12% 的脯氨酸。因此，谷类蛋白质以复杂的寡聚体结构存在。大豆中主要的储藏蛋白质，即 β-大豆球蛋白（即 7S）和大豆球蛋白（即 11S）分别含有约 41% 和 39% 疏水性氨基酸残基。β-大豆球蛋白是由 3 种不同亚基构成的三聚体，它因离子强度和 pH 的变化而呈现复杂的缔合-解离现象。大豆球蛋白由 12 个亚基构成，其中 6 个亚基是酸性的，而其余的是碱性的。每一个碱性亚基通过 1 个二硫键与 1 个酸性亚基交联。6 个酸性-碱性亚基对通过非共价相互作用结合成寡聚体状态。大豆球蛋白因离子强度的变动也呈现复杂的缔合-解离性质。

在寡聚体蛋白质中，可接近表面面积 A 与寡聚体的分子量有着如式（1-11）所示的关系。

$$A_s = 5.3 M_r^{0.76} \tag{1-11}$$

此关系不同于适用于单聚体蛋白质的关系。当天然的寡聚体结构由构成它的多肽亚基形成时，可根据式（1-12）估计被埋藏的表面积。

$$A_b = A_t - A_s = (1.48 M_r + 21) - 5.3 M_r^{0.76} \tag{1-12}$$

式中，A_t 表示线性状态初生多肽链亚基的总的可接近的界面面积。

1.2.2 稳定蛋白质结构的作用力

一个无规则的多肽链折叠成一个独特的三维结构的过程是十分复杂的。正如前面已经提到的，生物天然构象的基础已被译成密码存在于蛋白质的氨基酸序列中。1960 年 Anfin-sen 和他的同事证实，将变性的核糖核酸酶加入一种生理缓冲液中，它能重新折叠成它的天然构象并获得几乎 100% 的生物活性。大多数酶都先后被证明具有类似的倾向。一些分子内非共价相互作用促进了从伸展状态向折叠状态缓慢而自发的转变。蛋白质的天然构象是一种热力学状态，在此状态，各种有利的相互作用达到最大，而不利的相互作用降到最小，于是蛋白质分子的整个自由能具有最低的可能值。

影响蛋白质折叠的作用力包括两类：①蛋白质分子固有的作用力所形成的分子内相互作用；②受周围溶剂影响的分子内相互作用。范德华相互作用和空间相互作用属于前者，而氢键、静电相互作用和疏水相互作用属于后者。

1.2.2.1 空间相互作用

虽然 φ 和 ψ 两面角在理论上具有 360° 的转动自由度，但实际上由于氨基酸残基侧链原子的空间位阻而使它们的转动受到了很大的限制。因此，多肽链的片段仅能采取有限形式的构象。肽单位平面几何形状的扭曲或者键的伸展和弯曲会导致分子自由能的增加，因此，多肽链的折叠必须避免键长和键角的变形。

1.2.2.2 范德华相互作用

范德华相互作用是蛋白质分子中中性原子之间偶极-诱导偶极和诱导偶极-诱导偶极相互作用。当两个原子相互接近时，每一个原子通过电子云极化诱导其他一个原子产生一个偶极矩。这些诱导偶极之间的相互作用同时具有吸引和推斥的作用。这些作用力的大小取决于相互作用的原子间的距离。吸引能反比于相互作用的原子间的距离的 6 次方，而推斥相互作用能反比于该距离的 7 次方。因此，两原子在相距 r 时净的相互作用能由下述的位能函数确定，即：

$$E_{vdw} = E_a + E_r = \frac{A}{r^6} + \frac{B}{r^{12}} \tag{1-13}$$

式中　A，B ——给定原子对的常数；

　　　E_a，E_r ——分别是吸引和推斥相互作用能。

范德华相互作用是很弱的，随原子间距离增加而迅速减小，当该距离超过 0.6nm 时忽略不计。各种原子对范德华相互作用能量的范围为 $-0.8 \sim -0.17$kJ/mol。在蛋白质中，由于有许多原子对参与范德华相互作用，因此，它对于蛋白质的折叠和稳定性的贡献是很显著的。

1.2.2.3 氢键

氢键是以共价形式与一个电负性原子（例如 N、O 或 S）相结合的氢原子同另一个电负性原子之间的相互作用。可以用 D—H···A 表示一个氢键，其中 D 和 A 分别是供体和受体电负性原子。一个氢键强度的范围为 8.4～33kJ/mol，它取决于所涉及的电负性原子对和键角。

蛋白质含有一些能形成氢键的基团。图 1-9 中列出了一些有可能形成氢键的基团。在 α-螺旋和 β-折叠片结构中，肽键的 N—H 和 C=O 之间形成了最大数目的氢键。

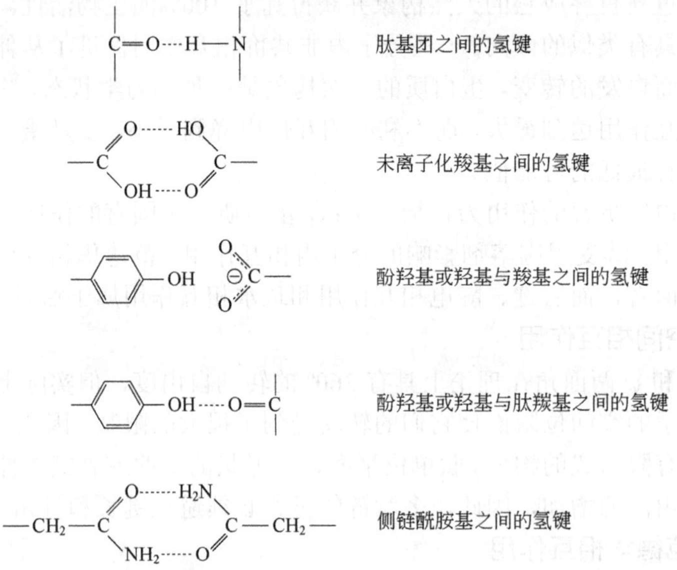

肽基团之间的氢键

未离子化羧基之间的氢键

酚羟基或羟基与羧基之间的氢键

酚羟基或羟基与肽羰基之间的氢键

侧链酰胺基之间的氢键

图 1-9　存在于蛋白质中的氢键

可将肽氢键看作是偶极 $N^{\delta+}$—$H^{\delta+}$ 和 $C^{\delta+}$=$O^{\delta-}$ 之间的一种强烈的、永久的偶极-偶极相互作用，如下所示：

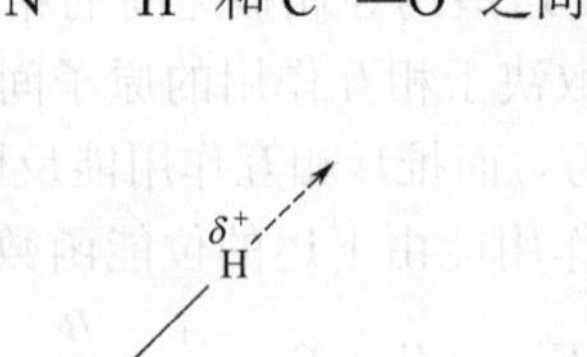

氢键强度由位能函数所确定，即：

$$E_{\text{H-键}} = \frac{\mu_1 \mu_2}{\varepsilon r^3} \cos\theta \tag{1-14}$$

式中　μ_1，μ_2 ——偶极矩；

ε ——介质的介电常数；

r ——电负性原子之间的距离；

θ ——氢键角。

氢键能正比于偶极矩与键角余弦的乘积，而反比于 N···O 距离的 3 次方和介质的介电常数。当 θ 等于 0（$\cos\theta=1$）时，氢键的强度最大；而当 θ 等于 90° 时，氢键的强度为 0。在 α-螺旋和反平行 β-折叠片结构中的氢键具有非常接近 0 的 θ；而在平行 β-折叠片结构中，它们具有大 θ。对于最大氢键能的最适 N···O 距离是 0.29nm。在较短的距离，N^{δ} 和 $C^{\delta+}$ 原子间的静电推斥相互作用导致氢键强度显著下降。在较长的距离，N—H 和 G=O 基团之间的弱偶极-偶极相互作用降低了氢键强度。在蛋白质中，N—H···O=C 氢键的强度一般为 18.8kJ/mol 左右。"强度"是指打断此键所需的能量。

蛋白质中存在着氢键已被充分确认。由于每一个氢键能降低蛋白质的自由能约 18.8kJ/mol，因此，一般认为氢键的作用不仅是蛋白质折叠的驱动力，而且能对天然结构的稳定性做出巨大的贡献。但这不是一个可靠的观点。由于水分子能与蛋白质分子中的 N—H 和 G=O 基团竞争氢键的形成，因此，这些基团之间的氢键既不能自发地形成，N—H···O=C 氢键的形成也不能成为蛋白质分子中 α-螺旋结构和 β-折叠片结构形成的驱动力。α-螺旋结构和 β-折叠片结构中的氢键相互作用是其他有利的相互作用的结果，后者推动了这些次级氢键结构的形成。

氢键基本上是一个离子相互作用。类似于其他的离子相互作用，它的稳定性也取决于环境的介电常数。在二级结构中氢键的稳定性主要应归于由非极性残基之间相互作用所造成的具有低介电常数的局部环境。这些庞大的侧链阻止了水分子靠近 N—H···O=C 氢键，使氢键得以稳定。

1.2.2.4 静电相互作用

如前所述，蛋白质含有一些带有可解离基团的氨基酸残基。在中性 pH 下，Asp 和 Glu 残基带负电荷，而 Lys、Arg 和 His 带正电荷；在碱性 pH 下，Cys 和 Tyr 残基带负电荷。在中性 pH 下，蛋白质分子带净的负电荷或净的正电荷，这取决于分子中负电荷和正电荷残基的相对数目。将蛋白质分子净电荷为 0 时的 pH 定义为蛋白质的等电点（pI）。等电点不同于等离子点，后者是指不存在电解质时蛋白质溶液的 pH。从蛋白质的氨基酸组成和可解离基团的 pK_a，利用 Hendersen-Hasselbach 方程式可以估计它的等电点 pI。

除少数例外，蛋白质中几乎所有的带电基团都分布在分子的表面。由于在中性 pH 条件下蛋白质分子或者带有净的正电荷或者带有净的负电荷，因此，可以预料在蛋白质分子中带相同电荷基团之间的推斥作用或许会导致蛋白质结构的不稳定。同样，也有理由认为在蛋白质分子结构中的某些关键部位，带相反电荷基团之间的吸引作用有助于蛋白质结构的稳定。然而，这些推斥力和吸引力的强度，实际上会因水溶液中水的高介电常数而降至很低的数值。两个相距为 r 的电荷 q_1 和 q_2 之间的静电相互作用能由式（1-15）确定，即：

$$E_{elc} = \frac{q_1 q_2}{\varepsilon r} \tag{1-15}$$

式中，ε 表示介质的介电常数。

在真空中或空气（$\varepsilon=1$）中，相距 $0.3\sim0.5$nm 的两个电荷之间的静电相互作用能约为 $\pm(277\sim460)$kJ/mol。然而，在水中此相互作用能减少到 $\pm(3.5\sim5.8)$ kJ/mol，这相当于在 37℃时蛋白质分子的热动力学能（RT）。因此，处在蛋白质分子表面的带电基团对蛋白质结构的稳定性没有重要的贡献。然而，部分埋藏在蛋白质内部的带相反电荷的基团，由于处在介电常数比水的介电常数低的环境中，通常能形成相互作用能量较高的盐桥。由于距离及局部介电常数的不同，静电相互作用能的范围为从 ±3.5kJ/mol 至 ±460kJ/mol。

尽管静电相互作用并不能作为蛋白质折叠的主要作用力，然而在水溶液中带电基团倾向于暴露在分子结构的表面确实影响着蛋白质分子折叠模式。

1.2.2.5 疏水相互作用

从前面的论述可以清楚地看到，在水溶液中多肽链的各种极性基团之间的氢键和静电相互作用不具有足够的能量来驱使蛋白质折叠。在蛋白质分子中这些极性相互作用是非常不稳定的，它们的稳定性取决于能否保持在一个非极性的环境中。驱使蛋白质折叠的主要力量来自非极性基团的疏水相互作用。

在水溶液中，非极性基团之间的疏水相互作用是水与非极性基团之间热力学上不利的相互作用的结果。当一个烃类物质溶于水时，自由能的变化（ΔG）是正值，而体积变化（ΔV）和焓变化（ΔH）是负值。ΔH 是负值，意味着在水和烃之间存在有利的相互作用，但 ΔG 还是正值。由于 $\Delta G=\Delta H-T\Delta S$（式中，$T$ 是温度，ΔS 是熵的变化），因此，正的 ΔG 必定是由一个较大负值的 ΔS 所造成，后者补偿了焓的有利变化。由于自由能的净正变化，使得水和非极性基团之间的相互作用受到高度的限制。因此，在水溶液中非极性基团倾向于聚集，使得与水直接接触的面积降至最低。水结构诱导的水溶液中非极性基团之间的相互作用被称为疏水相互作用。在蛋白质中，氨基酸残基非极性侧链之间的疏水相互作用是蛋白质折叠成独特的三维结构的主要原因，在此结构中大多数非极性基团离开了水的环境。

由于疏水相互作用是非极性基团溶解于水的对立面，疏水相互作用的 ΔG 是负值，而 ΔV、ΔH 和 ΔS 是正值。不同于其他的共价相互作用，疏水相互作用是吸热的，即疏水相互作用在高温时较强，在低温时较弱（与氢键的情况相反）。疏水自由能随温度的变化通常遵循一个二次函数，即：

$$\Delta G_{\mathrm{H}_\phi} = a + bT + cT^2 \tag{1-16}$$

式中，a、b 和 c 为常数；T 为热力学温度。

可从位能方程式估计两个球形非极性分子之间的疏水相互作用能 E_{H_ϕ} (kJ/ mol)：

$$E_{\mathrm{H}_\phi} = 83.6 \frac{R_1 R_2}{R_1 + R_2} e^{\frac{-D}{D_0}} \tag{1-17}$$

式中，R_1 和 R_2 为非极性分子的半径；D 为分子之间的距离；D_0 为衰变长度。

静电、氢键和范德华相互作用与相互作用基团之间的距离遵循幂定律关系，与它们不同的是，疏水相互作用与相互作用基团之间的距离遵循指数关系，于是，它在较长距离（如 10nm）是有效的。由于涉及数个非极性基团，因此不能根据前面的方程定量地估计蛋白质的疏水自由能。然而，利用其他的经验关系能估计蛋白质的疏水自由能。一个分子的疏水自由能正比于水可接近的非极性表面面积（图 1-10）。比例常数（即斜率）变动范围从 Ala、Val、Leu 和 Phe 的 9200J/（mol·nm^2）至 Ser、Thr、Trp 和 Met 的 10900J/（mol·nm^2）。氨基酸或氨基酸残基的非极性基团的疏水性平均约为 10000J/（mol·nm^2），此值接近于烷烃的 10450J/（mol·nm^2）。这是指每 0.01nm^2 非极性表面离开水环境时蛋白质自由能将减少 100J/mol。将总的埋藏表面面积乘以 10000J/（mol·nm^2）就能估计一个蛋白质的疏水自由能。

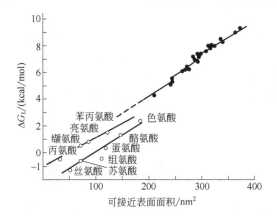

图 1-10　疏水性与氨基酸侧链（空心圆圈）和烃（实心圆圈）的
可接近表面面积之间的关系

1kcal=4.18kJ

在表 1-9 中列出了几种球状蛋白质的埋藏表面面积和估计的疏水自由能。显然疏水自由能对蛋白质结构的稳定性做出了重要的贡献。在球状蛋白质中，每个氨基酸残基的平均疏水自由能约为 10.45kJ/mol。

表 1-9　蛋白质的可接近表面面积（A_s）、埋藏表面面积（A_b）和疏水自由能（ΔG_{H_ϕ}）

蛋白质	分子质量/Da	A_s/nm^2	A_b/nm^2	ΔG_{H_ϕ}/（kJ/mol）
细胞色素 C	11930	55.70	121.07	1212
核糖核酸酶 A	13960	67.90	134.92	1354
溶菌酶	14700	66.20	151.57	1521
肌红蛋白	17300	76.00	180.25	1810
视黄醇结合蛋白	20050	91.60	205.35	2061

续表

蛋白质	分子质量/Da	A_s/nm^2	A_b/nm^2	ΔG_{H_ϕ} / (kJ/mol)
木瓜蛋白酶	23270	91.40	255.35	2541
胰凝乳蛋白酶	25030	1114.40	266.25	2671
枯草菌素	27540	103.90	303.90	3047
碳酸酐酶	28370	110.20	309.83	3110
羧肽酶 A	34450	121.10	388.97	3900
嗜热菌蛋白酶	34500	126.50	354.31	3854

1.2.2.6　二硫键

二硫键是天然存在于蛋白质中的唯一的共价侧链交联，它们既能存在于分子内也能存在于分子间。在单体蛋白质中，二硫键的形成是蛋白质折叠的结果。当两个 Cys 残基接近并适当定向时，在分子氧的氧化作用下形成二硫键。二硫键一旦形成就能帮助稳定蛋白质的折叠结构。

含有胱氨酸和半胱氨酸残基的蛋白质混合物能发生如下式所示的巯基-二硫键交换反应：

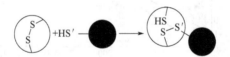

如果在一个简单的蛋白质分子中含有一个游离的巯基和二硫键，那么也能发生交换反应。

总之，一个独特的三维蛋白质结构的形成，是各种推斥和吸引的非共价相互作用以及几个共价二硫键形成的净结果。

1.2.3　蛋白质的构象稳定性和适应性

天然蛋白质结构的稳定性，被定义为在蛋白质的天然和变性（或展开）状态之间自由能的差别，通常用 ΔG_D 表示。

在所有已讨论过的非共价相互作用中，除了推斥静电相互作用外，其他都有助于天然蛋白质结构的稳定性。由于这些相互作用而导致总的自由能变化对蛋白质的天然结构的稳定性具有影响，它们的数值为每摩尔几百千焦。然而，大多数蛋白质的 ΔG_D 是在 $20\sim85$ kJ/mol 范围内。使天然结构不稳定的主要作用力是多肽链的构象熵。当一个随机状态的多肽链折叠成一个紧密状态，蛋白质分子因各种基团的移动、转动和振动而导致构象熵的降低。于是，蛋白质分子在天然和变性状态之间自由能的差别可用式（1-18）表示。

$$\Delta G_{D\rightarrow N} = \Delta G_{H\rightarrow bond} + \Delta G_{elc} + \Delta G_{H_\phi} + \Delta G_{vdw} - T\Delta S_{conf} \tag{1-18}$$

式中，$\Delta G_{H\rightarrow bond}$、$\Delta G_{elc}$、$\Delta G_{H_\phi}$ 和 ΔG_{vdw} 分别代表氢键、静电、疏水相互作用和范德华相互作用的自由能变化，而 ΔS_{conf} 是多肽链构象熵。展开状态蛋白质的 ΔS_{conf} 约为每残基 8~42J/（mol·K），通常采取每残基 21.7J/（mol·K）的平均值。含有 100 个氨基酸残基的蛋白质在 310K 时具有的构象熵约 21.7×100×310=672.7kJ/mol。由此导致不稳定的构象能量会减少由非共价相互作用所造成的天然结构的净稳定性。

蛋白质并非刚性分子，相反，它们是高度柔性的，它们的天然状态是一种稳定状态，1~3 个氢键或几个疏水相互作用被打断就能导致蛋白质构象的变化。蛋白质构象对溶液条件改变的适应性对于蛋白质显示某些关键性的功能是必要的。例如，酶与底物或辅基的有效结合肯定涉及多肽链在结合部位的重排。具有催化剂功能的蛋白质需要有高度的结构稳定性，它们通常被分子内的二硫键所稳定，分子内的二硫键能有效地减少构象熵（即减少多肽链展开的倾向）。

1.3 蛋白质变性

对蛋白质变性影响最大的食品加工操作是热处理，蛋白质变性的机理和食品中蛋白质的内部作用有关，可以用分子间力、动力学和环境诱导蛋白质结构的变化表示。这一节主要介绍食品蛋白的热变性和凝聚作用，并阐述热变性的机理和影响热变性的因素，因为它们都和蛋白质的凝聚有关。

蛋白质的物理特性、化学特性和形态特性之间都有相互关系。形态特性包括大小、形状、氨基酸组成和排序以及残基和残基分布。影响食品功能性的特性包括亲水力和疏水力的比例、二级结构含量和分布（如 α-螺旋，β-折叠及结构）、三级结构和多肽链的四级结构排布、内亚基和外亚基的交联（如二硫键），以及对外部环境蛋白质所表现出的硬度和柔和度等特性。多数功能特性会影响食品的质构，并且在预处理、加工和储存过程中，对食品的物理特性起着重要的作用。

在食品体系中，蛋白质的稳定性对它们的功能性尤其重要。食品蛋白的变性，对任何功能特性都有重要影响。蛋白质变性对蛋白质分子展开的程度的影响和变性后蛋白质的形态都会影响到食品的加工功能和营养质量特性。

蛋白质的天然结构是各种吸引和推斥相互作用的结果，这些相互作用源于各种分子内的作用力，以及各种蛋白质基团与周围水分子间的相互作用。一个简单蛋白质分子的天然状态是在生理条件下热力学上最稳定（自由能最低）的状态。蛋白质所处的环境如 pH、离子强度、温度和溶剂组成等发生任何的变化，都迫使蛋白质分子采取一个新的平衡结构。蛋白质分子结构的细微变化并没有导致分子整体结构的明显改变，此种变化通常被称为"构象适应性"；而在二级、三级和四级结构上重大的变化（不涉及主链肽键的裂开）则被称为"变性"。从结构观点来看，蛋白质分子的变性状态是一个不易定义的状态。结构上的重大变化意

味着 α-螺旋结构和 β-折叠片结构的增加而随机结构的减少或者相反。然而，在大多数情况下，变性涉及有序结构的损失。取决于变性的条件，蛋白质可能采取几种变性状态，它们之间在自由能上仅存在细微的差别。当完全变性时，球状蛋白质成为一个随机螺旋。完全变性的蛋白质的固有黏度（η）是氨基酸残基数目的函数，可用方程式（1-19）表示。

$$[\eta]=0.716n^{0.66}$$

（1-19）

式中，n 为蛋白质中氨基酸残基的数目。

由于变性意味着失去某些性质，因此是一个具有负面涵义的词语。例如，许多具有生物活性的蛋白质在变性时失去它们的活性。对于食品蛋白质，变性通常会导致蛋白质不再溶解和失去某些功能性质，然而，在某些情况下，蛋白质的变性是人们所期望的。例如，豆类中胰蛋白酶抑制剂的热变性能显著地提高某些种类动物所食用的豆类蛋白质的消化率和生物有效性。部分变性的蛋白质比天然状态的蛋白质更易消化，以及具有较好的起泡和乳化性质。热变性也是食品蛋白质热诱导胶凝的先决条件。影响蛋白质热变性凝胶作用的添加剂 N-乙酰马来酰胺（NEM-SH）能够抑制蛋白质分子打开，还原剂半胱氨酸可以防止巯基-二硫键相互转变，如果在天然蛋白质中添加上述添加剂，对蛋白质的热变性凝胶结构产生影响。图 1-11 为变性添加剂对天然蛋白质热变性凝胶结构影响的示意图。

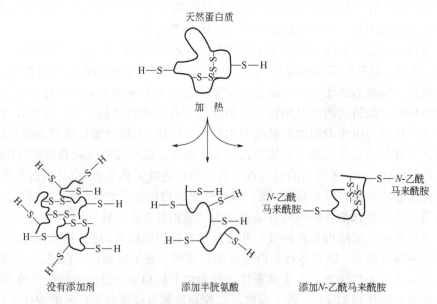

图 1-11　变性添加剂对天然蛋白质热变性凝胶结构影响的示意图

1.3.1　变性热力学

变性包括在生理条件下蛋白质从确定的折叠结构转变成非生理条件下的展

开状态。由于结构不是一个易于定量的参数，因此直接测定溶液中天然的和变性的蛋白质所占的比例是不可能的。然而，蛋白质构象的变化必定会影响到蛋白质的某些化学和物理性质，例如紫外（UV）吸光度、荧光、黏度、沉降系数、光学转动、圆二色性、巯基反应能力和酶活力。因此，测定这些物理和化学性质的变化可以研究蛋白质的变性。

当测定一种物理或化学性质的变化并作为变性剂的浓度或温度的函数时，许多单体球状蛋白质的变性方式如图 1-12 所示。Y_N 和 Y_D 项分别代表在蛋白质天然和变性状态时的 Y。

对于大多数蛋白质，当变性剂的浓度（或温度）提高时，Y 在起始阶段保持不变，在超过一个临界点后，此值在一个狭窄的变性剂浓度或温度范围中，从 Y_N 急剧地变化至 Y_D。对于大多数单体球状蛋白质，此转变曲线是陡峭的，这表明蛋白质变性是一个协同过程。一旦蛋白质分子开始展开或蛋白质分子中几个相互作用开始破裂，随后在变性剂的浓度或温度稍微提高时，整个分子会完全展开。可以从蛋白质分子的展开和协同本质推测球状蛋白质能以天然和变性状态存在，而以中间状态存在是不可能的，这被称为"两状态转变"模型，对于此模型，在协同转变区天然和变性状态之间的平衡可用式（1-20）表示。

$$N \underset{}{\overset{K_D}{\rightleftharpoons}} D$$

$$K_D = \frac{[D]}{[N]} \tag{1-20}$$

式中，K_D 表示平衡常数。

不存在变性剂（或临界热量输入）时，变性蛋白质分子的浓度非常低（约 $1/10^9$），因此，估计 K_D 是不可能的。然而，在转变后，即当变性剂的浓度非常高（或者是温度足够高）时，由于变性蛋白质分子数目的增加，测定表观平衡常数 K_{app} 有可能在转变区同时存在天然和变性蛋白质分子，Y 可用式（1-21）表示。

$$Y = f_N + f_D \tag{1-21}$$

式中，f_N 和 f_D 分别为天然状态和变性状态蛋白质所占的分数；Y_N 和 Y_D 分别为天然状态和变性状态蛋白质的 Y。

从图 1-12 可以得到式（1-22）与式（1-23）。

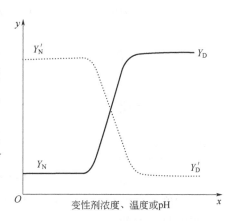

图 1-12　典型的蛋白质变性曲线

Y 代表任何随蛋白质构象变化可以测定的
蛋白质分子的物理和化学性质；
Y_N 和 Y_D 分别代表天然和变性状态的 Y

$$f_N = (Y_D - Y)(Y_D - Y_N) \tag{1-22}$$

$$f_D=(Y-Y_N)(Y_D-Y_N) \tag{1-23}$$

可根据式（1-24）计算表观平衡常数，即：

$$K_{app} = \frac{f_D}{f_N} = -(Y - Y_N)/(Y - Y_D) \tag{1-24}$$

进而可根据式（1-25）计算 ΔG_{app}：

$$\Delta G_{app}=-RT\ln K_{app} \tag{1-25}$$

在转变区，以 $-RT\ln K_{app}$ 对变性剂浓度作图产生一条直线。在纯水（或不含变性剂的缓冲液）中，蛋白质的 K_D 和 ΔG_D 可以从 Y 截距计算。变性的热焓可以从方程式（1-26）计算。

$$\Delta H_D = -R\frac{\mathrm{d}\ln K_D}{\mathrm{d}\frac{1}{T}} \tag{1-26}$$

含有两个或更多的结构稳定性不同的结构区域的单体蛋白质，通常具有多步转变的变性特点。如果各步转变能彼此分开，那么，可以从两状态模型的转变图得到各个结构区域的稳定性，低聚蛋白质的变性是从亚基解离接着亚基变性而完成的。

蛋白质变性在某些情况下是可逆的，当从蛋白质溶液中除去变性剂（或者将试样冷却）时，大多数单体蛋白质（不存在聚集）在适宜的条件下（包括 pH、离子强度、氧化-还原电位和蛋白质浓度）能重新折叠成它们天然的构象。许多蛋白质当它们的浓度低于 $1\mu mol/L$ 时能重新折叠，当浓度超过 $1\mu mol/L$ 时，由于较高程度的分子间相互作用而破坏了分子内相互作用，使重新折叠受到部分抑制，如果蛋白质溶液的氧化-还原电位接近生理液体的氧化-还原电位，那么，在重新折叠时有助于形成二硫键。

1.3.2 变性因素

1.3.2.1 物理因素

（1）温度与变性

在食品加工和保存中热处理是最常用的加工方法。在热加工过程中蛋白质产生不同程度的变性，这会改变它们在食品中的功能性质。了解此因素对蛋白质变性的影响是重要的。

当一个蛋白质溶液被逐渐加热并超过一个临界温度时，它产生了从天然状态至变性状态的剧烈转变。在此转变中临界点的温度被称为熔化温度（T_m）或变性温度（T_d），在此温度蛋白质的天然和变性状态的浓度之比为 1。温度导致蛋白质变性的机制是非常复杂的，它主要涉及非共价相互作用的去稳定作用，氢键、静电和范德华相互作用具有放热的性质（热焓驱动），因此，它们在高温下去稳定而在低温下稳定。然而，由于蛋白质分子中的肽氢键大多数埋藏在分子内部，因此，在一个宽广的温度范围内能保持稳定。另一方面，疏水相互作用是吸热的（熵驱动），它们在高温下稳定，而在低温下去稳定。因此，随着温度的升高，这两类非共价相互作用的稳定性的变化方向相反。然而，疏水相互作用的稳定性也不会随温度的提高而无限制地增强，这是因为超过一定温度，水的结构逐渐分裂，最终也导致疏水相互作用去稳定，疏水相互作用的强度在 60～70℃时达到最高。

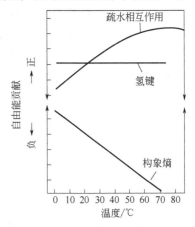

图 1-13　氢键、疏水相互作用和构象熵对蛋白质的稳定性在自由能贡献上的相对变化与温度的关系

另一个影响蛋白质构象稳定性的重要作用力是多肽链的构象熵，即 $-T\Delta S_{conf}$ 这一项。随着温度的升高，多肽链热动能的增加极大地促进了多肽链的展开。图 1-13 描述了氢键、疏水相互作用和构象熵这 3 个主要作用力对蛋白质的稳定性的相对贡献与温度的关系。自由能的总和为 0（即 $K_D=1$）时的温度为蛋白质的变性温度（T_d），表 1-10 列出了一些蛋白质的 T_d。

表 1-10　蛋白质的热变性温度（T_d）和平均疏水性

蛋白质	T_d/℃	平均疏水性/（kJ/mol 残基）	蛋白质	T_d/℃	平均疏水性/（kJ/mol 残基）
大豆 11S 球蛋白	92		溶菌酶	72	3.72
大豆 7S 球蛋白	72		豇豆蛋白	85.5	
蚕豆 11S 蛋白	94		菜籽蛋白	83.5	
向日葵 11S 蛋白	95		蚕豆蛋白	91	
燕麦球蛋白	108		小扁豆蛋白	82.5	
胰蛋白酶原	55	3.68	鸡蛋白蛋白	76	4.01
胰凝乳蛋白酶原	57	3.78	胰蛋白酶抑制剂	77	
弹性蛋白酶	57		肌红蛋白	79	4.33
胃蛋白酶原	60	4.02	α-乳清蛋白	61	
核糖核酸酶	62	3.24	β-乳球蛋白	83	4.50
羧肽酶	63		细胞色素 C	83	4.37

一般认为，温度愈低蛋白质的热稳定性愈高，实际情况并非总是如此。溶菌酶的稳定性随温度的下降而提高，而肌红蛋白和突变型噬菌体 T_4 溶菌酶分别在约 30℃和 12.5℃时达到最高稳定性，低于或高于这些温度时肌红蛋白和 T_4 溶菌酶的稳定性较低。当保藏温度低于 0℃时，这两种蛋白质易发生冷诱导变性。蛋白质显示最高稳定性的温度（最低自由能）取决于极性和非极性相互作用对蛋白

质稳定性贡献的相对值。如果蛋白质分子中极性相互作用超过非极性相互作用，那么，蛋白质在冻结温度和低于冻结温度时比高温时较为稳定。如果蛋白质的稳定主要依靠疏水相互作用，那么，它在室温时比在冻结温度时更为稳定。

　　一些食品蛋白质在低温下进行可逆解离和变性。大豆中的一种储藏蛋白质-大豆球蛋白在2℃保藏时产生聚集和沉淀，当温度回升至室温时，它再次溶解。脱脂乳在4℃保藏时，β-酪蛋白从酪蛋白胶束中解离出来，改变了胶束的物理化学和凝乳性质。一些低聚体酶，如乳酸脱氢酶和甘油醛磷酸脱氢酶，在4℃保藏时失去大部分酶活，其原因就是亚基的解离。然而，当在室温下保持数小时后，它们重新缔合并且重新获得全部的活力。

　　氨基酸的组成影响着蛋白质的热稳定性，含有较高比例疏水性氨基酸残基（尤其是Val、Ile和Phe）的蛋白质比亲水性较强的蛋白质一般更为稳定。耐热的生物体蛋白质通常含有大量的疏水性氨基酸残基。然而，蛋白质的平均疏水性和热变性温度之间的这种正相关仅仅是一个近似（表1-10），据推测，其他因素如二硫键和埋藏在疏水裂缝中的盐桥对蛋白质的热稳定性也有贡献。在蛋白质的热稳定性和某些氨基酸残基所占的比例之间有一个很强的正相关关系。例如，从15种蛋白质的统计分析显示这些蛋白质的热变性温度与Asp、Cys、Glu、Lys、Leu、Arg、Trp和Tyr残基所占的百分数呈正相关（$\gamma=0.98$）。另一方面，同一组蛋白质的热变性温度与Ala、Asp、Gly、Gln、Su、Thr、Val和Tyr残基所占的百分数呈负相关（$\gamma=-0.975$）（图1-14）。其他氨基酸残基对蛋白质的T_d影响很小，

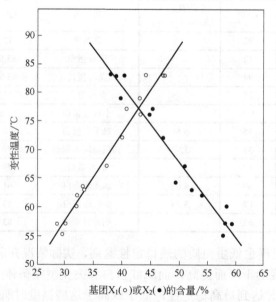

图1-14　两组氨基酸残基的含量与球状蛋白质热稳定性的关系

X₁组代表Asp、Cys、Glu、Lys、Leu、Arg、Trp和Tyr；

X₂组代表Ala、Asp、Gly、Gln、Ser、Thr、Val和Tyr

形成这些关系的原因还不清楚。然而，蛋白质的热稳定性似乎不完全取决于极性和非极性氨基酸残基的含量，它还取决于这两类氨基酸残基在蛋白质结构中的最佳分布。一个最佳分布能使分子内的相互作用达到最高程度，从而降低了多肽链的柔性和提高了蛋白质的热稳定性。蛋白质的热稳定性与它的柔性呈反比关系。

单体球状蛋白的热变性在大多数情况下是可逆的。例如，当许多单体酶被加热至超过它们的变性温度，甚至在100℃保持短时间，然后立即冷却至室温，它们原有的活力完全恢复。然而，当蛋白质被加热至90~100℃并保持一段较长时间，甚至在中性pH下，它们也会遭受不可逆变性。产生不可逆变性的原因是在蛋白质分子中发生了化学变化，例如Asn残基的去酰胺作用、Asp残基肽键的裂开、Cys和胱氨酸残基的破坏以及聚集作用。水能显著地促进蛋白质的热变性，干蛋白质粉对热变性是非常稳定的。当水分含量从0增加至0.35g/g时，T_d快速下降（图1-15）。水分含量继续从0.35g/g增加至0.75g/g时，T_d仅略微下降。当水分含量达到0.75g/g时，蛋白质的T_d与稀释蛋白质溶液相同。水合作用对蛋白质稳定性的影响基本上与蛋白质的动力学有关。在干燥状态，蛋白质具有静止的结构，即多肽链段的移动受到了限制。随着水分含量的增加，水合作用使水部分地穿透至蛋白质结构的空洞表面导致蛋白质肿胀。在室温下，当水分含量为0.3~0.4g/g时，蛋白质的肿胀状态或许达到最高值。蛋白质膨胀提高了多肽链的移动性和柔性，使蛋白质分子可以采取动力学上更为熔融的结构，当加热时，此动力学上的柔性结构比起干燥状态能提供给水更多的机会接近盐桥和肽的氢键，于是造成较低的T_d。

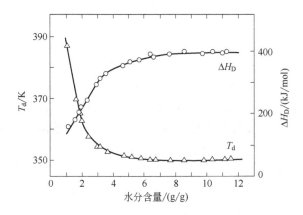

图1-15 水分含量对鸡蛋白的变性温度（T_d）和变性焓（ΔH_D）的影响

像盐和糖这样的添加剂，能影响水溶液中蛋白质的热稳定性。如蔗糖、乳糖、葡萄糖和甘油，能提高蛋白质对热变性的稳定性。在诸如大豆蛋白、β-乳球蛋白、血清白蛋白和燕麦球蛋白等蛋白质中加入0.5mol/L NaCl能显著地提高它们的T_d。

（2）静水压和变性

静水压是影响蛋白质构象的第二个热力学参数。压力诱导的蛋白质变性不同于温度诱导的蛋白质变性，前者能在 25℃ 发生，条件是必须有充分高的压力存在，而后者一般发生在 40～80℃ 和 0.1MPa。光谱数据证实，大多数蛋白质在 100～1200MPa 压力范围经受诱导变性。压力诱导转变的中点出现在 400～800MPa。

压力诱导蛋白质变性之所以能发生，主要是因为蛋白质是柔性的和可压缩的。虽然氨基酸残基被紧密地包裹在球状蛋白质分子结构的内部，但一些空穴仍然存在，这就导致蛋白质分子结构的可压缩性。处于水合状态的球状蛋白质的平均偏比体积 V^0 约为 0.74mL/g，可以认为偏比体积是 3 个部分的总和，即：

$$V^0 = V_c + V_{cav} + \Delta V_{sol} \tag{1-27}$$

式中　V_c——原子体积的总和；

　　V_{cav}——蛋白质内部空穴体积的总和；

　　ΔV_{sol}——因水合作用引起的体积变化。

蛋白质的 V^0 越大，空穴对偏比体积的贡献越大，当被压缩时蛋白质会越不稳定。大多数纤维状蛋白质不存在空穴，因此，它们对静水压作用的稳定性高于球状蛋白质。

压力诱导的球状蛋白质变性通常伴随着 30～100mL/mol 的体积减小。此体积的减少是由两个因素造成的：蛋白质展开而消除了空穴和在展开中非极性氨基酸残基暴露而产生的水合作用，后一个变化导致体积的减小。式（1-28）表达了体积变化与自由能变化的关系。

$$\Delta V = \frac{\mathrm{d}\Delta G}{\mathrm{d}p} \tag{1-28}$$

式中，p 表示静水压。

如果球状蛋白质完全展开，体积的变化应约为 2%。然而，压缩球状蛋白质所造成的 30～100mL/mol 的体积减小值仅相当于约 0.5% 的体积减小；这表明即使在高达 1000MPa 压力作用下，蛋白质也仅仅是部分展开。

压力诱导的蛋白质变性是高度可逆的。对于处在稀溶液中的大多数酶，当压力下降到大气压（101.325kPa）时，因压力诱导蛋白质变性而失去的酶活力能复原。然而酶活力的完全再生需要几个小时。当压力诱导低聚蛋白和酶变性时，亚基首先在 0.1～200MPa 压力下解离，然后亚基在更高压力下变性；当除去压力作用时，亚基重新缔合，在几小时后酶活力几乎完全恢复。

食品界正在研究将高静水压作为一种食品加工方法，应用于杀菌或蛋白质的凝胶作用。由于高静水压（200～1000MPa）不可逆地破坏细胞膜和导致微生物中细胞器的解离，这样就使生长着的微生物死亡。在 25℃，对蛋清、16% 大豆蛋白质溶液或 3% 肌动球蛋白溶液施加 100～700MPa 静水压 30min，就能产生压力凝胶作用。压力诱导形成的凝胶比热诱导形成的凝胶更软。用 100～300MPa 静水压处理牛肉肌肉能导致肌纤维部分地碎裂，这可以成为一种使肉嫩化的手段。压力加工不同于热加工，它既不会损害蛋白质中的必需氨基酸或天然色素和风味，也不会导致有毒化合物的形成。因此，采用静水压加工食品对某些食品产品可能是有益的（除去成本因素）。

（3）剪切和变性

由振动、捏合、打擦等产生的机械剪切能导致蛋白质变性。许多蛋白质当被剧烈搅动时产生变性和沉淀，在此情况下，蛋白质的剪切变性是由于空气气泡的并入和蛋白质分子吸附在气-液界面。由于气-液界面的能量高于主体相的能量，因此，蛋白质在界面上经受构象变化。蛋白质在界面构象变化的程度取决于蛋白质的柔性，高柔性的蛋白质比刚性蛋白质较易在气-液界面变性。蛋白质分子在气-液界面变性时，非极性残基定向至气相，极性残基定向至水相。

一些食品加工操作能产生高压、高剪切和高温，例如挤压、高速搅拌和均质。当一个转动的叶片产生高剪切时，造成亚声速的脉冲，在叶片的尾部边缘也出现空气化，这两者都能导致蛋白质变性。剪切速度愈高，蛋白质变性程度愈高。高温和高剪切力相结合能导致蛋白质不可逆的变性。例如，在 pH 3.5～4.5 和 80～120℃条件下，用 7500～10000s^{-1} 的剪切速度处理 10%～20%的乳清蛋白质溶液能形成直径约 1mm 的不溶解球状大胶体粒子。

1.3.2.2　化学因素

（1）pH 和变性

蛋白质在它们的等电点时，比在任何其他 pH 时对变性作用更加稳定。在中性 pH 下，大多数蛋白质带负电，而少数蛋白质带正电。由于在中性 pH 附近，净负电推斥能量小于其他稳定蛋白质相互作用的能量，因此，大多数蛋白质是稳定的，然而，在极端 pH 下，高静电荷引起的强烈的分子内电推斥力导致蛋白质分子的肿胀和展开。蛋白质分子展开的程度在极端碱性 pH 时高于在极端酸性 pH 时。在极端碱性 pH 时，部分埋藏在蛋白质内部的羧基、酚羟基和巯基离子化，这些离子化基团企图将自己暴露至水环境中，因此造成多肽链的散开。pH 诱导的蛋白质变性多数是可逆的，然而，在某些例子中，在碱性 pH 条件下肽键的部分水解、Asn 和 Gln 的脱酰胺、巯基的破坏或者聚集作用能导致蛋白质的不可逆变性。

（2）有机溶剂和变性

有机溶剂以不同的方式影响蛋白质的疏水相互作用、氢键和静电相互作用的稳定性。由于非极性侧链在有机溶剂中比在水中更易溶解，因此，有机溶剂会削弱疏水相互作用。另一方面，由于低介电常数环境能促进肽氢键的稳定性和形成，某些有机溶剂实际上强化和推动了肽氢键的形成。例如，2-氯乙醇导致球状蛋白质中 α-螺旋含量的增加。有机溶剂对静电相互作用有着双重的作用。通过降低介电常数，一方面促进了带相反电荷基团之间的静电相互作用，另一方面也促进了带相同电荷基团之间的推斥作用。一种有机溶剂对蛋白质结构的净效应通常取决于它对各种极性和非极性相互作用影响的大小。在低浓度时，一些有机溶剂能提高几种酶对变性的稳定性。然而在高浓度时，所有的有机溶剂都导致蛋白质变性，这是因为它们对非极性侧链的增溶作用。

（3）有机溶质和变性

有机溶质尿素和盐酸胍（GuHCl）诱导的蛋白质变性是值得注意的。对于许多球状蛋白质，在室温条件下从天然状态转变至变性状态的中点出现在 4～6mol/L 尿素和 3～4mol/L GuHCl，完全转变则出现在 8mol/L 尿素和约 6mol/L GuHCl。由于 GuHCl 具有离子的性质，因此比起尿素来它是更强的变性剂。许多球状蛋白质即使在 8mol/L 尿素中仍然不会完全变性，而在 8mol/L GuHCl 中它们通常以随机螺旋状态（完全变性）存在。

由尿素和 GuHCl 造成的蛋白质变性被认为包括两个机制，第一个机制是尿素和 GuHCl 优先与变性的蛋白质相结合。由于变性的蛋白质以蛋白质-变性剂复合物的形式被除去，$N \rightleftharpoons D$ 平衡向右移动。随着变性剂浓度的增加，蛋白质继续不断地转变成蛋白质-变性剂复合物，最终导致蛋白质的完全变性。由于变性剂与变性的蛋白质的结合是很微弱的，因此，只有高浓度的变性剂才能导致蛋白质完全变性。第二个机制是疏水性氨基酸残基在尿素和 GuHCl 溶液中的增溶。由于尿素和 GuHCl 具有形成氢键的能力，因此，高浓度的这些溶质打断了水的氢键结构。溶剂水的结构的破坏使它成为非极性残基的一种更好的溶剂，这就导致蛋白质分子内部的非极性残基的展开和增溶。

尿素和 GuHCl 诱导的蛋白质变性在除去变性剂后可以逆转。然而，由尿素诱导的蛋白质变性要实现完全的逆转有时是困难的，这是因为部分尿素转变成氰酸盐和氨，而氰酸盐与氨基的作用改变了蛋白质的电荷。

（4）表面活性剂和变性

表面活性剂，如十二烷基硫酸钠（SDS）是很强的变性剂。SDS 在 3～8mmol/L 浓度就能使大多数球状蛋白质变性。变性的机制包括表面活性剂选择性地结合到变性的蛋白质分子，于是就导致在天然和变性状态蛋白质之间平衡的移动。不同于尿素和 GuHCl，表面活性剂能强烈地与变性的蛋白质结合，这也是在 3～8mmol/L 低浓度时表面活性剂就能使蛋白质完全变性的理由。由于存在着这种强烈的结合，因此，SDS 诱导的蛋白质变性是不可逆的。球状蛋白质经 SDS 变性后不是以随机螺旋状态存在，而是在 SDS 溶液中采取 α-螺旋棒状存在，严格地讲，此棒状蛋白质是变性的。

（5）盐离子和变性

盐以两种不同的方式影响着蛋白质的稳定性。在低浓度时，离子通过非特异性的静电相互作用与蛋白质作用，此类蛋白质电荷的静电中和一般稳定了蛋白质的结构。完全的电荷中和出现在离子强度等于或低于 0.2，并且与盐的性质无关。然而，在较高的浓度（＞1mol/L）下，盐具有影响蛋白质结构稳定性的离子特异效应，像 Na_2SO_4 和 NaF 这样的盐能促进蛋白质结构的稳定性，而 NaSCN 和 $NaClO_4$ 的作用相反。阴离子对蛋白质结构的影响大于阳离子。例如，图 1-16 显示了各种钠盐对 β-乳球蛋白热变性温度的影响。在相同的离子强度，Na_2SO_4 和 NaCl 使 T_d 提高，而 NaSCN 和 $NaClO_4$ 使 T_d 降低。不管大分子（包括 DNA）的化学结构和构象的差别，高浓度的盐总是对它们的结构稳定性产生不利的影响。NaSCN 和 $NaClO_4$ 是强变性剂。在等离子强度下各种阴离子影响蛋白质（包括 DNA）结构稳定性的能力一般遵循下面顺序，即 $F^- < SO_4^{2-} < Cl^- < Br^- < I^- < ClO_4^-$ $< SCN^- < Cl_3CCOO^-$。氟化物、氯化物和硫酸盐是结构稳定剂，而其他阴离子盐是结构去稳定剂。

对于盐影响蛋白质结构稳定性的机制还不十分清楚，或许涉及它们与蛋白质结合和改变蛋白质水合性质的能力。稳定蛋白质的盐能促进蛋白质的水合作用，并与蛋白质微弱地结合，使蛋白质不稳定的盐能降低蛋白质的水合作用，并与蛋白质强烈地结合。这些效应主要是在蛋白质-水界面上能量扰动的结果。从基础水平上来看，盐类导致蛋白质的稳定和去稳定与它们对体相水的结构的影响有关，稳定蛋白质结构的盐也能促进水的氢键结构，使蛋白质变性的盐也能打破体相水的结构，使水成为非极性分子较好的溶剂。换言之，促溶盐的变性效应或许与蛋白质分子中疏水相互作用的去稳定有关。

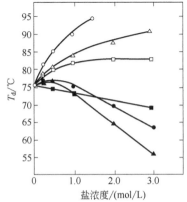

图 1-16　各种钠盐对处在 pH 7.0 下
β-乳球蛋白热变性温度的影响
o—Na_2SO_4；△—NaCl；□—NaBr；
●—$NaClO_4$；▲—NaSCN；■—尿素

参考文献

［1］Campbell M K. Bioehemichemistry［M］. London：Saunders College Publishing，1995.

［2］Damodaran S，Paranf A. Food protein and their application［M］. New York：Marcel Deker，Inc，1997.

［3］Eriekson D R.Practical handbook of processing and utilization［M］. Champaign：AOCS Press，1995.

［4］Hettiarachchy N S，Ziegler G R. Protein functionality in food systems［M］. New York：Marcel Dekker，1994.

［5］Inglett G E. Seed proteins（symposium）［M］. Westport：AVI Publishing Company，1972.

［6］Kinsella J E，Soucie W G. Food proteins［M］. Champaign：American Oil Chemists'Society，1989.

［7］Mitchell J R，Ledward D A. Functional properties of food Macromolecules［M］. 2nd ed. London：Elsevier，1986.

［8］Sehulz G E，Schirmer R H. Principles of protein structure［M］. New York：Springer-Verlag，1979.

[9] Whitaker J R，Tannenbaum S R. Food proteins [M]. Westport：AVI Publishing Company，1977.

[10] Whitaker J R，Fujimaki M. Chemical deterioration of proteins [M]. Washington：American Chemical Society：ACS Symposium Series，1980.

[11] Fennema O R. 食品化学 [M]. 王璋，许时婴，等，译. 北京：中国轻工业出版社，2003.

[12] 王大成. 蛋白质工程 [M]. 北京：化学工业出版社，2003.

[13] 周瑞宝. 植物蛋白功能原理与工艺 [M]. 北京：化学工业出版社，2007.

2

蛋白质的功能特性

2.1　蛋白质的食用功能

　　食物质构、风味、色泽和外观等感官品质是人们评价食品的重要依据。一种食品的感官品质是食品中各种主要组分和次要组分之间相互复杂作用的净结果。蛋白质对食品的感官品质一般具有重要的影响，例如，大豆蛋白在肉食、饮料中的应用主要与大豆蛋白具有凝胶、分散、乳化、持油、保水等功能特性有关；焙烤食品的感官性质与小麦面筋蛋白的黏弹性和面团形成性质有关；乳制品的质构性质和凝乳块形成性质取决于酪蛋白胶束独特的胶体结构；一些蛋糕的结构和一些甜食的搅打起泡性质取决于蛋清蛋白的性质。在表 2-1 中列出了各种蛋白质在不同食品中的功能作用。可将食品蛋白质的"功能特性"定义为：在食品加工、保藏、制备和消费期间，影响蛋白质在食品性能体系中的那些蛋白质的物理性质和化学性质。

表 2-1　蛋白质在食品体系中的功能作用

功能	机制	食品	蛋白质种类
溶解性	亲水性	饮料	大豆蛋白，乳清蛋白
黏度	水结合，流体动力学，分子大小和形状	汤，肉汁，色拉调味料和甜食	大豆分离蛋白，明胶
吸水性	氢键，离子水合	肉，香肠，蛋糕和面包	大豆分离蛋白，鸡蛋清蛋白
凝胶作用	固定水和形成网状结构	凝胶，肉肠，奶酪	大豆分离蛋白，鸡蛋清蛋白
黏结-黏合作用	疏水结合，离子结合和氢键	肉肠，面条，焙烤食品	大豆蛋白，肌肉蛋白，鸡蛋清蛋白，乳清蛋白
弹性	疏水结合和二硫交联	焙烤食品，豆腐	大豆蛋白
乳化作用	在界面上吸附形成膜	香肠，红肠，调味料	大豆蛋白，鸡蛋清蛋白等
起泡性	在界面上吸附形成膜	搅打起泡，冰激凌	大豆水解蛋白，鸡蛋清蛋白
脂肪风味结合作用	疏水结合	低脂焙烤食品，油炸面圈	大豆蛋白，谷类蛋白，鸡蛋清蛋白

食品所具有的感官品质是通过各种功能配料间复杂的相互作用而获得的。例如，蛋糕的感官品质，来源于所采用配料的热凝结形成的凝胶、起泡和乳化性质。因此，蛋白质必须具备多种功能性质，才能作为一种有用的配料被应用于蛋糕和其他类似产品的加工中。这些蛋白质具有广泛的物理和化学性质，因此它们能表现出多种功能。如上所述，大豆分离蛋白和蛋清具有胶凝乳化作用、起泡性、水结合性等多种功能，是许多食品的非常理想的蛋白质配料。决定蛋白质功能性质的物理和化学性质包括：大小，形状，氨基酸组成和顺序，净电荷和电荷的分布，疏水性和亲水性之比，二级、三级和四级结构，分子柔性和刚性，蛋白质分子间相互作用以及同其他组分作用的能力。由于蛋白质具有很多的物理和化学性质，因此很难描述这些性质中的每一种在指定的功能性质中所起的作用。

通常，蛋白质的各种功能性质，可以被认为是蛋白质中两类分子性质的表现形式：①流体动力学性质；②与蛋白质表面有关的性质。诸如黏度（增稠）、胶凝作用和组织化这样的功能性质取决于蛋白质分子的大小、形状和柔性。诸如湿润性、分散性、溶解性、起泡性、乳化性以及脂肪与风味物质结合的功能性质取决于蛋白质表面的化学性质和食用质构特性。

人们虽然对几种食品蛋白质的物理化学性质已有很多了解，但是还不能成功地从蛋白质的分子性质预测它们的功能性质。蛋白质在模拟体系中的性能往往不同于在真实食品中的性能，部分原因是在食品制作中蛋白质发生变性。变性的程度取决于 pH、温度、其他加工条件和产品的特性。此外，蛋白质与其他食品组分，如脂肪、糖、多糖和次要组分相互作用，从而改变了它们的功能性质。

2.1.1　蛋白质的水合作用

水是食品的一个必需组分。食品的流变和质构性质，取决于水与其他食品组分，尤其像蛋白质和多糖那样的大分子的相互作用。水能改变蛋白质的物理化学性质，例如，水能改变非晶态和半结晶食品蛋白质的玻璃化温度和熔化温度。玻璃化温度涉及从脆弱的非晶态固体（玻璃）状态转变至柔性橡胶状态，而熔化温度涉及从结晶固体转变至非晶态结构。

蛋白质的许多功能性质，如分散性、润湿性、肿胀性、溶解性、黏度、持水能力、胶凝作用、凝结性、乳化作用和起泡作用，取决于水-蛋白质相互作用。在诸如焙烤食品和绞碎肉制品这样的低等和中等水分食品中，蛋白质结合水的能力是决定这些食品可接受性的关键因素。一种蛋白质所具有的在蛋白质-蛋白质相互作用和蛋白质-水相互作用之间保持适当平衡的能力，对于它的热胶凝作用是很关键的。

水分子能同蛋白质分子的一些基团相结合，它们包括：带电基团（离子-偶极相互作用），主链肽基团，Asn 和 Gln 的酰氨基，Ser、Thr 和 Tyr 残基的羟基（偶极-偶极相互作用），非极性残基（偶极-诱导偶极相互作用、疏水结合）等。

当干蛋白质粉与相对湿度为90%～95%的水蒸气达到平衡时,每克蛋白质所结合的水的质量(g)被定义为蛋白质结合水的能力。在表 2-2 中列出了蛋白质分子中各种极性和非极性基团结合水的能力(有时也称为水合能力)。含带电基团的氨基酸残基结合约 6mol/mol,不带电的极性残基结合约 2mol/mol,而非极性残基结合约 1mol/mol。因此,蛋白质的水合能力部分地与它的氨基酸组成有关,带电的氨基酸残基数目愈大,水合能力愈大。可按下面的经验式从蛋白质的氨基酸组成计算它的水合能力,即:

$$\alpha = f_c + 0.4f_p + 0.2f_N \tag{2-1}$$

式中,α 表示水合能力,g/g;f_c、f_p、f_N 分别代表蛋白质分子中带电离子化氨基酸残基、不带电极性氨基酸残基和非极性氨基酸残基所占的分数。

表 2-2 氨基酸残基的水合能力

氨基酸残基	水合能力/(g/g)	氨基酸残基	水合能力/(g/g)
极性残基		离子化残基	
Asn	2	Asp⁻	6
Gln	2	Glu⁻	7
Pro	3	Tyr⁻	7
Ser	2	Arg⁺	3
Trp	2	His⁺	4
Asp(非离子化)	2	Lys⁺	4
Glu(非离子化)	2	非极性残基	
Tyr	3	Ala	1
Arg(非离子化)	3	Gly	1
Lys(非离子化)	4	Phe	0
		Val,Ile,Leu,Met	1

注:表中数据是根据对多肽的核磁共振研究而测定得到的与氨基酸残基相结合的非冻结水。

从实验测得的一些单体球状蛋白质的水合能力非常符合从上述经验式计算所得的结果。然而,对于低聚蛋白质的情况并非如此,由于低聚蛋白质的结构涉及在亚基-亚基界面蛋白质表面部分的埋藏,因此,计算值一般高于实验值。另一方面,实验测得的酪蛋白胶束的水合能力(约 4g/g)远大于上述经验式计算的结果,这是因为在酪蛋白胶束结构中存在着大量的空穴,使酪蛋白胶束能通过毛细管作用和截留吸水。

在宏观水平上,蛋白质与水结合是一个逐步的过程。在低水分活度时,高亲和力的离子基团首先溶剂化,然后是极性和非极性基团结合水。图 2-1 描述了随

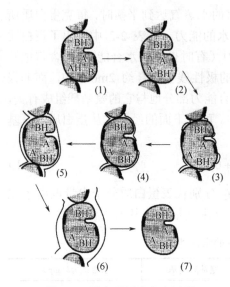

图 2-1　蛋白质逐步水合过程

（1）未水合蛋白质；（2）带电基团的最初水合；
（3）靠近极性和带电部位水分子簇的形成；（4）在极性
表面水合作用的完成；（5）非极性局部小块的疏水水合，
单层覆盖的完成；（6）与蛋白质缔合的水同体相水之间
的桥接；（7）完成流体动力学水合作用

着水分活度的提高，蛋白质与水逐步结合的过程。把每克蛋白质结合水的量作为相对湿度的函数，可以得到一条 S 形曲线，此即蛋白质的吸附等温线。对于大多数蛋白质，所谓的单层覆盖出现在水分活度（A_w）为 0.05～0.30 范围中，而在水分活度 0.30～0.70 范围形成多层水。单层水主要与离子化基团缔合，这部分水不能冻结，不能作为溶剂参与化学反应，常被称作"结合水"。这部分水应被理解为流动性受到阻碍的水。在单层水合范围（0.07～0.27g/g）内，水的解吸（从蛋白质表面转移至主体相）自由能变化在 25℃时仅为 0.75kJ/mol。由于在 25℃时水的热动能约为 2.5kJ/mol（远大于解吸自由能），因此，有理由认为在单层中的水分子是能够流动的。

在 $A_w=0.9$ 时，蛋白质结合水约 0.3～0.5g/g（表 2-3）。这部分中的水多数在 0℃时不能冻结。当 $A_w>0.9$ 时，液态（大量）水凝聚在蛋白质分子结构的裂缝中或不溶性蛋白质（例如肌纤维）的毛细管中。这部分水的性质类似于体相水，被称为流体动力学水，随蛋白质分子一起运动。

表 2-3　各种蛋白质的水合能力

蛋白质	水合能力/（g/g）	蛋白质	水合能力/（g/g）
商业蛋白质产品[①]		血红蛋白	0.62
大豆蛋白	0.33	肌红蛋白	0.44
酪蛋白酸钠	0.38～0.92	酪蛋白	0.40
乳清浓缩蛋白	0.45～0.52	卵清蛋白	0.30
纯蛋白质[②]		胰凝乳蛋白酶原	0.23
核糖核酸酶	0.53	胶原蛋白	0.45
溶菌酶	0.34	血清清蛋白	0.33
β-乳球蛋白	0.54		

①　在相对湿度 90%（A_w）时的值。②　在相对湿度 95%（A_w）时的值。

　　一些环境因素，如 pH、离子强度、盐的种类、温度和蛋白质的构象影响蛋白质结合水的能力。蛋白质处在等电点 pH 时，由于蛋白质-蛋白质相互作用得到增强而产生弱的蛋白质与水相互作用，因此，蛋白质显示最低的水合作用。高于或低于等电点 pH，由于净电荷和推斥力的增加使得蛋白质肿胀和结合较多的水。大多数蛋白质结合水的能力在 pH9～10 时比任何其他 pH 时大，这是由于巯基和酪氨酸残基的离子化；当 pH 超过 10 时，赖氨酸残基的 ε-氨基上正电荷的失去使蛋白质结合水的能力下降。

　　在低浓度（<0.2mol/L）时，盐能提高蛋白质结合水的能力，这是由水合盐离子与蛋白质分子上带电基团微弱的结合所造成的。在此低浓度，离子与蛋白质的结合并没有影响蛋白质分子带电基团的水合壳层，蛋白质结合水能力的提高基本上来自与结合的离子缔合的水。然而在高盐浓度，更多的水与盐离子结合，导致蛋白质脱水。随着温度的提高，由于氢键作用和离子基团水合作用的减弱，蛋白质结合水的能力一般随之下降。变性蛋白质结合水的能力一般比天然蛋白质约高 10%，这是由于蛋白质变性时，随着一些原来埋藏的疏水基团的暴露，表面积与体积之比增加。然而，如果变性导致蛋白质聚集，那么，蛋白质结合水的能力由于蛋白质-蛋白质相互作用而下降。必须指出，大多数变性蛋白质在水中的溶解度很低，尽管它们结合水的能力与它们处在天然状态时相比没有发生剧烈的变化，因此，蛋白质结合水的能力不能用来预测它们的溶解特性。换言之，蛋白质的溶解性不仅取决于结合水的能力，还取决于其他热力学因素。

　　对于食品体系，一种蛋白质的持水能力比它的结合水的能力更为重要。持水能力是指蛋白质吸收水并将水保留（对抗重力）在蛋白质组织（例如蛋白质凝胶、牛肉和鱼肌肉）中的能力。被保留的水是指结合水、流体动力学水和物理截留水的总和，其中物理截留水对持水能力的贡献远大于结合水和流体动力学水。然而，研究结果表明，蛋白质的持水能力与结合水能力是正相关的。蛋白质截留水的能力与绞碎肉制品的多汁和嫩度相关，也与焙烤食品和其他凝胶类食品的理想质构相关。

2.1.2 溶解度

　　蛋白质的溶解度往往影响着它们的功能性质，其中最受影响的功能性质是增稠、起泡、乳化和胶凝作用。不溶性蛋白质在食品中的应用是非常有限的。

　　蛋白质的溶解度是在蛋白质-蛋白质和蛋白质-溶剂相互作用之间平衡的热力学表现形式，即：

$$蛋白质\text{-}蛋白质+溶剂\text{-}溶剂 \Longleftrightarrow 蛋白质\text{-}溶剂$$

　　影响蛋白质溶解性质的主要相互作用是疏水作用和离子相互作用。疏水作用能促进蛋白质-蛋白质相互作用，使蛋白质溶解度降低；而离子相互作用能促进蛋白质-水相互作用，使蛋白质溶解度增加。离子化残基使溶液中蛋白质分子间产生两种推斥力：在除等电点外的任何 pH 时由于蛋白质分子带净的正电荷或负电荷而在蛋白质分子间产生的静电推斥力是第一种推斥力；在蛋白质分子的离子基团的水合壳层之间的推斥力是第二种推斥力。

蛋白质的溶解度基本上与氨基酸残基的平均疏水性和电荷频率有关。平均疏水性（Δg）可按式（2-2）定义：

$$\Delta g = \frac{\Sigma \Delta g_{残基}}{n} \tag{2-2}$$

式中　$\Delta g_{残基}$——每一种氨基酸残基的疏水性，即残基从乙醇转移至水时自由能的变化；

　　　　n——蛋白质分子中的总残基数。

电荷频率（σ）按式（2-3）定义：

$$\sigma = \frac{n^+ + n^-}{n} \tag{2-3}$$

式中　n^+，n^-——分别代表蛋白质分子中带正电荷和带负电荷残基的总数；

　　　　n——蛋白质分子中的总残基数。

平均疏水性愈小、电荷频率愈大，蛋白质的溶解度愈高。虽然这个经验关系对于大多数蛋白质是正确的，然而并非绝对正确的。这种处理方法的缺点是它没有考虑到与整个蛋白质分子的平均疏水性和电荷频率相比，与周围水接触的蛋白质表面的亲水性和疏水性是决定蛋白质溶解度更重要的因素。蛋白质分子表面的疏水小区域数目愈少，蛋白质的溶解度愈大。

根据蛋白质的溶解度性质可将它们分成 4 类：①清蛋白，能溶于 pH6.6 的水，例如血清清蛋白、卵清蛋白和 α-乳清蛋白；②球蛋白，能溶于 pH7.0 的稀盐溶液，例如大豆球蛋白、云扁豆蛋白和 β-乳球蛋白；③谷蛋白，仅能溶于酸（pH2）和碱（pH12）溶液，例如小麦谷蛋白；④醇溶谷蛋白，能溶于 70%乙醇，例如玉米醇溶蛋白和麦醇溶蛋白。谷蛋白和醇溶谷蛋白是高疏水性蛋白质。

除了这些固有的物理化学性质外，pH、离子强度、温度和存在有机溶剂等溶液条件也会影响蛋白质的溶解度。

2.1.2.1　pH 和溶解度

在低于或高于等电点 pH 时，蛋白质分别带有净的正电荷和净的负电荷。带电氨基酸残基的静电推斥和水合作用促进了蛋白质的溶解。大多数食品蛋白质的溶解度-pH 是一条 U 形曲线，最低溶解度出现在蛋白质的等电点附近。多数食品蛋白质是酸性蛋白质，即蛋白质分子中的 Asp 和 Glu 残基的总和大于 Lys、Arg 和 His 残基的总和。因此，它们在 pH 4～5（等电点）时具有最低的溶解度，而在碱性条件时具有最高的溶解度。蛋白质在近等电点 pH 时具有最低溶解度是由于缺乏静电推斥作用，因而疏水相互作用导致蛋白质的聚集和沉淀。一些食品蛋白质，例如大豆碱性球蛋白（pI=9.05～9.26）、β-乳球蛋白（pI=5.2）和牛血清清蛋白（pI=5.3），即使在它们的等电点仍然是高度溶解的，这是因为在这些蛋白质分子中表面亲水性残基的数量远高于表面疏水性基团。需要注意的是，蛋白质在等电点时即使是电中性的，然而它仍然带有电荷，只是在分子表面上正电荷和负电荷相等而已。如果由这些带电残基产生的亲水性和水合作用推斥力大于蛋白质-蛋白质疏水相互作用，那么，蛋白质在pI仍然是溶解的。

由于大多数蛋白质在碱性 pH（8～9）条件下是高度溶解的，因此，总是在此pH范围从植物资源（如大豆粉）提取蛋白质，然后，在pH4.5～4.8采用等电点沉淀法从提取液中回收蛋白质。

热变性会改变蛋白质的pH-溶解度关系曲线的形状（图2-2）。天然的乳清分离蛋白在pH2～9 范围是完全溶解的，然而在 70℃加热 1～10min 后，pH-溶解度关系曲线转变成典型的 U 形曲线，而最低溶解度出现在pH4.5。蛋白质经热变性后溶解度曲线形状的改变是蛋白质构象的展开而使表面疏水性提高所造成的；构象的展开使蛋白质-蛋白质和蛋白质-溶剂相互作用之间的平衡向前者移动。

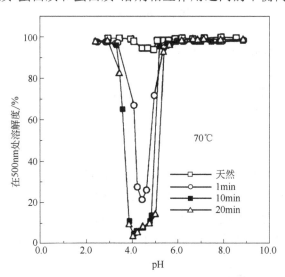

图 2-2　乳清分离蛋白在 70℃被加热不同时间后的 pH-溶解度关系曲线

2.1.2.2　离子强度和溶解度

可根据式（2-4）计算盐溶液的离子强度：

$$M_\mu = 0.5\Sigma c_i Z_i^2 \tag{2-4}$$

式中　c_i ——一个离子的浓度；

　　　Z_i ——离子价数。

在低离子强度（<0.5）下，离子中和蛋白质表面的电荷。此电荷掩蔽效应以两种不同的方式影响蛋白质的溶解度，这取决于蛋白质表面的性质。如果蛋白质含有高比例的非极性区域，那么，此电荷掩蔽效应使它的溶解度下降，反之，溶解度提高。大豆蛋白典型的属于第一种情况，而β-乳球蛋白属于第二种情况。在疏水相互作用使蛋白质溶解度下降的同时，由于盐的作用降低了蛋白质大分子离子的活性而使它的溶解度提高。当离子强度＞1.0时，盐对蛋白质溶解度具有特殊的离子效应。

当盐浓度增加至μ=1时，硫酸盐和氟化物（盐）逐渐降低蛋白质的溶解度（盐析），硫氰酸和过氯酸盐逐渐提高蛋白质的溶解度（盐溶）。在相同的μ时，各种离子对蛋白质溶解度的相对影响遵循Hofmeister序列。阴离子提高蛋白质溶解度的能力按下列顺序：$SO_4^{2-}<F^-<Cl^-<Br^-<I^-<ClO_4^-<SCN^-$，而阳离子降低蛋白质溶解度的能力按下列顺序：$NH_4^+<K^+<Na^+<Li^+<Mg^{2+}<Ca^{2+}$。离子的这个性能类似于盐对蛋白质热变性温度的影响。

蛋白质在盐溶液中的溶解度一般遵循下列关系：

$$\lg \frac{S}{S_0}=\beta-K_s c_s$$

式中　S，S_0——分别是蛋白质在盐溶液和水中的溶解度；

　　　K_s——盐析常数；

　　　c_s——盐的浓度；

　　　β——常数。

对盐析类盐，K_s是正值；而对盐溶类盐，K_s是负值。

2.1.2.3　温度和溶解度

在恒定的pH和离子强度下，大多数蛋白质的溶解度在0～40℃温度范围内随温度的升高而提高。然而，一些高疏水性蛋白质，如一些谷类蛋白和β酪蛋白例外，它们的溶解度和温度呈负相关。当温度高于40℃时，由于热动能的增加导致蛋白质结构的展开（变性）、非极性基团的暴露、聚集和沉淀作用，即溶解度下降。

2.1.2.4　有机溶剂和溶解度

加入能与水互溶的有机溶剂（如乙醇和丙酮），可以降低水介质的介电常数，从而提高分子内和分子间的静电作用力（推斥和吸引）。分子内的静电推斥相互作用导致蛋白质分子结构展开。在此展开状态，介电常数的降低能促进暴露的肽基团之间形成分子间氢键，以及带相反电荷的基团之间的分子间静电相互吸引作用。这些分子间的极性相互作用导致蛋白质在有机溶剂-水体系中溶解度下降或沉淀。有机溶剂-水体系中的疏水相互作用对蛋白质沉淀所起的作用是最低的，这是因为有机溶剂对非极性残基具有增溶的效果。然而，在低浓度有机溶剂的水介质中，由于暴露的残基之间的疏水相互作用也还能促使蛋白质的不溶解。

由于蛋白质的溶解度与它们的结构状态紧密相关，因此，在蛋白质的提取、分离和纯化过程中，它常被用来衡量蛋白质变性的程度。它还是判断蛋白质潜在的应用价值的一个指标。商业上制备的浓缩蛋白和分离蛋白都有宽广的溶解度范围。蛋白质氮溶解指数（NSI）或蛋白质分散性指数（PDI）通常用来表示蛋白质制品的溶解度特征。这两项都表达了可溶性蛋白质在蛋白质试样中所占的百分数。商业分离蛋白质的 NSI 在 25%～80%之间变动。由于测定方法不同，大豆蛋白的 NSI=(PDI-1)/1.07，或 PDI=1.07NSI+1。

2.1.3　蛋白质的界面性质

对于有些天然食品和加工食品或是泡沫（或乳状液产品）的分散体系，除非在两相界面上存在一种合适的两性物质，否则是不稳定的。蛋白质是两性分子，它们能自发地迁移至气-水界面或油-水界面。蛋白质自发地从体相迁移至界面，表明蛋白质处在界面上比处在体相水相中具有较低的自由能。于是，当达到平衡时，蛋白质的浓度在界面区域总是高于在体相水相中。不同于低分子量表面活性剂，蛋白质能在界面形成高黏弹性薄膜，后者能承受保藏和处理中的机械冲击。因此，蛋白质稳定的泡沫和乳状液体系，比采用低分子量表面活性剂制备的相应分散体系更加稳定，正因为如此，蛋白质被广泛地应用于此目的。

虽然所有的蛋白质是两亲的，但是它们在表面活性性质上存在着显著的差别。蛋白质在表面性质上的差别，不能简单地归因于它们具有不同的疏水性氨基酸残基与亲水性氨基酸残基之比。如果一个大的疏水性/亲水性比值是蛋白质表面活性的主要决定因素，那么，疏水性氨基酸残基含量超过 40%的植物蛋白，比起清蛋白类的卵清蛋白和牛血清白蛋白应该是更好的表面活性剂。然而，实际情况并非如此，与大豆蛋白和其他植物蛋白相比，卵清蛋白和牛血清白蛋白是更好的乳化剂和起泡剂。大多数蛋白质的平均疏水性处在一个狭窄的范围之内，然而它们却表现出显著不同的表面活性。因此，必须做出这样的结论：蛋白质表面活性的差别主要与它们在构象上的差别有关。重要的构象因素包括多肽链的稳定性/柔性、对环境改变适应的难易程度以及亲水与疏水基团在蛋白质表面的分布模式。所有这些构象因素是相互关联的，它们集合在一起对蛋白质的表面活性产生重大的影响。

在搅打和均质时形成稳定的泡沫和乳状液的首要关键是蛋白质自发和快速地吸附在新形成的界面上。一种蛋白质能否快速吸附至气-水或气-油界面，取决于在它表面上疏水和亲水小区分布的模式。如果蛋白质的表面是非常亲水的，并且不含有可辨别的疏水小区，在这样的条件下，蛋白质处在水相比处在界面或非极性相中具有较低的自由能，那么，吸附或许就不能发生。随着在蛋白质表面疏水小区数目的增加，蛋白质自发地吸附在界面的可能性也增加（图 2-3）。随机分布在蛋白质表面的单个疏水性残基既不能构成一个疏水小区，也不具有能使蛋白质牢固地固定在界面所需要的相互作用的能量。即使蛋白质整个可接近的表面的40%被非极性残基覆盖，如果这些残基没有形成隔离的小区，那么，它们仍然不能促进蛋白质的吸附。换言之，蛋白质表面的分子特性对蛋白质能否自发地吸附至界面和它将如何有效地起到分散体系的稳定剂的作用有着重大的影响。

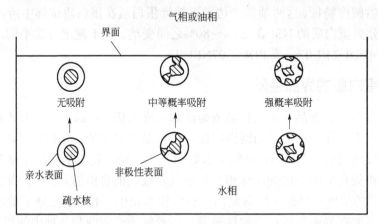

图 2-3　表面疏水小区对蛋白质吸附在界面的概率的影响

　　至于在界面上的吸附模式，蛋白质不同于低分子量的表面活性剂。对于像磷脂和甘油一酯这样的低分子量的表面活性剂，它们的亲水和疏水部分存在于分子的两端，当分子吸附在界面并定向时，不存在构象压制因素。对于蛋白质，由于它具有体积庞大和折叠的特点，一旦吸附在界面，分子的一大部分仍然保留在体相，而仅有一小部分固定在界面。蛋白质分子的这一小部分束缚在界面上牢固的程度取决于固定在界面上的肽片段的数目和这些片段与界面相互作用的能量。仅当肽片段与界面相互作用的自由能变化（负值）在数值上远大于蛋白质分子的热动能时，蛋白质才能保留在界面上。固定在界面上的肽片段的数目部分地取决于蛋白质分子构象的柔性。像酪蛋白这样高度柔性的分子，一旦吸附在界面上就能发生快速的构象改变，使额外的多肽链片段结合在界面。

　　多肽链在界面上采取 1 种、2 种或 3 种不同的构型，即列车状、圈状和尾状（图 2-4）。当多肽片段直接与界面接触时呈列车状，当多肽片段悬浮在水相时呈圈状，蛋白质分子的 N-末端和 C-末端片段通常处在水相呈尾状。这 3 种构象的相对分布取决于蛋白质的构象特征。以列车状构象存在于界面的多肽链比例愈大，蛋白质愈是强烈地与界面相结合，并且表面张力愈低。

　　界面上蛋白质膜的机械强度取决于黏合的分子间相互作用，它们包括静电相互吸引作用、氢键和疏水相互作用。吸附的蛋白质经交换反应而实现的界面聚合作用也能提高膜的黏弹性质。蛋白质在界面膜中的浓度约为 0.2～0.25g/mL，它几乎是以凝胶状态存在的。各种非共价相互作用的平衡对于此凝胶状膜的稳定性和黏弹性是必需的。假如疏水相互作用太强，会导致蛋白质在界面聚集、凝结和最终沉淀，这损害膜的完整性；假如静电推斥力远强于相互吸引作用，会妨碍黏稠膜的形成。因此，吸引、推斥和水合作用力之间适当的平衡是形成稳定的黏弹膜的必要条件。

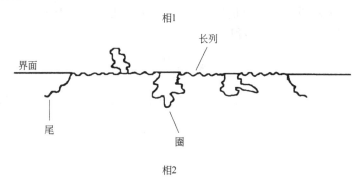

图 2-4　柔性多肽在界面上的各种构型

乳状液和泡沫的形成和稳定的基本原理是非常类似的。然而，由于这两类界面在能量上存在差异，因此，它们对蛋白质的分子结构具有不完全相同的要求。换言之，一种蛋白质可以是一种好的乳化剂，而未必是一种好的起泡剂。

现在应该清楚地认识到，蛋白质在界面上的性质是非常复杂的，并且对它的了解还不充分。因此，下面有关食品蛋白质的乳状液和泡沫性质的讨论大体上是定性的。

（1）乳化性质

一些天然和加工食品，如豆奶、牛奶、蛋黄、椰奶、奶油、人造奶油、涂抹食品、色拉酱、冷冻甜食、法兰克福香肠、香肠和蛋糕，都是乳状液类型产品，在这些食品中，蛋白质起着乳化剂的作用。在天然牛奶中，脂肪球是由脂蛋白膜稳定的，当牛奶被均质时，脂蛋白膜被酪蛋白胶束和乳清蛋白组成的膜所取代。在防止乳状液分层方面均质牛奶比天然牛奶更为稳定，这是因为酪蛋白胶束-乳清蛋白质膜比天然蛋白质膜机械强度好。

（2）测定蛋白质乳化性质的方法

评价食品乳化性质的方法有油滴大小分布、乳化活力、乳化能力和乳化稳定性。

① 乳化活力。由蛋白质稳定的乳状液的物理性质和感官性质取决于所形成液滴的大小和总界面面积。

测定乳状液平均液滴大小的方法有光学显微镜法（不是非常可靠）、电子显微镜法、光散射、质子相关图谱。测定了平均液滴的大小后可按式（2-5）计算总界面面积，即：

$$A = \frac{3\phi}{R} \tag{2-5}$$

式中　ϕ ——分散相（油）的体积分数；

　　　R ——乳状液粒子的平均半径。

如果 m 是蛋白质质量，可根据式（2-6）计算乳化活性指数（EAI），即单位质量的蛋白质所产生的界面面积。

$$EAI = \frac{3\phi}{Rm} \tag{2-6}$$

另一个简便而更实际的测定蛋白质的 EAI 的方法是浊度法。乳状液的浊度（T）由式（2-7）确定。

$$T = \frac{2.303A}{l} \tag{2-7}$$

式中　A ——吸光度；

　　　l ——光路长度。

根据光散射的理论，乳状液的界面面积是它的浊度的 2 倍。假设 ϕ 是油的体积分数，c 是每单位体积水相中蛋白质的质量，那么，可根据式（2-8）计算蛋白质的 EAI。

$$EAI = \frac{2T}{(1-\phi)c} \tag{2-8}$$

ϕ 被定义为油的体积分数，$(1-\phi)c$ 是单位体积乳状液中总的蛋白质量。虽然此法简便而又实用，但是它的主要缺陷也是明显的，即它是根据在单个波长 500nm 下测定的浊度而计算的。由于食品乳状液的浊度与波长有关，因此，根据在 500nm 下测定的浊度而计算得到的界面面积不是非常准确的。于是从界面面积再根据式（2-7）计算乳状液中平均粒子直径和乳化粒子的数目时所得的结果也不是非常可靠的。然而，为了简化计算常采用这种方法定性比较不同蛋白质的乳化活力，或蛋白质经不同方式处理后乳化活力的变化。

② 蛋白质的载量。吸附在乳状液油-水界面上的蛋白质量与乳状液的稳定性有关。为了测定被吸附的蛋白质的量，将乳状液离心，使水相分离出来，然后重复地洗油相和离心来除去任何松散的被吸附的蛋白质。最初乳状液中总蛋白质量和从油相洗出的液体中蛋白质量之差即为吸附在乳化粒子上的蛋白质的量。如已知乳化粒子的总界面面积，就可计算每平方米界面面积上吸附的蛋白质的量。一般情况下，蛋白质的载量在 1～3mg/m² 界面面积范围内。在乳状液中蛋白质含量保持不变的条件下，蛋白质的载量随油相体积分数增加而降低。对于高脂肪乳状液和小尺寸液滴，显然需要有更多的蛋白质才足以涂布在界面上来稳定乳状液。

③ 乳化能力。乳化能力（EC）是指在乳状液相转变前（从 O/W 乳状液转

变成 W/O 乳状液）每克蛋白质所能乳化的油的体积。测定蛋白质乳化能力的方法为：在不变的温度和速度下，将油或熔化的脂肪加至在食品捣碎器中被连续搅拌的蛋白质水溶液，根据后者黏度和颜色（通常将染料加入油中）的突然变化或电阻的增加检测相的转变。对于一个由蛋白质稳定的乳状液，相转变通常会发生在 ϕ 为 $0.65\sim0.85$ 范围。相转变并非一个瞬时过程，相转变出现之前先形成 W/O/W 双重乳状液。由于乳化能力是以每克蛋白质在相转变前能乳化的油的体积表示，因此，此值随蛋白质浓度的增加而减少，而未吸附的蛋白质累积在水相。于是，为了比较不同蛋白质的乳化能力，应采用 EC-蛋白质浓度曲线取代在特定蛋白质浓度下的 EC。

④ 乳状液稳定性。由蛋白质稳定的乳状液一般在数日内是稳定的。当试样在正常条件下保藏时，在合理的保藏期内，通常不会观察到可检测的分出的乳油或相分离。因此，常采用诸如保藏在高温或在离心力下分离这样的剧烈条件来评价乳状液的稳定性。如果采用离心的方法，可用乳状液浊度减少的百分数，或者分出的乳油的百分数，或者乳油层的脂肪含量表示乳状液的稳定性。式（2-9）是较常采用的表示乳化稳定性（ES）的方式，即：

$$ES = \frac{乳油层体积}{乳状液总体积} \times 100 \qquad (2\text{-}9)$$

式中，乳油层体积是在乳状液经受标准化的离心处理后测定得到的。一个普通的离心技术包括将一个置于有刻度的离心管中的已知体积的乳状液在 $1300g$ 的条件下离心 5min；有时为了避免油滴聚结，在较低的重力（$180\times g$）下离心较长时间（15min）。

前面已经介绍过的浊度法可以用来评价乳状液的稳定性，此时采用乳化稳定指数（ESI）表示乳状液的稳定性，ESI 的定义是乳状液的浊度达到起始值的一半时所需要的时间。测定乳状液稳定性的方法是具有经验性的。与乳状液稳定性相关的最基本的量值是界面面积，它随时间而改变，然而此量值是很难直接测定的。

（3）影响蛋白质乳化作用的因素

一些因素影响着由蛋白质稳定的乳状液的性质，它们包括内在因素（如 pH、离子强度、温度、存在的低分子量表面活性剂、糖、油相体积、蛋白质类型和使用的油的熔点）和外在因素（如制备乳状液的设备的类型、能量输入的速度和剪切速度）。目前，还没有一致认可的系统的评价蛋白质乳化性质的标准方法，因此，无法精确地比较从不同实验室得到的结果，这也是妨碍正确地理解影响蛋白质乳化性质的分子因素。

涉及乳状液形成和稳定的一般作用力在前面章节中已做了介绍，此处仅讨论影响蛋白质稳定乳状液的分子因素。

蛋白质的溶解度在它的乳化性质方面起着重要的作用，然而，100%的溶解度也不是绝对需要。虽然高度不溶性的蛋白质不是良好的乳化剂，但在 25%～80%溶解度范围内不存在蛋白质溶解度和乳化性质之间确定的关系。然而，由于在油-水界面上蛋白质膜的稳定性同时取决于起促进作用的蛋白质-油相和蛋白质-水相的相互作用，因此，蛋白质具有一定程度的溶解度可能是必需的。对于良好的乳化性质所必需的最低溶解度取决于蛋白质的品种。在香肠这样的肉乳状液中，由于 0.5mol/L NaCl 对肌纤维蛋白的增溶作用而促进了它的乳化性质。商业大豆分离蛋白由于在加工中经受热处理而使它们的溶解度很低，并导致它们的乳化性质很差。

pH 影响着由蛋白质稳定的乳状液的形成和稳定，这涉及几种机制。一般地说，在等电点具有高溶解度的蛋白质（如血清白蛋白、明胶和蛋清蛋白），在此 pH 具有最高乳化活力和乳化能力。在等电点时缺乏净电荷和静电推斥相互作用有助于在界面达到最高蛋白质载量和促使高黏弹膜的形成，两者都贡献于乳状液的稳定性。然而，乳化粒子之间的静电推斥相互作用在某些情况下促进絮凝和结合，于是降低了乳状液的稳定性。蛋白质在乳化作用前的部分变性（展开），如果没有造成不溶解，通常能改进它们的乳化性质，这是由于提高了分子的柔性和表面疏水性。蛋白质在界面上展开的速度取决于原始分子的柔性。在展开状态，含有游离巯基和二硫键的蛋白质通过 2—SH— $\rightleftharpoons$ —S—S—交换反应经历缓慢的聚合作用，这会导致在油-水界面形成高黏弹性的膜。足以造成蛋白质不溶解的热变性，会损害蛋白质的乳化性质。

（4）起泡性质

泡沫是由一个连续的水相和一个分散的气相组成。许多加工食品是泡沫类型产品，它们包括植物脂质蛋糕涂层、搅打奶油、冰激凌、蛋糕、蛋白甜饼、面包、蛋奶酥、奶油冻和果汁软糖。这些产品所具有的独特的质构和口感源自分散的微细空气泡。这些产品中大多数蛋白质是重要的表面活性剂，它们帮助分散的气相的形成和稳定。

由蛋白质稳定的泡沫一般是蛋白质溶液经吹气泡、搅打和振摇而形成的。一种蛋白质的起泡性质，是指它在气-液界面形成坚韧的薄膜，使大量气泡并入和稳定的能力。一种蛋白质的起泡能力是指蛋白质能产生的界面面积的量，有几种表示方式，如超出量或稳定状态泡沫值或起泡力或泡沫膨胀。超出量的定义为：

$$超出量 = \frac{泡沫体积 - 起始液体的体积}{起始液体的体积} \times 100\% \qquad (2\text{-}10)$$

起泡力（FP）的定义为：

$$FP = \frac{并入的气体的体积}{液体的体积} \times 100\% \qquad (2\text{-}11)$$

起泡力一般随蛋白质浓度的增加而提高，直至达到一个最高值，起泡的方法也影响此值。常采用 FP 作为比较在指定浓度下各种蛋白质起泡性质的依据。表 2-4 列出了一些蛋白质在 pH 8.0 时的起泡力。

表 2-4 蛋白质溶液的起泡力

蛋白质	在蛋白质浓度为 0.005g/mL 时的起泡力/%	蛋白质	在蛋白质浓度为 0.005g/mL 时的起泡力/%
大豆蛋白（经酶水解）	500	明胶（酶法加工猪皮明胶）	760
鸡蛋蛋清	240	卵清蛋白	40
牛血浆	260	乳清分离蛋白	600
牛血清白蛋白	280	血纤维蛋白原	360
β-乳球蛋白	480		

注：表中数据是根据起泡力公式计算而得。

泡沫稳定性指蛋白质使处在重力和机械力下的泡沫稳定的能力，通常采用的表示泡沫稳定性的方法是 50%液体从泡沫中泄出所需要的时间，或者泡沫体积减少 50%所需要的时间。这些方法都是非常经验性的，它们并不能提供有关影响泡沫稳定性因素的基本信息。泡沫稳定性最直接的量度是泡沫界面面积的减少作为时间的函数。这可以按如下方法处理。一个小泡的内压大于外压（大气压），在稳定的条件下压力差 Δp 按式（2-12）计算：

$$\Delta p = p_i - p_o = \frac{4\gamma}{r} \tag{2-12}$$

式中 p_i，p_o——分别是内压和外压；

$\quad\quad r$ ——泡沫中小泡的半径；

$\quad\quad \gamma$ ——表面张力。

按照式（2-13），当泡沫坍塌时，在一个含有泡沫的密闭容器内的压力将会增加。压力的净变化是：

$$\Delta p = \frac{-2\gamma\Delta A}{3V} \tag{2-13}$$

式中 V——体系的总体积；

$\quad\quad \Delta p$——压力变化；

$\quad\quad \Delta A$——坍塌泡沫部分造成的界面面积净变化。

泡沫的最初界面面积由式（2-14）确定：

$$A_0 = \frac{3V\Delta p_\infty}{2r} \tag{2-14}$$

式中 Δp_∞——当整个泡沫坍塌时的净压力变化；

A_0——起泡能力的量度。

A 随时间下降的速度可被用来作为泡沫稳定性的量度，此法已被用来研究食品蛋白质的泡沫性质。

泡沫的强度或硬度是指泡沫在破裂前能忍受的最大质量，也采用测定泡沫黏度的方法评价此性质。

（5）影响蛋白质起泡性质的环境因素

由蛋白质稳定的泡沫在蛋白质等电点 pH 比在任何其他 pH 更为稳定，前提是在 pI 处不会出现蛋白质的不溶解性。处在或接近等电点 pH，由于缺乏推斥相互作用，这有利于在界面上的蛋白质-蛋白质相互作用和形成黏稠的膜。此外，由于缺乏在界面和吸附分子之间的推斥，因此，被吸附至界面的蛋白质的数量增加。上述两个因素提高了蛋白质的起泡能力和泡沫稳定性。如果在 pI 时蛋白质的溶解度很低，多数食品蛋白质的情况确是如此，那么，仅仅是蛋白质的可溶部分参与泡沫的形成。由于可溶部分蛋白质的浓度很低，因此形成的泡沫数量较少，然而泡沫的稳定性是高的。尽管蛋白质的不溶解部分对蛋白质的起泡能力没有贡献，而这些不溶解的蛋白质粒子的吸附增加了蛋白质膜的黏合力，因此稳定了泡沫。一般情况下，疏水性粒子的吸附提高了泡沫的稳定性。在 pI 以外的 pH，蛋白质起泡能力往往是好的，但是泡沫的稳定性是差的。蛋清蛋白在 pH8～9 和在它们的等电点有良好的起泡能力。

① 盐。盐对蛋白质起泡性质的影响取决于盐的种类和蛋白质在盐溶液中的溶解度特性。对于大多数球状蛋白质，如大豆蛋白、麦谷蛋白、牛血清白蛋白、蛋清蛋白，起泡力和泡沫稳定性随 NaCl 浓度增加而提高，此性质通常被归之于盐离子对电荷的中和作用。然而，一些蛋白质（如乳清蛋白）却显示相反的效应，即起泡性和泡沫稳定性随 NaCl 浓度的增加而降低（表 2-5），这可归于 NaCl 对乳清蛋白（尤其是 β-乳球蛋白）的盐溶作用。一般地说，在指定的盐溶液中蛋白质被盐析则显示较好的起泡性质，被盐溶时则显示较差的起泡性质。二价阳离子，如 Ca^{2+} 和 Mg^{2+}，在 0.02～0.4mol/L 浓度能显著地改进蛋白质起泡能力和泡沫稳定性，这主要归于蛋白质分子的交联和形成了具有较好黏弹性质的膜。

表 2-5　NaCl 对乳清分离蛋白起泡力和稳定性的影响

NaCl 浓度/（mol/L）	总界面面积/（cm^2/mL）	50%起始面积破裂时间/s
0.00	333	510
0.02	317	324
0.04	308	288
0.006	307	180
0.08	305	165
0.10	287	120
0.15	281	120

② 糖。蔗糖、乳糖和其他糖加入至蛋白质溶液，往往损害蛋白质的起泡能力，但可改进泡沫的稳定性。糖对泡沫稳定性的正效应是由于它提高了体相的黏度，从而降低了泡沫结构中薄层液体泄出的速度。泡沫超量的降低主要是由于在糖溶液中蛋白质的结构较为稳定，于是当蛋白质分子吸附在界面上时较难展开，这样就降低了蛋白质在搅打时产生大的界面面积和泡沫体积的能力。在加工蛋白甜饼、蛋奶酥和蛋糕等含糖泡沫类型甜食产品时，如有可能在搅打后加入糖，这样做能使蛋白质吸附、展开和形成稳定的膜，而随后加入的糖通过增加泡沫结构中薄层液体的黏度提高泡沫的稳定性。

③ 脂质。脂质物质（尤其是磷脂），当浓度超过 0.5%时会显著地损害蛋白质的起泡性质，这是因为脂质物质具有比蛋白质更高的表面活性，在泡沫形成中它们吸附在气-水界面并抑制蛋白质的吸附。由于脂膜缺少能忍受泡沫小泡的内压所必需的黏附和黏弹性质，因此小泡快速膨胀，然后在搅打中坍塌。不含脂肪的乳清浓缩蛋白和分离蛋白、大豆蛋白及不含蛋黄的鸡蛋蛋白，相比相应的含脂肪制剂具有较好的起泡性质。

④ 蛋白质浓度。蛋白质浓度影响着泡沫的一些性质。蛋白质浓度愈高，泡沫愈坚硬。泡沫的硬度是由小的气泡数量和高黏度造成的。高蛋白质浓度提高了黏度，这是因为它在界面上促使形成多层、黏附性蛋白质膜。起泡能力一般随蛋白质浓度提高至某一浓度值时达到最高值。一些蛋白质，如血清清蛋白，在 1%蛋白质浓度时能形成稳定的泡沫，而另一些蛋白质，如乳清分离蛋白和大豆伴清蛋白，需要 2%～5%浓度才能形成比较稳定的泡沫。一般地说，大多数蛋白质在浓度 2%～8%范围内显示最高的起泡能力，蛋白质在泡沫中的界面浓度约为 2～3 mg/m^3。

⑤ 其他。部分热变性能改进蛋白质的起泡性质。例如，将乳清分离蛋白（WPI）在 70℃加热 1min，它的起泡性质得到改进；而 90℃加热 5min，即使被加热的蛋白质仍然保持可溶，它的起泡性质也会变差。WPI 在被 90℃加热后起泡性质变差的原因是蛋白质经—S—S— $\rightleftharpoons$ 2—SH 交换反应发生了广泛的聚合作用，所形成的分子量很高的聚合物不能在起泡过程中吸附在气-水界面。

泡沫产生的方法影响着蛋白质的起泡性质。通过吹泡和喷雾引入空气通常会产生含有较大气泡的泡沫。按适当速度搅打一般会造成含小气泡的泡沫，这是因为剪切作用导致蛋白质在吸附前的部分变性。然而，按高剪切速度搅打或"过度打浆"，会因蛋白质聚集和沉淀而降低起泡力。

一些泡沫类型的食品产品，像果汁软糖、蛋糕和面包，是在泡沫形成之后再加热的。在加热期间，因空气膨胀和黏度下降而导致气泡破裂和泡沫解体。在这些例子中，泡沫的完整性取决于蛋白质在界面上的胶凝作用，此作用会使界面膜具有稳定泡沫所需的机械强度。明胶、面筋和蛋清具有良好的起泡和胶凝性质，它们在上述产品中是合适的起泡剂。

（6）影响泡沫形成和稳定的蛋白质分子结构

作为一个有效的起泡剂，蛋白质必须满足下列基本要求：①它必须快速地吸附至气-水界面；②它必须易于在界面上展开和重排；③它必须通过分子间相互作用形成黏合性膜。影响蛋白质起泡性质的分子性质主要有溶解度、分子（链段）柔性、疏水性（两亲性）、带电基团和极性基团的配置。

气-水界面的自由能远远高于油-水界面的自由能，作为起泡剂的蛋白质必须具有快速地吸附至新产生的界面，并随即将界面张力下降至低水平的能力。界面张力的降低取决于蛋白质分子在界面上快速展开、重排和暴露疏水基团的能力。β-酪蛋白带有随机线圈状的结构，它能以这样的方式降低界面张力。另一方面，溶菌酶含有 4 个分子内二硫键，是一类紧密地折叠的球状蛋白，它在界面上的吸附非常缓慢，仅部分地展开和稍微降低界面张力，因而溶菌酶不是一种良好的乳化剂。可以这样说，蛋白质分子在界面上的柔性是它能否作为一种良好乳化剂的关键。

除分子柔性外，疏水性在蛋白质的起泡能力方面起着重要的作用。蛋白质的起泡力与平均疏水性呈正相关性［图 2-5（a）］。然而，蛋白质的起泡力与表面疏水性呈曲线关系，在疏水性大于 1000 时，这两种性质之间不存在有意义的关系。这表明，蛋白质在气-水界面上的最初吸附至少需要数值为 1000 的表面疏水性，一旦吸附，蛋白质在泡沫形成过程中产生更多界面面积的能力将取决于蛋白质的平均疏水性。

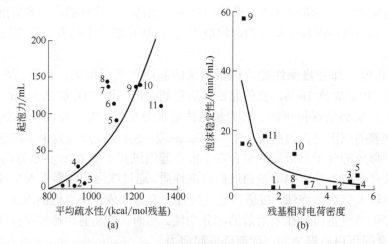

图 2-5　蛋白质的起泡力和平均疏水性（a）与蛋白质泡沫稳定性和电荷密度（b）之间的关系

（1kcal=4.18kJ）

具有良好起泡能力的蛋白质，并非一定是好的泡沫稳定剂。例如，β-酪蛋白在泡沫形成中显示卓越的起泡能力，然而泡沫的稳定性很差。另一方面，溶菌酶不具有良好的起泡能力，然而它的泡沫非常稳定。一般地说，具有良好起泡力的蛋白质不具有稳定泡沫的能力，而能产生稳定泡沫的蛋白质往往显示不良的起泡力。蛋白质的起泡能力和稳定性似乎受不同的两组蛋白质分子性质的影响，而这两组性质彼此是对抗的。蛋白质的起泡能力受蛋白质的吸附速度、柔性和疏水性影响，而泡沫的稳定性取决于蛋白质膜的流变性质。膜的流变性质取决于水合作用、厚度、蛋白质浓度和有利的分子间相互作用。仅部分展开和保留一定程度折叠结构的蛋白质（例如溶菌酶和血清白蛋白），比那些在气-水界面上完全展开的蛋白质（如 β-酪蛋白）通常能形成较紧密的膜和较稳定的泡沫。对于前者，折叠的结构以圈的形式伸展至表面下，这些圈状结构之间的非共价相互作用（也可能是二硫交联）促使凝胶网状结构的形成，此结构具有卓越的黏弹和机械性质。对于一个同时具有良好起泡能力和泡沫稳定性的蛋白质，它应在柔性和刚性之间保持适当的平衡，易于经受展开和参与在界面上众多的黏合性相互作用。但我们不能预测一种指定蛋白质展开至怎样的程度，即使可以预测，也是很困难的。除这些因素外，泡沫的稳定性与蛋白质的电荷密度之间通常显示一种相反的关系［图 2-5（b）］。高电荷密度显然妨碍黏合膜的形成。

大多数食品蛋白质是各种各样蛋白质的混合物，因此，它们的起泡性质受界面上蛋白质组分之间相互作用的影响。蛋清所具有的卓越的搅打起泡性质，应归于它的蛋白质组分（如卵清蛋白、伴清蛋白）和溶菌酶之间的相互作用。酸性蛋白质的起泡性质可通过与碱性蛋白质（如溶菌酶和鲱精蛋白）混合而得到改进，此效果似乎与在酸性和碱性蛋白质之间形成静电复合物有关。

蛋白质的有限酶催化水解一般能改进它们的起泡性质，这是因为分子柔性的增加和疏水基团的充分暴露。然而，由于低分子量肽不能在界面上形成具有黏附性质的膜，因此，过度的水解会损害起泡能力。

2.1.4　蛋白质与风味结合作用

蛋白质本身是没有气味的，然而它们能结合风味化合物，影响食品的感官品质。一些蛋白质，尤其是油料种子蛋白质和乳清浓缩蛋白质，能结合不期望的风味物，限制了它们在食品中的应用。这些不良风味物主要是不饱和脂肪酸氧化产生的醛、酮和醇类化合物。一旦形成，这些羰基化合物就与蛋白质结合，从而影响它们的风味特性。例如，大豆蛋白质制品的豆腥味和青草味是因为己醛的存在。在这些羰基化合物中，有的与蛋白质的结合亲和力很强，以至于采用溶剂都不能将它们抽提出来。对不良风味物与蛋白质相结合的机制有一个基本的了解是必要的，这样可以研究适当的方法以除去它们。

蛋白质结合风味物的性质也具有有利的一面，在制作食品时，蛋白质可以用作为风味物的载体和改良剂，在加工含植物蛋白质的仿真肉制品时，蛋白质的这个性质特别有用，可以成功地模仿肉类风味，使消费者接受。为了使蛋白质能起到风味物载体的作用，它必须同风味物牢固地结合并在加工中保留住它们，当食品在口中被咀嚼时，风味物又能释放出来。然而，蛋白质并不是以相同的亲和力与所有的风味物相结合的，这就导致一些风味物不平衡和不成比例的保留，以及在加工中不期望的损失。与蛋白质相结合的风味物，除非在口中易于释放出来，否则它们对食品的味道和香味没有贡献。

综上所述，掌握有关各种风味物与蛋白质相互作用和从分离蛋白质中除去不良风味的机制是必要的。

2.1.4.1　蛋白质-风味化合物相互作用热力学

在水-风味化合物模拟体系中，加入蛋白质能减少风味化合物的顶空浓度，这可归于风味化合物与蛋白质的结合。风味化合物与蛋白质结合的机制取决于蛋白质试样的水分含量，而相互作用通常是非共价的。干蛋白质粉主要通过范德华力、氢键和静电相互作用与风味化合物相结合。风味化合物被物理截留在干蛋白质粉的毛细管和裂隙中，也影响着它们的风味性质。在液体或高水分食品中风味化合物被蛋白质结合的机制主要涉及非极性配位体与蛋白质表面的疏水小区或空穴的相互作用。除疏水相互作用外，含有极性端基（如羟基和羧基）的风味化合物能通过氢键和静电相互作用与蛋白质相互作用。在结合至表面疏水区之后，醛和酮能扩散至蛋白质分子的疏水性内部。

风味化合物与蛋白质的相互作用通常是完全可逆的。然而，醛能与赖氨酸残基侧链的氨基共价地结合，而此相互作用是不可逆的。仅有非共价结合部分能对蛋白质产品的香味和味道做出贡献。

风味化合物与水合蛋白质结合的程度取决于在蛋白质表面有效的疏水结合部位的数目。这些结合部位通常由疏水性残基的基团所构成，而这些基团分别存在于空穴中。在蛋白质表面上，单个非极性残基很少能起到结合部位的作用。在平衡条件下，风味化合物与蛋白质的可逆非共价结合遵循以下方程：

$$\frac{v}{[\text{L}]} = nK - vK \tag{2-15}$$

式中　v——每摩尔蛋白质结合的配位体的物质的量，mol/mol；

　　　n——每摩尔蛋白质结合部位的总数，mol/mol；

　[L]——在平衡时游离的配位体的浓度，mol/L；

　　K——平衡结合常数，$(\text{mol/L})^{-1}$。

按此方程式，以$v/[\text{L}]$对v作图产生一条直线，K和n分别从直线的斜率和截距计算得到。配位体与蛋白质结合的自由能变化可根据方程式$\Delta G = -RT\ln K$计算，式中，R是气体常数；T是热力学温度。表 2-6 列出了羰基化合物结合至各种蛋白质的热力学常数，配位体分子中每增加一个—CH_2—，结合常数提高 3 倍，相应的自由能变化为-2.3kJ/mol，这也表明结合具有疏水性本质。

表 2-6　羰基化合物结合至蛋白质的热力学常数

蛋白质	羰基化合物	$n/$（mol/mol）	$K/$（mol/L）$^{-1}$	$\Delta G/$（kJ/mol）
大豆蛋白（天然）	2-庚酮	4	110	−11.6
	2-辛酮	4	310	−14.2
	2-壬酮	4	930	−16.9
	5-壬酮	4	541	−15.5
	壬醛	4	1094	−17.3
大豆蛋白（部分变性）	2-壬酮	4	1240	−17.6
大豆蛋白（琥珀酰化）	2-壬酮	2	850	−16.7

注：n 为在天然状态时结合部位的数目；K 为平衡结合常数。

　　在水-风味模拟体系关系中，假设蛋白质的所有配位体结合部位具有相同的亲和力，并且在配位体与这些部位结合时没有出现构象的变化。与后一个假设相反，当风味物与蛋白质相结合时，蛋白质的构象实际上产生了变化。风味物扩散至蛋白质分子的内部打断了蛋白质链段之间的疏水相互作用，使蛋白质的结构失去稳定性。含活性基团的风味物配位体（如醛类化合物）能共价地与赖氨酸残基的ε-氨基相结合，改变了蛋白质的净电荷，于是导致蛋白质分子展开。蛋白质分子结构的展开一般伴随着新的疏水基团的暴露，以利于配位体的结合。对于寡聚体蛋白质（如大豆蛋白），构象的改变同时包括亚基的解离和展开。变性蛋白质一般含有大量的具有弱缔合常数的结合部位。

2.1.4.2　影响风味结合的因素

　　由于挥发性风味物主要通过疏水相互作用与水合蛋白质进行相互作用，因此，任何影响疏水相互作用或蛋白质表面疏水性的因素都会影响风味结合。温度对风味结合的影响很小，除非蛋白质发生显著的热展开，这是因为缔合过程主要是由熵驱动而不是由焓驱动的。热变性蛋白质显示较高的结合风味物的能力，然而结合常数通常低于天然蛋白质。盐对蛋白质风味结合性质的影响与它们的盐溶和盐析性质有关。盐溶类型的盐使疏水相互作用去稳定，降低风味结合，而盐析类型的盐提高风味结合。pH 对风味结合的影响一般与 pH 诱导的蛋白质构象变化有关。通常，碱性 pH 比酸性 pH 更能促进风味结合，这是由于蛋白质在碱性pH 比在酸性 pH 下有着更广泛的变性。

　　裂开蛋白质的二硫键导致蛋白质的展开，这一般会提高风味结合能力。蛋白质的大量水解造成疏水区的瓦解和疏水区数目的减少，这会降低风味结合。可以利用这些处理方式从油料种子蛋白质除去不良风味。然而，蛋白质的水解有时会释出苦味肽。肽的苦味往往与疏水性有关，具有小于 5.3kJ/mol 平均疏水性的肽不会产生苦味，而具有大于 5.85kJ/mol 平均疏水性的肽往往是苦的。水解蛋白质中苦味肽的形成取决于氨基酸的组成和序列以及所使用的酶的类型。采用几种商业蛋白酶水解大豆蛋白和酪蛋白时，产生了苦味肽。采用内切和端解肽酶将苦味肽进一步分裂成平均疏水性小于 5.3kJ/mol 的片段，可以减少或消除苦味。

2.1.5　黏结、胶凝和结团作用

2.1.5.1　黏结作用

一些液体和半固体类型的食品（例如大豆蛋白浆、肉汁、汤和饮料等）的可接受性取决于产品的黏度或稠度。溶液的黏度与它在一个力（或剪切力）的作用下流动的阻力有关。对于理想溶液，剪切力（单位面积上的作用力，即 F/A）直接与剪切速度成正比（即两层液体之间的黏度梯度，$\mathrm{d}v/\mathrm{d}r$），这可以用式（2-16）表示：

$$\frac{F}{A} = \eta \frac{\mathrm{d}v}{\mathrm{d}r} \tag{2-16}$$

式中，比例常数 η 被称为理想溶液黏度系数，服从此关系的流体被称为牛顿流体。溶液的流动性质主要取决于溶质的类型。可溶性高聚物甚至在很低的浓度时都能显著提高溶液的黏度。可溶性高聚物的这种性质又取决于它们的分子性质，像大小、形状、柔性和水合能力等。如果分子量相同，那么，随机线圈状大分子溶液的黏度比紧密折叠状大分子溶液的黏度大。

包括蛋白质溶液在内的大多数大分子溶液，尤其是在高浓度时，不具有牛顿流体的性质；当剪切速度增加时黏度系数减小，这种性质被称为假塑性或剪切变稀，服从下列关系：

$$\frac{F}{A} = m\left(\frac{\mathrm{d}v}{\mathrm{d}r}\right)^{n} \tag{2-17}$$

式中　m——高浓度溶液中的黏度系数；

　　　n——流动指数。

造成蛋白质溶液具有假塑性的原因，是蛋白质分子具有将它们的主轴沿着流动方向定向的倾向。依靠微弱的相互作用而形成的二聚体和低聚体解离成单体，也是导致蛋白质溶液剪切变稀的原因。当蛋白质溶液的剪切或流动停止时，它的黏度是否能回升至原来的数值，取决于蛋白质分子松弛至随机定向的速度。纤维状蛋白质（像明胶和肌动球蛋白）通常保持定向，于是不能很快地回复至原来的黏度。另一方面，球状蛋白质溶液（像大豆蛋白和乳清蛋白）当停止流动时，它们很快地回复至原来的黏度，这样的溶液被称为假塑性体系。

由于存在着蛋白质-蛋白质之间的相互作用和蛋白质分子与水之间的相互作用，大多数蛋白质溶液的黏度（或稠度）系数与蛋白质浓度之间存在着指数关系，图 2-6 是以大豆蛋白为例表明这种关系。在高浓度蛋白质溶液或蛋白质凝胶中，由于存在着广泛而强烈的蛋白质-蛋白质相互作用，蛋白质显示塑性黏弹性质，在这种情况下，需要对体系施加一个特定数量的力，即"屈服应力"，才能使它开始流动。

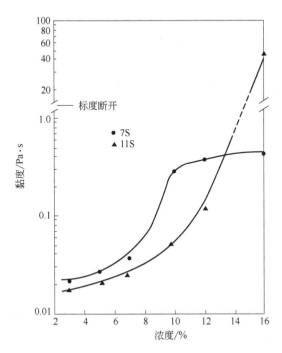

图 2-6　浓度对 7S 和 11S 大豆蛋白溶液在 20℃时黏度（或稠度系数）的影响

蛋白质的黏度性质是一些复杂变量之间相互作用的表现形式,这些变量包括在水合状态时蛋白质分子的大小、形状、蛋白质-溶剂相互作用、流体动力学体积和分子柔性。当蛋白质溶于水时，蛋白质吸收水并肿胀，水合分子的体积，即它们的流体动力学大小或体积远大于未水合的分子的大小和体积。蛋白质缔合水对溶剂的流动性质产生长距离的影响。蛋白质分子的形状和大小对溶液黏度的影响服从下列关系:

$$\eta_{sp} = \beta c(\nu_2 + \delta_1 \gamma_1) \tag{2-18}$$

式中　η_{sp} ——比黏度;

　　　β ——形状因子;

　　　c ——溶液浓度;

　　　γ_1 ——未水合的蛋白质和溶剂的比体积;

　　　δ_1 ——每个蛋白质结合水的质量;

　　　ν_2 ——与分子柔性有关，此值愈大，它的柔性愈大。

可以采用几种方式表示稀蛋白质溶液的黏度。相对黏度是指蛋白质溶液黏度与溶剂的黏度之比。如果采用 Ostwald-Fenske 黏度计测定，那么，相对黏度可用式（2-19）表示：

$$\eta_{rel} = \frac{\eta}{\eta_0} = \frac{\rho t}{\rho_0 t_0} \qquad (2\text{-}19)$$

式中　ρ，ρ_0——蛋白质溶液和溶剂的密度；

　　t，t_0——规定体积的蛋白质溶液和溶剂流经毛细管的时间。

从相对黏度可以得到其他形式的黏度。比黏度可被定义为：

$$\eta_{sp} = \eta_{rel} - 1 \qquad (2\text{-}20)$$

比浓黏度为：

$$\eta_{red} = \frac{\eta_{sp}}{c} \qquad (2\text{-}21)$$

式中，c 为蛋白质浓度。

特性黏度为：

$$[\eta] = \mathrm{Lim}\frac{\eta_{sp}}{c} \qquad (2\text{-}22)$$

将比浓黏度（η_{sp}/c）对蛋白质浓度作图所得的图线外延至蛋白质浓度（Lim）为 0 就得到特性黏度（[η]）。由于在无限稀释的溶液中不存在蛋白质-蛋白质相互作用，因此，特性黏度能精确地指示形状和大小对个别蛋白质分子流动性质的影响。测定特性黏度可以研究由加热和 pH 处理而造成的蛋白质流体动力学形状的变化。

2.1.5.2　胶凝作用

凝胶是介于固体和液体之间的一个中间相，科学定义为"一种无稳定状态流动的稀释体系"。它是由聚合物经共价或非共价键交联而形成的一种网状结构，后者能截留水和其他低分子量的物质。

蛋白质的胶凝作用是蛋白质从"溶胶状态"转变成"似凝胶状态"。在适当条件下加热、酶作用和二价金属离子参与能促使这样的转变。所有这些因素诱导形成一个网状结构，然而在此过程中所包含的共价和非共价相互作用的类型，以及网状结构形成的机制会有显著不同。

在制备食品蛋白质凝胶时，通常是先加热蛋白质溶液。在此种胶凝作用模式中，溶胶状态的蛋白质首先通过变性转变成预凝胶状态。预凝胶状态通常是一种黏稠的液体状态，此时已经出现某种程度的蛋白质聚合作用，这进一步导致蛋白质的展开和必需数量的功能基团的暴露，它们是能形成氢键的基团和疏水性基团，这使得形成蛋白质网状结构的第二阶段出现。由于在展开的分子之间存在着许多蛋白质-蛋白质相互作用，因此，预凝胶的产生是不可逆的。当预凝胶被冷却至室温或冷藏温度时，热动能的降低有助于各种分子上暴露的功能基团之间形成稳定的非共价键，于是产生了胶凝作用。

在网状结构形成中所涉及的相互作用主要是氢键、疏水和静电相互作用。这些作用力的相对贡献取决于蛋白质的类型、加热条件、变性程度和环境条件。除有多价离子参与形成交联之外，氢键和疏水相互作用与静电相互作用相比，能对网状结构的形成做出较大的贡献。蛋白质一般带净的负电荷，因此，在蛋白质分子之间存在着静电推斥，这通常无助于网状结构的形成。然而，带电基团对于维持蛋白质-水相互作用和凝胶的持水能力是必要的。

主要依靠非共价相互作用维持的凝胶网状结构是可逆的；在加热时它们熔化成预凝胶状态，正如从明胶凝胶所观察到的那样，如果凝胶网状结构的形成主要依靠氢键，那么，凝胶网状结构可逆更是如此。由于疏水相互作用随温度升高而增强，因此，依靠疏水相互作用形成的凝胶网状结构是不可逆的，蛋清凝胶就属于这种情况。含有半胱氨酸和胱氨酸的蛋白质在加热时通过—SH 和—S—S—相互交换反应产生聚合而在冷却时形成连续的共价的网状结构，这种凝胶通常是不可逆的。卵清蛋白、β-乳球蛋白和乳清蛋白凝胶属于此种类型。

蛋白质能形成两类凝胶，即凝结块（不透明）凝胶和透明凝胶。由蛋白质形成的凝胶的类型取决于它们的分子性质和溶液状况。含有大量非极性氨基酸残基的蛋白质在变性时产生疏水性聚集，随后，这些不溶性的聚集体随机缔合而凝结成不可逆的凝结块类型的凝胶。由于聚集和网状结构形成的速度高于变性的速度，这类蛋白质甚至在加热时都容易凝结成凝胶网状结构。不溶性蛋白质聚集体的无序网状结构产生的光散射造成这些凝胶的不透明性。仅含有少量非极性氨基酸残基的蛋白质在变性时形成可溶性复合物。由于这些可溶性复合物的缔合速度低于变性速度，凝胶网状结构主要是通过氢键相互作用而形成的，因此，蛋白质溶液（8%～12%蛋白质浓度）在加热后冷却时才能凝结成凝胶。冷却时，可溶性复合物缓慢的缔合速度有助于形成有序的透明的凝胶网状结构。以上过程可归纳为：

$$凝结块类型凝胶$$
$$\nearrow$$
$$聚集作用$$
$$\nearrow$$
$$n\mathrm{P_N} \xrightarrow{\text{加热}} n\mathrm{P_D} \underset{\text{冷却}}{\rightleftharpoons} (\mathrm{P_D})_n (半透明凝胶)$$

反应式中，$\mathrm{P_N}$ 是天然状态，$\mathrm{P_D}$ 是展开状态，n 是参与交联的蛋白质分子的数目。

在分子水平上，当蛋白质溶液中 Val、Pro、Leu、Ile、Phe 和 Trp 残基的总和超过摩尔分数 31.5%时，倾向于形成凝结块凝胶；当蛋白质中上述疏水性残基的总和低于 31.5%时，通常形成半透明类型的凝胶。对于此经验规则也存在着一些例外，例如 β-乳球蛋白含有 32%疏水性氨基酸，它的水溶液能形成一个半透明的凝胶；然而当加入 50 mmol/L NaCl 时，它形成一个凝结块类型的凝胶，这是因为 NaCl 能中和蛋白质分子上的电荷从而促进加热时的疏水聚集作用。因此，胶凝机制和凝胶外形基本上被吸引的疏水相互作用和推斥的静电相互作用之间的平衡所控制。实际上，这两种作用力控制着凝胶体系中蛋白质-蛋白质和蛋白质-溶剂相互作用之间的平衡。如果前者远大于后者，可能形成沉淀或凝结块。如果蛋白质-溶剂相互作用占优势，体系可能不会凝结成凝胶。当疏水性和亲水性作用力之间的关系处在这两个极端之间时，体系将形成凝结块凝胶或半透明凝胶。

蛋白质凝胶是高度水合体系，它们能含有高达 98%的水。被截留在凝胶中的水的化学活度，类似于稀水溶液中水的活度，但是缺少流动性，并且不易被挤出。有关液态水能以不能流动的状态被保持在凝胶中的机制还没有被完全搞清楚。主要通过氢键相互作用而形成的半透明凝胶比凝结块类凝胶能保持较多的水，并且脱水收缩的倾向也较小。根据这一事实可以推测：很多水是通过氢键结合至肽键的 C—O 和 N—H 基团，以水合的形式与带电基团缔合，或广泛地存在于通过氢键形成的水-水网络中。在凝胶结构每一单元受限制的环境中水有可能作为肽片段的 C—O 和 N—H 基团之间的氢键交联物，这能限制每一单元中水的流动性，当单元变小时，水的流动受到更大的限制。一些水也可能以毛细管水的形式保持在凝胶结构的孔中，尤其是在凝结块凝胶中。

凝胶网状结构对热和机械力的稳定性取决于每个单体链所形成的交联数目。从热力学角度考虑，仅当在凝胶网状结构中一个单体的相互作用能量的总和大于热动能时，凝胶网状结构或许是稳定的，这取决于一些内在因素（如大小和净电荷等）和外在因素（如 pH、温度和离子强度等）。蛋白质凝胶硬度的平方根与分子量呈线性关系。分子质量小于 23kDa 的球状蛋白质除非含有一个游离的巯基和一个二硫键，否则在任何合理的蛋白质浓度下均不能形成热诱导凝胶。巯基和二硫键能促进聚合作用，可将多肽链的有效分子质量提高至大于 23kDa。有效分子质量低于 23kDa 的明胶制剂不能形成凝胶。

另一个影响蛋白质凝胶化作用的重要因素是蛋白质的浓度。为了形成一个静止后自动凝结的凝胶网状结构，最低蛋白质浓度，即最小浓度终点（LCE）是必需的。大豆蛋白、鸡蛋清蛋白和明胶的 LCE 分别为 8%、3%和 0.6%，超过此最低浓度时，凝胶强度（G）和蛋白质浓度之间的关系通常服从指数定律。

$$G \propto (c - c_0)^n \tag{2-23}$$

式中，c_0 为最低蛋白质浓度（LCE）；n 对于蛋白质物质，其数值在 1 和 2 之间变动。

诸如 pH、盐和其他添加剂等环境因素也影响蛋白质的胶凝作用。在近等电点 pH，蛋白质通常形成凝结块类凝胶。在极端 pH，由于强烈的静电推斥作用，蛋白质形成弱凝胶。对于大多数蛋白质，形成凝胶的最适 pH 约为 7～8。

有限的水解有时能促进蛋白质凝胶的形成，干酪是一个众所周知的例子。在牛乳酪蛋白胶束中加入凝乳酶，导致凝结块类凝胶的形成。由于胶束中的组分 k-酪蛋白经酶作用被分裂而造成被称为糖肽的亲水部分的析出，余下的具有高疏水性表面，后者促进了弱凝胶网状结构的形成。

在室温下酶催化蛋白质交联能导致凝胶网状结构的形成，通常采用转谷氨酰胺酶制备这些凝胶。此酶能在蛋白质分子的谷氨酰胺和赖氨酰基之间催化形成 ε（γ-谷氨酰胺）-赖氨酰基交联。采用此酶催化交联的方法甚至在低蛋白质浓度也能制备高弹性和不可逆凝胶。

也可采用像 Ca^{2+} 和 Mg^{2+} 这样的二价阳离子制备蛋白质凝胶，这些离子在蛋白质分子的带负电荷基团之间形成交联。用大豆蛋白制备豆腐是此类凝胶中的一个很好的例子。采用此法也能制备海藻酸盐凝胶。

2.1.5.3 结团作用

在食品蛋白质中，小麦蛋白质是非常独特的，这是因为它具有形成黏弹性面团的能力。当捏合小麦面粉和水（约 3:1）的混合物时，形成了具有黏弹性的面团，它适合于制作面包和其他焙烤产品。这些不寻常的面团特性主要来自小麦面粉的蛋白质。

小麦面粉含有可溶和不可溶蛋白质部分。可溶蛋白质占总蛋白质的 20%，主要是清蛋白和球蛋白类型酶，以及某些次要的糖蛋白，这些蛋白质对小麦面粉形成面团的性质没有贡献。小麦的主要储藏蛋白是面筋，面筋是蛋白质的复杂混合物，主要含有麦醇溶蛋白和麦谷蛋白，面筋在水中的溶解度有限。在发酵期间能截留气体的黏弹面团的形成应完全归功于面筋蛋白的功能。

面筋具有独特的氨基酸组成，Glu+Gln 和 Pro 氨基酸残基占总数的 50% 以上。面筋在水中的低溶解度是由于它的氨基酸组成中 Lys、Arg、Gln 和 Asp 残基的含量低，它们加起来还不到氨基酸残基总数的 10%。面筋的氨基酸残基的 30% 左右是疏水性的，这些氨基酸残基使面筋能通过疏水相互作用形成蛋白质聚集体并结合脂质物质和其他非极性物质。面筋的高谷氨酰胺和羟基氨基酸（约 10%）含量使它具有水结合性质。此外，面筋蛋白质的谷氨酰胺和羟基氨基酸多肽残基之间的氢键对面筋所具有的黏附-黏合性质也做出了贡献。胱氨酸和半胱氨酸残基占面筋总氨基酸残基的 2%～3%，在形成面团的过程中，这些残基经受了 2—SH $\rightleftharpoons$ —S—S—交换反应，同时导致面筋蛋白质的广泛聚合作用。

在小麦面粉和水的混合和捏合过程中，出现了几种物理和化学转变。在剪切和张力作用下，面筋蛋白质吸收水分并部分地层开。蛋白质分子的部分展开促进了疏水相互作用和 2—SH $\rightleftharpoons$ —S—S—交换反应，导致线状聚合物的形成。这些线状聚合物转而又相互作用，可以通过氢键、疏水缔合和二硫交联形成能截留气体的似片状的膜。由于在面筋中出现了这些转变，面团的耐力随时间而增加，直至达到最高耐力，接着耐力下降，表明网状结构破裂。此种断裂涉及聚合物按剪切方向排列和二硫交联的断裂，它使聚合物变小。在捏合过程中面团达到最高强度所需的时间被用来作为衡量小麦在制作面包时的质量指标，即时间愈长质量愈好。

黏弹性面团的形成与 $2—SH \rightleftharpoons —S—S—$ 交联反应的程度有关，在面团中加入半胱氨酸或巯基封闭剂 N-乙基马来酰亚胺使黏弹性显著下降的事实证实了这个观点。另一方面，加入像碘酸盐和溴酸盐这样的氧化剂能增加面团的弹性。

不同小麦品种在面包加工质量上的差别可能与面筋结构上的差别有关。正如前面已提及的，面筋主要是由麦醇溶蛋白和麦谷蛋白构成的。麦醇溶蛋白由 4 组蛋白质构成，即 α-麦醇溶蛋白、β-麦醇溶蛋白、γ-麦醇溶蛋白和 ω-麦醇溶蛋白，在面筋中它们以分子质量 $30\sim80kDa$ 的单多肽链存在。虽然麦醇溶蛋白含有约 $2\%\sim3\%$ 的半胱氨酸残基，然而，它们显然不通过 $2—SH \rightleftharpoons —S—S—$ 交换反应产生广泛的聚合作用。在面团制备中，二硫键似乎作为分子内二硫化物保留下来。以分离的麦醇溶蛋白和淀粉制备的面团具有黏性，但没有黏弹性。

另一方面，麦谷蛋白是分子质量为 $12\sim130kDa$ 的复杂多肽，可将它们进一步分成高分子质量（$\geqslant90kDa$，HMW）和低分子质量（$<90kDa$，LMW）麦谷蛋白。在面筋中，这些麦谷蛋白多肽链是以由二硫交联连接而成的聚合物形式存在的，分子质量范围可高达百万道尔顿。由于它们能通过 $2—SH \rightleftharpoons —S—S—$ 交换反应广泛地聚合，因此麦谷蛋白对面团的黏弹性有着重大的贡献。然而，麦醇溶蛋白和麦谷蛋白的最佳比例对于形成一个黏弹性面团似乎很重要。一些研究显示，对于某些小麦品种，在 HMW 麦谷蛋白含量和面包加工质量之间存在着很强的正相关，但是对于其他品质并非如此。从已有的信息可以看出，在面筋结构的 LMW 和 HMW 麦谷蛋白中，二硫交联缔合的特殊模式对于面包质量的重要性远超过此蛋白质的数量。例如，在 LMW 麦谷蛋白中缔合/聚合产生的一种结构类似于由 HMW 麦谷蛋白形成的结构，此类结构有利于面团的黏度，但无助于面团的弹性。相反，LMW 麦谷蛋白通过二硫交联（在面筋中）与 HMW 麦谷蛋白连接，确信这有助于面团的弹性。在高质量小麦品种中，较多的 LMW 麦谷蛋白可能同 HMW 聚合，而在低质量的小麦品种中，大多数 LMW 麦谷蛋白可能在本身之间聚合。在各种小麦品种面筋中，麦谷蛋白缔合状态的这些差别关系到它们在构象性质（如表面疏水性）和巯基/二硫键反应力上的差别。

总之，在酰胺和羟基间的氢键、疏水相互作用和 $2—SH \rightleftharpoons —S—S—$ 交换反应都有助于小麦面团独特的黏弹性质的形成。产生的优良面团能否达到最佳功能条件，取决于形成面筋结构时与之缔合的蛋白质的结构性质。

由于面筋（尤其是麦谷蛋白）的多肽链富含脯氨酸，因此它们仅含有很少的折叠结构。不管最初存在于麦醇溶蛋白和麦谷蛋白中的折叠结构是怎么样的，它在混合和捏合过程中会失去。因此，在焙烤中不会出现额外的折叠。

在小麦面粉中补充清蛋白和球蛋白（如乳清蛋白和大豆蛋白），会对面团的黏弹性质和焙烤质量产生不利的影响。这些蛋白质会妨碍面筋网状结构的形成，从而减小面包的体积。在面团中加入磷脂和其他表面活性剂，能抵消外加蛋白质对面包体积的不良影响。在这种情况下，表面活性剂/蛋白质膜补偿了受损害的面筋膜。虽然这样的处理可产生可接受的面包体积，但面包的质构和感官品质仍不如正常的产品。

有时，也将分离的面筋作为一种蛋白质配料用于非焙烤产品。该蛋白质的黏附-黏合性质使它成为绞碎肉制品和鱼浆制品的有效黏结剂。

2.1.6　油料种籽高分子量蛋白质性质

大豆、花生、芝麻、向日葵等油料蛋白，可以分成低分子量（2S）、中分子量（7S）、高分子量（10～12S）和多聚大分子量（＞15S）蛋白质组分。由于植物蛋白生产制取过程中低分子量（2S）蛋白集中在乳清中，多聚大分子量（＞15S）蛋白留在纤维残渣中，中分子量（7S）蛋白中还有一部分具有生物活性的酶，在生产加工中（7S）球蛋白又能缔合成9～10S蛋白，真正商品植物蛋白制品中的主要成分，是植物高分子量（10～12S）蛋白质。自然商品油料种籽蛋白的食用和营养功能主要是高分子量蛋白质特性所决定，它们的蛋白质组分数量和沉降系数都有很大的相似性。表2-7列出各种油料种籽蛋白4种组分的沉降系数，包括低分子量蛋白2S组分、中分子量蛋白7S组分（豌豆球蛋白）、高分子量蛋白11S组分（豆类豆球蛋白）和15～18S的多聚蛋白组分（种籽中固有的2S、7S、11S蛋白聚合体）。

表 2-7　主要油料种籽蛋白 4 种组分（沉降系数 $S_{20,w}$）分布

种类	蛋白质组分			
	低分子量	中分子量	高分子量	多聚物
大豆	2	7	11	15
花生	2	7	11	18
芝麻	2	7	11	15
向日葵	2	7	11	16
芥菜籽	2	7	12	—
菜籽	2	7	12	—
棉籽	2	7	11	18
红花籽	2	7	12	17

花生、芝麻、向日葵、红花籽主要蛋白组分是高分子量蛋白组分（10～12S），其他的种籽如大豆、芥菜籽、菜籽和棉籽的高分子量蛋白组分仅占20%～30%，

然而，它们的功能特性在总蛋白中起着重要作用。以下对各种油料高分子量蛋白组分的氨基酸组成、数量、形状、大小、分子的二级结构、亚基组成、高低 pH 值的缔合-解离性、稳定的变性趋势、酶水解和四级结构变化等都作了详细比较。

2.1.6.1 氨基酸组成

8 种种籽的高分子量蛋白组分的氨基酸组成列于表 2-8 中。各种高分子量蛋白富含酸性氨基酸，特别是谷氨酸和芳香氨基酸，而赖氨酸含量偏低。

表 2-8 各种油料种籽高分子量蛋白组分的氨基酸组成

氨基酸	大豆球蛋白	花生球蛋白	芝麻 α-球蛋白	葵花籽球蛋白	芥籽球蛋白	菜籽球蛋白	小麦高分子量醇溶蛋白	稻米球蛋白
天冬氨酸	106	111	84	107	53	83	17	68
苏氨酸	44	19	41	36	28	38	22	29
丝氨酸	74	57	59	51	30	56	60	63
谷氨酸	169	171	155	197	134	162	324	91
脯氨酸	50	40	21	52	ND	43	130	57
甘氨酸	64	59	90	85	75	81	42	103
丙氨酸	47	40	71	69	34	54	23	128
缬氨酸	43	34	46	63	48	39	35	63
蛋氨酸	9	1	20	19	22	14	11	18
半胱氨酸	7	8	7	11	ND	ND	11	0
异亮氨酸	45	25	32	49	52	32	29	27
亮氨酸	56	60	63	68	9	66	64	58
酪氨酸	24	28	24	20	15	19	15	31
苯丙氨酸	34	31	34	48	23	33	35	22
赖氨酸	33	26	16	19	17	23	9	20
组氨酸	17	17	20	23	13	21	12	12
精氨酸	45	92	91	66	ND	39	22	70
色氨酸	7	11	11	10	9	9	ND	7

注：ND 表示未知。

2.1.6.2 疏水特性和相关数据

蛋白质疏水特性和相关数据是氨基酸的非极性侧链在有机环境对含水环境条件下自由能转换进行计算得出的数据。表 2-9 显示了高分子量蛋白平均疏水性（HQ）、非极性侧链数值（NPS，频率次数）以及极性残基与非极性残基比值（P）。

表 2-9　各种油料种籽高分子蛋白疏水性的计算值

蛋白质	HQ	NPS（非极性侧链）	P
卵清蛋白	1110	0.34	0.92
丝蛋白	440	0.02	0.07
大豆球蛋白	872	0.30	1.28
花生球蛋白	860	0.29	1.73
芝麻 α-球蛋白	782	0.26	1.36
葵花籽球蛋白	832	0.26	1.25
芥籽球蛋白	960	0.31	1.03
菜籽球蛋白	900	0.30	1.00
棉籽球蛋白	804	0.24	1.00
红花籽球蛋白	860±50	0.28±0.02	1.31±0.25

分析上述表中数据得到：植物蛋白除棉籽蛋白平均疏水性和 NPS 值都低外，各个高分子量蛋白都接近相同值，除了 P 值范围从 1 到 1.73 显著差异。这可能是这些蛋白质具有低比例的 α-螺旋和高含量的 β-折叠以及不规则结构所致。

2.1.6.3　二级结构

用圆二色谱对高分子量蛋白测定，其光谱范围在 208～212nm 与 224～228nm。这种特性说明高分子量蛋白具有低比例的 α-螺旋和丰富的 β-折叠与不规则结构。表 2-10 中列出了主要油料种籽和部分动物蛋白高分子量蛋白的二级结构。从表中数据显示，它们的 α-螺旋低于 10%，β-折叠结构低于 20%～30% 和固定的不规则结构。Blake 等人根据二级结构的 α-螺旋、β-折叠以及它们二者之间的比例排列状况，把高分子量蛋白分成 5 种类型：①α-螺旋蛋白；②β-折叠蛋白；③（α-螺旋+β-折叠）蛋白；④（α-螺旋蛋白/β-折叠蛋白）比例；⑤卷曲蛋白。如果再进一步细分又可以分出 β-折叠蛋白+卷曲蛋白。

2.1.6.4　特性黏度

各种油料种籽高分子量蛋白黏度列于表 2-10 中，它们的特性黏度都在 3～5mL/g 之间。它们都是根据 Tangfords 规则按照球蛋白分子形态与各种高分子量蛋白比较判断的。核糖核酸酶也是一种球蛋白，因此举例比较说明，同样胶原蛋白也是为了参照做比较。

表 2-10　各种油料种籽高分子量蛋白的黏度、二级结构、高分子量、亚基和碳水化合物含量

蛋白质种类	黏度 η /（mL/g）	二级结构			M_r/$\times 10^5$Da	亚基数量	含糖量 /%
		α-螺旋结构	β-折叠结构	不规则结构			
大豆球蛋白	4.9	5	20	75	3～3.5	6	—
花生球蛋白	4.7	5	20	75	3～3.3	6	0.3

蛋白质种类	黏度 $\eta/(mL/g)$	二级结构			$M_r/\times10^5 Da$	亚基数量	含糖量/%
		α-螺旋结构	β-折叠结构	不规则结构			
芝麻 α-球蛋白	3.0	5	25	70	2.2～2.7	6	0.8
葵花籽球蛋白	3.6	2	28	70	3.0～3.5	6	0.4
芥菜籽球蛋白	3.6	9	28	63	2.3～2.4	6（8）	1.0
菜籽球蛋白	3.7	9	28	63	2.9～3.0	6	1.0
棉籽球蛋白	4.0	5	20	75	2.2～2.5	6（5）	0.5
罂粟籽球蛋白	3.5	5	25	75	2.0～2.3	6	1.2
亚麻籽球蛋白	3.1	3	17	24	—	—	—
核糖核酸酶	3.3	40	13	24	—	—	—
胶原蛋白	1150	—	—	—	—	—	—
弹性蛋白酶	—	7	52	26	—	—	—

注：列出核糖核酸酶、胶原蛋白、弹性蛋白酶是为了参照比较。—表示未测数据。

2.1.6.5　分子量

根据不同研究者运用不同的方法如超速离心-沉降扩散法、十二烷基硫酸钠（SDS）-聚丙烯酰胺凝胶电泳（PAGE）等方法，将它们分成高分子量蛋白，测定的数据范围在 $2\times10^5\sim3.5\times10^5 Da$。

2.1.6.6　荧光特性

高分子量蛋白在 320～330nm 处有最大荧光散射特性，因此荧光散射分光光度计就被用来分析测定含有色氨酸残基的高分子量蛋白，这与蛋白质的球形结构是紧密相关的。然而，各种蛋白质都含有酪氨酸，每个蛋白质分子中含有 7～11 个色氨酸和 15～32 个酪氨酸，但不能观测到酪氨酸的散射，因为在荧光下色氨酸超过酪氨酰基的荧光特性。α-球蛋白的芳香氨基酸稳定了在亚基连接区域的四级结构。

2.1.6.7　水解

应用胰蛋白酶、胰凝乳蛋白酶、胃蛋白酶和木瓜蛋白酶水解高分子量蛋白，许多文献都进行了报道。与酪蛋白相比这些蛋白质水解范围不大，这些蛋白质会随着进一步水解而发生变化，糖蛋白中的糖分阻抗蛋白酶对它的水解。大多数高分子量蛋白都含有糖分。

2.1.6.8　糖含量

大多数高分子量蛋白都含有大约1%的糖分，见表2-10，那么这些糖在糖蛋白中起什么作用呢？因所有这些蛋白质都是多聚蛋白，大约二分之一的糖在蛋白质亚基间起作用，蛋白质分子折叠成紧密的结构，以便能够阻抗蛋白质水解作用。

2.1.6.9　亚基的组成

由于这些高分子量蛋白都是大蛋白质，蛋白质组装热力学和可靠合成使亚基形成天然的蛋白质，在表 2-10 中的寡聚天然蛋白数据已经得到证实。用 SDS-PAGE 测定，大多数高分子量蛋白有 6～8 个亚基，亚基的分子质量范围在 7～25kDa 之间，有宽阔范围长多肽链。豆类高分子量蛋白四级结构是由酸碱亚基通过二硫键连接成对的，而每个分子有 3 对，从而使它们以非共价键如氢键和其他弱性疏水作用形成稳定的分子结构，如图 2-7 所示，三个酸性和碱性交叉的双层结构的高分子量蛋白在不同条件下亚基组成变化情况。

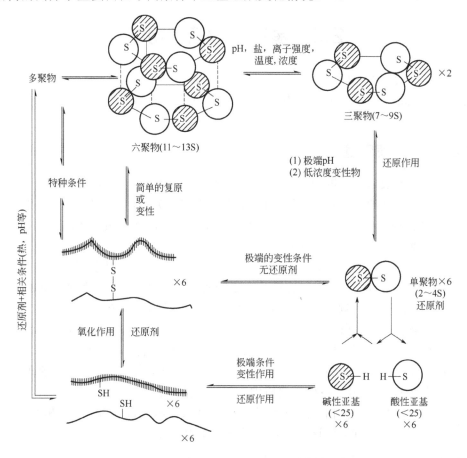

图 2-7　高分子量蛋白亚基转换模型

　　所有高分子量蛋白都有缔合-解离现象，它们根据所在环境中的 pH、离子强度、蛋白质浓度和温度情况而变化。通常有如下变化规律：

缔合 ⇌ 解离

多聚物 ⇌(μ_i, pH 温度, 浓度)⇌ 11S 蛋白质 ⇌(μ_i, pH 温度, 浓度)⇌ 7S 化合物 ⇌(高或低pH)⇌ 4S或 3S或 2S化合物

植物分离蛋白产品中的蛋白质，主要是 11S 高分子量和 7S 分子量蛋白质球蛋白。酸法浓缩蛋白产品中，还多一种 15S 多聚蛋白质。植物蛋白产品的商业应用价值在于它在食品中的应用功能特性。尽管高分子量植物蛋白种类繁多、结构复杂、在加工生产过程中变化多样，给稳定生产及提高产品质量增加了许多难度，但只要深入系统研究植物高分子量蛋白结构性质，就能认识和掌握植物蛋白在生产中的变化规律，提高产品质量和开发新产品。

2.2　蛋白质的营养功能

蛋白质的营养价值因品种不同而有差别，必需氨基酸的含量和消化率这样的因素是造成这个差别的主要原因。因此，人体对蛋白质的日需量取决于膳食中蛋白质的品种和含量。

2.2.1　蛋白质质量

蛋白质的质量主要取决于它的必需氨基酸组成和消化率。高质量蛋白质含有所有的必需氨基酸，并且高于联合国粮农组织（FAO）/世界卫生组织（WHO）/联合国大学（UNU）的参考水平，它的消化率可与蛋清或乳蛋白相比较，甚至高于它们。动物蛋白的质量好于植物蛋白。

有些主要品种的谷类和豆类蛋白质往往缺乏至少一种必需氨基酸，谷类（大米、小麦、大麦和燕麦）蛋白质缺乏赖氨酸而富含蛋氨酸；豆类和油料种籽蛋白质缺乏蛋氨酸而富含赖氨酸。还有一些油料种籽蛋白质，像花生蛋白，同时缺乏蛋氨酸和赖氨酸。蛋白质中浓度（含量）低于参考蛋白质中相应水平的必需氨基酸，被称为限制性氨基酸。成年人只食用谷类和豆类蛋白质难以维持身体健康；年龄低于 12 岁的儿童的膳食中，仅含有上述的一类蛋白质不能维持正常的生长速度。表 2-11 中列出了各种蛋白质中必需氨基酸的含量。

动物蛋白和植物蛋白一般含有足够量的 His、Ile、Leu、Phe+Tyr 和 Val，因此，在经常食用的食品中这些氨基酸通常不是限制性氨基酸。然而，Lys、Thr、Trp 或含硫氨基酸往往是限制性氨基酸。

如果蛋白质中缺乏一种必需氨基酸，那么，将它与富含此种必需氨基酸的另一种蛋白质混合就能提高它的营养质量。例如，将谷类蛋白质与豆类蛋白质混合就能提供完全和平衡的必需氨基酸。于是，含有适当数量谷类和豆类的饮食或营养完全的饮食能支持人的生长和生活。低质量蛋白质的营养价值也能通过补充所缺乏的必需氨基酸得到改进。例如，豆类和谷类在分别补充 Met 和 Lys 后，它们的营养性质得到改进。

如果蛋白质或蛋白质的混合物含有所有的必需氨基酸，并且它们的含量（或比例）使人体具有最佳的生长速度或最佳的保持健康的能力，那么，此蛋白质或蛋白质混合物具有理想的营养价值。表 2-12 列出了对儿童和成人理想的必需氨基酸模型。然而，由于在一个人群中个别人对必需氨基酸的实际需求随他（她）们营养和生理状况而变化，因此，一般将婴幼儿（2～5 岁）的必需氨基酸需求作为一个安全水平推荐给所有的年龄组。

表 2-11 各种来源蛋白质的必需氨基酸含量和营养价值　　　　　单位：mg/g

项目	鸡蛋	牛肉	小麦	大米	玉米	大豆	蚕豆	豌豆	花生	菜籽
组氨酸	22	34	21	21	27	30	26	26	27	30
异亮氨酸	54	48	34	40	34	51	41	41	40	45
亮氨酸	86	81	69	77	127	82	71	70	74	78
赖氨酸	70	89	23[①]	34[①]	25[①]	68	63	71	39[①]	65
蛋氨酸+胱氨酸	57	40	36	49	41	33	22[②]	24[②]	32	26
苯丙氨酸+酪氨酸	93	80	77	94	85	95	69	76	100	83
苏氨酸	47	46	28	34	32[②]	41	33	36	29	40
色氨酸	17	12	10	11	6[②]	14	8[①]	9	11	11
缬氨酸	66	50	38	54	45	52	46	41	48	52
总必需氨基酸	512	480	336	414	422	466	379	394	400	430
蛋白质含量/%	12	18	12	7.5	—	40	32	28	30	30
化学评分/%（按 FAO 标准）	100	100	40	59	43	100	73	82	67	—
PER 值	3.9	3.0	1.5	2.0	—	2.3	—	—	2.65	—
BV 值（根据大白鼠实验）	94	74	65	73	—	73	—	—	—	—
NPU	94	67	40	70	—	61	—	—	—	—

① 主要限制性氨基酸。

② 次要限制性氨基酸。

注：化学评分：1g 被试验的蛋白质中一种限制性氨基酸的量与 1g 参考蛋白质中相同氨基酸的量之比；PER：蛋白质效率比；BV：生物价；NPU：净蛋白质利用率。

表 2-12 推荐的食品蛋白质中必需氨基酸模式　　　　　单位：mg/g

氨基酸	推荐模式值			
	2～5 岁婴幼儿	10～12 岁学龄儿童	学龄儿童	成年人
组氨酸	26	19	19	16
异亮氨酸	46	28	28	13
亮氨酸	93	66	44	19
赖氨酸	66	58	44	16
蛋氨酸+胱氨酸	42	25	22	17
苯丙氨酸+酪氨酸	72	63	22	19

氨基酸	推荐模式值			
	2～5 岁婴幼儿	10～12 岁学龄儿童	学龄儿童	成年人
苏氨酸	43	34	28	9
色氨酸	17	11	9	5
缬氨酸	55	35	25	13
总计	460	339	241	127

过量摄入任何一种氨基酸会引起"氨基酸对抗作用"或毒性。一种氨基酸的过量摄入往往造成对其他必需氨基酸需求的增加，这是由于氨基酸之间对肠黏膜吸收部位的竞争。例如，当 Leu 的水平较高时，它降低了 Ile、Val 和 Tyr 的吸收，即使在饮食中这些氨基酸是足够的。过分摄入其他氨基酸也能抑制生长和诱导其他病变。

2.2.2 消化率

蛋白质消化率的定义是人体从食品蛋白质吸收的氮占摄入的氮的比例。虽然必需氨基酸的含量是蛋白质质量的主要指标，然而，蛋白质的真实质量也取决于这些氨基酸在体内被利用的程度。于是，消化率影响着蛋白质的质量。表 2-13 中列出了各种蛋白质的消化率。动物来源的蛋白质比植物来源的蛋白质具有较高的消化率，一些因素影响着食品蛋白质的消化率。

表 2-13　各种食品蛋白质在人体内的消化率

蛋白质来源	消化率/%	蛋白质来源	消化率/%
鸡蛋	97	面筋	99
干酪	95	燕麦	86
小米	79	花生	94
豌豆	88	大豆粉	86
肉、鱼	94	大豆分离蛋白	95
玉米	85	蚕豆	78
精制大米	88	玉米制品	70
小麦	86	小麦制品	77

2.2.2.1 蛋白质构象

蛋白质的结构状态影响着它们的酶催化水解。天然蛋白质通常比部分变性蛋白质较难水解完全。例如，采用一种蛋白酶混合物处理菜豆球蛋白（存在于菜豆中的蛋白质），仅能有限地分解蛋白质，释放出分子质量为 22000Da 的多肽作为主要产物。当在类似的条件下处理热变性菜豆球蛋白时，它被完全地水解成氨基酸和二肽。一般地说，不溶性纤维状蛋白和广泛变性的球状蛋白难以被酶水解。

2.2.2.2 抗营养因子

大多数植物分离蛋白和浓缩蛋白含有胰蛋白酶和胰凝乳蛋白酶抑制剂（Kunitz 类型和 Bowman-Birk 类型）以及外源凝集素。这些抑制剂使豆类和油料种子蛋白质不能被胰蛋白酶完全水解。外源凝集素是糖蛋白，它与肠黏膜细胞结合而妨碍了氨基酸的吸收。外源凝集素和 Kunitz 类型蛋白酶抑制剂是不耐热的，而 Bowman-Birk 类型抑制剂在通常的热加工条件下是稳定的。于是，经热处理的豆类和油料种子蛋白质一般比天然的分离蛋白质较易消化。植物蛋白质也含有其他抗营养因子，如单宁和植酸。单宁是多酚的缩合产物，它们共价地与赖氨酰基残基中的 ε-氨基结合，这就抑制了由胰蛋白酶催化的赖氨酰基肽键的分裂。植物蛋白中也含有毒性蛋白质。蓖麻籽中的蓖麻毒蛋白、蓖麻生物碱、蓖麻变应原都是致命性毒性物质。特别是蓖麻毒蛋白是一种相当于 10 倍氰化钾毒性的蛋白质。这种毒性物质需要采用 0.1MPa 的蒸汽在 120～140℃的温度下蒸煮后再水洗的脱毒方法脱除。

2.2.2.3 结合

蛋白质与多糖和食用纤维相互作用也会降低它们水解的速度和彻底性。

2.2.2.4 加工

蛋白质经受高温和碱处理会导致包括赖氨酸残基在内的一些氨基酸残基产生化学变化，此类变化也会降低蛋白质的消化率。蛋白质与还原糖发生美拉德反应会降低赖氨酸残基的消化率。

2.2.3 蛋白质营养价值的评价

由于不同来源的蛋白质的营养品质相差很大，并且受许多因素的影响，因此建立评估蛋白质营养质量的程序是重要的。评价蛋白质的营养品质有助于：①确定为了人体生长和维持健康而提供一个安全水平的必需氨基酸量所需要摄入的蛋白质的量；②监测在食品加工期间蛋白质营养价值的变化，以便确定能尽可能减少营养质量损失的加工条件。评价蛋白质营养质量的方法包括生物方法、化学方法及酶和微生物方法。

2.2.3.1 生物方法

生物评价方法的依据，是被饲喂含蛋白质饲料的动物的增重或氮保留，同时采用不含蛋白质的饲料作为对照。由 FAO/WHO 推荐的草案一般被用来评价蛋白质的质量。通常以大白鼠作为试验动物，尽管有时也用人作为试验对象。含有约 10%蛋白质（以干物质计）的饮食被采用，以保证蛋白质摄入低于日需要量，且饮食可提供足够的能量。在这些条件下，饮食中的蛋白质可最大限度地被用于生长。必须使用足够数量的试验动物，以确保所得结果在统计上的可靠性。一般采用一个 9 天的试验周期，在试验周期的每一天，每一只动物所消耗的食物的数量被列成表，粪和尿被收集起来供氮的分析。从动物饲养研究结果评价蛋白质质量的方法有下列几种。蛋白质效率比（PER），是指摄入每克蛋白质使动物增重的质量（g），这是简便而常用的表达方法。另一个表达方式是净蛋白质比（NPR），它可按下式计算：

$$NPR = \frac{增重-饲喂不含蛋白质饲料组的失重}{摄入的蛋白质} \qquad (2-24)$$

NPR 值提供了有关蛋白质维持生命和支持生长的能力方面的信息。在这些方法中，一般采用大白鼠作为试验动物。由于大鼠生长比人快得多，在用于维持生命的蛋白质百分数上，生长中的儿童比生长中的大鼠来得高，于是产生了这样的疑问：从研究大白鼠得到的 PER 和 NPR 的值是否对估计人的需求有用。这个观点是有道理的，目前已对这些步骤作了适当的校正。

另一个评价蛋白质质量的方法包括测定氮的摄入和氮的损失，根据此法可以计算两个有用的蛋白质质量参数。从摄入的氮的数量和通过粪便排出的氮的数量之差可以获得表观蛋白质消化率或蛋白质消化率系数。然而，由于总的粪便氮也包括代谢氮或内源氮，因此，必须进行校正以获得真实消化率（TD）。真实消化率（TD，%）可按下式计算。

$$TD = \frac{I-(F_N-F_{K,N})}{I} \times 100 \qquad (2-25)$$

式中　I ——摄入的氮；

　　F_N ——总的粪便氮；

　　$F_{K,N}$ ——内源粪便氮，该数据可从饲喂不含蛋白质饲料组获得。

TD 指出了摄入的氮中被人体吸收的氮所占的百分数，但它并没有指出在被吸收的氮中有多少被动物体真正地保留或利用。

生物价（BV，%）可按下式计算：

$$BV = \frac{I-(F_N-F_{K,N})-(U_N-U_{K,N})}{I-(F_N-F_{K,N})} \times 100 \qquad (2-26)$$

式中　U_N，$U_{K,N}$ ——分别代表尿中总的和内源氮损失。

净蛋白质利用率（NPU）是指在摄入的氮中以动物体氮保留下来的氮所占的百分数，它可以从 TD 和 BV 的乘积获得，即：

$$NPU = TD \times BV = \frac{I-(F_N-F_{K,N})-(U_N-U_{K,N})}{I} \times 100$$

一些蛋白质的 PER、BV 和 NPU 已列于表 2-11。

其他的生物测定方法也偶尔被用来评价蛋白质质量，它们包括测定酶活力、血浆中必需氨基酸含量的变化、血浆和尿中尿素的水平、血浆蛋白质供应的速度或先前饲喂不含蛋白质饮食的动物体重的增加。

2.2.3.2 化学方法

生物方法昂贵且费时。测定蛋白质中各种氨基酸的含量并与理想的参考蛋白质中必需氨基酸模型比较，这是快速测定蛋白质营养价值的方法。表 2-12 已经指出，对于 2～5 岁婴幼儿参比蛋白质理想的必需氨基酸模型，此模型已被采用为除婴儿以外所有年龄段的标准。在被测定的蛋白质中每一个必需氨基酸的化学评分可按式（2-27）计算：

$$化学评分=\frac{\dfrac{氨基酸量（mg）}{被测定的蛋白质量（g）}}{\dfrac{同一种氨基酸量（mg）}{参考蛋白质量（g）}}\times100 \qquad (2\text{-}27)$$

在被测定的蛋白质中化学评分最低的必需氨基酸是最限制性的氨基酸，此限制性氨基酸的化学评分给出了被测定的蛋白质的化学评分。正如前面已经提到的，Lys、Thr、Trp 和含硫氨基酸往往是食品蛋白质的限制性氨基酸，因此，这些氨基酸的化学评分一般足以评价蛋白质的营养价值。化学评分能估计摄入多少被试验的蛋白质或蛋白质混合物才能满足限制性氨基酸的日需求量，这可以按式（2-28）计算：

$$需要摄入的蛋白质量=\frac{推荐的鸡蛋或乳蛋白质摄入量}{被试验的蛋白质的化学评分}\times100 \qquad (2\text{-}28)$$

化学评分方法的一个优点是简便，并且根据蛋白质的化学评分可以确定膳食中蛋白质的互补效果，进而通过混合各种蛋白质研制高质量的蛋白质膳食。然而，化学评分也存在着一些缺点。支撑化学评分的一个假设是所有被试验的蛋白质能完全或相同地被消化和所有的必需氨基酸能完全地被吸收。由于这个假设常常是不符合实际情况的，因此，从生物方法得到的结果与化学评分之间的关系往往是不好的。然而，采用蛋白质消化率将化学评分校正后，此关系得到了改进。采用3 种或 4 种酶的组合（如胰蛋白酶、胰凝乳蛋白酶、肽酶和细菌蛋白酶）能在体外快速地测定蛋白质的表观消化率。

化学评分法的其他缺点是它不能区分 D-氨基酸和 L-氨基酸，由于动物仅能利用 L-氨基酸，因此，化学评分法过高地估计了蛋白质的营养价值，尤其是当蛋白质处在高 pH 时。后者造成外消旋作用。化学评分法也不能预测一个过高浓度的必需氨基酸对其他必需氨基酸生物有效性的负效应，也没有考虑到抗营养因子的影响。尽管存在着这些重要的缺陷。但是最近研究指出，化学评分经蛋白质消化率校正后，对于生物价（BV）超过 40%的蛋白质，它能与从生物方法所得到的结果很好地符合；当 BV 低于 40%时，此关系是不好的。

2.2.3.3 酶和微生物方法

在体外，有时也采用酶法测定蛋白质的消化率和必需氨基酸的释出。在此方法中，有先后采用胃蛋白酶和胰蛋白酶（胰脏提取物的冷冻干燥粉）消化被试验的蛋白质，也有采用 3 种酶（即胰蛋白酶、胰凝乳蛋白酶和猪肠肽酶）在标准试验条件下消化被试验的蛋白质。这些方法除了能提供蛋白质固有的消化率数据外，还能检测由于加工引起的蛋白质质量的变化。

2.3 蛋白质修饰对功能特性的影响

商业食品加工通常包括加热、冷却、干燥、化学试剂处理、发酵、辐照或各种其他加工处理。加热是最常用的处理方法，它能使微生物失活，使内源酶失活，以免食品在保藏中产生氧化和水解，它也能使由生的食品配料组成的无吸引力的混合物转变成卫生的和感官上吸引人的食品。此外，有些蛋白质，像大豆 7S、11S 球蛋白和牛 β-乳球蛋白、α-乳清蛋白会产生过敏反应，加热能消除此不良效应。但不利的是通过加热食品蛋白质产生上述有益效应的同时，也损害了蛋白质的营养价值和功能性质。在本节中将同时介绍食品加工对蛋白质产生的期望和不期望的效应。

2.3.1 营养质量的变化和有毒化合物的形成

2.3.1.1 适度热处理的影响

大多数食品蛋白质在经受适度的热处理（60～90℃、1h 或更短时间）时会产生变性。蛋白质广泛变性后往往失去溶解度，这会损害那些与溶解度有关的功能性质。从营养观点考虑，蛋白质的部分变性能改进它们的消化率和必需氨基酸的生物有效性。几种纯的植物蛋白和鸡蛋蛋白制品，即使不含蛋白酶抑制剂，仍然在体外和体内显示不良的消化率。适度的加热能提高它们的消化率而不会产生有毒的衍生物。

除了提高消化率，适度热处理也能使一些酶失活，例如蛋白酶、脂酶、脂肪氧化酶、淀粉酶、多酚氧化酶以及其他的氧化和水解酶。如果不能使这些酶失活，将导致食品在保藏期间产生不良风味、酸败、质构变化和变色。例如，油料种籽和豆类富含脂肪氧化酶，在提取油或制备分离蛋白前的破碎过程中，此酶在分子氧存在的条件下，催化多不饱和脂肪酸氧化而引发产生氢过氧化物，随后氢过氧化物分解和释放出醛和酮，使大豆粉、大豆分离蛋白和浓缩蛋白产生不良风味。为了避免不良风味的形成，有必要在破碎原料前使脂肪氧化酶热失活。

由于植物蛋白通常含有蛋白质类的抗营养因子，因此热处理对它们特别有用。豆类和油料种籽蛋白质含有胰蛋白酶和胰凝乳蛋白酶抑制剂，这些抑制剂损害蛋白质的消化率，于是，降低了它们的生物有效性。而且，胰蛋白酶和胰凝乳蛋白酶因这些抑制剂的作用而失活和复合并进一步引起胰脏过量生产和分泌这些酶，导致胰脏肿大和腺瘤。豆类和油料种籽蛋白也含有外源凝集素，它们是糖蛋白，由于它们能导致红细胞凝集，因此也被称为植物血球凝集素。外源凝集素对碳水化合物具有高亲和力，当人体摄入它们时，会损害蛋白质的消化作用和造成其他营养成分的肠吸收障碍。后一个结果是由于外源凝集素与肠黏膜细胞的膜糖蛋白结合，从而改变了它们的形态学和输送性质。存在于植物蛋白中的蛋白酶和外源凝集素是热不稳定的。豆类和油料种籽经烘烤和大豆粉经湿热处理后，能使外源凝集素和蛋白酶抑制剂失活，从而提高了这些蛋白质的消化率，并防止胰脏肿大的发生。对于家庭烧煮和工业加工的豆类以及以大豆粉为基料的食品，如果加热条件足以使这些抑制剂失活，那么，这些抗营养因子就不会影响营养。

2.3.1.2　在提取和分级时组成的变化

从生物材料制备分离蛋白质包括一些单元操作，如提取、等电点沉淀、盐沉淀、热凝结和超滤等。在这些操作中，粗提取液中的一些蛋白质很可能损失。例如，等电点沉淀时一些富含硫的清蛋白由于在等电点 pH 通常是可溶的，因此从上清液中流失。这样，与粗提取液蛋白质相比，等电点沉淀所得到的分离蛋白的氨基酸组成和营养价值发生了变化。例如，在粗椰子粉中蛋氨酸和色氨酸的化学评分分别为 100 和 89，而在用等电点沉淀法得到的椰子分离蛋白中，它们的化学评分几乎为 0。类似地，采用超滤和离子交换法制备的乳清浓缩蛋白（WPC）在胨含量上产生了显著的变化，从而影响了它们的起泡性质。

2.3.1.3　氨基酸的化学变化

在高温下加工时，蛋白质经受一些化学变化，这些化学变化包括外消旋、水解、去硫和去酰胺。这些变化中的大部分是不可逆的，有些变化形成了可能有毒的氨基酸。蛋白质在碱性条件下经受热加工，例如制备组织化食品，不可避免地导致 L-氨基酸部分外消旋至 D-氨基酸，蛋白质酸水解也造成一些氨基酸的外消旋，蛋白质或含蛋白质食品在 200℃以上温度被烘烤时就可能出现这种情况。在碱性条件下的机制包括一个羟基离子从 α-碳原子获取质子，产生的碳负离子失去了它的四面体对称性，随后在碳负离子的顶部或底部加上一个来自溶液的质子，相同的概率导致氨基酸残基的外消旋作用。氨基酸残基获取电子的能力影响着它的外消旋作用率。Asp、Ser、Cys、Glu、Phe、Asn 和 Thr 残基比其他氨基酸残基更易产生外消旋作用。外消旋作用的速度也取决于羟基的浓度，但是与蛋白质的浓度无关。有趣的是，蛋白质外消旋速度比游离氨基酸外消旋速度高约 10 倍。

由于含有 D-氨基酸残基的肽键较难被胃蛋白酶和胰蛋白酶水解，因此氨基酸残基的外消旋使得蛋白质的消化率下降。必需氨基酸的外消旋导致它们自身的损失并损害蛋白质的营养价值。D-氨基酸不易通过小肠黏膜细胞被吸收，即使被吸收，也不能在体内被用来合成蛋白质。而且，已发现一些 D-氨基酸（如 D-脯氨酸）会引起鸡的神经中毒。

在碱性条件下加热蛋白质时，除了外消旋和 β-消去反应外，还破坏了几种氨基酸，如 Arg、Ser、Thr 和 Lys，Arg 分解成鸟氨酸。

当蛋白质被加热至 200℃ 以上时，正如在烧烤中的食品表面常遇到的情况，氨基酸残基分解和热解。从烧烤的肉中已经分离和鉴定了几种热解产物，以 Ames 试验证实它们具有高诱变的特性。Trp 和 Glu 残基形成的热解产物是最致癌/诱变的产物，Trp 残基的热解形成了咔啉和它们的衍生物。肉在 190～220℃ 时也能产生诱变化合物，它们被称为氨基咪唑基氮杂芳烃。这些种类化合物中的一类是咪唑喹啉（IQ 化合物），它们是肌酸酐、糖和一些氨基酸（Gly、Thr、Ala 和 Lys）的缩合产物。

2.3.1.4 蛋白质交联

一些食品蛋白质同时含有分子内和分子间的交联，如球蛋白中的二硫键，纤维状蛋白质如角蛋白、弹性蛋白和胶原蛋白中的二酪氨酸和三酪氨酸类的交联。胶原蛋白中也含有 ε-N-(γ-谷氨酰基)赖氨酰基和/或 ε-N-(γ-天冬酰胺基)赖氨酰基交联。存在于天然蛋白质中的这些交联的一个功能是使代谢性的蛋白质水解降到最低。加工食品蛋白质，尤其在碱性 pH 条件下，也能诱导交联的形成（在多肽链之间形成非天然的共价键交联降低了包含或接近交联的必需氨基酸的消化率和生物有效性）。

前已叙及，在碱性条件下加热蛋白质或在近中性时将蛋白质加热至 200℃ 以上会导致在 α-碳原子上失去质子而形成一个碳负离子。Cys、胱氨酸和磷酸丝氨酸的碳负离子衍生物经 β-消去反应而形成高活性的脱氢丙氨酸残基（DHA），即：

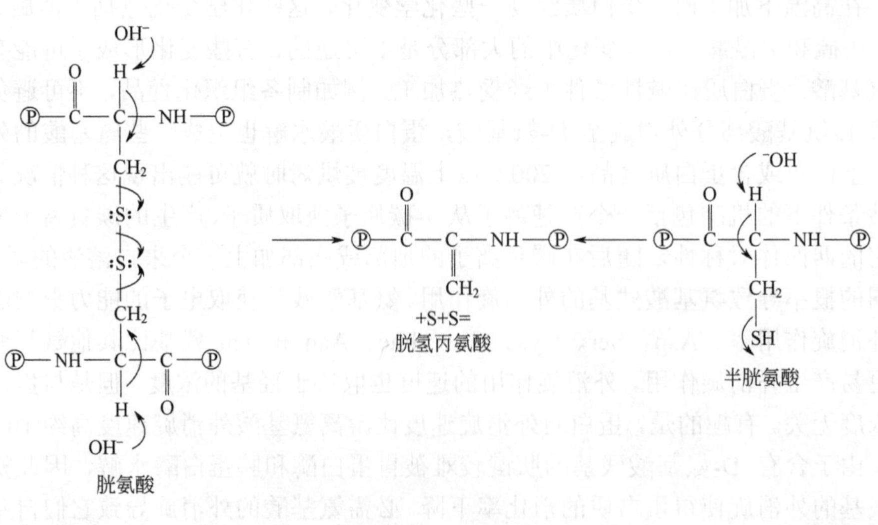

高活性的 DHA 一旦形成，即与诸如赖氨酸残基的 ε-氨基、半胱氨酸残基的巯基、鸟氨酸（精氨酸的分解产物）的 δ-氨基或组氨酸残基这样的亲核基团反应，分别形成蛋白质中的赖氨酸基丙氨酸（LAL）、羊毛硫氨酸、鸟氨酸基丙氨酸和

组氨酸酰丙氨酸交联。由于在蛋白质中富含易接近的赖氨酸残基，因此，在经碱处理的蛋白质中赖氨酸基丙氨酸是主要的交联形式。

经碱处理的蛋白质，由于形成蛋白质-蛋白质之间的交联，它们的消化率和生物价降低。消化率（和 PER）和净蛋白质利用率（NPU）随赖氨酸基丙氨酸含量的增加而降低。消化率的降低关系到胰蛋白酶能不能分裂赖氨酸基丙氨酸交联中的肽键。而且，由此交联产生的空间压制因素也妨碍了与赖氨酸基和类似的交联相邻的其他肽键的水解。从实验证据可以推测，赖氨酸基丙氨酸是在肠内被吸收，但是它不能被动物体利用，而是通过尿被排除。一些赖氨酸基丙氨酸在肾内被代谢。

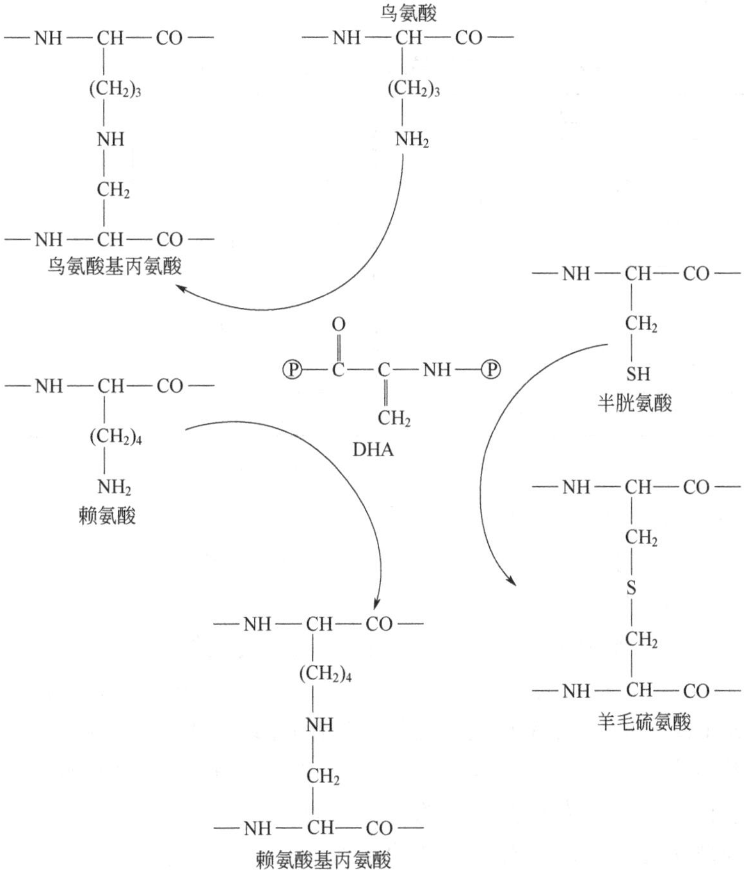

鸟氨酸

$-NH-CH-CO-$
$(CH_2)_3$
NH
CH_2
$-NH-CH-CO-$
鸟氨酸基丙氨酸

$-NH-CH-CO-$
$(CH_2)_3$
NH_2

$-NH-CH-CO-$
$(CH_2)_4$
NH_2
赖氨酸

$\text{(P)}-C-C-NH-\text{(P)}$
O
CH_2
DHA

$-NH-CH-CO-$
CH_2
SH
半胱氨酸

$-NH-CH-CO-$
$(CH_2)_4$
NH
CH_2
$-NH-CH-CO-$
赖氨酸基丙氨酸

$-NH-CH-CO-$
CH_2
S
CH_2
$-NH-CH-CO-$
羊毛硫氨酸

喂食 100mg/kg 纯赖氨酸基丙氨酸，或 3000mg/kg 与蛋白质结合的赖氨酸基丙氨酸的大鼠，出现肾巨细胞（即肾紊乱）症状。然而，此肾中毒效应并未在其他品种的动物中发现，如鸽、小鼠、仓鼠和猴子。此现象归之于在大鼠和其他动物中生成的代谢物类型上的差别。按照在食品中的浓度，与蛋白质结合的赖氨酸基丙氨酸不会造成人的肾中毒。尽管如此，在蛋白质的碱处理中，尽可能地减少赖氨酸基丙氨酸的形成仍然是一个理想的目标。

几种商业食品的赖氨酸基丙氨酸含量列于表 2-14。赖氨酸基丙氨酸形成的程度取决于 pH 和温度。pH 愈高，赖氨酸基丙氨酸形成的程度愈大。对于经高温热处理的食品（如牛乳），甚至在中性 pH 仍然会形成大量的赖氨酸基丙氨酸。加入低分子量的亲核化合物，如半胱氨酸、氨或亚硫酸盐，能最大限度地减少或抑制赖氨酸基丙氨酸的形成。由于半胱氨酸的亲核巯基比赖氨酸的 ε-氨基反应快1000 倍以上，因此它是高效的。亚硫酸钠和氨与赖氨酸的 ε-氨基竞争 DHA，从而显示了它们的抑制效应。在碱性处理前赖氨酸残基的 ε-氨基与酸酐反应而被封闭，这样也可以减少赖氨酸基丙氨酸的形成。然而，这样的方法会造成赖氨酸活性的降低，因此，可能不适合于食品的应用。

表 2-14　加工食品的赖氨酸基丙氨酸（LAL）的含量

食品	LAL 含量/（μg/g）	食品	LAL 含量/（μg/g）
大豆分离蛋白	0～370	玉米片	390
水解植物蛋白	40～500	玉米粥	560
酵母浸提物	120	超高温牛乳	160～370
起泡剂	6500～50000	玉米粉饼	200
酸酪蛋白	70～190	喷雾干燥奶粉	0
酸酪蛋白酸钠	430～6900	蛋清粉	160～1820
酸酪蛋白酸钙	370～1000	脱脂浓缩牛乳	520

在一些食品加工的正常条件下，仅有少量的赖氨酸基丙氨酸形成。因此，可以确信，在碱处理的食品中赖氨酸基丙氨酸的毒性并不是一个必须关注的重要问题。然而，消化率的下降、赖氨酸生物有效性的丧失和氨基酸的外消旋（其中有些是有毒的）都不是期望的。

纯蛋白质溶液或碳水化合物含量低的蛋白质食品经过度的热处理也会造成 ε-N-（γ-谷氨酰）赖氨酰基和 ε-N-（γ-天冬酰胺基）赖氨酰基交联的形成。这包括一个在 Lys 和 Gln 或 Asn 残基之间的转酰胺反应。所产生的交联被称为异肽键，这是因为这些键不存于天然的蛋白质。异肽能抵抗内脏中的酶水解，这些交联损害了蛋白质的消化率和赖氨酸的生物有效性。

食品经离子辐照时，在有氧存在的条件下水产生辐解作用而形成过氧化氢，进而造成蛋白质的氧化变化和聚合作用。离子辐射也能经由水的离子化而直接产生自由基。

$$H_2O \longrightarrow H_2O^+ + e^-$$
$$H_2O^+ + H_2O \longrightarrow H_3O^+ + \cdot OH$$

羟基自由基能诱导蛋白质自由基的形成，转而又造成蛋白质的聚合作用，即：

$$P+ \cdot OH \longrightarrow P \cdot + H_2O$$
$$P \cdot + P \longrightarrow P-P$$

在 70～90℃和中性条件下加热蛋白质会引起—SH 和—S—S—的交换反应（如果这些基团是存在的），进而造成蛋白质的聚合作用。由于二硫键在体内能被裂开，因此这类热诱导的交联一般不会影响蛋白质和必需氨基酸的消化率和生物有效性。

2.3.1.5 氧化剂的影响

过氧化氢和过氧化苯甲酰等氧化剂被用作谷物粉、分离蛋白和鱼浓缩蛋白的漂白剂，油料种籽粕的去毒剂以及牛乳的灭菌剂，次氯酸钠也常作为灭菌剂和去毒剂被用于面粉。除了上述外加的氧化剂外，在加工过程中还会产生内源氧化性化合物，它们包括食品经受辐射、脂肪经受氧化、化合物（例如核黄素和叶绿素）经受光氧化和食品经受非酶褐变期间产生的自由基。此外，存在于植物蛋白质中的多酚类化合物在中性至碱性时被分子氧氧化，先生成醌，最终产生过氧化物。这些高活性的氧化剂能导致一些氨基酸残基的氧化和蛋白质的聚合。对氧化作用最敏感的氨基酸残基是 Met、Cys/Cystine、Trp 和 His，其次是 Tyr。

2.3.1.6 羰-胺反应

在各种加工引起的蛋白质化学变化中，美拉德反应（非酶褐变）对它的感官质量和营养性质具有最大的影响。美拉德反应是一组复杂的反应，它由胺和羰基化合物之间的反应所引发，在温度升高的情况下，分解和最终缩合成不溶解的褐色产物类黑素。此反应不仅存在于加工中的食品，而且也发生在生物体系中。在这两种情况下，蛋白质和氨基酸提供了氨基组分，而还原糖（醛糖和酮糖）、抗坏血酸和由脂肪氧化而产生的羰基化合物提供了羰基组分。

从非酶褐变系列反应产生的一些羰基衍生物容易与游离氨基酸反应，导致氨基酸降解成醛、氨和二氧化碳，此反应被称为斯特雷克尔（Strecker）降解。在褐变反应中，醛对香味的形成作出了贡献。每一种氨基酸经斯特雷克尔降解会产生一种具有特殊香味的特定的醛。

美拉德反应损害蛋白质营养价值，而且反应的一些产物可能有毒，不过在食品中所出现的浓度或许还不会造成危险。由于赖氨酸的ε-氨基是蛋白质中伯胺的主要来源，因此它经常参与羰-胺反应，当此反应发生时，生物有效性发生重大损失。赖氨酸损失的程度取决于褐变反应的阶段。在褐变的早期阶段，包括席夫碱的形成，赖氨酸是生物上有效。这些早期衍生物在胃的酸性条件下被水解成赖氨酸和糖。然后，美拉德反应生成物超过 Amadori（酮胺）或 Heyns（醛胺）产物阶段，赖氨酸不再是在生物上有效，这主要是由于这些产物在肠内难以被吸收。有必要特别指出，在反应的这个阶段并没有出现褐变现象。虽然亚硫酸盐能抑制褐变色素的形成，但它不能防止赖氨酸有效性的损失，这是由于亚硫酸盐不能阻止 Amadori 或 Heyns 产物的形成。

非酶褐变不仅造成赖氨酸的重要损失，而且在褐变反应中形成的不饱和羰基和自由基造成其他一些必需氨基酸，尤其是 Met、Tyr、His 和 Trp 的氧化作用。在褐变反应中产生的二羰基化合物所形成的蛋白质交联降低了蛋白质的溶解度和损害了蛋白质的消化率。

某些褐变产物可能是诱变剂。虽然诱变物并不一定是致癌的，但是所有已知的致癌物都是诱变剂。因此，在食品中形成诱变美拉德化合物是备受关注的。对葡萄糖和氨基酸混合物的研究证实 Lys 和 Cys 的美拉德产物是诱变的，而 Trp、Tyr、Asp、Asn 和 Glu 的美拉德产物不是诱变的，这是用 Ames 试验确定的。必须指出，Trp 和 Gin 的热解产物（在烘烤的肉中）也是诱变的（Ames 试验）。正如前面所讨论的那样，在肌酸存在时加热糖和氨基酸会产生最强的 IQ（咪唑喹啉）类型的诱变剂。虽然不能将根据模拟体系所得到的结果可靠地应用于食品，但是美拉德产物和食品中其他低分子量组分的相互作用可能产生诱变或致癌的物质。

从好的方面来考虑，一些美拉德反应产物，尤其是还原酮，确实具有抗氧化活力，这是因为它们具有还原性质和螯合金属（如 Cu 和 Fe）的能力，而这些金属离子都是助氧化剂，从三糖还原酮与氨基酸（如 Gly、Met 和 Val）反应形成的氨基还原酮显示卓越的抗氧化活性。

除还原糖外，存在于食品中的其他醛和酮也参与羰-胺反应。值得注意的是，棉酚（存在于棉籽中）、戊二醛（被加入至蛋白质粉以控制在反刍动物的瘤胃中的脱氨作用）和从脂质氧化产生的醛（特别是丙二醛）能与蛋白质的氨基反应。像丙二醛这样的双官能团醛能交联和聚合蛋白质，这能造成不溶解、赖氨酸的消化率降低和生物有效性的损失以及蛋白质功能性质的损失。甲醛也能同赖氨酰基残基的 ε-氨基反应，可以确信，在冷冻阶段鱼肌肉的变硬是由于甲醛同鱼蛋白质反应的结果。

2.3.1.7 食品中蛋白质的其他反应

（1）与脂肪的反应

不饱和脂肪的氧化导致形成烷氧化自由基和过氧化自由基，这些自由基继续与蛋白质反应生成脂-蛋白质自由基，而脂-蛋白质结合自由基能使蛋白质聚合物交联。

此外，脂肪自由基能在蛋白质的半胱氨酸和组氨酸侧链引发自由基，然后再产生交联和聚合反应。

食品中脂肪过氧化物的分解导致醛和酮的释出，其中丙二醛尤其值得注意。这些羰基混合物与经羰-胺反应的蛋白质的氨基反应，生成席夫碱。正如前面已经讨论的，丙二醛同赖氨酰基侧链的反应导致蛋白质的交联和聚合。过氧化脂肪与蛋白质的反应一般对蛋白质的营养价值产生损害效应，羰基化合物与蛋白质的共价结合也产生出了不良风味。

（2）与多酚反应

酚类化合物，如对羟基苯甲酸、儿茶酚、咖啡酸、棉酚和槲皮素，存在于所有的植物组织中。在植物组织的浸渍过程中，这些酚类化合物能在碱性条件下被分子氧氧化成醌；存在于植物组织中的多酚氧化酶也能催化此反应。这些高度活性的醌能与蛋白质的巯基和氨基发生不可逆的反应。醌同巯基和 α-氨基（N-末端）的反应远快于同 ε-氨基的反应。此外，醌能缩合形成高分子量的褐色素，有时被称为单宁。单宁易与蛋白质的巯基和氨基相结合，醌-氨基反应降低了与蛋白质结合的赖氨酸和半胱氨酸残基的消化率和生物有效性。

（3）与卤化溶剂的反应

卤化溶剂常被用来从油籽产物（如大豆粉和棉籽粉）中提取油和一些抗营养因子。采用三氯乙烯提取时形成少量的 S-二氯乙烯基-L-半胱氨酸，后者是有毒的。另一方面，溶剂二氯甲烷和四氯乙烯似乎不和蛋白质反应，但 1,2-二氯甲烷能同蛋白质中的 Cys、His 和 Met 残基反应。某些熏蒸消毒剂（如甲基溴）能使 Lys、His、Cys 和 Met 残基烷基化。所有这些反应都降低了蛋白质的营养价值，对于其中的某一些还必须考虑安全问题。

（4）与亚硝酸盐的反应

亚硝酸盐与第二胺（某种程度上与第一胺和第三胺）反应生成 N-亚硝胺，后者是食品中形成的最具毒性的致癌物质。在肉制品中加入亚硝酸盐的目的通常是为了改进色泽和防止细菌生长。参与此反应的氨基酸（或氨基酸残基）主要是 Pro、His 和 Trp、Arg、Tyr，Cys。反应主要在酸性和较高的温度下发生。

在美拉德反应中产生的第二胺，如 Amadori 和 Heyns 产物，也能与亚硝酸盐反应。在肉类烧煮和烘烤中形成的 N-亚硝胺是公众非常关心的一个问题，然而诸如抗坏血酸和异抗坏血酸这样的添加剂能有效地抑制此反应。

（5）与亚硫酸盐的反应

亚硫酸盐还原蛋白质中的二硫键产生 S-磺酸盐衍生物。亚硫酸盐不能与半胱氨酸残基作用。当存在还原剂牛胱氨酸或巯基乙醇时，S-磺酸盐衍生物被还原为半胱氨酸残基。S-磺酸盐衍生物在酸性（如胃）和碱性条件下分解产生二硫化合物。硫代磺化作用并不能降低半胱氨酸的生物有效性，然而由于 S-磺化作用使蛋白质的电负性增加和二硫键断裂，这会导致蛋白质分子展开并影响到它们的功能性质。

2.3.2　蛋白质功能性质的变化

分离蛋白质的方法或工艺能影响蛋白质的功能性质。在各种分离步骤中，总希望将蛋白质的变性程度降到最低，使蛋白质具有可以接受的溶解度，而它往往是食品中蛋白质功能性质的先决条件。也存在另一种情况，即蛋白质的控制或部分变性能改进它们的某些功能性质。等电点沉淀是常用的分离蛋白质的方法。在等电点 pH 时，大多数球状蛋白质的二级、三级和四级结构是稳定的；当蛋白质在中性条件下分散时，易于重新溶解。然而，酪蛋白胶束的整体结构在等电点沉淀时不可逆地失去稳定性。在等电点沉淀的蛋白质中胶束结构的解离是由于几个因素，包括胶体磷酸钙的增溶和各种类型酪蛋白的疏水和静电相互作用之间的平衡的变化。采用等电点沉淀方法分离的蛋白质成分不同于原料中蛋白质的成分，这是因为原料中一些次要的蛋白质组分在主要组分的等电点 pH 仍然是溶解的而没有沉淀下来。成分的变化显然影响到分离蛋白质的功能性质。

采用超滤（UF）方法制备乳清浓缩蛋白（WPC）时，由于除去了小分子溶质而影响了 WPC 的蛋白质和非蛋白质成分。除去了乳清中部分的乳糖和灰分会显著地影响 WPC 的功能性质，而且当浓缩物在经受适度的温度（50～55℃）处理时，由于蛋白质-蛋白质相互作用的增强而降低了超滤蛋白的溶解度和稳定性，进而改变了它的水结合能力、胶凝作用、起泡作用和乳化作用等性质。WPC 中钙和磷酸盐含量的变化会显著地影响它们的胶凝性质。采用离子交换法生产的乳清分离蛋白含有很少的灰分，它的功能性质一般优于采用 UF 法生产的乳清分离蛋白。

钙离子常诱导蛋白质的聚集作用，这可归之于由 Ca^{2+} 和羧基参与的离子桥的形成。聚集的程度取决于钙离子的浓度，大多数蛋白质在 40～50mmol/L Ca^{2+} 浓度时出现最高的聚集作用。对于某些蛋白质，如酪蛋白和大豆蛋白，钙离子的聚集作用导致沉淀，而对于乳清蛋白质，则是形成了一个稳定的胶体聚集物。

碱处理，尤其是在高温下的碱处理造成不可逆的蛋白质构象变化，部分原因是 Asn 和 Gln 残基的脱酰胺作用和胱氨酸残基的 β-消去反应。它们造成了电负性的增加和二硫键的分裂，使得经碱处理的蛋白质在结构上出现显著的变化。一般地说，经碱处理的蛋白质较易溶解，并且具有较好的乳化和起泡性质。人们常采用己烷从油料种籽（如大豆和棉籽）中提取油，这样的处理不可避免地导致脱脂大豆粉和棉籽粉中的蛋白质变性，于是损害了它们的溶解度和其他功能性质。

热处理造成蛋白质的化学变化和功能性质的改变已在前面章节中讨论过，当剧烈地加热蛋白质溶液时，含天冬氨酰基残基的肽键断裂释出低分子量肽。在碱性和酸性条件下强烈的热处理也能导致蛋白质部分水解，蛋白质中的低分子量肽的含量可影响它们的功能性质。

2.3.3 蛋白质的化学和酶法改性

2.3.3.1 化学改性

蛋白质的一级结构中含有一些具有反应能力的侧链。采用化学方法改变这些侧链可以改变蛋白质的物理化学性质和改进它们的功能性质。然而，应该注意的是，虽然氨基酸残基的化学衍生作用能改进蛋白质的功能性质，但是它也会损害营养价值，并且产生一些有毒的和具有其他方面问题的氨基酸衍生物。

如上所述，由于蛋白质含有一些具有反应能力的侧链，因此可以完成许多形式的化学改性，这些反应中的某一些列于表 1-6。但仅仅是这些反应中的少数几个适合于食品蛋白质的改性。赖氨酰基残基的 ε-氨基和半胱氨酸的巯基是蛋白质中最具反应能力的亲核基团。大多数化学改性的步骤涉及这些基团。

（1）烷基化

巯基和氨基与碘乙酸或碘乙酰胺反应可以实现烷基化。与碘乙酸反应导致赖氨酰基残基的正电荷被消去，而在赖氨酰基和半胱氨酸残基上引入负电荷。

经碘乙酸处理的蛋白质的电负性增加能改变 pH-溶解度关系曲线和造成展开。另一方面，与碘乙酰胺反应仅导致正电荷的消去，这会造成局部电负性的增加，但是蛋白质的负电荷基团数目保持不变。与碘乙酰胺反应有效地封闭了巯基，以至于由二硫键诱导的蛋白质聚合作用不会再发生。与 N-乙基马来酰亚胺反应也能封闭巯基。

N-乙基马来酰亚胺

在有还原剂如硼氢化钠（$NaBH_4$）或氰基硼氰化钠（$NaCNBH_4$）存在条件下采用醛或酮能实现氨基的还原性烷基化。此时，通过羰基和氨基反应所形成的席夫碱随后被还原剂所还原。脂肪族醛和酮，或还原糖能参与此反应。席夫碱的还原阻止了美拉德反应的进程，使糖蛋白成为最终产物（还原糖基化）。

$$R-CHO+NH_2-\cdot \xrightarrow{pH9} +R-CH=N-\cdot \xrightarrow{NaBH_4} R-CH_2-HN-\cdot$$

所采用的还原剂影响着改性蛋白质的物理化学性质。如果选择脂肪族醛或酮参与此反应，能提高蛋白质的疏水性，通过改变脂肪族基团的链长可以改变疏水性的程度。另一方面，如果选择还原糖作为还原剂，那么蛋白质会更加亲水。由于糖蛋白显示良好的起泡和乳化性质（如同卵清蛋白），因此，蛋白质的还原性糖基化能提高蛋白质的溶解度和界面性质。

（2）酰化

通过与几种酸酐的作用能使氨基酰化，最常用的酰化剂是乙酸酐和琥珀酸酐。蛋白质与乙酸酐的反应消去了赖氨酰基残基的正电荷，相应地提高了电负性。

采用琥珀酸酐或其他二羧酸酐造成负电荷取代了赖氨酰基残基上的正电荷，于是蛋白质的电负性显著增加，如果酰化度很高，将导致蛋白质展开。

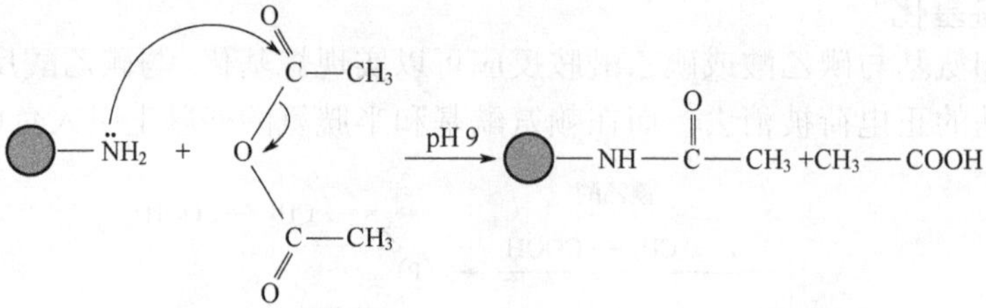

乙酸酐

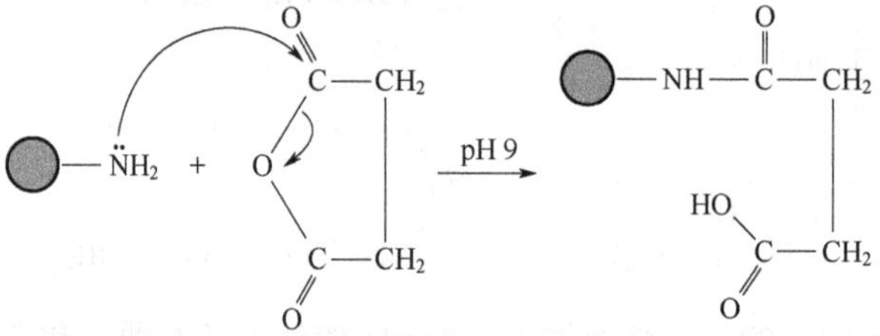

琥珀酸酐

  酰化蛋白质一般比天然蛋白质更易溶解。事实上，采用琥珀酸酐酰化能提高酪蛋白和难溶蛋白质的溶解度。然而，琥珀酰化通常会损害其他功能性质，这还取决于改性的程度。例如，琥珀酰化蛋白质因强烈的静电推斥力而呈现不良的热-胶凝性质。琥珀酰化蛋白质对水的高亲和力也降低了它们在油-水和气-水界面的吸附力，于是损害了它们的起泡和乳化性质。此外，由于引入了一些羧基，对于钙诱导的沉淀琥珀酰化蛋白质比它的母体蛋白质更加敏感。

  乙酰化和琥珀酰化反应是不可逆的。琥珀酰基-赖氨酸异肽键能抵抗由胰消化酶催化的裂解，于是琥珀酰基-赖氨酸不易被肠黏膜细胞吸收，因此，琥珀酰化和乙酰化显著地降低了蛋白质的营养价值。

  将长链脂肪酸连接在赖氨酰基残基的 ε-氨基上能显著提高蛋白质的两性性质，通过脂肪酰氯或脂肪酸的 N-羟基琥珀酰亚胺酯与蛋白质反应能完成此反应。此类改性能促进蛋白质的亲油性和结合脂肪的能力，也能促使产生新胶束结构和其他类型的蛋白质聚集体的形式。

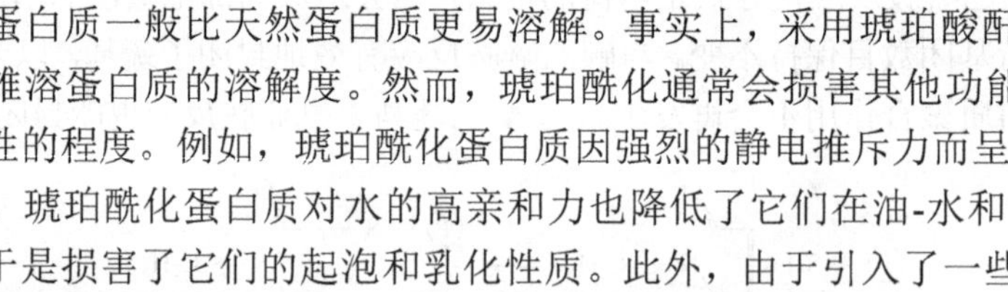

N-羟基琥珀酰亚胺酯

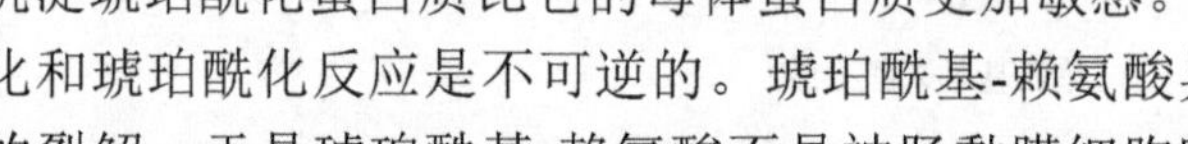

脂肪酰氯

① 磷酸化。几种天然的食品蛋白质（如酪蛋白）是磷蛋白。磷酸化蛋白质对钙离子诱导的凝结是高度敏感的。将蛋白质与氯氧化磷（$POCl_3$）反应可以实现磷酸化。磷酸化作用主要发生在丝氨酰基和苏氨酸残基的羟基和赖氨酰基残基的氨基上，磷酸化作用显著地提高了蛋白质的电负性。氨基的磷酸化使每一个因改性而消去的正电荷增加了两个负电荷。在某些反应条件下（尤其在高蛋白质浓度时），采用 $POCl_3$ 磷酸化会导致蛋白质聚合作用。此类聚合反应能使改性蛋白质电负性和对钙离子敏感性的增加降到最小。N—P 键是酸不稳定的，在胃部酸性条件下，N-磷酸化蛋白质或许被去磷酸化，而赖氨酰基残基再生。因此，化学磷酸化或许不会显著地影响赖氨酸的消化率。

② 亚硫酸盐解。亚硫酸盐解是采用一个包括亚硫酸盐和铜（Cu^{2+}），或其他氧化剂的氧化-还原系统，将蛋白质中的二硫键转变成 S-磺酸盐衍生物这样的反应，反应的机制如下所述。亚硫酸盐加入蛋白质引发了二硫键的裂开，并导致一个 $S—SO_3^-$ 和巯基的形成。这是一个可逆反应，而平衡常数是很小的。当存在一种如 Cu^{2+} 的氧化剂时，新释出的—SH 被重新氧化成分子内或分子间的二硫键，而这些键又转而被存在于反应混合物的亚硫酸盐离子再次裂开。此氧化-还原循环不断地重复，直至所有的二硫键和巯基被转变成 S-磺酸盐衍生物。

二硫键的裂开和 SO_3^- 基的并入造成蛋白质构象的变化，从而影响蛋白质的功能性质。例如，干酪乳清中蛋白质的亚硫酸盐剧烈地改变它们的 pH-溶解度关系曲线（图 2-2）。

③ 氨基酸。一些植物蛋白缺乏赖氨酸和蛋氨酸。将蛋氨酸和赖氨酸共价地结合至赖氨酰基残基的 ε-氨基上，可提高这些蛋白质的营养价值。采用碳化二亚胺法或通过蛋氨酸或赖氨酸的 N-羧酸酐与蛋白质反应完成此过程。在这两种方法中，N-羧酸酐偶联法被优先采用，这是因为碳化二亚胺是有毒的。氨基酸的 N-羧酸酐在水溶液中是非常不稳定的，甚至在低水分时它们都易于转变成相应的氨基酸形式。因此，将蛋白质与酸酐直接混合即能完成氨基酸与蛋白质的偶联。与赖氨酰基残基形成的异肽键对于胰肽酶的水解是敏感的；于是，按此法改性的赖氨酰基残基在生物上仍然是有效的。

氨基酸的N-羧酸酐　　蛋白质　　　　　　　　　赖氨酰基侧链和氨基酸之间的异肽键

④ 酯化。蛋白质中的 Asp 和 Glu 残基上的羧基不具备高反应能力，然而，在酸性条件下，这些残基能被醇酯化。这些酯在酸性条件下是稳定的，但在碱性条件下易于被水解。

2.3.3.2　酶法改性

已知在生物体系中存在着蛋白质/酶的几种酶法改性。可以将这些改性分成 6 类，即糖基化、羟基化、磷酸化、甲基化、酰化和交联。在体外，可以采用这些蛋白质酶法改性来改进它们的功能性质。虽然蛋白质的许多酶法改性是可能的，但是仅少数几种可用于食品蛋白质的改性。

（1）酶法水解

采用诸如胃蛋白酶、胰蛋白酶、胰凝乳蛋白酶、木瓜蛋白酶和嗜热菌蛋白酶这样的蛋白酶水解食品蛋白质能改变它们的功能性质。非特异性蛋白酶的广泛水解能使不易溶解的蛋白质增溶，所形成的水解物通常含有相当于 2～4 个氨基酸残基的低分子量肽。广泛的水解会损害几种功能性质，如胶凝、起泡和乳化性质。这些改性蛋白质对于液体类型的产品是有价值的（例如汤和调味汁），此时溶解度是一个首要的标准，也可用来饲喂不能进食固体食品的人群。采用部位特异酶（如胰蛋白酶或胰凝乳蛋白酶）或采用控制酶水解的方法将蛋白质部分水解往往能改进起泡和乳化性质，但是不能改进胶凝性质。对于某些蛋白质，部分水解使埋藏的疏水区暴露而导致溶解度瞬时下降。

在蛋白质水解中释放出的某些寡肽已被证实具有生理活性，如类阿片活性、免疫刺激活性和血管紧张素转变酶的抑制。在人和牛的酪蛋白的胃蛋白酶消化物中所发现的生物活性肽的氨基酸序列列于表 2-15。这些肽在完整的蛋白质中并没有生物活性，当它们一旦从母体释放出来才具有活性。这些肽的一些生理效应包括痛觉缺失、僵硬症、镇静作用、呼吸阻抑、低血压、体温和摄食的调节、胃分泌的抑制和性行为的改变。大豆蛋白酶水解产生 Asp-Leu-Pro 降血压肽、Leu-Leu-Pro-His-His 抗氧化肽和 His-Cys-Gln-Arg-Pro-Arg 免疫功能调节肽。

表 2-15　酪蛋白的胃蛋白酶消化物中的生物活性肽的氨基酸序列

肽	英文名称	来源和在氨基酸序列中的位置
Tyr-Pro-Phe-Pro-Gly-Pro-Ile	β-casomorphin 7	牛 β-酪蛋白（60～66）
Tyr-Pro-Phe-Pro-Gly	β-casomorphin 5	牛 β-酪蛋白（60～64）
Arg-Tyr-Leu-Gly-Tyr-Leu-Glu	α-casein exohin	牛 α_{s1}-酪蛋白（90～96）
Tyr-Pro-Phe-Val-Glu-Pro-Ile-Pro		人 β-酪蛋白（51～58）
Tyr-Pro-Phe-Val-Glu-Pro		人 β-酪蛋白（51～56）
Tyr-Pro-Phe-Val-Glu		人 β-酪蛋白（51～55）
Tyr-Pro-Phe-Val		人 β-酪蛋白（51～54）
Tyr-Gly-Phe-Leu-Pro		人 β-酪蛋白（59～63）

　　大多数食品蛋白质经水解时能释放出苦味肽，这会影响它们在某些应用中的可接受性。肽的苦味与它们的平均疏水性有关。平均疏水性值高于 5.85kJ/mol 的肽具有苦味，而低于 5.3kJ/mol 的肽没有苦味。苦味的强度取决于氨基酸的组成、序列和所使用的蛋白酶的种类。亲水性蛋白质（如明胶）的水解物比疏水性蛋白质（如酪蛋白和大豆蛋白）的水解物具有较少的苦味。具有在疏水性残基部位裂开肽键的特异性的蛋白酶，所产生的水解物比具有宽广特异性的蛋白酶所产生的水解物苦味少。于是，嗜热菌蛋白酶（是一种特异地作用于疏水性氨基酸残基侧链的蛋白酶）所产生的水解物比低特异性的胰蛋白酶、胃蛋白酶和胰凝乳蛋白酶所产生的水解物苦味少。

（2）胃合蛋白反应

　　胃合蛋白反应是指一组包括最初的蛋白质水解和接着由蛋白酶（通常是木瓜蛋白酶或胰凝乳蛋白酶）催化的肽键再合成反应。首先，低浓度的蛋白质底物被木瓜蛋白酶水解，当此含有酶的水解蛋白被浓缩至固形物浓度达到30%～35%和保温时，酶随机地重新组合肽，从而产生了新的肽。也可采用一步法完成胃合蛋白反应，此时将 30%～35%蛋白质溶液（或糊状物）与木瓜蛋白酶连同 L-半胱氨酸一起保温。由于胃合蛋白产物的结构和氨基酸序列不同于原来的蛋白质，因此，它们往往具有不同的功能性质。当此反应混合物含有 L-蛋氨酸时，它被共价地并入新形成的多肽。于是，可以利用胃合蛋白反应来提高蛋氨酸和赖氨酸缺乏的食品蛋白质的营养质量。

（3）蛋白质交联

转谷氨酰胺酶能催化酰基转移反应，导致赖氨酰基残基（酰基接受体）经异肽键与谷氨酰胺残基（酰基给予体）形成共价交联。利用此反应能交联不同的蛋白质和产生新形式的食品蛋白质，后者可能具有较好的功能性质。在高蛋白质浓度条件下，转谷氨酰胺酶催化交联反应，能在常温下形成蛋白质凝胶和蛋白质膜。利用此反应，也能将赖氨酸或蛋氨酸交联至转谷氨酰胺残基，从而提高蛋白质的营养质量（表2-16）。

表 2-16　采用转谷氨酰胺酶将赖氨酸和蛋氨酸共价连接至食品蛋白质

蛋白质	氨基酸含量/（g/100g）		蛋白质	氨基酸含量/（g/100g）	
	对照	转谷氨酰胺酶处理		对照	转谷氨酰胺酶处理
并入蛋氨酸			大豆 11S 蛋白	1.0	3.5
α_{s1}-酪蛋白	2.7	5.4	并入赖氨酸		
β-酪蛋白	2.9	4.4	小麦，面筋	1.5	7.6
大豆 7S 蛋白	1.1	2.6			

2.3.4　蛋白质的功能原理的研究趋势

在具有蛋白质的食品体系中，蛋白质对食物的感官和内在功能性质起重要的作用。自然界中不同品种的植物蛋白资源，经过不同加工方法制备的脱脂蛋白、浓缩蛋白、分离蛋白、挤压组织蛋白、生物酶水解蛋白多肽等各式各样的植物蛋白制品，在食品应用中会显示出千变万化的功能特性。要想使植物蛋白能够满足不同种类食品的不同特殊功能需要，必须认真、系统地剖析植物蛋白天然存在状态、研究不同分子量组分蛋白质的分子大小、电荷分布、疏水和亲水性质、分子的亚基和空间结构，分析植物蛋白对热、酸、碱、盐条件下加工的变化规律，阐明它们在食品中的凝胶、乳化、持油、保水、起泡、增白、增溶和增加营养的最佳功能特性应用工艺条件，才能使植物蛋白资源得到科学合理的利用。

参考文献

［1］Campbell M K. Biochemistry［M］. London：Saunders College Publishing，1995.

［2］Damodaran S，Paranf A. Food protein and their application［M］. New York：Marcel Deker，Inc，1997.

［3］Deak N A，Murphy P A，et al. Characterization of fractionated soy proteins produced by a new simplified procedure ［J］. Journal of the-American-Oil-Chemists' Society，2007，84（2）：137-149.

［4］Deak N A，Murphy P A，et al. Effects of NaCl concentration on salting in and dilution during salting-out on soy protein fractionation ［J］. Journal of foodscience，2006，71（4）：C247-C254.

［5］Erickson D R. Practical handbook of processing and utilization ［M］. Champaign：AOCS Press，1995.

［6］Inglett G E. Seed proteins（symposium）［M］. Westport：AVI Publishing Company，1972.

［7］Hettiarachchy N S，Ziegler G R. Protein functionality in food systems［M］. New York：Marcel Dekker，1994.

［8］Kinsella J E，Soucie W G. Food proteins ［M］. Champaign：AOCS Press，1989.

［9］Mitchell J R，Ledward D A. Functional properties of food Macromolecules ［M］. 2nd ed. London：Elsevier.1986.

［10］Mo X，Zhong Z，et al. Soybean glycinin subunits：characterization of physicochemieal and adhesion properties ［J］. Journal of agricultural and foodchemistry，2006，54（20）：7589-7593.

［11］Prakash V. Stractural similarities among the high molecular weight protein fractions of oilseeds ［J］. J Biosoi，1988，13（2）：171-180.

［12］Whitaker J R，Tannenbaum S R. Food proteins ［M］. Westport：AVI Publishing CA，1977.

［13］Whitaker J R，Fujimaki M，et al. Chemical deterioration of proteins ［M］. Washington：ACS Symposium Series，American Chemical Society，1980.

［14］Chung H Chung，Yong J，et al. Changes of lipid，protein，RNA and fatty acid composition in developing sesa me（sesamumindicum L.）seeds ［J］. Plant Science，1995，109：237-243.

［15］Rosenthal A，Pyle D L，Niranian K. Aqueous and enzymatic processes for edible oil extraction ［J］. Enzyme and Microbial Technology，1996，19：402-420.

［16］Yu J m，Ahmedna M，Goktepe I. Peanut protein concentrate：production and functional properties as affected by processitxg ［J］. Food Cttemistry，2007，1Q3：121-129.

［17］Lorenz K J，Kulp K. Handbook of cereal science and technology ［M］. New York：Marcel Dekker，INC. 1991.

［18］周瑞宝. 大豆 7S 和 11S 球蛋白的结构和功能 ［J］. 中国粮油学报，1998.

［19］辰巳英三，张晓峰，等. 利用 DSC 对大豆蛋白质热变性的研究 ［J］. 中国农业大学学报，2001，6.

［20］周瑞宝. 花生加工技术 ［M］. 北京：化学工业出版社，2003.

［21］杜长安，陈复生，等. 植物蛋白工艺学 ［M］. 北京：中国商业出版社，1995.

［22］OwenRfennema. 食品化学 ［M］. 王璋，许时婴，等，译. 北京：中国轻工业出版社，2003.

［23］王大成. 蛋白质工程 ［M］. 北京：化学工业出版社，2003.

3

大豆蛋白与工艺

大豆（*Glycine max* L.）是最主要的植物油、植物蛋白及其他微量活性成分来源的油料。大豆是健康食品，国内外都非常重视大豆食品的加工生产。大豆含油 18% 左右，而蛋白质含量高达 38% 左右。从氨基酸组成以及必需氨基酸的含量来分析，大豆蛋白是为数不多的可取代动物蛋白的营养佳品之一，不含胆固醇，对血管病患者尤为有益。将大豆作为蛋白质资源加以开发利用，具有重要意义。

3.1　大豆的结构与大豆蛋白组成及特性

3.1.1　大豆结构与组成成分

3.1.1.1　大豆的结构

大豆的籽粒由种皮、胚和子叶三部分组成。大豆蛋白质和油脂主要集中在由细胞壁围成的直径 2～15μm 的蛋白体和 0.2～2μm 油体亚细胞结构中。蛋白体外层由磷脂膜包围，中心是蛋白质；油体外层由单分子磷脂膜和油体膜蛋白包围，中心主要由甘油脂肪酸酯和少量的生育酚等成分组成。大豆的化学成分差异比较大（表 3-1）。

表 3-1　大豆各部位的化学组成

名称	水分含量/%	粗蛋白（$N^{①}$×6.25）含量/%	碳水化合物^{②}含量/%	粗脂肪含量/%	灰分含量/%
整粒	9（5～17）	40（36～45）	17（14～24）	18（13～24）	4.6（3～6）
子叶	10.6	41.3	14.6	20.7	4.4
种皮	15.2	7.0	21.0	0.6	3.8
胚	12.0	36.9	17.3	10.5	4.1

① N 代表 N 元素质量分数，下文同。
② 主要是蔗糖、棉籽糖、水苏糖、多缩戊糖。

3.1.1.2 大豆的组成成分

（1）脂肪

大豆油脂中的不饱和脂肪酸的含量很高，达到80%以上，而饱和脂肪酸的含量则较低。这种特定的脂肪酸组成，决定了大豆油脂在常温下是液态的，属于半干性油脂。

（2）碳水化合物

大豆中的碳水化合物含量约为25%，其组成比较复杂，主要是蔗糖、棉籽糖、水苏糖、毛蕊花糖等低糖类和阿拉伯半乳聚糖等多糖类。大豆中的碳水化合物分为可溶性与不溶性两大类。在所有碳水化合物中，除蔗糖外，都难以被人体消化，其中有些在人体大肠内还会成为肠内菌类的营养基，伴随在肠内产生气体，使人有胀气感。所以，大豆用于食品时，往往要设法除去这些不消化的碳水化合物。

（3）无机物

大豆中的无机物有十余种，其含量因大豆的品种及种植条件而差异极大。其无机元素多为钾、钠、钙、镁、磷、硫、氯、铁、铜、锰、锌、铝等，它们的总含量一般为4.5%～5%，对人体骨骼、肌肉等发育有一定的益处。

（4）维生素

大豆中的维生素含量较少，而且种类不全，以水溶性维生素为主。100g 大豆中维生素的含量如下：胡萝卜素约为 0.08mg（其中 β-胡萝卜素占总含量的80%），维生素 B_1 为 0.9～1.6mg，维生素 B_2 为 0.2～0.3mg，烟碱酸为 0.2～2.1mg，维生素 B_6 为 0.6～1.2mg，泛酸为 1.2～2.1mg，维生素 C 为 21mg，维生素 H 为 0.061mg，肌醇为 229mg。

（5）异黄酮

大豆中含有多种异黄酮，大豆异黄酮又名"类黄酮"，是大豆生长中形成的一类次生代谢产物，是生物黄酮中的一种，因它与雌激素的分子结构非常相似，能够与女性体内的雌激素受体相结合，对雌激素起到双向调节的作用，安全且无副作用，所以又被称为"植物雌激素"。

大豆异黄酮主要分布于大豆种子的子叶和胚轴中，种皮含量极少。不同部位的异黄酮组成和含量不同，80%～90%存在于子叶中，含量为 0.1%～0.3%。胚轴中所含异黄酮种类较多且含量较高，为 1%～2%。

（6）皂苷

皂苷是类固醇或三萜系化合物的低聚配糖体的总称，因其水溶液能形成持久泡沫，像肥皂一样而得名。大豆中皂苷含量约占干基的 2%，脱脂大豆中的含量约为 0.6%。经研究发现，大豆皂苷共有 5 个配基。目前从大豆皂苷中分离出的糖类有半乳糖、葡萄糖、鼠李糖、木糖、阿拉伯糖、葡萄糖酸，这些糖的含量在24%～27%之间，皂苷对湿热表现稳定。研究表明，大豆皂苷具有多项对人体有益的生理功能。

（7）血球凝聚素

大豆中含有血球凝聚素，其分子质量为 89～105 kDa，分子的 N-末端是 2 个丙氨酸，C-末端是丝氨酸和丙氨酸。它具有凝固红细胞的作用，但通过人体内的消化作用，蛋白质分解酶作用或湿热作用都可能使其活性丧失，即使部分残留物进入肠壁也不被吸收。

（8）有机酸

大豆中含有多种有机酸，主要有乙酸、延胡索酸、酮戊二酸、琥珀酸、焦谷氨酸、乙醇酸、苹果酸、柠檬酸，其中柠檬酸含量最高，其次是焦谷氨酸、苹果酸和乙酸等。

（9）胰蛋白酶抑制素

大豆中含有一种叫作胰蛋白酶抑制素的活性蛋白成分，等电点为 pH4.5，与球蛋白相似，分子质量 21.5kDa，氨基酸残基数有 194 个，N-末端是天冬氨酸，C-末端是亮氨酸，是含有两个胱氨酸而不含半胱氨酸的链状蛋白质。其毒理作用是抑制胰蛋白酶的作用，引起胰脏肥大。在湿热条件下，胰蛋白酶抑制素容易被破坏，所以在食品加工的实际问题中，它的毒性并不重要。

（10）酶类

大豆中含有淀粉酶、蛋白酶、脂肪氧化酶、尿素酶等。这些酶易被热破坏。

（11）磷酸酯类

大豆中有机磷脂含量相当多。它是脂肪酸的甘油酯和磷以及胺类物的结合体。其中主要的三种磷脂为卵磷脂，是由甘油、脂肪酸、磷酸和胆碱组成；脑磷脂与卵磷脂结构相似，它含的氨基醇是乙醇胺而不是胆碱；肌醇磷脂是由甘油、脂肪酸、磷酸和肌醇构成。

（12）气味成分

大豆具有特殊的豆腥味，不受人们欢迎。去除这些豆腥成分，已成为大豆新产品开发利用的一大课题。大豆的腥味成分十分复杂，到目前为止还没有真正搞清楚，但可以肯定大豆的腥味并不是起因于某一特定的物质，而是几种甚至几十种风味成分对人嗅觉产生的综合效应。

3.1.2　大豆蛋白的分类、组成及特性

3.1.2.1　大豆蛋白的分类

大豆蛋白质并不是指某一种蛋白质，而是指存在于大豆种子中诸多蛋白质的总称。从研究蛋白质的出发点，对蛋白质进行分类。

（1）根据溶解性进行分类

大豆蛋白可分为两大类，即清蛋白和球蛋白，二者在大豆中因品种及栽培条件不同而比例有所差异。清蛋白一般占大豆蛋白的 5%（以粗蛋白计）左右，球蛋白占 90%左右。

（2）按免疫学法分类

从免疫学角度上,用电泳法可以将大豆蛋白分为四种蛋白,即大豆球蛋白(占41.9%)、α-伴大豆球蛋白（占 15.6%）、β-伴大豆球蛋白（占 30.9%）、γ-伴大豆球蛋白（占 3.1%）。

（3）根据生理功能进行分类

大豆蛋白质可分为储藏蛋白和生物活性蛋白两大类。储藏蛋白是主体,约占蛋白质的 75%（如 7S 球蛋白、11S 球蛋白等）,它与大豆制品的加工性质关系比较密切;而生物活性蛋白主要有胰蛋白酶抑制素、β-淀粉酶、血球凝集素、脂肪氧化酶等,它们在总蛋白质中所占的比例虽不多,但对大豆制品的质量却起着重要的作用。

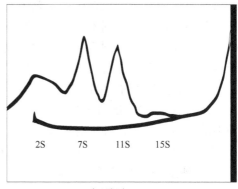

离子强度 μ=0.5

图 3-1　水溶性大豆蛋白超速离心分离

（4）按超速离心法分类

应用超速离心沉降法对大豆蛋白质进行分离分析,在 0.5 离子强度的介质溶液中,得到一个特性曲线（图 3-1）,可将大豆蛋白质分为四个组分:2S、7S、11S、15S（S 为沉降系数,S=1Svedberg 单位=10^{-13}s）,每一组分是一些质量接近的分子混合物,如果将每个组分的蛋白质进一步分离,可以获得蛋白质单体或相类似的蛋白质。大豆蛋白质的分级组成见表 3-2。

表 3-2　大豆蛋白质的分级组成

组分	离心沉降法	电泳法	成分	分子质量/kDa
	占总蛋白质含量/%	占总蛋白质含量/%		
2S	9.4	10	胰蛋白酶抑制素 细胞色素 C	8.0～21.5 12
7S	34	31	血球凝聚素 解脂酶 β-淀粉酶 7S 球蛋白	110 102 61 180～210
11S	43.6	40	11S 球蛋白	360
15S	4.6	14	15S 球蛋白	600
其他	8.4	5	—	—

3.1.2.2　大豆蛋白成分

（1）2S 组分

低分子量的 2S 组分,占大豆蛋白的 10%左右,分子质量范围为 8～21.5 kDa,

其中含有胰蛋白酶抑制素、细胞色素 C、尿素酶、2S 球蛋白等。

在 2S 组分中，库尼兹（Kunitz）和鲍曼-贝克（Bowman-Birk）这两种胰蛋白酶抑制素，分别占大豆脱脂粉重的 1.4% 和 0.6%。这类蛋白具有生物活性，特别是对大豆蛋白营养具有重要意义。这两种成分在溶液中的等电点分别是 pH4.5 和 pH 4.2。前者的分子质量为 21kDa，后者为 7985Da。氨基酸残基数前者为 197，而后者为 72。前者对热、酸和胃酶不稳定，而后者很稳定，而且对胰凝乳蛋白酶的作用能力强。如果在生产工艺中采用 pH4.6 的等电点生产分离大豆蛋白时，上述两种胰蛋白酶抑制素成分都因其不凝而残留于乳清水之中。这就是分离蛋白产品中的胰蛋白酶抑制素含量低的主要原因。工业生产中的乳清水中所含低分子量蛋白质，大多是具有一些生物活性的蛋白质物质。

（2）7S 组分与 7S 球蛋白结构

7S 组分占大豆蛋白 34% 左右，分子质量范围约为 61～210kDa，由几种不同种类的蛋白质组成，即血球凝集素、脂肪氧化酶、β-淀粉酶及 7S 球蛋白，其中 7S 球蛋白所占比例最大，占总蛋白含量的 30% 左右。

7S 球蛋白，即 β-伴大豆球蛋白，它是由 3 种亚基组成的三聚体，一种含糖基的寡聚蛋白，其分子质量约为 180～210kDa，聚合度在 110 左右。除了 β-伴大豆球蛋白以外，还有两种沉降系数为 7S 的球蛋白，它们是 γ-伴球蛋白和碱性 7S 球蛋白。不过这两种 7S 球蛋白是次要成分，在蛋白含量中不及百分之几，而 β-球蛋白和 γ-伴球蛋白合起来占 7S 组分的 95%。7S 球蛋白的三种亚基目前分别命名为 α、α' 和 β。他们呈平面三角形密堆积形成 7S 球蛋白分子。7S 球蛋白分子由 α、α' 和 β 亚基堆砌的示意图如图 3-2 所示。

7S 球蛋白分子的亚基，其氨基酸序列彼此类似，每个 α' 和 α 亚基在靠近 N-末端均有一个半胱氨酸残基（—SH），但 β-亚基没有。在这些亚基中均不存在胱氨酸残基（—S—S—）。β-伴球蛋白具有分子异质性，已鉴定出 6 种类型的 β-伴球蛋白，分别是 $\alpha\alpha'\beta$、$\alpha'\beta\beta$、$\alpha\beta\beta$、$\alpha\alpha\beta$、$\alpha\alpha\alpha'$ 和 $\alpha\alpha\alpha$，另外又发现一种 $\beta\beta\beta$ 类型（表 3-3），β-伴大豆球蛋白三聚体的聚集和解聚与溶液 pH 和离子强度有关。

7S 球蛋白含糖量约为 5.0%，其中含有 3.8% 的甘露糖，1.2% 氨基葡萄糖的糖蛋白质。与 11S 球蛋白相比，7S 球蛋白中色氨酸、蛋氨酸、胱氨酸含量略低，而赖氨酸含量则较高。由此可以说 7S 球蛋白更能代表大豆蛋白质的氨基酸组成。

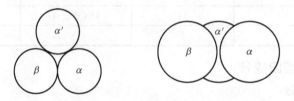

图 3-2　α、α' 和 β 亚基堆砌的 7S 球蛋白示意图

表 3-3 7 种三聚体的 7S 球蛋白

三聚体类型	分子质量/kDa	含硫氨基酸数目	
		半胱氨酸（—SH）	胱氨酸（—S—S—）
$\alpha'\beta\beta$、$\alpha\beta\beta$	72	1	0
$\alpha\alpha'\beta$	68	1	0
$\alpha\alpha\beta$、$\alpha\alpha\alpha'$	52	0	0
$\alpha\alpha\alpha$、$\beta\beta\beta$	52	0	0

（3）11S 组分与 11S 球蛋白结构

11S 组分占大豆蛋白的 43.6%左右，组分单一，到目前为止，仅发现一种 11S 球蛋白。11S 球蛋白是大豆种子中的主要储藏蛋白，分子质量为 360kDa，是由 12 个亚基构成的寡聚蛋白，聚合度在 2000 左右。每一亚基也是一个球状的分子。在这些亚基当中，呈酸性的亚基（分离后带羧基）共有 6 种，命名为 A 亚基（A_1、A_2、A_3、A_4、A_5、A_6）；呈碱性的亚基（分离后带羟基）有 4 种，命名为 B 亚基（B_1、B_2、B_3、B_4）。每种 A 亚基与另一种 B 亚基通过二硫键连接，形成比较稳定的中间亚基，即 AB 亚基。这些中间亚基共有 6 种（6 种 A 亚基中的每一个对应 4 种 B 亚基中的特定的一个）。

A 亚基的分子质量为 30～34kDa，B 亚基的分子质量为 20～28kDa。AB 亚基的分子质量为 52～61kDa，亚基球体呈直径 2.2nm、长约 7.5nm 的圆柱形。6 个 AB 亚基按酸碱对应交叉堆积成六聚体，成为一个 11S 大豆球蛋白分子。11S 大豆球蛋白分子由 A 亚基和 B 亚基堆砌的示意图如图 3-3 中（a）、（b）、（c）所示。

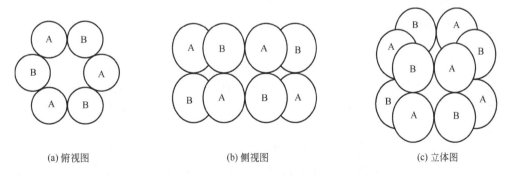

(a) 俯视图   (b) 侧视图   (c) 立体图

图 3-3 由 A 和 B 亚基堆砌的 11S 大豆球蛋白分子的示意图

11S 大豆球蛋白分子的外形尺寸为外直径 11nm、厚 7.5nm 的圆饼形。

研究表明，11S 大豆球蛋白的亚基具有多态性，即使在大豆栽培品种的同一类型亚基也有部分氨基酸的取代。此外由于其分子是含有不同亚基组成的六聚体，因而大豆球蛋白又具有分子异质性（即多相性），即 11S 大豆球蛋白共有 5

种 AB 亚基对，它们分别是由 5 个不同的基因所编码的，即 Gy1（$A_{1b}B_2$）、Gy2（A_2B_{1a}）、Gy3（$A_{1a}B_{1b}$）、Gy4（$A_5A_4B_3$）和 Gy5（A_3B_4）。根据序列鉴定，5 个亚基对可分为两组，即组 I：Gy1、Gy2、Gy3；组 II：Gy4 和 Gy5。

在不同 pH、离子强度和热处理条件下大豆球蛋白可解离成为多肽、亚基和半分子形式。关于 11S 大豆球蛋白各亚基分子质量与半胱氨酸、胱氨酸数目见表 3-4。

表 3-4　11S 大豆球蛋白各亚基分子质量与半胱氨酸、胱氨酸数目

亚基类型	分子质量/kDa	半胱氨酸数目	胱氨酸数目
$A_{1a}B_{1b}$	53.6	2	3
A_2B_{1a}	52.4	2	3
$A_{1b}B_2$	52.2	2	3
$A_5A_4B_3$	61.2	2	2
A_3B_4	55.4	2	2

11S 球蛋白是一种糖蛋白，糖的含量要比 7S 组分少很多，只有 0.8%。11S 球蛋白含有较多的谷氨酸、天冬酰胺以及少量的组氨酸、色氨酸、胱氨酸，多数盐基和疏水性氨基酸都在分子的内部。

（4）15S 组分

15S 组分占蛋白质的 4.6%，分子质量在 600 kDa 以上，它不是单纯的某种蛋白质，而是由多种蛋白质分子构成的，在酸沉淀和透析沉淀时，15S 组分首先沉淀。目前，对这一组分研究得还很不透彻，未能单独提取其组成。

3.1.2.3　7S 球蛋白和 11S 球蛋白的特性

7S 和 11S 两种球蛋白是分离蛋白的主要成分。在生产时小分子的 2S 组分会分散于乳清水中，大分子的 15S 组分残留于粗渣之中，因此这里重点介绍这两种蛋白。

7S 球蛋白是在 pH4.5 时从脱脂水溶液中制取的。在这种条件下得到的蛋白质，约占 7S 组分的 86%。在许多试验研究中发现 7S 大豆球蛋白会因溶液的离子强度变化发生分子聚合作用。这里可以说明 7S 球蛋白比 11S 球蛋白的稳定性要差。

有机溶剂尤其是低醇类的水溶液，能很快使大豆球蛋白变性，原因是这些醇类的非极性部分对球蛋白亚基内部的疏水性起作用，使氢键部分被极性水相削弱。

7S 大豆球蛋白能够随离子强度变化而发生聚合和解离作用。例如离子强度从 0.5 减弱到 0.1 时，很容易聚合为 9S 和 12S 组分，甚至会在接近等电点 pH 值时发生更大的聚合作用，生成 18S。当 pH 为碱性（pH>10）时，7S 解离，同时多肽链不可逆地伸展开来。

11S 球蛋白也能够随离子强度和 pH 变化而发生缔合与解离反应。11S 球蛋白的 A 亚基等电点在 4.7～5.4 之间，B 亚基则在 8.0～8.5 之间，这就是在低离子强度，pH 6.0 时，11S 球蛋白溶解度比较低的原因。当离子强度从 0.5 降至 0.1，pH 7.5 时，11S 蛋白质缔结成可逆的聚合物，像 7S 的三聚物一样；在 pH 值和离子强度都比较低的条件下，11S 能解离成 2S 组分，即增加了溶解度，这是由于 11S 蛋白解离成亚基的作用。但在形成亚基之后，在 pH2 和 pH11 的条件下，它们又会发生聚合作用，产生聚合物。即发生了缔合作用。通常这种作用即解离成亚基是在 pH3.75 时开始到 pH2 时达到最大。碱性变性伴随着构型变化，在 pH10 开始，大于 pH11 时进行得更快。在低离子浓度（0.3mol/L）和微碱性（pH8.6）条件下，11S 球蛋白会大量解离成 2S 和 7S 组分。11S 球蛋白在 1.0mol/L NaCl 溶液中比在 0.1mol/L 溶液中溶解度要大，这点很重要，它影响蛋白制品的乳化性能。

11S 球蛋白在 0.5 离子强度缓冲液中，在温度小于 70℃ 时是稳定的。70℃ 之后变得浑浊，到 90℃ 时发生沉淀。但在 70～90℃ 之间会发生蛋白质的部分解离现象。在 100℃ 加热 30min，除发生蛋白质沉淀之外，部分蛋白会发生解离而成 3S～4S 组分。

11S 球蛋白在 0.01 离子强度、pH3.38 时也会发生解离作用。但 pH 到 3.8 时，又发生沉淀型的积聚作用。冷冻干燥得到的产品会发生分子聚合作用，因此冷冻干燥也不是植物蛋白产品制备的最佳方法。11S 球蛋白的缔合与解离反应，对功能性起着重要作用。

制取 11S 蛋白质的简易方法是：用浓度为 0.03mol/L 的三羟甲基氨基甲烷缓冲溶液，在 pH8.0 时浸提大豆粉水溶液；再在 pH6.4 时，进行选择性沉析。将上清液调节至 pH4.8，以沉淀 7S 球蛋白。此方法基于在 pH6.0 附近时，11S 蛋白质溶解度最小，而 7S 蛋白质溶解度很大的特点，见图 3-4。

盐类对球蛋白热变性起到稳定作用。在 pH7.0 时，增加盐液的浓度，从 0.05mol/L 到 2.0mol/L，则 7S 热变性温度将从 77℃ 增至 100℃，而 11S 的热变性温度将从 92℃ 增至 113℃。显然，盐能使 11S 球蛋白稳定，免于解离和变性。

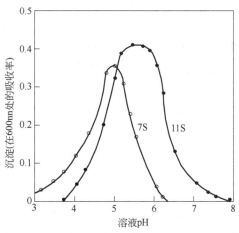

图 3-4　在低离子浓度（0.03mol/L）下 pH 对大豆蛋白质 7S、11S 组分沉淀的影响

在高离子强度的溶液中，加热至 80℃，11S 球蛋白对抗热凝聚的能力是很强的；如在低离子强度的溶液中，凝聚会很快发生。与此相反，7S 球蛋白在低离

子强度时则比较稳定；在高离子强度时，凝聚反而加速。大豆蛋白质的变性所需热量在pH7.0时最高，在极端pH时最低，也就是说pH影响热变性。

11S球蛋白的一个重要性质，就是蛋白质溶液在冷却到4℃会冷却沉淀，称冷不溶组分。这时得到的大豆蛋白产品，含2S组分5%，7S组分7%，15S组分6%，其余82%都是11S组分。如果在蛋白浸取液中添加钙离子，会增加冷沉蛋白的得率。利用高浓度的$CaCl_2$溶液可以将7S球蛋白有选择地先行萃取出来，但是钠离子在溶液中的浓度对其产品得率有很大影响。

蛋白质溶液在低温储存时，11S球蛋白容易发生二硫键连接形成大小不同的聚合体，形成不溶性的沉淀或可溶性14S~22S的聚合体。用10mmol/L的巯基乙醇、10mmol/L半胱氨酸等物质，能使其聚积物还原，恢复其溶解性。上述两种还原剂，在工业生产中，可防止二硫键聚合，在豆浆浓缩中添加可以提高其蛋白浓度。11S球蛋白在还原状态下，会在pH4.8时，发生最大的积聚作用。采用冷冻干燥制备分离蛋白时，如果这种蛋白又是在等电点时析离时，则这种蛋白即使在避光室温条件下储存溶解度也会降低。其原因是7S和11S球蛋白的二硫键聚合作用。如果是浓缩的11S球蛋白溶液（>10mg/mL）在4℃以下存放，就会增加沉淀的聚积作用。豆腐是11S球蛋白的一种凝胶体。它的性质与分子间二硫键的形成有关，并且随着巯基（—SH）数目的增加而变得更加牢固。

天然状态下的11S球蛋白组分蛋白质分子结构是十分紧密的，不容易被酶催化水解。提高蛋白变性程度和温度，有利于酶的消化作用，但超过120℃之后加热又会减少消化率。

11S大豆蛋白等电点是pH4.64。11S大豆蛋白组分在醋酸钠-氯化钙缓冲溶液中，在pH4.64时，溶解度随离子强度和温度而变化，如在pH为4.64，离子强度为0.25，温度为0~2℃的条件下，11S组分几乎不溶。但在0.8离子强度下，这种蛋白又有很高的溶解度（8mg/mL），在工业生产和实验研究中，豆浆中形成了许多11S蛋白的多聚体，使其黏度增加，甚至无法进行浓缩，但只要加入半胱氨酸、巯基乙醇、H_2O_2、Na_2S、$Na_2S_2O_3$都可以破坏二硫键的作用，可以提高蛋白质的浓度和溶解度。而冷冻干燥和低温储存又都会降低11S蛋白的溶解度。11S球蛋白溶液在温度上升即加热时黏度增加，并发生不可逆的变化而生成预凝胶。冷却时预凝胶变成凝胶，黏度再增加。然而过热加温，凝胶或预凝胶就变成一种异凝胶。最后这个过程会发生蛋白质热降解作用。温度大于80℃的加热，大豆11S球蛋白形成的凝胶，比大豆7S球蛋白形成的凝胶的拉伸强度和剪切力要高，它的保水性比7S蛋白凝胶保水性要大。而且在没有NaCl存在的条件下，加热11S球蛋白形成凝胶时，在80℃时硬度最大。凝胶的硬度与蛋白质构成变化有密切关系。盐在11S蛋白中能降低蛋白质凝胶的形成，而对7S来说，恰恰相反，即盐可以促进凝胶的形成。11S球蛋白在100℃形成的凝胶最低蛋白浓度是2.5%。无论是增加蛋白浓度或加热时间都会促使凝胶变硬。而在20%浓度形成的凝胶有光泽。应用加热和钙离子添加形成的凝胶 11S 比 7S 形成凝胶硬度要大，其原因是 11S 比 7S 有更多的二硫键，而且溶液的黏结性也强。

11S 或 7S 球蛋白的碱性黏稠溶液与醇混合能够制得透光性好的凝胶。这种凝胶 11S 球蛋白在 66%乙醇中，黏度在 pH11.2 时达到最大。但超过 pH11.2 之后，黏度下降，主要是高 pH 值使蛋白质解离成亚基的原因。一般来说醇引起凝胶化的效果与疏水性有关。甲醇最有效，乙二醇完全无效。

在 pH2 和 pH10 之间，11S 组分比 7S 组分的乳化能力和溶解度要低。盐酸进行部分水解时，7S 组分比 11S 有较好的乳化能力和稳定性。11S 蛋白组分，在 pH7.0 时乳化稳定性最低，这种性质与蛋白质溶解曲线（pH4.4 等电点）没有任何关系。11S 蛋白组分所形成的乳化液，其破坏应力随加热温度增加而减少。如果 11S 蛋白乳化之前在 95℃条件下加热 5min，乳化破坏应力比不加热增加 2～4 倍。

由于大豆蛋白中所含的蛋白质分子成分不同，结构也有很大差异。除上述凝胶性和乳化性之外，还有吸油、保水等功能特性都与各个组分有关。

3.2　大豆蛋白理化及功能特性

3.2.1　溶解度和等电点

大豆蛋白的溶解度与浸取液的 pH 值、浸取液中盐浓度和温度有关，对于大豆蛋白溶解度的研究将有利于大豆食品的加工和利用。

3.2.1.1　大豆蛋白溶解度、等电点与 pH 值的关系

将大豆或低温脱脂大豆粉碎后，用足量的溶剂溶出可溶物质，并将不溶物滤掉，定量测定滤液中的含氮量，就可以知道它的浸取程度。通常用氮溶解指数（NSI）表示蛋白质的溶解度，它表示浸取液中可溶性氮（或水溶性蛋白）占总氮（或总蛋白）的百分率，即：

$$NSI = \frac{可溶性氮}{总氮量} \times 100$$

用水可以浸取原料中 80%～90%水溶性蛋白，但用酸或碱浸取时，情况有很大差异。以横轴为浸取液的 pH 值，纵轴为氮溶解指数，可绘出一条大豆蛋白质溶解度与 pH 性曲线，如图 3-5 所示，这条曲线即为大豆蛋白质的溶解度曲线。大豆蛋白质的等电点通常被认为是 pH4.5。

上述情况是以盐酸和氢氧化钠为酸碱剂调节溶液的 pH 值得到的。以磷酸、草酸、硫酸代替盐酸时，蛋白质的溶解度变化不大，但以三氯乙酸代替盐酸时，当 pH 值小于 4.3 时，蛋白质溶解度要低得多，如图 3-5 所示。因此，可利用这一特性先除去蛋白态氮，然后再测定大豆中的非蛋白态氮的含量。

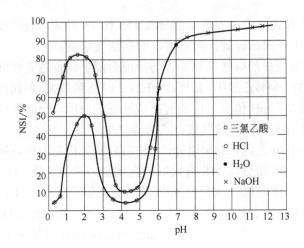

图 3-5　蛋白质 NSI 与 pH 的关系

3.2.1.2　大豆蛋白的溶解度与共存盐的关系

一般来说，中性盐影响蛋白质溶解度的能力是它们离子强度的函数，离子强度（μ）计算公式如下：

$$\mu = \frac{1}{2}\Sigma c_i Z_i^2$$

式中，c_i 为离子浓度，mol/L；Z_i 为离子的价电子数。

当离子强度比较小时可以促进蛋白质的溶解作用，即蛋白质的盐溶作用。当离子强度比较大时可以促进蛋白质的沉淀作用，即蛋白质的盐析作用。

一般二价离子（Ca^{2+}、Mg^{2+}、SO_4^{2-}）的影响比一价离子要强一些，大豆中存在的植酸钙镁对大豆蛋白的溶出曲线有影响。如预先将其除去，溶解度曲线将稍微向碱性方向移动，而且在 pH 值为 4 时，不溶解的组分大部分都能溶解。另外溶解度最低的 pH 值向碱性方面移动约 0.8 个 pH 值单位。

植酸盐除了可以采用透析法除去外，另外还可以采用根据蛋白质和植酸盐的溶解差异性，将植酸盐有效地除去。溶液 pH 值对蛋白质和植酸盐溶解度的影响如下。

大豆粉中蛋白质在水中 pH 值为 6.5～7.0 时可溶出 85% 左右，若在水中加入一定浓度的中性盐，如食盐、硫酸钾、氯化钙溶液时，其氮的溶解情况随盐的种类和浓度而有差异。一般情况下，不论何种盐类，当浓度达到某种程度时，溶解度开始下降；浓度再增高时，随着浓度的增高，溶解度下降速率则越快，此时pH 值的影响减小。

3.2.1.3　大豆蛋白溶解度与温度的关系

在蛋白质热变性温度的范围外，适当提高温度，可以提高提取速率，有助于提取过程的进行。但当温度到达变性温度区域后，大豆蛋白质的溶解度随着温度的升高和加热时间的延长而迅速下降。在大豆蛋白食品加工中，为了灭菌或钝化抗营养因子或改善风味与从大豆粉溶出氮味与去臭的目的，必须对大豆蛋白进行加热处理。为了达到上述加工目的，同时又要防止过热处理导致蛋白质溶解度降低，可采用瞬间超高温进行处理，即在高于 100℃的温度下对蛋白质溶液进行数秒钟处理。

3.2.2 大豆蛋白紫外吸收

大豆蛋白质同其他大多数蛋白质一样，因含有色氨酸、酪氨酸及苯丙氨酸三种芳香氨基酸，在 280nm 处有最大的紫外特征吸收。根据这个特点，可采用紫外吸收法测定蛋白质溶液的浓度，下面是一个经验公式：

$$蛋白质浓度（mg/mL）=1.55A_{2801cm}-0.76A_{2601cm}$$

式中需要说明的是①A_{2801cm}：蛋白质溶液在 280nm 处测得的光密度值（光程 1cm）；②A_{2601cm}：蛋白质溶液在 260nm 处测得的光密度值（光程 1cm），这是由于核酸在 260nm 处有最大吸水的缘故；③蛋白质溶液的浓度范围：0.1～0.5mg/mL（0.01%～0.05%）；④消光系数（a_{280}，0.1%）：在 0.5%～2.5%之间变化。

3.2.3 大豆蛋白变性

3.2.3.1 变性的机理

从分子结构来看，变性作用是蛋白质分子多肽链特有的规则排列发生了变化，成为较混乱的排列。变性作用不包括蛋白质的分解，仅涉及蛋白质的二级、三级、四级结构的变化。主要是维持蛋白质分子的二级、三级、四级结构的次级键被破坏，二硫键转化为巯基，使紧密的肽链充分舒展，变成松散的肽链构型。大豆蛋白的许多特性都是由它特殊的空间构象决定的，因此发生变性作用后，蛋白质的许多性质发生了改变，包括溶解度降低、发生凝结、形成不可逆凝胶、—SH 等反应基团暴露、对酶水解的敏感性提高、失去生理活性等。在某些情况下，变性过程是可逆的，当变性因素被除去之后，蛋白质可恢复原状。一般来说，在温和条件下，比较容易发生可逆的变性，而在比较强烈的条件下，如高温、强酸、强碱等，蛋白质分子的三维结构改变大时，结构和性质难于恢复，趋向于不可逆性。可逆变性一般只涉及蛋白质分子的四级和三级结构，不可逆变性则包括二级结构的变化。

在大豆蛋白食品的加工过程中，许多工艺都涉及大豆蛋白的变性问题，只有很好地控制大豆蛋白的变性，掌握其变性的机理和因素时，才能生产出理想的大豆蛋白制品。

3.2.3.2 影响蛋白质变性的因素

（1）热变性

热变性是大豆和大豆制品加工中最常见的一种变性形式。热变性主要是在较高温度下，肽链受过分的热振荡，保持蛋白质空间结构的次级键（主要是氢键）受到破坏，蛋白质分子内部的有序排列被解除。

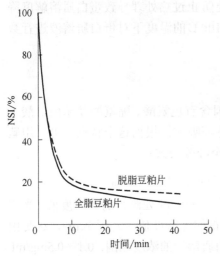

图 3-6　加热时间对可溶性氮的影响

影响热变性的因素如下。

① 时间。大豆或低温脱脂大豆粉中的蛋白质在水或碱性溶液中，溶出量为 80%～90%。若将低温脱脂大豆粉利用蒸汽进行加热，可发现大豆蛋白质的浸取率会随加热时间的延长而迅速降低，仅 10 min 时间，可溶性氮从原来的 80% 以上降到 20%～25%，如图 3-6 所示。

② 温度。一般认为，大豆蛋白质的开始变性温度在 55～60℃之间，在此基础上，温度每提高 10℃，变性作用的速度提高 600 倍左右。

③ 水量。大豆含水量对蛋白质变性起着重要作用，在相同温度条件下，含水量越高越容易发生变性。

（2）冷冻变性

将大豆浸取液或大豆蛋白质溶液进行冷冻，并在-1～-3℃下进行冷藏，解冻后，一部分蛋白质变成不溶解，并有聚合存在。不溶解的程度受溶液的蛋白质浓度、加热条件、冷藏时间的影响。蛋白质浓度越高，加热条件越激烈，冷藏时间越长，不溶性程度越显著。巯基乙醇等解离剂则有缓解冷冻变性的作用。

冷冻变性主要是分子间—S—S—键的形成；在不太低的温度下，水慢慢地结成冰，蛋白质随着冰晶的成长，慢慢地被浓缩，这种高度浓缩的蛋白质分子有更多的机会将分子内的—S—S—键，转换为分子间的—S—S—键，从而发生结聚，解冻后，增加了不溶性。但有巯基乙醇等存在时，—S—S—键被破坏，故解冻时，显示不出不溶性，亦可以认为没有发生冷冻变性。

上述蛋白质溶液在-20℃冷存，解冻后，蛋白质冷冻变性并不明显，这很可能是由于在此条件下分子几乎处于干燥状态，这种状态不利于反应进行。

（3）化学因素与蛋白质变性

许多化学因素能引起大豆蛋白的变性。最常见的有酸碱变性和有机溶剂变性。

① pH 值对蛋白质变性的影响。在常温下，蛋白质在一定的 pH 值范围内保持天然状态。在强酸、强碱条件下发生不可逆变性，在较温和的酸碱条件下则可引起可逆变性。在极端 pH 值下，能使 7S、11S 和其他球蛋白的四级结构破坏，大分子蛋白质分裂为较低分子量的蛋白质，即使加热或将 pH 值调到中性，其过

程也不会逆转。在碱性 pH 情况下，大豆蛋白质黏度会增加，而且随着溶液中蛋白质浓度的增高黏度也增大，甚至使大豆蛋白质溶液逐渐转变形成凝胶。

　　② 有机溶剂对蛋白质变性的影响。用各种溶剂处理大豆或未变性脱脂大豆粉，除掉溶剂后观察蛋白质的水溶性，发现用醇类等亲水性溶剂，蛋白质的水溶性降低，蛋白质发生变性，并受温度的影响显著；而用疏水性溶剂，如正乙烷、苯等，即使在高温下，变性的影响也很少（见表3-5）。亲水性溶剂，如甲醇、乙醇、丙醇等醇类和丙酮、二氧杂环乙烷等对蛋白质变性影响较大。这是由于在蛋白质分子内部，存在由疏水性氨基酸残基紧密聚集的疏水性区域，其周围被亲水性的氨基酸残基包围，在醇类分子内部，疏水基和亲水基两者都存在，因此，不仅能侵入分子外侧，也能侵入到内部的疏水性区域，从而破坏其结构。另一方面，由于大豆蛋白质分子的外侧有亲水基，所以疏水性溶剂不能侵入到内部，因此不能使其发生变性。

表 3-5　用各种溶剂处理大豆后蛋白质氮溶解指数的变化

溶剂	处理温度/℃	处理时间/min	NSI/%
汽油	13～23	30	84.2
	60	5	75.9
苯	13～23	30	79.9
	60	5	60.3
乙醇	13～23	30	75.8
	60	5	49.9
甲醇	13～23	30	76.1
	60	5	15.1
三氯乙烯	13～20	30	81.2
	60	5	76.0
四氯化碳	13～23	30	81.1
	60	5	75.0

3.2.4　大豆蛋白颜色反应

　　大豆蛋白质在碱性硫酸铜溶液中发生颜色反应，生产紫红色化合物，既双缩脲反应。

　　此外，蛋白质末端 α—COOH、末端 α—NH$_2$ 和 R 基上的官能团都可以发生类似的氨基酸反应；N-端的氨基酸残基还能与茚三酮发生定量反应，生成呈色物质；双缩脲反应是蛋白质和肽所特有的颜色反应。

3.2.5　大豆蛋白的功能特性

3.2.5.1　乳化作用

　　大豆蛋白在乳化作用中，促进 O/W 型乳状液的形成，一旦形成，它可以起着稳定乳状液的作用。由于蛋白质是表面活性剂，它聚集在油-水界面，使其表面张力降低，因而容易形成乳状液。乳化的油滴被聚集在油表面的蛋白质所稳定，形成保护层，这个保护层就可以防止油滴聚积和乳化状态破坏。

大豆蛋白制品广泛地用作碎肉制品中的乳化剂。醇法大豆浓缩蛋白的溶解度低，作香肠乳化剂不理想，而分离蛋白作用则好得多（表 3-6），分离蛋白的乳化作用，取决于它的 NSI 值，分离蛋白的 NSI 值在 32%的时候，对午餐肉不能起到稳定乳化作用，只有当它的 NSI 值接近 80%时，才能起到良好的乳化作用。

表 3-6　模拟肉制品中蛋白添加剂的乳化稳定性

蛋白质添加剂	NSI/%	分离相	
		香肠中的脂肪含量/%	乳化试验的油含量/%
不加	—	8.2	—
大豆分离蛋白 A	85.2	0.3	42.4
大豆分离蛋白 B	82.7	0.4	42.7
酪蛋白钠盐	97.8	2.3	54.5
大豆浓缩蛋白	10.7	7.9	96.8

3.2.5.2　吸油性

大豆蛋白产品在肉制品的吸油性，与蛋白含量有密切关系，大豆粉、浓缩蛋白和分离蛋白的吸油率分别为 84%、133%、154%。组织大豆粉的吸油率在 60%～130%之间，最大吸油率，发生在 15～20min 以内，而且粉越细吸油率越高。

在其他食品中，如在薄煎饼和面包中添加大豆粉，可以在煎炸时，防止过多地吸收油脂，但大豆粉添加过多，会使油炸面包中出现大豆气味，故添加量应适当。高 NSI 豆粉比低 NSI 豆粉效果好，这是低 NSI 豆粉中的蛋白质已经变性的原因。

3.2.5.3　吸水性与保水性

大豆蛋白的吸水性和保水性对加工肉制品、面包，糕点有重大影响。在加工肉制品时添加大豆蛋白即使加热肉制品，也能保持水分，只有保持肉汁，肉制品才有良好的口感和风味。在烤制食品和糕点中添加大豆蛋白，可以提高吸水性，维持食品中的水分，减少糕点收缩，使食品的保鲜时间延长。但要注意调整相应工序及吸水量，否则大豆蛋白质会从其他成分中夺取水分，而影响面团的工艺性能和产品质量。

一般说来每 100g 分离蛋白可吸收水分约 35g，蛋白质的吸水性能与水的活度 A_w 有关，水活度越高，吸水能力越强。蛋白质的吸水性与温度无关。

大豆蛋白的保水能力与黏度、pH 值、离子强度和温度有关。大豆粉、浓缩蛋白、分离蛋白与水结合能力分别为 1.3g/g、2.2g/g 和 4.4g/g。水分保持能力随蛋白质浓度增大而增加，随着 pH 值增高而增大，保持水分的最佳温度为 35～55℃，添加 5%的 NaCl 能增进大豆粉吸水能力，但却削弱分离蛋白的作用。

3.2.5.4 黏度

如表 3-7 所示为几种不同蛋白质制品的黏度。

表 3-7　几种不同蛋白质制品的黏度

大豆蛋白制品	黏度/mPa·S			
	蛋白质浓度 5%	蛋白质浓度 10%	蛋白质浓度 15%	蛋白质浓度 20%
大豆粉		25	230	2000
浓缩蛋白	10	200	330	28300
分离蛋白 A	1600	10500	18300	38000
分离蛋白 B	1300	3200	7000	25000

温度与大豆分散体的黏度成正比，从 80℃开始，黏度随温度增加，超过 90℃时，黏度反而下降。当 pH 值从 5 上升到 10 时黏度增加，超过 11 时，由于出现大豆蛋白的解聚作用，黏度大幅度降低。

3.2.5.5 起泡性

大豆蛋白具有发泡性能，脱脂大豆粉经乙醇处理后会有一定的发泡能力。若将大豆蛋白进行适当水解，其发泡性和泡沫稳定性会大大提高，尤以胃蛋白酶水解物的起泡性为佳。蛋白质的发泡性能与浓度、pH 值、温度有一定关系。

制品中存有脂质时，对发泡极为有害，它使薄膜不稳定。糖类可提高黏度，增加泡沫的稳定性。不同蛋白质制品的功能性见表 3-8。

表 3-8　不同蛋白质制品的功能性

大豆制品	溶解度/%	水分保持率/%	脂肪吸收/%	乳化能力/%	发泡性体积/（mL/kg）						
					体积增加/%	时间/min					
						0	10	20	30	40	
大豆粉	21	130	84	18	70	160	131	108	61	120	
浓缩蛋白 A	2.3	227	133	319	170	404	28	13	8	5	
浓缩蛋白 B	6.0	196	92	319	135	270	265	142	30	24	
分离蛋白 A	76.4	447	154	25	235	670	620	572	545	532	
分离蛋白 B	71.1	416	119	22	230	660	603	564	535	515	

3.2.5.6 凝胶性

大豆蛋白质通过形成凝胶胶体结构来保持水分、风味和糖分。大豆蛋白凝胶的形成，主要因素有固体物浓度、速度、温度和加热时间、制冷情况、有无盐类、巯基化合物、亚硫酸盐或脂质。用大豆分离蛋白可制成强韧性、弹性的硬质凝胶，而蛋白质含量小于 7%的大豆制品只能是软凝胶，如豆腐。蛋白质分散体至少应有 8%的蛋白质才有胶凝作用。蛋白质浓度增加后，需要提高温度才能达到最大黏度，浓度从 8%～16%，温度就需要从 75℃提高到 100℃以达到最高凝胶性能。凝胶的硬度随着蛋白质浓度而提高。加热是胶凝的必备条件。大豆制品加工中，如传统的豆腐及再制品、香肠、午餐肉等碎肉制品就是利用了大豆蛋白的凝胶性。它赋予制品良好的凝胶组织结构，增加咀嚼感，并为肉制品保持水分和脂肪提供了基质。

3.2.5.7　调色性

大豆蛋白制品在食品加工中的调色作用，主要起漂白、增色作用。在面包生产中，添加活性大豆粉可以起增白作用，而且由于大豆蛋白与面粉中的糖类发生了美拉德反应，可以增加其表皮的颜色。大豆蛋白质的功能性，除上述这些外，还有一些如结膜性、附着性、结团性、组织性等功能特性。

3.2.6　大豆蛋白的营养特性

3.2.6.1　大豆蛋白及组分的氨基酸组成

大豆蛋白中富含各种氨基酸，从必需氨基酸组成的含量来看，除了含硫氨基酸稍低一点外，其他必需氨基酸都达到了联合国粮农组织（FAO）和世界卫生组织（WHO）推荐的氨基酸模式值，其特点是赖氨酸特别高。不同的大豆蛋白产品，其氨基酸组成也不相同（表3-9）。大豆蛋白的营养特性还在于能提供部分热量。在同样 100g 的食品中，大豆的发热量及其蛋白质含量均高于其他植物食品。

表 3-9　大豆蛋白及组分的必需氨基酸组成　　　　单位：g/16g(N)

氨基酸	粗粉	浓缩蛋白	分离蛋白	11S 球蛋白	7S 球蛋白[①]	FAO/WHO[②]
赖氨酸	6.9	6.3	6.1	5.7	6.8	5.5
含硫蛋氨酸	3.2	3.0	2.1	3.0	2.6	3.5
色氨酸	1.3	1.5	1.4	1.5	0.3	1.0
苏氨酸	4.3	4.2	3.7	4.1	2.8	4.0
异亮氨酸	5.1	5.1	4.9	4.9	6.4	4.0
亮氨酸	7.7	7.8	7.7	8.1	10.3	7.0
芳香氨基酸	8.9	9.1	9.0	10.0	9.1	6.0
缬氨酸	5.4	4.9	4.8	4.9	5.1	5.0
合计	42.8	41.6	39.7	42.2	40.6	36

① 血清学的成分中的 β-大豆球蛋白。
② 联合国粮农组织（FAO）和世界卫生组织（WHO）1973 年推荐的氨基酸模式值。

3.2.6.2　大豆蛋白的营养价值

大豆蛋白营养价值高还可以通过生物法进一步反映出来。

（1）蛋白质消化率

蛋白质消化率表示为蛋白质消化吸收的氮的数量与该种蛋白质含氮量的比

值，大豆蛋白消化率比动物蛋白低，这是因为大豆蛋白消化率与大豆食品粗纤维含量、生熟程度、烹调方式等许多因素有关。整粒熟大豆的消化率仅为65.3%，加工成豆腐后其消化率可提高到92%～96%，豆浆中蛋白质消化率可达84.9%，膨化蛋白消化率为92%。

（2）蛋白质生物价

蛋白质生物价表示蛋白质吸收后在体内的利用程度。蛋白质生物价受很多因素的影响，主要是与氨基酸的组成、加工方法、蛋白质在膳食中所占热量比例等因素有关。各种大豆蛋白食品的生物价及功效比值见表3-10。

（3）蛋白质功效比值

蛋白质功效比值表示动物每摄取1g蛋白质体重增加的量（g）。以此来表示蛋白质在体内的利用。又称为蛋白质效能比值。大豆各种食品的功效比值见表3-10。

表3-10　各种大豆食品的生物价及功效比值

项目	BV/%		PER/（g/g）	
	范围	平均值	范围	平均值
成熟毛豆	41～74	58	0～1.5	0.7
消毒毛豆	64～67	64	0.4～2.0	1.3
未烘烤粕	50～53	52	0.3～0.6	0.5
消毒粕	61～68	65	1.1～2.9	1.9
脱脂粉	60～75	69	1.5～2.4	1.8
豆乳	—	79	1.6～2.3	2.0
豆腐	65～69	68	1.7～1.9	1.8
浓缩蛋白	—	—	0.3～2.5	1.7
分离蛋白	—	—	0.9～1.6	1.3

3.3　含脂及脱脂大豆粉生产

3.3.1　大豆粉分类

大豆粉的种类很多，绝大多数是以低温脱脂豆粕生产的。

区别豆粉种类的指标主要有两个：①含脂量；②蛋白质分散指数。

根据含油脂量的不同，一般把大豆粉分成5种。

3.3.1.1　全脂大豆粉

全脂豆粉是用脱皮大豆粉碎而成的。其脂肪含量一般均在18%以上，蛋白质含量不低于40%，细度在80目以上。

3.3.1.2　高含脂大豆粉

高含脂豆粉大多是用脱脂豆粕与精炼大豆油混合制成的，脂肪含量一般在15%左右，蛋白质含量在45%以上。也有部分高含脂豆粉是用大豆部分脱脂制成的。

3.3.1.3 低脂大豆粉

生产方法基本与高含脂豆粉相同,脂肪含量一般在 5% 左右,蛋白质含量高于 45%。

3.3.1.4 磷脂大豆粉

磷脂大豆粉是用脱脂豆粉添加大豆磷脂而制成的,磷脂含量在 15% 左右。蛋白质含量也在 45% 以上。

3.3.1.5 脱脂大豆粉

脱脂大豆粉一般就是用脱脂豆粕粉碎而成的。脂肪含量一般低于 1.0%,蛋白质含量高于 50%。

根据大豆粉中蛋白质分散指数的不同,可将其分为活性大豆粉和非活性大豆粉两类。活性大豆粉的蛋白质分散指数一般在 80% 以上;非活性大豆粉的蛋白质分散指数在 15%～20% 之间。

3.3.2 全脂大豆粉

全脂大豆粉生产有几种工艺,我们逐一介绍。

3.3.2.1 生产工艺

① 工艺流程示意图一为:

原料大豆→清选去杂→烘干→冷却→脱皮→粉碎→过筛→大豆粉

其生产方法为:大豆先经过干法清选除杂后,用原料大豆与烘炒砂混合倒入回转式烘烤机,在 220℃ 的温度下烘烤 30min 左右,使大豆水分烘干至 8%～10%,然后强制冷却 20min,可采用冷风冷却,使大豆含水量降至 3%～4%,将整粒大豆进行粗碎脱皮,脱皮率要求达到 90% 以上,然后用高速粉碎机或磨粉机进行粉碎,粉碎后过筛、分级,过筛得到的即为全脂大豆粉。

这种工艺法生产全脂大豆粉,对大豆进行了脱皮,因而在一定程度上提高了豆粉的质量,出粉率一般为 90%～92%。

② 工艺流程示意图二为:

原料大豆→清选除杂→粗碎→去皮→压片→前处理→混合→挤压→粉碎→全脂大豆粉

其生产特点是:将清选除杂、粗碎、去皮、混合调湿后的料坯,用膨化机杀酶脱腥熟化后,在极短的时间内挤出机外,变成为疏松状,经冷却脱水后,用粉碎机按颗粒度要求打成细粉。

③ 工艺流程示意图三为:

原料大豆→称量→风选→磁选→去石→调湿→分离→灭酶→撞击脱皮→摩擦脱皮→冷却→研磨→全脂大豆粉

这种方法为瑞士布勒公司的典型工艺。调湿工序在调湿器内完成,每增加 1% 的水润豆约需 2h,调湿后的水分应在 11%～13% 之间,否则不利于灭酶脱腥;分离是为了进一步除掉带菌豆,破碎豆及不成熟豆;灭酶脱腥是在专用的加热处理器内完成的,处理室内温度约为 150～160℃,被处理豆内温度一般可达 100～

110℃，处理时间为 5～7min；豆仁的粉碎也是经两步完成的，首先用锤磨机粗磨，再用对辊（三对辊）精磨机精磨，最后出来的豆粉细度可达到 200 目以上。

3.3.2.2 全脂大豆粉质量标准

全脂大豆粉质量标准见表 3-11。

表 3-11 全脂大豆粉质量标准

感官	水分/%	蛋白质/%	脂肪/%	碳水化合物/%	粗纤维/%	灰分/%
浅黄色	5～6	≥40	18～22	22～24	2～3	4～5

粒度：细粉状要求 97%以上通过 100 目/英寸筛孔；粗粒状要求通过 10～40 目/英寸筛孔；不分段细粒状要求通过 40～80 目/英寸筛孔。

3.3.3 脱脂大豆粉

3.3.3.1 生产工艺

① 工艺流程示意图一为：

机榨豆饼→粉碎→筛分→脱脂大豆粉

为保证大豆粉的质量，大豆提油要做到以下几点：

a. 大豆榨油前，应经过两次筛选，除去杂质泥沙，保证豆饼磨粉后不牙碜。

b. 筛选后加水或喷以蒸汽，将大豆水分调节至 12.5%～13%，这样可使大豆软化，蒸炒时脱臭，并除去苦味，减少加工损耗。

c. 为降低豆饼粉的纤维素含量，大豆应去皮榨油。大豆皮可制成酱油或作饲料。

d. 料坯蒸炒时，温度不宜超过 105℃，压榨温度也不宜太高（不超过 120℃），这样可使制得豆饼粉颜色较好。

按以上要求榨油后的豆饼，先粉碎成碎块，再用石磨钢磨磨成细粉，然后进行筛分。

② 工艺流程示意图二为：

浸出豆粕→脱溶→粉碎→筛分→脱脂大豆粉

粕脱溶剂时通常采用闪蒸式或蒸气式脱溶剂装置，使蛋白质的变性降低到最低限度，这些装置中采用通风式或减压等方法脱除溶剂蒸气，以抑制蛋白质变性。脱溶后进行粉碎，然后进行筛分。

3.3.3.2 脱脂大豆粉质量标准

脱脂大豆粉质量标准见表 3-12。

表 3-12 脱脂大豆粉质量标准

感官	水分/%	蛋白质/%	脂肪/%	碳水化合物/%	粗纤维/%	灰分/%
浅黄色	7	≥50	0.6	25～30	2.6	4～5

粒度：细粉状要求 97% 以上通过 100 目/英寸筛孔。粗粒要求通过 10～40 目/英寸筛孔。细粒要求通过 40～80 目/英寸筛孔。

其他大豆粉是在脱脂大豆粕的基础上，添加油脂或磷脂而成。

3.3.3.3　典型工艺

低温脱溶豆粕投入接料器（1），通过双筒形吸嘴吸入风管，并被风送至下旋型刹克龙（2）。在此低温脱溶粕与空气分离，从刹克龙底部经叶轮关风器（3）卸至振动给料机（4），恒定而均匀地喂入涡轮式粉碎机（5）。粉碎后的物料由风机（6）经风管输送至微细分级器（7），被分离出的粗粒仍被送回涡轮式粉碎机（5）重新磨碎，细粉进入下旋型刹克龙（8）沉降，经叶轮关风器（9）进入圆筛（10），筛理出少量粗粉，穿过筛网符合细度要求的细粉则被风吸起，在下旋刹克龙（11）沉降，经关风器流入存料箱（14）。在存料箱的进口处设有强力除铁器（13），以除去细粉中的微量金属杂质。最后，低变性脱脂大豆粉由存料箱（14）卸出去包装。三台离心通风机吸气管分别以吸式输送物料到刹克龙，使物料沉降。而含尘空气则经过风机（15）的压气管分别压送至三台布袋过滤器（即除尘器）（16）净化后排空（图 3-7）。

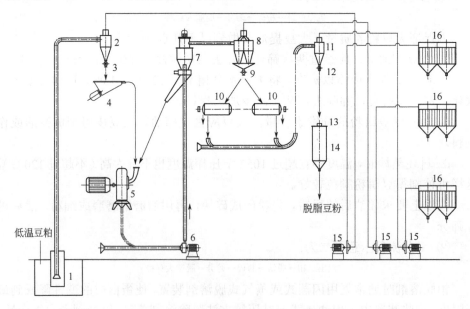

图 3-7　脱脂大豆粉工艺流程

1—接料器；2,8,11—刹克龙；3,9,12—关风器；4—振动给料机；5—粉碎机；

6,15—风机；7—分级器；10—圆筛；13—除铁器；14—存料箱；16—除尘器

3.4　大豆浓缩蛋白生产

浓缩大豆蛋白是以脱脂豆粉为原料除去部分非蛋白质成分，制得的蛋白质含

量在 65%（以干基计）以上的大豆蛋白制品。

3.4.1　基本原理

以低温脱溶粕为原料，通过不同的加工方法，除去低温粕中的部分糖类物质、灰分以及其他可溶性的微量成分，从而使蛋白质的含量从 45%～50% 提高到 65%以上。

原理之一是利用淀粉和纤维素不溶于水使其与蛋白质分离的方法。

原理之二是利用变性蛋白质不溶于水使其与可溶性糖类物质分离的方法。

主要工艺方法主要有三种：稀酸洗涤法、乙醇洗涤法、湿热洗涤法、水剂法。其中前三种方法生产的是不溶性浓缩蛋白产品，后一种方法生产的是可溶性浓缩蛋白产品。

3.4.2　生产工艺

3.4.2.1　稀酸洗涤法

（1）工艺原理

本工艺特点是根据大豆蛋白质溶解度曲线，用稀酸溶液调节 pH 值，利用蛋白质在 pH4.5 等电点时溶解度最低，将脱脂豆粕中的低分子可溶性非蛋白质成分浸洗出来。

（2）工艺流程

工艺流程示意如下：

豆粕粉→酸洗→固液分离→一次水洗→固液分离→二次水洗→固液分离→中和→干燥→产品
　　　　　　↓　　　　　　　　↓　　　　　　　↓
　　　　　废水　　　　　　废水　　　　　　废水

先将低温脱溶的豆粕进行粉碎（豆粕蛋白质含量在 48% 左右），用 100 目的筛过筛，加入 10 倍的水，于酸洗涤罐搅拌均匀，并连续加入浓度为 37% 的盐酸，调节溶液的 pH 值为 4.5，搅拌 1h。这时大部分蛋白质沉析与粗纤维物形成固体浆状物，一部分可溶性糖及低分子可溶性蛋白质形成乳清液。将混合物搅拌后，进行一次固液分离，分离所得的固体浆状物送入一次水洗罐内，在此罐内连续加水洗涤搅拌，然后进行二次固液分离；浆状物送入二次水洗罐内，在此罐内进行二次水洗。再进行第三次固液分离；浆状物送入中和罐内，在此加碱进行中和处理，再送入干燥塔中脱水干燥，即得浓缩大豆蛋白产品。

3.4.2.2　乙醇洗涤法

（1）工艺原理

本工艺特点是：一定浓度的乙醇溶液，可使大豆蛋白质变性，失去可溶性。根据这一特性，利用含水乙醇溶液对豆粕中的非蛋白质可溶性物质进行浸取、洗涤，剩下的不溶物经脱溶、干燥即可获得浓缩蛋白。

（2）工艺流程

工艺流程示意如下：

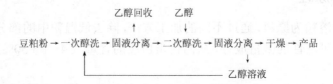

先将低温脱溶豆粕进行粉碎，用 100 目筛进行过筛，然后将豆粕粉由输送装置送入浸洗器中，用 65%～75%乙醇溶液，在温度 50℃左右、流量按 1∶4～7 质量比进行一次醇洗，洗涤粕中可溶性糖分、灰分及部分醇溶性蛋白质，浸提约 15～25min，经过浸洗的浆状物送入分离机进行分离，除去乙醇溶液后的固形物进行二次醇洗（浓度 70%～90%），再分离后，将固形物干燥即得浓缩蛋白产品。

由浸洗器浸取出的醇溶性物质流入暂存池内，送入乙醇蒸发器中进行蒸发回收乙醇。

3.4.2.3　湿热洗涤法

（1）工艺原理

本工艺特点是：利用大豆蛋白对热敏感的特性，将豆粕用蒸汽加热或与水一同加热，蛋白质因受热变性而成为不溶性物质，然后用水把低分子物质浸洗出来，分离除去。

（2）工艺流程

工艺流程示意如下：

水
↓
豆粕粉→粉碎→热处理→水洗→固液分离→干燥→浓缩蛋白
↓
废水

先将低温脱溶豆粕进行粉碎，用 100 目筛进行筛分。然后将粉碎后的豆粕粉用 120℃左右的蒸汽处理 15min；或将脱脂豆粉与 2～3 倍的水混合，边搅拌边加热，然后冻结，放在-2～-1℃温度下冷藏。这两种方法均可以使 70%以上的蛋白质变性，而失去可溶性。

将湿热处理后的豆粕粉加 10 倍的温水，洗涤两次，每次搅洗 10min。然后过滤或离心分离。干燥可以采用真空干燥，也可以采用喷雾干燥。采用真空干燥时，干燥温度最好控制在 60～70℃。采用喷雾干燥时在两次洗涤后再加水调浆，使其浓度在 18%～20%左右，然后用喷雾干燥塔即可生产出浓缩大豆蛋白。

这种方法生产的浓缩大豆蛋白，由于加热处理过程中有少量糖与蛋白质反应，生成一些呈色、呈味物质，产品色泽深，异味大，且由于蛋白质发生了不可逆的热变性，部分功能特性丧失，使其用途受到一定限制。加热冷冻的方法虽然比蒸汽直接处理的方法能少生成一些呈色、呈味物质，但产品得率低，蛋白质损失大，而氮溶解指数也低。

3.4.2.4 水剂法

（1）工艺原理

将低温脱脂豆粕用水或稀碱液浸取蛋白质后，采用离心或过滤法除去豆粕中的不溶性物质，然后再经灭菌、浓缩、干燥即得浓缩大豆蛋白。

（2）工艺流程

工艺流程示意如下：

```
                    水，碱
                     ↓
豆粕粉→碾磨→浸取→固液分离→蛋白液→灭菌→浓缩→干燥→产品
                     ↓                  ↓
               残渣→干燥→饲料          废水
```

（3）操作要点

① 浸取。a. 加水量 1：10；b. 浸取温度 55～60℃；c. pH 值 7.5～8.5；d. 时间 0.5h。

② 灭菌。a. 温度 85℃；b. 时间 15s。

③ 浓缩。a. 压力 0.008～0.018MPa；b. 温度 50～60℃。

④ 干燥。a. 进风温度 120～140℃；b. 出风温度 75～85℃；c. 料温 50～60℃。

3.4.2.5 影响浓缩蛋白得率及质量因素

① 豆粕质量。豆粕的质量会影响产品质量及得率，高质量的豆粕才能获得高质量、高得率的产品。

② 洗涤量及次数。增加洗涤次数和溶剂量可以提高产品的蛋白含量。

③ 乙醇浓度（%）的影响。洗涤过程中，可溶性糖分、灰分及一些微量组分溶解于乙醇中。为使蛋白质损失尽量少，乙醇浓度为 60%～65%（体积分数），这时制出的蛋白质的 NSI 值为 9%。不同浓度、pH 对蛋白质溶解度的影响见表 3-13。

表 3-13　不同浓度、pH 对蛋白质溶解度（NSI 值）的影响

洗涤液 pH	乙醇浓度/%										
	0	5	20	30	40	50	60	70	80	90	100
6.5	39.3	26.6	14.1	13.6	11.9	10.2	9.0	8.9	11.6	47.4	63.4
9.3	51.8	35.2	—	23.5	21.7	19.6	19.9	23.3	48.4	74.7	79.1

④ 温度。提高温度，能提高萃取或洗涤速率，但温度过高时，黏度也会增加、使得分离困难，且蛋白质在较高温度下易变性，影响产品的功能特性，同时耗能太多，一般控制温度在 50～80℃。

3.4.3 主要设备

3.4.3.1 碾磨设备

（1）砂轮磨

工作原理：利用固定磨片和转动磨片之间产生的剪切作用将物料磨碎。

该设备由电机、机架、主轴、分离网、固定与动磨片、料斗及调节机构组成。其特点：占地面积小；产量大；能耗低；操作和调节方便；适用于湿法碾磨；自动分渣。

（2）CW-250 超微磨机

工作原理：利用固定磨片和转动磨片之间产生的剪切作用力将物料磨碎。

该机由特制电机、机架、动及静磨片、料斗、强制喂料机构和微调节机构等组成。其特点是：进料均匀、能耗低；占地小、产量大；微量调节、超细碾磨；适用于干法和湿法碾磨。

3.4.3.2 洗涤设备

重要的洗涤设备有间歇式浸取洗涤罐和连续式浸取洗涤器（有平转式、履带式、环形式及箱式拖链等）。下面主要介绍浸取洗涤罐和平转式连续浸取洗涤器。

（1）浸取洗涤罐

浸取洗涤罐是醇洗浓缩蛋白的主要设备，采用全不锈钢材料制作，安装有强力搅拌装置，大口径进出料口。具有造价低，操作方便等特点。

（2）平转式连续浸取洗涤器

图 3-8 是连续浸取洗涤器的结构示意图。浸取洗涤器主要由支承腿、壳体、转格（12～16 格）、集溶格、固定栅底（洗涤滴干段）、固定无孔底（浸泡段）、溶剂循环管路、搅拌机构、传动机构、视镜系统及检修机构等部件组成。

应按工艺的要求控制洗涤器的运转速度、原料高度、洗涤温度和糖浆浓度等。一般要求为装料量为料格的 80%～85%，溶剂温度为 60～70℃，喷淋段的波面应高出料面 30～50mm。应经常注意料层渗透是否正常，如发生料面乙醇溶液有溢流现象，应及时找出原因并排除，以保证生产正常进行。应定时操作除渣机构，保持设备正常运转。在运转中要勤看、勤听、勤换设备，发现异常或管道堵塞要及时排除，恢复正常。严禁泵体空转，注意调节流体流量，保持流量均衡。

3.4.3.3 固-液分离设备

（1）离心分离设备

离心分离原理：利用分离机中分离筒的高速旋转，使悬浮混合液中具有不同重度的轻液、重液及固体颗粒，在离心力场中获得不同的离心力，快速分层，从而达到分离的目的。离心分离比重力沉降自然分离效率高几千倍甚至上万倍。

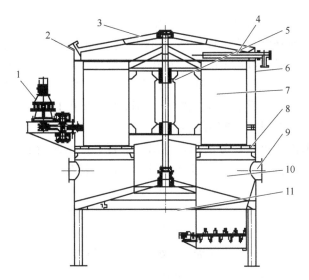

图 3-8 连续浸取洗涤器

1—传动装置；2—视镜；3—顶盖；4—喷淋装置；5—主轴装配；6—外壳；

7—浸出格；8—栅板；9—检修孔；10—集液斗；11—底座

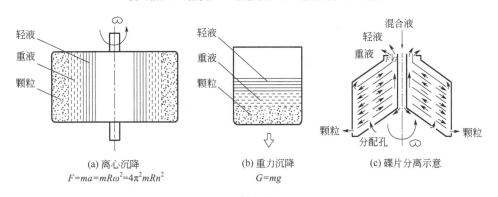

(a) 离心沉降
$F=ma=mR\omega^2=4\pi^2mRn^2$

(b) 重力沉降
$G=mg$

(c) 碟片分离示意

图 3-9 离心、重力分离和碟片分离示意图

由图 3-9 可见，离心力（F）与分离筒的半径（R）和转速 ω^2 成正比。半径越大，转速越高，则离心力（F）越大。通常离心力可达重力的数千倍。因而能实现物质的快速分离。

我们把离心力与重力之比的倍数称为分离因数（C）。在数字上等于离心力速度与重力加速度之比。

$$C= F/G=ma/mg =a/g=R\omega^2/g=4\pi^2Rn^2/g$$

式中，C 为分离因数；m 为质量，kg；a 为离心加速度，m/s^2；g 为重力加速度，9.8m/s^2；R 为半径，m；ω 为角速度，弧度/s；π 为常数；n 为转速，r/min。

通常根据分离因数大小将离心机分为三类：普通离心机，$C<3000$，一般为

600～1200，转鼓直径大，转速低，可用于分离 0.01～1.0mm 固体颗粒。高速离心机，C=3000～50000，转鼓直径小，可用于乳浊液的分离。超速离心机，$C>$ 50000，转速高（可达 50000r/min），适用于分散度较高的乳浊液的分离。

① 碟片式离心机。工作原理：对于碟片式分离机，实际的分离是发生在分离盘间，如图 3-9（c）所示，混合液从中心进入分配孔 D，再进到锥形分离盘组件的空间，重液由 F 排出，轻液由 G 排出。

该机主要由传动机构、分离筒、进出液装置、配水装置和机架等部分组成。操作时待达到额定转速后，注水进行水封后，再进料分离。但进行固液分离时，不需"水封"，可直接进料。要保证分离效果，须定期进行排渣操作。通过控制进料量和压力（或调整比重环），使之达到最佳分离效果。一般将分离线控制在分配孔外缘 1/3 处最好（油与水），而单从净化和澄清效果来说处理量越小越好。但实际生产中，在满足效果的前提下，处理量越大越好，以充分发挥机器的效能。

特点：分离因数高，通常在 6000～10000 不等；由于碟片数量多，沉降面积大。

目前国内主要型号有：DBP-50 型、DPM-30 型、DZD-20、DBD-400 型/26、DP-50 等。

② 卧式沉降离心机。工作原理：如图 3-10 所示，物料从进料管进入螺旋推进器的锥端后，因高速旋转，物料经双 S 面流向转鼓壁。组成物料的轻、重相，由于受到不同的离心力，重相快速沉积到转鼓壁上，而轻相则较慢地贴附到重相表面，轻相和重相之间形成了一个明显的分界面，随着重相沉积增多，进入到螺旋叶片顶端重相沉积层，这时转鼓与螺旋推进器同向高速旋转，具有一定转速差，这种转速差使重相颗粒向转鼓小端出料口移动，而轻相则经螺旋形通道，流向液相出口。

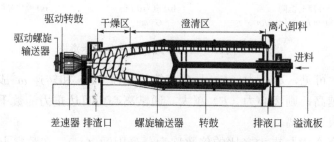

图 3-10　卧式沉降离心机工作示意图

该机主要由两个电机（主电机带动转鼓和差速器外壳；辅助电机带动螺旋推进器和差速器）、弹性基础、皮带轮、差速器、转鼓和螺旋推进器等部分组成。该机主要通过调节差速器（差速比）、进料量、液体出口位置来控制分离效果。

卧式沉降离心机的分离因数通常在 1800～3800，长径比 2～4.5。

国内主要机型有：LW350-860、LW450-1800、LW480-2000、LW500-2100、

LW530-2120 和 LW630-2800 等。

（2）过滤设备

① 振动过滤机。工作原理：物料从进料口进到筛面上后，由振动电机产生的纵向和径向跳动（振幅 5mm），使物料颗粒在筛面上进行曲线运动而到达出口，液体则穿过筛网进行二次、三次过滤，直到符合要求为止。

其特点是：结构紧凑，精巧耐用，筛分效率高；换网容易，操作简单，清洗方便，网眼永不阻塞，全封闭，卫生；自动出料，连续化操作；出料方向可任意调整，调节方便；筛网可达到五层。

② 离心过滤机。工作原理：物料通过中心进料管进入到旋转的离过滤网上，由于离心力作用，液体穿过滤网，滤渣沉积在滤网上由活塞推到出料口。

该机主要由电机、皮带减速轮、机座、进料装置、离心转鼓等组成。

其特点是：由于转速相对较低，离心半径较少；滤渣含水相对较小；处理量大，操作简单。

国内主要机型有：WH-600、WH-800 等。

③ 板框压滤机。工作原理：悬浮液用泵加压并输入到压滤机的每个滤室，在压力下通过渣层（滤饼）及滤布进行各种悬浮液的固-液分离。

该机主要由尾板、滤板、滤框、主梁、头板、压紧装置等组成。

其特点是：滤液有明流和暗流之分；压紧方式可采用手动、机械和液压三种方式；过滤面积范围大（2～150m²）。可选用铸铁和塑料等材质制造。

3.4.3.4 真空浓缩设备

真空浓缩设备是食品工厂生产过程主要设备之一。它利用真空蒸发或机械分离等方法来达到浓缩的目的，目前多采用真空蒸发。

真空浓缩设备的型式较多，根据加热蒸汽被利用的次数来分，有单效浓缩装置、多效浓缩装置和带有热泵的浓缩装置。食品加工厂的多效浓缩装置，一般采用双效、三效，有时还带有热泵装置。效数增多，有利于节约热能，但设备投资费用增加，所以效数的确定须全面分析。

（1）真空浓缩（锅）装置

该类设备主要是在罐体内有盘管，管内通入加热蒸汽，对周围空间的料液进行加热浓缩。它的盘管一般有 4～5 盘分层排列，每盘有 1～3 圈，每盘均有单独的蒸汽阀门控制蒸汽的流量。加热蒸汽的压力，一般采用 0.07～0.1MPa，也有采用 1.2～1.5MPa，但均不宜过高，否则易发生焦管现象。

（2）三效浓缩装置

该类设备主要由一效加热室、一效蒸发室、二效加热室、二效蒸发室、三效加热室、三效蒸发室和冷凝受力器等设备组。浓缩温度低，不破坏料液的物性，尤其适合于蛋白质、牛奶等热敏性物料的浓缩。蒸发速度快，蒸发能力是国家定型浓缩锅的 4 倍以上，而蒸汽耗量低 70% 左右，浓缩液重度大，物料在不锈钢设备中密封无泡沫状态下可实现连续式蒸发浓缩。

3.4.3.5　真空干燥设备

（1）真空干燥机

工作原理：利用泵体对干燥箱实施真空操作（减压），物料置于干燥箱内的烘盘上，在 50～60℃温度、0.0026～0.0078MPa 压力下，静态干燥 2～4h 后得到干燥物料。

其特点是：真空下物料沸点降低，传热推动力增加，蒸汽消耗量降低，热损失小；热源可以采用低压蒸汽或废热蒸汽；适用于在高温下易分解、聚合和变质的热敏性物料的干燥。

（2）真空干燥箱

真空干燥系统主要是由冷凝器、干燥箱、机械真空泵（或水喷射泵）和水池组成的一个干燥单元。

其特点是：属于静态式真空干燥，故干燥物料的形态不会损坏。

（3）盘式连续真空干燥器

工作原理：物料自加料器连续地加到干燥器上部第一层干燥盘上，带有耙叶的耙臂作回转运动从而使耙叶连续地翻炒物料。物料沿指数螺旋线流过干燥盘表面，在小干燥盘上的物料被移送到外缘，并在外缘落到下方的大干燥盘外缘，在大干燥盘上的物料向里移动并从中间落料口落入下一层小干燥盘中。大小干燥盘上下交替排列，物料得以连续地流过整个干燥器。中空的干燥盘内通入加热介质，加热介质形式有饱和蒸汽、热水和导热油，加热介质由干燥盘的一端进入，从另一端导出。已干物料从最后一层干燥盘落到壳体的底层，最后被耙叶移送到出料口排出。湿分从物料中逸出，由设在顶盖上的排湿口排出，真空型盘式干燥器的湿气由设在顶盖上的真空泵口排出。从底层排出的干物料可直接包装。通过配加翅片加热器、溶剂回收冷凝器、袋式除尘器、干料返混机构、引风机等辅机，可提高其干燥能力，干燥膏糊状和热敏性物料，可方便地回收溶剂。

高效的传导型连续干燥设备，其独特的结构和工作原理决定了它具有热效率高、能耗低、占地面积小、配置简单、操作控制方便、操作环境好等特点。

3.4.4　国内外典型工艺

3.4.4.1　半连续式乙醇洗涤法浓缩蛋白工艺

这种工艺主要是以日清的半连续乙醇浓缩蛋白工艺为代表，工艺流程见图 3-11。

低温脱溶豆粕首先经风机送入洗涤罐（1）中进行洗涤。共有 2～4 只洗涤罐交替使用实现半连续洗涤，洗涤罐内装有摆动式搅拌器，每次装低温粕 400～500kg，用乙醇泵（6）从暂存罐（5）内吸出浓度为 60%～75% 的乙醇溶液，按料液比 1：（6～7）将乙醇溶液泵入洗涤罐（1）中。操作温度 50℃，每次加入 3500kg 的乙醇溶液，搅拌 20min。每个生产周期为 1h。洗涤后，将沉降物由离心泵（2）送入管式超速离心机（3）中进行分离，分离出固形物和乙醇糖溶液。超速离心机的型号为Jp-Sg970型，管径φ210mm，转速15000r/min。分离出来的乙醇糖溶液首先被送入一效蒸发器（11）中进行初步浓缩，再送入二效蒸发器（13）中进一步蒸除乙醇，操作真空度66.8～73.5kPa，温度80℃。最后浓缩糖浆由二效蒸发器底部排出，另作他用。

从一效、二效蒸发器出来的乙醇溶液流入浓乙醇暂存罐（15）中，通过泵（16）送入乙醇蒸馏塔（17）中蒸馏，一方面制取浓乙醇，另一方面脱除乙醇中不良气味，工作温度82.5℃。成品流入暂存罐（19）中，运行时由离心泵（20）抽出送入二次洗涤罐（4）中使用。

从离心机中分出的固形物进入二次洗涤罐，以70%～90%的浓乙醇溶液洗涤，搅拌20min，操作温度50℃。实验表明，用90%热乙醇洗涤，可使蛋白质具有较好气味、氮溶指数和色泽。处理后的浓乙醇溶液流入暂存罐（5）中，稀释供一次洗涤用。

经过两次洗涤后的沉淀物，用泵（7）送入真空干燥器上的暂存罐（8）中，经闸门阀流入真空干燥器（9），脱水时间80～100min，真空度77.5kPa，工作温度80℃。

洗涤罐内装搅拌器，卧式真空干燥器内装带式搅拌器。

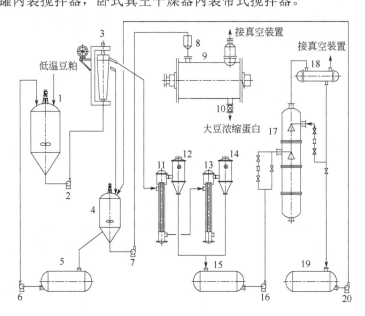

图 3-11　半连续式乙醇法浓缩蛋白工艺流程

1—洗涤罐；2,20—离心泵；3—管式超速离心机；4—二次洗涤罐；5,8,15,19—暂存罐；
6,7,16—泵；9—真空干燥器；10—封闭阀；11—一效蒸发器；12,14—闪发；
13—二效蒸发器；17—蒸馏塔；18—冷凝器

3.4.4.2　连续式乙醇洗涤法浓缩蛋白工艺

（1）双浓度醇法浓缩蛋白工艺

双浓度醇法浓缩蛋白工艺，如图3-12所示。

生产时，用输送装置将低温脱溶粕粉送入浸出器（2）中，浸出器为平转型浸出器。浓度为90%（体积分数）的乙醇（新鲜溶剂）从浸出器喷淋段中喷入，进行最后洗涤，中间调节乙醇浓度为60%～75%（体积分数）进行循环喷淋，不断洗除豆粕中的可溶性糖类、灰分、微量其他组成部分以及部分醇溶蛋白。

浸出格慢速转动，二次浸提浆状湿粕送入卧式自动排渣的离心机（9）中，除去溶剂及水分，干物质送入真空干燥器（10）中干燥，经粉碎等工序制成浓缩蛋白质产品。一次浸提分离出的乙醇糖溶液流入暂存罐（4）中，经离心泵（5）送入一效蒸发器（19）脱除乙醇，浓溶液再经离心泵（26）注入二效蒸发器（21）中操作。一效蒸发器的乙醇气体进入分离器（20），二效蒸发器的乙醇进入分离器（22）。两分离器中的乙醇流入稀乙醇罐（27），用离心泵（28）将其泵入蒸馏塔（29）中提纯。成品进入浓乙醇罐（32）中储存备用。离心分离出的乙醇糖溶液流入暂存罐（16）中作为一次浸提溶剂使用。

采用乙醇洗涤时体积分数在60%～75%时为好。单独使用纯乙醇时，虽然能够除去蛋白质中大部分有不良气味的物质，但是脱溶后，浓缩蛋白质中仍残留有0.25%～1%体积分数的乙醇。采用60%～77%体积分数的乙醇可以克服这一缺点。乙醇脱除了浓缩蛋白质的气味，但当回收乙醇时，不易除尽乙醇中的不良气味。

（2）单浓度醇法浓缩蛋白工艺

单浓度醇法浓缩蛋白工艺，如图3-13所示。

生产时，用输送装置将低温脱溶粕粉送入浸出器（1）中，浸出器为链式浸出器。浓度为60%～75%（体积分数）的乙醇（新鲜溶剂）从浸出器中出料端的喷淋段喷入，进行逆流式洗涤，不断地进行喷淋、浸泡、滴干循环操作，洗除豆粕中的可溶性糖类、灰分、微量其他组成部分以及部分醇溶蛋白。

浸出器的拖链慢速转动，经过180～240min洗涤完成脱糖工序，湿粕由刮板（5）送入挤压机（6）中进行预脱溶，再由Z形刮板（7）送到盘式真空干燥机（9）中干燥，干燥后得到的浓缩蛋白送到下一道工序去粉碎、筛分及包装，挤压分离出的乙醇送到储罐（39）中循环使用。

浸出洗涤出来的乙醇糖浆含有4%～5%的可溶性糖，用糖浆泵（3）送到储液罐（17）中，经澄清后送入三效蒸发器（19）进行预脱溶，乙醇糖浆再经浓浆泵（21，24）注入一效、二效蒸发器（22，25）中操作。一效蒸发器（22）采用蒸汽加热，加热后的乙醇糖浆进入闪发器（23），出来的二次乙醇蒸气用来加热二效蒸发器（25）中的乙醇糖浆，加热后的乙醇糖浆进入闪发器（26），出来的二次乙醇蒸气用来加热三效蒸发器（19）中的乙醇糖浆，加热后的乙醇糖浆进入闪发器（20），出来的乙醇蒸气进入冷凝器（32）中冷凝。二效、三效蒸发器中二次蒸汽冷凝液及冷凝器冷凝的乙醇送入乙醇循环储罐（39）。

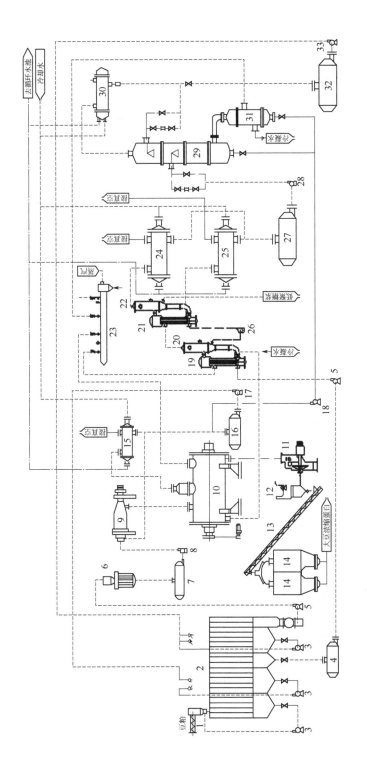

图 3-12 双浓度醇法浓缩蛋白工艺流程

1—封闭绞龙；2—浸出器；3—循环泵；4,7,16—暂存罐；5,8—高压泵；6—胶体磨；9—离心机；10—干燥器；11—粉碎机；12—集料器；
13—斜绞龙；14—存料斗；15,24,25,30,31—冷凝器；17,18,26,28,33—离心泵；19—一效蒸发器；20—一效分离器；21—二效蒸发器；
22—二效分离器；23—蒸汽分配器；27—稀乙醇罐；29—蒸馏塔；32—浓乙醇罐

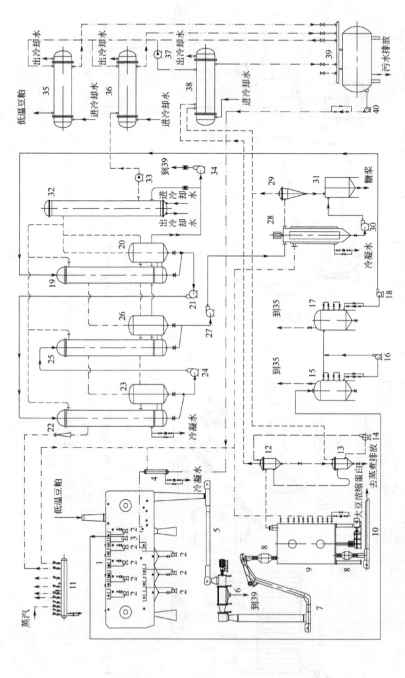

图 3-13　单浓度醇法浓缩蛋白工艺流程

1—链式浸出器；2—循环泵；3—糖浆泵；4—溶剂预热器；5—湿粕刮板；6—挤压机；7—Z 形刮板；8—缓冲罐；9—盘式真空干燥机；10—出料刮板；
11—蒸粕分配器；12—粕末捕集器；13—热水罐；14—循环水泵；15—澄清罐；16,18—进料泵；17—储液罐；19,22,25—蒸发器；20,23,
26—闪发器；21,24,27—浓缩泵；28—薄膜蒸发器；29—分离器；30—糖浆抽出泵；31—糖浆泵；32—立式冷凝器；
33,37—真空泵；34—冷凝液泵；35,36,38—冷凝器；39—乙醇循环储罐；40—乙醇泵

128

3.4.4.3 稀酸浓缩蛋白工艺

稀酸浓缩蛋白工艺流程见图3-14。

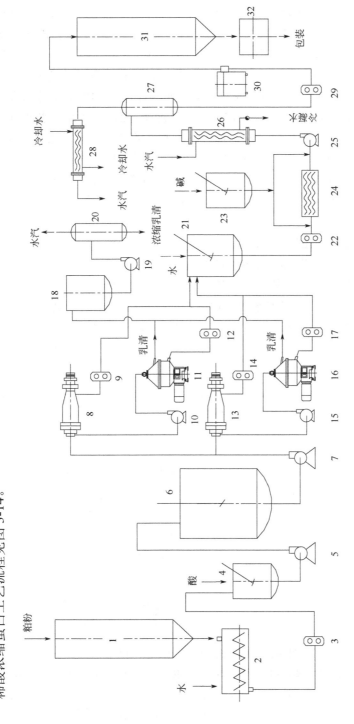

图3-14 稀酸浓缩蛋白工艺流程

1—粕料暂存仓；2—酸洗槽；3,9,12,14,17—齿轮泵；4—沉析槽；5,7—离心泵；6,21,23—缓冲罐；8,11,13,16—离心机；
10,15,19,22,25,29—泵；18—暂存罐；20—蒸发器；24—静态混合器；26—加热器；27—闪蒸给料罐；28—冷凝器；
30—高压均质泵；31—干燥塔；32—产品储罐

将低温豆粕粉用输送装置送入粕料暂存仓（1）中储存供料，然后连续流入酸洗槽（2）中。加入适量温水浸泡，调和后的粕料由泵（3）送入酸沉析罐（4）中，在此加入酸液，调节 pH 为 4.5，搅拌洗涤，通过泵（5）将料液送入缓冲罐（6）中，连续搅拌 30min，料液由泵（7）送入卧式离心机（8，13）中，分离出含糖等成分的乳清溶液和浆状物。乳清液由泵（10）送入碟式离心机（11，16）中分离回收蛋白等固形物，液体流入暂存罐（18）中，由泵（19）送入蒸发器（20）。浆状物经由泵（9）、泵（12）、泵（17）送入缓冲罐（21），在此加水调节蛋白液浓度后，不断搅拌，不断由泵（22）抽出，同时在管道内加入碱液调节 pH，并经由静态混合器（24）、泵（25）和加热器（26）送入闪蒸给料罐（27），在此迅速脱除部分水汽，并由冷凝器（28）冷凝回收。闪蒸给料罐中物料由泵（29）、高压均质泵（30）送入喷雾干燥塔（31）中干燥，蛋白粉从塔底收集经烘干冷却后包装。

3.4.4.4　水剂法浓缩蛋白工艺

水剂法浓缩蛋白工艺流程如图 3-15 所示。

将低温脱溶粕粉由输送装置送入粕料暂存仓（1）中储存供料，然后连续流入预浸槽（2）中。加入适量温水浸泡调和粕料，粕料由泵（3）送入浸取罐（4）中，在此加入碱液，调节 pH 为 8.0 左右，搅拌 30min，通过泵（5）将料液送入卧式离心机（6）中，分离出蛋白质液体和豆渣。豆渣送去干燥作饲料。

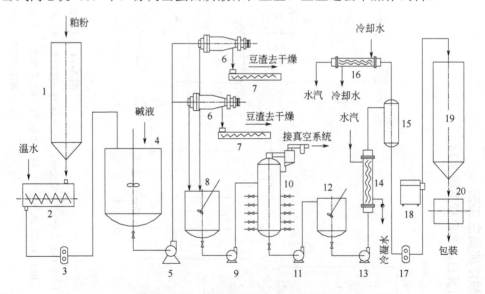

图 3-15　水剂法浓缩蛋白工艺流程

1—粕料暂存仓；2—预浸槽；3，17—齿轮泵；4—浸取罐；5，9，11，13—离心泵；6—离心机；

7—绞龙；8，12—暂存罐；10—浓缩锅；14—加热灭菌器；15—闪蒸给料罐；16—冷凝器；

18—高压均质泵；19—干燥塔；20—产品储罐

蛋白液流入暂存罐（8）中，由泵（9）送入浓缩锅浓缩（10）。浓缩完成后由泵（11）送入暂存罐（12）中，再由泵（13）送入加热灭菌器（14）、闪蒸给料罐（15），在此迅速脱除部分水汽，并由冷凝器（16）冷凝回收。闪蒸给料罐中物料由泵（17）、高压均质泵（18）送入喷雾干燥塔（19）中脱水。塔底物料经烘干冷却后包装即得浓缩蛋白产品。

3.4.5　产品质量及技术经济指标

3.4.5.1　质量指标

浓缩蛋白由于除去一部分糖类和有味成分，蛋白质营养价值有所提高，且口味温和，风味较好。表 3-14 是几种方法生产的浓缩蛋白质量指标。

表 3-14　用不同方法制取的浓缩蛋白质量指标

项目	工艺过程			
	乙醇洗涤法	稀酸洗涤法	湿热洗涤法	水剂法
NSI/%	5	69	3	82.5
1∶10 水分散液 pH	6.9	6.6	6.9	6.8
蛋白质含量（$N \times 6.25$）/%	66～70	70	70	65.5
水分含量/%	6.7	7.0	3.1	8.1
脂肪含量/%	0.3	0.3	1.2	0.5
粗纤维含量/%	3.5	3.4	4.4	0.6
灰分含量/%	5.6	4.8	3.7	5.0
容重/（g/cm³）	0.65	0.45	0.75	0.70
粒度（100 目）/%	95	90	92	98

乙醇浸洗是利用体积分数为 60%～75%的乙醇，洗除低温粕中所含的可溶性糖类（如蔗糖、棉籽糖、野芝麻四糖）、可溶性灰分及可溶性微量组成部分。乙醇浓缩方法可以改善产品的气味，但蛋白质变性较严重。稀酸法主要是利用蛋白质在 pH4.5 附近溶解度最低的特性，洗除低温粕中的可溶性糖分、可溶性灰分和其他微量组成成分，产品中含较多的水溶性蛋白质。

3.4.5.2　技术经济指标

浓缩蛋白技术经济指标见表 3-15。

表 3-15　浓缩蛋白技术经济指标

项目	指标			
	乙醇浓缩蛋白	酸洗浓缩蛋白 1	酸洗浓缩蛋白 2	水剂法浓缩蛋白
成品得率/%	65	69.5	70	75
耗蒸汽量/（t/t）	5	—	15	18

续表

项目	指标			
	乙醇浓缩蛋白	酸洗浓缩蛋白 1	酸洗浓缩蛋白 2	水剂法浓缩蛋白
耗电量/(kW·h/t)	380	—	2600	280
耗水量/(m³/t)	7	30	130	30
耗乙醇量/(L/t)	50			
耗燃气量/(m³/t)	—		1300	
耗碱量/(kg/t)	—	5.4～6.3	5～14	7.5
耗酸量/(kg/t)	—	29.7	23～75	—

注：原料豆粕蛋白质含量 52%，水分为 10%。

3.5　大豆分离蛋白生产

大豆分离蛋白又名等电点蛋白，它是脱皮脱脂的大豆粕去除所含非蛋白质成分后，所得到的一种蛋白质含量不低 90%的大豆蛋白产品。其生产方法有碱溶酸沉法和超（微）过滤法。

3.5.1　碱溶酸沉法

3.5.1.1　生产原理

低温脱脂豆粕中的蛋白质大部分能溶于稀碱溶液。将低温脱脂豆粕用稀碱液浸提后，用离心分离可以除去豆粕中的不溶性物质，然后用酸把浸出液的 pH 值调至 4.5 左右时，大部分蛋白质由于处于等电点状态而凝集沉淀下来，只有大约 10%的少量蛋白质仍留在溶液中（主要是清蛋白），经分离可得到蛋白沉淀物，再经洗涤、中和、干燥即得大豆分离蛋白。

3.5.1.2　生产工艺

（1）工艺流程

豆粕→浸取→固液分离→酸沉→分离→水洗→分离→中和→灭菌
饲料←干燥←残渣　　　　　乳清　　废水　　冷却
　　　　　　　　　　　　　　　　　　　　　产品←干燥

（2）操作要点

① 浸取。a. 加水量 1∶10；b. 浸取温度 55～60℃；c. pH7.5～8.5；d. 时间 0.5～1h。

② 酸沉。a. 时间 0.5h；b. pH4.5。

③ 水洗。a. 加水量 1∶4；b. pH4.5～7.0。

④ 中和。a. pH6.0～7.0；b. 浓度15%～18%。

⑤ 灭菌。a. 温度85℃；b. 时间15s。

⑥ 干燥。a. 进风温度120～140℃；b. 出风温度75～85℃；c. 料温50～60℃。

3.5.1.3 影响大豆分离蛋白的因素

（1）豆粕质量

豆粕的质量直接影响分离蛋白的质量及得率。豆粕要求无霉变，含皮量低，含残溶低，蛋白质含量高（尤其是低变性蛋白质），脂肪含量低，豆粕应进行粉碎，过40～60目筛。

（2）碱溶工序

① 离子强度与加水量。蛋白质溶液的离子强度大小对溶解度影响是非常重要的。

在pH0～3及pH7～12范围内，0.01mol/L浓度盐（NaCl）溶液的蛋白质溶解度均比0.1mol/L及0.5mo/L的溶解度高。在pH4.5等电点处，0.5mol/L几乎4倍于0.01mol/L浓度的溶解度。

加水量越多，蛋白质的溶出率和浸提效率越高，但如果加水量过多，则需加大设备投资，且分离时间长，酸沉有困难，从经济角度考虑不适用，一般控制用水量10～15倍。

② 温度。前已叙及，提高大豆蛋白质提取温度，能提高提取速率，对大豆蛋白得率影响甚小，温度过高时，黏度增加、分离困难且蛋白质易变性，影响产品的工艺性能，同时耗能太多，一般温度控制在50～80℃。

另外，当制取不同组分的蛋白质时，其用水量及水温都必须进行调整。例如提取11S组分时，采用5倍加水量，25℃溶解提取后，在0～4℃冷储24～48h，获得的11S蛋白较纯。

③ 时间。碱溶时间主要影响蛋白质溶出率，在一定条件下，时间越长，其溶出率越高，一般溶解时间从氮溶解指数（NSI）来看最初30min比较平稳增加，45min后达到平直稳定状态，因此综合各项指标，一般碱溶时间不超过120min。

④ pH值。pH>7时，未变性蛋白质的溶出率随pH增高而增加，pH11时可达到较大的提取率，但由于大豆蛋白质长时间在强碱条件下作用，会引起"赖丙反应"。因而pH值一般应控制在7.0～8.5。

（3）酸沉工序

注意加酸速度和搅拌速度，控制pH值达到等电点，但蛋白质凝集下沉极为缓慢，一般搅拌速度控制在30～40r/min为佳。

3.5.1.4 主要设备

生产分离蛋白的部分设备与浓缩蛋白类同，如碾磨机、浸取罐、离心分离机等，这里不再重复叙述，下面仅就一些主要的不同设备作一介绍。

（1）灭菌设备

① 列管式杀菌器。该设备是专门为乳品、果汁、饮料或类似液体物料设计的常用普通杀菌设备。

其工作原理是属低温灭菌法，温度80~85℃，时间15s。

② 板式杀菌器。板式杀菌器是专门为乳品、果汁、饮料或类似液体物料设计的短时高温或超高温杀菌设备，是物料通过杀菌、冷却达到延长保质期目的的理想设备。板式杀菌器具有结构紧凑、单位换热面积大、占地面积小、换热效率高以及拆卸、清洗与维修方便等优点。

其工作原理是采用短时高温灭菌法，即温度120~125℃，时间5~10s。

③ 超高温瞬时杀菌设备。超高温杀菌成套设备配备有高精度自动控制元件和安全保护措施，并可与智能系统配合进行设备自动清洗，由于设备设计了热回收段，热回收率最高可达90%以上。可大大降低蒸汽的耗量，是深受广大用户欢迎的节能设备。

其工作原理是采用超高温瞬时灭菌法，即温度135~140℃，时间2~4s。

（2）均质设备

① 高压均质机。高压均质机（匀浆泵）是一种制备超细液-液乳化液或液-固分散物的通用设备，该设备中与物料接触的零部件都具有极高的耐磨性和良好的耐蚀性，对物料不会产生不良的影响。它的乳化和分散效果大大优于胶体磨、三辊机等设备。并具有发热少、效率高、占地面积小、设备运转费用低，最高压力可达100MPa等优点。通过高压均质后的产品有很多优点，且有极高的稳定性，能提高产品保存质量及产品的品位和档次，能使产品达到优质优化的高峰。

工作原理：物料在高压下进入调节间隙的阀件时获得极高的流速（200~300m/s），从而形成一个巨大的压力下跌，在空穴效应、湍流和剪切等多种作用力下把原先比较粗糙的乳浊液或悬浮液加工成极细的分散、均匀、稳定的乳化液或极细的液-固分散物。

设备的结构主要由均质头（均质阀）、三缸柱塞泵、传动装置、电机、压力表等部分组成。

其特点是：占地面积小、效力高、运转费用低；零部件材料都具有极高耐磨性和良好的耐腐蚀性；乳化液粒度平均在1μm以下；固体分散粒度平均在2μm以下。

② 胶体磨。工作原理：通过不同几何形状的定齿与动齿在高速旋转下的相对运动，使物料在自重离心力等复合力的作用下，通过可变环状间隙时，受到强大的剪切力、摩擦力和高频振动，而将物料破碎、均质，从而得到理想的精细加工产品。

该设备主要由人字形或菱形的定齿、动齿、接料斗、电机及机座等部件组成。

（3）干燥设备

① 喷雾干燥机组。工作原理：将含湿量40%~90%的溶液、乳浊液、悬浮

液或膏状物，送到干燥室顶部的雾化器（离心、压力式）雾化成直径为 10～200μm 的微滴；空气通过空气过滤器、加热器转化为热空气（120～180℃）进入干燥室顶部的热风分配器，均匀地并呈螺旋式运动进入干燥室，与液滴接触（并流）进行传热和传质，从而使物料在极短时间内得到干燥。

其特点是：物料干燥比表面积大（增加五六千倍），干燥速度快（十几秒～数十分钟）；所得产品为球状颗粒、粒度均匀、流动性好，溶解性好；操作简单，调节控制方便，容易实现自动化作业；使用范围广，特别适用于热敏性物料的干燥。

② 冷冻干燥机组。工作原理：物料置于干燥机箱内先快速冷结至-45～-30℃，然后在高真空（1Pa）下进行升华干燥。待大部分水分蒸发后，再在低温下进行真空干燥。使产品水分达到要求为止。

其特点是：物料在极低温度下干燥，能完整保存原有的生物活性物质（酶、激素等）；产品呈多孔状物质，速溶性好，甚至能恢复原来的物性；干燥时间长、能耗较大、产品价格高是该方法的缺点。

3.5.1.5　国内外典型工艺

世界上分离蛋白质的工业化生产自 20 世纪 70 年代初开始，到目前已有 30 多年历史，这期间分离蛋白的生产工艺先后经过了三个发展阶段，即初期阶段、发展阶段、成熟提高阶段。下面介绍一些主要的生产工艺。

（1）半连续式萃取分离蛋白生产工艺

半连续式萃取分离蛋白的典型生产工艺主要是消化吸收日本不二制油的技术，分离蛋白生产工艺来源于美国 20 世纪 60～70 年代罗尔斯登、普尼那公司的转让技术，它是分离蛋白质生产初期阶段的代表，流程如图 3-16 所示。

生产时，将低温豆粕从储料罐（4）进入溶解罐（6）中，在此加入 10 倍于粕重的热水，混合搅拌以浸取提取蛋白，2～4 台溶解罐交替使用实现半连续浸提蛋白质。用 NaOH 溶液调节 pH 至 6.5～7.5，一般为 6.8，浸提温度为 50℃，总浸提时间 10min。浸提液混合物由泵送入卧式离心机（7）中，除去不溶性残渣。分出的豆渣送入流化床烘干机脱水后作饲料。而分离出的浸提液流入酸沉罐（8）中，在此加入 HCl，调节 pH 为 4.5，这时 90%以上的蛋白质从溶液中沉析出来，少量低分子蛋白质留在溶液中。将酸沉后的混合液送入卧式离心机（9）中，分离出的乳清溶液送入消泡槽（11）中，先加入消泡剂，然后用碟式离心机（12）回收其中约 2%的蛋白质沉淀物，最后的乳清流入浓缩器（14）。从离心机（9）中出来的蛋白质沉淀物流入解碎罐（10）解碎后与从碟式离心机（12）中分离出来的蛋白质沉淀物一并送入磨碎机（16）磨碎均质，均浆物送入中和槽（17），加碱中和，并加水稀释到 15%的浓度。蛋白质中和液经高压泵（18）泵入加热灭菌器（19），迅速升温到 135℃，在 15s 内达到沸腾，再经真空闪发器（20）冷却到 80℃。蛋白液经高压泵压入喷雾干燥塔（21）中脱水干燥，使蛋白质含水在 7%以下，蛋白粉经旋风捕集器（25）回收。塔内热风由风机（24，26）产生。

热空气温度为150℃，风压2kPa，塔内物料温度为80℃。

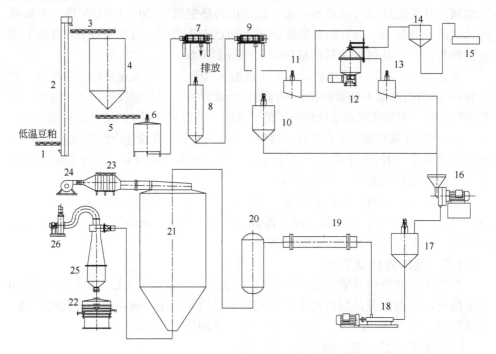

图 3-16　半连续式萃取分离蛋白工艺流程

1—原料输送机；2—提升机；3,5—输送机；4—储料罐；6—溶解罐；7,9—卧式离心机；8—酸沉罐；
10—解碎罐；11—消泡槽；12—碟式离心机；13—搅拌槽；14—乳清浓缩装置；15—排水处理装置；
16—磨碎机；17—中和槽；18—高压泵；19—加热灭菌器；20—真空闪发器；21—喷雾干燥塔；
22—筛分机；23—空气加热器；24,26—风机；25—旋风捕集器

（2）连续式萃取分离蛋白生产工艺

① 串联式罐组连续萃取分离蛋白工艺。串联式罐组连续萃取分离蛋白工艺流程见图 3-17（a），图 3-17（b）。

生产时，首先将低温豆粕粉通过风运系统送入集料器（1）中，经皮带计量器（2）计量连续流入混合器（3）的量，在此由水泵（6）从温水罐（7）中抽出的温水与计量泵（5）从碱液罐（4）抽出的碱液，一并在混合器（3）中混合后，送入浸提罐（8）中连续浸提，料水比 1∶10。保持浸提温度 45～55℃，连续浸提时间 20～30min。浸提混合液经最后的泥浆泵（9）压入卧式离心机（10），分离出不溶性残渣。残渣一般含水分 80%左右，可由螺旋运输机（20）送入管式烘干机（21）烘干，脱水后的豆渣粉含蛋白质 20%～25%，含水 5%。分离出来的蛋白质浸提液流入缓冲罐（11）中，经离心泵（12）送入酸沉罐（13）。在此加入适量酸液，调节 pH 为 4.5，蛋白质沉淀析出。蛋白质沉淀混合液用泵（14）送入碟式离心机（15）中分离出乳清和蛋白质沉淀物，沉淀物进入水洗罐（16），

通入温水洗涤，洗涤后经由泵（17）送入碟式离心机（15），分离除去水洗乳清，蛋白质沉淀物（蛋白泥）进入暂存罐（18）中。

烘干的渣经斗式提升机（23）、螺旋运输机（20）送入粉磨机（29）磨碎，然后风运入旋风集料器（30），经封闭阀送入料仓（31）。

蛋白质沉淀物从暂存罐中经齿轮泵送入脱色罐（1）中，调节好一定量的脱色剂由计量泵（2）压入脱色罐（1），搅拌并停留一定时间，脱色完成后流入暂存罐（3）。然后由泵（4）及齿轮泵（5）将蛋白质沉淀物送入混合器（6），同时由泵（5）泵入碱液进行中和，通过加热器（7）迅速加热灭菌，灭菌后的蛋白质料液被压入闪发器（8）中脱水降温，闪发器真空由真空装置产生。闪发后的蛋白质浆液经齿轮泵（9）抽出，并由高压泵压入喷雾干燥塔中。塔径3.5m，高10m。热空气由空气加热器（11）及风机（12）供给，热空气温度180～250℃。由干燥塔底流出的蛋白质粉，经由集料器（14）、布袋集料器（16）除尘集料，流出的蛋白质粉经风力吸入集料器（19）中，流经振动筛（20）除去大颗粒及杂质后流入包装机（21）装包。

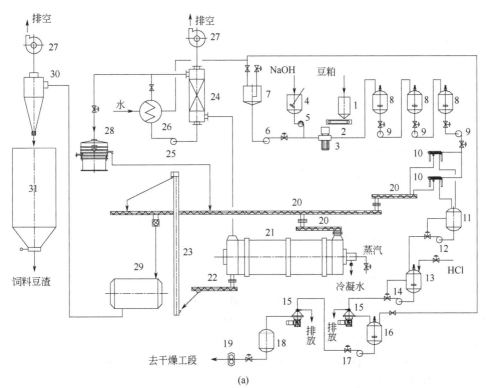

(a)

1,30—集料器；2—皮带计量器；3—混合器；4—碱液罐；5—计量泵；6—水泵；7—温水罐；8—浸提罐；
9,14,17—泥浆泵；10—卧式离心机；11—缓冲罐；12—离心泵；13—酸沉罐；15—碟式离心机；
16—水洗罐；18—暂存罐；19—齿轮泵；20,22—螺旋运输机；21—烘干机（管式）；23—斗式提升机；
24—加热除尘器；25—热水泵；26—热交换器；27—风机；28—分离筛；29—粉磨机；31—料仓

图 3-17

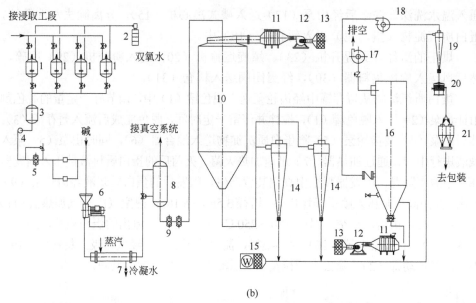

1—脱色罐；2—计量泵；3—暂存罐；4—浆液泵；5,9—齿轮泵；6—混合器；7,15—加热器；

8—闪发器；10—喷雾干燥塔；11—空气加热器；12,18—风机；13—空气过滤器；

14,19—集料器；16—布袋集尘器；17—排风机；20—振动筛；21—包装机

图 3-17　串联式罐组连续萃取分离蛋白工艺流程

② 罐管式连续萃取分离蛋白生产工艺。罐管式连续萃取分离蛋白工艺流程
见图 3-18（a），图 3-18（b）。

生产时，将热水、低温脱脂豆粕、消泡剂、NaOH 溶液连续投入到第一萃取
罐（5）内，调整 pH 值，达到工艺要求后，调整萃取用水量，用浓浆泵将料液
送入第一萃取分离机（10），将分离出的固相和液相分别流入到第二萃取罐（11）
和豆乳罐（22），设定并保证第二萃取罐（11）的液位，然后用浓浆泵（12）将
料液送入第二萃取分离机（14），调整流量。然后再将分离出的固相送到第三萃
取罐（15），设定并保证第三萃取罐（15）的液位，然后用浓浆泵（16）将料液
送入第三萃取分离机（18），调整流量。第三萃取分离机分离出的固相豆渣落入
豆渣灌（19），通过螺杆泵（20）送入车间豆渣暂存间直接销售或以待烘干后外
销。液相豆乳用离心泵（21）送回第一萃取罐（5），计量后用作原料。将溶解后
的焦亚硫酸钠溶液用计量泵按比例定时，定量加入豆乳中，用转子泵将混合后的
豆乳向酸沉工段输送。

混合豆乳进入酸沉工段后要保证温度和 pH 值，保证酸度计的精确。用计量
泵（51）将盐酸定量加入豆乳中，pH 值达到设定值。调整分离机（27）流量、
稀释水量和冷却水量，设定解碎罐（28）的液位，由手动转为自动，运行正常后，
做凝乳干物质和粗蛋白检测，对豆清做离心试验含乳量的确认。

凝乳加入中和罐（34，35，36）后，为防止温度变性，将中和罐夹套通入冷却水进行循环冷却，冷却水温度保持在 8～15℃，用冷水机组使罐内的液温控制在 15℃以下。

用 NaOH 定量泵(43)将 20%的碱液加入中和罐(34,35,36)内搅拌(60r/min)，将 pH 值调整完后搅拌转速降至 20r/min，同时用工艺水调整料液的浓度，达到工艺要求后，保持 30min。

杀菌前检查蒸汽压力和闪蒸罐真空度，杀菌温度达到工艺要求后，将中和液通过加压泵送入杀菌器（38），然后进入闪蒸器（39），设定液位正常后由手动转为自动，杀菌前安装好喷枪，检查喷嘴和密封。

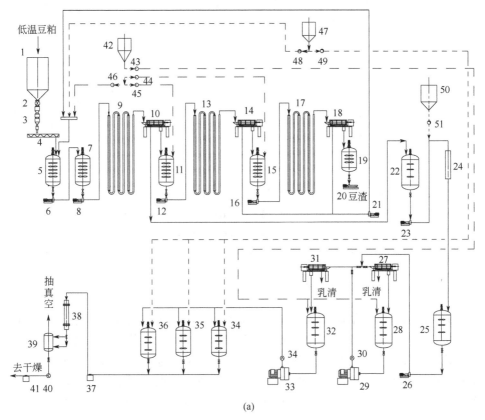

(a)

1—储料罐；2—出料阀；3—计量称；4—螺旋输送机；5,7—一萃罐；6,8,12,16—浓浆泵；
9,13,17—管道萃取；10,14,18—分离机；11—二萃罐；15—三萃罐；19—豆渣灌；20—螺杆泵；
21,23—离心泵；22—豆乳罐；24—静态混合器；25—酸沉罐；26—酸泵；27,31—酸沉分离机；
28,32—解碎罐；29,33—解碎机；30—解碎泵；34～36—中和罐；37—均质机；38—杀菌器；
39—闪蒸器；40—抽出泵；41—高压泵；42—热水罐；43～46—水计量泵；47—碱液罐；
48,49—碱液计量泵；50—酸液罐；51—酸液计量泵

图 3-18

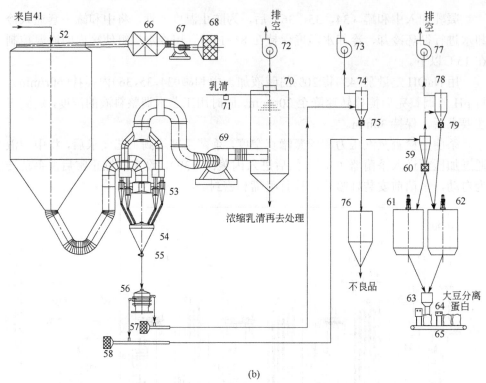

(b)

52—干燥塔；53—组合旋风分离器；54—集粉斗；55—出粉阀；56—振动筛；57,58—空气过滤器；

59—旋风分离器；60—封闭阀；61,62—成品罐；63—包装机；64—缝包机；65—传送带；

66—空气加热器；67—送风机；68—空气过滤器；69—引风机；70—粉末捕集塔；71—高压泵；

72,73,77—排风机；74,78—袋滤器；75,79—关风器；76—储罐

图 3-18　罐管式连续萃取分离蛋白工艺流程

　　先于杀菌前启动干燥系统设备，将加热器（66）的蒸汽阀慢慢打开一点排出冷凝水，使送风机（67）入口的预热器升温，冬季防止预热器、加热器结冰。然后按工艺要求依次启动系统设备，启动送风机（67）时要注意风板在关闭状态下慢慢打开，调整好风量，然后再慢慢打开蒸汽阀，由调节阀手动控制，风温达到设定值后转为自动控制，闪蒸器（39）料液通过抽出泵（40）经高压泵（41）送入干燥塔（52）喷雾干燥，产品通过旋风分离器（53）回收，筛选。冷却后再经过旋风分离器（59）和袋滤器（78）回收，产成品在成品罐（61，62）内搅拌均匀后，进行包装。

3.5.1.6　产品质量

　　利用碱溶酸沉工艺生产分离蛋白，可以有效提纯蛋白质至 90% 以上，而且产品质量好、色泽也浅。分离出的乳清液随废水排放未回收，其中低分子量蛋白质等有所浪费，可溶性成分除去不彻底。

国内外分离蛋白产品成分分析和技术经济指标分别见表3-16～表3-18。

表3-16 分离蛋白产品成分分析

成分	国产	不二制油	ADM公司						A.E.STALEY公司		E.M.L公司	三I公司			
			D[①]	D[①]分散性	DHVm[①]	SP-b[①]	R[①]	R[①]	U₄-111[①]	U₄-113[①]		D[①]	R[①]	F[①]	PL/DL[①]
蛋白质含量/%	90	90	91.5	91.5	91.5	91.5	91.5	91.5	90	90	90	90	90	90	90
水分含量/%	6	7	6.0	6.0	6.0	6.0	6.0	6.0	—	—	7.0	6.5	6.5	6.5	6.5
脂肪含量/%	0.5		0.5	0.5	0.5	0.5	0.5	0.5	0.02	0.02	0.1	—	—	—	—
灰分含量/%	3.8		4.54	4.5	4.5	4.5	4.5	4.5	6.0	5.3	4.5	4.5	3.0	4.5	4.5
纤维含量/%	0.2		0.5	0.5	0.5	0.5	0.5	0.5	—	—	—	0.3	0.3	0.3	0.3
碳水化合物含量/%											4.8				
NSI/%	88～92	90							95	65～80	95	70	70	70	70
黏度（15℃）/mPa·s									200～1000	500～2000					
pH	5.2～7.1[②]		7.0	7.0	7.0	7.0	7.0	4.6	7.1	4.4		6.9	6.9	6.9	6.9
钠含量/（mg/kg）			107	1072	1145	11894	284	38	1300	1500					
钾含量/（mg/kg）			150	150	150	84	1458	107	500	500					
钙含量/（mg/kg）			209	209	218	151	151	257	200	200					
锰含量/（mg/kg）															
磷含量/（mg/kg）			717	717	802	743	775	762							
镁含量/（mg/kg）			44	44	52	25	29	50							
铁含量/（mg/kg）			12	12	15	15	13	14							

① 商品代号。

② 料液比为1：10的溶液pH值。

表 3-17　分离蛋白技术经济指标一

成分分析				产品得率		消耗指标	
项目	分离蛋白	豆渣	浓缩乳清	项目	产率/%	项目	指标
水分含量/%	7	84	35	低温脱脂粕	100	日产分离蛋白质量/kg	8000
固形物含量/%	93	16	65	分离蛋白质	42	耗电量/（kW·h/t）	3750
其中：				生豆渣（含水84%）	115	耗汽量/（t/t）	25
粗蛋白含量（干基）/%	90	23	25	浓缩乳清（含水35%）	56	耗水量/（m³/t）	62.5
纤维、脂肪含量/%		14	1	产品回收率	97～98	重油量/（L/t）	1875
无氮抽出物含量/%		59	53			工艺水量/（m³/t）	56.25
灰分含量/%		4	21				
NSI/%	90						

表 3-18　分离蛋白技术经济指标二

项目	国产	Purila （1984）		UMS 公司（1996）
		1	2	
日产规模/（t/d）	60	10	20	20
耗碱量/（kg/t）	36	26	15	53
耗酸量/（kg/t）	40	32		95
耗蒸汽量/（t/t）	16	17	14	20（1.2MPa 及 4MPa）
耗电量/（kW·h/t）	1800	2900	1850	1890（装机 3150kW）
耗燃料气量/（m³/t）		1830	1700	
耗水量/（m³/t）	60	145	174	90（m³/h）
软水用量/（m³/t）			11	95 [冷却水/（m³/h）]
压缩空气量/（m³/min）	2			2
耗煤量/（t/h）				3

3.5.2　超（微）过滤法

3.5.2.1　基本原理

超过滤技术是 20 世纪 70 年代发展起来的新技术，又叫作超滤膜过滤技术，简称膜过滤技术，最初应用于水的分离方面，如海水脱盐淡化方面。

膜过滤技术基于渗滤原理。由于不同膜的作用不同，又可分为反渗滤（又叫反渗透，RO）和超滤（UF）两种。反渗滤操作压力已达到 3.4～10.2MPa。

膜过滤技术用于植物蛋白的制取虽起步较晚，但也进入中试规模的应用阶段。应用膜过滤技术制取大豆蛋白，其原理是基于利用纤维质隔膜的不同大小孔径，以压差为动力使被分离的物质小于孔径者通过，大于孔径者滞流。最小孔径可达 1μm 左右，因而有较好的分离效果。超滤特点是同时具有浓缩与分离作用。

国外用于超过滤的设备有管式和中空纤维式两种。管式超滤的优点是流体在膜面上流动状态好，不易造成浓差极化，便于清洗，但其安装复杂，设备体积相对较大。中空纤维式的优点是膜面积大、体积小，工作效率高、制作成本低，但对原液要求严格，清洗相当困难。

3.5.2.2 生产工艺

（1）工艺流程

工艺流程如图 3-19 所示。

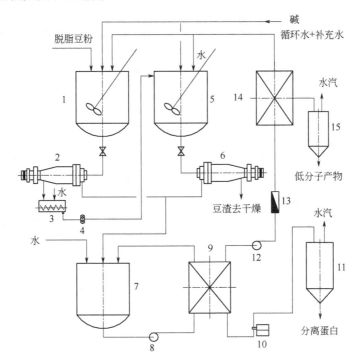

图 3-19 超滤-反渗透技术制取分离蛋白工艺流程

1—浸取罐；2,6—离心机；3—浸取槽；4—齿轮泵；5—二次浸取罐；7—暂存罐；

8,12—泵；9—超滤装置；10—高压泵；11,15—干燥器；13—流量计；14—反渗透装置

该流程是超滤-反渗透膜技术制取大豆分离蛋白的典型流程。这种工艺包括两次微碱性溶液（pH9）浸泡浸出、离心分离、水稀释、超滤、反渗透以及干燥等。

工艺特点：它不需要经过酸沉析和中和工序。利用此技术，可以除去或降低脂肪氧化酶在蛋白质中的含量，可以分离出植酸等微量成分。因而产品内含植酸量少、消化率高、色泽浅而无咸味、质量较高。同时，应用超滤和反渗透技术回收浸出液中的低分子产物，且废水能够得到循环使用，这样就不会存在污染的问题。目前，膜过滤技术尚处于实验阶段，有待进一步扩大到生产应用上。

（2）影响超滤速度与超滤效果的因素

① 超滤速度：

a. 浓度：在超滤过程中，随着进料液总固形物含量的增加，超滤速度减慢，

其原因在于随物料中总固形物含量的增多，料液的黏度增大；另一方面则由于超滤膜对蛋白质的吸附作用而阻碍小分子物质的渗透。因而，在处理分离大豆蛋白浸提液时，其浓度控制在 13%～14%。

b. pH 值：pH 值可影响蛋白质的三维结构，也影响超滤速度，但在 pH7.0～9.0 范围内的大豆分离蛋白的浸提液，pH 值对超滤的速度影响不大。

c. 温度：温度升高，其超滤速度增大，它们之间呈线性关系，其原因在于温度升高，蛋白质的料液黏度下降，从而导致滤速加大，一般在滤膜及物料允许的情况下，采用较高的超滤温度，一般以 40～50℃为宜。

d. 流体压力、流量：随着操作压力的增大，超滤速度呈线性提高，在达到一个极值后就不再上升，超滤时一定要选择一个合适工作压力，保持其稳定，因为当操作压力从较高值下降时，由于膜对蛋白质的吸附作用，超滤速度明显下降，而达不到升压前的效果。较高的流体流量，可使流体流动状态处于或者接近于湍流状态，这样可以扩大分子对流，破坏浓差极化的形成，减缓膜对蛋白质的吸附作用，因此超滤时，应尽量采用较高流量。

② 超滤效果。主要取决于滤膜的材质及其形式。膜的质量的优劣，主要从膜的特性来体现：

a. 其对溶剂的透过率越高越好。

b. 有明确的截留分子量，即膜能截留一定尺寸以上的所有分子。

c. 具有良好的机械耐受力、化学和热稳定性。

d. 具有较强的抗污染能力。

e. 容易清洗和消毒。

f. 较长的使用寿命。

3.6 大豆组织蛋白生产

大豆组织蛋白又称为人造肉，它的制取是采用一种机械和化学的方法在特殊的专用设备里改变大豆粕中蛋白的组织形式。大豆组织蛋白具有较高的营养价值，食用时具有与肉类相似的咀嚼感觉。

3.6.1 挤压膨化法

3.6.1.1 生产原理

脱脂大豆蛋白粉或浓缩蛋白加入一定量的水分，在挤压膨化机里强行加温加压，在热和机械剪切力的联合作用下，蛋白质变性，结果使大豆蛋白质分子定向排列并致密起来，在物料挤出瞬间，压力降为常压，水分子迅速蒸发逸出，使大豆组织蛋白呈现层状多孔而疏松，外观显示出肉丝状。

组织蛋白的生产过程是在专用设备（挤压膨化机）里以物理化学的方法完成

的，它通过膨化机腔内的高温、高湿对低温粕粉进行机械揉合和挤压，改变蛋白质分子的组织结构，使其成为一种易被人体消化吸收的食品。用来膨化的原料可以是低温脱脂豆粕粉，或是蛋白质含量为70%的浓缩蛋白粉，或是分离蛋白等。生产时，将蛋白原料与适量水分、添加物混合搅拌后，送入挤压膨化机内，强行加温加压。经一定时间后，蛋白质分子排列整齐，成为具同方向性的组织结构形式，同时凝固起来，成为纤维蛋白质，咀嚼感与肉类相似。大豆低温脱溶粕中含有胰蛋白酶抑制素、尿素酶以及血球凝聚素等一些抗营养物质，影响动物及人体的消化吸收，经过在膨化机内的高压、高温处理后，胰蛋白酶抑制素等抗营养物质的活性被破坏了，因而改善了大豆蛋白的消化吸收性，提高了大豆蛋白的营养效能。另一方面，采用湿热处理也能显著提高淀粉的营养性能。研究了不同操作温度对膨化蛋白质的质量的影响，见表3-19。在三种（低温、中温、高温）操作中，物料水分含量大的，功率消耗也相应高些。就胰蛋白酶抑制素的破坏情况、尿素酶活性、氮溶指数（NSI）以及营养价值来看，则以中温的效果更好一些。

生产组织蛋白设备有单螺杆膨化机与双螺杆膨化机之分，也有湿法膨化与干法膨化之分。

表3-19　不同温度对膨化蛋白质质量的影响

预处理情况	极限温度/℃	胰蛋白酶抑制素破坏率/%	尿素酶活性（pH）	NSI/%	PER
低温 65～100℃	110～117	95.5	0.0～0.3	15.7～17.2	2.24～2.53
中温 71～102℃	121～124	97.6～99.1	0.05～0.06	17.2～20.8	2.36～2.42
高温 88～104℃	135～143	95.5	0.0～0.04	12.3～15.0	2.04～2.46

3.6.1.2　生产工艺

（1）一次膨化法

工艺流程为：原料及添加物（碱、盐）→加水搅和→挤压膨化→切割成形→干燥冷却→拌香着色→包装→成品

（2）二次膨化法

将经过膨化的蛋白制品再继续进行一次膨化，这样物品无论从口感还是从营养上来说，更近似于肉制品，因此，此法广泛用于仿肉制品的生产。工艺流程为：

原料及添加物（碱、盐）→加水搅和→预膨化→二次膨化→切割成形→干燥冷却→拌香着色→包装→成品

3.6.2　水蒸气膨化法

3.6.2.1　生产原理

水蒸气膨化法系采用高压蒸汽，将原料在0.5s时间内加热到210～240℃，

使蛋白质迅速变性组织化。

3.6.2.2 工艺流程

其工艺流程见图3-20。

水蒸气膨化法生产组织状蛋白，先用风机将低温脱脂粕粉吸入暂存料斗（1），然后经容积式计量喂料器（2）把粕粉均匀地送入混合器（3）中，并在混合器内加入适量的水分、色素、香料、营养物质等，使其与料均匀混合，再落入蒸汽组织化装置（4）中进行膨化。膨化机所用的过热蒸汽温度为210～240℃，压力在1MPa以上。膨化后的组织状蛋白进入旋风分离器（5），在此排出废蒸汽，再落入切碎机（6），切割成标准大小的颗粒体，即为组织状蛋白制品。

本工艺特点：用高压过热蒸汽加压加热，在较短时间内促使蛋白质分子变性凝固化，能明显地除去原料中的豆臭味，以保证产品质量。同时，产品水分只有7%～10%，节省了干燥装置，简化了工艺过程。

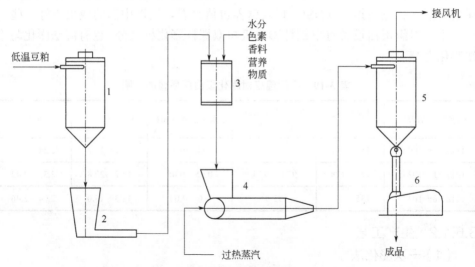

图3-20 组织蛋白水蒸气膨化工艺

1—暂存料斗；2—计量喂料器；3—混合器；4—蒸汽组织化装置；5—旋风分离器；6—切碎机

3.6.3 纺丝黏结法

3.6.3.1 生产原理

生产原理是将高纯度的大豆分离蛋白溶解在碱溶液中，大豆蛋白质分子发生变性，许多次级键断裂，大部分已伸展的亚单位形成具有一定黏度的纺丝液。将这种纺丝液通过有数千个小孔的隔膜，挤入含有食盐的乙酸溶液中，在这里蛋白质凝固析出，在形成丝状的同时，使其延伸，并使其分子发生一定程度的定向排列，从而形成纤维。

首先将大豆分离蛋白用稀碱液调和成蛋白质浓度10%～30%、pH值为9～

13.5 的纺丝液。纺丝液黏度直接影响着产品的品质，一定条件下，纺丝液的黏度越大，可纺丝性越好，而其黏度主要取决于蛋白质的浓度、加碱量、老化时间及温度。通常情况下在一定温度下老化一段时间后（一般约 1h）可出现纺丝性，而纺丝液的 pH 值一般都较高（pH10 以上），在这种条件下蛋白质容易发生水解，产生赖丙缩合物等有毒物质，一般 pH 越高，老化时间越长，老化温度越高，越易生成有毒物质，为了保证大豆蛋白质的高营养性及安全性，应尽量缩短纺丝液的老化时间；一般情况下，纺丝操作应在调浆后 1h 内完成。

另一方面，纺丝液的黏度随着老化时间延长而降低，若在 1h 内完成纺丝操作，会由于纺丝液的黏度差异而影响蛋白纤维的质量，轻者出现纤维粗细不均，重者会出现断丝或不成丝，为了解决这个问题，可以在纺丝液中加入适量的二硫键阻断剂，常用的有半胱氨酸、亚硫酸钠、亚硫酸钾、巯基乙醇等。这样，纺丝液在老化过程中，黏度不仅不会降低，而且还会提高。并且黏度在 1h 内变化不明显。

二硫键阻断剂，一般为半胱氨酸，添加量 0.3～3.0mg/100g，亚硫酸钠或亚硫酸钾的添加量为 5.0～50mg/100g，巯基乙醇添加为 0.4～40mg/100g。

经调浆后老化的喷丝液，经喷丝机的喷头被挤压到盛有食盐和乙酸溶液的凝结缸中，蛋白质凝固的同时进行适当的拉伸，即可得到蛋白纤维。挤压喷丝时，压力要稳定，大小要适当，否则不仅蛋白纤维粗细不均，还会降低喷丝头的使用寿命。

对蛋白纤维一定程度的拉伸，可以调节纤维的粗细和强度，在拉伸过程中，蛋白质分子发生定向排列，蛋白纤维的强度增强，在一定限度内，拉伸度越大，分子定向排列越好，纤维强度越高，另外纤维强度还受原料品质、碱的浓度、蛋白质浓度、乙酸的浓度、共存盐类的影响。黏结成型即将单一的或复合的蛋白纤维加工成各种仿肉制品，需经黏结和压制等工序来完成，常用的黏合剂有蛋清蛋白以及具有热凝固性的蛋白、淀粉、糊精、海藻胶、羧甲基纤维素钠等，也有利用蛋白纤维碱处理后表面自身黏度来黏合的。

为了使仿肉制品具有良好的口感和风味，可在调制黏结剂时加入一些风味剂、着色剂及品质改良剂、植物油，使仿肉制品柔软且具有良好风味。

3.6.3.2　工艺流程

纺丝黏结法模拟肉工艺流程如图 3-21 所示。

将分离蛋白倒入溶解罐（4）中调节成浓度为 10%～30%的纺丝液与从碱液罐（1）中定量出的碱液在螺旋混合泵（3）中混合均匀，控制 pH 值为 9～13.5，而后通过过滤器（5）进入喷浆器（6）喷成丝状后在凝结槽（7）中凝结，再通过辊子压延拉伸变细，经水洗、黏结成型，最后抹涂脂肪、香料等各种添加剂后成为模拟肉产品。

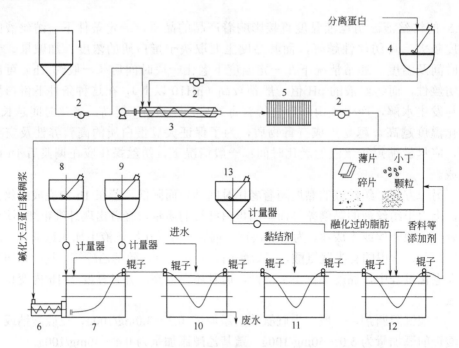

图 3-21　模拟肉工艺流程

1—碱液罐；2—定量泵；3—螺旋混合泵；4—溶解罐；5—过滤器；6—喷浆器；7—凝结槽；
8—盐水罐；9—酸液罐；10—水洗罐；11—黏结罐；12—包脂肪罐；13—脂肪储罐

3.6.4　大豆组织蛋白的典型工艺

美国温格尔（Wenger）膨化机制造公司组织蛋白生产工艺流程如图 3-22 所示。

经过粉碎的低温脱溶豆粕经过原料粉储仓（1）、定量输送绞龙（2）、封闭阀（3）由高压风机（4）送入集粉器（5），物料由料斗（6）、喂料绞龙（7）流到膨化机（10）。必要时在喂料绞龙（7）内加适量水分进行调节，一般加水为 20%～30%，为改善产品的营养价值、风味及口感，在膨化前后可以适当添加一些盐、碱、磷脂、色素、漂白剂、香料及维生素 C、维生素 B、氨基酸等，大部分添加物一般先溶解到调和缸（8），然后，由定量泵（9）打入膨化机（10）。

另一些添加物，如色素、香料、维生素等需在物料膨化后再加入，因为这些物料在高温条件下易发生变性或挥发。

3.6.5　主要设备

3.6.5.1　X-系挤压膨化机组

X-155CB 型，X-175 型和 X-200 型是美国 Wenger 公司研究生产的 3 种主要膨化机。这类设备都不是单一的设备，而是以机组形式出现，带有很多的配套设备，如预混合器、喂料器等。

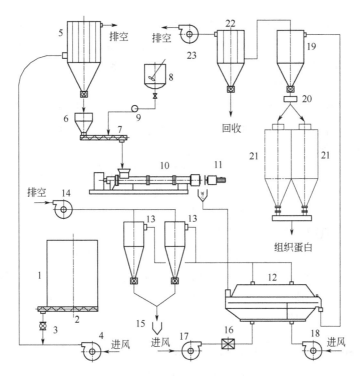

图 3-22　美国温格尔（Wenger）公司大豆组织蛋白工艺流程

1—原料粉储仓；2—定量输送绞龙；3—封闭阀；4—高压风机；5—集粉器；6—料斗；7—喂料绞龙；

8—调和缸；9—定量泵；10—膨化机；11—切割刀；12—干燥冷却器；13,19—旋风分离器；

14,17,18,23—风机；15—集粉罐；16—空气加热器；20—除铁器；

21—成品罐；22—布袋除尘器

工作原理：首先使低温脱溶豆粕粉进入喂料器，不断经喂料螺旋输入预调器内。在预调器中加入适量水分、营养物质和调味剂等，预调后送入混合机进行充分混合与搅拌，形成湿面团。湿面团再流入膨化机腔内做进一步的挤压、捏合、蒸煮。膨化机腔体由壳体和螺旋轴组成。挤压产生的高压、高温和高湿环境使蛋白质分子产生变化，在出口排出长条状产品。由于外界压力低，蛋白条状物中水分迅速减压蒸发，使产品膨化为孔状物，再经切割机切成长短不同的颗粒状膨化蛋白产品。

3.6.5.2　BCT 型挤压膨化机组

这类设备是瑞士布勒公司生产的双螺杆挤压膨化机组，机组涵盖的产能范围广，从实验室级别到高产能生产型机器齐全。

设备特点是：

① 螺杆有优良的进料特性，能连续生产，入口部件有宏观的设计，保证能不受原料温度、颗粒大小的影响。

② 维修需时极短，螺杆离合器便于使螺杆由花键轴上快速取出清洗和改装。

③ 高效的动力分配分叉齿轮系统占用空间小，用极微的噪声传递扭矩至挤压螺杆（由于能耗小，所需的冷却量也小），水平式的拼合机壳，容易进入清理。

④ 简单的润滑系统，轮箱联体的润滑油喂入系统是强制驱动，监视点减至一个，保证较高的热容量并简化机器的清理。

⑤ 较低的维修率，用法兰直接联轴减速轮箱，不需其他额外传动部件。

⑥ 机械安全性好，摩擦离合器有电子监控措施，可避免机件受损。

⑦ 为适应产品，可改变挤压头的长短及形状。由于机壳部件是用标准件结构组合的，并且螺杆部件是插接的，故可为应付产品的需要而改变。

⑧ 产品的形状适于市场的需要。易改变的模具、转速、可移动割具中有数量不同的割刀，可使产品有不同的形状。

3.6.5.3 ZZ-70 和 DJ-68 型挤压机

ZZ-70 型和 DJ-68 型植物蛋白挤出机是国内小型企业使用最多的单螺杆挤压膨化机，生产厂家比较多。该机是根据大豆、花生等高蛋白饼粕的物理特性设计制造的。能生产机制腐皮、素鸡翅、豆龙、牛排、豆筋等组织化蛋白产品。更换模头或刀具还可加工成条状、节状、筒状等形状。

3.6.6 质量指标及主要技术经济指标

表 3-20 是低温豆粕和组织蛋白质量指标，表 3-21 是生产组织蛋白的主要参数。

表 3-20　低温豆粕和组织蛋白质量指标

项目	低温豆粕	组织蛋白
化学成分		
氮溶解指数（NSI）/%	50～80	10
水分含量/%	6～12	6
蛋白质含量（N×6.25）/%	56（干基）	50，60，70
粗纤维量/%	4	3
灰分含量/%	6	6
碳水化合物含量/%		34，24，16
最大脂肪含量/%	1	≤1
物理性状		
容重/（g/cm^3）	0.65～0.70	0.10～0.15，0.32～0.37
粒子大小/cm×cm	—	$\phi(2\sim3)\times3$，$\phi0.5\times1$
气味		无

表 3-21　大豆组织蛋白的参考标准

项目	昭和	日清	不二	味之素	三 I	EMI
通过 100 目/%	—	97	—	100	—	—
加水量/%	20～30	20～30	20	20～30	15～35	—
加磷脂量/%	2～3	0.2～0.5	—	—	—	—
温度控制/℃	150	150	135～145	150～200	—	—

续表

项目	昭和	日清	不二	味之素	三 I	EMI
出口水分含量/%	15～16	—	12	10～15	15～24	—
成品组织蛋白含水量/%	8	—	6～8	—	7～8	—
成品粒度	—	—	通过 6～42 目筛 92%	—	—	—
NSI/%	—	10	—	—	—	—
膨化机类型	W-200 型	W-200 型	W-200 型	—	E750	—
转速/（r/min）	200	200～250	250	—	—	—
功率/kW	210	210	—	—	149	—
耗汽量/（kg/t）	—	—	—	—	0.45	0.45
装机容量/kW	—	—	—	—	295	292.4
耗水量/（m³/t）	—	—	—	—	0.5	—
冷却水量/（m³/t）	—	—	—	—	1.4	—

3.7 大豆水解蛋白制品

借助于酸、碱、酶对蛋白质肽键的水解作用可以将蛋白质分解成不同分子量的肽段及氨基酸，从而提高和改善蛋白质的某些功能特性，生产出不同类型的蛋白质产品，如大豆蛋白质活性肽、大豆蛋白胨、蛋白味素（氨基酸类调味品）、大豆蛋白发泡粉等，这些是重要的蛋白质改性技术之产品。

3.7.1 大豆蛋白胨

大豆蛋白胨是由大豆经酶降解精制而得到的高分子多肽混合物，以 10～20 个氨基酸组成的肽类为主。由于它的各种氨基酸成分齐全，并含有丰富的碳水化合物和各种维生素，是一种优良的生物菌种培养基原料。广泛应用于工业发酵、制药、卫生防疫、临床细菌检验及国防科研等生物工程方面，特别是在抗生素行业表现出其他胨无法比拟的优越性。

3.7.1.1 大豆蛋白胨工艺
（1）工艺流程示意图

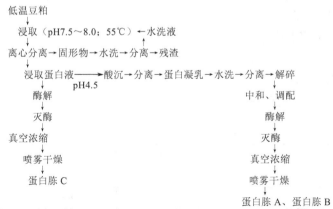

（2）工序说明

① 浸取。合格的原料豆粕经计量投入提料斗，经斗升机提升至绞龙送入反应罐，在反应罐中加入料、水、1∶（10～20）的软化热水，再将经溶碱池、配碱池配制的一定浓度的碱液送入碱液高位罐，并用此碱液调节反应罐中料的 pH 7.5～9。通过控制加入的热水温度来保持反应罐中料液的温度为 50～55℃，同时不断搅拌，萃取反应（或酶解反应）60～80min 后用泵送入卧式螺旋分离机，分离出豆浆（或酶解液）和渣。其渣送入渣干燥系统进行干燥，然后入库. 其豆浆用泵送入下一道酸沉工段。

② 酸沉。前工段送来的浆经泵送入酸沉罐中，用盐酸来调节浆液的 pH 值，使 pH3～4，然后用泵送入卧式螺旋分离机中分出其中的乳清和蛋白凝胶. 其乳清送至萃取工段进行处理，凝胶经解碎机，加水后送入下一工段处理。

③ 酶处理。将酸沉工段送来的蛋白凝胶，根据酶产品要求调节一定的 pH 值和浓度，然后在 50～60℃左右酶解 4～5h，肽键断裂时，羧基（—COOH）和 α-氨基（—NH$_3$）等量释放出来，它们之间的质子发生交换，使 pH 自动下降，影响了酶解速率，所以需要不断加入碱液，以保持水解液的 pH 恒定（在 pH 恒定、温度不变的情况下，碱的耗用量与酶解肽键数成正比关系）。

酶解完成后，送入杀菌器中经 120～145℃的高温瞬时杀菌后喷入闪蒸罐中，脱除其中的豆腥味，并从罐底用泵抽出，进入均质机经均质后的大豆蛋白料浆送入干燥工段处理。

④ 干燥。经后处理工段处理送来的蛋白浆料，经高压泵送入喷粉塔，经喷头雾化，并与经空气加热器加热送来的热风进行顺流热交换脱水、干燥成粉，然后随风送入旋风分离器，经充分分离后，粉下落，气体经风机进入布袋捕粉器进一步回收蛋白粉，粉落入下一设备，气体经冷热空气交换和给风机送来的冷风进行热交换后排空，蛋白粉落入给料器中，经与冷风充分混合后由风管送入刹克龙分离，风经风机排空、粉落入储罐中并充分搅拌混匀，然后再用分离筛分出其中的大颗粒粉，这些少量大颗粒粉送入萃取罐中重新处理，合格的大豆蛋白肽粉经贮罐暂存后经计量包装入库。

3.7.1.2 蛋白胨质量指标

本品为浅黄色粉末或颗粒。

（1）理化指标

三种蛋白胨理化指标见表 3-22。

表 3-22 三种蛋白胨理化指标表

名称	C 级	B 级	A 级
总氮（TN）量/%	≥8.7	≥11.5	≥15
水分含量/%	7.0	6.5	5.0

名称	C 级	B 级	A 级
平均分子质量/Da	3000～5000	3000～5000	3000～5000
氨基氮（AN）含量/%	2.2	2.2	2.5
灰分含量/%	≤5.5	≤6.0	≤5.0
氯化物含量/%	≤5.0	≤4.0	≤3
透明度（2%水溶液）	澄清	澄清	澄清
pH 值	6.5	6.5	6.5

（2）细菌学指标

① 硫化氢反应：合格。

② 靛基质反应：合格。

③ 可发酵糖反应：合格。

④ 无糖反应：合格。

（3）卫生指标

细菌总数/（个/g）　　　　≤10000

大肠菌群/（个/100g）　　≤30

致病菌　　　　　　　　　不得检出

3.7.1.3　应用前景

植物蛋白胨由于它的氨基酸成分齐全，并含有丰富的碳水化合物和各种维生素，是一种优良的生物培养基原料。广泛应用于工业发酵、医药生产、卫生防疫、临床细菌检验及国际科研等生物工程方面，尤其是营养要求复杂的菌种特别需要植物蛋白胨。有了植物蛋白胨将使复杂菌种便于培养，有助于菌种的发展，促进医药等生物工程的发展，使技术得到进步、经济得到发展。

3.7.2　大豆蛋白肽

大豆肽是大豆蛋白质经酶法水解、分离、精制而得到的多肽混合物，以 3～8 个氨基酸组成的小分子肽为主，还含有少量大分子肽、游离氨基酸、糖类和无机盐等成分，分子质量在 1～2kDa。大豆肽的蛋白质含量为 85%左右，其氨基酸组成与大豆蛋白质相同，必需氨基酸的平衡良好，含量丰富。大豆肽与大豆蛋白相比，具有消化吸收率高、提供能量迅速、降低胆固醇、降血压和促进脂肪代谢的生理功能以及无豆腥味、无蛋白质变性、酸性不沉淀、加热不凝固、易溶于水、流动性好等良好的加工性能，是优良的保健食品素材。

3.7.2.1　大豆肽工艺

（1）工艺流程示意图

豆粕→浸取→分离→酸沉→分离→中和→酶解→超滤→脱苦→浓缩→调配→灭菌→干燥→大豆肽粉

　　　　　　　↓　　　↓

　　　　　　残渣　　乳清

（2）工艺流程说明

大豆肽的整个工艺过程和蛋白胨的生产非常类似。

3.7.2.2　理化及卫生指标

蛋白质含量（$N×6.25$，干基）/%	≥65
水分含量/%	7.0
灰分含量/%	<7.0
分子质量/Da	1000～2000
短肽长度（氨基酸残基数）	4～8
细菌总数	<10000 个/g
大肠埃希菌和沙门菌	阴性
致病菌	不得检出

3.7.2.3　应用前景

大豆肽是大豆蛋白的水解混合物，其分子量小，作为食品原料，具有浓度高、黏度低的特点。当大豆蛋白浓度提高到12%后其黏度上升很快，而40%的大豆肽黏度与10%大豆蛋白黏度相当，即使达到50%，其流动性仍很好，这就为食品厂加工中蛋白的添加提供了方便；大豆肽溶液不受 pH 变化和加热的影响，而大豆蛋白在酸性和加热条件下会凝固而沉淀。

大豆活性肽是蛋白质中 20 种天然氨基酸以不同组成和排列方式构成的从二肽到复杂的线形、环形结构的不同肽类的总称，是源于蛋白质的多功能最复杂的化合物。活性肽具有人体代谢和生理调节功能，易消化吸收，有促进免疫、激素、酶抑制剂、抗菌、抗病毒、降血脂等作用，食用安全性极高，是当前国际食品界最热门的研究课题和极具发展前景的功能因子。

由于大豆肽具有易消化、吸收率高的特点，因此可作为肠道营养手术后，特别是消化道手术或病后恢复期的患者使用，对蛋白消化吸收不良的患者及因缺乏酶系统工程而不能分解和吸收蛋白质的患者也有良好的疗效。在体育运动中，一般消耗的体内热量的 4%～10%是由蛋白质提供的。由于体内不储存蛋白质和不能合成必需氨基酸，必须及时从外部补充氨基酸，以免造成肌肉蛋白质的负平衡，小分子蛋白肽由于比蛋白质或氨基酸更容易被人体吸收，因而能迅速恢复和增强体力。

粉末饮料中，蛋白质配料的可分散性和粉体表观密度很重要。若消费者很难将干粉末分散于流体中，有较多干粉块浮于液面上，则说明该产品不合格。另一方面，在液体饮料的多相系统中，由于大豆蛋白肽在酸性条件（pH3.5～4.0）是可溶性的，且其黏度不随溶液浓度升高而显著增大，因此，可作为蛋白质饮料的专用粉，能满足蛋白饮料所需的溶解性、稳定性的要求，为开发蛋白保健饮品提供了较好的蛋白质原料。

大豆肽比其他蛋白质具有更大的促进能量代谢作用，因此大豆肽饮料在提供蛋白源、补充能量的同时，还具有减肥功能，可以说是一种具有双重功效的保健品。

3.7.3 大豆多肽味素

大豆多肽味素也是大豆蛋白质经酶法（或酸法）水解、分离、精制而得到的富含氨基酸、多肽类混合物的天然复合调味料。在新型天然增味剂中，多肽味素（如大豆水解蛋白，HVP）更是佼佼者。其最大特点是水解形成多种氨基酸和肽以及其他呈味和生理活性物质。其蛋白质的含量在60%～90%不等，胰蛋白酶消化性在92%以上，人体极易消化吸收。又是一种优良的蛋白质资源，将之添加于食品中，不仅风味和组织得以改善，而且蛋白质含量和效价也大为提高。

3.7.3.1 大豆多肽味素工艺

（1）工艺流程示意图

豆粕→浸取→蒸煮→酶解（或酸解）→分离→热反应→浓缩→调配→灭菌→干燥→粉状多肽味素

↓

膏状或液状多肽味素

（2）工艺流程说明

味素的生产工艺过程和蛋白胨的生产工艺过程类似。

（3）工艺特点

酶解法生产的产品比酸（碱）解法更具食品安全性，因不含氯丙醇，受到人们的信赖。

酶解工艺的优越性也是传统的酸碱法所无法比拟的，表现为如下几方面。

① 用不同功能的酶或不同参数（浓度）的酶可以生产不同功能的蛋白质。

② 可以用低温粕、高温粕或玉米等其他含蛋白质的物料作原料。

③ 节省消耗材料（碱、酸等）和能源。

④ 酶法采用的酶虽然增加了成本，但酶法可使蛋白质得率提高到90%以上（传统工艺只能达到70%），综合计算成本低。

⑤ 酶法节省酸碱及大量的水，使废水处理设备和消耗大量降低，即环保费用降低。

⑥ 酶法生产的蛋白质生化指标好。

⑦ 节约投资，可比传统工艺（碱溶酸沉）节约30%的投资。

3.7.3.2 产品质量指标

（1）理化指标

多肽味素理化指标见表3-23。

表3-23 多肽味素理化指标

项目	液状产品	膏状产品	粉状产品
固形物含量/%	>45	>60	

项目	液状产品	膏状产品	粉状产品
总氮含量（不含氯化钠，干基）/%	>5	>6.0	>5.0
氨基氮含量（不含氯化钠、干基）/%	>2.0	>2.0	—
谷氨酸含量（干基）/%	<10.0	<10.0	<10.0
氯化钠含量（干基）%	<15	<15	<15.0
铅含量（干基）/（mg/kg）	<10.0	<10.0	<10.0
砷含量（干基）/（mg/kg）	<3.0	<3.0	<3.0
pH 值	4.5～6.5	4.5～6.5	4.5～6.0
溶解度/%	—	—	>99.0

（2）微生物指标

细菌总数/（个/g）　　　　　　　　<10000

大肠埃希菌/（个/100g）　　　　　　<30

　　　　致病菌　　　　　　　　不得检出

（3）应用前景

随着人们生活水平、健康意识的不断提高，对食品营养和风味的要求越来越高，天然增味剂又迈出了发展的新步伐，这种天然复合增味剂的代表就是以动植物食品原料进行深加工所制得的天然提取物增味剂（多肽味素如 HAP、HVP），其较之化学增味剂优良得多。化学增味剂提供的鲜味只限于谷氨酸钠及核酸特定的鲜味，味窄且单纯；而天然复合品 HAP、HVP 能提供的不仅是谷氨酸、核酸类的肌苷酸、鸟苷酸的鲜味，而且还包括多种氨基酸、有机酸、肽和糖类的复杂味感，使单纯的味道变得丰富、醇厚，不仅能拓宽味道，还能使刺激性强的味道变缓和，这是化学增味剂所不能达到的。

它主要有以下五大特点：强化和改善滋味；形成自然的后味和厚味；优良的赋香效果和突出食品原汁原味的风味特性；品质稳定、不怕高温处理，适合高温、冷冻、微波、油炸等现代食品加工的严格要求；营养丰富、使用安全、有益健康。

3.7.4　大豆多肽味素的典型工艺

大豆多肽味素工艺流程如图 3-23 所示。

合格的原料豆粕经螺旋输送机（1）、斗升机（2）提升至螺旋输送机（3）送入浸取罐（4），加入 1∶（10～15）的软化热水，再将配碱池配制的一定浓度的碱液送入浸取罐中，调节 pH 为 7.5～8。通过控制加入的热水温度来保持浸取罐中料液的温度为 50～55℃，不断搅拌，萃取 30～60min 后，用泵（5）送入卧式螺旋分离机（6），分离出浸取液和渣。渣用螺旋输送机（7）送入渣干燥系统进行干燥，然后入库。

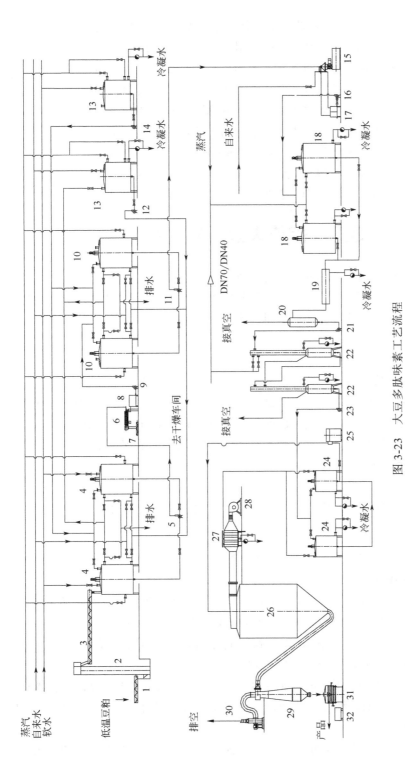

图 3-23 大豆多肽味素工艺流程

1,3,7—螺旋输送机；2—斗升机；4—浸取罐；5,9,11,16—离心泵；6—卧式螺旋离心机；8,17,18,24—暂存罐；10—反应罐；12,14—热水罐；13—热水罐；15—离心机；19—杀菌器；20—闪蒸罐；21,23—屏蔽泵；22—闪蒸发器；25—高压泵；26—喷粉塔；27—空气加热器；28,30—风机；29—旋风分离器；31—筛粉机；32—小车

157

浸取液用泵（9）送入反应罐（10）中酶解（或酸沉）。在此加入一定量的蛋白酶，酶解 240～360min，酶解完成后，用泵（11）送入离心机（15）中分出其中的固形物和清液并送入暂存罐（18）中暂存。而后清液送入杀菌器（19）中经120～140℃的高温瞬时杀菌后喷入闪蒸罐（20）中，脱除其中的豆腥味，并从罐底用泵（21）抽出，进入双效蒸发器（22）浓缩到 35%～40%浓度后用泵（23）送入暂存罐（24）中暂存。蛋白浆料经高压泵（25）送入喷粉塔（26），经喷头雾化，并与经空气加热器（27）加热送来的热风进行顺流热交换脱水、干燥成粉，然后随风送入旋风分离器（29），分离后落入筛粉机（31）分出其中的大颗粒粉，这些少量大颗粒粉送入萃取罐中重新处理，合格产品计量包装入库。

3.8　传统大豆蛋白制品

我国传统大豆蛋白制品的种类很多，如豆腐，豆腐干、豆腐皮（百叶）、油豆腐、腐竹、素鸡等；此外，还有很多发酵类的大豆蛋白食品，如酱油、豆腐乳、豆酱、豆豉等。下面将简要介绍几种非发酵大豆蛋白食品。

3.8.1　豆腐

豆腐是中国的传统食品，具有极高的营养价值。自从西汉淮南王刘安发明豆腐以来，豆腐就一直深受人们喜爱。20 世纪 70 年代以来，欧美发达国家认识到动物性食品摄入过多造成的危害，进而鼓励发展包括豆腐在内的大豆加工业，以减少心血管疾病的发病率，因而豆腐已逐渐成为风靡世界的保健素食品。

3.8.1.1　传统豆腐生产方法

（1）工艺流程

传统的豆腐制作，多采用石膏、卤水、老浆酸水等作凝固剂，工艺比内酯豆腐复杂，其工艺流程示意如下：

大豆→浸泡→磨浆→过滤→煮浆→点浆、蹲脑→上箱→压制→切块→降温→成品

（2）主要操作要点

① 选豆。选择果粒饱满整齐的新鲜大豆，清除杂质和去除已变质的大豆。

② 浸泡。用多于大豆质量 3～5 倍的清水浸没大豆，浸泡时间一般春季为12～14h，夏季为 6～8h，冬季为 14～16h，其浸泡时间不宜过长或太短，以扭开豆瓣、内侧平行、中间稍留一线凹度为宜。

③ 磨浆。按豆与水之比为(1∶4)～(1∶3)的比例，均匀磨碎大豆，要求磨匀、磨细，多出浆、少出渣，细度以能通过 100 目筛为宜。最好采用滴水法磨浆，也可采用二次磨浆法。

④ 过滤。过滤是保证豆腐成品质量的前提，如使用离心机过滤，要先粗后

细，分段进行。一般每千克豆滤浆控制在 15～16kg。

⑤ 煮浆。煮浆通常有两种方式。一种是使用敞开大锅，另一种是使用密封煮浆。使用敞开锅煮浆要快，时间要短，一般不超过 15min。锅三开后，立即放出浆液备用。如使用密封煮罐煮浆，可自动控制煮浆各阶段的温度，煮浆效果好。

⑥ 点浆、蹲脑。点浆是保证成品率的重要一环。豆浆温度一般在 85～90℃之间时进行点浆。点浆如用 10～12 波美度卤水作凝固剂，用量为 100kg 原料用盐卤 4kg。

蹲脑是豆浆变成凝胶的过程，在这个过程中，大豆蛋白质由分散逐渐胶联成网状组织。在行业上称之为蹲脑。蹲脑要保持相应的时间，一般为 20～25min，时间过短，凝胶不完善，豆腐组织软嫩，容易出现白浆；时间过长凝胶的豆脑析水多，组织紧密，保水性差，使质量和出品率低，不利于压制成形。所以蹲脑要掌握适当的时间，防止外界振动，保持豆脑温度，为下一工艺环节创造良好的工艺条件。

⑦ 上箱。手工压制豆腐，一般都用木制型箱。压制时将豆脑放进铺好滤布包的大木箱内。压制前先放走少量乳清水，然后把豆包封好，均匀地放上竹板、木杠进行压制。上箱时要求倒脑要轻，上箱要快，不砸脑、不泼脑，以防止温度过分降低而影响成形。上到箱内的豆脑，薄厚要一致，四角要装满，不能有空角。

⑧ 压制。压制一般用手动千斤顶，压力在 3t 以上。压制时要逐渐加压，开始加压时如压力过大，应排出的黄浆水排不出来，豆腐内就会出现大水泡，影响成品质量。压制时间一般掌握在 15～18min。由于原料不一样，点浆、蹲脑的程度不一样，压制的时间也不一样，操作时应灵活掌握。

⑨ 切块。由于手工压制是使用大木箱压制豆腐，所以压制之后要求按规格切成小块。豆腐块的大小，可根据各地的销售方式和习惯而定。块形以长方形为好，要求切口要直，不偏斜。切好块后，放入豆腐专用包装箱内。

⑩ 降温。豆腐放入包装箱内，需适当降温，防止变质。降温的方法很多，有水浴降温，自然降温，风冷降温。目前使用的豆腐包装箱，是塑料制造的，箱的底部和四周有很多长条孔，创造了良好的通风条件。除最热的夏季采用水浴降温外，其他季节自然通风即可，但要求包装箱要十字码放，并放在通风较好的成品库内，准备投放市场销售。

3.8.1.2 内酯豆腐生产方法

以葡萄糖酸内酯为凝固剂生产豆腐，生产的是一种新型的包装豆腐，可实现大规模的工业化生产。它与传统的豆腐相比较，具有方便、卫生、能存放较长时间不变质、营养丰富、质地细腻、肥嫩爽口等特点，引起了人们广泛的重视和喜爱。生产时可减少蛋白质流失，提高保水率，大大地增加了产量。

（1）工艺流程

内酯豆腐煮浆以前的工序与传统豆腐是一样的，所不同的是后半段工序，其工艺流程示意如下：

大豆→浸泡→磨浆→过滤→煮浆→降温→点浆→包装→凝结、杀菌→冷却定形→成品

（2）主要操作要点

① 煮浆、降温。过滤完毕的豆浆加入适量水将其浓度调整控制在 10 波美度左右比较适宜。浆太浓，产出率低，不经济，且口感不理想；浆太淡，内酯豆腐成形差，易出水，不能达到质量要求。浆浓度调整好后可采用自动控温的板式热交换器组。煮浆采用 115℃的瞬间高温法，出口处豆浆温度要求冷却到 40℃左右。这样既节约了能源，不溢浆，又保证了煮浆的质量。

② 点浆、包装。葡萄糖酸内酯添加量为豆浆的 0.3%～0.4%，用 2 倍的清水完全溶化后，一次性迅速地加入准备好的豆浆中，搅拌均匀输送到液体包装机的进料阀，立即进行包装。点浆温度控制在 28～30℃。

③ 凝结、杀菌及定形加工。包装好的豆浆袋或盒装箱后，送入 85～90℃热水恒温床中，保温 20～25min，即可杀菌凝结成形。成形温度太高，达沸腾时，做出的豆腐气泡多，渗出的豆腐水也多，影响产品的感官品质；成形温度太低，豆腐发粉，甚至不能成形。将成形的豆腐，再送入冷水浴或淋浴冷却定形，最好是置于冷库（0～10℃）中过夜，以增强硬度稳定性。成品豆腐每袋 400g，具有块形完整、洁白细腻、坚挺而富有弹性及口感鲜美等特点。

3.8.1.3 无渣豆腐生产方法

采用该法生产的豆腐光滑、细腻、口感良好，且产量比传统方法生产提高 11%～30%。生产要点如下。

① 将大豆反复冲洗除杂，浸泡，使其增重 2.2～2.5 倍。浸泡时间夏季为 10h，冬季为 20h。除掉豆皮，将大豆冻结。将冻结后的去皮大豆粉碎呈糊状，其含水量为大豆原重量的 10～11 倍。

② 将大豆糊状物加热至 100℃，保持 3～4min 后停止加热，自然降温。温度降至 70～80℃时，添加相当于大豆重量 2%～5%的食用硫酸钙，使糊状物凝固。将凝固物轻轻搅碎，放入有孔的型箱中加压即成，不需过滤。

在将大豆糊状物加热至 100℃过程中，要不停地搅动，以防糊底。加食用硫酸钙使糊状物凝固后，视其情况决定搅碎与否。如凝固良好，可不必搅碎，即放入有孔型箱加压。如凝固物较松散，可轻轻搅碎，放入型箱加压。加压后的成品，用刀划成块状即可上市，与传统方法生产的豆腐相比，白嫩而细腻。

3.8.1.4 几种新型豆腐

（1）蔬菜豆腐、蔬菜汁豆腐

蔬菜汁豆腐是指在豆浆中添加菜汁而制成的豆腐，蔬菜豆腐则是由豆浆中添加蔬菜泥、蔬菜浆而制得的。蔬菜含有维生素、矿物质和膳食纤维，具有丰富的营养，特别是某些营养素本身有颜色，可以增加豆腐的色泽和风味。

（2）牛奶豆腐、鸡蛋豆腐

牛奶豆腐是用纯牛奶或牛奶和豆浆制成的豆腐。鸡蛋豆腐是利用鸡蛋蛋白和豆浆制得的豆腐。大豆虽然蛋白质含量高，但其氨基酸比例不尽合理，硫氨基酸含量偏低，成为限制性氨基酸，不利于蛋白质的利用。鸡蛋、牛奶是蛋白质丰富的动物食品，含硫氨基酸相对较多，利用大豆和鸡蛋及牛奶配合制造豆腐可以合理平衡氨基酸比例，发挥氨基酸的互补作用，提高豆腐蛋白质的营养价值。

（3）茶豆腐

茶豆腐包括茶汁豆腐和茶叶豆腐。茶汁豆腐以茶汁、豆浆和凝固剂制成；茶叶豆腐由豆浆、茶叶和凝固剂等组成。在制造茶豆腐时，要采用非钙系的凝固剂，以防止鞣酸钙的生成。

（4）风味豆腐

风味豆腐是在豆腐加工的过程中添加各种风味物质而成，制成的产品具有特殊的风味，营养价值稍高于普通豆腐。

（5）强化豆腐

在豆腐制造过程中添加铁、锌强化剂，制成保健豆腐，产品特别适合儿童和女性食用。在美国、日本市场上推出的维生素强化豆腐，在制作过程中添加适量的维生素 B 和维生素 A，可以补充人体对维生素的需求。在豆腐生产过程中添加大豆磷脂和维生素 E 乳化剂，可以增强产品的抗氧化性能，既增加了营养，也增强了制品的保存性。

3.8.2　豆腐干

豆腐干、豆腐皮是在制作豆腐的基础上，加工成蛋白质含量更高、含水量较低的一种豆制品。

3.8.2.1　工艺流程

豆腐干一般含水量在 75% 左右，蛋白质含量在 18% 左右，产品坚实，有一定的韧性。其工艺流程如下：

制浆→点浆→涨浆→板泔→抽泔→摊袋→浇制→压榨→划坯→出白

3.8.2.2　主要操作要点

（1）点浆

将 25 波美度的浓盐卤，加水冲淡至 15 波美度后作凝胶剂。其点浆的操作程序与制豆腐时相似，但在点浆时，速度要快些，卤条要粗一些。当花缸中出现蚕豆颗粒那样大的豆腐花即可，既看不到豆腐浆又见不到沥出的黄泔水时，可停止点卤和翻动。最后在豆腐花上加入少量盐卤盖缸面。用这种点浆的方法凝成的豆腐花，质地比较老，即网状结构比较紧密，被包围在网眼中的水分比较少。

（2）涨浆

涨浆的时间掌握在 15min 左右。

（3）板淋

用大铜勺，口对着豆腐花，略微倾斜，轻巧地插入豆腐花里。一面插入，一面顺势将铜勺翻转，使豆腐花亦顺势上下地翻转，防止上下泻水程度不一，同时注意要轻巧顺势，不使豆腐花的组织严重破坏，以免使产品粗糙而影响质量。

（4）抽淋

将抽淋箕轻放在板淋后的豆腐花上，使淋水渐渐积在抽淋箕内，再用铜勺把淋水提取出来，可边浇制豆腐干边抽淋，抽淋时要落手轻快，不要碰动抽淋箕。

（5）摊袋

先放上一块竹编垫子，再放一只豆腐干的模型格子，然后，在模型格子上摊放好一块豆腐干包布，布要摊得平整和宽松，使成品方正。

（6）浇制

用铜勺在花缸内舀豆腐花，舀时动作要轻快，不要使豆腐花动荡而引起破碎泻水，将豆腐花舀到豆腐干的模型格子里后，要尽可能使之呈平面状，待豆腐花高出模型格子 2～3mm 时，全面平整豆腐花，使之厚薄、高低一致，然后用包布的四角覆盖起来。

（7）压榨

把浇制好的豆腐干，移入液压榨床或机械榨床的榨位上，在开始的 3～4min 内，压力不要太大，待豆腐淋水适当排出，豆腐干表面略有结皮后，再逐渐加压力，继续排水。最后紧压约 15min，到豆腐干的含水量基本达到质量要求时，即可放压脱榨。如果开始受压太大，会使豆腐干的表面过早生皮，影响内部水分的排泻，使产品含水量过多，影响质量。

豆腐干的点浆、板淋、浇制和压榨这四个环节都有豆腐花的泻水问题，如果点浆点得老了，在板淋时要注意不能板得太足，点浆点得嫩了，板淋时就应适当板得足些。另外，在浇制和压榨时也应根据点浆和板淋的情况注意掌握好泻水程度。

（8）划坯

先将豆腐干上面的盖布全部揭开，然后连同所垫的竹编一起翻在平方板上，再将模型格子取出，揭开包布后，用小刀先切去豆腐干边缘，再顺着模型的凹槽划开。

（9）出白

把豆腐干放在开水锅里，把水烧开后用文火焙 5min 后取出，自然晾干。这个过程称为"出白"，经出白可使豆腐干淋水在开水中进一步泻出，从而使豆腐干坚挺而干燥。

（10）豆腐干上色

如果生产的是红豆腐干，首先将红糖 300g 放入锅内用慢火加热，并不断搅动，熬至淡黑色后加水 5～6kg，再放少许红枣精。如需要五香风味，可另加盐和五香粉适量，然后把豆腐皮或豆腐干在锅中浸过，捞出即可。若是豆腐干，应先上色，后烘烤。

3.8.3 百叶（豆腐皮）

百叶类大豆蛋白制品有厚百叶、薄百叶等几个产品，产品一般含水量在45%～60%，蛋白质含量在 19%～32%，产品坚实、有韧性，形如绸布。

3.8.3.1 工艺流程

百叶的生产分为手工百叶和机制百叶，下面以机制薄百叶为例，其工艺流程如下：

制浆→点浆→蹲脑→破脑→浇制→压榨→脱布

3.8.3.2 主要操作要点

（1）点浆

机制薄百叶，由于浇制工艺不同，豆浆浓度控制在 7.5～8 波美度，点浆用12 波美度盐卤作凝胶剂。其点浆的操作程序与制豆腐干时相似，但在点浆时，速度要快些，卤条要粗一些。当花缸中出现有蚕豆颗粒那样大的豆腐花即可，既看不到豆腐浆又见不到沥出的黄泔水时，可停止点卤和翻动。最后在豆腐花上加入少量盐卤盖缸面。

（2）蹲脑

点浆后蹲脑 10～12min 左右，然后开缸，用葫芦瓢深入缸内搅动 1～2 次，静置 3～5min，适量吸出黄浆水，即可破脑。

（3）破脑

为适应机械浇制薄百叶，必须用工具把豆腐花全部均匀地搅碎；把破脑机头插入缸内转动，将豆腐脑打成米粒大小时就可以浇制。

（4）浇制

在浇制时要把缸内的豆腐花不停地旋转搅动，目的是不要使豆腐花沉淀阻塞管道口以及造成豆腐花厚薄不均匀的现象。随着百叶机的转动，把浇百叶的底布和面布同时输入百叶机的钢丝网带上，豆腐花也随即通过管道浇在百叶的底布上，然后盖上面布。经过 6～8m 的钢丝网带输送，让豆腐花内的水自然流失，使含水量有所减少。此时可以按规格要求把豆腐花连同百叶布折叠成百叶。

（5）压榨

折叠后的薄百叶，依靠百叶叠百叶的自重力沥水 1min，移入压榨机内轻压1～2min，待水分稍许泻出后再逐渐加压，继续排水。压榨约 6min，其含水量基本达到质量要求时，即可放压脱榨。

（6）脱布

脱布即剥百叶。可通过脱布机滚动毛刷的摩擦作用，使百叶盖布和底布脱下来，百叶随同滚筒毛刷剥下来，通过剔次处理即为成品。

3.8.4　腐竹

3.8.4.1　工艺流程

腐竹是由煮沸后的豆浆，经一定时间保温，表面产生软皮，挑出后下垂成枝条状，再经烘干而成。因其形状像竹笋，所以叫腐竹。生产工艺流程如下。

原料筛选→浸泡→磨制→分离→煮浆→成形→烘干→回软→包装

3.8.4.2　主要操作要点

（1）制浆

制浆包括原料筛选、浸泡、磨制、分离、煮浆等过程，与豆腐生产基本相同，只是对豆浆的浓度有一定的要求：浆过稀则结皮慢，耗能多；浆过浓，会直接影响腐竹的质量。一般豆浆的浓度为 12 波美度为好。

（2）成形

煮沸后的豆浆，放入腐竹成形锅内挑竹。成形锅是一个 200cm×50cm×4cm 的长方形浅槽，槽内每 50cm 为一格，格板下面连通，槽底和四周是夹层，用于通蒸汽加热。放豆浆时只放 2cm 深的豆浆，豆浆放好后，开蒸汽加热，使豆浆温度保持在 82℃左右；豆浆经过保温后，部分水分蒸发，起到浓缩作用，表层脱水凝结成软皮，待 7～8min 后可开始挑皮，用小刀把每格的软皮切成 3 条后挑起，使其自然下垂，成卷曲立柱形，挂在竹竿上准备烘干。一般可挑 16 层软皮，前 8 层为一级品，9～12 层为二级品，13～16 层为三级品。剩余的稠糊状在成形锅内摊制成 0.8mm 的薄片即甜片。当甜片基本上成干饼后，从锅内铲出，成形锅内再放豆浆，如此循环生产，完成腐竹的成形工艺。

（3）烘干

腐竹成形后，需要马上烘干。烘干的方法有两种：一种是采用煤火升温的烘干房烘干腐竹；另一种是以蒸汽为热源的机械烘干设备，适用于大生产和连续作业。不论采用什么方法，都应该较准确地掌握烘干的温度和烘干时间。烘干温度一般掌握在 74～80℃，烘干时间为 6～8h。湿腐竹质量为每条 25～30g，烘干后每条质量为 12.5～13.5g，烘干后腐竹含水量为 9%～12%。

（4）回软

烘干后的腐竹，如果直接包装，破碎率很大，所以要回软。即用微量的水进行喷雾，以减小脆性。这样既不影响腐竹的质量，又提高了产品外观，有利于包装，并减少破碎率。但要注意喷水量要小，一喷即过。

腐竹的包装一般采用塑料袋，每 500g 一袋。成品腐竹，其外观为浅黄色，有光泽，枝条均匀，有空心，无杂质。

3.9　非食用大豆蛋白制品

3.9.1　大豆蛋白膜

制造蛋白膜的蛋白质有许多，其中胶原蛋白是动物组织中纤维状的结构蛋白，而胶原蛋白膜是最成功的商业化蛋白膜。胶原蛋白膜阻湿效果比较差，但也有相应较好的机械特性。胶原蛋白膜在相对湿度0时是氧的良好阻隔物，但氧气通透性（OP）随相对湿度的升高迅速升高。胶原蛋白膜可广泛取代香肠的天然肠膜。明胶是将胶原链水解制得的，含有明胶的薄膜可降低氧、湿气和油脂迁移或用作抗氧化剂、防腐剂的载体。明胶也可形成胶囊用于包装低湿或油状食品成分或药物等。胶囊隔绝了氧和光，保证了食品成分的数量和药品的分量。

除了胶原蛋白和明胶，玉米醇溶蛋白也是商业化的膜材料。阻隔性、维生素附着性和可用作抗菌剂载体的性质，使玉米醇溶蛋白广泛应用于各种食品。另外，制膜的蛋白还有小麦谷蛋白（WG）、乳清分离蛋白（WPI）和酪蛋白。由它们制成的膜也可用作阻湿剂、阻氧剂及各种食品添加剂的载体。但是，这些蛋白膜的机械特性及阻湿效果都不是很好，因而影响了其进一步的应用。

大豆蛋白膜作为食品包装和涂布材料具有可降解性和可食性，可用于多种食品的包装保鲜，是一种无污染的包装涂布材料，具有很好的开发前景。

3.9.1.1　成膜原理

天然蛋白质靠分子中的氢键、离子键和疏水交互作用、偶极相互作用、二硫键等来维持其稳定的结构。大豆蛋白质分子在溶液中呈卷曲的紧密结构，有些甚至呈球形，表面被水化膜包围，具有相对稳定性。用不同的方法处理，会破坏蛋白质内部的相互作用，使蛋白质亚基解离，分子变性，使其分子得到一定程度的伸展，内部的疏水基因、巯基暴露出来，分子间的相互作用加强，同时分子内的一些二硫键断裂，形成新的二硫键，从而形成立体网络结构，在合适的条件下就可以得到具有一定强度和阻隔性的膜。可见蛋白质的适度变性是形成膜的先决条件，网络结构的好坏将影响膜的性能，因此强化分子间的作用力，使其形成更致密均匀的网络结构可改善膜的性能。在膜中，蛋白质分子之间通过二硫键、疏水键和氢键结合在一起。

3.9.1.2　蛋白膜制备方法

大豆蛋白一般不溶或微溶于水中时对形成防水性膜是非常有利的。蛋白膜通常由一种溶液或膜形成剂分散体系形成。

膜形成溶剂系统影响形成膜的特性，最大的溶剂化合物和极性分子的伸展将产生最具黏合性的膜结构，蛋白膜的溶剂系统主要限于水、乙醇或二者的结合。

其流程示意如下。

豆粕→大豆蛋白→配制蛋白质溶液→热处理→调配→成膜干燥→蛋白膜

（1）原料的准备处理

原料准备主要是蛋白质的制备。生产蛋白质的技术不同将直接影响到所成膜的特性。例如大豆蛋白能够通过多种技术被离析。另外是否采取强碱处理、是否添加增韧剂的膜在机械强度、渗透性方面都有显著的不同。

（2）制备蛋白质溶液、热处理

在水、95%乙醇或二者混合的溶剂当中，将所用蛋白质配成一定浓度的溶液，蛋白质一般配成10%～15%（质量分数）的溶液。

蛋白质溶液制成后，应在搅拌状态下于 70～100℃水浴条件下加热 15～45min。对于大多数蛋白膜的形成，热处理是必需的，如大豆蛋白、乳清蛋白、谷朊等。如果不进行处理则由于缺乏分子间的相互作用，膜在干燥时易形成碎片。热处理可以使硫醇-二硫化物互换和硫醇氧化物反应在分子间形成二硫键。分子间二硫键导致形成水溶性膜。

（3）调节 pH、冷却、添加增韧剂和排真空

用 0.1mol/L 的 HCl 或 0.1mol/L NaOH 调节溶液 pH，使之达到适合膜形成的条件。这一过程既可在热处理前又可在热处理后进行。大豆蛋白膜形成的最有效的 pH 是 8.5～11.5。

调节 pH 值后，将溶液冷却到室温，再将准备好的增韧剂添加到溶液中。蛋白膜中使用的增韧剂主要有丙三醇（GLY）、聚乙二醇（PEG）和山梨醇（S），其中最常用的是 GLY。增韧剂添加量通常是蛋白质的 40%～50%。将增韧剂添加在溶液中混匀后，通过抽真空将溶液中气泡排出，以降低膜的渗透性。

（4）成膜干燥

将蛋白质溶液流入平滑的聚四氟乙烯平盘上形成薄液。在维持 35℃低温条件下，经长时间干燥即可形成膜。也可在室温 23℃，相对湿度（RH）40%下维持 18h，使其干燥后待用。膜的特性及其影响因素

3.9.1.3　膜的特性及其影响因素

在制备大豆蛋白膜时，一般采用水或 95%乙醇与水的混合物作溶剂配制成膜溶液（包括蛋白质、增塑剂、交联剂等），经加热、倒模、干燥而制得。成膜工艺会显著影响膜的特性。

（1）膜的特性

① 透气性。它是衡量包装膜的一个重要指标，对氧气的透气性低能延缓食品的氧化变质；对氮气和二氧化碳的透气性低则有利于充气包装。蛋白膜对氧气、二氧化碳的屏障特性通常好于多糖膜。不同蛋白膜的透气性也有较大差异，最新的研究表明，大豆蛋白膜的阻氧性特别好，透氧率比玉米蛋白膜和面筋蛋白膜低 72%～85%，是多糖膜（如纤维素及其衍生物）的 Y_{200} 左右，与合成材料相比，

大豆蛋白膜的阻氧率是它们[如低密度聚乙烯（LDPE）或高密度聚乙烯（HDPE）]的 $325\sim1750$ 倍。此外，它还具有较好的阻止 CO_2 迁移的能力。

② 水蒸气渗透性（WVP）。由于蛋白质的亲水性，大豆蛋白膜对水蒸气的屏障作用较差。而 WVP 值将直接影响到包装产品的质量，WVP 值越低，膜防腐效果越好。

③ 机械特性。蛋白膜必须具有较强的机械强度以经受其在应用、运输、处理中的应力，维持其完整性和屏障特性。机械特性通常用抗拉强度（TS）、伸长率（E）、抗刺强度（PS）等来衡量。蛋白膜的机械特性好于多糖膜、脂膜，这与其特殊的结构有关。

（2）影响因素

① 温度。适当的热处理可以使蛋白质大分子从原来有秩序的紧密结构变为无秩序的松散结构，分子内部的巯基和疏水性基团等暴露在分子表面，有利于加强蛋白质分子内或分子间的相互作用，从而得到坚固致密的网络结构。由于疏水作用得到加强，形成的膜强度较大，所以阻气性较好。但热处理温度过高、加热时间过长时，蛋白质分子会过度变性，分子链断裂，不利于网络结构的形成。因此不同热处理条件对大豆蛋白膜的影响是不同的。

② pH 值。pH 直接与蛋白质溶解性、分子间构象以及分子间相互作用有关，因此成膜时的 pH 对蛋白膜极其重要。

大豆蛋白膜的成膜溶液呈酸性（pH 在 3 左右）时，既能提高溶液中蛋白质分子的交联度，增大分子间结合力，又不至于使膜微孔尺寸加大，水汽透性上升。Gennadios 和 Brandenburg 等曾经研究了 pH 值对大豆蛋白膜性能的影响，结果表明：pH 值在 $1\sim3$ 和 $6\sim12$ 之间能成膜，在等电点附近，因蛋白质溶解性差，难成膜；而 pH 值在 $6\sim12$ 间形成的膜无论力学性能还是阻隔性能均优于 pH 值在 $1\sim3$ 间形成的膜。

Brandenburg 等研究了大豆蛋白膜在 pH 值为 6、8、10、12 时的特性，发现 pH 值为 6 时大豆蛋白膜的阻湿性较差，透氧性较高，抗拉强度和伸长率低；高 pH 值时阻湿性好，透氧性低，抗拉强度和伸长率也高，且膜外观随着 pH 值升高而得到改善。这与在 pH6 时，大豆分离蛋白出现部分不溶，导致膜中分子间相互作用受到削弱有关。而且溶液变性后调节 pH 形成膜的 WVP 要高于变性前调节的膜。

另有研究报道，pH 从 7 增加到 10，WVP 值逐渐减小，TS 略有增大，这主要是由于碱使蛋白质变性，内部基团暴露，有利于坚固网络结构的形成；而在 pH12~13 的强碱性条件下，WVP 增大，TS 下降，这是由于极端碱性 pH 条件下，负离子之间极强的静电排斥作用阻碍了蛋白质分子内或分子间的连接，从而阻碍了膜的形成。膜的伸长率随着 pH 上升而缓慢增大，这可能是因为碱性增强，分子中静电斥力增强，削弱了大分子间的结合，增加了链的流动性，从而使膜变得柔软，伸长率提高。

③ 增塑剂。大豆蛋白膜在形成过程中如果不添加增塑剂，往往在干燥后因较脆而不利于包装。增塑剂是小分子的化合物，它们存在于大分子蛋白质聚合链之间，能使膜的机械强度改善，并增加其柔韧性。但同时增塑剂减少了分子内部氢键，增加了内部分子空间，提高了膜的渗透性。增塑剂数量增加，氧气、二氧化碳和氮气的渗透性增大，WVP 值上升，特别是增塑剂含量达到 30%以上时更为明显。所以在使用时，需慎重选择其种类和添加量。Gennadios 和 Park 研究发现：添加山梨醇和聚乙二醇所成膜的机械强度都要比添加丙三醇强；随着山梨醇、聚乙二醇和丙三醇亲水性增加，WVP 值也依次增加。同时还发现，增加增塑剂，TS 值下降，E 值上升。另外，所用的增塑剂必须与高聚物分子具有一定的亲和性，易溶于溶剂中。

④ 溶剂组成。大豆蛋白膜的溶剂系统主要限于水、乙醇或二者的结合。乙醇的添加，有利于溶解添加物，同时乙醇的挥发性可缩短成膜时间。如添加少量的乙醇，由于乙醇分子与水分子相互作用，从而减少了蛋白质与水分子之间的作用，促进了蛋白质分子之间的键合作用，从而使得膜的阻湿性能和力学性能都得到了提高。但当乙醇用量过大时，阻湿性和抗拉强度都下降，原因可能如下。

a. 乙醇分子与水分子之间的相互作用进一步加强，夺去了蛋白质的结合水分，使蛋白质分子之间的相互作用进一步加强，导致蛋白质分子之间相互凝聚而沉淀。

b. 乙醇用量过大促使蛋白质变性过度，也会造成不溶性和凝块的产生。

c. 乙醇用量过大，成膜过程中溶剂的蒸发速度过快，导致蛋白质分子在没有充分展开排列之前就被固定下来，使形成的薄膜不够均匀，甚至可能出现气孔、裂缝等缺陷，宏观上就表现出阻湿性能和抗拉强度的下降。实验结果表明乙醇：水为 10∶90 效果较好。

⑤ 脂类物质。在成膜溶液中引入疏水性的脂类物质就可以使水蒸气透气性降低，提高膜的阻湿性。国内有人研究了硬脂酸、月桂酸和硬脂酸-月桂酸的混合物（二者比例 1∶1）在不同浓度下对膜阻湿性能的影响。结果表明，脂肪酸能有效地降低大豆蛋白膜的水蒸气透过性。WVP 值随脂肪酸碳链长度的增加而减少，随脂肪酸浓度的增加而逐渐降低，但当脂肪酸浓度过高时，膜的 WVP 值反而会有所升高。这是由于脂肪酸过多会造成乳化不均匀，使得脂肪酸在膜表面结晶不连续，导致 WVP 略有上升。因此适当剂量的脂类物质，在成膜溶液中粒度越小，分布越均匀，膜阻水蒸气性能越好。三类脂肪酸中以硬脂酸浓度为 1.5%时效果最好。不过，添加脂类物质会降低膜的抗拉强度。

⑥ 相对湿度（RH）。当 RH 增加时，氧气和二氧化碳渗透值会显著增加，在 25℃，RH 低于 50%时，氧气、二氧化碳渗透值保持相对稳定；RH 高于 50%时，氧气、二氧化碳渗透值陡然增加，这可能是由于多聚物中水分活度值超过

0.4 后能破坏氢键，产生溶解氧的位置，增加多聚物内部氧分子的移动性。

⑦ 还原剂。在成膜液中添加还原剂，可打断分子中的二硫键（—S—S—），增多巯基（—SH）量，有利于在随后的涂膜干燥过程中形成新的分子间二硫键；还原剂处理还可以使多肽链分子量降低，有利于暴露内部疏水基团，增强膜的强度和阻隔性，但伸长率有所下降。国内研究人员研究了在不同 pH 值条件下，还原剂半胱氨酸、亚硫酸钠、抗坏血酸对大豆蛋白膜性能的影响。结果表明，还原剂处理的大豆蛋白膜在中性条件下（pH=7），力学性能和阻隔性能最好，其中半胱氨酸处理的大豆蛋白膜抗拉强度最大，是不加还原剂时的 2.45 倍；水蒸气迁移系数最小，是不加还原剂时的 60%。还原剂处理不仅改善了大豆蛋白膜的机械强度和阻湿性，还避免了不加还原剂时要调节 pH > 7 才能良好成膜所带来的一些不良后果（如膜有碱味、颜色偏黄等）。此外，在中性条件下成膜良好，为以后在膜中添加其他组分（如风味物质、防腐剂等）提供了更大的空间。

⑧ 交联剂。交联剂处理可以加强蛋白质分子间或者分子内的键合作用，有利于改善膜的力学性能和阻湿性能。常见的交联剂有钙离子、戊二醛、环氧氯丙烷和酶。国内研究者采用钙、戊二醛、环氧氯丙烷对大豆蛋白膜的交联研究表明：钙盐的溶解度越大，Ca^{2+} 释放的速度越快，膜的脆性越大，越适合作涂层用；环氧氯丙烷和戊二醛能较好地改变大豆蛋白膜力学性能，交联后抗拉强度增加，阻湿性能提高。其中环氧氯丙烷能使膜的透光性和光滑性增加，容易揭膜；随着戊二醛的浓度增加，膜的颜色逐渐由淡黄色、橙红色向红色过渡，当戊二醛的浓度为 0.1% 时，比较接近肠衣的颜色。Yvnne M. Stucheeld 等人的研究表明，过氧化物酶交联后的膜的性能变化较小。

近来有研究表明，当把低浓度的阿魏酸添加到由大豆分离蛋白、花生油和玉米淀粉构成的成膜液中，能够改善所成膜的性能，使其不易变形、破裂，避免蛋白膜表面有针孔状；而且会使大豆蛋白膜的气体渗透性和水蒸气渗透性降低。

⑨ 其他化学物质。十二烷基硫酸钠（SDS）对大豆蛋白膜特性的影响是：仅加 5% 的 SDS 就能显著增加膜的伸长率，而且当添加 10% 以上的 SDS 时能使膜的 WVP 降低 50%，有效提高了膜对水蒸气的阻隔能力，但膜的抗拉强度会有所降低。δ-葡糖酸内酯（GDL）对大豆蛋白膜的机械特性和水蒸气渗透性的影响，结果表明：GDL 的添加能增加蛋白质-溶剂的引力，从而形成均一的膜结构，使得膜的伸长率大大提高，水蒸气渗透率降低。研究还表明，羧甲基纤维素（CMC）和聚乙烯醇（PVA）的添加都能增加膜的抗刺强度，而 PVA 的效果更好，但明显降低了膜的黏弹性，且对膜的渗透性没有什么改善。

⑩ 物理方法。除以上介绍的因素外，一些物理方法也能改善膜的性能。S. F. Sabato 等人研究表明，经过 γ 射线辐照处理，能产生交联作用，增大了大豆蛋白的分子量，从而改善了膜的机械特性，其 WVP 值也会有所降低，若同时添加

CMC 则效果更明显。另外，通过紫外线处理大豆蛋白膜，可提高分子的结晶度和膜的致密性，从而提高膜的抗张强度和阻湿性能；通过超声波以及超高压处理，有利于使分子内部的巯基和疏水性基团暴露，从而使大豆蛋白膜的阻湿性能和抗张强度等性能有不同程度的提高。

3.9.2 大豆蛋白纤维

蛋白纤维按其来源可分为天然蛋白纤维和人造蛋白纤维两种。常见的天然蛋白纤维有动物毛发和蚕丝等，而人造蛋白纤维是以天然蛋白为主要原料，经特殊工艺加工制成的具有纺织用途的纤维。常见的有牛奶蛋白纤维和大豆蛋白纤维。

大豆蛋白纤维的出现将通常用作饲料和食品添加料的豆粕变为高附加值的纺织用高性能纤维，开辟了一条新的农副产品深加工的途径，而其纤维的优异性能更是为纺织工业增添了一种新的高档原料。

3.9.2.1 大豆蛋白纤维定义

纯大豆蛋白纤维是一种再生植物蛋白纤维，但很难成形与使用。现在的"大豆蛋白纤维"，从组成和性能上说，是大豆蛋白的 PVA（聚乙烯醇）或 PAN（聚丙烯腈）纤维。因此，大豆蛋白纤维本质上是一种大豆蛋白（15%～35%）与PVA 或 PAN（主要成分是 PVA）在适当条件下接枝、共混，并湿法纺丝而成。由于大豆蛋白纤维含量太低，故只能是大豆蛋白的 PVA 或 PAN 纤维。目前由于俗称方便，简称为"大豆蛋白纤维"。其细度为 0.9～3.0dtex 丝束，主体长度为38～76mm。

3.9.2.2 生产原理

大豆蛋白纤维的主要生产原料是豆粕、羟基和氰基高聚物。

生产原理：将豆粕水浸分离提纯出蛋白质，将蛋白质改变空间结构并在适当的条件下与羟基和氰基高聚物共聚接枝，通过湿法纺丝生成大豆蛋白纤维。这时的大豆蛋白纤维中，蛋白质与羟基和氰基高聚物并没有完全发生共聚，它具有相当的水溶性，还需经过缩醛化处理才能成为性能稳定的纤维。在纺丝过程中，牵伸使纤维大分子达到一定的取向度，这样在缩醛过程中就可避免纤维的过分收缩而解除取向。醛化后的丝束经过卷曲、热定形、切断、加油就成为纺织用的大豆蛋白纤维。

在大豆蛋白纤维分子结构中，由于蛋白质与羟基和氰基高聚物没有完全发生共聚，这样适当控制蛋白质与羟基和氰基高聚物的分子量，在纺丝过程中可以制成蛋白质分布在纤维外层的皮芯结构纤维，并且在纤维纺丝牵伸过程中，由于纤维表面脱水、取向较快导致纤维表面具有沟槽，从而使纤维具有良好的导湿性。因为蛋白质分子中含有大量的氨基、羧基、羟基等亲水基团，从而使该种纤维具有良好的吸湿性，可用酸性染料、活性染料染色。大豆蛋白纤维体积质量较小，与柞蚕丝光泽非常接近，是高档服装用原料。

大豆蛋白纤维表面光滑、轻柔，在纺纱过程中纤维抱合力差，特别容易黏附机件，虽然比电阻并不是很大，但静电在生产中还是比较突出的，因此，在加工过程中必须对纤维加油以解决静电和抱合力问题。由该种纤维的回潮率可知，纤维吸湿性好，但它的保湿性却很差，若周围环境相对湿度发生变化，纤维回潮率会很快变化。在高温高湿环境中，该种纤维具有良好的内部吸湿效果而使纤维表面保持干燥，从而使其服装在潮湿的环境中穿着非常舒适。大豆蛋白纤维适合在相对湿度较大的环境中纺纱。

3.9.3 大豆蛋白黏合剂

目前，各种人造板材基本上是用石油基甲醛系木材黏合剂粘接而成，在生产、运输、存放、使用中会不断释放出以甲醛为主的有害气体，是室内最大的环境污染源。以大豆蛋白作为主要原料生产黏合剂，使用中不会有甲醛等有害物质；当作为脲甲醛树脂的添加剂使用时，可起到甲醛清除剂的作用。作为环境友好的黏合剂或树脂，其发展是大势所趋，市场前景非常广阔。

其制作方法是将大豆蛋白与水一起配制成一定浓度的溶液，再加入适量的添加剂即可制成黏合剂。

例如按大豆蛋白 100 份、水（30℃）400 份、消石灰 15 份、硅酸钠（40 波美度）25 份和过氧化钠 15 份的配方比例即可制成大豆蛋白黏合剂。其方法是首先将大豆蛋白与水经 10min 搅拌混合后，加入消石灰拌和 10min，再加入硅酸钠、过氧化钠，经 15min 搅拌后即可使用。

大豆蛋白黏合剂可用于胶合板工业，并且大量应用于板箱及家具等木器制造行业。但由于它耐水性较差，现在很少单独使用，而是作为脲醛树脂、苯酚，甲醛树脂及间苯二酚甲醛树脂的添加剂使用，以增强其性能。

参考文献

[1] 王尔惠. 大豆蛋白质生产新技术［M］. 北京：中国轻工业出版社，1999.

[2] 王风翼. 大豆蛋白质生产与应用［M］. 北京：中国轻工业出版社，2004.

[3] 江志伟，沈蓓英. 蛋白质加工技术［M］. 北京：化学工业出版社，2003.

[4] 杜长安，陈复生. 植物蛋白工艺学［M］. 北京：中国商业出版社，1995.

[5] 宋纲. 新星复合调味品生产与配方［M］. 北京：中国轻工业出版社，2000.

[6] 朱选，许时婴，王璋. 可食用膜的通透性及其应用［J］. 食品与发酵工业，1998，23（3）：50-55.

[7] 吴均根. 谷物与大豆食品工艺学［M］. 北京：中国轻工业出版社，1997.

[8] 刘大川. 植物蛋白工艺学［M］. 北京：中国商业出版社，1993.

[9] 沈蓓英. 水解植物蛋白的研制［J］. 中国油脂，1988（4）：54.

[10] 宋俊梅，鞠洪荣. 新编大豆食品加工技术［M］. 济南：山东大学出版社，2002.

[11] 侯东军，张健. 超滤法制取大豆浓缩蛋白［J］. 粮油加工与食品机械，2002（8）：44-45.

[12] 周瑞宝，周兵. 大豆 7S 和 11S 球蛋白的结构和功能性质 [J]. 中国粮油学报，1998（6）：39-42.

[13] 陈三凤，深泽亲房. 大豆 11S 球蛋白 Gy5（A₃B₄）的基因克隆和序列分析 [J]. 生物工程学报，2000（2）：216-217.

[14] 李川，李娅娜. 大豆蛋白改性 [J]. 食品工业科技，2000（3）：75-76.

[15] 张红城，彭志英，赵谋明. 大豆蛋白及其制品的研究 [J]. 粮食与饲料工业，1998（6）：36-38.

[16] 吴向明，雕鸿荪. 大豆蛋白加工功能性改善及应用 [J]. 浙江工业大学学报，2000（3）：256-259.

[17] 吴向明，雕鸿荪，沈蓓英. 大豆蛋白去酰胺性改性的研究 [J]. 中国油脂，1996（5）：13-16.

[18] 王薇. 国内外植物蛋白生产加工现状 [J]. 食品科学，1997，18（8）：3-7.

[19] 黄友如，裘爱泳，华欲飞. 大豆蛋白结构与功能的关系 [J]. 中国油脂，2004（11）：24-27.

[20] 程翠林，石彦国. 大豆蛋白亚基组成对其功能特性的影响 [J]. 食品科学，2006，（3），70-74.

[21] 黄曼，卞科. 大豆蛋白在工业上的开发利用及理化改性研究进展 [J]. 郑州工程学院学报，2002（1）：61-64.

[22] 赵威祺. 大豆蛋白质的构造和功能特性（上）[J]. 粮食与食品工业，2003（2）：24-28.

[23] 赵威祺. 大豆蛋白质的构造和功能特性（中）[J]. 粮食与食品工业，2004（2）：3-6.

[24] 赵威祺. 大豆蛋白质的构造和功能特性（下）[J]. 粮食与食品工业，2004（3）：9-14.

[25] 姚穆，来侃. 大豆和大豆蛋白质组成与结构的研究 [J]. 棉纺织技术，2002（9）：33-35.

[26] 宋俊梅，曲静然，徐少萍. 大豆肽的研究进展 [J]. 山东轻工业学院学报，2000（3）：1-3.

[27] 张毅方. 功能性大豆浓缩蛋白改性机理与加工技术 [J]. 大豆通报，2002（4）：21-22.

[28] 康宇杰，欧仕益. 食性大豆分离蛋白膜的研究进展 [J]. 中国粮油学报，2003（4）：38-41.

[29] 李永馨，赖照玲，边宝林，等. 改性玉米蛋白膜的研究 [J]. 中国包装，1996，16（2）：68-69.

[30] 罗学刚. 国内外可食性包装膜研究进展 [J]. 中国包装 1999，19（5）：102-103.

[31] 闵连吉，张凤成. 用大豆浆和大豆蛋白制作可食膜 [J]. 大豆通报，1995（2）：23-24.

[32] 袁海涛，芮汉明，陶学红，等. 可食性膜研究进展 [J]. 粮油食品科技，2002，10（2）：17-18.

[33] Maynes J R，Krochta J M. Properties of edible films fromtotal milk protein [J].J. Food Sci，1994，59（4）：909-911.

[34] 牟光庆，张亚川. 可食性蛋白膜的形成与特性 [J]. 黑龙江八一农垦大学学报，1997，9（4）：73-77.

[35] 李升锋，曾庆孝. 改善大豆分离蛋白膜性能的研究进展 [J]. 郑州轻工业学院学报，2001，16（3）：56-60.

[36] 莫文敏，曾庆孝，张孝祺. 热处理和碱处理对可食性大豆分离蛋白膜性能的影响 [J]. 食品工业科技，2001，22（3）：22-24

[37] 余锦春，可食性包装材料的特性及应用 [J]. 中国包装，1999，19（4）：60-62.

[38] Gennadios Aristippos，Brandenburg Alice H，Weller Curtis L，et al. Effects of pH on properties of wheat guten and soy protein iso-late film [J]. Journal of Agriculture and Food Chemistry，1993，41（11）：1835-1839.

4

花生蛋白与工艺

4.1 花生的结构、组成和性质

4.1.1 花生的结构

花生种子结构包括在视觉上可观察到的大于 0.1mm 的宏观结构，通过电子和/或光学显微镜观察到的 1μm～1mm 的微观结构以及约 1～1000nm 的分子结构，都是研究加工花生所必需的基本知识要素。剖析花生结构以及形成这些结构的状况，对其加工工艺和产品种类、质地性状、储存货架期、风味和营养特性等都具有重要意义。

花生的结构，取决于花生品种、种子的成熟度、生长环境条件等因素。花生的蛋白质、脂肪、淀粉等主要成分分别存在于花生子叶细胞内的亚细胞蛋白体、油体和淀粉粒等形式的亚细胞结构中。花生子叶约占种子质量的96%，子叶细胞由薄壁细胞组成，大致呈长约 50～200μm 蜂窝状或矩形细胞。花生蛋白、油脂和淀粉主要存在于子叶的亚细胞中，并以直径 5～12μm 范围的花生蛋白质，直径 0.3～3μm 油脂和直径 4～15μm 淀粉颗粒形式分散于花生种仁中 [图 4-1（a）]。

花生中含 22%～26% 的蛋白质，其中有大约 10% 的蛋白质是水溶性低分子量蛋白质，称之为花生清蛋白，其余的 90% 为花生球蛋白和伴花生球蛋白，它们分别占总蛋白的 63% 和 33%，合称花生储存蛋白。

花生中含有 45%～50% 脂质成分，这些成分都含在花生油体中。花生油体主要由单分子磷脂围成的膜包围，膜上镶嵌了油体膜蛋白，这些膜蛋白的脯氨酸从油体膜插入油体中性脂肪中，膜蛋白的 N-端和 C-端残基铺设在油体磷脂膜上，膜蛋白对油体起到加固作用，稳定油体在细胞内不能随便移动。磷脂层含有磷脂酰胆碱（PC）、磷脂酰乙醇胺（PE）、磷脂酰丝氨酸（PS）和磷脂酰肌醇（PI）

等磷脂，在花生油体的膜中还含有防氧化的生育酚等脂溶性成分。

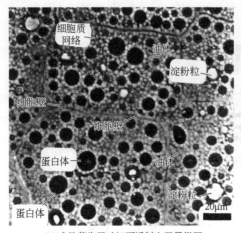

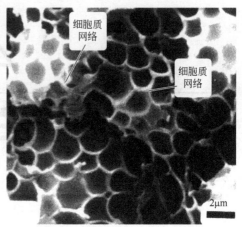

(a) 成熟花生子叶切面透射电子显微图　　　(b) 成熟花生子叶面细胞质网络扫描电子显微图

图 4-1　花生子叶的超显微结构图

（引自：Young C T & Schadel W E）

花生中的细小亚细胞油体，围绕在较大蛋白体和淀粉粒外围，并填充在它们的中间位置。大多数花生脂质以化学稳定的甘油三酯形式存在，存储于油体磷脂和膜蛋白包围的油体内部。油体膜蛋白和单层磷脂（PL）包围起来，为这些细胞器提供了稳定性。

花生种子中的植酸盐，往往含在蛋白体中间的白色圆球体中。花生球蛋白为两种亚基组成的二聚体，分子质量约为 $3×10^5$ Da，等电点为 pH5～5.2，在 pH5 的低浓度盐溶液中，花生球蛋白解离成为两个分子质量约为 $1.5×10^4$ Da 的亚基。伴花生球蛋白的等电点为 pH3.9～4.0，根据沉降速度分析，伴花生球蛋白是由分子质量为 $2×10^4$～$2×10^6$ Da 的 6～7 个亚基所组成。在一定条件下，伴花生球蛋白可以解离成各种小分子，也可聚合成较大的分子。花生球蛋白和伴花生球蛋白这两部分的比例因分离方法不同，约从 2∶1 到 4∶1 不等。花生蛋白的等电点为 pH4.5 左右，在该 pH 条件下，花生蛋白的分散度最小，当花生蛋白的水溶液的 pH 上升时，其黏度增加，搅拌试验时，pH6.6 的发泡黏度是 pH4.0 的 5 倍。

不同成熟期收获的花生种子的油脂、淀粉、多糖、单糖和维生素等成分的含量是有差异的。花生种子的蛋白质是在发育过程中合成并积累的。同一品种的正常成熟花生种子中蛋白质的组成是稳定的。黎茵等通过 SDS-PAGE 分析了中国 46 个花生品种种子的蛋白质组成，得出 4 大类型的蛋白质组成模式。而且这 4 种模式在珍珠豆型、多粒型、龙生型、普通型和中间型等品种类型中交叉分布。根据双向电泳分析结果，说明 4 种蛋白组成模式的差别主要在于花生球蛋白。类型Ⅰ中花生球蛋白主要由两个分子质量较大的亚基（41kDa、p*I*5.8；38.5kDa、 pI5.6）和两个分子质量较小的亚基（18kDa、pI7.9；18kDa、pI6.6）组成；类型 Ⅱ中花生球蛋白由 3 个分子质量较大的亚基（41kDa、pI5.8；38.5kDa、PI5.6；37.5kDa、pI5.5）和 3 个分子质量较小的亚基（18kDa、pI7.9；18kDa、pI6.6；18kDa、pI6.0）组成；类型Ⅲ中花生球蛋白由 3 个分子质量较大的亚基（41kDa、pI5.8；38.5kDa、pI5.6；36.5kDa、pI5.5）和 3 个分子量较小的亚基（18kDa、pI7.9；18kDa、pI6.6；18kDa、pI6.0）组成；类型Ⅳ中花生球蛋白由 4 个分子质量较大的亚基（41kDa、pI5.8；38.5kDa、pI5.6；37.5kDa、pI5.5；36.5kDa、pI5.5）和 3 个分子质量较小的亚基（18kDa、pI7.9；18kDa、pI6.6；18kDa、pI6.0）组成。

4.1.2 花生的主要组成成分

4.1.2.1 花生的成分

花生（*Arachis hypogaea* L.）果中，花生果壳占整个花生质量28%～32%，籽仁占68%～72%。在花生籽仁内，种皮占3%～3.6%，子叶占62.1%～64.5%，胚芽占2.9%～3.9%。花生仁各部分的成分见表4-1。

表 4-1 花生的主要成分　　　　　　　单位：%

成分	脱皮全脂花生子叶	花生壳	种皮（红衣）	胚芽
水分	5～8	5～8	9.01	—
蛋白质	26.6	4.8～7.2	11.0～13.4	26.5～27.8
脂肪	52.1	1.2～2.8	0.5～1.9	39.4～43.0
总碳水化合物	13.3	10.6～21.2	48.3～52.2	
粗纤维	—	65.7～79.3	21.4～34.9	1.6～1.8
灰分	2.44	1.9～4.6	2.1	2.9～3.2

一般安全储存的花生籽仁水分的质量分数为5%～8%，不同的加工方法加工的花生及其制品的水分含量高低不同。水煮可使水分升高到36%左右；烘烤或油炸能使水分降至2%以下；花生籽仁中含有丰富的脂肪，花生油是花生籽仁中最大的成分。随品种和栽培条件不同，其脂肪含量也会有所不同。

与其他油料作物相比，花生蛋白含量仅次于大豆，而高于芝麻和油菜。花生蛋白中约有 10%的清蛋白和 90%球蛋白，二者的比例因分离方法的不同大约是（2～4）∶1。花生蛋白的等电点在 pH4.5 左右。

花生蛋白的营养价值与动物蛋白相近，蛋白质含量比牛奶和猪肉都高，且基本不含胆固醇，其营养价值在植物蛋白质中仅次于大豆蛋白。花生蛋白中含有大量人体必需氨基酸，谷氨酸和天冬氨酸含量较高，赖氨酸含量比大米、小麦粉和玉米高，其有效利用率达 98.8%，而大豆蛋白中赖氨酸的有效利用率仅为 78%。

应该指出，从必需氨基酸组成模式看，花生蛋白的营养价值不如大豆蛋白，大豆蛋白中只有蛋氨酸含量较低，而花生蛋白中必需氨基酸的组成不平衡。赖氨酸、苏氨酸和含硫氨基酸都是限制性氨基酸，花生蛋白中的限制性较强，这是花生蛋白营养的一个弱点，在开发利用花生蛋白时应予以注意。一般而论，花生蛋白仍是一种较为良好的植物蛋白质。

4.1.2.2　花生蛋白的溶解度

花生蛋白在不同的酸碱和中性水溶液中的溶解度（分散度），与花生蛋白所含不同酸碱性氨基酸多少有关，图 4-2 是花生蛋白在不同 pH 条件下的溶解度曲线示意图。在强酸或强碱条件下都会增加花生蛋白的分散性，在 pH4.3～4.5 时蛋白质在溶液中的分散度最低，又称为花生蛋白的等电点。

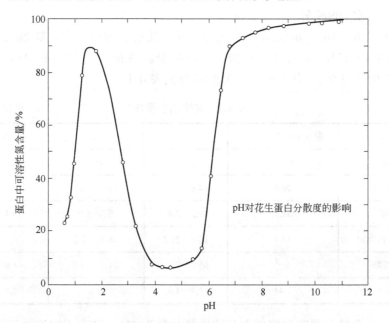

图 4-2　花生蛋白在不同 pH 条件下的溶解度曲线图

花生蛋白分散于水，在 10%的 NaCl 或 KCl 溶液或在 pH7.5 的碱性溶液中分散度增大。利用不同饱和度的（NH$_4$)$_2$SO$_4$ 溶液，可使花生球蛋白和伴花生球蛋白分开，如用 10%的 NaCl 溶液浸提花生蛋白，在浸提液中加（NH$_4$)$_2$SO$_4$ 至 20%～40%饱和度，花生球蛋白即沉淀，过滤或离心即可得花生球蛋白，在滤液中继续加（NH$_4$)$_2$SO$_4$ 至 80%饱和度，伴花生球蛋白即沉淀出来。

4.1.2.3　花生蛋白的营养特性

将花生种子所含的 8 种人体必需氨基酸含量与联合国粮农组织所规定的标准（氨基酸中赖氨酸、色氨酸、苯丙氨酸、甲硫氨酸、亮氨酸、异亮氨酸、缬氨酸和苏氨酸的质量分数分别为 4.2%、1.4%、2.8%、2.2%、4.8%、4.2%、4.2%和

2.0%）相比较，含量相对过低的是甲硫氨酸，因此，它是食用花生蛋白中的主要营养限制因子，选取一些含甲硫氨酸较高的品种进行栽培或改良，可以改善食用花生的品质。

花生中的蛋白质的营养价值（表 4-2）与动物性蛋白质差异不大，比牛奶、猪肉、鸡蛋的蛋白质含量都高，而且胆固醇含量低，其营养价值在植物性蛋白质中仅次于大豆蛋白。花生蛋白的生物价（BV）为 56，功效比值（PER）为 1.7（酪蛋白为 2.5），比面粉、玉米高。花生蛋白中赖氨酸含量比大米、小麦、玉米高，而且花生的中度干热加工会增加有效赖氨酸及其效价，但不断上升的高温干燥会降低蛋白的可溶性。

表 4-2　花生蛋白的营养价值

参数	花生蛋白	FAO 标准
消化率/%	87	97
生物价（BV）	55.5	93.7
蛋白质功效比值（PER）	1.7	3.9
净蛋白利用率（NPU）	42.7	93.5
化学评分	65	100
必需氨基酸指数（EAAI）	69	100
FAO 评分	43	100

花生蛋白的生物价（BV）为 56，蛋白质功效比值（PER）为 1.7，纯消化率（TD）为 87%，易被人体消化和吸收。通过对不同地区生产的 8 种不同的花生研究的结果表明，花生球蛋白的氨基酸质量分数是 31%～38%，伴花生球蛋白的氨基酸质量分数为 68%～82%。花生蛋白基本不含胆固醇，饱和脂肪酸含量低，亚油酸含量高，可以预防高血压、动脉硬化和心血管等方面的疾病。

花生蛋白中棉籽糖和水苏糖含量很低，仅相当于大豆蛋白的 14.3%，这种不消化的糖被食用后，腹内容易产生胀气，因而食用花生及其蛋白制品不会产生腹胀嗝气的现象。花生中虽然含有少量的胰蛋白酶抑制剂、甲状腺素、植酸等抗营养物质，但是这些抗营养物质经过热加工后易被破坏而失去活性。由此可见，花生蛋白具有较高的营养价值，它在人的食物和畜禽饲料中应占有很重要的地位。

花生仁含有 10%～23%的碳水化合物，但因品种、成熟度和栽培条件不同其含量有较大变化。碳水化合物中淀粉约占 4%，其余是游离糖，游离糖又可分为可溶性和不溶性两种。可溶性糖主要是蔗糖、果糖、葡萄糖，还有少量水苏糖、棉籽糖和毛蕊花糖等。不溶性糖有半乳糖、木糖、阿拉伯糖和氨基葡糖等。其中还原性糖的含量与烤花生的香气和味道有密切关系。脱脂花生粉中的碳水化合物成分见表 4-3。

表 4-3　花生粉中的碳水化合物成分

碳水化合物	质量分数/%
淀粉	12.5
半纤维素	4.0
单糖	1.2
低聚糖	18.0
蔗糖	14.2
棉籽糖	0.9
水苏糖	1.58
毛蕊花糖	0.41

花生仁中含有丰富的维生素，其中以维生素 E 为最多，其次为维生素 B_2、维生素 B_1 和维生素 B_6 等；但几乎不含维生素 A 和维生素 D。维生素 B_1 易受高温的破坏，因此，花生在高温加工中，维生素 B_1 会有大量损失。而维生素 B_2 在加热过程中性质比较稳定，损失轻微。脱脂花生粉中的维生素含量见表 4-4。

表 4-4　脱脂花生粉中的维生素含量　　　　　单位：mg/100g

维生素		含量
脂溶性	维生素 A（IU）	26
	维生素 E	26.3～59.4
	α-生育酚	11.9～25.3
	β-生育酚	10.4～34.2
	γ-生育酚	0.58～2.50
水溶性维生素	硫胺素	0.99
	核黄素	0.13
	维生素 B_6	0.30
	尼克酸	12.8～16.7
	胆碱	165～174
	叶酸	0.28
	肌醇	180
	维生素 H	0.03
	泛酸	2.71

花生仁约含 3%矿物质。花生生长在不同的土壤中，其矿物质含量差别较大。据分析，花生仁的无机成分中有近 30 种元素，其中以钾、磷含量最高，其次为镁、硫、铁等（表 4-5）。

表 4-5　花生仁中的矿物质元素　　　　　　单位：mg/100g

矿物质元素	含量	矿物质元素	含量
磷	250～660	锌	3.4～5.0
钾	500～890	锰	1.3～3.2
钙	20～90	铜	0.6～1.9
镁	90～340	铁	2.1～7.0
硫	190～410	硼	1.2～1.8

通过对不同地区生长的 8 种不同花生的研究表明，花生球蛋白的化学评分是 31%～38%，这是由于胱氨酸、蛋氨酸在花生蛋白中为限制性氨基酸；伴花生球蛋白的化学评分为 68%～82%，这是由于苏氨酸为限制性氨基酸（表 4-6）。

表 4-6　花生蛋白质的氨基酸组成　　　　　　单位：g/16g(N)

氨基酸	花生球蛋白	伴花生球蛋白	氨基酸	花生球蛋白	伴花生球蛋白
甘氨酸	1.8	—	胱氨酸	1.50	2.03
丙氨酸	4.11	—	蛋氨酸	0.65	2.09
缬氨酸	4.85	3.68	色氨酸	0.68	0.91
亮氨酸	7.61	6.61	精氨酸	13.58	16.53
异亮氨酸	4.46	4.00	组氨酸	2.16	2.05
丝氨酸	2.26	1.78	赖氨酸	2.72	4.69
苏氨酸	2.89	2.02	天冬氨酸	5.3	—
酪氨酸	5.68	2.86	谷氨酸	16.7	—
苯丙氨酸	6.96	4.32	脯氨酸	1.4	

注："—"表示未检测。

另外，不同的加工方法和产品种类的不同，并没有显著改变花生蛋白的氨基酸组成（表 4-7）。

表 4-7　花生仁、花生分离蛋白和花生浓缩蛋白的氨基酸组成　　　　单位：g/16g(N)

氨基酸	花生仁[①]	花生分离蛋白	花生浓缩蛋白	FAO/WHO（1973）
赖氨酸	3.0	3.0	3.0	5.5[②]
组氨酸	2.3	2.4	2.4	—
精氨酸	11.3	12.8	12.6	—
天冬氨酸	14.1	12.3	12.5	4.0[②]
苏氨酸	2.5	2.5	2.5	
丝氨酸	4.9	5.1	5.2	
谷氨酸	19.9	21.4	20.7	

续表

氨基酸	花生仁[①]	花生分离蛋白	花生浓缩蛋白	FAO/WHO（1973）
脯氨酸	4.4	4.8	4.6	—
甘氨酸	5.6	4.1	4.2	—
丙氨酸	4.2	3.9	4.0	—
胱氨酸	1.3	1.4	1.4	—
缬氨酸	4.5	4.4	4.5	5.0[②]
蛋氨酸	0.9	1.0	1.0	3.5[②]
异亮氨酸	4.1	3.6	3.4	4.0[②]
亮氨酸	6.7	6.6	6.7	7.0[②]
酪氨酸	4.1	4.3	4.4	—
苯丙氨酸	5.2	5.6	5.6	6.0[②]
色氨酸	1.0	1.0	1.0	1.0[②]
化学评分	55	55	55	—

① 用己烷在低温下脱脂的花生。

② 必需氨基酸。

4.1.2.4　花生中的抗营养成分

黄曲霉毒素是影响花生蛋白品质的主要毒性成分之一。通过检测分析表明：曲霉菌种（如黄曲霉）在花生里产生的黄曲霉毒素比任何其他油籽中都多，这种毒素能引起动物的肝脏病变而致癌，在美国花生产品中允许的黄曲霉毒素限量是 $20 \times 10^{-9} \mu g/kg$，目前正把黄曲霉毒素限制在 $15 \times 10^{-9} \mu g/kg$ 以下。欧共体近期要求把黄曲霉毒素限制在 $4 \times 10^{-9} \mu g/kg$，带有过多黄曲霉毒素的花生制品是不能食用的，研究表明用气态氨处理，在减少黄曲霉含量方面的效率可达到99%。

影响花生蛋白品质的另一抗营养因素是胰蛋白酶抑制剂、血球凝集素和甲状腺素等抗营养因子，在生花生中胰蛋白酶抑制剂只相当于大豆中的20%，但是足够引起动物的胰腺肿大，高压消毒和干热法均能大大减少胰蛋白酶抑制剂的活性。

另外，花生中的棉籽糖、水苏糖等胀气糖也是影响花生蛋白品质的因素。

4.1.2.5　花生中的过敏原

花生过敏原有可能对全球数百万消费者的健康和生活质量产生负面影响。花生植物的种子含有一系列过敏原，能够在易感个体中诱导产生特异性免疫球蛋白（IgE）抗体。由于它们所代表的是高风险，许多研究努力集中于获得这些过敏原的序列和结构。现在，花生中存在的 16 种蛋白质被官方认为是过敏原。研究还侧重于其深入的免疫学表征以及改良的低过敏原性衍生物，以用于临床研究和免疫疗法策略的制定。详细的研究方案可用于纯化天然过敏原。现在，纯化的过敏原分子通常用于诊断多重蛋白质阵列中，用于检测过敏原特异性 IgE 的存在。

4.2 水剂法花生蛋白工艺

4.2.1 水剂法花生蛋白

花生是一种含有蛋白质的可以直接食用和加工的种子，不同的加工方法，可以生产出不同种类的花生制品。花生奶、脱脂花生粕、花生蛋白粉（包括可溶性浓缩蛋白粉，不溶性浓缩蛋白粉和分离蛋白粉）、花生饮料、花生组织蛋白等都是花生制品中的一类。

花生中不仅含有丰富的蛋白质，而且脂肪含量高达 45%以上。因此，在生产蛋白粉时，必须先将油脂分离出去。而传统制油方法，在制油的过程中均难保证蛋白质的质量。为此，河南工业大学（原郑州粮食学院）在 20 世纪 80 年代初就创造出了一种新型的，同时制取油脂和蛋白质的新方法——水剂法。常规的溶剂浸出工艺中使用的有机石油溶剂在花生油中有残留和挥发到大气中对环境有污染，世界各国都在寻求新的环保的浸出油脂的溶剂。20 世纪 80 年代，我国利用水剂法制油提取蛋白质技术，曾在山东、河南、江苏，福建和四川等省建立起了多家利用水剂法油料加工的蛋白质生产中试试验工厂，尤其是在花生加工、生产花生蛋白粉等方面已显示出其独特的优越性。在国际上，近年来以添加生物酶改良水剂法工艺研究得到深入发展，这种以水为溶剂的制取油脂而又同时得到没有环境污染的花生蛋白制品的工艺，具有潜在的应用前景。

4.2.1.1 工艺原理

水剂法提取花生油脂和蛋白质的基本原理，就是借助机械的剪切力和压延力将花生的细胞壁破坏，使蛋白质和油脂暴露出来在水中被浸提，利用蛋白质的亲水和油脂的疏水作用，使蛋白质分散在水中，同时温度的提高使油脂黏度降低，油脂从破碎的细胞裂缝中由小油滴汇集成大油滴。由于机械的搅拌作用，一部分油脂与蛋白质和水形成乳化油而悬浮在浆液中，另一部分未乳化的油脂直接上浮于液面上。无论是乳化油还是清油都必须采用离心分离设备，将悬浊液中的乳油和粗纤维、淀粉残渣分离出去，才能得到蛋白液。乳油经过加工可得到优质花生油，蛋白液按生产要求可加工成浓缩和分离蛋白粉。如果在浸出溶剂中添加降解纤维素和蛋白质的酶，可促进花生子叶细胞壁的破裂，加上适度的纤维素和蛋白酶水解花生细胞壁纤维和部分蛋白质，有利于花生油脂分离、花生蛋白的得率和花生纤维素的利用，对花生资源合理应用具有重大意义。

4.2.1.2 工艺技术

水剂法生产工艺主要分为预处理、研磨与浸提、分离、乳油精制、蛋白液前处理和干燥 6 个工序，其流程如图 4-3 所示。

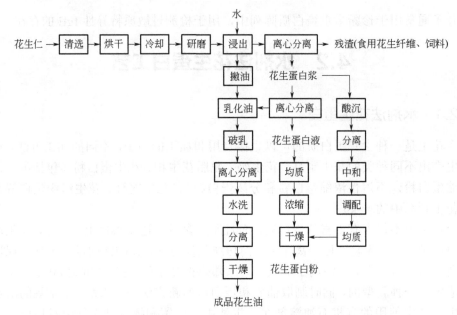

图 4-3 花生蛋白粉生产工艺示意图

（1）预处理

预处理包括清选、烘干、脱种皮（红衣）工段。该工序操作的好坏，对整个工艺效果和产品质量有着重要的影响。如果有条件，可以按照食品级花生酱、盐花生或乳白花生工艺中的清选和脱皮方法进行。

① 清选。清选的目的是除去原料花生中的各种杂质，如：铁块、石块、土块、植物茎叶等，清选后的原料花生杂质含量不得超过 0.1%。

② 烘干。烘干是为了降低花生仁水分，以便将红衣脱去，红衣的存在对蛋白质产品的颜色和风味有重大的影响。烘干后要求花生仁水分降低到 4%以下。为了减少蛋白质变性，必须采用低温烘干工艺，要求在干燥过程中原料温度不得高于 60℃。为了达到这一目的可选用远红外烘干机，由于花生在机内停留时间短，表面温度高，干燥效果比较好。

③ 脱种皮。把干燥后冷却到 40℃的花生仁进行脱种皮。要求原料脱皮效率＞98%。风选出来的红衣可用作饲料，优质产品也可以提取多酚等抗氧化剂。脱种皮（红衣）机可选用胶辊砻谷机或专用花生脱皮机。

（2）研磨与浸提

① 研磨。研磨即是破坏花生子叶的组织细胞。干研磨可以使用超微磨机，干研磨没有加水，可以防止研磨时乳化，有利于提高花生油和蛋白质的得率。研磨料酱温度不高于 80℃，研磨的颗粒粒度控制在 10μm 左右。

② 浸提。浸提就是从破碎后的细胞组织中提取蛋白质的过程。经干研磨物料浸提时加水量为物料的 6～7 倍，浸提的原则是"少量多次"，以求用最少量

的水尽可能地将油和蛋白质分散在水中,用食用纯碱调整溶液的 pH 值为 7.5～8,料温保持 60℃左右。在浸提时罐内搅拌转速控制在 40r/min,使颗粒在溶液中呈悬浮状态,后期搅拌可适当降低速度防止形成稳定的乳状液。料液在搅拌作用下,油脂融合聚集自行上浮,上面油层逐渐增厚,搅拌时间为 30min,浸提设备采用立式浸提罐,上浮油层放入乳油罐。

(3)分离

分离就是将蛋白浸出液中的固体物质分离出去的过程。浸提操作完成后,大部分花生油上浮分层,蛋白液中只含有少量的油脂和大量的固体残渣(主要是纤维和淀粉等高分子碳水化合物),先采用卧式螺旋离心机将固体残渣分出,控制残渣中含油量低于 7%,蛋白含量低于 10%左右,从卧式离心机出来的浆液,再用碟式离心机分离出含水量 30%左右的乳化油和蛋白质溶液。

(4)乳化油处理

将从碟式分离机出来的乳化油和浸提罐中自行上浮的大部分液体油以及乳化油合并起来共同处理。它们含有 24%～30%的水分和 1%的蛋白质及其他具有乳化作用的物质,其中乳化油中含有 70%左右的花生油,乳油处理有以下两种方法。

① 直接熬炼法。把乳化油打入化糖锅,用 0.05MPa 的间接蒸汽把乳化油加热到 100℃,煮沸蒸发掉大部分水分,然后把蒸气压增加到 0.2MPa,继续加热到乳化油中的蛋白质变性沉淀,油逐渐析出,最后即可撇出油脂。

② 机械破乳法。乳化油先用间接蒸汽加热到 95～100℃,不断搅拌蒸煮 0.5h 左右,机械的高速剪切作用、高温变性作用和酸凝作用,使蛋白质从乳化油中沉淀析出,经离心分离即可得到纯净花生油。

(5)蛋白液前处理

由离心机分离出来的蛋白液,虽然除去了不溶性糖类物质,但仍然含有数量可观的可溶性糖类物质,如蔗糖、葡萄糖、水苏糖和棉籽糖等低聚糖,这些物质最终会影响蛋白产品的蛋白含量和风味。因此,根据不同加工目的,还需要进一步处理加工以满足不同要求。

① 灭菌。花生经过前面几个工序的加工处理后,蛋白液中已含有大量微生物,这些生物在蛋白液中非常活跃,因此,灭菌操作必须在花生仁变成蛋白液 2～4h 之内完成,否则,蛋白液会发生自然酸沉。浸提和分离整个过程冬季控制在 4h 之内,夏季控制在 2h 之内。灭菌操作温度为 85～90℃,时间为 15～20s。

② 均质。均质是把蛋白液中的油脂和蛋白颗粒微粒化的一个调质处理,不仅可以打碎脂肪油滴,还可以打碎蛋白颗粒,使油脂和蛋白质均匀分散在溶液中,这对于提高产品质量是非常有利的。均质压力控制在 15～35MPa 范围内。

③ 浓缩。浓缩就是除去浸出液中溶剂的过程。从碟式分离机出来的蛋白液中含有 8%～10%的固形物,其余 90%左右都是水。这些水必须在干燥之前除去,

以减少干燥设备的负荷，提高产品粒度和质量。浓缩温度通常为 50～60℃，残压保持在 8～19kPa，蛋白液浓缩到 12～13 波美度，即可出锅。否则浓度太高，对后面干燥不利。

④ 酸沉。酸沉工艺是除去糖类物质的过程。如果要生产蛋白质含量更高、风味更好的蛋白粉，必须将蛋白液中的可溶性糖类物质分离出来。酸沉就是利用蛋白质在等电点附近溶解度最低这一特点。调节溶液的 pH 值至花生蛋白的等电点，这时蛋白由于失去稳定的双电层结构，分子相互碰撞并凝聚起来，形成更大的蛋白颗粒而从溶液中沉淀出来。经自然沉降静置，分离出去可溶性糖类，或经离心机加速沉降除去糖类物质，经酸沉处理后蛋白质纯度可提高到 85%以上。

（6）干燥

干燥是为了减少浓缩物中的水分，便于产品的储存和长途运输，同时可防止微生物的繁殖。产品水分含量越低，储存时间越长。干燥过程中，还必须尽量保持蛋白质的天然性质，功能特性和尽量降低干燥费用。

目前常用的干燥方法有喷雾干燥法、沸腾干燥法、真空干燥法和冷冻升华干燥法等。下面着重介绍喷雾干燥法和沸腾干燥法。

① 喷雾干燥法。喷雾干燥技术是近代的一种干燥技术。干燥时通过机械的作用将需干燥的物料分散成很细的像雾一样的微粒（以增加水分蒸发面积，加速干燥过程），与热空气接触后，在瞬间将大部分水分除去，而使物料中的固体干燥成粉末。通常喷雾干燥法热风进口温度为 130～150℃，出风口温度为 70～85℃。

喷雾干燥目前在国内外已广泛采用，如食品工业中生产奶粉、蛋白粉、奶油粉、乳清粉、蛋粉、果汁粉等。

喷雾干燥按微粒化方法有 3 种，即压力喷雾、离心喷雾和气流喷雾。因气流喷雾在食品工业中较少采用，故此处从略。

a. 压力喷雾干燥法。此法主要是采用高压泵以 7～20MPa 的压力，将浓缩后的蛋白液通过雾化器（喷枪），使之克服浓液的表面张力，雾化成直径 10～200μm 的雾状微滴喷入干燥室，由于同热空气接触，进行热交换和水分传递，其表面水分迅速蒸发，在很短的时间内即被干燥成球状颗粒，沉于室底。

b. 离心喷雾干燥法。此法是利用在水平方向作高速旋转的圆盘给予溶液离心力，使物料以高速甩出，形成薄膜、细颗粒或液滴，在干燥室里遇到热空气迅速地进行热交换和水分传递作用而干燥。

② 沸腾干燥法。沸腾干燥又名流化床干燥，是流化技术在干燥中的应用。散粒状物料（浓缩液进行流化床干燥必须加入晶核方可进行）由流化床一侧（如顶部）加料器加入，热空气通过多孔分布板与物料层接触，只要气流速度保持在颗粒（或液体）的临界流化速度与带出速度（颗粒沉降速度）之间，颗粒即能在床内流出，颗粒在热气流（液体）中上下翻腾，互相混合与碰撞，与热空气进行传热和传质而达到干燥目的。

4.2.1.3 工艺特点

用水剂法生产花生油和蛋白粉有以下优点。

① 出油率大体和压榨法相当，干渣残油在 5%～7% 之间。而且水剂法能获得基本不变性的花生蛋白。压榨法由于高温蒸炒和挤压而使花生饼中的蛋白质变性，使花生蛋白的食用价值降低。

② 水剂法出油率比溶剂浸出法低，但水剂法设备简单，操作方便，而且由于不使用易燃溶剂，保证了食品的卫生和生产上的安全。

虽然水剂法生产花生油和蛋白质是较先进的生产工艺，但由于工业化生产时间短，在工艺和设备上尚存在一些问题。该法生产过程是用水作溶剂，蛋白质溶液在加工过程中容易变质，所以必须加强卫生管理。

4.2.2 花生浓缩蛋白粉工艺

花生浓缩蛋白粉是指以花生仁为原料，用水剂法加工生产的蛋白质产品。

4.2.2.1 生产工艺

花生浓缩蛋白粉是一种蛋白质含量为中等水平的蛋白质制品，蛋白质含量不低于 60%。按生产方法和产品可溶性，可分为可溶性浓缩蛋白粉和不可溶性浓缩蛋白粉两种，其工艺流程如图 4-4 所示。

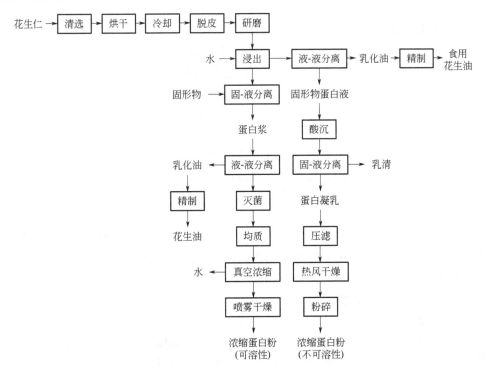

图 4-4　花生浓缩蛋白粉生产工艺流程

4.2.2.2 工艺操作

（1）烘干和脱皮

优质花生仁经过清选后，用远红外烘干机或热风干燥机将花生仁的红衣脱水，烘干温度为 90～100℃，时间不超过 15min。在这种工艺条件下，花生仁水分降到 5%以下即可冷却脱皮，脱皮率要求达到 98%以上。

（2）研磨和浸提

脱皮后的花生采用干法研磨，细度颗粒直径要求达到 15μm 以下，按 1∶6 的比例加入稀碱水，边加边搅拌，让溶液的 pH 值以不超过 7.5 为最佳，浸提时间为 30min，这样就完成了制油制蛋白的前处理工作。

（3）分离

如果生产可溶性浓缩蛋白粉，则需要选用卧式螺旋离心机进行固-液分离，先将淀粉残渣除去，再用分离因数高的碟式离心机或管式离心机进行液-液分离，即可得乳化油和蛋白液。

（4）酸沉

如果生产等电点不溶性浓缩蛋白粉，可选用三相离心分离机或喷渣式两相分离机，将油脂分离出去，残渣和花生蛋白液集中在一起，用盐酸（HCl）调节溶液的 pH 值为 4.5，蛋白质和淀粉残渣即可沉淀出来，从而除去水溶性的糖类物质。

（5）灭菌和均质

由碟式离心机分离出来的不含油脂的蛋白液。送到杀菌器中灭菌，温度为 85℃，时间 15s。杀菌后的蛋白液用高压均质机在 20MPa 压力下进行调质处理，蛋白液再经真空吸入到浓缩锅，在温度为 55℃，残压为 8.0～10.0kPa 压力的条件下，将料液浓缩到 12 波美度。蒸气压为 0.15～0.2MPa。

（6）喷雾干燥

浓缩好的料液可用压力喷雾法或离心喷雾法干燥，如果要生产大颗粒产品，选用离心喷雾法是适宜的。进风温度保持在 150℃左右，出风口温度 75～85℃。如果出风口温度太低，将会影响产品的质量。

（7）热风干燥

如果生产不溶性浓缩蛋白粉，则将酸沉后的蛋白凝乳经压滤除去大部分水分后，进行热风干燥。热风干燥时，物料温度不得超过 105℃，干燥后的蛋白质块经粉碎后，即可得到不溶性浓缩蛋白粉。

4.2.2.3 主要设备选型

（1）烘干设备

烘干设备的选择直接关系到后面的浸提。烘干温度过高、时间过长都有可能使花生烘干过度，因此，可选用远红外烘干机烘干花生仁，它具有去水速度快、时间短，特别是电磁振器输送均匀，速度可调，便于控制，保证了烘干质量。

（2）研磨设备

研磨设备是生产花生蛋白粉的关键设备。花生研磨越细出油和出蛋白质效率就越高，淀粉残渣残油就越低。轧辊压延机最适用于干法研磨花生，它具有轧辊速度慢，升温低等特点。

（3）浸提设备

浸提设备有两类，一类是间歇式蛋白浸提罐，具有操作简单、易掌握、工艺稳定等特点。另一类是连续浸提槽，它具有占地面积小、连续化程度高、适用规模生产的特点。因此，选用设备要根据生产规模和工艺要求而定。

（4）离心设备

① 固-液分离。研磨细度的增加给淀粉残渣的分离带来了困难。根据淀粉不溶于水，而蛋白质能溶解的特点。可选用沉降式卧式螺旋离心机分离淀粉残渣，效果比较好，连续化程度高。

② 液-液分离。由于经过浸提和分离，蛋白质呈乳化状态。卧式螺旋离心机分离出来的蛋白乳液中，含有脂肪和蛋白质，因此，要想从乳液中分离出脂肪，必须选用分离效果较好、分离因数较大的分离设备。碟式分离机是近几十年发展起来的液-液分离的专用设备，它具有离心强度高，处理量大，运转平稳和出油效率高的特点。

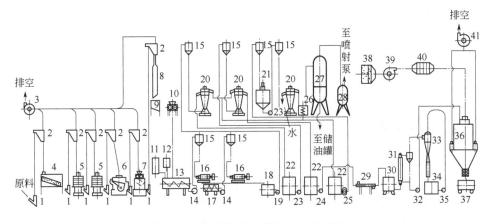

图 4-5 花生浓缩蛋白粉生产工艺流程

1—接料器；2—卸料器；3,39,41—风机；4—分级筛；5—远红外烘干机；6—比重去石机；

7—脱皮机；8—关风器；9—存料箱；10—研磨机；11—热水箱；12—碱水箱；13—连续式浸提器；

14,19,23,24,32,35—奶泵；15—高位罐；16—卧式沉降离心机；17—洗渣机；

18—储液槽；20—管式离心机；21—破乳罐；22,30—储液缸；25—齿轮泵；26—加热器；

27—浓缩锅；28—平衡罐；29—灭菌器；31—升膜式浓缩器；33—水力喷射器；

34—水池；36—离心干燥塔；37—接粉车；38—空气过滤器；40—空气加热器

（5）乳油处理设备

乳油破乳设备是一种立式搅拌锅，它具有高速和低速两种搅拌功能。利用高温和酸沉法破坏乳油的稳定结构，达到破乳的目的。

4.2.2.4　生产花生浓缩蛋白粉的典型工艺流程

对于像花生这一类含油量比较高且蛋白质又很丰富的原料来说，水剂法加工方法，是同时制取油脂和蛋白质的一种比较好的加工方法。图 4-5 为生产花生浓缩蛋白粉的典型生产工艺。

花生原料下到喂料坑后，经风运系统提升到卸料器后再进入组合清理筛（分级筛），除去杂质和不规则的花生，分级花生经风运系统提升到远红外烘干机中烘干，使花生仁表皮迅速烘干脱水，而花生内部料温不高于 60℃，这样烘干后，花生仍然保持天然花生固有的性质，没有熟化。表皮已脱水的花生仁经风运系统提升到去石机，去石后送胶辊脱皮机中揉搓脱皮。由于在风运过程中花生已冷却，所以脱皮率能够达到 98% 以上，脱皮花生再经风运系统提升到卸料器落入料斗中，然后进入磨机研磨。花生研磨后自流落入连续浸提器，再定量加入 1∶6 的稀碱水或中性水，水温低于 85℃，边搅拌边输送到出料端，再由输送奶泵输送到高位罐，应用高位罐压力自流进入卧式螺旋离心机，进行固-液分离，淀粉残渣经洗涤后再进入卧式螺旋离心机进行分离。从两台离心机出来的蛋白液，由输送奶泵送到高位罐，自流入管式离心机中进行液-液分离得到乳化油和蛋白液。乳化油流入储液缸，再由油泵送到破乳锅中破乳，破乳油经离心机分离除去残渣和水，得到的花生油含有 0.5% 左右的水分，需再送到真空脱水器中脱水，最后可得到精制花生油。输送奶泵将蛋白液送到管式灭菌器，灭菌后暂存于储液缸，再经真空吸入到浓缩器中，进行真空浓缩，浓缩液经泵输送到储蛋白浆缸，在离心式喷雾干燥机中干燥成粉状浓缩蛋白粉。

4.2.3　花生分离蛋白粉工艺

4.2.3.1　生产工艺

花生分离蛋白粉也可采用水剂法生产蛋白质工艺，蛋白质含量在 85%～90% 之间或更高。具有代表性的生产过程包括用碱溶解蛋白质、酸沉和分离等工序，其中洗涤蛋白质工艺流程与花生浓缩蛋白粉基本一样。

4.2.3.2　工艺操作

（1）酸沉

分离蛋白粉生产过程与浓缩蛋白粉生产过程具有许多相同的地方。只要严格按照花生浓缩蛋白粉操作即可。不同的是酸沉操作工序，要控制好溶液的 pH 值，使蛋白质尽可能在等电点附近沉淀。过高或过低的 pH 值都会使大量蛋白质流失，所以准确测定蛋白质的等电点是至关重要的。

（2）分离

酸沉后，大量的蛋白质凝聚沉淀，乳清可以从离心机上部排出。如果要生产蛋白质含量高和气味好的蛋白粉，水洗进一步除去可溶性糖是必要的。洗涤时，可用等电点酸水洗涤，然后用分离设备再进行固-液分离。

分离方法有间歇式和连续式两种。间歇式分离设备主要有板框压滤机。连续式分离设备主要有过滤式离心机、卧式螺旋离心机和碟式离心分离机。

4.2.3.3 主要设备选型

设备的选型原则与花生浓缩蛋白粉类似。如用间歇式分离则要选择好滤布；如用连续式分离则要选择离心强度高的设备，这对提高蛋白粉的出品率有利。由于国内这类设备现在还没有完全定型，也可从国外引进，以提高出品率，降低成本。

4.2.4 乳香花生蛋白粉生产

4.2.4.1 营养特性

乳香花生蛋白粉是 20 世纪 80 年代初郑州粮食学院（今河南工业大学粮油食品学院）与山东滕县乳品厂（今山东莺歌食品公司）共同试验成功的一种动植物蛋白复配的健康固体蛋白饮料。原理是将上述水剂法生产工艺中得到的蛋白液（和含有可溶性糖类物质）与鲜山羊奶按比例混合后，通过灭菌、浓缩、喷雾干燥而成的一种复合蛋白粉。它既能解决花生蛋白本身存在的赖氨酸、含硫氨基酸不足、速溶性差，又能解决山羊奶有异味、酪蛋白易成凝块而影响婴儿消化等弊端。因此，该产品是一种蛋白质含量高、氨基酸组成合理而速溶性好的营养饮料食品，氨基酸组成见表 4-8。

4.2.4.2 生产工艺

乳香花生蛋白粉生产工艺流程如图 4-6 所示。从仓库运来的花生，经风网直接送至远红外烘干机中，使水分由 8%降至 4%以下（最高不超过 5%，否则对以后油和蛋白质的分离会造成困难），从烘干机出来的花生经组合筛分选去石后送至砻谷机中脱红衣，要求砻谷机脱红衣效率 95%以上。脱皮花生仁经研磨机进行研磨，磨出的花生酱其粒子直径应小于 10μm，才有利于提取油脂和蛋白质。花生酱经计量后流到浸提锅中的分配盘上，经细小的孔道均匀洒于已盛有 65℃热水（pH8～9）的浸出锅中（花生酱与加水量的比例按 1∶6 计算），同时开动搅拌，搅速以不使料浆沉淀为准。搅拌时间为 0.5h。停止搅拌后，静置分层 40min，用摇头管撇去上部乳油。下层液用泵送至离心机高位罐，料液在重力作用下送至卧式螺旋离心分离机，卧式螺旋离心机分离出来的残渣用人工推到渣烘干机中，烘干后用作食用或饲用，卧式螺旋离心机分离出来的花生乳油则流至暂存罐中，然后用泵抽至高位罐再靠重力送至碟式离心机进行液-液分离，从重相出来的蛋白液流至配料锅，从轻相出来的乳化油送至破乳锅，渣从排渣管排至渣池。

从碟式离心机出来的蛋白液汇集于配料锅中，然后通过计量按比例（1∶1）与牛羊奶进行混合蛋白质用液位计计量，羊奶用磅秤计量。

然后由泵送到板式灭菌器中灭菌（温度为 85℃、时间 15s），杀菌完毕后利用本身压力送至储液缸中，并加占粉重 20%的白糖，靠夹层的换热作用保持温度为 60℃左右。在压力差的作用下料液被送进真空浓缩锅，在温度 55℃，残压 77.8kPa 的条件下，将料液浓缩至干物质质量分数 25%左右。然后用泵抽至放在喷粉塔旁边的储液缸中，再用高压泵打入喷粉塔中进行喷雾干燥。进风温度保持在 150℃左右，排风温度 75～80℃，干燥后的乳香花生蛋白粉含水分 3%以下，然后迅速包装入袋以防吸水。

从花生液浸提锅中撇出的乳油和碟式离心机分出的乳油，汇集于破乳锅中进行加热破乳，破乳时间以蛋白质凝结为准。搅拌叶搅速以不使油溅至锅外为原则。破乳温度为 90～100℃。破乳后由泵送入管式离心机中进行分离，清油由泵打入到真空脱水器，在 90℃温度，残压 7.8kPa 下脱水，使水分降至 0.1%。然后用油泵抽至成品油罐，罐中有盘管，通冷水将油冷却至 25℃左右进行储存。

由离心机分出的各种渣，经人工送至烘干机中烘干，用 0.7MPa 蒸汽加热脱水至渣中残水 7%，再由人工送至粉碎，然后包装入袋。

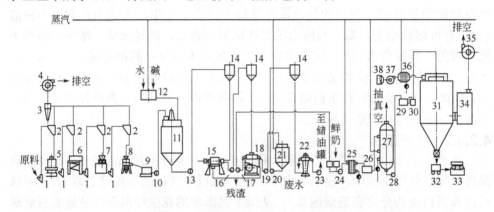

图 4-6　乳香花生蛋白粉生产工艺流程

1—接料器；2—卸料器；3—旋风分离器；4,35,37—风机；5—远红外烘干机；6—组合筛；7—脱皮机；

8—研磨机；9—分散槽；10—鲜奶泵；11—浸提罐；12—热水箱；13,16,17,19,24,28—奶泵；

14—高位罐；15—卧式沉降离心机；18—碟式离心机；20,23—油泵；21—破乳罐；22—管式离心机；

25—板式灭菌器；26,29—储液缸；27—浓缩锅；30—高压泵；31—压力干燥塔；

32—接粉车；33—包装机；34—积粉箱；36—空气加热器；38—空气过滤器

表 4-8　乳香花生蛋白粉氨基酸组成

氨基酸组成	乳香花生蛋白粉		全脂甜奶粉		FAO/WHO 推荐模式值
	含量 /（g/100g）（样品）	含量（计算值）/（g/100g）（蛋白质）	含量 /（g/100g）（样品）	含量（计算值）/（g/100g）（蛋白质）	含量/（g/100g）（蛋白质）
天冬氨酸	3.72	9.73	1.55	7.15	

氨基酸组成	乳香花生蛋白粉		全脂甜奶粉		FAO/WHO 推荐模式值
	含量/(g/100g)（样品）	含量（计算值）/(g/100g)（蛋白质）	含量/(g/100g)（样品）	含量（计算值）/(g/100g)（蛋白质）	含量/(g/100g)（蛋白质）
苏氨酸	1.49	3.88	1.95	4.85	4.0
丝氨酸	1.91	4.99	1.09	5.02	
谷氨酸	8.99	23.53	4.91	22.67	
甘氨酸	1.15	3.00	0.37	1.72	
丙氨酸	1.35	3.52	0.66	3.03	
胱氨酸	0.20	0.51	0.11	0.49	
缬氨酸	2.13	5.56	1.52	7.00	5.0
蛋氨酸	0.58	1.52	0.46	2.13	3.5
异亮氨酸	1.59	4.15	1.06	4.88	4.0
酪氨酸	1.05	3.97	0.84	3.86	
苯丙氨酸	1.82	4.76	0.97	4.46	6.0
赖氨酸	0.65	5.48	1.62	7.47	5.5
组氨酸	0.99	2.41	0.56	2.59	
精氨酸	2.88	7.45	0.63	2.90	
脯氨酸	2.73	7.13	2.10	9.70	
色氨酸	①	②	①	②	1.0
亮氨酸	3.21	8.40	2.10	10.15	7.1
总计	38.24		21.66		

① 未检测。

② 未计算。

4.2.4.3 产品质量指标

主要成分：水分＜4%，蛋白质 36.5%～39.5%，脂肪＜22.5%，灰分＜4%，溶解度 98% 以上。应用水剂法生产乳香蛋白粉时，其油脂提取率与一般花生浓缩蛋白一样，可达 86%～90%，淀粉残渣得率 12%～15%，残渣含油率 2%～5%（以干物质计算），蛋白粉含油量＜2%。

4.3 脱脂花生蛋白粉工艺

脱脂花生蛋白粉的生产是利用机械压榨脱脂，或运用有机溶剂浸出法把花生仁中的油脂脱脂之后，再将花生饼粕粉碎加工成花生蛋白粉。

4.3.1 间歇式液压榨油机制取脱脂花生蛋白粉工艺

为了降低用于食品的花生的脂肪（能量）含量，一种部分脱脂或半脱脂的花生制品，是运用液压榨油机在 140kgf/cm² （1kgf/cm²=98.07kPa）压力下压榨整粒脱皮花生仁 50min，脱去 50%～70% 的花生油之后，把脱脂后的压榨花生放到 100℃ 沸水中膨胀 3～8min，再烘干或烘烤成脱脂花生食品的原料或不同风味的花生小食品。图 4-7 是小型液压榨油机。

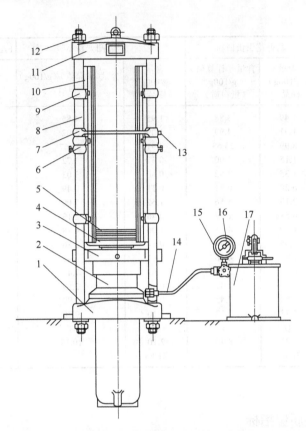

图 4-7 ZQ-35 液压榨油机

1—底座；2—液压缸；3—油盘；4—承饼盘；5—饼圈；6—固定肩；7—活动肩；8—支柱；

9—挡饼杆支座；10—挡饼杆；11—顶板；12—螺母；13—插销；14—进油管部件；

15—三通安全阀部件；16—压力表；17—油箱部件

生产时将完整的脱皮花生仁放到特制的饼圈内，再一个接一个地放到液压榨油机挡饼杆内的承饼盘上累积成一垛，关好活动肩，打开液压油泵对榨油机油缸注油，使油缸活塞上升挤压花生饼圈中的整粒花生，花生油脂以小油滴的形式积聚而从破裂的花生子叶细胞中流出，脱脂后的花生仁油脂含量降低，成为部分脱脂花生。

经不同烘烤温度烘烤脱皮的整粒花生仁部分脱脂之后，可以制成半脱脂花生（图 4-8），为不同需要的食品提供原料。低温烘烤的半脱脂花生用于腌渍、烘烤咸味花生食品，或粉碎成不同粒度规格的部分脱脂花生粉。120℃中温烘烤或160℃重烤的半脱脂花生，具有烘烤的花生香味，可以用作糖果食品的原料。

图 4-9（a）为天然花生子叶和蛋白质淀粉的花生细胞，经过液压榨油机压榨脱脂后，细胞内的油脂脱除，明显地看到是已经缩小的花生细胞壁［图 4-9（b）］，图 4-9（c）是部分脱脂的花生经过沸水煮沸后花生组织细胞明显膨胀，但细胞内

的脂肪减少,细胞内含物主要是蛋白质、淀粉和少量的花生油脂。使用这种部分脱脂花生产品,脂肪含量低可以用于低脂花生食品,也可以粉碎制成脂肪含量14%和28%的中温烘烤、重烤和超级部分脱脂花生蛋白粉。部分脱脂花生蛋白粉产品的质量指标列在表4-9中。

(a) 脱皮花生仁　　　　　(b) 部分脱脂沸水膨胀烘干花生

图 4-8　半脱脂花生

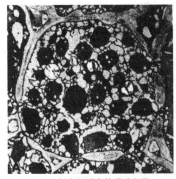 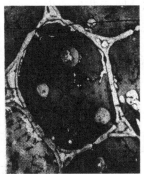 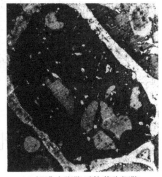

(a) 含油和蛋白的花生细胞　　(b) 压榨脱脂后的花生细胞　　(c) 经沸水膨胀后的花生细胞

图 4-9　花生细胞经压榨脱脂和沸水膨胀的变化图

表 4-9　部分脱脂花生蛋白粉产品的质量指标

项目		14%脂肪中烤	14%脂肪超级重烤	28%脂肪中烤	28%脂肪重烤
产品说明		脱皮花生仁经电子分拣后压榨脱脂粉碎成不同粒度的花生粉,不添加任何添加物。或经过不同温度烘烤不同时间。具有淡黄色粉状和花生气滋味	脱皮花生仁经电子分拣后压榨脱脂粉碎成不同粒度的花生粉,不添加任何添加物。或经过不同温度烘烤不同时间。具有淡黄色粉状和花生气滋味	脱皮花生仁经电子分拣后压榨脱脂粉碎成不同粒度的花生粉,不添加任何添加物。或经过不同温度烘烤不同时间。具有淡黄色粉状和花生气滋味	脱皮花生仁经电子分拣后压榨脱脂粉碎成不同粒度的花生粉,不添加任何添加物。或经过不同温度烘烤不同时间。具有淡黄色粉状和花生气滋味
物理化学特性	水分含量/%	1~3	1~3	2~4	2~4
	蛋白质含量/%	42~46	42~46	33~39	33~39

续表

项目		14%脂肪中烤	14%脂肪超级重烤	28%脂肪中烤	28%脂肪重烤
物理化学特性	脂肪含量/%	12～15	12～15	26～30	26～30
	碳水化合物含量/%	35	35	26～32	26～32
	灰分含量/%	5	5	5	5
	黄曲霉毒素含量/(μg/kg)	<15	<15	<15	<15
微生物指标	总细菌数/(cfu/g)	5000	5000	5000	5000
	霉菌/酵母菌/(个/g)	≤200	≤200	≤200	≤200
	肠形菌/(个/g)	10	10	10	10
	大肠菌	(—)	(—)	(—)	(—)
	致病菌	(—)	(—)	(—)	(—)

注：（—）表示不得检出。

液压榨油机可以用于部分脱脂花生的生产工艺，但生产劳动强度大，适用间歇方式加工生产，规模和工业化加工需要连续单、双螺旋榨油机。

4.3.2　连续低温脱脂花生蛋白粉工艺

4.3.2.1　生产工艺

连续低温压榨脱脂花生蛋白粉生产工艺流程如图4-10所示。

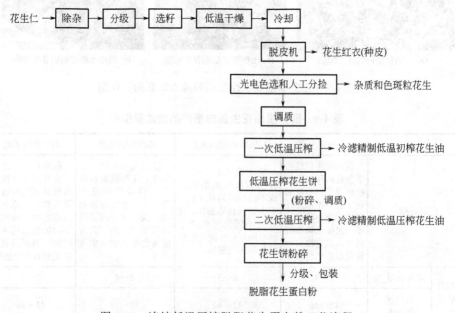

图4-10　连续低温压榨脱脂花生蛋白粉工艺流程

4.3.2.2　工艺操作

低温压榨脱脂花生蛋白粉生产，与传统花生压榨制油工艺相似，都是运用机械压榨的方式，将花生油脂从花生仁子叶含油细胞中挤压出去，得到脱脂花生饼。高温压榨工艺强调花生油脂的油香和高温出油率，加工后的花生饼蛋白质因加热变性且营养价值破坏严重，饼粕仅能用于饲料和肥料，对饼粕的质量要求不高，相应也对制油的花生原料没有严格的质量和卫生指标的要求。但低温压榨脱脂花生蛋白粉主要是直接食用或用于食品工业的原料，不仅对花生仁颗粒形体、脂肪和蛋白质含量有特别要求，更重要的是对黄曲霉毒素也有很严格的要求，花生仁还要脱除红衣种皮。为了达到最终产品的质量要求，需要对花生仁认真清选、干燥冷却和有效的脱除花生红衣。为降低产品的黄曲霉毒素，花生原料的预处理工艺，必须设置电子分拣和人工挑选工序，以便剔除霉变花生，从源头上根除黄曲霉毒素的根源，保证最终产品的黄曲霉毒素等卫生指标达标。

为了得到良好的花生蛋白质等产品质量和数量，原料需要进行适度温度、水分和颗粒形状的调质处理，应用液压榨油机的花生水分控制在 6%～7%，连续螺旋机械压榨机的花生仁水分控制在 3%～5%。低温压榨脱脂花生蛋白粉生产工艺关键设备是低温压榨机械，尽管液压机械压榨机也可以用于花生的低温压榨生产，但单机加工能力小，劳动强度大，生产不能连续化，仅适于小型规模和半脱脂花生仁生产。连续螺旋压榨机械，分为单螺杆和双螺杆连续机械压榨两种。传统的螺旋榨油机只要对压榨机的螺旋压榨花生仁的压缩比、温度进行调整，都可以进行低温压榨。近期，又增加了一种双螺旋榨油机的低温花生蛋白粉连续加工生产的新设备。所谓的低温压榨的温度，只是相对 120～130℃ 的高温而言，为了保证花生蛋白粉的高氮溶解指数（NSI）的数值，液压榨机内的温度不超过70℃，两次连续螺旋压榨工艺的第一次压榨的压榨机内温度不超过 60℃。一次压榨的低温花生饼经冷却破碎后，在第二次压榨的榨膛内的温度不超过 75℃。花生虽经过压榨机内的高温，但螺旋压榨仅在较短的时间（2～3min）内操作，尽管花生与榨膛金属表面接触，因摩擦运动物料温度较高，但花生饼内部的花生蛋白质在温度低于 70℃、水分低的情况下，并不会有很大的热变性作用。这种两次压榨的低温花生粕，经超微粉碎后，其蛋白粉的 NSI 值能够保持在 65%～70%的水平。图 4-11 是连续螺旋式榨油机的工作原理示意图。脱皮花生经适度破碎和调节水分等前处理后，由喂料斗进入具有连续旋转输送挤压功能作用的榨油机榨膛内，在强大的挤压作用下花生体积压缩、子叶细胞壁破裂，随着挤压机械摩擦生热作用，花生物料温度升高而油的黏度降低，花生子叶细胞内的亚细胞油滴，由小汇集大而成连续的花生油脂，从榨油机中流出，再经低温过滤精制成低温冷榨花生油。低温制取的花生油脂油色浅，可较好地保存天然花生脂溶性维生素，具有良好的营养特性。脱脂后的花生饼根据产品残留脂肪含量多少需要，也可以进行第二次压榨，以便使花生饼残留油脂降到 6%～7%的高蛋白含量的标准。

连续螺旋和液压机低温压榨脱脂的花生饼，根据需要经过粉碎、精磨制成不同颗粒规格的低温花生蛋白粉（表4-10）。

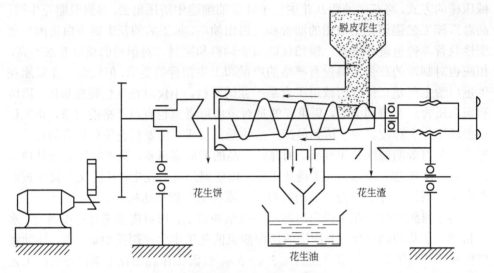

图4-11　连续螺旋式榨油机的工作过程示意图

表4-10　连续螺旋和液压机低温压榨花生蛋白粉的主要质量指标

项目	脱脂花生蛋白粉[①]	脱脂花生蛋白粉[②]
颜色	乳白色	乳白色
目数	80～300	80～300
蛋白质含量（干基）/%	≥55.0	47～55
脂肪含量/%	≤6.0	≤10
水分含量/%	≤7.0	≤7.0
灰分含量（干基）/%	≤5.0	≤5.0
氮溶解指数（NSI）/%	≥70	≥70
黄曲霉含量/（μg/kg）	≤20	≤20
致病菌	不得检出	不得检出

①连续螺旋低温压榨工艺；②液压机低温压榨工艺。

4.3.3　预压榨有机溶剂浸出食用花生蛋白粉工艺

4.3.3.1　生产工艺

预压榨浸出脱脂花生蛋白粉生产工艺流程如图4-12所示。

4.3.3.2　工艺操作

① 清选。花生仁经清理筛除去杂质，要求含杂质低于0.1%。

② 烘干。经烘干将原料水分降至 4%～5%，干燥温度不得超过 80℃。

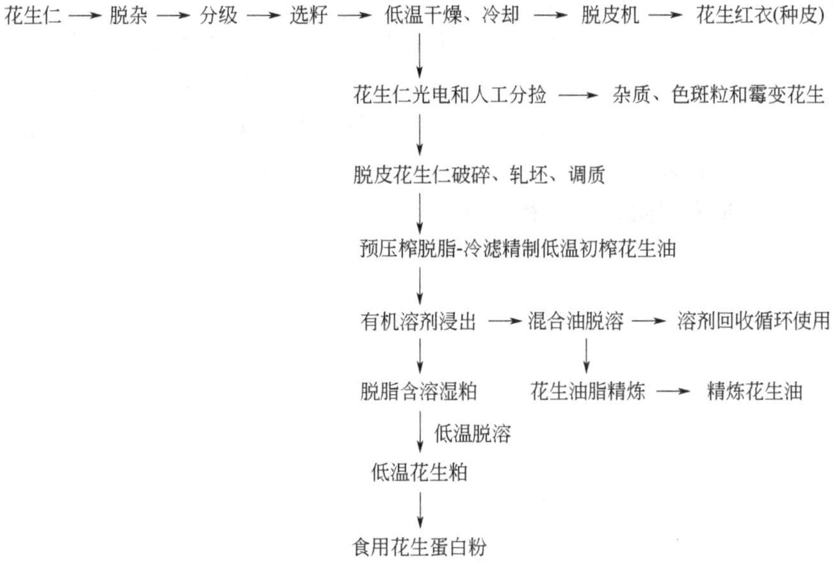

花生仁 → 脱杂 → 分级 → 选籽 → 低温干燥、冷却 → 脱皮机 → 花生红衣(种皮)

花生仁光电和人工分拣 → 杂质、色斑粒和霉变花生

脱皮花生仁破碎、轧坯、调质

预压榨脱脂-冷滤精制低温初榨花生油

有机溶剂浸出 → 混合油脱溶 → 溶剂回收循环使用

脱脂含溶湿粕　　花生油脂精炼 → 精炼花生油

低温脱溶

低温花生粕

食用花生蛋白粉

图 4-12　预压榨浸出脱脂食用花生蛋白粉生产工艺流程

③ 破碎。经破碎机将花生仁破为 2～4 瓣，除去胚芽，要求 50%以上胚芽除去。

④ 脱皮。烘干冷却后花生仁在脱皮机上脱除红衣，要求红衣脱去率在 90%以上。

⑤ 蒸炒。原料在蒸炒机中蒸炒 40min，蒸炒温度控制在 115℃。

⑥ 预榨。使用液压榨机、螺旋压榨机进行脱脂，预先榨取出大部分油脂，压榨温度不宜太高。

⑦ 浸出。用浸出法提取预榨饼中残留的油脂，脱溶温度不得超过 105℃。得到的花生粕氮溶解指数（NSI）>70%，也可根据需要生产低 NSI 的脱脂花生粕。

⑧ 粉碎。用粉碎机将花生粕粉碎、筛分，根据需要控制细度，一般要求的细度为 90%过 80 目筛和 64%通过 100 目筛。

预榨浸出脱脂食用花生蛋白粉生产工艺与第 3 章低温大豆粕和蛋白粉工艺相似，低温花生粕粉生产花生分离蛋白、浓缩蛋白工艺设备也与大豆蛋白工艺相似，有关工艺参阅大豆蛋白工艺章节。

4.3.4　丁烷脱脂花生蛋白粉工艺

由于冷榨法出油率低，脱脂不太彻底，饼中含油量大，而己烷溶剂浸出技术在脱溶过程中需要高温，使花生蛋白变性较大。这里所要介绍的丁烷溶剂低温浸出技术，是一种全新的技术，溶剂主要成分为丁烷和丙烷。由于花生是高含油料，需要预压榨部分脂肪后再应用丁烷浸出脱脂。工艺过程中的筛选、去石是为了除去原料中的土、茎叶和铁、石头等杂质，以保证后续设备的安全性，脱红衣是为了保证产品的色泽。由于花生含油量较多，所以为了保证浸出后粕中残油在 1% 以下，先经过冷榨除去部分油脂，一般预榨饼中残油在 8%～10% 左右。

4.3.4.1　丁烷脱脂花生蛋白粉工艺

丁烷脱脂花生蛋白粉工艺流程见图 4-13。

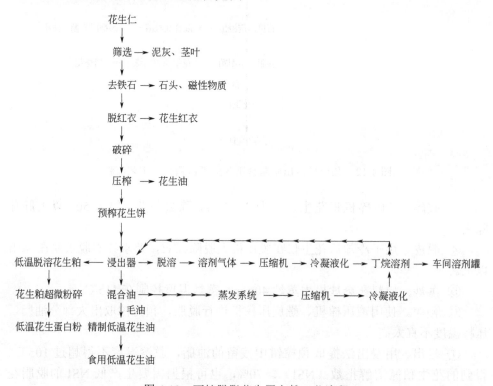

图 4-13　丁烷脱脂花生蛋白粉工艺流程

4.3.4.2　浸出过程简介

① 浸出。由预榨得来的饼进入浸出装置，浸出过程中温度一般在 30℃ 左右，压力为 0.4～0.5MPa。

② 粕脱溶过程。粕脱溶是利用减压蒸发。由于压力降低，一部分溶剂从粕中挥发出来，在溶剂挥发过程中要吸收热量，所以在此过程中要有少量热量的补充。脱溶温度一般在 40℃ 左右，该温度不足以引起粕内蛋白质的变性，溶剂通过回收重复利用。

③ 混合油脱溶。与粕脱溶相似，所不同的是在溶剂回收过程中利用了热量

自身循环利用的原理,即混合油蒸发出来的溶剂经压缩机压缩后变为高温高压的气体,来补充溶剂蒸发时所需的热量,减少能源油脂开发投资。

脱脂花生粕经如图 4-14 所示的脱脂花生蛋白粉生产工艺设备加工,生产不同粒度的低温脱脂花生蛋白粉。

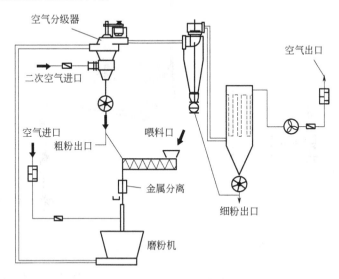

图 4-14 脱脂花生粕粉的生产工艺设备

4.3.4.3 产品质量指标

脱脂花生蛋白粉质量标准如下:

蛋白质含量(干基)	>49.7%~56%
脂肪含量(干基)	<1.5%
氮溶解指数(NSI)	40%~65%
粗纤维含量	<2%
灰分含量	5.0%

4.4 脱脂花生蛋白粉的应用

4.4.1 花生组织蛋白生产工艺

花生组织蛋白的有关生产工艺、设备与产品质量指标等均与大豆组织蛋白相同,不同点仅在于原料成分与性质。制取花生组织蛋白的原料,有低变性预榨浸出粕、混合脱脂花生粉(掺和浓缩花生蛋白)以及冷榨花生饼粕(粉)等。花生组织蛋白挤压生产利用的主要原料是脱脂花生粉。花生组织蛋白生产工艺流程如图 4-15 所示。

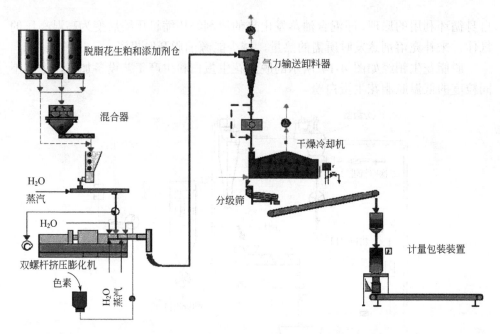

脱脂花生粕和添加剂仓

混合器

气力输送卸料器

干燥冷却机

H_2O
蒸汽

H_2O

双螺杆挤压膨化机

色素

H_2O
蒸汽

分级筛

计量包装装置

图 4-15　花生组织蛋白生产工艺流程

脱脂花生粉的典型组成：蛋白质（N×6.25）56%，碳水化合物 32.0%，水分 4.0%，脂肪 6.0%，灰分 5.0%。脱脂花生粉相比大豆脱脂豆粉的优点是色泽白、价格便宜，没有豆腥味重，含硫氨基酸含量低，相比大豆脱脂豆粉更容易挤压膨化。

花生组织蛋白是指花生经加工后，其蛋白质发生了变性，蛋白质分子重新定向，形成新的组织结构。脱脂花生粉是油脂加工中的重要副产品，脱脂花生粉中的蛋白质含量高达 56%，其蛋白质中各种氨基酸中缺乏赖氨酸和含硫氨基酸。花生组织蛋白产品在国内已进行了多方面的研究，主要是以脱脂花生粉为原料，经加工后形成一定的组织结构或形成类似于肉一样的纤维结构，具有吸水性和吸油脂特性，满足食品加工过程中添加到其他原料中去的需要。

脱脂花生粉深加工的方法主要是生产花生组织蛋白、花生浓缩蛋白、花生分离蛋白。由于生产花生浓缩蛋白、花生分离蛋白的工艺复杂，而且需经酸、碱水解以及水洗分离、干燥工序等，花生的成分损失较多，耗能也较多。而花生组织蛋白的加工工艺相对简单，脱脂花生粉的成分全部能获得利用。性能良好的组织蛋白，其纤维结构类似于肉，可以添加到肉制品中，作为肉的代用品，可提高肉制品中的蛋白质含量，并降低产品成本。

可以利用单螺杆挤压机加工花生组织蛋白，用单螺杆挤压机挤出花生组织蛋白的特点是可充分利用单螺杆挤出机的高压、高剪切功能，使花生组织蛋白在极高的剪切作用下，被挤压成薄片状产品。这种薄片状花生组织蛋白是纤维状的。

　　某食品公司建立的低温花生加工成套设备，其中包括用挤压法生产花生组织蛋白的设备和工艺，生产的花生组织蛋白具有膨松网孔结构和纤维结构。我国在花生组织蛋白的生产工艺和设备上以及在生产的花生组织蛋白的产品种类和质量上，与大豆组织蛋白相比还有一定差距。日益发展的挤压技术的应用，需要研究花生蛋白组织化的机理，需要研制新型的双螺杆挤压设备和单螺杆挤压设备，并利用这些设备开发出高质量、高性能的花生组织蛋白产品。

　　图4-15是利用挤压机加工具有膨松网孔结构的花生组织蛋白的工艺流程图。加工时，低温脱脂花生粕粉和添加剂经计量从料仓进入混合器。粉料送入搅拌器中搅拌均匀，再依次送入膨化机进行挤压膨化。膨化机由主轴、机壳、孔板、割刀等几部分组成。壳体内可通入蒸汽加热，壳体内膛有不同形状的齿形槽，主轴呈螺旋齿状，旋转时将物料向前挤压推移。物料在机膛内逐步升温到160℃，压力为1.96～3.92MPa。在此高温高压下，蛋白质分子发生变性作用，同时由许多粒状蛋白质形成了分子排列整齐均匀的物体，并由于在出口处减压蒸汽蒸发形成的空隙，粒状蛋白质形成具有网状结构、咀嚼有肉感的食品。虽然加工温度较高，但时间极短，在2～3min内即可完成。膨化后的粒状颗粒经风力输送、脱气和干燥。通过干燥冷却机进行脱水冷却，冷却后的物体再经细碎分级和计量包装。

　　双螺杆挤压机在加工花生组织蛋白时，原料供给量、螺杆转速、捏合盘数目、添加水量等因素对产品性能影响较大，其中原料喂入量和水的添加量对产品的质量影响最大。添加水量对物料的滞留时间影响明显，添加水量越多，滞留时间越长。在机筒内花生蛋白变成熔融状态，经过长嘴机头减压，冷却后成为条状产品。

　　花生组织蛋白具有特有的花生风味，色泽浅而细腻。利用普通浸出粕生产的花生组织蛋白，其主要性能参数如下：色泽：棕黄色；口味：有花生特有的香味；吸水性：每100g干品吸水量约为134～170g，吸水后呈海绵状，有弹性；容重：133～169g/L；水分：9%左右；脂肪：2.76%（干基）；总蛋白质：56.89%；灰分：5.83%；浸出溶剂油残留量：<50×10^{-6}；黄曲霉毒素：不得检出。图4-16所示是由花生仁加工的脱皮花生仁、低温脱脂花生饼、低温花生蛋白粉和花生组织蛋白图。

　　花生组织蛋白口感和风味是重要参数。对于脱脂花生蛋白组织化来说，很重要的指标是其内部是否形成纤维结构，挤出产品口味如何。因此，在挤压加工时，为了去除产品的异味，消除花生中的抗营养因子，改善花生组织蛋白的口感，根据情况还需要添加食用碱、植物油、卵磷脂、盐、调味品和色素等。

　　花生组织蛋白可以与蔬菜烹调成不同口味的高蛋白素食，也可以与动物肉食配合制成各种肉食风味的佳肴。通常，代替肉食添加到饺子、包子中，既提高了蛋白质营养成分含量，又减少了动物肉食胆固醇的数量，更重要的是代替大豆组织蛋白而又降低了豆腥味。

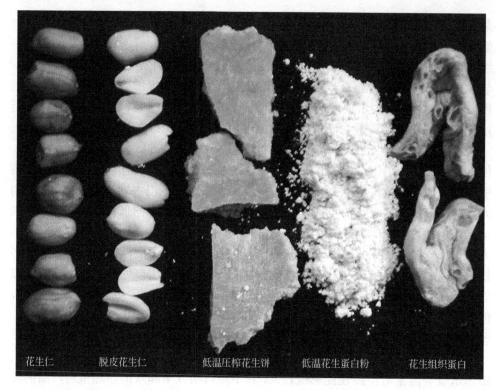

花生仁　　脱皮花生仁　　低温压榨花生饼　　低温花生蛋白粉　　花生组织蛋白

图 4-16　花生仁、脱皮花生仁、低温压榨花生饼、低温花生蛋白粉和花生组织蛋白

4.4.2　低温脱脂花生蛋白粉在肉类制品中的应用

脱脂花生蛋白粉是肉类制品的良好黏结剂、填充剂。将其添加到香肠、鱼肉肠、火腿肠中，可有效保持肉汁水分不流失、加工中风味物质不损失、可促进脂肪吸收，其制品不产生走油现象。通过添加花生蛋白粉，使制品达到组织细腻、质地良好、添加用量为 5%～10%。

石晓等运用 4% 的蛋白质含量为 54.2%、脂肪 5.5%、水分 5.15%、灰分 4.6% 和氮溶解指数（NSI）75% 的低温花生蛋白粉为原料，添加到肉糜及火腿肠中，对比大豆蛋白粉、大豆分离蛋白并进行功能性比较研究。

4.4.2.1　生产工艺

低温脱脂花生蛋白粉
↓

原料肉→去杂精选→切块→腌制→搅拌→斩拌→灌肠→蒸煮杀菌→冷却→贴标→入库

4.4.2.2　工艺操作

将原料肉进行解冻，切成 3～5cm 的小块，加盐、磷酸盐、亚硝酸钠在 4℃ 条件下腌制 2～3d，然后进行斩拌。腌制好的肉加冰水高速斩拌 2～3min，然后加花生蛋白、肥肉、糖、香辛料、卡拉胶高速斩拌 3min。最后加入淀粉斩拌 2min。然后用折幅 2.7cm 的聚偏氯乙烯树脂（PVDC）肠衣灌肠。放入高压锅中蒸煮杀菌（115℃、25min、0.25MPa）。出锅后用自来水降至室温，室温保存。

4.4.2.3 肉糜的制备

（1）基本配方

后腿肌肉 56%、猪肥肉 25%、冰水 15%、花生蛋白 2%、NaCl 2%。

（2）方法

将后腿肌肉和猪肥肉解冻、分别切碎，再将后腿肌肉、冰水、花生蛋白（预先用水调成浆状）和食盐等混合，在组织捣碎机搅拌 1min 后，加入猪肥肉继续搅拌 4min。控制温度在 15℃ 以下，将肉糜充入折幅为 2.7cm 的 PVDC 肠衣中，分别在两种条件下蒸煮杀菌：①80℃ 条件下水浴 30min，而后用自来水将其冷却至室温，在 4℃ 环境下保存备用；②115℃、0.25MPa 条件下蒸煮杀菌 17min，常温保存备用。

（3）肉糜质构测定

用 TA-XT2i 物性测定仪进行肉糜质构测定。将肉糜切成 2cm 高的肉块，然后进行测定，试验采用 P/50 探头。压缩前探头运行速度为 2.0mm/s。压缩过程的运行速度为 1.0mm/s，返回速度为 2.0mm/s，压缩量 20%。两次压缩中间间隔时间为 5s。通过测定不同原料制备的产品硬度（hardness）、内聚力（cohesiveness）及弹性（springness）指标比较花生蛋白粉的功能特性。

分析物性仪测定数据，低温蒸煮比高温蒸煮得率高，在花生蛋白粉添加量达到 6% 时得率相同。肉糜的硬度、弹性和内聚性随花生蛋白粉添加量增加呈先增加后减小的趋势。肉糜的硬度和内聚性，不论是高温蒸煮还是低温蒸煮，都是在花生蛋白粉添加量为 4% 时达到最大。高温蒸煮时的肉糜弹性在花生蛋白粉添加量为 2% 时达到最大值；而低温蒸煮时花生蛋白粉添加量为 4% 时达到最大值。

花生蛋白粉的添加量在 4% 时可以明显提高肉糜的得率，且对肉糜的质构特性有明显的改善，在火腿肠的应用中，按照对产品的硬度、弹性和内聚性的影响，添加低温脱脂花生蛋白粉的量为 4% 时最好。

4.4.3 花生蛋白乳和花生蛋白粉工艺

4.4.3.1 生产工艺

花生和低温脱脂花生蛋白粉是一种丰富的蛋白质资源，经过一定的加工就可生产出像奶一样的乳液（花生奶）和固体花生蛋白粉，其工艺流程如图 4-17 所示。也可利用此种工艺，用低温脱脂花生蛋白粉在花生浆中添加蛋白水解酶适度水解，生产花生蛋白肽饮料。

4.4.3.2　工艺操作

（1）花生仁要求

颗粒饱满、无霉烂变质、无虫眼的新鲜优质花生仁。由于花生易受黄曲霉污染，而黄曲霉的代谢产物黄曲霉毒素 B_1 是强致癌物质，因此所选用花生仁的黄曲霉毒素 B_1 含量必须低于 20×10^{-9}。

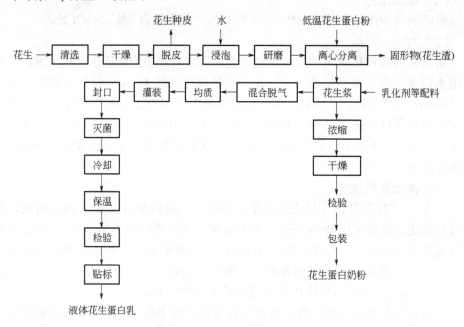

图 4-17　花生蛋白乳和花生蛋白粉生产工艺流程

（2）浸泡

由于花生中含有大量的脂质物质，在浸泡过程中花生仁吸水量低于花生，且吸水速度很慢，因此浸泡花生仁水温应越高越好，但是水温过高会使花生蛋白变性。为此浸泡水温必须适宜，应在 $45 \sim 50℃$ 以下，浸泡 $6 \sim 8h$ 即可。

（3）磨浆

花生蛋白中 90% 是碱溶性蛋白，10% 是水溶性蛋白，因此磨浆用水 pH 值应为 $7.6 \sim 7.8$。磨浆分粗磨和细磨，粗磨采用砂轮磨，分离出浆渣，细磨采用胶体磨。

（4）煮浆

煮浆目的是尽快钝化花生浆中活性酶，防止各种不利的酶促反应，确保花生奶质量和风味。煮浆温度为 $85℃$，时间 15min。

（5）配料

花生仁的出浆率高于花生，一般定量为每 2kg 干花生仁生产花生浆 100kg。然后再进行配料。

花生营养奶配方为：花生浆 100kg，脱脂奶粉 1～1.5kg，赖氨酸 20g，蔗糖 8～10kg，乳化剂适量，稳定剂适量。

（6）高压均质

将配好料的花生奶用泵送入高压均质机内进行均质。在进入高压均质之前必须经过预热处理，预热温度为 75～80℃，高压均质压力为 25～40MPa，时间 15min。

（7）杀菌

灌装好的花生奶必须在 6h 以内进行杀菌处理，杀菌方法为：常压下预热 10～15min，杀菌温度 121℃，时间 15min，然后缓慢放气，直到杀菌锅中温度低于 100℃方能打开杀菌锅盖。

（8）冷却

经过灭菌的花生奶，冷却至存放温度后存放。

（9）液体花生蛋白奶质量指标

① 感官指标：

外观：乳白色均匀乳状液体，无分层现象，储存时间过长略有少许沉淀，无杂质。

风味：具有花生特有的风味和香味，无异味。

口感：圆滑爽口，没有煳味。

② 理化指标

蛋白质	≥1.5g/100mL
总糖（葡萄糖计）	≥10g/100mL
脂肪	≥2.5g/100mL
pH 值	6.90
砷（以 As 计）	≤0.5×10^{-6}
铅（以 Pb 计）	≤1×10^{-6}
黄曲霉毒素 B_1（以干基花生蛋白计算）	≤3×10^{-9}

③ 微生物指标

细菌总数	≤100 个/mL
大肠菌群	≤3 个/mL
致病菌	不得检出

其他指标符合国家食品卫生标准。

4.4.4 速溶花生蛋白晶工艺

4.4.4.1 生产工艺

花生蛋白晶是一种以花生蛋白粉（浓缩蛋白和分离蛋白）为原料，再加入蔗糖、氨基酸强化剂、麦芽糊精及品质改良剂等辅料而生产出的一种高蛋白固体饮料，其工艺流程如图 4-18 所示。

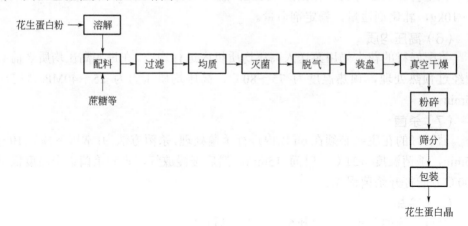

图 4-18　花生蛋白晶生产工艺流程

4.4.4.2　工艺操作

（1）溶解

花生蛋白是一种易溶于水的蛋白原料。但由于加工方法和产品质量等诸多因素，花生蛋白较难速溶于水。因此，溶解花生蛋白时，应先加少量温水把蛋白粉搅拌成糊状，再加入足量的水。

（2）配料和过滤

产品的配方在配料工序完成，将蛋白液、蔗糖、糊精、柠檬酸等添加剂在配料锅里混合均匀，由于蔗糖等添加物的加入，料浆的 pH 值将会下降，必须投入少量碳酸钠或碳酸氢钠进行调整，使料浆的 pH 值控制在 6.0～6.5 之间。混合均匀后的料浆通过锅底筛网或管道过滤器进行过滤，以除去蔗糖等添加物带入的固体杂质，过滤筛网一般选用 60～80 目的金属网。

（3）均质

花生蛋白尽管已经脱脂，但仍然会有不少的油脂存在。为了改变蛋白质物理状态，减缓或防止油脂分离，提高和改善产品的乳化性能，需对经混合后的浆料进行均质处理，可用高压均质机、胶体磨、超声波乳化机等设备进行均质，使浆料中油滴破碎成尽量小的微粒，增加油脂的总表面积。

（4）灭菌

为了使产品符合食品卫生标准，必须对浆料进行灭菌处理，杀死病原性微生物和杂菌，灭菌时温度要大于 85℃，时间不少于 15s。

（5）脱气、浓缩与分盘

灭菌后的浆料进入浓缩锅中，进行脱气与浓缩处理，本工序的目的在于排除料浆在均质过程中混进的大量空气，防止浆料在干燥过程中发生溢盘现象，造成物料流失。脱气时残压控制在 7.8kPa 压力下，当从视孔中看到浓缩锅中的浆料不再有气泡翻滚时，则说明脱气完成。脱气完成后打开蒸汽阀通入蒸汽，提高物料温度，残压控制在 7.8～8.2kPa，蒸气压保持在 0.1MPa 左右，脱气浓缩后的浆料浓度一般控制在 60%～65%为好。浓度过高在出锅时黏性大，流动困难，分盘时浆料厚薄不均，影响出品率。浓度过低，将增加干燥时间，增大能耗。

（6）真空干燥

这是高蛋白花生晶生产的中心环节，要严格控制干燥箱内的真空度与料浆温度。当残压达到 21kPa 时方可打开蒸汽阀门通入蒸汽使浆料迅速升温至沸腾，这时的沸点较高（55～60℃），保持蒸气压 0.05～0.1MPa。随着压力的不断降低，料浆温度会逐渐下降，当压力达到 8.2kPa 时，料温会降到 45～50℃，此刻要将压力调整到 21kPa，使料温逐渐回升直至沸腾，然后再逐渐降低压力至 8.2kPa，使浆料中的水分迅速蒸发。

随着干燥时间的延长，料浆浓度增高，黏性会愈来愈大，泡膜的表面张力越来越大，此时膜内的水蒸气压与外压（箱内残压和表面张力之和）几乎相等，泡膜往往不能自产自破，料浆内部水分蒸发困难，出现焖浆现象。这时要使干燥箱内的物料承受的外压小于物料泡膜内蒸气压，泡膜中大量水分就随之蒸发至干，花生蛋白质就结成了许多孔状的花生晶。干燥完毕，不要立即破真空，需先停止加热，然后在冷凝管中放入冷水进行冷却 20min，使制品定形，待料温下降后才能破真空出料。整个干燥过程约需 240～260min。

（7）粉碎

干燥后的多孔状产品，需放进轧碎机中轧碎，使产品基本上保持均匀一致的鳞片状。在整个过程中，要特别重视卫生要求，室内温度 20℃，相对湿度 40%～45%，避免产品吸潮而影响质量，并且有利于包装操作。

也可以应用高 NSI 脱脂花生蛋白粉代替花生进行生产花生奶，工艺更简单，但工艺中要进行营养成分标准化的配比。

（8）筛分和包装

筛分、包装可在装有空调设备的房间中进行，其温度与湿度也应与轧碎工序的要求相同。

4.4.4.3 产品质量

（1）感官指标

外观呈乳白色（或淡黄色）鳞片状，无杂质，颗粒均匀，组织疏松，有光泽，溶解迅速，具有浓郁的花生香味，无异味。

（2）理化指标

蛋白质	>16%
总糖	60%～68%
水分	5%～6%

灰分	<3%
溶解度	>96%
比容	150～180cm³/100g

（3）卫生指标

卫生检验结果符合国家食品卫生标准：

大肠菌群	<70 个/100g
细菌总数	<3×10⁴个/g
致病菌	不得检出
铜	1.0×10⁻⁶
砷	0.5×10⁻⁶

（4）氨基酸组成

氨基酸组成见表 4-11。

表 4-11 高蛋白花生晶的氨基酸组成

氨基酸	含量/（mg/100g）	氨基酸	含量/（mg/100g）
天冬氨酸	11.36	亮氨酸	7.28
苏氨酸	3.53	酪氨酸	3.68
丝氨酸	4.69	苯丙氨酸	5.12
谷氨酸	23.23	赖氨酸	4.5
甘氨酸	9.47	组氨酸	2.74
丙氨酸	3.70	精氨酸	8.45
缬氨酸	4.86	脯氨酸	4.95
蛋氨酸	1.50	色氨酸	0.92
异亮氨酸	3.99	胱氨酸	0.84

4.4.5 花生蛋白的其他应用

4.4.5.1 花生冰淇淋

花生冰淇淋香甜可口，组织细腻，口感润滑，营养丰富，价格便宜。

（1）原料配方

花生仁 3kg、白砂糖 3kg、奶粉 0.4kg、稳定剂（明胶、淀粉或海藻酸钠）0.9kg、乳化剂（蛋黄、花生磷脂）适量，食用香精（水果型、巧克力、香草香精）适量，水 40L。

（2）工艺流程

备料→混合浆料→杀菌→均质→冷却→老化→凝冻→成品

（3）操作要点

① 备料。选取无霉烂变质、无杂质、无虫蚀、颗粒饱满的新鲜优质花生仁，将其烤香或炒香，然后脱皮，用清水浸泡胀大。再加适量水用高速组织捣碎机或磨浆机将其捣碎或磨成细浆状，倒入铝锅待用。用适量水将白砂糖加热溶解，过

滤除去杂质。稳定剂和乳化剂先用水化开，以免混合浆料时结块不匀。

② 混合浆料。将原辅料按配比混合均匀。

③ 杀菌。将混合浆料在夹层热水锅中进行巴氏杀菌 0.5h 左右，水温 75～80℃。

④ 均质。将浆料在均质机中充分均质，使其乳化良好。

⑤ 冷却。使浆料迅速冷至 4℃。

⑥ 老化。在 4℃下老化数小时，使脂肪大量结晶，冰淇淋具有光滑结构。

⑦ 凝冻。将浆料倒入冷冻室迅速凝冻，在入冻约 25min 时，取出强烈捣拌 1 次，充入空气，形成小而均匀分散的空气泡沫结构，再入冰箱冷冻即成。

4.4.5.2　花生蛋白水解物生产花生香味料

花生经过高温烘烤就会产生呋喃、吡嗪、吡咯、吡啶等浓郁的、诱发食欲的香味成分。这些香味物质主要是花生中天然游离的含氮化合物，或花生蛋白质经高温水解成的小分子肽与还原糖等发生的美拉德反应生成物。浓香花生油的生产工艺需要烘烤花生就是这种原因。用脱脂花生粕进行生物酶水解，将这些水解物与不同的还原糖反应，可以生成逼真的浓郁天然花生香味。在美国应用这种方法生产的香味物质已被用于工业化生产的低脂肪花生酱。

应用不同的氨基酸、还原糖以及脂质化合物，配合水解花生蛋白，在不同的温度、pH 值和介质中进行不同时间的反应，就会生产出不同的食品香味（包括肉食香味）物质。应用水解花生蛋白的美拉德反应生成的食品风味，比应用化学合成的成分调制的食品香精，不仅与天然香味更逼真，而且在食品中的留香时间更长。

4.4.5.3　在谷物烘焙制品中的应用

在面包、蛋糕、馒头中添加脱脂花生蛋白粉，不仅可以改善谷物的营养价值，还能使产品结构膨松、柔软、富有弹性。添加量为面包 4%～10%，蛋糕 8%～10%，馒头 7%～15%。在面条中加入花生蛋白粉可增加面团韧性，不易断条，制品滑爽有咬劲。

参考文献

[1] Young C T，Pattee H E，et al. Microstructure of peanut（*Arachis hypogaea* L. cv. 'NC 7'）cotyledons during development [J]. LWT-Food Science and Technology，2004，37：439-445.

[2] Young C T，Schadel W E. Microstructure of peanut seed：a review [J]. Food Structure，1990，9（4）：319-328.

[3] 周瑞宝：中国花生生产、加工产业现状及发展建议 [J]. 中国油脂，2005，30（2）：5-9.

[4] Yu J，Ahmedn M，Goktepe I. Effects of processing methods and extraction solvents on concentration and antioxidant activity of peanut skin phenolics [J]. Food Chemistry，2005，90：199-206.

［5］Basha S M. Resolution of peanut seed protein by high-performance liquid chramatography［J］. J Agric Food Chem，1988，36：778-781.

［6］黎茵. 不同品种花生种子蛋白质的电泳分析［J］. 植物学报，1998，4（6）：534-541.

［7］张恒悦. 花生子叶细胞蛋白体的形成［J］. 植物学报，1992，34（10）：803～805.

［8］庄伟建，等. 花生荚果发育过程中子叶细胞的超微结构和酶活性的研究［J］. 植物学报，1992，34（10）：333～338.

［9］Vandenbosch K A，et al. A peanut nodule lectin in infected cells and in vacuoles and the extracellular matrix of nodule parenchymaI［J］. Plant Physiol，1994：104：327-337.

［10］Woodroof J G. Peanuts ［M］. Westport：AVI Publishing Company，Inc.，1983.

［11］山东花生研究所. 花生栽培与利用［M］. 济南：山东科学技术出版社，1980：474-492.

［12］王在序，盖树人. 山东花生［M］. 上海：上海科学技术出版社，1996.

［13］王瑛瑶，王璋，许时婴. 水酶法从花生中提取油和水解蛋白［J］. 中国粮油学报，2004，19（5）：59-63.

［14］周瑞宝. 花生加工技术［M］. 北京：化学工业出版社，2003.

［15］Yu J，Ahmedna M，et al. Peanut protein concentrate：production and functional properties as affected by processing［J］. Food Chemistry，2007，103：121-129.

［16］Oyinlola A，Ojo A，Adekoya L O. Development of a laboratory model screw press for peanut oil expression ［J］. Journal of Food Engineering，2004，64：221-227.

［17］李诗龙. 双螺杆榨油机国内外研究进展［J］. 中国油脂，2005，30（12）：13-15.

［18］张根旺，刘景顺. 植物油副产品的综合利用［M］. 郑州：河南科学技术出版社，1982.

［19］周瑞宝，等. 花生蛋白利用的探讨［J］. 郑州粮食学院学报，1983（3）：1-6.

［20］杜长安，陈福生. 植物蛋白工艺学［M］. 北京：中国商业出版社，1994.

［21］段彬，翁新楚，等. 烘烤条件对制取浓香花生油品质的影响［J］. 中国粮油学报，1997，12（2）11.

［22］徐学兵. 油脂化学［M］. 郑州：河南科学技术出版社，1995.

［23］仪凯，周瑞宝. 中性蛋白酶水解花生粕的研究［J］. 中国油脂，2005，30（7）：71-73.

［24］石晓，周瑞宝，张春晖. 花生蛋白在火腿肠中的应用研究［J］. 粮油加工与食品机械，2006（6）：82-84.

［25］Palladino C，Breiteneder H. Peanut allergens［J］. Molecular Immunology，2018，100：58-70.

5

葵花籽、芝麻和亚麻籽
蛋白与工艺

5.1　葵花籽蛋白工艺

蛋白质的全球需求正在增加，无论其是动物来源还是植物来源。然而，动物蛋白质在市场价格上较昂贵，在环境影响方面较深远。此外，与牛海绵状脑病、二噁英类污染等有关的食品安全问题以及动物激素的使用问题，使消费者对动物产品的信心降低。葵花籽是一种经济上有优势的农产品，这是因为它们的化学成分，在除油脂以外的各种葵花籽成分中，葵花籽蛋白是其工业用途中最有前景的化合物。鉴于其广泛的可利用性，对农民和加工者的熟悉程度，葵花籽是特别有趣的，这是因为它们用作油源以及种子蛋白质的营养价值、高蛋白质含量和功能性。然而，主要瓶颈是油脂生产过程中的蛋白质变性和大量酚类化合物的存在。关于葵花籽蛋白质分离的大量出版物说明了从葵花籽中回收高质量蛋白质期间发生的困难。食品中使用的蛋白质的行为很大程度上取决于它们的加工历史，这将对蛋白质的物理化学和功能性产生直接的影响。提供高质量蛋白质制剂（具有低酚类化合物和最小蛋白质变性）的许多实验室规模方法已经发表。然而，到目前为止，葵花籽蛋白质的食品应用仍然受到缺乏廉价的、非变性的、大规模方法的回收的阻碍。基础研究人员、技术导向型研究机构和行业的合作对于利用开发的方法和对蛋白质的分子结构、物理化学性质和功能性质的基础研究是必要的。这种合作方法将有利于实施针对增加的蛋白质功能而优化的大规模制备方法，如对大豆进行的（例如，脱溶剂方法的适应）。

总而言之，葵花籽蛋白质有望成为新的食品蛋白质成分，但是使用实际食品系统的更多应用研究是有效评估葵花籽蛋白质作为潜在广泛使用的食品成分的必要条件。

向日葵是北美洲印第安部落的常见作物。据报道，公元前 3000 年在亚利桑那州和新墨西哥州出现。西班牙探险家 Monardes 在 1569 年将向日葵带到欧洲，后来沙皇彼得大帝将这种植物带到俄罗斯。它最初为观赏植物，后来用于食品和药用目的。如今，种植的向日葵的品种有两种：一种是供榨油用的油料向日葵，另一种是非油用向日葵。总产量中不足 10%的葵花籽，用于零食和宠物食品消费。

向日葵适应一系列土壤种植条件，但是在接近中性 pH（6.5～7.5）的排水良好的高含水量土壤中生长最好。1985 年，葵花籽已经是以吨为单位生产的第四大油籽（大豆，棉籽和花生之后），也是第四大食用油（大豆，棉籽和油菜籽之后）。2018 年世界葵花籽总产量达到 5042 万吨（粮农组织，2018 年）。主要生产国和地区有乌克兰、俄罗斯、阿根廷、欧盟等，中国年生产 250 万吨葵花籽。

5.1.1　葵花籽的结构

向日葵花经授粉，在花盘上生长出的瘦果就是葵花籽。葵花籽由果皮和种子（籽仁）组成。葵花籽蛋白和葵花籽油脂分别储存在种子细胞壁（CW）围成的蛋白体（PB）、油体（OB）等亚细胞结构中，如图 5-1（右图）所示。葵花籽油体膜上存在磷脂和油体膜蛋白，油体中心含葵花籽油脂和葵花籽脂溶性维生素 E。

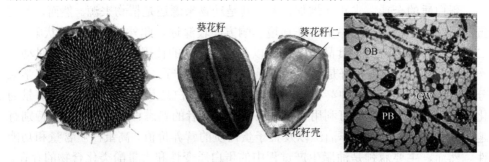

图 5-1　向日葵花盘、葵花籽仁和葵花籽仁显微结构
PB—蛋白体；OB—油体；CW—细胞壁

栽培的向日葵是向日葵属中的诸多品种之一，是双子叶植物纲菊科家族的成员，具有典型的复合花。头状花序由 700～8000 朵小花组成，取决于品种。

5.1.2　葵花籽的主要成分

在不同品种向日葵的葵花籽中，壳和籽仁的比例差异很大。非油用型葵花籽含壳 47%，油用型葵花籽含壳 20%～30%。种子的组成受向日葵品种的显著影响。表 5-1 显示了葵花籽籽仁和全籽的平均组成。油和蛋白质是葵花籽种子的主要成分。葵花籽籽粒由约 20%～40%的蛋白质组成。这些值受葵花籽品种的强烈影响。约 87%～99%的葵花籽氮是蛋白质氮。其他 1%～13%来自肽、氨基酸或其他含氮物质。碳水化合物也是葵花籽的重要成分。据报道，十种葵花籽品种乙醇溶性糖占核仁质量的 4.4%～6.3%。碱可溶性半纤维素（阿拉伯聚糖和阿拉伯聚糖半乳聚糖）的浓度分别为葵花籽粉和壳体的 9%（质量分数）。壳体主要由木质素，戊聚糖和纤维素材料组成。葵花籽的主要成分如表 5-1 所示。

脂质也是葵花籽的主要成分，其中性甘油三酯构成主要的脂质。其他甘油三酯包括磷脂和糖脂，其小于总脂质的 4%。通常葵花籽油的浊度归因于主要存在于壳中的蜡（83%）。

葵花籽还含有大量的矿物质。然而，它们通常与植酸复合，因此在生物学上不可用。

表 5-1　葵花籽干基平均成分

成分	脱壳籽仁/%	整籽/%
蛋白质	20.4～40.0	10.0～27.1
肽、氨基酸、非蛋白氮	1～13	—
碳水化合物	4～6	18～26
脂质	47～65	34～55
脂肪酸		
棕榈酸	5～7	—
硬脂酸	2～6	—
花生酸	0.0～0.3	—
油酸	15～37	—
亚油酸	51～73	—
亚麻酸	<0.3	—
生育酚	0.07	—
胡萝卜素	0.01～0.02	—
维生素 B_1	0.002	—
绿原酸（CGA）	0.5～2.4	1.1～4.5
奎宁酸（QA）	0.12～0.25	—
咖啡酸（CA）	0.17～0.29	—
总微量元素	3～4	2～4
钾	0.67～0.75	—
磷	0.60～0.94	—
硫	0.26～0.32	—
镁	0.35～0.41	—
钙	0.08～010	—
钠	0.02	—

5.1.3　葵花籽蛋白的营养及功能特性

葵花籽依品种及生长环境不同，其化学成分的组成会有一定的差异性。国产的葵花籽仁中，通常脂肪含量40%～68%、蛋白质含量21%～30%、碳水化合物含量 2.0%～6.5%、粗纤维含量 6.0%、灰分含量 3.2%～5.4%。取油后的葵花籽饼粕一般含粗蛋白29%～43%、粗脂肪4%～15%、纤维素7%～23%、水分3%～19%、灰分7%～10%。

　　葵花籽蛋白氨基酸的组成中，赖氨酸的含量高于谷类蛋白，但与大豆蛋白和动物蛋白相比稍低一些，其他的各种氨基酸具有良好的平衡性。表 5-2 中列出了葵花籽饼粕及大豆饼粕的主要氨基酸组成。

表5-2　葵花籽饼粕及大豆饼粕的主要氨基酸组成　　单位：g/16g(N)

氨基酸	葵花籽饼粕	大豆饼粕	氨基酸	葵花籽饼粕	大豆饼粕
赖氨酸	3.4	6.1	苯丙氨酸	4.5	5.2
精氨酸	9.0	7.1	组氨酸	2.3	2.5
半胱氨酸	1.7	1.7	天冬氨酸	8.9	11.5
苏氨酸	4.1	4.3	丝氨酸	4.1	5.6
谷氨酸	23.7	18.5	脯氨酸	4.2	5.0
丙氨酸	4.6	4.5	甘氨酸	5.6	4.5
蛋氨酸	2.4	1.4	缬氨酸	5.2	5.2
亮氨酸	3.9	4.8	酪氨酸	2.6	3.8
异亮氨酸	5.2	5.1			

　　从表 5-2 中可以看出，葵花籽蛋白具有良好的分布，其氨基酸组成与 FAO 值对比，除赖氨酸含量外，其他各项必需氨基酸含量均高于或与 FAO 值相似，所以赖氨酸是葵花籽的第一限制性氨基酸。虽然赖氨酸含量低，但其有效的赖氨酸含量可高达 90%。葵花籽蛋白的含硫氨基酸如蛋氨酸含量丰富，与大多数植物蛋白相比，葵花籽蛋白具有良好的消化率（90%）和较高的生物价（60%）。

　　在动物实验中，葵花籽蛋白显示出了较为优秀的营养特性。单独使用葵花籽蛋白进行动物喂养，所得出的食品功效比值及生长反应值要高于直接让受试动物食用葵花籽所得到的值，如图 5-2、图 5-3 所示。

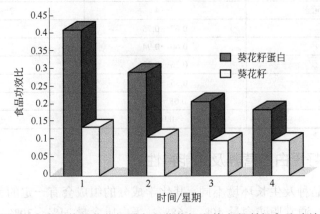

图 5-2　分别使用葵花籽蛋白和葵花籽喂养小鼠所得食品功效比

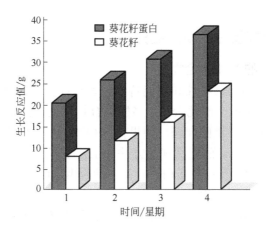

图 5-3　分别使用葵花籽蛋白和葵花籽喂养小鼠所得生长反应值

葵花籽蛋白还可以与赖氨酸含量高的大豆蛋白混合使用，弥补大豆蛋白蛋氨酸及葵花籽蛋白中赖氨酸含量的不足。加拿大的 Sosuloki 教授在葵花籽蛋白食物中加入 0.4%的赖氨酸，以及将葵花籽蛋白与豆类、动物蛋白混合后对幼鼠喂养的各项指标均较好，见表 5-3。

表 5-3　葵花籽浓缩蛋白与谷类、豆类、动物蛋白和赖氨酸混合后的蛋白质营养价值

项目	消化率/（g/只）	增重量/（g/只）	PER[①]	PR[②]
酪蛋白	264	72.8	2.50	18.7
葵花籽浓缩蛋白	229	51.9	2.00	30.7
加小麦粉	241	36.4	1.34	37.5
加紫花豌豆	342	101.7	2.65	43.4
加碎牛肉	292	92.8	2.82	43.2
加赖氨酸	339	116.7	3.06	53.7

① PER 为蛋白质效率比值，以酪蛋白为 2.50 校正。

② PR 为蛋白质指数，数值等于 PER×平均每天吸收蛋白质的质量（g）。

由表 5-3 中可以看出，加入少量赖氨酸后，蛋白质的 PER 可达到 3.06，其营养价值得到很大提高。

葵花籽粉及葵花籽蛋白制品具有良好的功能性质。葵花籽粉除吸水率低于大豆粉外，其吸油率及乳化性方面都好于大豆粉。葵花籽浓缩蛋白与分离蛋白都具有良好的发泡性，并有泡沫体积大、稳定性好等优点，是一种很好的发泡剂。其良好的功能性，使葵花籽在食品上广泛应用。

葵花籽蛋白的蛋白质含量高。其在味道和气味上比大豆、棉籽和花生蛋白温和，不存在豆腥味、苦味、涩味及抗营养因子。同时它又是钙、磷以及烟酸、核黄素等维生素重要来源。所以葵花籽用于食品添加物，具有较高的营养价值。

5.1.4 影响葵花籽蛋白品质的成分

5.1.4.1 葵花籽中的多酚化合物

葵花籽蛋白独特的感官特性和功能特性使葵花籽蛋白的食用范围得以扩大，但是，葵花籽含有大量的多酚化合物。多酚化合物发色的性质，使葵花籽在生产蛋白质的过程中产生较严重的问题。如果在 pH 中性以上提取蛋白质，其颜色由乳黄转为淡绿，继而深绿。而用常规的方法和工艺生产葵花籽蛋白时，其产品为浅墨色，这种色泽限制了葵花籽蛋白在食品中的应用，且绿原酸可抑制胃蛋白酶，会引起人体消化不良及胃胀现象。

加拿大 Sabir 和 Sosulski 等人对几种主要生物型葵花籽中的多酚化合物进行了分离、鉴定和定量分析。通过分析认为：绿原酸是葵花籽中的主要多酚化合物，其次是咖啡酸，还有类似芥子酸的化合物。葵花籽中的多酚化合物含量一般为 3%左右，其中绿原酸以及它的同分异构体和咖啡酸占总酚类物质的70%，见表 5-4。

表 5-4　葵花籽中酚类化合物成分组成　　　　单位：g/100g

酚类化合物	葵花籽品种		
	Commander	Maiak	Valley
溶于碳酸氢盐部分（酸性）			
绿原酸	1.97	L 94	2.08
绿原酸异构体	0.17	0.13	0.12
咖啡酸	0.18	0.16	0.17
反式肉桂酸	0.06	0.07	0.05
不溶于碳酸氢盐部分（中性）			
类芥子酸	0.48	0.57	0.48
类邻香豆酸	0.09	0.11	0.10
类阿魏酸	0.17	0.16	0.14
未知物	痕迹	痕迹	痕迹
羟基肉桂酸糖脂	0.15	0.18	0.20

虽然绿原酸影响蛋白质的颜色，但绿原酸是一种生物活性物质，具有利胆、抗菌、降压、增加白细胞和兴奋中枢神经系统等多种药理作用，也是金银花中的有效成分。金银花是中医中重要的解热、消炎药物，它是银翘解毒丸、夏肝宁等许多中成药的主要成分，是贵重稀缺药物之一。如能得到大量较纯医用绿原酸，可以用于医疗。同时，酚类化合物具有一定的抗氧化性，美国弗吉尼亚州立大学最新研究发现向日葵中的绿原酸通过其具有的抗氧化作用可以预防和减少心血

管疾病、糖尿病以及癌症等慢性疾病的发生，如果在提取蛋白质的同时从葵花籽粕中将绿原酸萃取出来，提取天然药物成分或食用天然抗氧化剂，对于葵花籽的综合利用将提供更多的应用途径。

5.1.4.2 绿原酸与蛋白质的相互作用及影响

葵花籽仁中含有较多的绿原酸，属于酚酸类物质，它的水解产物是咖啡酸和奎尼酸。在酸性条件下，绿原酸很稳定。在碱性及高温条件下提取蛋白质时，由于氧的存在及多酚氧化酶的作用，使得多酚化合物氧化生成绿色醌类产物和氢过氧化物，它们极易与蛋白质分子中的极性基团，如氨基、硫氨基和亚甲基等形成共价键，如图 5-4 所示，使其成为非反刍动物和家禽无法消化的非营养成分，降低了蛋白质的营养价值。

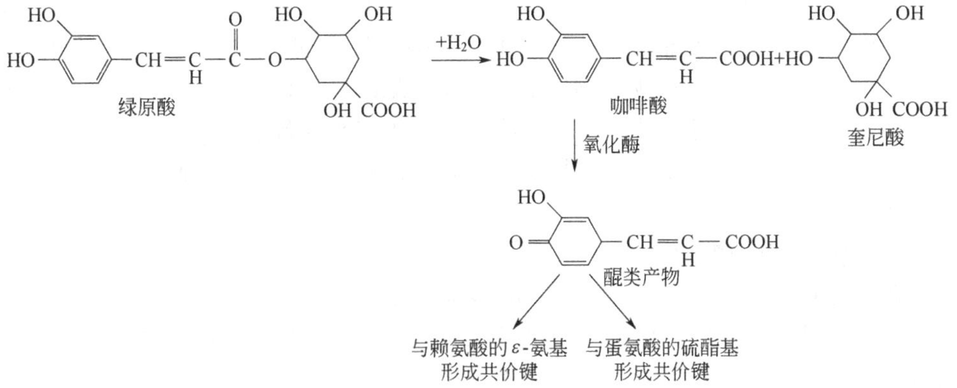

图 5-4 绿原酸氧化分解作用原理

在碱性条件下，多酚化合物的氧化作用，使葵花籽蛋白溶液呈深绿色或棕褐色，严重影响了葵花籽蛋白的色泽，降低了其附加值，影响了蛋白质的应用。经研究确认，在碱性条件下，葵花籽蛋白呈绿颜色是由绿原酸引起的，而咖啡酸仅能产生较轻的粉红色，奎尼酸在颜色上不起作用。因而未除去绿原酸的葵花籽蛋白仅适用于酸性或中性食品。

5.1.4.3 绿原酸去除方法

前已叙及，绿原酸生成的绿色产物不仅影响蛋白质的颜色，而且绿原酸可抑制胃蛋白酶，影响蛋白质的消化率，降低蛋白质营养价值，这是影响葵花籽蛋白质量的主要因素。如何防止绿原酸氧化或除去绿原酸是保证葵花籽蛋白质量的关键所在。常用的方法有以下几种。

（1）超滤法

超滤是一项新技术，因绿原酸分子大部分结合在低分子质量（1000～1500 Da）蛋白质分子上，而葵花籽蛋白大部分是球蛋白，分子质量在 20kDa 以上，用超滤法将小分子量蛋白质及酚类物质滤出，可达到除去酚类物质的目的。这种方法虽然对去除酚类物质有明显的效果，但蛋白质损失较多。

（2）溶剂萃取法

酚类化合物的羟基和蛋白质肽键之间的氢键很强，而水溶液体系的平衡非常有利于复杂物质的形成，酚类物质通常是以游离态和结合态两种形式存在。酚类物质大多与低分子量的肽结合，通常可以用有机溶剂回流浸出将绿原酸从葵花籽粕中提取出来：常用50%异丙醇溶液、正丁醇-盐酸（92∶8体积比）溶液、70%乙醇溶液，这是由于醇可以破坏多酚化合物与蛋白质形成的较强的氢键，并能溶解绿原酸，可有效地除去90%以上的绿原酸和一些还原糖，但醇对蛋白质有一定的变性作用。

（3）还原剂法

在提取的蛋白质溶液中加入还原剂亚硫酸盐可防止绿原酸物质氧化。因为绿原酸在碱性条件下通过非酶的氧化作用或多酚氧化酶的作用很容易被氧化成醌。还原剂亚硫酸盐可以防止颜色物质醌的聚集，醌的形成即被还原。因为在用酸沉淀蛋白质时，酸化作用可以使亚硫酸盐分解产生二氧化硫和盐，残存在溶液中的二氧化硫可以防止醌类化合物的聚集，并对蛋白质有漂白作用，此法对提取有一定的效果。

（4）排除或隔离氧气法

在一定真空条件下，用"脱气"的蒸馏水作溶剂，并冲入氮气，进行分离蛋白的提取。绿原酸发生氧化反应需具备三个因素，即碱性、存在氧气以及存在多酚氧化酶。当对其中一种或多种因素进行控制，可防止氧化反应的发生。通过控制氧气量，可得到颜色较好的葵花籽蛋白。

此外，国外还通过育种的研究来减少葵花籽中绿原酸含量。

5.1.4.4　脱脂葵花籽饼粕生产工艺

（1）葵花籽饼粕生产工艺

目前，我国葵花籽加工主要采用一次压榨或预榨浸出工艺。葵花籽在此生产过程中受到加热作用、机械作用及溶剂作用，使蛋白质发生物理、化学及生物学方面的变化（变性），蛋白质溶解性降低是明显的变性现象。榨油后的副产品——饼粕大部分用于饲料或肥料。加工过程中蒸炒和预榨是使蛋白质变性的两个主要环节，蒸炒时蛋白质变性大约是预榨时的3倍，不仅蛋白质本身变性，而且还包括在高温条件下多酚化合物与蛋白质相互作用的氧化转变以及蛋白质与糖的作用等，还会使一部分必需氨基酸转化成非营养物质，从而影响了蛋白质的质量，另外影响蛋白质质量的因素还有粕中含壳率高，通常在20%～40%左右，壳中所含的绿原酸及单宁类物质也会使蛋白质颜色变深。因而采用预榨浸出粕制取蛋白质得率低、质量差，最终产品具有较强的糊味。为了得到品质较好的蛋白质，对目前的工艺可以加以改进。可在预处理阶段通过剥壳工艺降低仁中含壳率，以及采用葵花籽直接浸出或水溶法等新工艺，得到品质较好的饼粕。

葵花籽饼粕生产工艺流程如图 5-5 所示。

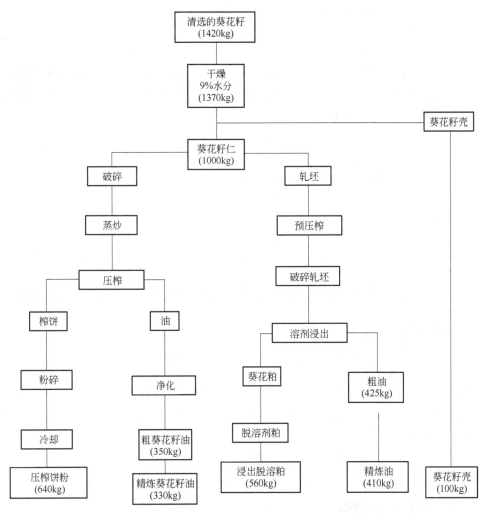

图 5-5 葵花籽饼粕生产工艺流程

由于葵花籽壳主要由纤维素、半纤维素和木质素组成，油脂含量少，结构疏松且有多量的毛细孔，能吸收大量的油脂，所以需要去壳制油，否则饼粕残油率很高。葵花籽清理后剥壳，剥壳率达到 90% 以上，壳仁分离后，仁经过破碎，采用浸出工艺在低温下制取油脂，既可得到油脂，又不破坏仁中蛋白质的性质。提油后湿粕中由于溶剂含量较高，需通过脱溶进行溶剂回收以降低生产成本。常规的浸出湿粕的脱溶过程是采用高温脱溶工艺技术，以使其充分蒸发，但蛋白质易发生热变性，这种蛋白质只能用于饲料或肥料，而对于用于生产食品的蛋白质产品，为保持其良好的功能特性，必须在加工过程中保持蛋白质的低变性，得到品质良好的蛋白质产品，才能提高葵花籽粕的食用价值，所以需要采用低温脱溶工艺，以保证蛋白质不变性或少变性。

饼粕品质要求：含壳率 8% 以下；含油率不高于 1.0%；粗蛋白大于 35%；可溶性蛋白总量大于 80%；水分 7%～9.5%；残溶剂量小于 0.07%。

成品粕的质量不仅取决于油脂质量和生产工艺，还受到葵花籽储藏条件以及流通各方面的影响，必须进行合理的控制，才能保证粕的质量。表 5-5 所示为葵花籽脱脂粕主要成分含量。

表 5-5　葵花籽脱脂粕主要成分　　单位：%（样品平均值）

指标	葵花籽粕	测定方法	指标	葵花籽粕	测定方法
水分	10	105℃烘箱干燥 24h	木质素	5	ADF/NDF
灰分	8	525℃灼烧 5h	纤维素	22	ADF/NDF
粗蛋白	35	凯氏定氮	半纤维素	18.5	ADF/NDF
粗脂肪	1.5	索氏己烷萃取			

注：ADF 为酸性洗涤纤维（acid detergent fiber）；NDF 为中性洗涤纤维（neutral detergent fiber）。

（2）低温脱溶设备

目前采用的低温脱溶工艺主要是以美国皇冠公司、日本不二公司、德国鲁奇公司为代表的高温瞬时闪蒸脱溶工艺。所采用的设备有两种，一种为闪蒸-真空低温脱溶混合装置；一种为两级卧式低温脱溶装置。两种设备均采用两级装置，一级装置采用高速流动的过热溶剂蒸气瞬时加热粕，脱除粕中约 90% 以上的溶剂，然后在二级装置中，在真空条件下，采用少量直接蒸汽对粕进行加热，脱除粕中残留溶剂，再进行粕的干燥和冷却，得到低变性成品粕。通过这些设备得到的低变性葵花籽粕，将为生产葵花籽蛋白提供品质优良的原料。

5.1.5　葵花籽浓缩蛋白生产工艺

葵花籽浓缩蛋白提取，目前研究的生产工艺主要有两种，即含水乙醇浸提法和水剂法。

5.1.5.1　含水乙醇浸提法

（1）生产工艺原理

采用一定浓度的乙醇溶液，通过多次对流浸提工艺，降低绿原酸含量及呈色物质，使非蛋白的可溶性物质浸出，剩下的不溶物经脱溶、干燥即可得到蛋白质含量为 65% 以上的葵花籽浓缩蛋白。

（2）工艺流程

工艺流程如图 5-6 所示。

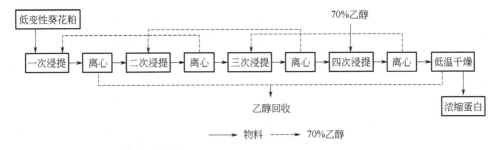

图 5-6 乙醇法提取浓缩蛋白生产工艺流程

先将低温粕进行粉碎，用 100 目筛过筛，然后将饼粕粉由输送设备送入浸出器中，进行四个阶段的浸提，采用连续四级对流浸提方法。先将 70%的乙醇加入第四阶段浸提器中，浸提后离心，将浸提液提供给第三阶段，第三阶段浸提液提供给第二阶段，第二阶段浸提液提供给第一阶段。第一阶段的浸提液离心后进行溶剂回收。此工艺可有效地提高溶剂的利用率，降低绿原酸含量。葵花籽粉完成提取离心后进行低温干燥，干燥后可得到蛋白质含量 65%以上的浓缩蛋白。

这种方法生产的葵花籽浓缩蛋白色泽浅、异味小，这主要是因为含水乙醇不但能很好地浸提出粕中绿原酸及其他呈色、呈味物质，而且有较好的浸出效果。但此种方法生产的浓缩蛋白使蛋白质发生了部分变性，功能性较差，使用范围受到一定的限制。采用酶部分水解工艺可改善其功能性。另外，此法生产存在乙醇回收问题，即浸提液一般要经过两次以上的蒸发精馏，乙醇的回收率对经济效益影响很大。在乙醇回收的同时可提取绿原酸。绿原酸具有抗氧化性和药用性，既可作为油脂的天然抗氧化剂，又可作药用，使葵花籽的综合利用产生更大的经济效益。

5.1.5.2 水剂法

（1）生产工艺原理

水剂法是借助机械的剪切力和压延力将葵花籽仁的细胞壁破坏，使蛋白质与油脂暴露出来，再利用蛋白质的亲水力和油脂的疏水作用，使蛋白质溶解在水中，同时把油脂从破碎的裂缝中排挤出来。由于机械搅拌作用，部分油脂、蛋白质、水形成乳化油，悬浮于浆液中，另一部分未乳化油直接浮于液面上，通过离心设备，将乳油、清油以及淀粉残渣分离出去，可得到蛋白液，经浓缩、干燥可得到浓缩蛋白粉，乳油、清油经过精炼加工可得到葵花籽油。

（2）工艺流程

工艺流程如图 5-7 所示。

葵花籽进行清杂，目的是去除葵花籽中的各种杂质，如铁屑、石块、土块、植物茎叶等。清选后杂质的含量不超过 0.1%。利用离心剥壳机进行机械脱壳，仁被送入炒仁机炒仁，在 70℃温度下烘炒 1～2h 左右，使水分降至 2%以下，采用干法碾磨，使细度在 10μm 以下。碾磨时要控制好流量、时间和温度，为提高出油率创造有利的条件。葵花籽蛋白主要是盐溶性球蛋白，为防止绿原酸氧化，可采用稀盐溶液或使用还原剂在微酸条件下进行浸提，料液比 1∶（6～8），浸出温度 50～65℃，时间 60～120min。粗滤除去固体渣，将过滤除渣的萃取液用高速离心机分离出乳化油和蛋白液，蛋白液进行灭菌，温度 85～90℃，时间 15～20s。在真空条件下，温度 60℃，使蛋白液浓缩至 13%～15%左右。采用 130～150℃的热风在喷雾干燥塔内将蛋白液降到干燥食品安全水分范围内，可得到60%以上的蛋白质成品，乳化油经过破乳精炼得到成品葵花籽油。

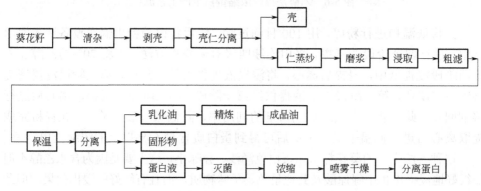

图 5-7　水剂法提取浓缩蛋白生产工艺流程

5.1.6　葵花籽分离蛋白生产工艺

5.1.6.1　生产工艺原理

采用低温脱溶的葵花籽饼粕，利用蛋白质的溶解性，用稀盐或稀碱溶液进行萃取，用离心分离可除去粕中不溶性物质，滤液用酸调节 pH 到等电点时，蛋白质由于处于等电点状态而凝聚沉淀下来，经分离可得到蛋白质沉淀物。再经洗涤、中和、干燥即得到葵花籽分离蛋白。

5.1.6.2　工艺流程

工艺流程如图 5-8 所示。

葵花籽清理杂质后，用离心剥壳机进行剥壳，得到葵花籽仁，葵花籽仁破碎后采用浸出工艺制取油脂。饼粕经低温脱溶得到低温脱溶葵花籽粕。粕在真空条件下用 1∶40 乙醇-水溶液萃取，控制蛋白质变性，温度 50℃，提取 60～90min。萃取液用离心分离机分离出绿原酸液和蛋白液。离心出的蛋白液进入蛋白质萃取罐进行萃取。加入 NaCl 水溶液，使葵花籽粕与 NaCl 的水溶液比例为 1∶8，pH 7 左右。萃取罐安装加热夹层和搅拌器，保持萃取温度 45～50℃，不断搅拌，萃取时间 30min。萃取后用离心分离机进行分离，分离出不溶性物质。蛋白液进入沉淀罐，在温度 45～50℃，搅拌速度 45～50r/min 的情况下缓慢加入 0.5mol/L稀盐酸，调节 pH 值为 4～4.2，使蛋白质沉淀，静置 30min，离心后用水洗涤沉淀蛋白，用离心分离机分离出洗涤水。水洗后再加水进行分散，用稀碱液调节 pH 值为 7.0 左右，在 85～90℃杀菌 15～20s。进入均质机进行均质后，蛋白液用高压泵打入喷雾干燥塔进行干燥，干燥后得到葵花籽分离蛋白。

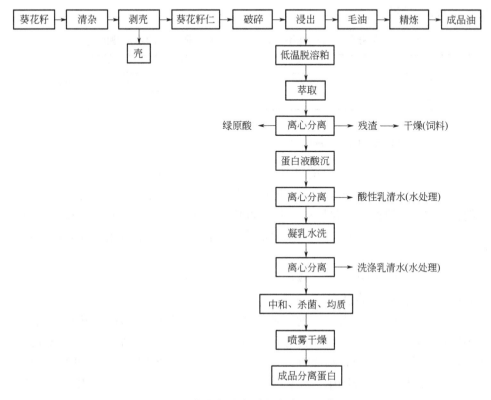

图 5-8　葵花籽分离蛋白生产工艺流程

　　该工艺可得到蛋白质含量 90%以上的产品，氮溶解损失率较低，而且产品质量好，色泽浅，简单易行，但酸碱消耗较多，需要处理的废液较多。

　　葵花籽分离蛋白主要成分见表 5-6。

表 5-6　葵花籽分离蛋白主要成分含量（样品平均值）

成分	含量/%	测定方法	成分	含量/%	测定方法
水分	6	105℃烘箱干燥 24h	木质素	1.2	ADF/NDF
灰分	2.2	525℃灼烧 5h	纤维素	—	ADF/NDF
粗蛋白	90	凯氏定氮	半纤维素	—	ADF/NDF
粗脂肪	0.6	索氏己烷萃取			

注：ADF 为酸性洗涤纤维；NDF 为中性洗涤纤维。

在 pH7 中性条件下，葵花籽分离蛋白在水中的溶解度仅为 27.9%，如果应用蛋白水解酶对葵花籽分离蛋白水解，可以提高它在水中的分散性。表 5-7 就是不同水解度的葵花籽分离蛋白的水中分散特性。当水解度（DH）达到 46.3%时，溶解度达到 92.8%。

表 5-7　葵花籽分离蛋白在不同水解度（DH）条件下的水解物的溶解性

水解度（DH）/%	pH 为 7 时的溶解度/%	水解度（DH）/%	pH 为 7 时的溶解度/%
0	27.9	23.3	86.2
5.62	70.8	46.3	92.8

5.1.7　葵花籽蛋白的应用

将葵花籽蛋白用于人类的食品有很大潜力。它不仅可以作为蛋白质的添加剂，增加食品的蛋白质含量，而且还可以作为食品的功能剂。葵花籽蛋白具有很好的盐溶性、吸油性和乳化性以及具有近似鲜鸡蛋清的发泡性和泡沫稳定性等独特性质，可作为添加剂广泛应用于食品中，不仅可以改善食品的质量，而且可以提高其营养价值。

葵花籽蛋白的应用范围比较广泛，主要有以下几个方面。

5.1.7.1　肉制品中添加剂

葵花籽蛋白由于具有良好的吸油性及乳化性，当添加 5%的葵花籽蛋白到午餐肉中，可使午餐肉的弹性、硬度等得到改善，并提高其营养价值。若添加到香肠中，香肠熏制时可防止油脂分离，减少收缩现象，使香肠在熏制时减少损失。若直接添加到维也纳香肠中，蒸煮时可减少脂肪损失，且香肠具有柔软的质构和较浅的颜色。

葵花籽蛋白和酪蛋白（1∶1）的混合物拉伸后，材料的拉丝性增强，且剪切强度、溶胀能力、稳定性方面都优于其他蛋白质。葵花籽蛋白的组织化不受装罐时蒸煮的影响，其组织化蛋白的"可嚼性""可口性"均可以与肉食相比，适宜用作工艺助剂和碾碎肉制品的增量剂。把葵花籽组织蛋白（30%）掺入馅饼、包子、饺子等食品的馅中代替猪肉、牛肉和羊肉，不仅能减少食品脂肪、胆固醇含量，提高蛋白质含量，还可以降低成本。

5.1.7.2　婴儿食品添加剂

葵花籽蛋白赖氨酸含量较低，蛋氨酸含量较高，可以把葵花籽蛋白与赖氨酸含量高、蛋氨酸含量低的大豆蛋白混合，添加到婴儿食品中，如甜饼、米粉等一些食品中，提供良好的蛋白质营养，促进儿童的正常发育。

5.1.7.3　仿奶饮料

葵花籽蛋白气味柔和，味道比大豆、棉籽和花生蛋白温和得多，不存在腥味、苦味、涩味及抗营养因子，是制造蛋白饮料的良好原料。将葵花籽蛋白

浆与大豆浆液或牛奶按适当比例进行混合，可得到较好香气和色泽的高蛋白
饮料。

5.1.7.4 其他食品

添加 5%的葵花籽蛋白和小麦粉混合，加工成面包，或添加 15%葵花籽蛋白
与小麦粉混合生产饼干，不仅可以强化营养，弥补小麦粉中某些必需氨基酸含量
的不足，而且可以提高质量。同时由于葵花籽蛋白具有良好的起泡性及泡沫稳定
性，可用作食品如糖果、糕饼的起泡剂。

5.2 芝麻蛋白工艺

芝麻（*Sesamum indicum* L. 或称 *S. orientale* L.）可能是迄今所知被人类用
作食品资源的最古老的油籽。芝麻是一年生直立草本，100～120cm 高，每个果
实囊中有 70～100 粒种子，种子的颜色、大小和种皮的结构差异很大，颜色从白
色至浅褐色、金色、灰色、紫色和黑色都有，种皮光滑或粗糙。黑芝麻的种皮较
厚，种子很小，千粒籽重 2～3.5g。芝麻种籽呈扁平上小下大的椭圆形，长、宽、
厚分别为 2.8mm、1.6mm 和 0.82mm，籽粒密度为 1224kg/m^3，静止角为 30.3°，
与木板的摩擦系数为 0.54，与玻璃的摩擦系数为 0.39。

芝麻生长在热带和亚热带地区，印度是最大的生产国，其芝麻种植面积约占
世界芝麻种植面积的 35%，为世界总产量的 27%。中国、缅甸、墨西哥、尼加拉
瓜、苏丹、孟加拉国、索马里和乌干达则是其他的主要芝麻生产国。世界上的芝
麻贸易额估计为 50 万 t 左右，其中脱皮芝麻籽占 10%～12%。日本是最大的进口
国（12 万 t），其次是美国、中国台湾地区、韩国、欧盟和地中海港中心区（土耳
其、约旦、叙利亚、塞浦路斯和以色列）。我国芝麻种植面积为 70×10^{4}hm^2，总
产量在 75 万 t，占世界总产量的 25%左右。芝麻作为重要的一年生油籽作物，已
种植了很多世纪,特别在亚洲和非洲的发展中国家,其优质的食用油（42%～54%）
和蛋白质（22%～25%）含量均高。

芝麻提取油后的粕具有独特的营养特性，含有丰富的蛋氨酸、胱氨酸和色氨
酸。芝麻蛋白能很好地补充大多数油籽和植物蛋白，其脱脂饼粕也是动物饲料工
业所需的优良蛋白质的补充品。

5.2.1 芝麻籽的结构和主要化学组成

5.2.1.1 芝麻籽的结构

芝麻籽由 17%种皮和 83%脱皮籽仁两部分组成。种皮主要是由粗纤维和草酸
钙所组成，芝麻用作食品时需要将其脱除。籽仁主要是胚和胚乳，胚由幼根和胚
芽组成。芝麻油脂和蛋白质分别以油体和蛋白体亚细胞的形式存在于籽仁细胞内
（图 5-9），籽仁中的植酸盐主要存在于蛋白体中的植酸盐球体中。未成熟的芝麻

种籽制取蛋白质不仅得率低，而且品质不良。

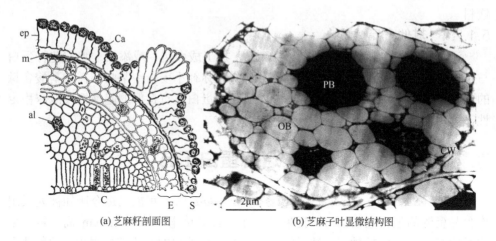

(a) 芝麻籽剖面图　　　　　　(b) 芝麻子叶显微结构图

图 5-9　发育和成熟芝麻种籽细胞超显微结构图

E—胚乳；S—种皮；C—子叶；ep—含有草酸钙结晶的外表皮；m—内皮；al—蛋白粒；

PB—蛋白体；OB—油体；CW—细胞壁

5.2.1.2　芝麻籽的化学组成

如前所述，芝麻的品种不同，它的大小、颜色和皮厚方面有相当的差别，它们的主要成分和微量成分也有差别。

芝麻的主要成分（表 5-8）是油脂、蛋白质、糖等，它们具有较高的食用价值。籽粒中含有 45%～63% 的油，平均值为 50%；19%～31% 的蛋白质，平均值为 25%；14%～16% 的碳水化合物，包括粗纤维和 4%～6% 的灰分。芝麻油的脂肪酸主要是油酸和亚油酸，棕榈酸和硬脂酸的含量很少，几乎不含亚麻酸。

表 5-8　芝麻的近似组成（以干基计）

项目		油脂/%	蛋白质/%	碳水化合物/%	粗纤维/%	灰分/%	草酸/%
白芝麻	全籽	53.3	25.0	9.5	4.1	5.4	2.7
	脱皮籽	57.5	29.9	9.5	3.0	3.5	0.4
黑芝麻	全籽	54.3	25.0	9.5	4.1	5.4	2.7
	脱皮籽	63.4	23.4	8.2	2.5	2.4	0.1
	芝麻皮	10.7	8.4	23.0	19.3	23.8	14.9
	脱皮压榨饼	10.6	57.8	19.4	5.4	6.6	0.3
	脱皮预榨浸出粕	0.4	60.2	27.3	5.3	6.5	0.3

芝麻籽含有14%～16%的碳水化合物，包括葡萄糖（3.2%）、果糖（2.6%）、蔗糖（0.2%）、棉籽糖（0.2%）、水苏糖（0.2%）、车前糖（0.6%）及少量的其他几种低聚糖。另外，也含有3%～6%主要存在于壳和种皮中的粗纤维。在脱脂粉中含有0.58%～2.34%和0.71%～2.59%的半纤维素A和半纤维素B。半纤维素A含有半乳糖醛酸和葡萄糖，以1∶12.9比例存在，而半纤维素B中所含的半乳糖醛酸、葡萄糖、阿拉伯糖和木糖的比例为1∶3.8∶3.8∶3.1，但芝麻中淀粉含量很少。

芝麻籽是一种很好的矿物质源，特别是钙、磷、钾等含量较高（表5-9）。籽粒含4%～6%的矿物质，其中含有1%的钙和0.7%的磷。钙主要存在于种皮中，在脱皮时被去除。此外，由于芝麻籽中高浓度的草酸盐和植酸盐，芝麻中的钙的生物利用率也很小。

芝麻籽是某些维生素的重要来源，特别是烟酸、叶酸和维生素E，然而籽中维生素A含量很低。芝麻油富含生育酚，但γ-维生素Eδ-维生素E比例高于α-维生素E，后者有最高的维生素E活性。

表5-9 芝麻籽中矿物质和维生素的含量

项目		含量	项目	含量
矿物质成分	钙	1000～1483	维生素 B$_6$	4.40～8.70
	磷	570～732	泛酸	0.6
	铁	10～56	叶酸	51～134
	钠	60～80	维生素 C	0.5
	钾	725～831	维生素 E	29.4～52.8
	镁	349.9	α-维生素 E	1.0～1.2
	铜	2.2	β-维生素 E	0.005～0.6
	锌	8.9	γ-维生素 E	24.4～51.7
	锰	3.5	δ-维生素 E	0.05～3.2
维生素成分	维生素 A	约60	可溶性糖	2.5
	维生素 B$_1$	0.14～1.0	多酚	87.8
	维生素 B$_2$	0.02～0.34		

注：表中除维生素A含量的单位为IU、叶酸含量的单位为μg/100g外，其余含量单位均为mg/100g。

芝麻籽几乎不含抗营养因子，因此原籽或加工产品都适于人类的消费，但是它含有较高的草酸盐和植酸盐，在人类营养方面对矿物质的生物利用率有不利的影响。草酸主要存在于皮壳中，由于钙的螯合作用使整籽或粕有轻微的苦味。脱皮可降低芝麻籽中草酸的含量。用过氧化氢在pH 9.5时处理可去除芝麻粕中的草酸。依次用水和盐溶液萃取大约可溶解总粗蛋白的 84%。

芝麻籽含有相当多的磷，大部分与植酸相结合或以菲汀（一种肌醇六磷酸钙镁盐）的形式存在，芝麻籽的植酸含量高达 5%。

5.2.2　芝麻蛋白组成和性质

5.2.2.1　芝麻蛋白组成

芝麻籽含 19%～31% 的蛋白质，平均为 25%。按其溶解度，蛋白质可分为清蛋白（8.6%）和球蛋白（67.3%）等。球蛋白是芝麻中的主要蛋白质，芝麻籽球蛋白中 α-球蛋白约占总量的 60%～70%，β-球蛋白约占 25%。

脱脂芝麻粕粉中主要的球蛋白是盐溶性的。用 10% 的 NaCl 溶液可提取脱脂芝麻粕中蛋白质量见表 5-10。

表 5-10　10%NaCl 溶液可提取 100 g 脱脂芝麻粕中蛋白质量

蛋白质组分	提取量/g	干基含量/%	占总蛋白质量/%
组分 I（68℃凝聚物）	1.56	2.0	3.68
β-球蛋白（84℃凝聚物）	5.66	7.45	13.69
α-球蛋白（91℃凝聚物）	24.35	32.04	58.85
萃取总数量	31.57	41.49	76.22

因芝麻 α-球蛋白又是芝麻球蛋白的主要成分，所以芝麻 α-球蛋白的性质决定芝麻蛋白的性质。运用 SDS-PAGE 电泳技术，对芝麻球蛋白进行分离，从 11S 中分离出 52.0kDa、49.5kDa、47.2kDa、44.0kDa、34.5kDa、30.5kDa、20.3kDa 和 19.2kDa 8 个亚基组分，从 7S 中也分离出 65.5kDa、59.2kDa、50.3kDa、45.1kDa、34.7kDa、32.8kDa、23.3kDa 和 12.4kDa 8 个亚基组分。

5.2.2.2　芝麻 α-球蛋白特性

芝麻 α-球蛋白是一种高分子质量的蛋白质（250～360kDa），沉降系数为 11～13S，是一种寡聚蛋白质，由 6 组分子质量为 50～60kDa 的二聚体组成，二聚体由 A-D 型通过二硫键相联结，并很好地确立了 α-球蛋白的四级结构。

（1）芝麻 α-球蛋白流体动力学参数

根据 V.PRAKASH 的研究，芝麻籽中的 α-球蛋白具有一定形状大小以及化学、物理化学和流体动力学特性。天然状态下，芝麻 α-球蛋白有 $12.4S_{20,w}^{0}$ 沉降系数，扩散系数（$D_{20,w}$）为 $4.9 \times 10^{-7} cm^2/s$，微分比容为 0.725mL/g。超速离心分离测定天然状态下的蛋白质分子质量为 $2.74 \times 10^{5}Da$，而用 6mol/L 的盐酸胍可以把它降解成 19kDa 并使其变性。根据斯托克半径的摩擦系数和电子显微镜观察，这种蛋白质的形状为球形。用疏水性质和亚基相互作用动力学分析，蛋白质的疏水性是稳定的。芝麻 α-球蛋白的流体动力学参数列在表 5-11 中。

表 5-11　芝麻 α-球蛋白的流体动力学参数

序号	参数	数值	序号	参数	数值
1	疏水性及其相关值		9	分子质量	
	①平均疏水性	872cal[①]/残基		①接近沉降法测定值	250kDa±20kDa
	②NPS	0.26		②沉降和扩散法测定值	236kDa±15kDa
	③P	1.36		③沉降和特性黏度法测定值	2252kDa±15kDa
	④电荷	0.362 单位/残基		④沉降平衡法测定值	
2	沉降系数（$S_{20,w}^0$）			（i）天然状态 M_n（平均分子量）	265kDa±12kDa
	①天然状态	12.8S±0.1S		（ii）6mol/L GuHCl M_n（平均分子量）	18kDa±1kDa
	②6mol/LGuHCl（$S_{20,w}$）	2.0S±0.2S	10	粒度	
3	扩散系数	4.9×10⁻⁷cm²/s		①斯托克斯半径	37Å±3Å
4	特性黏度[η]			②沉降法测定	47Å±4Å
	①天然状态	3.0mL/g±0.2mL/g		③扩散法测定	43Å±4Å
	②66mol/L GuHCl	38.5mL/g±1.0mL/g		④回转半径	29Å±3Å
5	非理想系数（g）	0.01mL/mg	11	轴径比例	
6	微分比容			①扁长椭圆体	3.5
	①天然状态	0.725mL/g±0.002mL/g		②椭圆体	3.0
	②6mol/L GuHCl	0.684mL/g±0.002mL/g	12	亚基数量	
7	水化体积（V_e）	0.711mL/g		①SDS-PAGE	12（6×2）
8	水合因子（Φ）	0.27g 水/g		②6mol/L GuHCl	14（7×2）
			13	亚基间作用	疏水性占优势

① 1cal=4.184J。

注：NPS 为非极性侧链；P 为非极性侧链与极性侧链之比值；1Å=10⁻¹⁰m。

（2）盐离子浓度对芝麻 α-球蛋白溶解性影响

芝麻 α-球蛋白在不同的盐离子浓度作用下，亚基间会发生缔合解离作用。使蛋白质解离的阴离子依次为：$SO_4^{2-}<Cl^-<Br^-<ClO_4^-<SCN^-\leqslant ICCl_3^-<COO^-<I^-<CClCOO^-$。相比而言，最前面的两个是引起缔合的离子，而 CClCOONa 是最有效的解离作用试剂。Li^+、Na^+、K^+ 和 Cs^+ 能使其缔合，作用大小顺序为 $Cs^+\approx Li^+\geqslant K^+>Na^+$。

对芝麻蛋白溶解度特性的理解，对于形成制备浓缩蛋白和分离蛋白的方法，及其作为功能性配料在各种食品中的应用是必需的。

溶液的离子强度影响芝麻蛋白的溶解度。螺旋压榨机压榨的饼粕蛋白的萃取度一般低于整籽，这主要是由于加工过程中高温引起蛋白质变性。

芝麻蛋白的最大提取率是在 pH 大于 9，溶剂（水）与粕的质量比为 15：1 时达到。pH 在 2 和 8 之间时蛋白质提取率非常低。然而，如果溶液的离子强度用 NaCl 增加到 1mol/L，则在 pH6 时提取率最大。

芝麻蛋白在 pH 6～7 的水中溶解度最小，呈最低的净电荷式等电点。当 pH 增大或减少时其溶解度逐渐增加。芝麻 α-球蛋白的溶解度受离子强度影响很大。因此，在 pH7 时离子强度从 0 逐渐递增到 1mol/L，溶解度逐渐增加，几乎达到 90%。很明显，通过减少以静电相互作用为基础的蛋白质-蛋白质间的相互作用，使各种离子有利于蛋白质的盐溶性。溶解度最小的 pH 随着离子强度的增加而减小，也表明增强了阳离子对负电性蛋白质的结合与中和作用。

5.2.2.3 芝麻蛋白制品的氨基酸组成和营养特性

芝麻粕粉和分离蛋白都是芝麻蛋白制品，芝麻粕粉和分离蛋白的不同制品的氨基酸组成列于表 5-12。芝麻蛋白富含含硫氨基酸和少量的赖氨酸，这对油籽蛋白来说是常见的。在其他必需氨基酸中，与 FAO 的参照值相比，芝麻蛋白中苏氨酸、异亮氨酸和缬氨酸的含量基本符合 FAO 值要求。在制备分离蛋白（蛋白质含量＞90%）时，蛋氨酸、胱氨酸和色氨酸有一些损失。这表明通过所用的分离方法可选择性地回收或去除某些氨基酸。

表 5-12 芝麻产品中必需氨基酸的组成

氨基酸	粉	粕	分离蛋白			FAO/WHO 模式值
			碱萃取	盐萃取	水萃取	
色氨酸	—	2.0	—	—	1.8	1.0
苏氨酸	3.4	3.9	4.9	3.7	3.3	4.0
缬氨酸	4.7	4.6	4.9	5.2	4.6	5.0
蛋氨酸+胱氨酸	5.8	5.6	3.2	2.1	3.7	3.5
异亮氨酸	3.9	4.7	4.0	4.1	3.6	4.7
亮氨酸	6.7	7.4	6.7	6.6	6.6	7.0
苯丙氨酸+酪氨酸	8.2	10.6	8.7	8.2	7.9	6.0
赖氨酸	2.6	3.5	2.4	2.2	2.1	5.5

注：数值单位为 g/16g(N)。

芝麻蛋白的色氨酸和蛋氨酸较其他油料蛋白含量丰富。因此，芝麻蛋白的氨基酸成分可用于补充缺少此种氨基酸的其他油籽蛋白质。芝麻蛋白的氨基酸可利用率还取决于加工方法。加湿条件下的热处理可增强消化率，同时用螺旋压榨制油对有效赖氨酸无不利影响。然而据报道，蒸煮前后的芝麻分离蛋白在体内的消化率是相同的，这表明芝麻蛋白不含胰蛋白酶抑制剂。

芝麻籽蛋白质中含量高的含硫氨基酸是独特的，表明芝麻蛋白可更广泛地用作蛋氨酸和色氨酸的补充物，可作为婴儿和断奶幼儿食品的优良蛋白源。芝麻蛋白的使用可消除由于食品中补充不稳定的游离蛋氨酸而引起的营养问题。

芝麻籽、饼粕和分离蛋白的蛋白质功效比（PER）值分别为 1.86、1.35 和 1.2。工业生产的蛋白粉和压榨饼的 PER 值为 0.9 和 1.03。芝麻籽蛋白中补充赖氨酸后可使 PER 增加至 2.9。芝麻籽蛋白质的生物价是 62，低于大豆蛋白。

5.2.3 芝麻蛋白加工

芝麻籽的加工或利用，一般不需要去除角质层或种皮，这在芝麻主要用于制油的地区是毋庸置疑的。然而角质层的存在使螺旋压榨粕的色泽加深，使其呈苦味并且纤维和草酸盐含量较高，这样的粕不能作为人类或其他单胃动物的蛋白质资源，因而主要用作牛的饲料或肥料。

芝麻籽的脱皮对于改进用作人类食品资源的粕的质量是必需的。国际上，脱皮芝麻粕粉是一种重要的食品，脱皮也是现代浸出油厂的必备工艺。

芝麻籽工业加工所用的各种方法和工艺简述如下。

5.2.3.1 脱皮芝麻

因为芝麻皮中含有大量的不需要的草酸和不可消化的纤维，草酸会降低人的营养中钙的生物利用率，而纤维不利于粕中蛋白质的消化，皮的存在也使粕的颜色变深和产生苦味。因此在芝麻籽的加工中脱皮仍是世界范围内存在的一个最重要的问题。

芝麻籽的脱皮仍需大量的人工来完成。人工脱皮方法是先用水浸泡芝麻膨胀破皮，然后用轻度捣击或在石块或木板上摩擦去皮。将混合物再用盐溶液浸泡，让皮沉到底部，籽撇出后干燥。这是一种间歇式加工方法，十分缓慢、烦琐、不卫生、效率低和劳动强度大。

机械脱皮方法，其中之一是把清理后的籽在水中浸泡一定的时间，浸泡时可用亦可不用湿润剂。浸泡后的籽再通过两片垂直安装的具有硬表面的盘片，一片是固定的，另一片是旋转的，湿籽通过摩擦作用，皮从仁中脱除。然后通过水流或水喷淋洗涤混合物，用金属丝筛从混合物中筛分出皮。脱皮的籽再用水洗，用太阳光或人工方式干燥。第二种方法，特别是芝麻籽首先需用含或不含化学品的水浸泡，然后让浸泡后的籽连续通过一台特别设计的不施加压力和热量的机械式脱皮机。脱皮的籽和皮的混合湿料从脱皮机中排出，分散在有孔的板上，用水喷射的方法洗去皮，再干燥洗好的脱皮籽。与传统的人工方法相比，这两种脱壳方法是机械式的、简单的、连续的。而且在这两种方法中仅需增加籽洗涤设备和干燥机。

用碱处理或碱液脱皮法也可用于芝麻籽的去皮。在碱液处理的工艺中，其中清理后的籽用热碱液（0.6%NaOH）处理 1min，然后用过量的冷水冲洗籽粒，开裂的籽皮通过合适的擦刮设备分离，然后将去皮的籽干燥，油的质量不受脱皮过程中碱液处理的影响。

由于大多数脱皮方法包含水的使用和湿的脱皮籽去水，其干燥成本是相当高的。估计脱皮籽的成本通常比商品籽高 30%～40%。

脱皮使籽的化学组成发生很大变化。去皮籽含油提高，而粗纤维、钙、铁、硫胺和核黄素减少，含磷量比整籽稍低。草酸主要存在于籽皮中，脱皮后显著减少。脱皮芝麻籽蛋白质的消化率得到明显的改善，且脱皮过程中的热处理及随后的加工不会降低有效赖氨酸的含量。

5.2.3.2 脱脂芝麻粕粉

从油籽中提取油脂的大多数现代的工业生产采用的基本方法是间歇式液压机压榨、连续式螺旋机械压榨和有机溶剂浸出进行脱脂。由于芝麻籽含油量高，直接溶剂浸出法不合适，工业生产中用液压机压榨、连续螺旋压榨机压榨、预榨浸出法结合使用。

近年在欧洲和亚洲，芝麻脱脂通常经三次提取，第一次采用的是冷榨，过滤后所得的油品质特别优良，色泽浅、具有清香芬芳的味道，是高等级的，可立即食用。第二次是把压榨后的残留饼粉高压压榨，制得的油色泽较深，在食用前需要精炼。所剩芝麻饼再经有机溶剂浸出得到的芝麻油品质差更需要精制。冷榨脱脂芝麻饼中的芝麻蛋白热变性少，第二次压榨得到的脱脂芝麻饼芝麻蛋白中等程度热变性，而经高温预压榨有机溶剂浸出脱脂芝麻粕，蛋白质高温劣变程度严重，有效氨基酸成分损失过多。

在预压榨情况下，芝麻籽通过最终清理机后先破碎或轧坯，然后在 110℃下用蒸汽蒸炒 30min，控制物料水分含量 3%～5%，进入预榨机，压榨后预榨饼含油降至 18%～19%，从螺旋压榨机出来的饼不经过造粒，因为它极脆，极易形成粉末，而是直接进入溶剂浸出设备脱脂。

脱脂芝麻粕蛋白质含量为 35%～45%，其含量取决于制油方法和籽是否脱皮。溶剂浸出粕残油降至 0.6%～0.7%，是有价值的家畜饲料。这种蛋白质富含蛋氨酸和胱氨酸，但赖氨酸含量较低。饼的色泽从浅黄色至灰黑色，它取决于籽色的类型。暗色粕常比浅色粕味苦，因而浅色粕更受欢迎。

从芝麻籽中可得到 4 种类型的粕，即全籽粉、脱皮籽粉、脱脂全籽粕粉和脱皮脱脂粕粉。其中最普通的是脱皮脱脂粕粉。脱脂芝麻（蛋白）粕粉的生产工艺流程如图 5-10 所示。

5.2.3.3 浓缩蛋白和分离蛋白

芝麻被广泛加工成几种高蛋白产品，如浓缩蛋白和分离蛋白。浓缩蛋白和分离蛋白的蛋白质含量分别为 70% 和 90%。与许多油籽不同，芝麻从脱皮脱脂芝麻粉制得的浓缩蛋白和分离蛋白不含任何不良的色素、异味物和毒素。

芝麻蛋白用各种盐和碱溶液萃取，蛋白质萃取率随萃取介质、pH 和时间而变化，氢氧化钠（0.04mol/L）是最适合的溶剂，可萃取粕中约 90% 的氮。

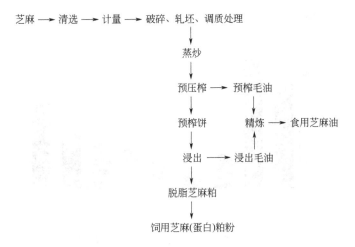

图 5-10　脱脂芝麻（蛋白）粕粉生产工艺流程

由于蛋白质在等电点时的溶解度最小，大多数分离蛋白是通过在适合的溶剂中萃取，再在等电点附近沉淀的方法制备的。芝麻蛋白的等电点为 4.5～4.9。芝麻蛋白用盐和碱萃取，在 pH5.7 区域的溶解度最小。在碱液中用逆流接触溶解蛋白质并在 pH5.4 时沉淀，在此 pH 条件下有 50% 的植酸盐被去除，同时仅 17.5% 的蛋白质被溶解，最终的分离蛋白含 91.4% 的蛋白质，几乎不含植酸盐。

芝麻的其他形式蛋白质，也可以参考花生蛋白等章节，如生产水剂法浓缩蛋白、低温脱脂芝麻蛋白粉、芝麻组织蛋白以及浓缩和分离蛋白。

5.2.3.4　芝麻分离蛋白的特性

（1）芝麻蛋白氮溶解性

E.K.Khalid 等人将芝麻清选、干燥、粉碎和脱脂，制取低温总蛋白为 47.7% 的原料，再利用 pH9 的碱液溶解分离芝麻残渣，然后利用可溶性芝麻溶液在 pH4.5 酸沉方法，分离出可溶性糖后，凝乳水洗至中性再喷雾干燥制成芝麻分离蛋白。对芝麻分离蛋白的功能特性分析结果如下所述。

芝麻分离蛋白在水溶液中的分散性（以氮溶解性表示）随水溶液的 pH 发生变化。测定方法是配置 2%（质量浓度）的蛋白质浓度，在 pH2～10 范围内、24℃ 的温度搅拌 45min 后，在 3000g 离心力作用下分离 30min，按照美国公职化学家（AOAC）的测定方法，测定水可溶性氮与总蛋白氮之比，即为该 pH 下的氮溶解度。测定结果为 pH5 时氮溶解度为 12%，pH3 时氮溶解度为 90%，pH10 时氮溶解度为 72%，如图 5-11 所示。总体分析芝麻分离蛋白的水溶性是良好的。

（2）芝麻分离蛋白持油和保水性

将 1g 芝麻分离蛋白置于 10mL 蒸馏水或玉米油中搅拌后，在 2200g 离心力作用下分离 30min，测定上清液的体积，计算吸水或保油的能力。持水能力在 1.9～2.1g/g 范围之内，持油能力为 1.5mL 油/g 蛋白。其性能低于大豆分离蛋白。

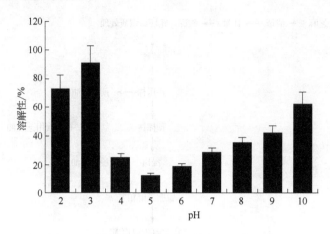

图 5-11　芝麻分离蛋白溶解性与 pH 的关系图

（3）黏度和分散性

芝麻分离蛋白在不同的 pH 和温度条件下测定其黏度见表 5-13。

表 5-13　芝麻分离蛋白的黏度

pH	25℃黏度/10^{-2}Pa·S	70℃黏度/10^{-2}Pa·S	分散性/%
5.0	44.7	134.2	71.0
7.0	53.1	178.9	85.0
9.0	67.1	223.7	91.0

（4）乳化特性

芝麻和芝麻蛋白制品的功能特性列在表 5-14 中。

表 5-14　芝麻和芝麻蛋白制品功能特性

芝麻	WAC/(g/g)	OAC/(g/g)	溶解性[1]/%	EAI/%	ES/%	FP(ΔV)/%	FS/mL(30min)[2]
全脂芝麻粉	5.86	2.16	5.5	98.2	94.2	50	31.25
脱脂芝麻粕粉	5.97	2.22	5.6	97.0	90.7	90	33.75
分离蛋白粉			15	39	5		
1mol/L HCl 水解 16h 的蛋白粉	97.32	1.95					

①100g 样品中水溶（分散）性蛋白质含量。

②用 5S 试样加 100mL 水，在 14000r/min 速度搅拌 1min 倒入量筒后，静止 30min 稳定的泡沫高度体积（mL）。

　　注：WAC 表示吸水能力；OAC 表示吸油能力；EAI 表示乳化活性指数；ES 表示乳化稳定性；FP 表示起泡力；FS 表示起泡稳定性。

　　图 5-12（a）所示为乳化能力与 pH 值的关系。在 pH 值为 5 时 1g 蛋白质至

少乳化 70mL 油脂。在 pH 值为 2 时 1g 蛋白质要乳化 150mL 油脂，pH 值为 10 时 1g 蛋白质能乳化 200mL 油脂。图 5-12（b）所示为芝麻分离蛋白发泡能力与 NaCl 浓度的关系。当 NaCl 浓度为 0.2mol/L 时最低，随着浓度的增加，发泡能力上升，到 1mol/L 时达到最高，然后随着浓度增加，发泡能力又逐渐下降。图 5-12（c）所示为芝麻分离蛋白发泡能力与 pH 值的关系图，pH 值 4～5 时发泡能力最低，pH9 时最大。

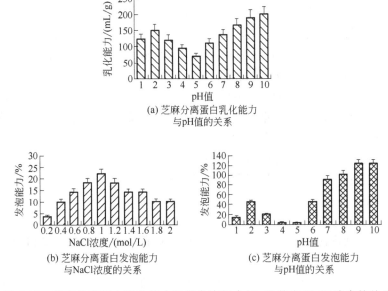

图 5-12 芝麻分离蛋白乳化能力以及发泡能力与 pH 值和 NaCl 浓度的关系

5.2.4 水剂法芝麻蛋白工艺

5.2.4.1 水剂法芝麻蛋白加工工艺原理

水剂法提取油在制油工业中是较为特殊的一种方法，它是利用油料中非油物质对油和水的亲和力不同、油和水的相对密度不同来进行油水分离的。水剂法从芝麻中提取蛋白质和油是将芝麻中蛋白质和油与不溶性残渣分离，从而达到初步提取蛋白质和油的目的。芝麻中的大部分蛋白质都以储存蛋白的形式存在于细胞中的蛋白体内，而油在含油细胞中以 0.1～0.2μm 的液滴分布于蛋白体与蛋白体之间空隙中。当芝麻含水低于 4% 时，将芝麻研磨成以芝麻油脂为连续相，芝麻蛋白、芝麻纤维多糖以微粒形式分散于芝麻油中。这些酱状物与水混合，蛋白质、纤维素和多糖等对水亲和能力强而吸水，它们逐渐脱离芝麻油的束缚，芝麻油脂不溶于水，在以水为连续相的体系中，油脂比水轻，吸水的蛋白质和纤维素、多糖物质颗粒相对密度都比水大，利用离心分离手段，先将芝麻纤维素多糖、芝麻皮等残渣固体重相分离出去，然后再对油和芝麻蛋白水溶液轻相进行离心分离，由于水溶液和分散在水中的蛋白液的相对密度都比芝麻油脂大，再用离心分离机将芝麻蛋白液与芝麻油脂分开。由于芝麻中有磷脂、糖脂和蛋白质等乳化物质，芝麻油脂会乳化，分离过程中芝麻油中含有少量的芝麻蛋白，芝麻液中也会含有少量的芝麻油脂。由于蛋白质的乳化作用，在用水提取蛋白质的同时亦将油分离出去。芝麻残渣中含油率随着蛋白质溶出率的上升而下降。水剂法制油同时提取芝麻蛋白的原理是根据水溶液体系中油脂、蛋白质和纤维素、多糖的密度不同，经离心分离后可将低密度相乳油、高密度相芝麻蛋白，以及不溶性残渣分离。由于蛋白质的溶解性与等电点有关，处于等电点时，蛋白质分子净电荷为零，分子间斥力最小，易相互凝聚而形成沉淀。利用此原理，将去除残渣后的水提取液调 pH 至芝麻蛋白等电点，将蛋白质和油的乳化物同大部分水、可溶性糖、色素、盐类等水溶性组分分离，从而制得油和蛋白质的混合物。

由于传统的小磨香油加工，虽也是用水作溶剂从芝麻中提取芝麻油脂，但芝麻蛋白品质因经高温烘烤严重劣变不适于食用。因此，在这里仅对有利于芝麻蛋白食用的水剂法芝麻加工工艺加以说明。

5.2.4.2 水剂法芝麻蛋白粉生产工艺

水剂法芝麻蛋白加工生产工艺主要分为预处理、研磨与浸提、分离、乳油精制、蛋白液前处理和干燥6个工序，其流程如图5-13所示。

（1）预处理工序

预处理包括水洗、烘干工段。该工序操作过程对整个工艺效果和产品质量有着重要的影响。

① 清选（或水洗脱皮）。水洗的目的是除去原料芝麻中的泥沙、瘪粒种子、植物茎叶和各种杂质（或润湿芝麻，有利于脱皮）。

② 烘干。烘干是为了降低芝麻的水分，烘干后水分降低到4%以下。为了减少蛋白质变性，必须采用低温烘干工艺，要求在干燥过程中原料温度不得高于60℃。

（2）研磨与浸提工序

① 研磨。研磨即是破坏原料的组织细胞。干研磨可以使用超微磨机，干研磨没有加水可以防止乳化，有利于提高芝麻油和蛋白质的得率。研磨料酱温度不大于80℃，研磨的粒度控制在10μm左右。

② 浸提。浸提就是从破碎后的细胞组织中提取蛋白质的过程。经干研磨物料浸提时加水量为物料的6～7倍，浸提的原则是"少量多次"，以求用最少量的水尽可能地将油和蛋白质分散在水中，用食用纯碱调整溶液的 pH 值为7.5～8，料温保持60℃左右。在浸提时罐内搅拌转速控制在40r/min，使颗粒在溶液中呈悬浮状态，后期搅拌可适当降低速度以防止形成稳定的乳状液。料液在搅拌作用下，油脂自行上浮，上面油层逐渐增厚，搅拌时间为30min，浸提设备采用立式浸提罐，上浮油层放入乳油罐。如果在加水浸提工艺中加入适当纤维素分解酶，

可以有效地水解芝麻种子细胞壁，有利于油脂和蛋白质的提取。现在的水酶法芝麻加工就是利用这个原理。

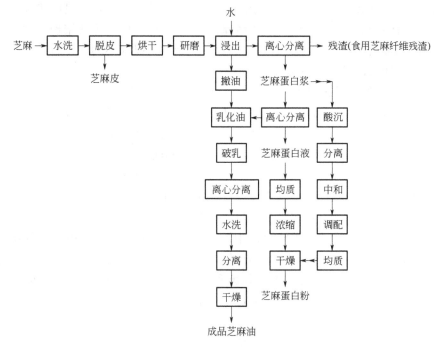

图 5-13　水剂法芝麻蛋白粉生产工艺流程示意

（3）分离

分离就是将蛋白浸出液中的固体物质分离出去的过程。浸提操作完成后，大部分芝麻油上浮分层，蛋白液中只含有少量的油脂和大量的固体残渣（主要是纤维素和淀粉等高分子碳水化合物）。先采用卧式螺旋离心机将固体残渣分出，控制残渣中含油量低于 7%，蛋白质含量低于 10% 左右，从卧式离心机出来的浆液，再用碟式离心机分离出含水分 30% 左右的乳化油和蛋白质溶液。

（4）乳油处理工序

将从碟式分离机出来的乳化油和浸提罐中自行上浮的大部分液体油及乳化油合并起来共同处理。它们含有 24%～30% 的水分和 1% 的蛋白质及其他具有乳化作用的物质，其中乳化油中含有 70% 左右的芝麻油，乳油处理有以下两种方法。

① 直接熬炼法。把乳化油打入化糖锅，用 0.05MPa 的间接蒸汽把乳化油加热到 100℃，煮沸蒸发掉大部分水分，然后把蒸气压增加到 0.2MPa，继续炼到乳化油中的蛋白质变性沉淀，油逐渐析出，最后即可撇出油脂。

② 机械破乳法。将乳化油先用间接蒸汽加热到 95～100℃，不断搅拌蒸煮 0.5h 左右，利用机械的高速剪切作用以及高温变性作用和加酸调 pH 使蛋白质的

酸凝作用，使蛋白质从乳化油中沉淀析出，经离心分离即可得到纯净芝麻油。

（5）蛋白液前处理工序

由离心机分离出来的蛋白液，虽然除去了不溶性糖类物质，但仍然含有数量可观的可溶性糖类物质，如蔗糖、葡萄糖、水苏糖和棉籽糖等低聚糖，这些物质最终会影响蛋白质产品的蛋白质含量和风味。因此，根据不同加工目的，还需要进一步处理加工以满足不同要求。

① 灭菌。经过前面几个工序的加工处理后，蛋白液中已含有大量微生物，这些生物在蛋白液中非常活跃，因此，灭菌操作必须在芝麻变成蛋白液2~4h之内完成，否则，蛋白液会发生自然酸沉。浸提和分离整个过程冬季控制在4h之内，夏季控制在2h之内。灭菌操作温度为85~90℃，时间为15~20s。

② 均质。均质是把蛋白液中的微量油脂和蛋白质颗粒微粒化的一个调质处理，不仅可以打碎脂肪油滴，还可以打碎蛋白质颗粒，使油脂和蛋白质均匀分散于溶液中，这对于提高产品质量是非常有利的。均质压力控制在15~35MPa范围内。

③ 浓缩。浓缩就是除去浸出液中溶剂的过程。从碟式分离机出来的蛋白液中含有8%~10%的固形物，其余90%左右都是水。这些水必须在干燥之前除去，以减少干燥设备的负荷，提高产品粒度和质量。浓缩温度通常为50~60℃，残压保持在8~19kPa，蛋白液浓缩到12~13波美度，即可出锅。否则浓度太高，对后面干燥不利。

④ 酸沉。酸沉是除去糖类物质的过程。如果要生产蛋白质含量更高、风味更好的蛋白粉，必须将蛋白液中的可溶性糖类物质分离出来。酸沉就是利用蛋白质在等电点附近溶解度最低这一特点。调节溶液的pH至芝麻蛋白的等电点，这时蛋白质由于失去稳定的双电层结构，分子相互碰撞并凝聚起来，形成更大的蛋白质颗粒而从溶液中沉淀出来。经自然沉降静置，分离出去可溶性糖类，或经离心机加速沉降除去糖类物质，经酸沉处理后蛋白质纯度可提高到85%以上。

（6）干燥

干燥是为了减少浓缩物中的水分，便于产品的储存和长途运输，同时可防止微生物的繁殖。产品水分含量越低，储存时间越长。干燥过程中，还必须尽量保持蛋白质的天然性质、功能特性和尽量降低干燥费用。

目前常用的干燥方法有喷雾干燥、沸腾干燥、真空干燥和冷冻升华干燥等。

河南工业大学蛋白质资源研究所利用水剂法和水酶法制备的芝麻分离蛋白的物理特性列在表5-15中，氨基酸成分列在表5-16中。

表5-15　水酶法芝麻分离蛋白和对比样的基本物理特性　　单位：%

样品	水分	粗脂肪	蛋白质（N×6.25）	NSI	灰分
芝麻分离蛋白	10.84	0.31	90.12	54.9	5.03
墨西哥 DIPASRSE SAPROT	6.2	0.2	90.3	59.6	6.25

表 5-16　制备芝麻分离蛋白样品中的氨基酸成分　　　　单位：%

检测项目	检测结果	检测项目	检测结果	检测项目	检测结果	检测项目	检测结果
天冬氨酸	6.46	异亮氨酸	3.14	亮氨酸	5.29	精氨酸	9.96
苏氨酸	2.85	丙氨酸	3.52	酪氨酸	2.78	脯氨酸	2.48
丝氨酸	3.44	胱氨酸	0.67	苯丙氨酸	3.96	色氨酸	0.74
谷氨酸	16.40	缬氨酸	3.50	赖氨酸	1.94		
甘氨酸	3.64	蛋氨酸	2.22	组氨酸	2.14		

5.2.4.3　工艺特点

用水剂法生产芝麻油和蛋白粉有以下优点。

① 出油率与压榨法相当，干渣残油在 5%～7%，而且水剂法能获得基本不变性的蛋白质。压榨法由于高温蒸炒和挤压而使芝麻饼中的蛋白质变性，使芝麻蛋白的食用价值降低。

② 水剂法出油率比溶剂浸出法低，但水剂法设备简单、操作方便，而且由于不使用易燃溶剂，保证了食品的卫生和生产上的安全。

虽然水剂法生产芝麻油和蛋白质是较先进的生产工艺，但由于工业化生产时间短，在工艺和设备上尚存在一些问题。该法生产过程是用水作溶剂，蛋白质溶液在加工过程中容易变质，所以必须加强卫生管理。

如果利用蛋白酶水解芝麻蛋白，可以得到芝麻蛋白水解肽和其他蛋白饮料制品。

5.3　亚麻籽蛋白工艺

5.3.1　亚麻籽的结构和成分

5.3.1.1　亚麻籽的结构

亚麻（*Linum usitatissimum* L.）籽又称胡麻籽，形状如芝麻，个体比芝麻稍大。表皮有亚麻胶，看起来很光亮，亚麻籽结构如图 5-14 所示。亚麻籽含有外表皮和内种皮、胚（含胚芽）、薄薄的胚乳以及两片子叶。表皮含有亚麻胶，子叶中含亚麻油脂和蛋白质。油脂储存在子叶细胞壁围成的亚细胞油体中，蛋白质储存在蛋白体中，在油体外膜中还含有油体膜蛋白、磷脂、维生素 E 等成分。亚麻籽中还含有其他营养成分和抗营养成分如亚麻苦苷、酚酸。

5.3.1.2　亚麻籽的主要成分

亚麻籽的形体大小和物理特性与水分含量有关，种籽的长、宽、厚分别为 4.27～4.64 mm、2.22～2.38mm、0.85～0.88mm；千粒重 6～6.7g，颗粒密度 1.010～1.020g/cm³，容重 0.545～0.690g/cm³。亚麻籽含有油脂和蛋白质等营养成分，通常为 31．9%～37.8%脂肪、21.9%～31.6%蛋白质、36.7%～46.8%可食纤维、7.1%～8.3%水分、3%～4%的灰分。亚麻籽的主要成分列于表 5-17 中。

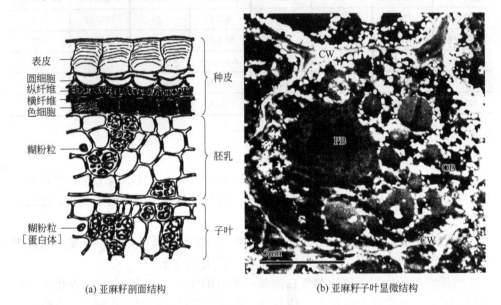

<table>
<tr><td align="center">表皮
圆细胞
纵纤维
横纤维
色细胞</td><td align="center">种皮</td></tr>
<tr><td align="center">糊粉粒</td><td align="center">胚乳</td></tr>
<tr><td align="center">糊粉粒
[蛋白体]</td><td align="center">子叶</td></tr>
</table>

(a) 亚麻籽剖面结构　　　　　　　　(b) 亚麻籽子叶显微结构

图 5-14　亚麻籽结构

CW—细胞壁；PB—蛋白体；OB—油体

表 5-17　亚麻籽的主要成分

成分	含量/%	成分	含量/%
水分	7.1～8.3	脂肪酸成分	
粗脂肪（干基）	31.9～37.8	棕榈酸	4.6～6.3
蛋白质	26.9～31.6	硬脂酸	3.3～6.1
总可食纤维	36.7～46.8	油酸	19.3～29.4
酸不溶性纤维	30	亚油酸	14.0～18.2
酸可溶性纤维	10	亚麻酸	44.6～51.5

5.3.1.3　亚麻籽蛋白组分

亚麻籽中的蛋白约占亚麻籽含量的 20%～30%，亚麻籽蛋白主要有球蛋白（Linins）、清蛋白、油体蛋白等。亚麻籽球蛋白主要是亚麻籽蛋白，分子质量为 252～298 kDa，含有 3%α-螺旋和 17%β-结构。亚麻籽球蛋白具有较低数量的二硫键和较少的含硫氨基酸。球蛋白的氨基酸组成显示出高的酰胺含量（谷氨酸-谷氨酰胺，天冬氨酸-天冬酰胺和精氨酸）。亚麻籽球与大豆所含蛋白质的氨基酸组成列于表 5-18。

表 5-18 亚麻籽与大豆所含蛋白质的氨基酸组成

氨基酸	亚麻籽			大豆球蛋白 /（g/100g）
	总蛋白/（g/100g）	球蛋白/[g/16g（N）]	清蛋白/[g/16g（N）]	
天冬氨酸	8.3	11.3	5.5	12.7
谷氨酸	22.8	19.8	35	15.5
丝氨酸	4.1	5.1	3.9	5.3
甘氨酸	4.9	4.8	8.3	7.7
组氨酸	2.7	2.5	1.6	1.8
精氨酸	10.4	11.5	13.1	5.5
苏氨酸	3.4	3.9	2.1	3.7
丙氨酸	4.3	7.9	1.9	5.6
脯氨酸	3.6	4.5	3	6.2
酪氨酸	2.2	2.3	1.4	2.8
缬氨酸	5.7	5.6	2.6	5.7
蛋氨酸	1.5	1.7	0.8	1.6
半胱氨酸	3.3	1.4	3.5	0.7
异亮氨酸	4.8	4.6	2.8	4.6
亮氨酸	6.7	5.8	5.4	7
苯丙氨酸	5.1	5.9	2.4	4.3
赖氨酸	4.4	3.1	4.9	4.2

亚麻籽清蛋白或伴亚麻籽球蛋白（conlinins），与其他类型植物蛋白质的清蛋白的性质相似。亚麻籽清蛋白由分子质量 16～18kDa 和沉降系数 1.6～2S 的单个多肽链组成。表 5-19 列出了亚麻籽蛋白物理化学特性。

表 5-19 亚麻籽清蛋白和球蛋白的物理化学性质（Oomah 和 Mazza，1993）

特性		清蛋白	球蛋白
总蛋白/%		20	66
沉淀系数（$S_{20,w}$）/S		1.6	12
扩散系数（$D_{20,w} \times 10^7$）/（cm²/s）		10.7	3.7
分子质量/kDa	Archibald 方法	17	294
	沉积扩散	16	298
	从黏度	—	252
二级结构/%	α-螺旋	26	3
	β-结构	32	17
	非周期性	42	80
亚基数	SDS-PAGE	1	5
	尿素-PAGE	—	6

亚麻籽蛋白除了球蛋白和清蛋白，还有存在于油体外磷脂膜上的油体膜蛋白，这种油体蛋白是分子质量为 16～24kDa 的高亲脂性蛋白质，约占总亚麻籽蛋白含量的 7.2%。

5.3.1.4 亚麻籽中的木酚素和酚酸

亚麻籽中除含有丰富的亚油酸和亚麻酸，特别是 ω-3 脂肪酸具有降低血液饱和脂肪酸作用和心血管保健功能外，亚麻籽还含有亚麻籽木酚素。由于它的抗氧化和防癌功效，使亚麻籽及其制品的营养功能受到世人的重视。

亚麻籽皮中的木酚素（图 5-15）是由羟基甲基-戊二酸（HMGA）链接类黄酮香草葶二葡萄糖苷（HDG）和开环异落叶松脂醇二葡萄糖苷（SDG）形成的高分子化合物。这种木酚素是从亚麻籽皮中经过提取、皂化以及水解和纯化制取的。亚麻籽木酚素还有对香豆酸葡萄糖苷（CouAG）和阿魏酸葡萄糖苷（FeAG）。上述这些成分，或它们的降解物，都具有抗氧化性能，在食品和油中能够起到抗氧化作用。

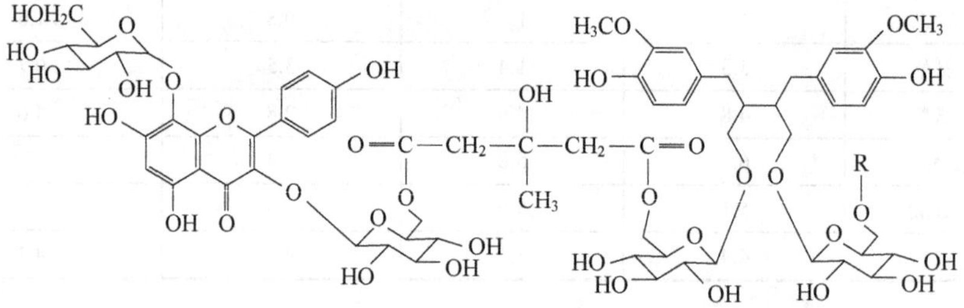

图 5-15 亚麻籽木酚素化学结构（HDG+HMGA+SDG）

亚麻籽含有酚类化合物，如黄酮、香豆素、木脂素和酚酸。酚类化合物作为抗氧化剂的作用已被认为与亚麻籽中酚类化合物的一些乙醇提取物相关。亚麻籽各类酚酸含量如表 5-20 所示。

表 5-20 亚麻籽产品的酚类化合物含量　　　　　　　　单位：mg/100g

酚类化合物	NDFE[①]	DFE[②]
阿魏酸	161	313
香豆酸	87	130
咖啡酸	4	15
绿原酸	720	1435
没食子酸	29	17
原儿茶酸	7	7
对羟基苯甲酸	1719	6454
辛酸	18	27

酚类化合物	NDFE[①]	DFE[②]
香兰素	22	42
总计	2767	8440
SDG[③]	2653	4793

① NDFE，未脱脂亚麻籽浸提物。

② DFE，脱脂亚麻籽浸提物。

③ SDG，开环异落叶松树脂酚二葡萄糖苷。

5.3.1.5 亚麻籽抗营养成分

亚麻籽中含有亚麻苦苷。亚麻苦苷是丙酮氰醇的配糖体，水解产生丙酮和氢氰酸（图 5-16）。亚麻籽中还含有亚麻籽葡萄糖氰苷，这类糖苷在与其共存的水解酶的催化下（适宜温度 40～50℃，pH5 左右）可水解产生氢氰酸。

天然的葡萄糖氰苷能溶于水，在酸性 pH 条件下，经葡萄糖苷酶催化水解，生成葡萄糖和氢氰酸。100g 亚麻籽含有 20～50 mg 氰和其他的亚麻籽二葡萄糖氰苷、亚麻籽苦苷和新亚麻籽苦苷以及少量的单葡萄糖亚麻籽苦苷。100g 亚麻籽中含有 213～352mg 亚麻籽二葡萄糖氰苷化合物，约占总亚麻籽氰苷含量的 54%～76%，新亚麻籽葡萄糖氰苷占 91～203mg，而两种低葡萄糖氰苷亚麻籽品种中的 100g 亚麻籽中葡萄糖氰苷含量小于 32mg。氢氰酸是剧毒化合物，而由于脱脂的亚麻籽饼粕含有氢氰酸，所以需要脱毒才能用作饲料蛋白源。

亚麻苦苷在有特定葡萄苷酶水解时，释放出氢氰酸。氢氰酸的沸点是 26℃。如果用亚麻籽粕饲喂牲畜，发现在低温下浸泡 15min 可减少一半的氢氰酸。由于氢氰酸有挥发性，所有浸取工艺必须在密闭容器中进行。

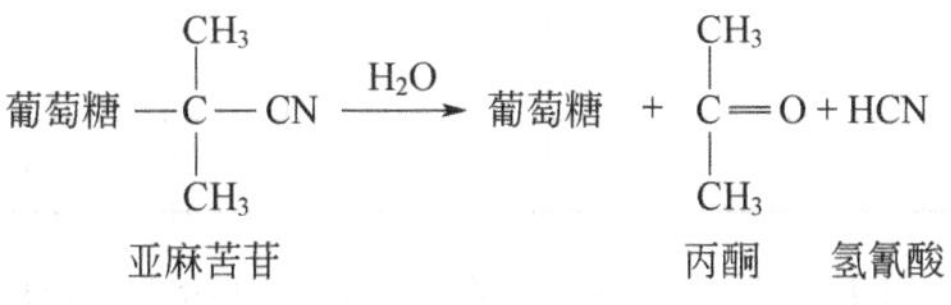

$$葡萄糖—\overset{\overset{CH_3}{|}}{\underset{\underset{CH_3}{|}}{C}}—CN \xrightarrow{H_2O} 葡萄糖 + \overset{\overset{CH_3}{|}}{\underset{\underset{CH_3}{|}}{C}}=O + HCN$$

亚麻苦苷　　　　　　　　　　丙酮　氢氰酸

图 5-16 亚麻苦苷结构和水解产物

亚麻籽经常规压榨、预压榨和有机溶剂浸出加工后的各种脱脂亚麻制品中的氰苷含量见表 5-21。

表 5-21 亚麻籽制品中氰苷含量（Oomah and Mazza，1998）　单位：mg/100g

制品	亚麻苦苷	龙胆二糖丙酮氰醇	β-龙胆二糖甲乙酮氰醇	总计	总计（无油）
种子	15	149	144	309	550
坯片	10	148	127	282	465

制品	亚麻苦苷	龙胆二糖丙酮氰醇	β-龙胆二糖甲乙酮氰醇	总计	总计（无油）
饼	14	217	204	435	526
粕	11	247	218	476	502
脱脂种籽粕	2	207	190	397	440
脱脂坯片	—	212	213	425	450
脱脂饼	7	183	167	354	360
脱脂粕	5	236	223	464	466

5.3.1.6 亚麻籽黏胶膜

亚麻胶存在于亚麻籽的种皮中，为一种黏性胶质，其含量是干燥籽实质量的 2%～7%，在亚麻籽饼中约占 3%～10%。这种胶质是一种易溶于水的糖类，主要成分由非还原糖和乙醛酸所组成。亚麻籽胶和商业胶的主要成分比较列于表 5-22 中。

表 5-22　亚麻籽和商业胶中相对中性糖的组成（Cui 和 Mazza，1996）

名称	亚麻籽胶/%			商品胶/%		
	Norman	Omega	Foster	阿拉伯胶	瓜儿豆胶	黄原胶
甲基戊糖	21.2	27.2	25.6	34.0	0.0	0.0
岩藻糖	5.0	7.1	5.8	0.0	0.0	0.0
阿拉伯糖	13.5	9.2	11.0	24.0	24.0	0.0
木糖	37.4	28.2	21.1	0.0	0.0	0.0
半乳糖	20.0	24.4	28.4	45.0	33.0	0.0
葡萄糖	2.1	3.6	8.2	0.0	0.0	50.7
甘露糖	0.0	0.0	0.0	0.0	67.0	49.3

亚麻胶虽溶于水，但却完全不能被单胃动物和禽类消化利用，因此在日粮中饲喂量太多时会影响动物的食欲。用其粉料饲喂幼禽时，可胶黏禽喙，长期下去可使幼禽的喙发生畸形并影响采食。即使作为颗粒料干喂时，由于不能被消化利用，使动物排出胶黏粪便，这种粪便常黏附在家禽肛门周围的羽毛上，严重者引起大肠或肛门梗阻。

国外报道亚麻籽饼在幼禽日粮中不应超过 3%。反刍动物的瘤胃微生物可以分解亚麻胶，并加以利用。同时，亚麻胶可以吸收大量水分而膨胀，从而使饲料在瘤胃中停留时间延长而便于微生物有更多时间对饲料进行消化。因此，国外广泛使用亚麻籽饼饲喂牛、羊，其适口性和肥育效果都好，且可防止便秘（有通便效果）并使被毛富有光泽。

5.3.2 亚麻籽蛋白生产工艺

5.3.2.1 压榨和浸出制取脱脂饼粕亚麻籽蛋白制品

亚麻籽经清选、除杂后，进行轧坯、蒸炒，待温度达到 110℃、水分为 2.5%～3%时进行压榨脱脂，如果是单一压榨，脱脂后亚麻籽饼残油保持在 4%～7%；如果是预榨浸出，脱脂后亚麻籽饼残油维持在 8%～20%。预榨饼经过轧坯机破碎，进入浸出器，使用己烷溶剂在 65℃温度条件下浸出 30～90min，浸出脱脂后的粕经过脱溶剂，溶剂回收循环使用。脱脂后的亚麻籽粕含 1%残油、37%蛋白质。如果应用脱皮亚麻籽仁进行加工，蛋白质含量会更高。如图 5-17 所示就是常规的压榨和预压榨-浸出脱脂生产工艺。

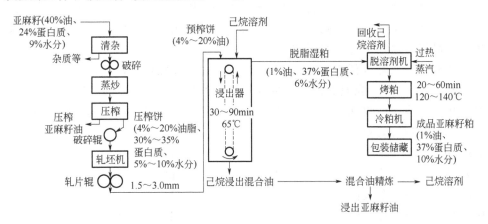

图 5-17　亚麻籽压榨和预压榨-浸出脱脂生产工艺

常规的亚麻籽脱脂主要是采用压榨和预压榨-有机溶剂浸出工艺，以用来制备脱脂亚麻籽饼和粕。机械压榨的亚麻籽饼和溶剂浸出脱脂的粕的蛋白质、脂质和可溶性糖与酚酸成分列于表 5-23 中。

表 5-23　亚麻籽饼和粕的主要成分

项目	粗蛋白（N×6.25）/%	粗脂肪/%	灰分/%	可溶性糖/%	总酚酸/%
饼	35.12	7.36	5.86	14.97	1.22
粕	39.81	1.72	7.25	15.18	8.8

5.3.2.2 亚麻籽饼粕中的主要抗营养成分

亚麻籽饼粕中含有亚麻籽氰苷（表 5-24），亚麻籽氰苷会释放出氢氰酸（HCN），食用 HCN 的最小经口 LD_{50} 致死量为 0.5～3.5mg/kg。食入大量 HCN 将导致几分钟内死亡，而较小剂量的不超过 3h 左右可幸存，中毒开始的症状是末梢麻木和轻微头疼，随后是头脑不清、麻木、抽搐，最后昏迷。小的非致死剂量会导致头疼，感觉嗓子和胸部憋闷、心悸以及肌肉虚弱。

表 5-24　亚麻籽饼粕中的氰苷含量　　　　　　　　单位：mg/100g

项目	亚麻苦苷	亚麻籽二葡萄糖氰苷
饼	14.3	217
粕	10.6	247

在实验动物中中毒的基本表现是麻木和痉挛。至于中毒的牲畜，喂养好的动物对稳定摄入生氰的草有相当大的容忍度。每天可摄入潜在氰化物相当于50mg/kg 体重的最低摄入量。另一方面，饥饿的牲畜每天低摄入量也会导致死亡。

含氰苷植物在水中浸泡会发生水解，游离 HCN 随后在煮沸时挥发。防止中毒发生，必须采取预防措施，保证在食品加工过程中形成的 HCN 完全除去，如果随食品摄入氰会引起人类慢性神经疾病。

亚麻籽中亚麻苦苷的含量因亚麻的品种、种子成熟程度以及种子含油量等因素的不同而有差异。成熟的种子极少或完全不含亚麻苦苷。未成熟种子作油料（一般在种子未成熟前收获），含亚麻苦苷较多。种子含油量越低，其亚麻苦苷含量越高；含油量越高，则亚麻苦苷含量越低。新鲜亚麻籽中氢氰酸的含量可达 0.25～0.6g/kg，储藏时其含量下降。亚麻籽饼中亚麻苦苷的含量因榨油方法不同而有很大差异。用溶剂浸出法或在低温条件下进行机械冷榨时，亚麻籽中的亚麻苦苷和亚麻苦苷酶可完全残留在饼粕中，一旦条件适合就分解产生氢氰酸。采用机械热榨油法时（亚麻籽在榨油前经过蒸炒，温度一般在 100℃以上，往往高达 125～130℃），其亚麻苦苷和亚麻苦苷酶绝大部分遭到破坏。我国目前一般采用机械热榨油法，其亚麻籽饼中氢氰酸产生量较低。据甘肃、宁夏等北方 5 省（区）的 4个机榨亚麻饼样品的分析结果表明，样品中氢氰酸的含量差异甚大，低者小于5mg/kg，高者达 146mg/kg，但氢氰酸含量小于 16mg/kg 者占总样品数的 73%。可见，大部分亚麻籽饼的毒性不大。事实上，我国不少地区家畜日粮中使用 20%的亚麻籽饼，有的用量高达 30%，也未发生畜禽氢氰酸中毒现象。但是，在一些采用土法榨油的作坊，由于亚麻籽的炒焙温度不够高或炒焙不匀，所得的亚麻籽饼的氢氰酸含量较高，可能引起畜禽中毒。

5.3.2.3　亚麻籽综合加工和亚麻籽饼粕脱毒

常规亚麻籽制油采取压榨法或预压榨和有机溶剂浸出法进行脱脂，制备的亚麻籽饼和亚麻籽粕中含有亚麻籽蛋白、亚麻油、亚麻木酚素、亚麻胶可利用成分和亚麻籽氰苷等抗营养物质，后者限制了亚麻籽蛋白饲用。以下分别介绍脱毒方法。

（1）生产工艺中水解葡萄糖氰苷脱毒

利用葡萄糖氰苷水解生成氰氢酸，氢氰酸沸点低，容易被蒸炒加热随水蒸气一起蒸发掉而脱除的原理，在常规亚麻籽脱脂加工工艺设备中，运用软化锅作葡萄糖氰苷水解生成氰氢酸反应器，使得亚麻籽中的葡萄糖氰苷最大限度地水解生成氰氢酸，以便在蒸炒或浸出湿粕脱溶剂时脱除，达到降低亚麻籽饼粕氰苷及其产物的效果。

　　亚麻籽经清选、除杂后，润湿轧坯使亚麻籽细胞破碎，在软化锅中控制水分，50～60℃保持 40～60min，利用自身葡萄糖氰苷酶对葡萄糖氰苷水解，生成葡萄糖、丙酮和氢氰酸。利用氢氰酸沸点为 26℃的低沸点特性，经 110～125℃蒸炒（或脱溶剂），在水分（或溶剂）挥发过程中进行有效脱毒。

　　亚麻籽饼粕的主要毒性成分是亚麻苦苷，通常未成熟的亚麻籽含量较高，成熟的亚麻籽亚麻苦苷含量较少。尽可能地选用成熟的亚麻籽进行加工。

（2）亚麻籽饼粕极性溶剂法脱毒

　　这种方法主要是利用亚麻籽葡萄糖氰苷溶于水或含水乙醇的特性，用水或含水乙醇对饼粕浸出，将氰苷及其降解物萃取出来，达到脱毒的目的。同时也可将亚麻籽饼粕中的亚麻苦苷、亚麻胶和抗维生素 B 抗营养成分脱除（脱毒方法参看本书有关含水乙醇浸提工艺）。

（3）亚麻籽脱皮综合加工

　　由于亚麻籽皮中含有亚麻胶、亚麻籽木酚素和亚麻籽葡萄糖氰苷等抗营养成分，先将蛋白质和脂肪含量低的亚麻籽皮脱除，就可以达到降低亚麻籽饼粕毒性成分含量的目的。分离出的亚麻籽皮可以提取亚麻胶、亚麻籽木酚素和膳食纤维。

　　在亚麻籽加工中，为了提高亚麻籽食品应用，降低亚麻籽纤维含量，提取亚麻胶和亚麻籽木酚素等特殊成分，在亚麻籽制油的前处理工段，采用亚麻籽脱皮技术。脱下的亚麻籽皮富含亚麻籽木酚素和亚麻胶，又是制备亚麻木酚素和亚麻胶的上好原料。应用脱皮亚麻籽仁加工脱脂，制取的亚麻籽饼粕的蛋白质营养性更好。图 5-18 是亚麻籽微波脱皮工艺图。

　　亚麻籽经微波加热脱水、干燥、冷却后，进行挤压摩擦式处理。然后，用筛子分出细粉和大杂，亚麻籽仁和皮进行空气分离，分离不彻底再进行风选除皮，得到亚麻籽皮和脱皮亚麻籽。脱皮亚麻籽可以进一步加工用于食品和保健食品。亚麻籽

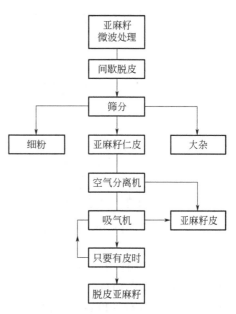

图 5-18　亚麻籽微波脱皮的蛋白工艺

皮提取亚麻籽木酚素，用于抗氧化和保健食品。亚麻籽皮也可以提取亚麻籽食用胶。

　　脱皮亚麻籽仁蛋白质、脂肪含量高，纤维素、亚麻胶含量低，脱脂后可以采用其他油料蛋白加工方式加工成可满足不同需要的亚麻籽蛋白产品。

（4）亚麻籽清蛋白、球蛋白和醇溶谷蛋白生产工艺

利用不同溶剂从亚麻籽脱脂粕中制取亚麻籽清蛋白、球蛋白和醇溶谷蛋白工艺如图 5-19 所示。

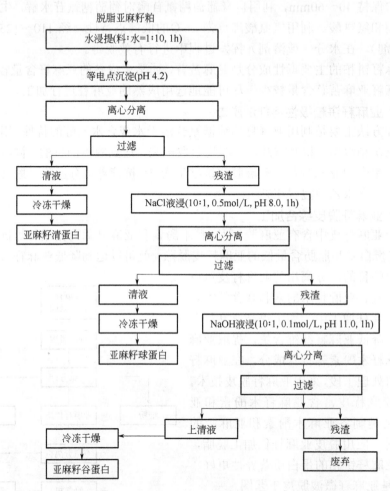

图 5-19　亚麻籽清蛋白、球蛋白和醇溶谷蛋白制取工艺

将脱脂亚麻籽粕，按 1:10 的粕:水比例混合，在 pH8 的条件下搅拌浸提 40min，然后调节 pH4.2 进行等电点沉淀，离心分离，清液浓缩、冷冻干燥，得到亚麻籽清蛋白（伴亚麻籽球蛋白）。离心的重相液体（残渣），用 0.5mol/L 的 1:10 的氯化钠:水在 pH8.0 下浸提 1h，离心分离和过滤，清液浓缩、冷冻干燥，得到亚麻籽球蛋白；离心分离的重相残渣，用 0.1mol/L 的 1:10 的氢氧化钠:水在 pH11.0 下浸提 1h，离心分离和过滤，清液浓缩、冷冻干燥得到亚麻籽醇溶谷蛋白，残渣用作肥料。

（5）亚麻籽蛋白的生物学性质

亚麻籽经蛋白 Alcalase 蛋白酶水解，产生具有血管疏张素转换酶抑制（ACEI）活性的水解产物，经试验亚麻籽蛋白水解物有效降低血浆胆固醇和甘油三酯水平。亚麻籽蛋白中的限制性氨基酸是赖氨酸、苏氨酸和酪氨酸。健康影响与亚麻籽消费有关，包括降低心血管疾病风险，抗病毒活性、抗菌活性、抗真菌活性、抗炎等作用。亚麻籽蛋白与大豆蛋白的生物活性和营养特性比较列于表 5-25 中。

表 5-25　亚麻籽蛋白和大豆蛋白的生物活性和营养特性比较（Oomah 和 Mazza，1995）

特性	亚麻籽	大豆
生物价值/%	61.6～77.4	72.8
净蛋白利用率/%	57.8	61.4
消化率/%	72.9～91.6	90.5
蛋白质效率比/（g/g）	0.79～1.76	2.32
蛋白质评分/（mg/g）	56.5～82.0	47.0

蛋白质消化率可能取决于固有或外在因素的差异。内在因素如蛋白质结构和组成，而外在因素则涉及可能抑制酶水解的外界因素，如胰蛋白酶抑制剂。某些食物蛋白质的蛋白质水解可导致形成称为生物活性肽的特定蛋白质片段，其具有展现不同生物活性的能力，这些生物活性可对身体功能或条件产生积极影响，例如降低脂肪自动氧化速率，在食物中那些肽在消化或食物加工过程中，从其母体蛋白释放时可能显示出其生物学活性。亚麻籽蛋白水解产物生物和抗氧化活性列于表 5-26 中。

表 5-26　亚麻籽蛋白水解产物生物和抗氧化活性（Marambe 等，2008）

活性类型	活性/%	IC_{50}/（mg/mL）
水解度（DH）	11.9～70.6	—
血管紧张素转换酶抑制活性（ACEI）	71.6～88.3	0.07
抗氧化活性	12.5～22.1	1.56

亚麻籽蛋白经酶水解可产生血管紧张素-Ⅰ-转化抑制剂活性物质和抗氧化活性肽成分以及抗微生物等特性。

不同的亚麻籽蛋白还具有像其他植物蛋白的食品应用的乳化、凝胶、持水、持油等应用功能。

参考文献

[1] Alhassane T，Xu X.，Flaxseed lignans ［J］. Comprehensive Reviews In Food Science and Food Safety，2010，261（9）：261-269.

[2] Altschul A M. Processed plant protein foodstuffs ［J］. New York：Academic Press，1958.

［3］Ayad A A. Characterization and properties of flaxseed protein fractions［M］. Montreal. McGill University，2010.

［4］Burnett G R，Rigby N M，Mills C，et al. Characterization of the emulsification properties of 2s albumins from sunflower seed［J］. Journal of Colloid and Interface Science，2002，247：177-185.

［5］Chen H H，Xu S Y，Wang Z. Gelation properties of flaxseed gum［J］. Journal of Food Engineering，2006，77：295-303.

［6］Coskuner Y，Karababa E. Some physical properties of flaxseed (*Linum usitatissimum* L.)［J］. Journal of Food Engineering，2007，78：1067-1073.

［7］Chung C H， Yee Y J，et al. Changes of lipid，protein，RNA and fatty acid composition in developing sesame (*Sesamum indicum* L.) seeds［J］. Plant Science，1995，109：237-243.

［8］Chung M W Y，Lei B，Li-Chan E C Y. Isolation and structural characterization of the major protein fraction from NorMan flaxseed (*Linum usitatissimum* L.)［J］. Food Chemistry，2005，90：271-279.

［9］Elleuch M，Besbes S. Quality characteristics of sesame seeds and by-products［J］. Food Chemistry，2007，103：641-650.

［10］Fisk I D，White D A，Carvalho A，et al. Tocopherol——an intrinsic component of sunflower seed oil bodies ［J］. JAOCS，2006，83（4）：341-344.

［11］Gutte K B，Sahoo A K，Ranveer R C. Bioactive components of flaxseed and its health benefits［J］. Int J Pharm Sci Rev Res，2015，31（1）：42-51.

［12］Gamara G E，Nunes C P，Sanzio G，et al. Alpha-tocopherol and gamma-tocopherol concentration in vegetable oils［J］. Ciência e Tecnologia de Alimentos，2014，34（2）：379-385.

［13］Khalid E K，Babiker E E，Tinay A H E. Solubility and functional properties of sesame seed proteins as influenced by pH and/or salt concentration［J］. Food Chemistry，2003，82：361-366.

［14］Kabirullah M，Wills R. Characterization of sunflower protein［J］. J Agric Food Chem，1983，44（5）：953-956.

［15］Linares H M，et al，Interfacial and foaming properties of enzyme -induced hydrolysis of sunflower protein isolate［J］. Food Hydrocolloids，2007，21：782-793.

［16］Lee T T，Leu W M. Sesame oleosin and prepro-2S albumin expressed as a fusion polypeptide in transgenic rice were split，processed and separately assembled into oil bodies and protein bodies［J］. Journal of Cereal Science，2006，44：333-341.

［17］Marambe H K，Wanasundara J. Protein from flaxseed （*Linum usitatissimum* L. ）-science direct［J］. Sustainable Protein Sources，2017：133-144.

［18］Moure A，Sineiro J，et al. Functionality of oilseed protein products: a review［J］. Food Research International，2006，39：945-963.

［19］Sen M，Bhattacharyya D K. Nutritional quality of sunflower seed protein fraction extracted with isopropanol［J］. Plant Food for Human Nutrition，2000，55：265-278.

［20］Oomah B D，Mazza G. Fractionation of flaxseed with a batch dehuller［J］. Industrial Crops and Products，1998，9：19-27.

[21] Orruño E，Morgan M R A. Purification and characterisation of the 7S globulin storage protein from sesame (*Sesamum indicum* L.) [J]. Food Chemistry，2007，100（3）：926-934.

[22] Onsaard E. Sesame proteins [J]. International food research journal，2012，19（4）：1287-1295.

[23] Prakash V，Narasingarao M S. Stractural similarities among the high molecular weight protein fractions of oilseeds [J]. J Biosci，1988，13（2）：171-180.

[24] Parikh M，Maddaford T G，Austria J A. Dietary flaxseed as a strategy for improving human health [J]. Nutrients，2019，11：1-15.

[25] Pakash V. Hydrodynamic properties of *α*-globulin from *Sesamum indicum* L. [J]. J Biosci，1985，9（3）：165-175.

[26] Rouilly A，Orliac O，et al. Thermal denaturation of sunflower globulins in low moisture conditions [J]. Thermochimica Acta，2003，398：195-201.

[27] Sripad G，Narasinga M S Rao. Effect of methods to remove polyphenols from sunflower meal on the physicochemical properties of the proteins [J]. J Agric Food Chem，1988，35（6）：962-966.

[28] Selvi K C，Pınar Y. Some physical properties of linseed [J]. Biosystems Engineering，2006，95（4）：607-612.

[29] Tunde-Akintunde T Y. Akintunde B O. Some physical properties of sesame seed [J]. Biosystems Engineering，2004，88（1）：127-129.

[30] Tarpila A，Wennberg T，Tarpila S. Flaxseed as a functional food [J]. Current Topics in Nutraceutical Research，2005，3（3）：167-188.

[31] Prasad T D. Studies on the interaction of sunflower albumins with chlorogenic acid [J]. J Agric Food Chem，1988，36（3）：450-452.

[32] Tunde-Akintundel T Y，Akintunde B O. Some physical properties of sesame seed [J]. Biosystems Engineering，2004，88（1）：127-129.

[33] Taia S S K，Lee T T T，Tsai C C Y，et al. Expression pattern and deposition of three storage proteins，11S globulin, 2S albumin and 7S globulin in maturing sesame seeds [J]. Plant Physiol Biochem，2001，39：981-992.

[34] Villamide M J，San Juan L D. Effect of chemical composition of sunflower seed meal on its true metabolizable energy and amino acid digestibility [J]. Poultry Science，1998，77（12）：1884-1892.

[35] 杜长安，陈复生，吴文斌，等. 植物蛋白工艺学 [M]，北京：中国商业出版社，1995：125-130.

[36] 黎碧娜，杨辉荣，陈海贤，等. 从葵花籽中提取抗氧化成分及葵花蛋白 [J]. 精细化工，1995（12）：32-35.

[37] 李秀凉，谢良，王璋. 水提法从芝麻中提取蛋白质和油提取条件的优化 [J]：黑龙江大学自然科学学报，2001，18（4）：105-108.

[38] 史凤文，孙国秀. 葵花蛋白资源的利用 [J]. 中国油脂，1987（5）：23-27.

[39] 刘恩礼，王岚，杨帆，等. 葵花籽分离蛋白及葵花籽色拉油生产工艺的研究 [J]. 中国油脂，2001，26（4）：26-27.

[40] 刘玉兰，汪学德，马传国，等. 油脂制取与加工工艺学 [M]，北京：科学出版社，2003：30-31.

6

菜籽蛋白与工艺

6.1　菜籽蛋白组成和特性

　　菜籽包括白菜型（*Brassica campestris* L.）、甘蓝型（*Brassica nupus* L.）和芥菜型（*Brassica Juncea* L.）以及它们的杂交品种菜籽。菜籽蛋白有很高的营养价值，但和菜籽油不同的是，菜籽粕中的蛋白至今未应用到食品中作为人类膳食的营养物质，原因主要是其中含有硫苷及其分解产物、酚类化合物和植酸等抗营养组分，这些物质的脱除是菜籽蛋白加工的技术难题。近年来，由于生物柴油需求量的增长，作为其主要原料的菜籽产量逐年增加，其加工副产物菜籽饼粕的量也随之增加。目前，大部分菜籽粕用作饲料，由于有毒有害物质的存在，脱脂菜籽粕用于饲料时要进行脱毒，有关菜籽蛋白的脱毒和制备方法国内外已有很多的相关报道。1968 年，Bhatty 等人首次论述了菜籽蛋白的分离和纯化，自此，各种分离纯化菜籽蛋白的方法相继发表，包括提取和沉淀以及不同的色谱技术及膜分离技术。

6.1.1　菜籽蛋白的组成和结构

　　菜籽中的蛋白质类化合物由 87%的蛋白以及 13%的肽和氨基酸组成。菜籽中含有 21%～24%的粗蛋白，脱脂菜籽粕中含有 33%～39%的粗蛋白，其含量随品种和种植的条件不同而不同。通过育种的方法培育出的菜籽品种，菜籽粕中蛋白质的含量可以达到 40%以上。

　　菜籽蛋白可以分为三部分：最多的一部分是储藏蛋白，没有酶活性；其次是具有结构功能的膜蛋白；最小的一部分是具有酶活性的物质，如硫葡萄糖苷酶、脂肪酶等。菜籽中的储藏蛋白主要是两种：12S 和 2S（1.7S）组分。在不同的品种中，这两种蛋白质的含量明显不同。12S 和 2S 蛋白也是其他十字花科植物的主要储藏蛋白。利用分子排阻色谱技术对不同品种菜籽的蛋白质进行测定，测得 12S 球蛋白的含量为 27%～65%，2S 蛋白的含量为 13%～46%。菜籽中 12S 球蛋白称为 cruciferin 或 brassin，2S 蛋白称为 napin 或 conbrassin，是从其种属中派生出的植物蛋白的名字。

6.1.1.1　12S 球蛋白（cruciferin）的结构

12S 球蛋白是一种中性蛋白质。菜籽中 12S 球蛋白的分子量为 300000 左右，等电点 7.2，是由 6 个亚基对组成的一种寡聚蛋白，每个亚基对由一条重的 α-链（30000）和一条轻 β-链（20000）构成，每个亚基的 α-链和 β-链之间由二硫键连接，共有四种不同的亚基对。根据所处环境的 pH 和离子强度 cruciferin 会发生解离。cruciferin 的一些物理化学数据见表 6-1。

尽管以前有报道说 cruciferin 是一种糖蛋白，但通过氨基酸序列分析发现在肽链上没有糖基的取代位置，证明只有痕量的糖结合到蛋白质上。

根据 12S 球蛋白的结构模型，疏水性的 β-侧链位于蛋白质分子的内部，强亲水性的 C-末端区域（α-链）位于蛋白质分子的表面，菜籽蛋白中的 12S 球蛋白含有一个由 38 个氨基酸组成的亲水性的分支，有许多的甘氨酸-谷酰胺重复单位位于 α-链的中间部分，在蛋白质的表面形成一个环，因此 α-链的 C-末端区域对菜籽蛋白的 12S 组分的功能性有着特别的重要性。

表 6-1　12S 球蛋白的物理化学性质

特性	数据
等电点	7.2
平均疏水性 H_{av}（cal/氨基酸残基）	1041
沉降系数 $S_{20,w}$/S	12.7
扩散系数 $D_{20,w}$/（$10^{-7} \times cm^2/s$）	3.78
流体动力学半径/nm	5.65
微分比容/（mL/g）	0.729
分子量	300000±10000
分子形状	扁椭球型
分子大小/nm	11.0×11.0×8.8
亚基数	6
四级结构	三角棱柱
对称性	32（D_3）
二级结构/%	α-螺旋 10，β-折叠 50

注：1cal=4.184J。

6.1.1.2　2S 球蛋白（napin）的结构

低分子量的菜籽蛋白 napin 是一类强碱性蛋白，等电点 pI 为 11，分子量为

12000～17000，含有 40%～46%的 α-螺旋和 12%的 β-折叠片，是由一个分子量较大（9000）的多肽链和一个分子量较小（4000）的多肽链构成，两个多肽链由二硫桥连接。

6.1.2　菜籽蛋白的溶解特性

菜籽蛋白溶解性不像大豆蛋白那样在等电点范围变化较快，而是变化比较平缓。菜籽蛋白的溶解曲线见图 6-1，数据见表 6-2。

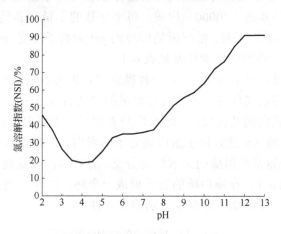

图 6-1　菜籽蛋白溶解曲线

菜籽蛋白在等电点时，仅能沉淀 40%～50%的蛋白质。在菜籽蛋白的氮溶解曲线中，具有两个低溶解度点。一个在 pH4.5 左右，一个在 pH7.0 左右。这是菜籽蛋白不同于其他植物蛋白的一个重要特性。

菜籽蛋白的溶解性不仅受 pH 值的影响，还受提取温度的影响，在低于 60℃时，相同的 pH 条件下菜籽蛋白的溶解性随温度的升高而增加，且随着温度的升高，其最小溶解度对应的 pH 值向碱性方向移动，溶解曲线的形状也会随之发生变化；盐的存在对菜籽蛋白的溶解性也有很大的影响。另外，菜籽蛋白的溶解性还与菜籽品种有直接关系，不同的菜籽品种其溶解行为会有一定差别。

表 6-2　不同品种的菜籽中蛋白质在不同 pH 和离子强度
（单位：mol/L）溶液中的氮溶解特性

单位：%

菜籽和盐的种类	pH 4.0					pH 7.0					pH10.0				
	0.00	0.25	0.50	0.75	1.00	0.00	0.25	0.50	0.75	1.00	0.00	0.25	0.50	0.75	1.00
B. juncea															
AC Vulcan															
NaCl	19.4	35.9	41.2	39.5	40.8	45.9	50.3	64.5	54.8	63.9	54.8	83.6	74.4	68.6	64.6
CaCl₂	19.4	48.7	47.3	49.4	55.1	45.9	63.2	93.2	65.8	64.0	54.8	66.7	54.9	63.6	55.9

菜籽和盐的种类	pH 4.0					pH 7.0					pH10.0				
	0.00	0.25	0.50	0.75	1.00	0.00	0.25	0.50	0.75	1.00	0.00	0.25	0.50	0.75	1.00
Dahinda															
NaCl	25.3	47.9	43.7	35.8	38.9	46.5	76.9	90.7	72.2	84.4	83.6	87.6	84.1	73.3	82.2
CaCl$_2$	25.3	55.8	47.8	50.0	48.6	46.5	88.7	82.0	80.6	78.4	83.6	86.0	69.3	73.6	66.3
B. napus															
AC Excel															
NaCl	27.3	36.1	40.9	38.8	41.2	60.6	74.4	73.7	70.2	71.4	72.7	76.0	76.6	99.3	80.8
CaCl$_2$	27.3	45.6	44.7	47.0	46.1	60.6	81.4	76.5	81.0	79.4	72.7	78.3	73.0	70.7	74.4
S. alba															
AC Pennant															
NaCl	23.7	32.5	31.3	29.6	31.7	35.4	52.0	53.9	46.0	56.5	68.8	57.8	55.1	52.0	68.2
CaCl$_2$	23.7	42.4	36.4	39.1	38.4	35.4	39.3	42.9	42.6	42.7	68.8	44.2	37.5	38.3	39.3

资料来源：Wanasundara 等（2012）。

菜籽蛋白的溶解曲线的形状是由菜籽蛋白的组成决定的，12S 和 2S 蛋白等电点不同决定两种组分在同一 pH 下溶解度的不同，因此菜籽蛋白的等电点范围较宽。由于菜籽品种的不同，其蛋白质中的 2S 和 12S 组分的含量也会不同，因此，不同的菜籽品种的蛋白质的溶解曲线也不相同。

6.1.3 菜籽蛋白的功能特性

蛋白的利用很大程度上取决于蛋白质的功能特性，如溶解性、吸水性、吸油性、乳化性以及凝胶特性。温和的气味和较浅的颜色也是应用中重要的感官指标。菜籽蛋白除了具有较好的营养特性外，其功能性也优于其他蛋白，特别是吸油性、保水性和乳化性能优于大豆蛋白。但由于得率较低且产品色泽较差，植酸的存在也在一定程度上影响菜籽蛋白的功能特性，又由于其中可能存在毒性物质，如硫苷及其产物，限制了菜籽蛋白的应用。

表 6-3 菜籽蛋白制品和大豆蛋白制品的功能特性

蛋白制品	粗蛋白（$N \times 6.25$）/%	氮溶解性（pH6）/%	悬浮液pH	吸水性/%	吸油性/%	乳化性/%	搅打体积增加/%
大豆蛋白制品							
脱脂大豆粉	55.5	10.7	6.6	223	130	12	669
大豆浓缩蛋白	69.9	6.4	4.9	331	202	10	133.5
大豆分离蛋白	94.6	—	—	—	—	—	321.7

蛋白制品	粗蛋白 （$N×6.25$）/%	氮溶解性 （pH6）/%	悬浮液 pH	吸水性 /%	吸油性 /%	乳化性 /%	搅打体积 增加 /%
菜籽蛋白制品							
脱脂菜籽粉	45.9	44.8	6.0	265	298	46	333.2
菜籽浓缩蛋白	66.0	4.0	6.4	398	389	10	112.5
菜籽分离蛋白	82.6	12.7	6.8	310	380	38	365.0

和大豆蛋白相比，菜籽浓缩蛋白和分离蛋白具有较好的吸水性和吸油性，菜籽分离蛋白的搅打起泡性和乳化性也较好；和脱脂菜籽粉相比，菜籽浓缩蛋白的溶解性、乳化性、搅打特性、黏性几乎没有改变；和浓缩蛋白相比，菜籽分离蛋白的吸水性、吸油性没有提高，但乳化性和起泡性却大大增加；菜籽分离蛋白没有形成凝胶的能力；搅打时虽然菜籽分离蛋白形成的泡沫体积较小，但泡沫稳定性比蛋清蛋白还高。菜籽蛋白制品和大豆蛋白制品的功能特性比较见表6-3。

菜籽蛋白的来源、处理工艺、蛋白和非蛋白组分与蛋白质之间的相互作用都会影响菜籽蛋白的功能特性。一般来说，适度的处理可改善蛋白质的功能特性，比如，热处理可导致蛋白质的热变性，蛋白质分子中的疏水性基团和巯基暴露出来，进而会影响蛋白质的起泡性、乳化性和凝胶性。

因此利用化学改性的方法提高菜籽蛋白的功能特性，某些功能特性可以得到一定程度的改善。

6.1.3.1 菜籽中12S和2S蛋白的表面特性

12S球蛋白具有高的起泡性和泡沫稳定性，琥珀酰化后12S球蛋白的起泡性和泡沫稳定性将会得到进一步提高。这种改性可以使蛋白质分子带上较多的负电荷，并且导致寡聚蛋白的解离和折叠肽链的打开。高度琥珀酰化的12S球蛋白的泡沫稳定作用是由于吸附的蛋白质的负电荷的增加导致气泡之间的排斥作用增加引起的。随着未折叠蛋白质的黏度的提高，泡沫界面的流变学特性增强，泡沫的稳定性也增强。琥珀酰化对12S球蛋白的乳化特性也有提高作用，这是因为蛋白质分子电荷的改变也改变了油滴之间的排斥力，进而降低了乳状物絮凝的速率。

菜籽中的2S蛋白具有良好的泡沫特性，起泡性等于甚至优于鸡蛋蛋白和高起泡性的大豆蛋白水解产物 $D_{100}WA$（商品名），泡沫稳定性稍低于鸡蛋蛋白，但比高起泡性的大豆蛋白水解产物 $D_{100}WA$ 高得多。乙酰化不影响2S蛋白形成泡沫的稳定性。2S蛋白只有较低的或中度的乳化特性，低于菜籽12S球蛋白、葵花籽蛋白和大豆蛋白。由于2S蛋白的高亲水性，琥珀酰化不能提高其乳化性。尽管2S蛋白的表面疏水性和引入的乙酰基团的数目成线性增加关系，但是乙酰化降低了2S蛋白的乳化容量。琥珀酰化可增加油水界面的张力，而乙酰化则根据改性的程度增加或减少这种作用。由于电荷的改变，琥珀酰化和乙酰化减缓了

2S 菜籽蛋白的热聚合，高度琥珀酰化的 2S 蛋白的等电点移至 4.5 左右，而未改性的 2S 蛋白在 pH2～10 的范围内仍滞留在溶液中，因此，改性蛋白可在酸性范围内从溶液中沉淀出来。因此，琥珀酰化后，可以同时沉淀菜籽中的 2S 蛋白和 12S 蛋白。

6.1.3.2　分离蛋白的表面特性、流变学特性和凝胶特性

据报道，对碱提酸沉法制备的菜籽蛋白分离物加热至 120℃和 145℃可以提高蛋白质的凝胶特性，在此条件下加热对聚肽链没有影响。结合蛋白质的提取对菜籽蛋白进行乙酰化和琥珀酰化，可以提高氮提取率，同时可以增加蛋白质的吸水性、吸油性、乳化性，改善产品的色泽。琥珀酰化可以使菜籽蛋白在弱酸性或中性的条件下溶解性显著提高。通过琥珀酰化也可以显著提高蛋白质的乳化活性，因为乳化性和蛋白质的溶解性、疏水性等密切相关。蛋白质的乳化稳定性受蛋白质的溶解性、zeta-电位、蛋白质分散后的表面黏度以及油相和水相的密度差的影响，琥珀酰化后菜籽蛋白的乳化稳定性也显著增加。

菜籽蛋白分离物的微观结构对其分散体系的流变学特性有着重要的作用。对于未改性蛋白，其分离物以球形聚集体形式存在，琥珀酰化后在所有的离子环境条件下都会增加它的表观黏度。分散相的微观结构以及溶解物和分散相的相互作用影响流体的行为（flow behavior）。蛋白质的溶解性和疏水性在低剪切速率和高剪切速率下都决定着其表观黏度。

加工和制备工艺对菜籽蛋白的凝胶特性和其他的功能特性有明显影响。Canola（双低菜籽）中菜籽蛋白分离物仅在 pH>9.5 时形成凝胶，且凝胶是不透明的，这主要是因为不溶性粒子的存在。琥珀酰化的菜籽蛋白在 pH5～11 的范围内都可以形成凝胶，除了在 pH5 以外，琥珀酰化的菜籽蛋白形成的凝胶都是透明的，稳定的凝胶的形成主要是疏水性相互作用和氢键。

6.1.4　菜籽蛋白的氨基酸组成和营养价值

因为日粮中谷物是主要的组成部分，而谷物蛋白中赖氨酸是第一限制性氨基酸，因此，从营养价值来说，作为食品蛋白质，其中的赖氨酸含量是对蛋白质的质量评价的主要指标。

表 6-4　FAO/WHO 推荐必需氨基酸模式值与菜籽蛋白中氨基酸组成对比　　单位：g/100g

氨基酸	推荐值				菜籽蛋白
	婴儿	2～5 岁儿童	10～12 岁儿童	成年人	
组氨酸	2.6	1.9	1.9	1.6	3.2
异亮氨酸	4.6	2.8	2.8	1.3	3.9
亮氨酸	9.3	6.6	4.4	1.9	7.6
赖氨酸	6.6	5.8	4.4	1.6	6.3

氨基酸	推荐值				菜籽蛋白
	婴儿	2～5 岁儿童	10～12 岁儿童	成年人	
蛋氨酸+半胱氨酸	4.2	2.5	2.2	1.7	5.7
苯丙氨酸+酪氨酸	7.2	6.3	2.2	1.9	4.8
苏氨酸	4.3	3.4	2.8	0.9	4.5
色氨酸	1.7	1.1	0.9	0.5	未检测
缬氨酸	5.5	3.5	2.5	1.3	4.9

菜籽蛋白是一种优质蛋白质，其最大特点是含硫氨基酸和赖氨酸的含量较高，菜籽蛋白的氨基酸组成符合 FAO/WHO 推荐模式值（表 6-4），PER 值高于其他的植物蛋白，甚至高于酪蛋白。菜籽中两种主要的储藏蛋白，12S 球蛋白中富含赖氨酸和蛋氨酸，2S 球蛋白中含有大量的脯氨酸、谷氨酰胺和半胱氨酸。

6.2　菜籽中硫葡萄糖苷及其他抗营养物质的特性

硫葡萄糖苷（glucosinolate，硫苷）广泛存在于十字花科植物中，和这些植物特殊的风味密切相关，在一些植物中，这些物质的存在也和地方性的甲状腺肿大有着直接关系。硫葡萄糖苷存在于植物的所有部分——根、茎、叶和种子中，种子中的含量最高。目前为止已发现 120 多种硫苷。每种植物中主要存在 1～7 种硫苷。含有硫苷的植物中同时存在一种能分解这种硫苷的酶——芥子酶（myrosinase，thioglucosidase）。

人们很早就已经开始应用硫苷产生的特殊风味。芥末籽的特殊的辛辣气味在很久以前就已经被人们所了解。1840 年 Bussy 分离出了硫苷，命名为黑芥子硫苷酸钾（sinigrin），自此，人们对芥末油中的烯丙基异硫氰酸酯和它的前体物质的关系才有所了解，认为烯丙基异硫氰酸酯的形成是芥末籽粒中与 sinigrin 有关的酶体系水解的产物。

6.2.1　硫苷的化学结构和命名

硫苷的基本结构是由 Ettlinger 和 Lundeen 于 1956 年提出的，并通过苯甲基硫苷的合成得到证实。所有的硫苷都含有一个硫取代的 β-D-葡萄糖基，其基本结构如下：

$$R-C\begin{array}{l} \diagup S-C_6H_{11}O_5 \\ \diagdown N-OSO_3- \end{array}$$

根据硫苷中取代基 R 基团的结构差异，可将硫苷分为脂肪族硫苷、芳香族硫苷和杂环芳香族硫苷三大类。也可按 R 基团中有无羟基存在，分为不带羟基的硫苷和带有羟基的硫苷两大类。硫苷是负离子，在植物中以盐的形式存在，通常被认为是钾盐。

硫苷的命名最开始采用的都是俗名，例如 sinigrin 和 sinalbin 是从黑芥子和白芥子中分离出来的硫苷，即黑芥子硫苷和白芥子硫苷，早期使用的这些名字都是和它的来源有关的。后来采用的命名方法是将 gluco 冠在首先发现这种硫苷的植物的拉丁文名称的前面，例如 glucocheirolin 就是这种命名法的一个例子。现在多采用的命名方法是和硫苷的化学结构命名法有关的，是在硫苷的前面冠以取代基的名字，例如，当 R 基团是甲基时，就称该硫苷为甲基硫苷。

6.2.2 硫苷的降解产物

硫苷能溶于水、乙醇、甲醇和丙酮。当生的含有硫苷的植物原料在有水分的条件下被破碎时，其中的硫苷可被其自身存在的硫苷酶水解，通常释放出葡萄糖和硫酸根离子，而配基离子再经重排生成异硫氰酸酯（isothiocyanate）、硫氰酸酯（thiocyanate），不经重排则脱硫生成腈（nitrile）。降解途径见图 6-2。

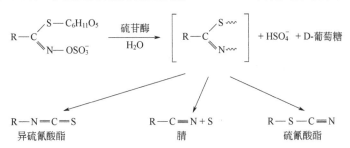

图 6-2　硫苷的降解途径

有些硫苷水解之后并不生成这些产物，它们的配基在水解之后会环化形成噁唑烷-2-硫酮（oxazolidine-2-thione，OZT）。水解之后形成这类产物的硫苷，其配基 R 基团的 C2 上应带有羟基。OZT 的形成途径如图 6-3 所示。

可以看出，在 2-羟基-3-丁烯基硫苷分子中有一个不对称碳原子（用"*"标注），甲状腺素原[progoitrin，（R）-2-hydroxy-3-butenyl-GS]与表甲状腺素原[epi-progoitrin，（S）-2-hydroxy-3-butenyl-GS]不同之处仅仅是带"*"的碳原子上的取代基的空间排列构型不同。芸苔（Brassica）中的 2-羟基-3-丁烯基硫苷降解产生的 5-乙烯基-OZT 是（R）型的，从海甘蓝中的 2-羟基-3-丁烯基硫苷降解产生的 5-乙烯基-OZT 是（S）型的。

如果硫苷中的 R 基团含有不饱和键，则 R 基团在重排的过程中生成一个新的不对称碳原子，硫苷在一定的条件下水解就会生成非对映的环硫腈（epithionitrile，1-cyano-2-hydroxy-3，4-epithiobutane），形成途径如图 6-4 所示。

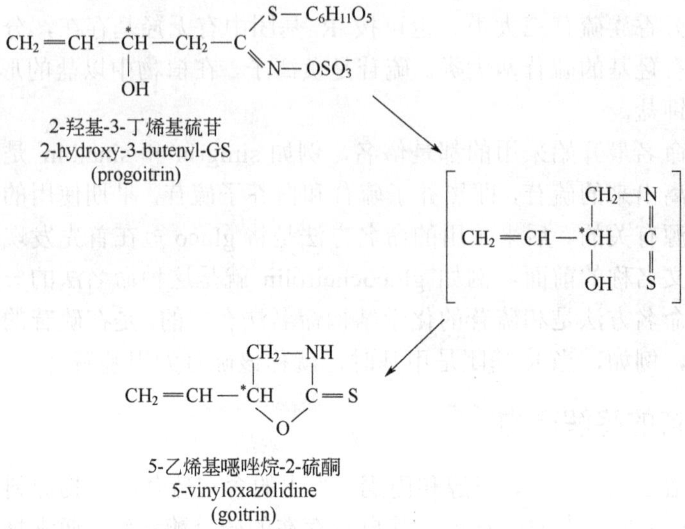

$$CH_2=CH-\overset{*}{CH}-CH_2-C\overset{\displaystyle S-C_6H_{11}O_5}{\underset{\displaystyle N-OSO_3^-}{\big<}}$$

2-羟基-3-丁烯基硫苷
2-hydroxy-3-butenyl-GS
(progoitrin)

$$\left[CH_2=CH-\overset{*}{CH}-C\overset{\displaystyle CH_2-N}{\underset{\displaystyle S}{\big<}} \right]$$
$$OH$$

$$CH_2=CH-\overset{*}{CH}-C\overset{\displaystyle CH_2-NH}{\underset{\displaystyle S}{\big<}}$$
$$O$$

5-乙烯基噁唑烷-2-硫酮
5-vinyloxazolidine
(goitrin)

图 6-3　噁唑烷-2-硫酮的形成途径

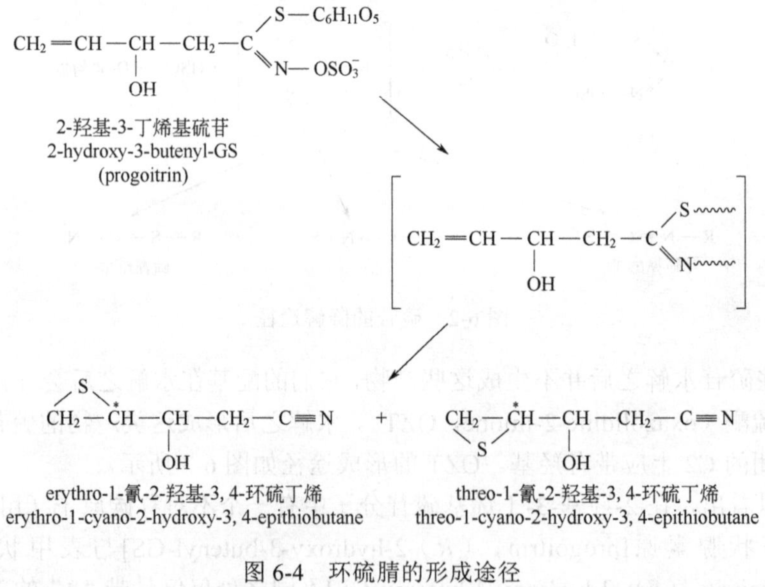

$$CH_2=CH-CH-CH_2-C\overset{\displaystyle S-C_6H_{11}O_5}{\underset{\displaystyle N-OSO_3^-}{\big<}}$$
$$OH$$

2-羟基-3-丁烯基硫苷
2-hydroxy-3-butenyl-GS
(progoitrin)

$$\left[CH_2=CH-CH-CH_2-C\overset{\displaystyle S\sim\sim\sim}{\underset{\displaystyle N\sim\sim\sim}{\big<}} \right]$$
$$OH$$

$$CH_2-\overset{*}{CH}-CH-CH_2-C\equiv N \qquad + \qquad CH_2-\overset{*}{CH}-CH-CH_2-C\equiv N$$

erythro-1-氰-2-羟基-3,4-环硫丁烯　　　　　threo-1-氰-2-羟基-3,4-环硫丁烯
erythro-1-cyano-2-hydroxy-3,4-epithiobutane　threo-1-cyano-2-hydroxy-3,4-epithiobutane

图 6-4　环硫腈的形成途径

　　含有吲哚基的硫苷经硫苷酶水解可以生成腈和不稳定的异硫氰酸酯，异硫氰酸酯进一步降解生成硫氰酸根离子和吲哚醇，吲哚醇可以和体系中的抗坏血酸进行反应生成抗坏血酸原。其反应途径如图 6-5 所示。

　　由此可知，硫苷酶水解对羟基苯甲基硫苷（p-hydroxy-benzyl-GS）将产生对羟基苯甲基异硫氰酸酯，对羟基苯甲基异硫氰酸酯可以迅速降解为对羟基苯甲醇和硫氰酸根离子以及少量的其他产物。

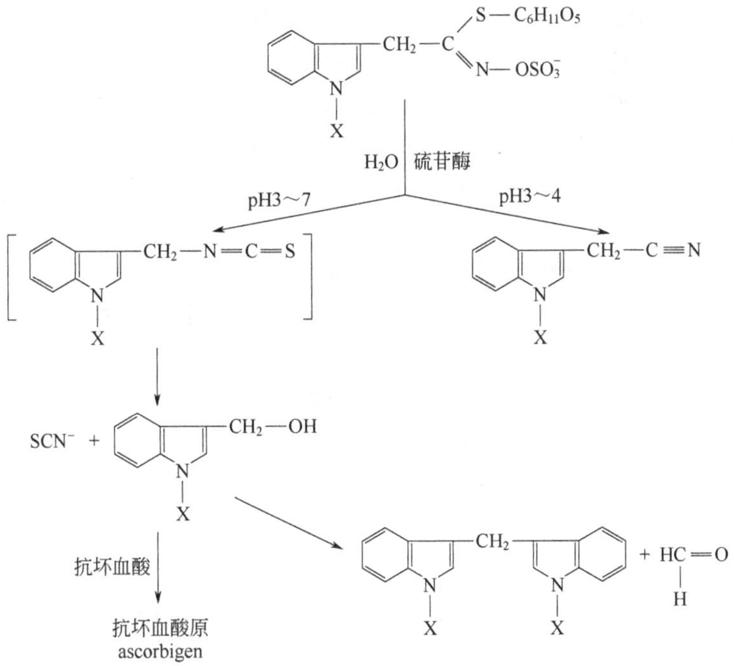

图 6-5 含吲哚基的硫苷的降解途径

6.2.3 硫苷的酶水解

含有硫苷的植物中，都含有与该糖苷伴随的硫苷酶，称为硫葡萄糖苷酶（thioglucosidase，glucosinolase），或称为芥子酶（myrosinase 或 myrosin）。它有四种同工酶 F-ⅠA、F-ⅠB、F-ⅡA、F-ⅡB。其作用的最适 pH 为 7.0。

在油菜籽发芽、受潮或破碎的情况下，硫苷就会被硫苷酶水解。当菜籽在制油过程中被破碎后，菜籽中的硫苷就会分解成各种产物。

20 世纪 60 年代早期，人们已经开始对硫苷酶进行分离和研究。硫苷酶不仅存在于所有含有硫苷的植物中，同时也存在于其他少数的生物体内。动物肠道内的某些细菌显现出硫苷酶的活性，当完整的硫苷通过摄食进入动物体内时，这种细菌的硫苷酶活性就显得特别重要。目前为止尽管尚未对这些细菌进行全面的研究，但是可以肯定它们和植物体内的硫苷酶是不同的。

硫苷酶是一种糖蛋白，巯基基团对酶活性是必需的。抗坏血酸可以增加硫苷酶的活性，介质的离子强度也会影响硫苷酶的活性。

从白芥子（*Brassica hirta*，white mustard）中分离出来的硫苷酶已广泛应用于硫苷含量的分析，它可以将硫苷转化成异硫氰酸酯或噁唑烷-2-硫酮（OZT）。不同水解条件将会产生不同的水解产物。在 pH5 时，硫苷酶水解烯丙基硫苷生成烯丙基异硫氰酸酯，但在 pH3 时，水解产物主要是烯丙基腈。同样地，白芥子中的硫苷酶在 pH5～7 时水解对羟基苯甲基硫苷时生成对羟基苯甲基异硫氰酸酯，进一步水解生成对羟基苯甲醇和硫氰酸根离子；而在 pH3～4 时，其主要产物是对羟基苯甲基腈。在接近 pH7 条件下，2-羟基-3-丁烯基硫苷可以被硫苷酶定量地水解为 5-乙烯基㗁唑烷-2-硫酮，但当 pH 从 6 降到 3 时，配基产物中将近一半是 1-氰-2-羟基-3-丁烯。除此之外，温度和金属离子等其他物质的存在也会影响到硫苷的水解产物。

6.2.3.1　pH 值对硫苷酶水解产物的影响

新鲜的海甘蓝室温下进行自体酶分解反应，1g 粕中加入 5mL 水，当体系的 pH 在 4～7 时，其中的 2-羟基-3-丁烯基硫苷的水解产物主要是腈；当体系的 pH 为 9 以上时，有一定量的 5-乙烯基 OZT 生成（图 6-6 粕 a）。经过储藏的海甘蓝在低 pH 时主要生成 5-乙烯基 OZT（图 6-6 粕 b）。然而，当体系中存在巯基试剂（巯基乙醇，0.07mol/L）时，反应和新鲜粕相同。这种现象表明，在陈化的粕中有氧化作用存在。

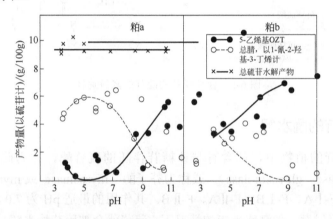

图 6-6　海甘蓝中的 2-羟基-3-丁烯基硫苷水解产物和 pH 的关系

6.2.3.2　温度对硫苷酶水解产物的影响

除了水解介质的 pH 对硫苷的水解产物产生影响外，温度是影响硫苷酶水解产物的另一个重要因素。图 6-7 是海甘蓝籽粒中 2-羟基-3-丁烯基硫苷自体酶水解温度和产物的关系。3g 粕加入 15mL 水，反应体系的 pH4.0～5.0。可以看出，随着反应体系温度的升高，腈的生成量在 40℃之后开始减少，OZT 的生成量则开始增加。在 100～120℃的条件下干热，也有利于 5-乙烯基-OZT 的生成。

6.2.3.3　Fe^{2+}对硫苷酶水解产物的影响

利用部分纯化的硫苷酶水解 2-羟基-3-丁烯基硫苷形成 5-乙烯基-OZT，水解体系中加入 Fe^{2+}可以促进腈的生成。图 6-8 是体系中加入硫酸亚铁铵的浓度和硫苷酶水解 2-羟基-3-丁烯基硫苷水解产物的关系。反应条件：30mL 1.2×10^{-2}mol/L 的硫苷溶液，抗坏血酸盐的浓度 0.07mol/L，加入 100mg 的硫苷酶，体系的

pH 为 5.3。其中硫代酰胺（thionamide）是 Fe^{2+} 和硫苷反应的非酶降解产物。由图 6-8 可以看出，随着反应体系中 Fe^{2+} 浓度的增加，体系中产生的 OZT 的量减少，生成的腈的量则相应的增加。

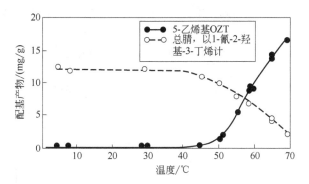

图 6-7　海甘蓝中的 2-羟基-3-丁烯基硫苷自体酶水解产物和温度的关系

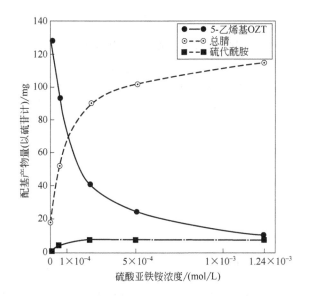

图 6-8　Fe^{2+} 浓度对 2-羟基-3-丁烯基硫苷酶水解产物的影响

海甘蓝粕粗提取物在温度 25℃氮气环境中水解 2-羟基-3-丁烯基硫苷，反应介质：0.2mol/L 的 NaCl，$1.2×10^{-3}$mol/L 的 $FeSO_4·(NH_4)_2SO_4$，$1×10^{-3}$mol/L 的二硫苏糖醇（dithiothreitol），水解在不同的 pH 条件下进行，由图 6-9 可以看出，在 Fe^{2+} 存在的条件下，产物中腈和 OZT 的比和溶液的酸度没有比例关系，在 pH4.6～6.0 的范围内，没有 OZT 生成。

新鲜的海甘蓝粕中的硫苷自体酶分解同时生成腈和环硫腈。含有不饱和配基的硫苷酶水解产物中环硫腈的生成是导致体系中腈的生成的一个因素。Tookey

分离出一种 ESP（epithiospecifier protein），分子量 30000～40000。Fe^{2+} 和 ESP 对环硫腈的形成都是必需的。当用纯化的硫苷酶在 pH5.8 水解 2-羟基-3-丁烯基硫苷时，有无 ESP 存在其主要产物都是 OZT，只有当 Fe^{2+} 和 ESP 同时存在时，2-羟基-3-丁烯基硫苷才能在硫苷酶作用下生成环硫腈，反应途径如图 6-10 所示。

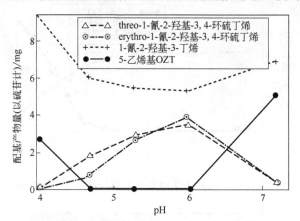

图 6-9　Fe^{2+} 存在时 pH 对 2-羟基-3-丁烯基硫苷酶水解产物的影响

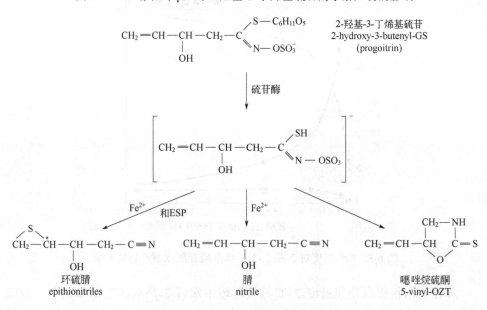

图 6-10　腈和环硫腈的形成途径

6.2.3.4　硫苷的非酶降解

硫苷不仅可以被硫苷酶水解，也可以在酸或碱的存在下发生水解，这是一种比酶水解更剧烈的水解反应。在酸性溶液中，硫苷的水解产物是相应的羧酸、氨离子、HSO_4^- 和葡萄糖。在碱性溶液中，硫苷也易水解生成多种降解产物。硫苷在含有汞离子或银离子的溶液中，可水解生成葡萄糖和非糖部分的金属衍生物，后者在不同的 pH 条件下继续降解，生成相应的异硫氰酸酯或腈。其降解途径见图 6-11。

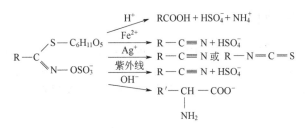

图 6-11　硫苷的非酶降解

6.2.4　硫苷降解产物的毒性

硫苷本身没有毒性，但其水解产物异硫氰酸酯、噁唑烷硫酮、腈却具有毒性。

6.2.4.1　异硫氰酸酯（isothiocyanate，ITC）

异硫氰酸酯有辛辣味，影响菜籽粕的适口性。高浓度的异硫氰酸酯对动物体内黏膜具有强烈的刺激作用，长期或大量饲喂菜籽饼粕时可引起胃肠炎、肾炎及支气管炎，甚至肺水肿。

异硫氰酸酯中的硫氰离子是与碘离子的形状和大小相似的单价阴离子，在动物的血液中含量高时，可与碘离子竞争，浓缩到甲状腺中，抑制甲状腺滤泡细胞富集碘的能力，导致甲状腺肿大，使动物生长速度降低。

异硫氰酸酯多数不溶于水，具有挥发性，因此采用加热的方法可将其除去。

6.2.4.2　硫氰酸酯（thiocyanate）

硫氰酸酯也可引起甲状腺肿大，其作用机制与异硫氰酸酯相同。

6.2.4.3　噁唑烷硫酮（oxazolidine thione，OZT）

噁唑烷硫酮是由 R 基团上带有 β-羟基的硫苷，如 2-羟基-3-丁烯基硫苷、2-羟基-4-戊烯基硫苷等，经硫苷酶水解再环化形成的产物。由于各种菜籽中都含有带羟基的硫苷，所以噁唑烷硫酮是菜籽饼粕中主要的有毒成分之一。

噁唑烷硫酮的主要毒害作用是阻碍动物体内甲状腺素的合成，引起动物脑垂体分泌的促甲状腺素增加，导致动物的甲状腺肿大，故被称为甲状腺肿因子或甲状腺素（goitrin）。此外，噁唑烷硫酮还可使动物生长缓慢。噁唑烷硫酮的 LD_{50} 为 1260～1415 mg/kg。

6.2.4.4　腈（nitrile）

硫苷在较低的温度及酸性条件下被硫苷酶水解时会形成大量的腈。大多数腈进入动物体内后通过代谢迅速释放出氰离子（CN），因此对机体的毒性比异硫氰酸酯和噁唑烷硫酮大得多。腈的 LD_{50} 为 1590～2400 mg/kg。

腈的毒性作用与氢氰酸（HCN）相似，可以引起细胞内窒息，但症状发展较慢。腈可抑制动物生长，据报道，腈是一种肝毒素和肾毒素，能引起动物的肝和肾肿大。

6.2.5 菜籽中的硫苷

油菜植株都含有硫苷，以种子中含量最高，集中在种子的子叶和胚轴中，其他部分较少，其含量的顺序为：种子高于茎，茎高于叶，叶高于根。不同类型的菜籽中硫苷的含量也不同，大部分品种的菜籽中硫苷含量在 3%～8%之间，其中甘蓝型菜籽中硫苷的含量 1.10%～8.62%，平均 6.13%；白菜型油菜中硫苷的含量 0.97%～6.25%，平均 4.04%；芥菜型菜籽中硫苷含量 2.73%～6.03%，平均 4.85%；双低菜籽中硫苷的含量小于 0.3%。

菜籽中的硫苷主要有五种，即 3-丁烯基硫苷、4-戊烯基硫苷、2-羟基-3-丁烯基硫苷、2-羟基-4-戊烯基硫苷、2-丙烯基硫苷，另外还有白芥子中的对羟基-苯甲基硫苷、对羟基-苯乙基硫苷，甘蓝型菜籽中的 4-羟基-3-吲哚基甲基硫苷等。

不同类型的油菜籽中硫苷的种类也有差异。甘蓝型油菜中主要是 2-羟基-3-丁烯基硫苷；白菜型油菜中以 3-丁烯基硫苷为主，此外还有 2-羟基-3-丁烯基硫苷和 4-戊烯基硫苷；芥菜型油菜中主要是 2-丙烯基硫苷（俗称黑芥子硫苷酸钾）。菜籽中的主要硫苷种类见表 6-5。

表 6-5　菜籽中的主要硫苷种类

化学名称	R 基团
3-丁烯基硫苷（gluconapin）	$CH_2\!=\!CH\!-\!CH_2\!-\!CH_2\!-$
4-戊烯基硫苷（glucobrassicanapin）	$CH_2\!=\!CH\!-\!CH_2\!-\!CH_2\!-\!CH_2\!-$
2-羟基-3-丁烯基硫苷（progoitrin）	$CH_2\!=\!CH\!-\!CH\!-\!CH_2\!-$ 下 OH
2-羟基-4-戊烯基硫苷（gluconapoleiferin）	$CH_2\!=\!CH\!-\!CH_2\!-\!CH\!-\!CH_2\!-$ 下 OH
2-丙烯基硫苷（sinigrin）	$CH_2\!=\!CH\!-\!CH_2\!-$

由于菜籽品种复杂，所含的硫苷种类不同，因此，硫苷酶水解产物比较复杂。含有棕芥种子的菜籽，水解后会产生烯丙基异硫氰酸酯；白菜型菜籽中含有丁烯基硫苷，酶法降解后会产生丁烯基异硫氰酸酯；含有 2-羟基-3-丁烯基硫苷的甘蓝型菜籽加工过程中则产生 OZT。

6.2.6 菜籽中的其他抗营养物质

除硫苷及其降解产物外，酚类物质和植酸也会在菜籽加工和蛋白制备过程中和菜籽蛋白发生相互作用，对菜籽蛋白的营养特性和功能特性产生一定的影响。

6.2.6.1 植酸

　　国外从 19 世纪 60 年代就开始认识该物质，但直至进入 20 世纪后对它的研究才有了一些新的进展。Posternak 首先从谷物种子中提取并纯化了植酸，并对其物理、化学特性进行了研究；Anderson 在 1912 年提出了它的分子结构；1914 年 Posternak 和 Henhner 建立了分析植酸的铁沉淀法；1919 年 Posternak 在实验室内成功地合成了植酸；1921 年 Mellanby 首次报道了植酸对动物营养的影响，此后植酸的抗营养效应逐渐引起了人们的关注与重视。

　　植酸（phytate，phytic acid）是具有六个磷酸基的环状化合物，又称六磷酸肌醇或肌醇六磷酸酯（phosphoric acid ester of the cyclic alcohol inositol）。植酸的结构如下：

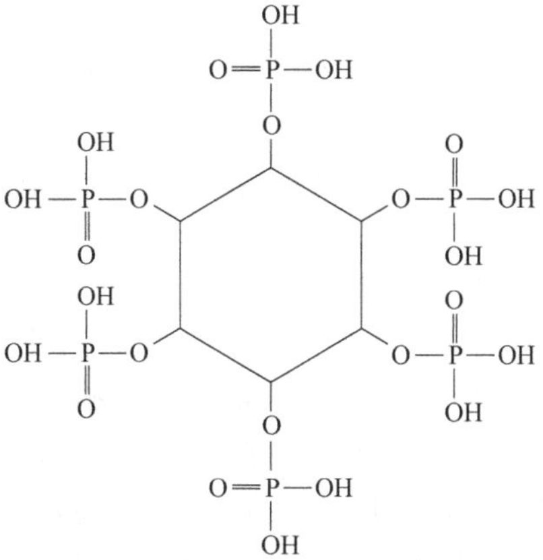

　　植酸分子中的 6 个磷酸根离子具有 12 个可解离的氢离子，其 pK_a 值的范围很广，6 个强解离的质子中 3 个 pK_a 值为 1.92，2 个 pK_a 值为 2.38，1 个 pK_a 值为 3.16；其他 6 个质子中 3 个 pK_a 值分别为 5.20、6.25 和 7.98，其他 3 个质子只能微弱解离，其中 1 个 pK_a 值为 9.19，另外 2 个的 pK_a 值为 9.53。

　　植酸通常以钙、镁和钾盐的结晶体形式存在于菜籽的蛋白体内，在整粒菜籽内的含量为 2.0%～4.0%，脱脂菜籽粕中的植酸含量为 2.0%～5.0%，菜籽浓缩蛋白中的含量为 5.0%～7.5%，菜籽分离蛋白中的含量为 1.0%～9.8%，植酸含量依据提取方法和菜籽品种的不同而变化。菜籽中植酸磷的溶解曲线见图 6-12，植酸的溶解性很大程度上依赖于提取液的 pH 值，在 pH5 左右植酸磷的溶解性最大，而在 pH10 左右最低。

　　植酸的存在可促进蛋白质的沉淀，因为蛋白质和植酸可以形成不溶性的复合物。

　　植酸是一种强的络合剂，可以络合钙、镁、锌、铁等金属离子，此类络合物的溶解性也受溶液 pH 值的直接影响；同时，植酸还可以和钙、蛋白质形成植酸-钙-蛋白质复合物，此种复合物的溶解性也和溶液的 pH 有直接关系。因此，在一种体系中，植酸的溶解性不仅受 pH 的影响，还和环境中存在的其他物质有关，植酸的溶解曲线是一个相对较复杂的曲线，在不同的环境中其形状和变化趋势不同。研究证明，不同种类的蛋白原料其中植酸的溶解行为各不相同，而不同菜籽品种其植酸的溶解曲线也不尽相同。

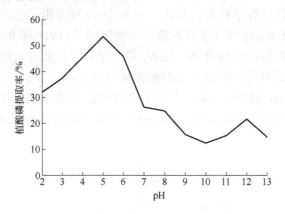

图 6-12　菜籽中的植酸磷的溶解曲线

通常条件下，食品和饲料的 pH 环境中植酸带有很强的负电性，因此与带正电荷的基团和离子如阳离子和蛋白质有很强的反应活性。用水溶液提取菜籽粕中的蛋白时，在 pH 值低于蛋白质等电点的情况下，植酸会和蛋白质发生强烈的静电相互作用，形成不溶性的蛋白-植酸复合物，植酸的作用相当于一个蛋白质沉淀剂；在较高的 pH 条件下，蛋白质趋于带负电，植酸和蛋白质的结合能力减弱，在碱性条件下蛋白质的溶解性迅速增加和蛋白-植酸复合物的解离有一定的关系。然而，在有多价阳离子存在时，蛋白质和植酸形成可溶性的蛋白-阳离子-植酸复合物，这种复合物在 pH＞10 时发生解离，使植酸盐沉淀。

植酸的提取和复合沉淀的程度取决于溶液的 pH 值。随着 pH 值的降低，蛋白质带的正电荷增加，因此结合的植酸的量增加。蛋白质在等电点位置结合植酸的量最少。植酸和 cruciferin 的过量结合发生在 pH＜3 的范围内。

Napin 不能被植酸定量地沉淀。在 pH 6～8 的范围内，napin 和植酸的复合物可以形成一个二聚物，其中含有 2 个 napin 和 4 个植酸分子。napin 和植酸复合后其二级结构没有发生变化，蛋白质的抗热凝聚的能力增加。蛋白质和植酸的复合物的形成对 pH 和离子强度的依赖性很明显地说明 napin 和 cruciferin 的静电特性。

由于植酸的强结合性，它会使生物体必需的金属离子如 Ca^{2+}、Mg^{2+}、Zn^{2+}、Fe^{2+} 形成难溶性植酸盐螯合物而降低这些阳离子的生物可利用性。实验证明，在 pH3～4 时，植酸锌、植酸钙等植酸盐络合物的溶解性极差，几乎不能被畜禽所吸收。植酸也能有效地螯合蛋白质分子，在低于蛋白质等电点的 pH 条件下，生成植酸-蛋白质二元复合物，而在高于蛋白质等电点的介质中，则以这些金属阳离子为桥生成植酸-金属阳离子-蛋白质的三元复合物。这些复合物的形成，不仅使蛋白质的可溶性明显下降，降低蛋白质的生物学效价和消化率，而且还影响蛋白质的一些功能特性。除此之外，植酸及其不完全水解产物还能抑制蛋白质水解酶、淀粉酶等一系列消化酶的活性，影响畜体的正常代谢。因此，动物摄食高植酸含量的饲料后，常常表现出厌食、消瘦，生长繁殖机能衰退，以及蛋白质吸收消化能力降低等症状，同时出现一些矿物质元素的缺乏症。

由于以上原因，迫使人们设法去除菜籽粕中的植酸。由于植酸和蛋白质的最适提取条件不同，控制提取工艺条件可以制备出低植酸或不含植酸的菜籽蛋白分离物。

去除菜籽粕中的植酸的方法有很多种。在pH3.5和pH5.2的条件下进行菜籽粕的渗析，可以去除85%和88%的植酸，而在pH9.0时进行渗析，只有在EDTA存在下才能有效地脱除植酸。超滤也是一种很有效地脱除植酸的方法。在高盐浓度的条件下，植酸和蛋白质的相互作用减弱，采用超滤的方法可以完全去除植酸。采用酸提的方法首先去除菜籽粕中的植酸，然后在pH11.0时逆流提取菜籽蛋白，pH4.7时沉淀蛋白质，可以去除大部分菜籽蛋白中的植酸。

酰化蛋白质中的氨基酸可以阻止蛋白质-阳离子-植酸复合物的形成，因此可以减少蛋白质和植酸的共提取。

采用植酸酶水解也是脱除植酸的一种有效的方法。将菜籽粕或菜籽浓缩蛋白悬浮到含有植酸酶的溶液中，菜籽粕中的植酸被植酸酶水解，可以有效地去除植酸。

植酸的存在在一定程度上降低菜籽蛋白的功能特性。低植酸的菜籽蛋白制品在pH7.0时相对于高植酸的蛋白制品具有较好的乳化性，但植酸的含量对菜籽蛋白制品的泡沫特性并无显著的影响。但相反的是，采用超滤的方法生产的菜籽蛋白的泡沫特性由于植酸的存在而降低，而植酸的存在对菜籽蛋白的乳化性和乳化稳定性没有影响。这两种结果说明，蛋白质的组成和制备方法都会影响蛋白质的某些功能特性。

6.2.6.2 酚类化合物

当菜籽粕作为食物配方中的蛋白源时，酚类物质是一个重要限制因素。酚类物质在菜籽粕中的含量远高于其他的含油籽粒的粕，对菜籽粕的颜色、苦味和涩味都有一定的作用。脱脂菜籽粕中的总酚类物质含量达1592～1837mg/100g。

菜籽中的酚类化合物被酚类氧化酶氧化，生成醌类物质，使菜籽蛋白颜色变深，其转化途径见图6-13，醌类物质又会和蛋白质中的氨基和硫发生共价键合，使蛋白质的品质发生变化。

（1）单宁

单宁是存在于菜籽中的一种主要酚类化合物，菜籽种皮的单宁含量最高。单宁溶于水，具有苦辣味，菜籽中含有 0.8%～1.5%的单宁。

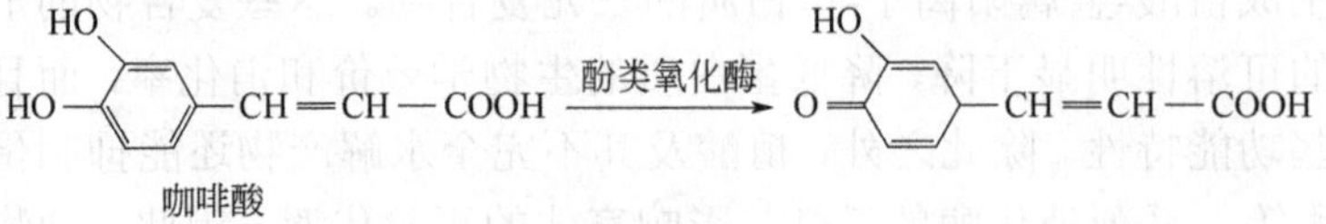

图 6-13　咖啡酸氧化成醌

　　单宁是复合的多酚类化合物，分子量在 500～3000 之间，是植物的次生代谢产物。根据它们的结构类型和对酸等水解试剂的反应活性，单宁可以分为缩合单宁（condensed tannin）和可水解单宁（hydrolytic tannin）。可水解的单宁在酸、碱或酶水解时产生多羟基部分（通常是 D-葡萄糖）和酚酸类物质如没食子酸（gallic acid）和/或六羟基联苯酸（hexahydroxydiphenic acids），六羟基联苯酸经过内酯化（lactonization）形成鞣花酸（ellagic acid）；缩合单宁是黄烷-3-醇（flavan-3-ol）的二聚物、寡聚物或多聚物，经过酸水解（通常是丁醇-盐酸）产生花色素（anthocyanidin），是已知的原花色素（proanthocyanidin）。缩合单宁是由 Bate-Smith 和 Ribereau-Gayon 于 1959 年首先从菜籽壳中鉴定出来，1971 年，Durkee 从菜籽壳的水解物中鉴定出了矢车菊素（cyanidin）、原天竺葵定（pelargonidin）。研究证明，白矢车菊素（leuco cyanidin）是菜籽中单宁的基本单位。原天竺葵定、儿茶素（catechin）、矢车菊素和白矢车菊素的结构见图 6-14。

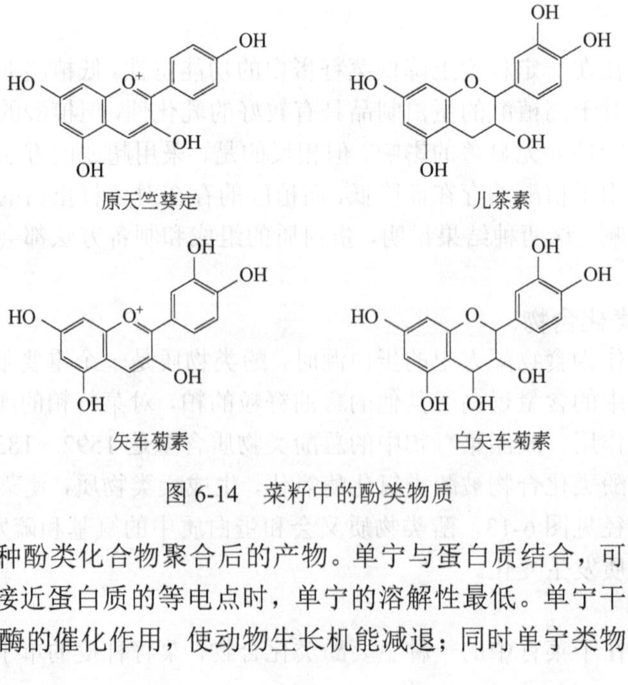

原天竺葵定　　　　　　　　　　儿茶素

矢车菊素　　　　　　　　　　　白矢车菊素

图 6-14　菜籽中的酚类物质

　　单宁是多种酚类化合物聚合后的产物。单宁与蛋白质结合，可改变天然蛋白质的性质，当接近蛋白质的等电点时，单宁的溶解性最低。单宁干扰动物体内的胰酶和 α-淀粉酶的催化作用，使动物生长机能减退；同时单宁类物质也可以和蛋白质结合，使其难以消化，单宁含量越高，蛋白质消化率越低。因此，去除菜籽饼粕中的单宁，可以显著提高菜籽饼粕的营养价值。

（2）芥子酰胆碱酯

芥子酰胆碱酯（sinapine）为4-羟基-3，5-二甲氧基苯丙烯胆碱酯，分子式为$C_{16}H_{25}O_6N$，分子量为327，溶于水，不稳定，易发生非酶催化的水解反应，生成芥子酸（sinapic acid）和胆碱（choline）。其反应如图6-15所示。

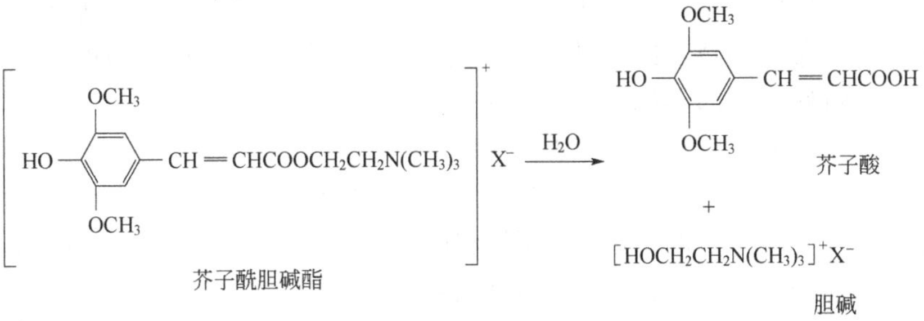

图6-15 芥子酰胆碱酯的水解反应

芥子酸是菜籽粕中最主要的酚酸，菜籽中大量的芥子酸是以胆碱酯（choline ester）和芥子酰胆碱酯（sinapine）存在的。芥子酰胆碱酯在 *B.napus* 品种中的含量为1.65%～2.26%，在 *B. campestris* 品种中的含量为1.22%～2.54%。

（3）酚酸

菜籽中主要的酚酸类化合物包括芥子酸、香草酸、丁香酸等，其结构如下：

香豆酸(X=Y=H)
咖啡酸(X=OH，Y=H)
阿魏酸(X=OCH₃，Y=H)
芥子酸(X=Y=OCH₃)

对羟基苯甲酸(X=Y=H)
香草酸(X=OCH₃，Y=H)
丁香酸(X=Y=OCH₃)

酚类化合物，包括单宁，可以和蛋白质形成复合物，从而改变蛋白质的物理化学特性和功能特性；由于蛋白质表面的一些基团和多酚类化合物发生作用，使蛋白质表面被复合层包围，导致蛋白质聚合沉淀。

据报道，菜籽中的芥子酰胆碱酯可以导致产棕色蛋壳蛋的母鸡产的蛋具有蛋腥味。这种蛋腥味是由鸡蛋中少量的三甲胺（1μg/g）产生的，芥子酰胆碱酯是三甲胺的前体。芥子酰胆碱酯在鸡的胃肠道中可以分解为芥子酸和胆碱，胆碱再转化为三甲胺。正常情况下，鸡体内有三甲胺氧化酶（主要存在于鸡的肝脏和肾脏中），可将三甲胺迅速氧化为氧化三甲胺，氧化三甲胺没有腥味。但是由于产棕色壳蛋的母鸡体内缺乏这种酶，因此，在采食菜籽饼粕后，三甲胺在蛋黄中积累而产生蛋腥味。

6.3 菜籽饼粕脱毒工艺

传统的菜籽加工制油工艺，在制油的前处理工段，需要对菜籽进行轧坯、蒸炒，有利于油脂的浸出。菜籽中含有可以分解硫苷的硫苷酶，在完整的菜籽中，硫苷酶存在于菜籽的特殊细胞结构中。菜籽加工过程中，菜籽细胞被破坏，硫苷酶就会从其特殊的细胞结构中释放出来，和硫苷接触使其发生降解，产生异硫氰酸酯、噁唑烷硫酮、腈等毒性物质。这些产物一部分在蒸炒、压榨等加热处理时从物料中挥发出来，另外一部分产物则溶解在油脂中或残留在饼粕中。一般来说，这些降解产物都有一定的刺激性气味，利用这些含有刺激性气味的菜籽油制造人造奶油或起酥油时，其中的含硫化合物会钝化氢化时使用的催化剂，影响菜籽油的氢化效果。硫苷降解产生的含硫化合物都有一定的毒性，食用后对人和动物都会产生一定的影响。菜籽加工后，除一部分的硫苷降解产物挥发外，还有相当大的一部分降解产物残留在饼粕中，影响饼粕的合理利用，脱除硫苷及其产物，是提高饼粕应用价值的重要途径。

6.3.1 概述

菜籽饼粕脱毒的方法可以分为物理方法、化学方法、生物学方法，近年来遗传学方法也用于降低菜籽中硫苷等有毒有害物质的含量。物理方法可分为加热钝化芥子酶法、膨化脱毒法；化学脱毒法包括酸碱处理法、溶剂浸出法等；生物学脱毒的方法包括酶催化水解法和微生物发酵法；遗传学方法主要是培育硫苷含量低的菜籽品种。

6.3.1.1 物理方法

常用的物理脱毒的方法有钝化芥子酶法和膨化脱毒法。

菜籽中的硫苷和硫苷酶是共生的。在一定条件下，菜籽中的硫苷和硫苷酶接触，硫苷就会分解为有毒物质。如果将芥子酶钝化就可以阻止硫苷的分解。根据这一原理，在一定的温度下将硫苷酶钝化进行脱毒的方法就是钝化芥子酶法。当菜籽籽粒中含有 4%的水分时，90℃加热 15min 只有少量的酶失活，当籽粒中含有 8%的水分时，90℃加热 15min 几乎可以使全部的硫苷酶失活；超过 8%的水分加热会使菜籽蛋白中的有效赖氨酸损失，因此，8%的水分 100℃灭酶的效果是最好的。

除了直接加热外，采用微波处理也可以使菜籽中的硫苷酶失活。微波处理灭酶的程度同样取决于菜籽中的水分和加热处理时间，10%～13%的水分微波处理1.5 min 就可以达到直接加热处理方法的最佳灭酶效果。

由于动物肠道中的某些微生物可以分解硫苷，当动物摄食含有硫苷的饲料时，硫苷就会在动物的消化道中分解生成毒性物质，因此该方法并不能彻底去除硫苷降解产物的毒性作用。

膨化脱毒法是另一种物理脱毒方法，分为挤压膨化和气流膨化两种，其原理是使饼粕在高温高压条件突然变化时体积急剧膨胀，改变饼粕原来的理化性质，同时使毒素受到破坏，饼粕中的异硫氰酸酯和噁唑烷硫酮含量明显降低。

6.3.1.2　化学方法

化学脱毒法包括酸碱处理法、溶剂浸出法、化学添加剂法等。将菜籽饼粕加热后用氨或者氨水处理进行脱毒；向菜籽饼粕中加入硫酸使硫苷及其分解产物降解也可以脱毒；用碳酸钠、氢氧化钠、氢氧化钙处理菜籽饼粕同样可以明显降低饼粕中的硫苷含量；研究证明，用 0.1%的铜离子和菜籽饼粕共同研磨，一定时间后可使硫苷完全脱除；0.1%的亚铁离子在研磨后也可有效降低菜籽饼粕中硫苷的含量。

水剂法脱毒不仅可以脱除菜籽饼粕中的硫苷，还可以提高饼粕的营养价值。采用溶剂浸出的方法可以脱除大部分的异硫氰酸酯和噁唑烷硫酮，所用的溶剂主要有甲醇、乙醇、丙酮、水。例如用双液相萃取的方法脱除硫苷，以甲醇/氨/水为极性相萃取硫苷，以己烷为非极性相萃取油。

6.3.1.3　生物学方法

生物学方法主要有酶水解法和微生物发酵法。酶催化水解法有两种，一种是利用外加硫苷酶及酶的激活剂，使硫苷加速分解，另一种是利用菜籽中的硫苷酶水解菜籽中的硫苷即自动酶解法。水解完成后用汽提或溶剂浸出产生的硫苷降解产物，即可达到脱毒的目的。微生物发酵法是利用一定的微生物对菜籽饼粕进行发酵处理，脱除菜籽饼粕中的硫苷。

6.3.1.4　遗传学方法

遗传学方法主要是采用育种的方法培育出硫苷含量低的菜籽品种，目前已经培育出的"双低"（低芥酸、低硫苷）油菜品种，硫苷含量在 0.3%以下。

除以上几种方法外，还有添加剂脱毒法，即把脱毒剂混合，制成复合添加剂，在使用之前加入，也是一种很方便的脱毒途径。

6.3.2　脱毒工艺

6.3.2.1　水剂法制油同时进行菜籽饼粕脱毒

菜籽水剂法制油同时脱除菜籽饼粕中的硫苷，其工艺是首先对菜籽中的硫苷酶进行钝化，使其失去活性，同时菜籽蛋白变性，然后再进行菜籽的研磨、取油。由于研磨时硫苷酶已经失去活性，和硫苷接触时不能再分解菜籽中的硫苷产生毒性降解产物。水剂法制取菜籽油利用水作溶剂，提取菜籽中的油脂。由于硫苷溶于水，因此在用水提油的同时，硫苷溶解在溶剂水中，可脱除饼粕中的硫苷。采用该方法生产的菜籽油和菜籽饼粕，硫苷的含量可达到安全标准。由于该方法采用水作溶剂，脱除硫苷的同时也脱除了菜籽饼粕中的植酸、芥子酰胆碱酯等抗营养因子。

水剂法制油同时脱除菜籽饼粕中的硫苷等抗营养物质的工艺如图 6-16 所示。

（1）菜籽的清选

菜籽在收获、晾晒、运输和储藏过程中，已经进行了初步清选，但仍会有石子、泥灰、金属等杂质。为了减少杂质对油脂和饼粕品质的影响，降低机械磨损，需要对菜籽进行清选。

根据菜籽和杂质性能的差异，如粒度、相对密度、形状、表面状态、弹性、硬度、磁性等物理性能，利用筛选、磁选等方法使各类杂质与菜籽分开。

（2）硫苷酶钝化和菜籽蛋白的湿热变性

硫苷酶是分解硫苷的催化剂，是一种蛋白质，通过加热的方法可以使硫苷酶失去活性，菜籽破碎过程中其不能将硫苷分解。完整的硫苷可以溶解于水中，水剂法提取菜籽油时，硫苷溶解于水中，随废水一起排出。

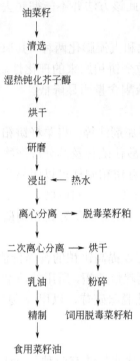

图 6-16　水剂法制油同时脱除菜籽饼粕中硫苷的工艺流程

菜籽中硫苷酶的活性适宜温度是 40～70℃，因此钝化硫苷酶的温度应高于 70℃。如果应用五层蒸炒锅钝化芥子酶，第一层蒸锅中应有直接蒸汽，利用 105～110℃的直接蒸汽进行喷汽加热钝化。在加热过程中，直接蒸汽换热后的冷凝水被菜籽吸收，使菜籽水分由原来的 6%～10%上升到 20%～30%。菜籽吸水后，菜籽中的硫苷酶在高水分条件下高温加热失去活性。即使有少部分的硫苷酶在第一层蒸锅中没有被钝化，在第二层、第三层蒸锅中继续受热，甚至到第四层、第五层中的加热，可以使菜籽中的硫苷酶全部失去活性。

对于整粒钝化硫苷酶，按照上述工艺即可达到最佳效果。如果要对菜籽脱皮，制备饲用菜籽浓缩蛋白，钝化硫苷酶的方法则和上述方法有所区别。在钝化硫苷酶之前进行菜籽脱皮时，菜籽中的水分要干燥至 3%～4%。脱皮过程中，由于水分含量低，而且只有很少量的硫苷酶从菜籽细胞中释放出来，因此硫苷的降解量极少。脱皮之后再采用上述方法钝化硫苷酶，防止硫苷在水剂法提油过程中分解。

如果把整粒的菜籽或脱皮后的菜籽仁加 3 倍的水加热煮沸 3min，烘干，按照传统的制油工艺生产菜籽油，同样可以避免菜籽中的硫苷分解产物对菜籽油的污染，但硫苷和其他的毒性因子，就会完全残留在油料饼粕中。虽然硫苷没有分解，但完整的硫苷进入动物体内和动物消化道内的微生物发生作用，同样会降解为毒性物质，因此不能从根本上达到菜籽饼粕脱毒的目的。

在进行湿热钝化硫苷酶的同时，菜籽中的蛋白质也因湿热作用而变性，因此其水溶性降低，在用水作为溶剂提取菜籽油时，可以使蛋白质保留在固相，既有利于油脂的提取，也有利于饼粕和水的分离，使菜籽蛋白得到有效的回收利用。由于加热温度控制在110℃以下，蛋白质只是适度的变性，保证了菜籽蛋白质的营养价值。

（3）菜籽的烘干

菜籽经湿热钝化硫苷酶之后，水分含量很高。如果水分含量超过5%，菜籽的种皮很难粉碎，菜籽粉碎时难以达到破坏含油细胞的粒度要求（粒子直径小于40μm），对菜籽油提取和菜籽饼粕脱毒都有一定的影响。因此，菜籽在蒸炒锅的第三层就开始脱水，直到第五层的出料口，菜籽水分可以达到4%左右。

（4）菜籽的研磨粉碎

菜籽中的油脂和蛋白主要集中在菜籽仁中，从菜籽仁中分离抗营养因子、油脂和蛋白质，就必须对菜籽进行破碎。该工艺采用超微粉碎机对菜籽进行粉碎，粉碎过程中要防止磨机堵塞。如果需要对菜籽进行脱皮，可在研磨前先用盘式粉碎机对菜籽进行粗粉碎，风选除去菜籽皮壳，菜籽仁进行超微粉碎。

经过超微粉碎之后，菜籽已成为以油为连续相的菜籽料酱。这种料酱中蛋白质大都湿热变性，以固态粒子的形式分散在料酱中，淀粉粒、皮壳以及可溶于水的糖、酚酸、单宁和硫苷也分散其中。

（5）菜籽油的制取和饼粕的分离

菜籽油脂主要是甘油三脂肪酸酯，为非极性物质，不溶于水，仅有少量磷脂有吸水作用，但也不溶于水。经过湿热蒸炒，菜籽蛋白变性后在水中的溶解性显著降低。完整的硫苷、植酸、酚酸、单宁、水苏糖、棉籽糖等则可溶于水，因此可以借助水作溶剂，把这些可溶性的成分从菜籽油和菜籽饼粕中分离出来。

通常用6～10倍于菜籽料酱的水进行浸提。用水量越大，则脱毒效果越好，出油率越高，但相对来说成本越高，产生的废水越多。由于油脂的黏度随着温度的上升而下降，因此为了从菜籽料酱中分离出可溶性成分和菜籽蛋白，加水温度愈高，油的黏度愈低，通常加水温度在80～95℃。在油脂浸出罐中要有搅拌装置，目的是使被包裹在油中的物质，在搅拌的条件下与水充分接触，硫苷、植酸、酚酸、单宁、水苏糖、棉籽糖等溶于水的物质被浸出，蛋白质等充分吸水分散在水中。在搅拌提取过程中，小油滴聚合成大油滴，此时的体系已变成以水为连续相的液体。应用离心机就可以把上述三大类型的物质分离。如果用三相离心机，可以把物料分成轻相的菜籽油、重相的菜籽蛋白和含有硫苷及其他可溶性物质的废水。如果不具备上述条件，可以先用卧式沉淀螺旋分离机进行固液分离，把菜籽蛋白和油水分开，然后用蝶式离心机按照油水的相对密度差异把油和水分离。由于蛋白质已经变性，乳化能力降低，很容易从液相中分离，和吸水的磷脂一起集中到菜籽粕中。

用此工艺生产的菜籽油硫苷含量可以达到 5mg/kg 的标准，可以按照精炼工艺进行加工。

（6）湿粕的烘干

从卧式离心机中分离出来的湿粕，含有菜籽蛋白和皮壳等，含水约 70%，有一定的黏稠性。由于大部分蛋白质已经变性，物料中的水分大部分为游离水，容易从物料中挤压分离出来。借助压榨设备榨出 20%～30% 的水分后，将物料送至箱式或平板式烘干机加热脱水，使菜籽粕粉中的水分降至 8% 以下之后，应用粉碎机把大块物料粉碎，即为脱毒菜籽粕。

（7）废水处理

水剂法菜籽制油加工中，菜籽中可溶于水的物质都集中在废水之中。它不但含有硫苷、植酸等毒性物质，也含有少量的低分子糖和蛋白质等营养成分，但从其中把营养成分分离出来，工艺上比较困难。若按干物质计算，该工艺过程中大约有 17% 的物质溶于水中，废水中的有机物含量很高，可采用厌氧发酵的方法进行处理。

据报道，硫苷在十字花科植物中有防虫害的功能，如果把废水浓缩、干燥制成粉状，可以作为天然杀虫剂。近年来研究发现，某些硫苷具有抗癌和抑制癌细胞生长的作用，如果对硫苷进行分离，也是一条有效的利用途径。

（8）脱毒产品质量评价

脱毒产品质量评价见表 6-6、表 6-7。

表 6-6　菜粕中赖氨酸和含硫氨基酸的比较　　　　　单位：%

产品名称	赖氨酸	蛋基酸+半胱氨酸
水剂法菜籽粕粉	6.68	4.44
机榨法菜饼	4.51	3.32

表 6-7　硫苷残留量比较　　　　　单位：mg/g

产品名称	异硫氰酸酯	噁唑烷硫酮	合计
水剂法菜籽粕粉	0.443	0.113	0.576
机榨法菜饼	1.784	0.409	2.193

采用水剂法生产的菜籽粕，硫苷含量远低于传统工艺生产的菜籽粕。采用传统工艺生产的菜籽粕，赖氨酸损失 1/3，含硫氨基酸损失 1/4，而采用水剂法工艺生产的菜籽粕，赖氨酸和含硫氨基酸的含量显著提高。表 6-6 是水剂法生产的菜籽粕和传统工艺生产的菜粕中赖氨酸和含硫氨基酸的比较，表 6-7 两种方法生产的菜籽粕中硫苷含量的比较。

（9）水剂法菜籽粕粉饲养效果

水剂法制得的饲用菜籽粕粉，用鸡做动物喂养试验，大豆饼做对照，以等蛋白、等能量配方，分别按 10%、15%、20% 和 25% 的添加量对水剂法菜籽粕粉和机榨菜饼营养进行比较，蛋白质不足部分用豆饼补充。经 56 天喂养后，25% 添加量时，水剂法菜籽粕组料肉比 2.31，机榨菜籽饼组料肉比 3.17，豆饼组料肉比 2.84。可以看出，脱毒菜粕的喂养效果优于豆粕组和机榨菜籽饼组。传统方法生产的菜籽粕的饲养效果差的主要原因，一是由于菜籽中的抗营养因子如硫苷、植酸等对动物的生长有害，二是由于传统加工工艺中经历高温，菜籽蛋白中的部分赖氨酸和含硫氨基酸受到破坏，降低了菜籽饼粕的营养价值。

6.3.2.2 自体酶酶解法制油同时脱毒

菜籽中不仅含有硫苷，同时含有硫苷酶。当完整的菜籽被破碎后，菜籽中的硫苷酶就会和硫苷接触，在一定的条件下硫苷就会被水解为各种降解产物。根据硫苷酶水解的机理，适当控制降解条件，使硫苷分解产物具有挥发性，可在一定的工艺条件下随水蒸气蒸发，从而脱除硫苷。

当菜籽破碎之后，菜籽中的水分含量必须达到 6%～10% 时，硫苷酶才有可能分解硫苷，水分含量低于 6% 时，硫苷酶的活性相当低；当水分高于 10% 时，硫苷的分解速度相当快。油菜籽中硫苷酶的最适水解条件是温度 50～70℃，pH6～8，当菜籽中的水分在 15%～20% 时，酶解率可达到 80%～95%。

（1）脱毒工艺

自体酶酶解法制油同时脱毒的工艺流程如图 6-17 所示。

菜籽清选后，调到适宜的温度和水分，进行适度破碎，在一定的条件下使其分解成异硫氰酸酯、腈等挥发性产物，在菜籽蒸炒脱水时随水蒸气一同除去。然后进行适度的挤压，为了避免过高温度对菜籽蛋白中氨基酸的破坏，特别是对赖氨酸的破坏，挤压温度不超过 115℃，先脱去部分油脂，再进行溶剂浸出脱除剩余油脂，脱脂粕脱溶后粉碎即得脱毒菜籽粕；也可在粉碎后进一步按粒度大小采用筛分方法脱去部分菜籽皮。采用脱脂后去皮工艺，脱除部分菜籽皮，可降低菜粕中的粗纤维含量，提高菜籽粕中蛋白质的含量，同时又不影响菜籽的出油率。菜籽油按照加工工艺进一步加工，制备食用菜籽油。

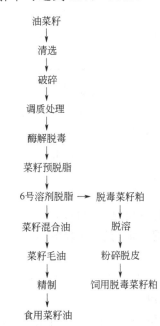

图 6-17 菜籽自体酶酶解脱毒工艺流程图

与水剂法脱毒工艺相比，该工艺的最大优点是，工艺过程中没有大量的废水产生。和传统加工工艺相比，不增加环境污染，在菜籽制油的同时制备高生物学效价的脱毒菜籽粕。在菜籽脱脂时避免菜籽蛋白质经受高温（120℃以上），可保持菜籽蛋白质中氨基酸的天然营养特性。该工艺兼顾制油同时进行脱毒，保持了蛋白质的营养价值，是一种很有应用价值的脱毒方法。

（2）脱毒菜粕的质量评价

采用传统工艺和自体酶酶解脱毒工艺生产的菜籽粕的质量指标见表6-8和表6-9。

由表6-8和表6-9可以看出，采用该工艺生产的脱毒菜籽粕，蛋白质含量、有效赖氨酸含量和含硫氨基酸含量都高于传统工艺生产的菜籽粕，而抗营养物质的含量却低于传统工艺生产的菜籽粕，特别是硫苷降解产物的含量大大降低，异硫氰酸酯和噁唑烷硫酮的含量都符合饲料标准的要求。

表6-8 脱毒前后菜籽粕中蛋白质含量和氨基酸成分比较

产品名称	粗蛋白（$N \times 6.25$）/%	有效赖氨酸含量/%	蛋氨酸+胱氨酸含量/%
自体酶酶解脱毒菜粕	40.1	1.78	3.58
普通菜粕	37.2	1.42	2.42

表6-9 脱毒前后菜籽粕中抗营养成分比较

产品名称	粗纤维含量/%	异硫氰酸酯含量/（mg/g）	噁唑烷硫酮含量/（mg/g）	腈含量/（mg/g）
自体酶酶解脱毒菜粕	6.5	2.63	0.40	0.10
普通菜粕	14.0	5.34	5.32	0.53

（3）动物喂养试验

将自体酶酶解脱毒菜粕进行乌鸡喂养试验，结果证明，乌鸡增重和饲料转化率与豆粕相比均无显著差异。采用自体酶酶解脱毒菜籽粕和豆粕喂养的乌鸡形体丰满，羽毛整洁，食欲旺盛，没有发现中毒症状，普通菜粕组料肉比高，增重慢，形体发育瘦小。

对乳猪进行喂养试验，分别使用50%和100%替代豆粕，结果证明，小猪日增重和饲料转化率与豆粕相比也没有明显差异。

6.3.2.3 菜籽饼粕微生物脱毒

可用于菜籽饼粕脱毒的微生物是很多的，如细菌、霉菌、酵母菌均可，其中又以白地霉、酵母菌、乳酸杆菌、青霉菌、曲霉菌效果最好，且液体发酵、固体发酵均可。

微生物脱毒的方法有很多。坑埋法是将菜籽饼粕与水按1∶1的比例拌湿，然后坑埋60天，通过自然发酵达到脱毒的目的。该法脱毒率达94%以上，干物质损失15%。

薄膜青贮窖脱毒是将菜籽饼粕和青贮原料按10%～50%的比例混合，配料前先将菜籽饼粕按1∶2的比例用水浸泡，随即掺入青贮饲料中。把薄膜筒下口扎紧并套入土窖内，再把混合的原料装入薄膜筒内，装满后扎紧薄膜上口，顶部土封，60 天后即可脱毒。脱毒效率 80%左右。这种方法和坑埋法原理基本相同。

白地霉发酵处理是将白地霉接种于菜籽饼粕，接种量 2%～15%，温度 28～30℃培养 12～48h，脱毒率在 9%～30%之间。脱毒率虽然不明显，但采用接种已知菌种进行发酵脱毒，有别于自然发酵。

乳酸菌发酵法是将分离纯化的乳酸菌接种于菜籽饼粕，接种量 10%，然后加水 50%左右，在厌氧条件下发酵 17～30d，脱毒率 85%～93%，异硫氰酸酯及噁唑烷硫酮的残留量为 0.13%～0.23%，大大低于国外低硫苷菜籽品种中异硫氰酸酯和噁唑烷硫酮的含量。固体乳酸菌发酵脱毒菜籽饼粕鲜湿料具有特殊的酸酒香味，可改善菜籽饼粕的适口性。

筛选霉菌发酵脱毒法是从自然界分离和筛选出对硫苷有较高降解能力的霉菌，采用固体发酵对菜籽饼粕进行脱毒，发酵时间 22～24h，脱毒效率 90% 以上。采用该工艺发酵后的菜籽饼粕的粗蛋白含量较发酵前提高 2.5%左右，粗纤维下降 3.5%左右。

采用自然发酵或乳酸菌发酵对菜籽饼粕进行脱毒时，会产生大量的乳酸，使发酵体系的 pH 值降低，一般降至 4.0 左右。按照硫苷酶催化水解硫苷的反应机理，在如此低的 pH 情况下是否有氰化物形成，应该引起重视。

高效脱毒添加剂混合法是将菜籽饼粕、基础日粮及添加剂混合，以 45%～50%的水拌湿，发酵 24h，脱毒率可达 99%。

（1）微生物脱毒机理

菜籽饼粕的微生物脱毒与微生物产生的硫苷酶密切相关。所有含硫苷的植物存在硫苷酶，霉菌等微生物中也存在硫苷酶。1957 年，Reese 等报道在细菌、霉菌等微生物中有硫苷酶存在。从曲霉属的液体培养物中提取出的芥子酶，最适作用温度 37℃，最适 pH 7.0，而植物硫苷酶的最适作用温度 50～70℃，最适作用 pH 为 6～8。该霉菌的硫苷酶在 37℃以下稳定，其稳定性不如植物中的芥子酶。

微生物中的硫苷酶水解硫苷的机理和降解产物与植物中的硫苷酶相同。首先将硫苷水解为葡萄糖和不稳定的非糖配基中间产物，该中间产物在不同的条件下经过重排、环化等过程生成不同的降解产物。

微生物中的硫苷酶将硫苷降解为异硫氰酸酯、噁唑烷硫酮等产物后，如何通过微生物的酶系统，将这些降解产物进一步降解，转化为无毒产物是一个具有挑战性的研究课题。

（2）霉菌菌株的筛选

从菜籽榨油厂和长期使用菜籽饼粕作肥料的土壤样品中，分离出 200 多株霉菌，分别接种在含有菜籽饼粕提取液的平板上，筛选能在该培养基上快速生长的菌株。将这些菌株分别接种在盛有 80mL 1∶50（菜籽饼粕与水质量比）菜籽饼粕提取液的三角瓶中，在 32℃的摇床（速度 160r/min）培养 48h 后过滤培养液，测定滤液中残存的硫苷含量，发现在菌株12号、20号及42号的滤液中均测不出异硫氰酸酯和噁唑烷硫酮，结果见表6-10。

表6-10　各菌株在液态培养基中对硫苷的降解效果

项目	对照（未接种）	菌株 R-10	菌株 12	菌株 20	菌株 42	菌株 82
异硫氰酸酯/（mg/g）	1.30	0.243	未检出	未检出	未检出	1.13
噁唑烷硫酮/（mg/g）	0.32	未检出	未检出	未检出	未检出	未检出

将上述在液体培养基上对硫苷有高降解能力的菌株12、菌株20、菌株42及菌株 R-10 分别接种在含 90%菜籽饼粕、10%麦麸和添加 60%水分的培养基中进行固体发酵，32℃发酵 24h 后，将发酵物烘干，测定硫苷的残存量，结果显示菌株 42 对硫苷的降解率接近 100%（异硫氰酸酯和噁唑烷硫酮均检测不出），菌株 12、菌株 20 及菌株 R-10 对硫苷的降解率在 50%～85%之间，见表6-11。

表6-11　不同菌株固体发酵对硫苷的降解效果

项目	对照（未接种）	菌株 R-10	菌株 12	菌株 20	菌株 42
异硫氰酸酯/（mg/g）	1.34	0.628	0.343	0.414	未检出
噁唑烷硫酮/（mg/g）	0.27	未检出	未检出	未检出	未检出

根据各菌株的形态特征、生化反应等特点，菌株 12、菌株 42 及菌株 R-10 初步鉴定为曲霉属（*Aspergillus sp.*），菌株 20 号为根霉属（*Rhizopus sp.*）。

经菌株 10 和菌株 42 发酵的菜籽饼粕样品粗蛋白含量和氨基酸含量均较发酵前有所提高，其中粗蛋白含量分别提高 2.45%和 2.46%，氨基酸总量分别提高 3.76%和 4.16%，而粗纤维含量分别下降 3.40%和 3.88%，见表 6-12，对照组为未接种菌株的固体发酵培养基。

表6-12　菜籽饼粕固体发酵前后营养成分的变化

成分	对照组	菌株 R-10	菌株 42
蛋白质/%	34.90	37.44	37.45
粗纤维/%	20.15	16.75	16.12
粗脂肪/%	4.01	2.04	1.98
氨基酸总量/%	29.66	33.42	33.82

对菌株 12、菌株 20、菌株 42 及菌株 R-10 的发酵产品进行黄曲霉毒素 B_1 的测定，结果显示，对照组和菌株发酵组黄曲霉毒素 B_1 的含量均少于 5μg/kg，说明筛选的菌株不产生黄曲霉毒素 B_1。

以固态发酵和未经发酵的菜籽饼粕作主要蛋白源，制成不同含量的日粮喂养小白鼠，经过 46 天的观察，含有未经发酵原料 80%和 30%的两组小白鼠的死亡率为 80% 和 30%，平均增重分别为 15.6% 和 115.8%；经固态发酵原料添加量 80% 组的死亡率 30%，平均增重 16.3%，添加量 30% 组的死亡率为 0，平均增重 126.5%。

由于该工艺发酵时间短，发酵过程中可以有效控制其他杂菌的污染。经发酵，菜籽饼粕中异硫氰酸酯和噁唑烷硫酮的含量低于 0.07%，脱毒率可达 90% 左右。另外，由于发酵过程中霉菌大量生长，产生菌丝蛋白、氨基酸、维生素、蛋白酶等活性物质，可改善菜籽蛋白的营养价值。由于菜籽饼粕中含有单宁，影响其适口性，通过发酵，单宁含量可以降低 50% 左右，加上菌种在发酵时产生的酒香味，可以改进菜籽饼的适口性。

（3）脱毒工艺

微生物固体发酵脱毒的工艺流程如图 6-18 所示。

接种
↓
菜籽饼粕 → 粉碎 → 混合 → 发酵 → 干燥 → 粉碎 → 脱毒产品

图 6-18　菜籽饼粕微生物脱毒工艺流程

（4）主要技术条件

菌种的添加量为原料的 1%。为了促进微生物生长及营养需要，可在菜籽饼粕中加入 10% 的麦麸或玉米粉作配料。机榨菜籽饼粕形状大小不一，混合前应进行粉碎，细度约为 20 目，原料、辅料及菌种用混合机混合均匀，使菌种在物料中均匀生长，有利于脱毒，水分的添加量一般为 50%。发酵时物料厚度 200～280mm，发酵时间 22～24h，发酵温度（30±2）℃。干燥时使用蒸汽为热能的干燥机，加热空气温度 140～150℃，排出废气温度 45～60℃，干燥后产品水分在 12% 以下。

（5）产品质量

产品质量主要从产品中硫苷的残存量、产品营养成分分析、产品中真菌毒素含量 3 方面加以说明，分析结果见表 6-13 和表 6-14。

从测定结果可以看出，本项技术的脱毒率可达 90% 以上。

采用微生物发酵技术对菜籽饼粕进行脱毒，选择菌种的一个主要的指标就是在发酵的过程中是否有黄曲霉毒素 B_1。通过对菜籽饼粕发酵产品进行多次检测，结果证实其中的黄曲霉毒素 B_1 含量均低于 5μg/kg。

表 6-13　菜籽饼粕微生物脱毒产品中硫苷残存量　　　　单位：mg/g

菜籽饼粕样品	异硫氰酸酯	噁唑烷硫酮	总量
原料	3.76	1.77	5.53
发酵蛋白 1	0.168	0.058	0.266
发酵蛋白 2	0.125	0.055	0.180

表 6-14　菜籽饼粕微生物脱毒产品营养成分分析

项目	分析结果	项目	分析结果
粗蛋白含量/%	38.7	总能量/（MJ/kg）	17.73
粗纤维含量/%	11.4	干物质消化率（猪）/%	56.58
干物质含量/%	90.8	粗蛋白消化率（猪）/%	71.94
灰分含量/%	7.8	能量消化率（猪）/%	59.31
水分含量/%	9.2	消化能（猪）/（MJ/kg）	10.52

（6）动物喂养试验

动物喂养实验采用的是石歧杂肉鸡。2000 只出壳鸡苗随机分为 4 组，每组 500 只。第一组为发酵脱毒菜籽饼粕组，即用发酵脱毒菜籽饼粕（29%）完全替代鱼粉和豆粕；第二组为鱼粉加发酵脱毒菜籽饼粕组，用发酵脱毒菜籽饼粕（20.5%）代替豆粕；第三组为豆粕加发酵脱毒菜籽饼粕组，用发酵脱毒菜籽饼粕（8.5%）代替鱼粉；第四组为对照组，由豆粕和鱼粉组成。在不同的生长阶段，日粮中蛋白质和能量基本相同。

采用四组日粮所喂养的石岐杂鸡，鸡群生长发育正常，从生长速度看各组差异不大。喂养成活率、上市鸡体重及料肉比见表 6-15。

表 6-15　各组鸡喂养成活率、上市鸡平均体重及料肉比

项目	第一组	第二组	第三组	第四组
68 日龄公鸡体重/kg	1.242	1.301	1.347	1.300
90 日龄母鸡体重/kg	1.519	1.530	1.533	1.576
成活率/%	90.2	89.0	92.0	94.2
料肉比（质量分数）	3.21：1	3.30：1	3.15：1	3.15：1

在 4 组鸡中各随机抽出 5 只，按照国家育种委员会公布的屠宰方法进行分析，各组间屠体品质未发现明显变化，采用发酵脱毒菜籽饼粕饲养石岐杂鸡对其产肉性能没有不良影响。

由上述结果可以看出，菜籽饼粕微生物脱毒技术脱毒效率高，不产生污染物，脱毒后的菜籽饼粕粗蛋白含量增加，粗纤维含量下降，适口性得到改善，可以用于部分或全部代替鸡饲料中的大豆饼粕或鱼粉。

6.3.2.4　菜籽饼粕助剂——水溶液浸出脱毒

菜籽饼粕助剂——水溶液浸出脱毒工艺属于湿法脱毒工艺，其原理是在一定助剂作用下使硫苷酶钝化，加速硫苷穿过菜籽壁膜，其他的抗营养成分快速溶出，同时配合合理的工艺降低干物质损失。该工艺既保持了极性溶剂法的优点，又克服了其不利因素。

（1）工艺流程

菜籽饼粕助剂——水溶液浸出脱毒工艺流程见图 6-19。

图 6-19　水溶液浸出脱毒工艺流程

　　该脱毒工艺主要分为菜籽饼粕预处理、预混、浸出脱毒、压滤、干燥等工艺过程。脱毒后的饼粕经干燥后可直接用于鸡配合饲料全部代替大豆粕及部分鱼粉，但由于脱毒饼粕中粗纤维含量较高，在一定程度上限制了脱毒饼粕在饲料中的添加量。可以利用粗纤维的物理特性将其分离，降低产品中的粗纤维含量，得到浓缩脱毒菜籽蛋白粉（蛋白含量大于 50%）。

　　菜籽饼粕助剂——水溶液脱毒一般采用循环脱毒的方式。循环脱毒是在特殊设计的循环脱毒器中进行的。循环脱毒器的结构及工作原理类似于植物油厂的平转浸出器，它是利用脱毒液作用于固体物料，使其中的毒物进入液相，同时分离固体和液体，达到脱毒的目的。为了减轻干燥工序的压力，浸出后对湿粕进行压滤是必要的步骤，对脱毒效果也有一定的影响，在整体工序中占有很重要的地位。采用带式压滤机，可使饼粕与液体连续分离，压滤后饼粕中残留水分小于 50%，对后续的干燥非常重要。脱毒饼粕干燥采用气流烘干机，可在温度不高于 120℃、时间约 5min 的条件下干燥到水分约 12%。

　　该工艺以水作溶剂，加入特效脱毒助剂形成脱毒液，钝化硫苷酶，使毒性物质溶于水中，不仅脱除了硫苷，也可以脱除菜籽饼粕中的抗营养因子植酸、单宁、芥子酰胆碱酯等，产品营养组成较为合理，适口性好，可替代配合饲料中的豆粕和部分鱼粉。

（2）产品质量

　　采用菜籽饼粕助剂——水溶液脱毒工艺对菜籽饼粕进行脱毒，可使菜籽饼粕中总硫苷脱除 95% 以上，而对饼粕中的主要成分蛋白质含量影响不大，特别是动物的几种必需氨基酸如蛋氨酸、胱氨酸、赖氨酸等基本不变。本脱毒工艺不仅可以脱除硫苷及其分解产物，而且可以脱除植酸、单宁、芥子酰胆碱酯等抗营养成分，其中植酸的脱除率在 90% 以上。脱毒前后菜籽饼粕中的硫苷及有关成分的含量见表 6-16。

表 6-16　脱毒前后菜籽饼粕中硫苷及有关成分的含量

样品	粗蛋白含量/%	粗脂肪含量/%	水分含量/%	硫苷含量/‰	植酸含量/%
未脱毒饼粕	43.425	4.733	10.08	8.19	4.00
脱毒饼粕 1	42.420	6.044	12.85	0.2112	0.21
脱毒饼粕 2	41.777	6.355	13.40	0.2112	0.51

样品	粗蛋白含量/%	粗脂肪含量/%	水分含量/%	硫苷含量/‰	植酸含量/%
脱毒饼粕 3	43.866	5.269	12.73	0.2112	0.14
脱毒饼粕 4	39.760	6.048	12.10	0.2212	0.16

（3）动物喂养试验

采用 287 日龄的伊沙商品代蛋鸡进行喂养试验。试验前将鸡群随机分成 4 组，A 组为对照组，B 组为试验一组，C 组为试验二组，D 组为试验三组，试验前进行一周预试，观察鸡群。

饲喂试验中 A 组饲料为基础配方，豆饼 12%，未脱毒菜籽饼粕 5%；B 组为脱毒菜籽饼粕占 7%，豆饼 5%，未脱毒菜籽饼粕 5%；C 组为脱毒菜籽饼粕占 9%，豆饼 5%，未脱毒菜籽饼粕 3%；D 组为脱毒菜籽饼粕占 17%。不同喂饲组的饲料配方中玉米、麸皮、棉饼、鱼粉、骨粉、石粉和预混饲料的添加量相同，饲料的代谢能、粗蛋白含量、钙和磷含量、蛋氨酸和赖氨酸含量基本一致。饲喂结果见表 6-17。

表 6-17　各组试验结果

测定指标	A 组	B 组	C 组	D 组
产蛋率/%	67.5	65.4	66.3	70.3
平均蛋重/g	59.8	57.9	60.1	61.2
破蛋率/%	1.25	1.56	1.87	1.45
蛋料质量比	1∶2.85	1∶2.92	1∶2.75	1∶2.65
死亡率/%	6.35	4.16	4.16	3.12
试验鸡平均增重/g	50	70	40	30

由表 6-17 可以看出，A 组和 D 组的产蛋率较高，D 组的产蛋率比 B 组的产蛋率高 4.9%，且 D 组的蛋料比 1∶2.65。试验鸡死亡率 D 组较低，B 组和 C 组次之，A 组较高，但均在正常范围内，各组没有明显的中毒反应。试验鸡的增重 B 组最大，D 组最小。试验鸡体重的增加不仅和鸡的产蛋率有关，还和鸡的初期体重有密切的关系。

上述结果表明，采用该工艺生产的脱毒菜籽粕是一种优质的蛋白饲料源，在鸡配合饲料中，脱毒菜籽饼粕添加 7%～17% 是安全的，对鸡无毒副作用。脱毒菜籽饼粕代替大豆粕饲喂蛋鸡，对蛋鸡的生长发育、产蛋量都不会产生影响，对开发利用菜籽饼粕具有重要的作用。

（4）脱毒排放液的综合利用

对排放的脱毒液进行综合利用可以得到可溶性蛋白、菲汀（植酸钙）、肌醇、农药、调味品等。制备的可溶性蛋白中蛋白质含量 70% 左右；制备的菲汀有机磷含量34%，是制取肌醇的原料；制备的农药可防治番茄、黄瓜、韭菜等蔬菜的灰霉病和炭疽病。

菜籽饼粕中含有较多的抗营养成分植酸，经溶液浸出脱毒工艺处理后，大部分植酸进入脱毒排放液中，因此，从脱毒排放液中回收可溶性蛋白、植酸等，实现对菜籽饼粕的综合利用，其工艺流程如图6-20所示。

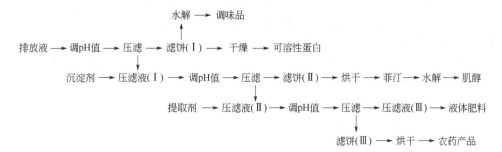

图6-20　菜籽饼粕溶液浸出脱毒排放液综合利用工艺流程

从脱毒排放液中回收蛋白质，主要采用加入蛋白聚沉剂或调节溶液的pH值的方法。加入聚沉剂，是利用聚沉剂大分子与蛋白质作用可生成沉淀的特性，除去蛋白质。调节溶液的pH值，是为了将溶液的pH值调至蛋白质的等电点，在等电点时蛋白质的溶解度最小而发生沉淀，除去蛋白质。

脱毒过程中，菜籽饼粕中的植酸90%以上被脱毒液溶出，进入脱毒液中。回收菲汀的方法是以氢氧化钙作为沉淀剂，由于氢氧化钙的溶解性差，沉淀的过程中有大量的氢氧化钙混入菲汀中，影响菲汀的产量和质量。

肌醇是由菲汀水解而来的。肌醇具有与维生素B族相类似的作用，同时还可以有效地治疗肝硬化、预防脂肪肝、解除四氯化碳中毒、防止脱发、降低血液胆固醇含量等作用，也是制造烟酸肌醇酯、脉通等药物的原料。肌醇生产所依据的化学反应是菲汀水解脱去6个磷酸根，这一过程要求在高温高压（约1.9MPa, 200℃）的条件下进行，反应的过程中体系的pH不断下降，反应结束后体系的pH值在2~3，对设备腐蚀比较严重，因此该工艺对设备和反应条件要求都比较严格。

菜籽饼粕经溶液浸出脱毒处理后，不仅可以得到优质脱毒菜籽饼粕，而且从脱毒排放液中再经处理还可以得到肌醇、可溶性蛋白、农药等产品，使排放液中的物质得到充分的利用，排放液还可达到农田灌溉用水的标准。该脱毒工艺完善了菜籽饼粕原有脱毒工艺，加大了副产品资源的综合利用程度。

6.3.2.5　菜籽饼粕双脱工业脱毒

（1）脱毒原理

菜籽饼粕中的异硫氰酸酯、噁唑烷硫酮、硫氰酸盐、菲汀、单宁、芥子碱等在胃液酸性环境中发生化学反应，进入肠液和血液中又会发生二次反应。动物胃液的总酸度，包括游离盐酸、结合盐酸、有机酸和各种酸性盐类的酸度，是一个以盐酸为主的酸性溶液，pH3～4，在这样的酸性溶液中存在大量的从饲料中带入的无机离子和有机物质游离基团，它们相互发生化学反应后产生一系列的次生化合物，如甲基酮和游离硫氰，游离硫氰进一步生成硫氰酸和硫氰酸盐。硫氰具有大量杀伤消化酶的能力，影响消化系统，造成营养不良；硫氰酸盐是致甲状腺肿因子，通过影响甲状腺素的合成干扰内分泌系统。硫氰和硫氰酸盐都能结合二价铁和三价铁离子，对细胞色素氧化酶有较强的亲和力，细胞色素氧化酶被抑制，它激活分子氧的功能就受到影响，致使生物氧化中断，局部细胞呼吸停止，造成内脏特别是肝、肾局部细胞坏死。甲基酮（甲基乙烯基酮、甲基丙烯基酮）及其衍生物和单宁水解的酚类化合物具有类似的作用，它们都具有酮羟基，可以多种方式交联、键合蛋白质并形成氧化物沉淀或聚合物沉淀，造成脏器多点出血和肝、肾肿大，对肝、肾功能有明显的损害。彻底解决这些问题的方法，就是使中间产物生成稳定的物质，并溶出其他的抗营养物质，根据这一要求制定的菜籽饼粕脱毒工艺就是双脱工艺，其基本步骤为常温酸性降解，在体外游离、络合、沉淀、溶解各种有毒有害物质。

硫苷在不同的条件下可以生成不同的降解产物，而这些降解产物在一定的条件下又会发生一系列的降解反应，生成各种各样的降解产物。噁唑烷硫酮在弱酸性溶液中，连接氧官能团的一个键断裂，发生烯醇化作用，双键重排，导致氮原子端与烯烃分离，最后生成硫氰酸及其盐。络合硫氰酸，使其失去毒性作用，即可完成脱毒。5-乙烯基噁唑烷硫酮水解过程如图 6-21 所示。

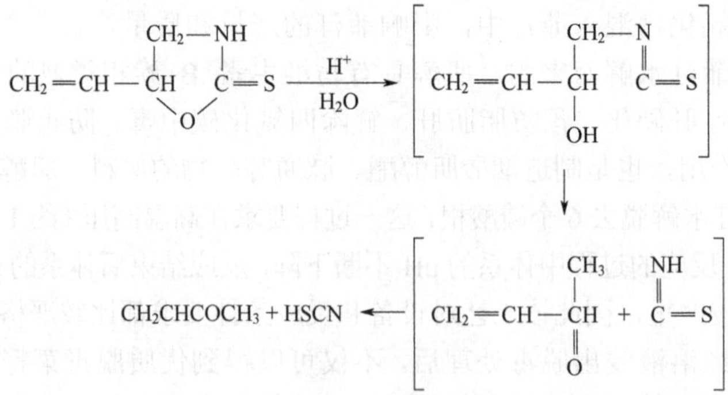

图 6-21　5-乙烯基噁唑烷硫酮水解过程

噁唑烷硫酮的酸性水解的反应产物硫氰酸可以大量杀伤消化酶，硫氰酸盐是一种促甲状腺肿素。由此可以看出，可溶性的硫氰酸盐和异硫氰酸酯是造成甲状腺肿的主要因素。总之，溶出硫氰酸盐和异硫氰酸酯，是行之有效的脱毒方法。

硫苷降解产物中的另一类毒性物质是腈。腈类物质的来源有三个：硫苷在酸性条件下水解生成腈，硫氰酸盐酸性水解也生成腈，硫苷在酸性条件下生成环硫腈。这三种途径都是在酸性环境下进行的。腈类物质对动物的毒性，以烯腈最大，主要有丁烯腈、戊烯腈、己烯腈。各种腈类对动物的显著致毒特征是神经系统症状，主要是使摄食动物精神不振、嗜睡、麻痹以致下身瘫痪，最后昏迷死亡。脱除腈类物质，主要是溶出或固定可能生成的烯腈。菜籽饼粕脱毒中生成的烯腈部分与水互溶，不溶的部分则比水轻，利用这种特性可以脱除。

（2）工艺流程及设备

在该工艺中，脱毒过程是在油脂浸出之后进行的，菜籽蛋白已经在制油工序中大部分或全部变性而失去水溶性。该脱毒工艺流程如图 6-22 所示。

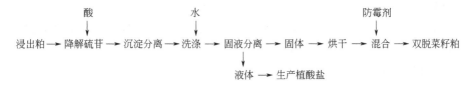

图 6-22 菜籽饼粕双脱工业脱毒工艺流程

该工艺大部分采用标准设备，主要有斗式提升机、暂储罐、计量装置、螺旋送料器、脱毒罐、搅拌器、过滤池、皮带输送机、洗涤罐、离心机、螺旋加料器、振动流化床烘干机等。其中振动流化床是既脱毒又对产品进行干燥脱水的设备。由于物料中混有黏性物质，使部分物料结块，影响干燥效果，在两台流化床连接处需安装简易破碎装置，对物料进行破碎。

（3）技术关键

双脱工艺脱毒，蛋白质的回收率和原料中蛋白质的水溶性密切相关。由于该工艺直接利用浸出粕，为了减少水溶性蛋白质的损失，可以改变菜籽油浸出车间高料层蒸烘机的蒸脱温度和时间。目前使用的高料层蒸烘机，上层蒸脱缸用压力 0.03～0.1MPa 的直接蒸汽加热，在 70～80℃下脱除溶剂油，下层烘缸用压力为 0.49MPa 的间接蒸汽在 100～110℃烘干菜籽粕，生产双脱菜籽粕没有烘干的必要。在整个高料层烘干机中用压力 0.1～0.2MPa 的直接蒸汽，将浸出粕在 90～110℃下加热 30～40min，使蛋白质熟化，在此温度下进行处理对蛋白质质量无明显影响，又可提高溶剂的回收率。加热过度（130℃）可导致蛋白质消化率降低，特别是赖氨酸利用率下降。经过这种处理，在以后的脱毒工序中蛋白质的加工损失可降低至 2% 以下。

水浸工序是按粕与水质量比 1∶10 的比例加水浸泡 1h(包括带水送料过程)。水的温度对脱毒效果影响不是很大，但在严寒的冬季为了保证以后工序中设备的正常运转，可以适当加入冷却水；夏季水温较高，对浸出有利。

在脱毒工序中，将浆料加入脱毒罐，加入硫酸（总量约为原料质量的 1%），加酸过程中 pH 维持在 5 以下。为了加速硫氰酸和硫氰酸盐的溶出，加酸和浸出的过程中采用中速搅拌，保持菜籽粕不沉积在罐的底部。酸浸 2～8h 后，将浆料送到清洗罐，沉淀，放出上清液，上清液送往植酸盐车间，沉淀按 1∶5（质量比）比例加水洗涤（常温），再进行固液分离。洗涤水作为工艺循环水使用。

经过洗涤的菜籽粕含有大量的水分，采用机械的方法脱水成本较低。用真空抽滤或离心机脱水后，湿粕含水 50%～70%，再用振动流化床烘干。送往振动流化床的热空气，系用间接蒸汽加热至 80～120℃，蒸气压 0.49MPa。如果是大型养殖场直接使用，则不必烘干到一定的水分就可以使用，可大大降低成本。烘干时间的长短取决于两个因素，一是挥发性有毒有害物质的含量，二是控制水分在 12% 以下。在干热气流和流化状态下，缓慢烘干 40min，则可同时满足二者的要求，残留的可挥发性有害物质，可随水分的蒸发而除去。

菜籽饼粕中的植酸盐平均含量在 4.4%～5.6% 之间。本工艺中原料中的植酸盐溶出后通过中和予以回收，生产医用或饲用肌醇。

（4）产品质量

经过双脱工艺生产的菜籽粕，硫苷的残留（异硫氰酸酯+噁唑烷硫酮）小于 0.3%，植酸盐（以植酸计）残留量小于 1.5%。

（5）饲养效果

双脱菜籽饼粕的适口性好，没有菜籽饼的油腻和浸出粕的苦涩，具有焙烤的香味，对照组和试验各组鸡的采食量基本相同，差异不大。

表 6-18　饲喂双脱菜籽饼粕对肉仔鸡脏器质量的影响

饲料组别	肝脏/g	甲状腺/g
高能饲料		
Ⅰ	49.28±5.925	0.45±0.035
Ⅱ	46.89±6.113	0.48±0.050
Ⅲ	45.27±4.850	0.48±0.066
Ⅳ	43.43±3.099	0.45±0.069
低能饲料		
Ⅴ	46.38±6.250	0.49±0.092
Ⅵ	45.77±7.350	0.53±0.039
Ⅶ	43.80±5.310	0.56±0.050
Ⅷ	43.25±2.180	0.50±0.077

采用双脱工艺生产的脱毒菜籽粕，脱毒效果好，没有毒害作用。在正规条件下，从零日龄开始，随机分组，设置三个重复，按不同日粮添加比例，试验结果是脏器未发现异常，包括肝、甲状腺、心、脾、肠。进一步采用仔鸡进行试验，结论相同。试验结果见表 6-18。

由表 6-18 可以看出，双脱工艺产品不论配成高能或低能饲粮，对被饲养动物的繁殖和生产性能均无不良影响。

通过各种试验证明，双脱菜籽粕对鸡无毒害作用，适口性好。在保持饲料营养水平一致时，双脱菜籽粕能以任何比例代替日粮中的豆粕。

6.3.2.6 菜籽饼粕热喷脱毒

热喷技术的应用面很广，可以用来开发多种非常规饲料资源、提高常规饲料的营养价值、扩大饲料资源、节约饲料用粮、降低饲料成本等，目前为止，已进行热喷粗饲料、精饲料、有毒饼粕饲料、热喷鸡粪作饲料以及热喷开发其他多种非常规饲料发面的试验，均取得了很好的效果。

（1）热喷技术原理及其对物料性质的影响

热喷技术实际上是膨化技术的一种。膨化技术是我国一种古老的民间食品加工技术，近年来有了较快发展。通常所说的膨化技术主要是指螺杆挤压膨化和气流膨化技术，前者是连续性生产，后者分为间歇性和连续性两种。目前国内采用的主要是螺杆式挤压膨化和间歇式气流膨化（热喷）。

膨化是使物料在高温高压下（温度 100～200℃，压力 1～10MPa）瞬间急剧排向常压空间，由于物料内所含的气（汽）体在极短的时间内由高压降为常压，气体体积急剧膨胀破坏了物料的原始结构，从而改变了物料原来的物理和化学性质。

挤压膨化是靠挤压机螺杆与螺套的间隙逐渐变小，使物料在沿螺杆轴向螺旋前进过程中，受到混合、压缩且受压变热，达到了高温高压状态。而气流膨化则是直接给蒸汽（或热气体）或从外部加热达到高温高压状态。当处于高温高压的物料由设备排出的瞬间，物料内部由高压迅速变为常压，其内部蓄积的巨大能量被释放出来，产生喷爆，物料内的高温高压液态水突然汽化，其体积可膨大 2000 倍左右，使物料组织受到拉伸破坏，成为无数细微多孔的海绵体结构，物料体积膨大几倍到十几倍。

物料经过膨化后，物理性质和化学性质都会发生明显的变化，如物料的体积增大，表观密度减少，微观结构发生变化，表面积增加，有助于酶水解；淀粉减少，糊精和还原糖增加，有助于动物的利用。例如玉米膨化之后，蛋白质由原来的 9.01%降至 8.56%（气流膨化）和 8.67%（挤压膨化），脂肪含量由原来的 4.22%降至 2.08%（气流膨化）和 1.65%（挤压膨化），水溶性物质显著增加，由原来的 3.27%增加为 16.81%（气流膨化）和 32.70%（挤压膨化）。

热喷是一种对物料进行短时高温湿热处理的过程。将一定水分含量的饼粕装入压力罐中，通入过饱和蒸汽，在一定压力下短时间处理后突然减压放料，使之产生"喷爆"作用（亦即膨化）。热喷法有两种形式，直接热喷去毒法与化学热喷去毒法（加入添加剂如生石灰，硫酸亚铁等化学助剂）。

研究证明，菜籽饼粕经热喷处理后，其脱毒效率可达88%，而氨基酸总量损失极小，由原来的25.958%降为25.824%，基本没有明显变化；蛋白质消化率较原始物料提高 8%。

用 ZR 热喷设备脱毒的菜籽饼粕喂养 AA 肉鸡，试验从 1 日龄开始至 54 日龄结束，共喂养 8 周。试验一组和试验二组的饲料日粮中分别用 12%～15% 的脱毒菜籽粕代替 25%～60% 的豆粕，以全豆粕饲粮为对照组。试验结果表明，试验一组平均增重 2430.81g，料肉比 2.33；试验二组平均增重 2407.75g，料肉比 2.36；对照组平均增重 2406.94g，料肉比 2.33。在增重和饲料报酬上，组间无显著差异。在经济效益方面，肉鸡每千克增重的饲料成本，试验一组和试验二组分别比对照组降低 0.12～0.14 元。

热喷菜籽饼粕脱毒，必须严格按照工艺条件规定的时间、压力进行操作。热喷处理时间不同，其去毒率、氨基酸损失率差异极显著；热喷压力不同，其去毒率、氨基酸损失率差异极显著或显著。此外，热喷时饼粕的含水量和干燥方法对脱毒效率和氨基酸损失也有极大的影响，适当的水分含量可提高脱毒率和减少氨基酸损失。

由于各地试验用菜籽品种和制油工艺方法不同，菜籽饼粕中毒素和各种氨基酸含量也不同。菜籽饼粕热喷后有的氨基酸含量减少，也有的氨基酸含量增加。氨基酸的热变性是一个非常复杂的问题，赖氨酸是一种对热极为敏感的氨基酸，一方面需要研究加热条件对赖氨酸的影响，另一方面需要研究赖氨酸劣变后的形态和生物学效价。研究发现，130℃ 以下赖氨酸热变性损失 20% 的饼粕常常获得良好的饲喂效果。蛋白质在没有深度变性的情况下，其少部分赖氨酸和精氨酸变为何种形态，以及这种形态在消化道内是否仍不失其生物学效价，有待进一步研究。同时，有待于通过脱毒工艺参数研究，提高菜籽饼粕的去毒效果，减小菜籽饼粕中氨基酸的损失，制备有毒有害物质含量更少、营养价值更高的脱毒菜籽饼粕产品。

膨化设备不仅是机械加工设备，也可以看作是一种新型的化学反应器。物料经高温高压膨化处理，利用物理方法，使大分子的物质转化成小分子的物质，物料中所含的蛋白质、淀粉、脂肪和有毒物质等都发生了变化。

热喷工艺用于菜籽饼粕脱毒，不仅加工时间短，饼粕残毒低，营养损失小，而且可以显著减轻菜籽饼粕的苦涩味，增加菜籽饼粕的芳香味，改善适口性，提高消化率。热喷工艺简便，设备投资小，加工费用低且不污染环境，去毒后的菜籽饼粕可与大豆饼粕一样根据营养成分确定其在畜禽日粮中的比例，使用量不再受其毒素限制。

（2）热喷加工工艺

热喷加工基本工艺是将原料装入热喷罐，密封后通入蒸汽，在一定的压力下维持一段时间，然后升高或降低至某一压力，骤然降压喷放至捕集器内。经热喷后，物料可直接配料饲喂或经干燥加工后进行包装。其工艺流程如图 6-23 所示。

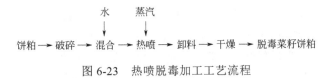

图 6-23 热喷脱毒加工工艺流程

热喷工艺以 ZR 热喷加工为例，主要设备有四部分：热喷罐及附属装置、锅炉及水处理装置、捕集器及输送装置、干燥设备及旋风分离装置。

热喷时，首先根据所加工的物料不同，进行简单的原料预处理，根据工艺要求加入适量水分或其他添加成分，经处理过的菜籽饼粕由给料器装入热喷罐，经预热等操作步骤，热喷罐的压力被准确控制在给定的数值并维持一定的时间，然后迅速升压到另一给定压力，高速喷放。经捕集器搅拌、粉碎、收集的物料，被输送机送入干燥器的定量喂料器内，经干燥后排出，包装。

6.3.2.7 选育双低品系的油菜品种

培育双低菜籽品种也即低芥酸、低硫苷品种，这是解决菜籽蛋白应用问题的根本途径。当代作物育种不再是对单一性状的选择，而是丰产、优质、多抗（抗病、虫、逆境）的综合遗传改良。随着油菜综合利用率的提高，油菜新品种的选育，应在重视丰产性状的同时，加强低芥酸、低硫苷、高油分、高蛋白等优质性状的选择。近年来，一些国家相继实现了油菜的双低化，我国在双低育种上也有了突破，中国农业科学院油料作物所培育的"中双四号"就是一个双低油菜品种，该品种硫苷含量 12.20μmol/g（不含吲哚硫苷），达到了国内外营养和卫生组织规定的小于 30μmol/g 的优质标准。低硫苷菜籽品种的育成和推广从根本上解决了菜籽饼粕的毒性问题，使菜籽油和菜籽蛋白质都能得到充分合理的利用。

另外，新的菜籽品种的育成，提高了含油量和蛋白质的含量，减少了纤维素的含量，使得饼粕的营养价值得到了明显的改善。但是，在改善油菜饼粕的适口性方面，即降低油菜饼粕中的粗纤维、植酸、单宁和芥子酰胆碱酯等含量方面，单靠育种很难解决，这些抗营养因子在很长的时期内仍是限制菜籽饼粕的重要因素，它们影响菜籽粕的消化率，降低菜粕蛋白的有效利用率，影响饲料的适口性，这些因子也只能是靠物理、化学、生物等手段进行消除。

6.3.3 各种脱毒方法比较

各种脱毒方法相比而言，自动酶解法的缺陷是显而易见的。首先，该工艺生产周期长，需 2h～4h；其次，植酸、芥子酰胆碱酯、单宁、粗纤维等并未得到降解，适口性并未得到改善。而用石灰作催化剂，用蒸汽将分解物产生的毒性物质蒸脱，同时石灰对芥子酰胆碱酯、植酸、单宁等均有催化降解作用，营养的破坏及适口性的提高，可以通过后面的发酵工艺来加以改善，是一种深度开发途径。

水溶剂法的脱毒效果是明显的，蛋白质的利用率可与动物蛋白相媲美，消化率的提高在小鼠喂养试验中得到明显反映。因为采用的是水溶剂提取，可溶性的有毒物质、抗营养因子均被水洗脱，同时可溶性蛋白、糖类也被洗出。因此，水剂法的缺点是干物质损失大，耗能高，生产成本较高。

固体发酵具有明显优势，投资少，能耗少，成本低；产品回收简单且收率高；培养条件粗放，需氧量少，可实现多菌种混合培养；干燥温度低，活性物质如活细胞，消化酶，维生素等保持良好，产品生物活性物质含量高。

总之，各种脱毒方法都有自己的优点和缺点，选用哪种方法进行脱毒，主要是根据对产品质量的要求和所具备的条件，选用一种最适用的方法。

6.4　菜籽浓缩蛋白生产工艺

浓缩蛋白的制取是以脱毒、糖质萃取和脱皮为主的蛋白质提取法。菜籽浓缩蛋白的制备一般有 3 种方法：有机溶剂浓缩法、水相萃取法和双液相萃取法。有机溶剂法制备菜籽浓缩蛋白是指用醇、酮等有机溶剂去除饼粕中抗营养成分，并同时除去饼粕中残留的油、酚、色素等因子，提高饼粕营养价值的一种浓缩菜籽蛋白的方法。水相萃取法主要是采用不同的水相将菜籽蛋白萃取出来，常用的水相有氢氧化钠溶液、水、稀酸、氯化钠水溶液及六偏磷酸钠溶液等。双液相萃取法提取菜籽蛋白就是以己烷、二氯乙烷等为非极性相萃取油，以甲醇-水、乙醇-水等为极性相萃取菜籽饼粕中的抗营养成分，或采用各种方法脱除菜籽中的粗纤维等，从而浓缩菜籽蛋白，达到提取菜籽蛋白的目的。

6.4.1　六偏磷酸钠法提取菜籽浓缩蛋白

六偏磷酸钠（sodium hexametaphosphate，SHMP）法提取菜籽浓缩蛋白的工艺如图 6-24 所示。

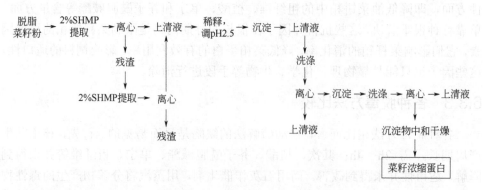

图 6-24　六偏磷酸钠法提取菜籽浓缩蛋白工艺流程

脱脂菜籽粉用 2% 的六偏磷酸钠提取 2 次，第一次的物料和提取液的比例为 1∶10，第二次的物料和提取液的比同样为 1∶10，提取溶液的 pH 为 7，室温下每次提取 30min，离心，合并上清液，用 1∶1 的水稀释，调 pH 至 2.5，离心分离，沉淀用水洗 2 次，中和，干燥即得菜籽浓缩蛋白。采用该工艺得到的菜籽浓缩蛋白的组成见表 6-19。

表 6-19　SHMP 法生产的菜籽浓缩蛋白的组成

项目	菜籽粉	菜籽浓缩蛋白
水分含量/%	3.77	2.36
蛋白质（$N×6.25$）含量/%	45.38	77.44
脂肪含量/%	2.43	1.69
灰分含量/%	8.72	14.23
粗纤维含量/%	4.43	—
无氮提取物含量/%	35.27	4.28
P 含量/%	1.48	3.37
植酸含量/%	6.27	1.26
总硫苷含量/（mg/g）	0.65	未测出（小于 0.25）

由表 6-19 可以看出，采用此方法制备的菜籽蛋白具有较高的磷含量。为了改善菜籽浓缩蛋白的颜色和风味，降低菜籽浓缩蛋白中磷含量，对该工艺进行了改进，采用较低浓度的 SHMP 进行菜籽蛋白的提取，在提取液中加入偏亚硫酸钠（$Na_2S_2O_5$），沉淀物用不同浓度的乙醇洗涤或在不同浓度的乙醇溶液中沉淀蛋白质，可以有效改善菜籽浓缩蛋白的颜色，提高制品中蛋白质的含量，降低灰分和磷含量。不同浓度的 SHMP 提取制备的菜籽浓缩蛋白各组分的含量见表 6-20。

表 6-20　SHMP 浓度对提取蛋白质各组分含量的影响

样品	SHMP 浓度 /%	蛋白质含量（$N×6.25$）/%	灰分含量 /%	P 含量 /%	硫苷含量 /（mg/g）
菜籽浓缩蛋白	2.00	80.6	14.1	3.3	未检出
	1.00	79.7	14.4	2.7	未检出
	0.50	81.7	13.7	2.3	未检出
	0.25	82.5	10.9	2.2	未检出
脱脂菜籽粉	—	59.3	7.5	1.5	0.72

通过对不同的提取方法进行对比研究，结果证明，采用 0.25% 的 SHMP 两次提取菜籽蛋白，菜籽粉和提取液的比例均为 1∶10，然后在 pH2.5 进行沉淀（图 6-24），是一种增加蛋白质含量，降低菜籽浓缩蛋白中的灰分和硫含量，同时降低提取排放液中的磷含量的有效的方法。进一步研究证明，如果提取液中不加偏亚硫酸钠，在 pH4.5 时沉淀得到的菜籽浓缩蛋白质量较好；如果提取液中

添加偏亚硫酸钠，在 pH4.0 时沉淀得到的菜籽浓缩蛋白的质量较好。在提取过程中，用 50%的乙醇洗涤沉淀物可以改善菜籽浓缩蛋白的色泽和风味，在 15%或 30%的乙醇中沉淀菜籽蛋白也可以改善菜籽浓缩蛋白的色泽和风味，但氮产量有所降低。

由于该方法在提取液中添加了磷酸盐和硫酸盐，对菜籽浓缩蛋白的质量会有一定的影响，同时由于提取液中的盐会影响排放水的质量，该方法目前只适用于实验室提取菜籽浓缩蛋白。

6.4.2 热灭酶法制取菜籽浓缩蛋白

该工艺采用加热的方法使菜籽中的硫苷酶失活，以水作为溶剂提取菜籽中的硫苷和植酸等毒性物质，然后提取菜籽中的脂肪，得到菜籽浓缩蛋白。其工艺流程如图 6-25 所示。

图 6-25　热灭酶法制备菜籽浓缩蛋白工艺流程

菜籽首先进行清理去杂，然后破碎，筛选除去细碎仁，风选去除部分皮壳，菜籽仁加热灭酶，使其中的硫苷酶失去活性，用水提取其中的可溶性物质植酸、生物碱、硫苷、小分子的糖类物质等，分离，菜籽仁干燥、破碎，提取油脂，将饼粕粉碎即得到菜籽浓缩蛋白。

采用这种工艺生产的菜籽浓缩蛋白其组成成分见表 6-21。

表 6-21　菜籽浓缩蛋白的组成成分

组分	含量/%
蛋白质（$N\times6.25$）	60~65
脂肪	1~3
粗纤维	6~8
碳水化合物	20~25
灰分	7~9
植酸含量	5~7
硫苷	≤0.2

采用该工艺生产的菜籽浓缩蛋白，植酸含量较高，用这种浓缩蛋白喂养受孕的老鼠，观察到受试动物有厌食、体重下降和死胎现象，这种现象是植酸含量过高造成的。因此，在制取菜籽浓缩蛋白时，除了要脱除其中的硫苷之外，还需要

脱除其中的植酸。

6.4.3 水洗法制备低植酸含量的菜籽浓缩蛋白

低植酸含量的菜籽浓缩蛋白的制备工艺流程如图 6-26 所示。

菜籽 → 破碎 → 己烷萃取 → 脱溶剂 → 干燥 → 水萃取 → 脱水 → 干燥 → 菜籽浓缩蛋白

图 6-26　低植酸含量的菜籽浓缩蛋白的制备工艺流程

菜籽先进行清理去杂，破碎，溶剂法提取其中的油脂，饼粕干燥，然后用 pH4～5 水萃取其中的植酸、生物碱、硫苷、小分子的糖类等水溶性的物质，脱水，干燥，即得到低植酸含量的菜籽浓缩蛋白。因为植酸在 pH4～5 之间溶解性最大，而在此条件下蛋白质的溶解性最小，因此采用此方法可以降低菜籽饼粕中的植酸含量。得到的产品成分见表 6-22。

表 6-22　低植酸含量菜籽浓缩蛋白的组成

组分	含量
蛋白质含量/%	45～49
蛋白质得率/%	80～82
脂肪含量/%	无
异硫氰酸酯含量/（mg/g）	≤1.9
噁唑烷硫酮含量/（mg/g）	未检出
植酸含量/（%）	2.2～2.4

采用此工艺生产的浓缩蛋白，由于在加工过程中没有脱除皮壳，其中的粗纤维含量较高，蛋白质含量较低，因此会影响菜籽蛋白的营养价值。

6.4.4 水剂法菜籽浓缩蛋白生产工艺

该工艺在菜籽脱毒工艺一节已经进行了详细的介绍。

采用该工艺生产的菜籽浓缩蛋白，粗纤维含量低，硫苷和植酸、芥子酰胆碱酯等有毒有害物质的脱除效率高，是一种生产营养价值高的菜籽浓缩蛋白的有效方法。水剂法浓缩菜籽蛋白生产工艺流程如图 6-27 所示。

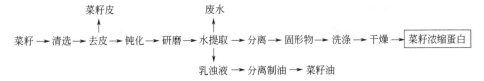

图 6-27　水剂法菜籽浓缩蛋白生产工艺流程

菜籽经清选、除杂，去除其中的石子、泥灰、金属等杂质。然后将菜籽干燥至水分3%～4%，破碎脱皮，蒸汽加热菜籽至70℃以上，钝化硫苷酶。钝化硫苷酶后的菜籽干燥，超微磨机粉碎，此时浆料中的蛋白质大部分变性，成为以油为连续相的菜籽料酱，蛋白质以固态粒子的形式分散在料酱中，淀粉粒、少量的皮壳以及可溶于水的糖、酚酸、单宁和硫苷也分散其中。用6～10倍于菜籽料酱的水进行浸提，在搅拌的条件下使料液与水充分接触，硫苷、植酸、酚酸、单宁、水苏糖、棉籽糖等溶于水的物质被浸出，蛋白质充分吸水悬浮在水中，在搅拌过程中，小油滴聚合成大油滴。用离心机分离，物料被分成菜籽油乳浊液、菜籽蛋白和含有毒性物质及其他可溶性物质的水相。离心分离出来的菜籽蛋白湿粕，含水70%左右，有一定的黏稠性。由于大部分蛋白质已经变性，物料中的水分大部分为游离水，借助压榨设备先榨出20%～30%的水分后，物料送至箱式或平板式烘干机加热脱水，使菜籽粕粉中的水分降至8%以下，用粉碎机把大块物料粉碎，即得到脱毒菜籽浓缩蛋白。

6.4.5 高功能特性的菜籽浓缩蛋白制备

用柠檬酸或碳酸铵浸泡菜籽可以制备高功能特性的菜籽浓缩蛋白。这种处理可有效降低产品中芥子碱、硫苷及其降解产物的量。用乙醇/氨/水后处理可以除去5-乙烯基-OZT、腈和异硫氰酸酯。处理后的菜籽浓缩蛋白的吸水性和吸油性增加，且有很好的泡沫特性。处理后的菜籽浓缩蛋白添加在肉制品中可以减少肉制品的蒸煮损失。这两种方法中以柠檬酸浸泡更为有效。该方法的工艺流程如图6-28所示。

菜籽 → 碳酸铵(或柠檬酸)浸泡 → 脱壳 → 粉碎 → 脱脂 → 乙醇/氨/水处理 → 干燥 → 菜籽浓缩蛋白
↓
菜籽皮

图6-28 硫酸铵（或柠檬酸）处理制备高功能特性的菜籽浓缩蛋白工艺流程

菜籽用碳酸铵或柠檬酸溶液浸泡，干燥脱水后脱壳，粉碎，常规方法脱脂，然后将饼粕用乙醇/氨/水处理脱除其中的硫苷及其降解产物和其他的可溶性物质，干燥即可得到菜籽浓缩蛋白。

6.4.6 氯化钠浸提制备菜籽浓缩蛋白

该方法的工艺流程如图6-29所示。

菜籽 → 脱脂 → 10%NaCl提取 → 过滤 → 滤液 → 透析脱盐 → 干燥 → 菜籽浓缩蛋白
↓
残渣

图6-29 氯化钠浸提制备菜籽浓缩蛋白工艺流程

首先将菜籽在水中煮沸10min，在小于50℃的条件下干燥，粉碎，己烷脱脂，脱脂菜籽粉用 10%的 NaCl 提取，过滤，滤液中即含有菜籽蛋白和其他水溶性物质，透析脱盐，干燥，干燥即得菜籽浓缩蛋白。

采用该方法制备的菜籽浓缩蛋白组成如表 6-23 所示。

表 6-23　NaCl 溶液提取菜籽浓缩蛋白组成

项目	水分/%	灰分/%	粗蛋白/%	粗纤维/%	NaCl/%	硫苷/%
菜籽粕	9.9	7.2	40.0	15.7	—	0.8
菜籽浓缩蛋白	3.4	11.4	64.1	3.3	0.03	0.5

由于该方法需要对处理过程中加入的盐进行透析处理，因此该方法不适用于大批量的生产，只能用于实验室制备小量样品。

6.4.7　醇洗法制备菜籽浓缩蛋白

醇洗法制备菜籽浓缩蛋白，是用溶剂提取菜种子中的油脂之后，用乙醇水溶液洗脱菜籽粕中的可溶性成分，包括硫苷和植酸等抗营养成分，得到浓缩菜籽蛋白。其工艺如图 6-30 所示。

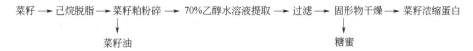

图 6-30　醇洗法制备菜籽浓缩蛋白工艺流程

醇法制备菜籽浓缩蛋白有其显著的优越性，提取液的浓缩液可进一步加工生产植酸等相关附加产品，提高了产品的附加值；醇溶液具有较强的有机溶解能力，可将更多的呈色、呈味物质带走，产品的色泽较浅。

通过醇洗法制备的菜籽浓缩蛋白，其中抗营养因子成分单宁的脱除率达 90%以上，植酸的脱除率达 65%以上，硫苷的脱除率可达到 90%以上。

除了以上介绍的这些方法之外，制备菜籽浓缩蛋白的方法还有超声波辅助方法、水相酶解法等，但目前为止也都处于试验研究阶段。

6.5　菜籽分离蛋白加工工艺

分离蛋白的提取是利用菜籽中蛋白质和其他物质在不同的 pH 时的溶解度的差异，在蛋白质萃取和沉淀时将菜籽中的非蛋白质成分除去，从而得到几乎纯净的蛋白质。

菜籽分离蛋白的提取方法有很多，碱提酸沉是其基本原理。采用碱溶液提取蛋白质时，溶液的 pH 在 9 以下对蛋白质的性质基本不产生影响。但在较高的 pH 条件下提取蛋白质时，会使蛋白质的营养价值降低，且有可能形成毒性物质。蛋白质的过碱处理可能会导致氨基酸和蛋白质的交联、氨基酸的破坏和消旋化。苏氨酸、赖氨酸、胱氨酸在较高的 pH 条件下最容易受到破坏，蛋氨酸、苯丙氨酸、苏氨酸、丝氨酸、天冬氨酸和组氨酸在较高的 pH 条件下会发生消旋化。主要的氨基酸交联产物赖丙氨酸是由赖氨酸的 ε-氨基与脱氢丙氨酸缩合形成的，脱氢丙氨酸可通过胱氨酸残基碱降解、脱硫生成，也可来自丝氨酸残基的分解。赖丙氨酸可降低蛋白质的营养价值和消化吸收，主要由于氨基酸的破坏影响蛋白质的氨基酸比例，同时也影响了消化酶和蛋白质的结合位置，从而降低蛋白质的生物价。

由于以上原因，有人研究用超滤的方法提取菜籽蛋白，但需要加入一些盐类，因此需要用渗析的方法脱除盐。这种方法虽然可以避免蛋白质中氨基酸的破坏，但纯化比较困难。因此，采用碱提酸沉法制备蛋白质至今为止仍然是大批量制备蛋白质的一种最有效的方法。

采用碱提的方法提取菜籽蛋白时，提取液的 pH 值、提取液的体积、提取次数、提取温度、提取时间等都会对提取率产生影响。

提取液的 pH 值对蛋白质的提取率有很大的影响，碱性条件下蛋白质的提取率高于中性或弱碱性条件下的提取率。由菜籽蛋白的溶解曲线（图 6-1）可以看出，菜籽蛋白的溶解度随溶液的 pH 升高而增加，到 pH12 左右达到最大值，但由于过碱会影响蛋白质的生物价，因此，一般提取蛋白质时，提取液的 pH 不超过 12。物料比对蛋白质的提取率也都有一定的影响。1∶25 的料液比提取 3 次，提取率可达 90%以上。相同提取液量的条件下，不同的提取次数对提取率也有很大的影响，提取次数越多，提取率就越高。其他条件如提取时间、提取温度等对提取率也有不同程度的影响。

提取蛋白浆液的酸沉条件对菜籽蛋白的得率也有直接影响，在 pH4.7 左右，蛋白质的沉淀率最高，达 60%左右，但采用二步沉淀，首先在 pH6.0 进行沉淀，之后在 pH3.6 进行沉淀，蛋白质的得率最高。

下面介绍几种提取菜籽分离蛋白的方法。

6.5.1　碱提酸沉法生产菜籽分离蛋白

碱提酸沉法生产菜籽浓缩蛋白的生产工艺和大豆分离蛋白的生产基本相同，其工艺流程如图 6-31 所示。

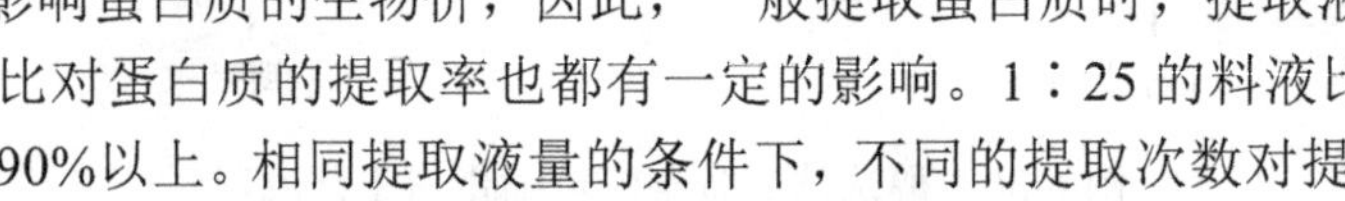

脱脂菜籽粕 → 碱提 → 离心分离 → 提取液 → pH6.0沉淀 → pH3.6沉淀
　　　　　　　↓　　　　　　　　　　　　↓　　　　　↓
　　　　　　　渣 → 提取　　　　　分离蛋白Ⅰ　分离蛋白Ⅱ

图 6-31　碱提酸沉法生产菜籽分离蛋白工艺流程

脱脂菜籽粕以 1∶10 的比例加入水，搅拌过程中加碱调 pH 至 10 左右，提取 20min，离心分离，离心得到的渣加入 1∶5 的水再在同样的条件下提取，然后离心，提取液和第一次的提取液合并，离心得到的渣用 1：5 的水在同样条件下提取，离心，得到的提取液用于新鲜粕的提取。提取液调 pH6.0，沉淀，离心，沉淀用水进行洗涤，离心，得分离蛋白Ⅰ，上清液调 pH3.6，沉淀，离心，洗涤沉淀，得分离蛋白Ⅱ。

采用该工艺制备的菜籽分离蛋白，蛋白质提取率 94%以上，蛋白质沉淀得率根据菜籽品种的不同而不同，制备的分离蛋白的纯度可达 90%以上。

该提取方法的优点是提取工艺简单，容易操作，而且采用一般的生产大豆分离蛋白的生产设备改变工艺参数就可以生产。

6.5.2　四次逆流提取法

四次逆流提取法基本原理也是碱提酸沉，主要分为四步进行提取，其工艺流程如图 6-32。

菜籽粕被分为四份（粕Ⅰ，粕Ⅱ，粕Ⅲ，粕Ⅳ），在每一步的开始加入的新鲜溶剂和粕重的比都是 25：1，提取溶剂为 0.02mol/L 的 NaOH，提取温度 25℃。搅拌提取结束后在 5000r/min 离心 15min，上清液用于下一份粕的提取。在四步的提取过程中，上一步第一次提取的粕，在下一步提取时放在最后提取，依次类推，整个提取过程完成后每一份粕都用新鲜溶剂提取过一次。

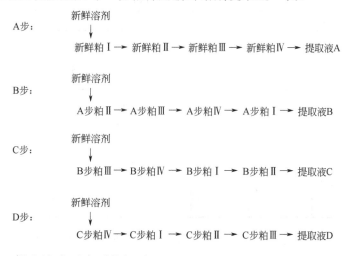

提取液中蛋白质的沉淀：

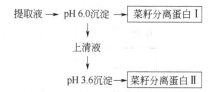

图 6-32　四次逆流提取法制备菜籽分离蛋白工艺流程

合并四步提取所得到的提取液 A、B、C、D，用盐酸调 pH 至 6.0 使菜籽蛋白沉淀，离心，收集沉淀，得到的上清液再用盐酸调 pH 至 3.6，沉淀剩余的菜籽蛋白，离心，收集沉淀。得到两种蛋白质。

在采用四次逆流提取菜籽蛋白时，在 A 步的提取过程中提取出的蛋白质是粕中总蛋白的 35%左右，溶剂的回收率为 53%左右，以后的 B、C、D 三步的提取过程中，蛋白的提取率分别是粕中蛋白的 30%、20%和 8%左右，溶剂的回收率在 94%～98%之间。经过四步的提取，大约有 95%的粕蛋白被提取出来。菜籽品种不同，提取过程中每步的提取率和总的提取率都会有所差别，蛋白质沉淀时的沉淀率也会有差别。选用的两个品种的菜籽粕（Erglu 和 Lesira）采用该工艺提取菜籽蛋白，原料中各组分的含量见表 6-24，分步沉淀的沉淀率见表 6-25。

表 6-24　原料粕组成成分分析（以干基计）

成分	Erglu	Lesira
粗脂肪/%	0.9	0.8
总氮/%	6.61	6.30
粗蛋白（$N \times 6.25$）/%	41.3	39.4
非蛋白氮/%	1.20	1.19
粗纤维/%	13.1	17.9
灰分/%	8.3	7.3
无氮提取物/%	36.4	34.6
噁唑烷硫酮/（mg/g）	0.65	13.5
异硫氰酸酯/（mg/g）	0.20	3.2

表 6-25　蛋白质分步沉淀率

菜籽品种	沉淀 pH	粗蛋白沉淀/%	总产量/%
Erglu	6.0	69.4	
	3.6	24.3	93.7
Lesira	6.0	73.2	
	3.6	18.0	91.2

按照该方法提取的两个品种的菜籽分离蛋白 I 和 II 的组成分析结果见表 6-26。从分析结果可以看出，采用此种工艺生产的菜籽分离蛋白有很高的纯度，灰分和硫苷的含量很低，但是该提取方法工艺比较复杂，操作比较麻烦。

表 6-26　菜籽分离蛋白组分分析（干基）

成分	Erglu		Lesira	
	分离蛋白 I	分离蛋白 II	分离蛋白 I	分离蛋白 II
粗蛋白（$N \times 6.25$）/%	92.9	98.6	99.6	99.3

成分	Erglu		Lesira	
	分离蛋白 I	分离蛋白 II	分离蛋白 I	分离蛋白 II
粗脂肪/%	0.00	0.00	0.00	0.00
灰分/%	0.78	0.33	0.04	0.10
粗纤维/%	0.07	0.02	0.00	0.00
无氮提取物/%	6.25	1.05	0.36	0.60
噁唑烷硫酮/（mg/g）	0.00	0.00	0.00	0.00
异硫氰酸酯/（mg/g）	0.00	0.00	0.00	0.00

6.5.3　低植酸含量菜籽分离蛋白的制备

植酸可以和蛋白质以不溶性复合物的形式共同沉淀下来，在 pH6.0 时沉淀得到的菜籽蛋白中植酸的含量要比 pH3.6 时沉淀得到的菜籽蛋白中植酸的含量高，这主要是由于菜籽中植酸的溶解度在 pH4 左右最高，和蛋白质形成的复合物最少。根据这一原理，设计了如图 6-33 所示的制备低植酸含量的菜籽分离蛋白的方法，先用 pH4.0 的溶液提取菜籽粕中的植酸，然后再用碱溶方法提取菜籽蛋白。

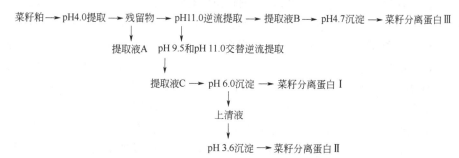

图 6-33　低植酸含量菜籽分离蛋白的制备

在该工艺中，提取液 A 中的植酸总量是菜籽粕中植酸总量的 70%左右，氮是粕中总氮的 18%左右；提取液 B 中的植酸总量是菜籽粕中植酸总量的 2%左右，氮是粕中总氮的 60%左右；提取液 C 中的植酸总量是菜籽粕中植酸总量的 30%左右，氮是粕中总氮的 66%左右。提取的菜籽蛋白植酸含量见表 6-27。

表 6-27　菜籽粕和菜籽分离蛋白中的植酸含量

样品	植酸含量/%
菜籽粕	3.6
菜籽分离蛋白 I	9.8

续表

样品	植酸含量/%
菜籽分离蛋白Ⅱ	4.3
菜籽分离蛋白Ⅲ	0.2
大豆分离蛋白	0.1

菜籽蛋白和植酸在不同的 pH 时溶解度不同，因此 pH 是控制蛋白质-植酸相互作用的主要因素，是脱除植酸制备低植酸蛋白的理论依据。该工艺中，用 pH4.0 的溶剂提取植酸，粕与溶剂的比为 1∶25 时一次提取可以溶出粕中约 70%的植酸、14%的蛋白氮和 4%的非蛋白氮，第二次用 pH4.0 的溶剂提取时，并不能提取出更多的植酸，说明粕中残余的植酸都是以蛋白复合物的形式存在的。提取植酸后的粕残余物用 pH11.0 的溶剂逆流提取，得到的提取液 B 在 pH4.7 沉淀，制备的分离蛋白中植酸的含量只有 0.2%，但产量只有 40%左右。如果用提取植酸后的粕残余物交替用 pH9.5 和 pH11.0 的溶剂进行逆流提取，可以提取出 66% 的粕氮和几乎粕中所有残存的植酸。

提取菜籽蛋白时，除以上脱除植酸的方法外，还有一些其他的方法，如添加 EDTA、植酸酶等。在碱性条件下脱除植酸，植酸的脱除率很小，如果在提取溶剂中加入 EDTA，可以显著提高植酸的脱除率，使之达到 70%左右，这种作用也说明蛋白质-矿物质-植酸复合物是在碱性 pH 条件下存在的。EDTA 可以结合矿物质元素离子如 Ca^{2+}、Mg^{2+}等，而不是结合植酸。由于 EDTA 和 Ca^{2+}、Mg^{2+}等结合形成可溶性的多价阳离子-EDTA 络合物，阻止了蛋白质-矿物质-植酸复合物的形成，因而植酸的脱除率显著增加。用 EDTA 并不能全部脱除植酸，因为菜籽蛋白中有 20%～40%的蛋白质的等电点接近于 pH11.0，这些蛋白质在 pH9.0 时仍带有正电荷，可以和带负电的植酸结合形成不溶性的植酸-蛋白复合物。

用植酸酶处理可以完全脱除菜籽粕中的植酸。植酸酶，又称肌醇六磷酸水解酶（myo-inositol-hexaphosphate phosphohydrolase），可以把植酸水解成肌醇和无机的磷酸根离子。这种酶处理的方法是降低食品体系中植酸含量的有效方法。

菜籽分离蛋白的颜色通常是灰棕色，这主要是由于酚类化合物在提取的过程中迅速氧化成醌类化合物，然后和蛋白质键合而形成有颜色的物质。改善菜籽蛋白色泽的方法之一是除去酚类物质，方法之二是添加亚硫酸氢钠等还原剂阻止酚类物质的氧化。各种处理方法对菜籽分离蛋白的色泽的影响可以用蛋白质溶液在 350nm 时的光吸收表示，光吸收值越高，说明分离蛋白产品的颜色越深。结果见表 6-28。

表 6-28 添加物对分离蛋白颜色的影响[①]

提取过程 pH	添加物	添加量[②] /%	蛋白质提取率 /%	pH4.7 蛋白质沉淀 [③]/%	分离蛋白蛋白质含量/%	蛋白质产量[③] /%	350nm 分离蛋白光吸收值
7.5	—	—	53	44	93	23	0.45

提取过程 pH	添加物	添加量② /%	蛋白质 提取率 /%	pH4.7 蛋白质沉淀 ③/%	分离蛋白 蛋白质 含量/%	蛋白质 产量③ /%	350nm 分离蛋白 光吸收值
11.0	—	—	83	69	92	57	0.60
7.5	聚合物	1	53	44	94	23	0.39
7.5	聚合物	5	53	44	95	23	0.38
7.5	聚合物	10	53	44	97	23	0.32
11.0	聚合物	1	83	69	92	57	0.58
11.0	聚合物	5	83	69	92	57	0.55
11.0	聚合物	10	83	69	92	57	0.48
11.0	亚硫酸氢钠	0.1	83	62	87	52	0.50
11.0	亚硫酸氢钠	0.5	79	45	86	36	0.36
11.0	亚硫酸氢钠	1.0	76	32	85	29	0.32

① 提取条件：提取 5 次，每次粕：水为 1∶10，提取时间每次 5min，提取温度 45℃，提取物分离后，上清液 pH4.7 沉淀，15000g 离心 10min。

② 浓度，聚合物浓度单位 g/100g 粕，亚硫酸氢钠浓度单位 g/100L 溶剂。

③ 表示为提取液或沉淀物中的氮占粕中总氮的百分比。

采用该方法提取之前先向粕中添加乙烯吡咯烷酮（vinylpyrrolidone）聚合物，在 pH7.5 时提取产物的颜色比 pH 11.0 提取产物的颜色浅，但得率较低，产物的纯度不受添加物的影响。由于添加物回收困难，这种方法的使用一定程度上受到限制。

添加亚硫酸氢钠减少蛋白质提取过程中酚类物质的氧化是非常有效的。由表 6-28 可以看出，当提取溶剂中添加亚硫酸氢钠时，提取物的颜色可以得到显著的改善，但分离蛋白的蛋白质含量会有所降低，添加高浓度亚硫酸氢钠时蛋白质产量明显降低，这是由于盐的作用造成的。

6.5.4 水相酶法提取菜籽油同时提取菜籽蛋白

在植物油料中，油脂存在于植物油料的细胞内，并通常与其他大分子（蛋白质和碳水化合物）结合存在，构成脂蛋白、脂多糖等复合体。因此，只有将油料的细胞结构及油脂复合体破坏，才能取出其中的油脂。采用能降解植物油料细胞壁的酶，或对脂蛋白、脂多糖等复合体有降解作用的酶（主要包括纤维素酶、半纤维素酶、果胶酶、淀粉酶、葡聚糖酶、蛋白酶等）处理油料，可以很好地达到破坏油料细胞壁及脂质复合体的目的。在机械破碎的基础上，酶的降解作用使油料细胞进一步被"打开"，而且酶对脂蛋白、脂多糖等复合体的分解增加了这部分油的可提取性。由于酶处理温度不高，因而不仅能耗低，而且可以完好地保存油料中所含蛋白质的天然营养和功能特性，可从油料中同时制取植物油和优质植物蛋白。酶处理油料种籽的作用与机械处理和热处理作用相同，都是为了破坏油籽中的细胞的细胞壁，使其中的油游离出来。

近年来，水相酶解法提油作为一种新兴的提油方法备受关注，该方法是在传统水剂法工艺中增加酶处理工序，原料无需干燥。与传统工艺相比，该方法能同时提取油和蛋白质，操作条件温和，所得油和蛋白质质量较高，能耗较小。

采用水相酶解法提油所得菜籽蛋白浸提液，必须进一步提纯并脱除有毒物质如异硫氰酸酯、噁唑烷硫酮等才能达到食用标准。由于菜籽蛋白的组成十分复杂，其等电点和分子量相差较大，因此，直接采用等电点沉淀法制取菜籽蛋白的回收率较低。采用超滤法回收提取液中的菜籽蛋白，不仅能够有效地除去有毒物质，还可以提纯蛋白质，提高蛋白质的得率。该工艺流程见图6-34。

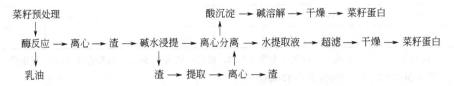

图6-34　水相酶解法提取菜籽与菜籽蛋白工艺流程

提取工艺中，首先对菜籽进行破碎。油料的破碎程度对酶解提油、提蛋白质的效果影响是显著的，一般地说，破碎度大，出油率高。因为破碎度越大，越有利于增大酶作用的表面积，提高酶的作用效率。工业生产中考虑能耗和工艺因素，破碎的适宜颗粒度在120~140目对酶促反应比较合适。破碎方法分干法碾磨与湿法碾磨。干法碾磨可防止研磨过程中产生乳化，但由于菜籽含油量大，在碾磨过程中易结成油块、油饼，阻碍进一步碾磨；同时碾磨过程中易产生大量的热量，使设备生产的连续性受限。湿法碾磨可吸收碾磨过程中产生的热量，保证设备的连续生产；但在碾磨过程中，油水易产生乳化，给后面的破乳和提取油脂带来困难。为解决这一问题，可采用两步碾磨法。首先采用干法碾磨，油籽破碎粒度控制在60~80目，然后湿法碾磨，以达到适宜酶促反应所需的破碎度。

酶解作用的效果与油籽细胞的组成密切相关。菜籽细胞壁的主要成分是果胶、纤维素、半纤维素。由于酶的专一性，采用单一酶在酶解工艺中有很大的局限性。因此，根据菜籽的化学组成一般选用4种酶：纤维素酶、果胶酶、蛋白酶、半纤维素酶。几种酶混合使用，可以使细胞降解更彻底、提油效果更好。

本工艺一般采用两步酶解法制备菜籽油与菜籽蛋白。第一步：利用复合纤维素酶（纤维素酶、半纤维素酶）降解菜籽细胞壁的纤维素骨架，破坏细胞壁，使油脂、蛋白质游离出来；采用果胶酶对果胶质进行水解，使其降解产物不与提取物（油脂、蛋白质）发生反应，从而更有效地保护油脂、蛋白质的品质。第二步：利用中性蛋白酶降解大分子蛋白质肽键，使包裹在蛋白质内部的油脂释放出来。试验结果表明，在碱性条件下，不仅不利于油水分离，反而会增大油水乳化现象。因此，在酶解提取菜籽油与菜籽蛋白过程中，一般不采用碱性蛋白酶。

酶解完成后离心分离，分出油相，固相含有皮壳、菜籽蛋白等物质。用0.05～0.10mol/L的NaOH在料液比为1:25～1:30、温度40℃条件下提取蛋白质，之后离心，除去已吸润膨胀的皮壳及碱不溶性物质，提取液可以直接进行酸沉淀，离心，沉淀的蛋白质用碱溶解后喷雾干燥，得菜籽蛋白产品；或经超滤截留蛋白质，低温干燥后，得到无毒、低变性优质菜籽蛋白质。

采用该工艺提取的菜籽蛋白质量见表6-29。

表6-29 水相酶解法制备菜籽蛋白组成

方法	水分含量/%	粗脂肪含量/%	粗蛋白含量/%	粗纤维含量/%	异硫氰酸酯/（mg/g）	噁唑烷硫酮含量/（mg/g）	植酸	蛋白质得率/%
超滤	6.32	0.72	91.8	0.11	0	0	0.12	92
酸沉	7.36	1.9	85.7	3.21	0.94	0.72	1.33	61

由表6-29可知，采用超滤法制备的菜籽蛋白比采用酸沉法制备的菜籽蛋白，蛋白质含量及得率都高，这是由于采用酸沉法沉淀后的蛋白质在离心过程中很难与水溶液分离，一部分可溶性组分无法除去，这就使得其中的非蛋白组分含量较高；同时酸沉时菜籽蛋白的低分子量组分（2S）通常情况下难以被沉淀下来，因此蛋白质得率较低。采用超滤提取的菜籽蛋白，异硫氰酸酯、噁唑烷硫酮均未检出，植酸含量大大降低，达到食用标准，说明水相酶解法菜籽制油同时采用超滤工艺制备菜籽蛋白能有效去除植酸和硫苷等有毒及抗营养因子。

菜籽分离蛋白的提取方法最基本的原理是碱提酸沉，大部分的提取方法都是基于该原理，但也有人用膜过滤的方法根据分子量的大小分离菜籽蛋白，也有人用凝胶过滤和中空纤维过滤的方法提取菜籽蛋白等，但是，这些方法只适用于分离纯化少量的蛋白质样品，不适用于大批量制备菜籽分离蛋白。

菜籽分离蛋白的提取，其根本依据就是菜籽蛋白的溶解性，如何在保持菜籽蛋白不变性的情况下尽量提高菜籽蛋白的溶解量，同时使尽量多的蛋白质分离出来，是提取菜籽蛋白的关键。菜籽中的植酸对菜籽蛋白的营养价值和功能特性都有一定程度的影响，因此要尽量减少菜籽蛋白中植酸的含量。硫苷这种毒性物质的脱除方法前人已经进行了很多研究，目前看来，它已经不是将来菜籽蛋白应用的主要影响因素，同时"双低"菜籽品种在我国以及世界上很多国家和地区都在推广，产品中的硫苷含量可以有效地降低。因此，如何改进提取工艺，经济有效地提取菜籽蛋白，使这种优质蛋白质资源得到充分利用是以后需要研究的主要问题。

6.6 菜籽水解蛋白生产工艺

菜籽蛋白的水解方法有化学法和生物学方法，化学法水解蛋白质常用的方法是酸水解法，生物学方法常用的是蛋白酶水解法。化学法水解蛋白质水解彻底，但对设备的要求较严格，设备必须是耐酸腐蚀的，因此设备费用较高；如果水解得到的产物是用于食品和饮料，所用的酸一般是盐酸，必须是食用级，价格相对也较高；对所用蛋白质原料中的脂肪含量也有一定的要求，因为达到一定的脂肪含量后，酸水解过程中会产生氯丙醇，这种物质是一种致癌物质，因此，现在已经开始限制酸水解蛋白质的使用。酸水解最大的优点是蛋白质的水解度高，水解彻底。酶水解条件比较温和，水解过程中不引入化学物质，因此水解过程比较容易控制，缺点是水解度较低。

6.6.1 菜籽蛋白的化学水解

蛋白质的化学水解方法包括酸水解法和碱水解法，一般用酸水解的方法较多，而在酸水解时大多采用的是盐酸水解法。

菜籽蛋白 → 加酸水解 → 真空脱酸 → 中和 → 过滤 → 脱色 → 沉淀 → 混合氨基酸

精制水解液 → 干燥 → 水解菜籽蛋白

图 6-35 菜籽蛋白的酸水解工艺流程

菜籽蛋白的酸水解工艺和其他蛋白质的水解工艺基本相同，见图6-35。首先菜籽蛋白或菜籽粕经过清理去除杂质，粉碎至一定的颗粒度以便水解。原料加入水解罐，加盐酸（6mol/L），搅拌均匀，100~110℃水解，根据不同的水解度要求水解不同的时间。水解过程中为了防止氨基酸的氧化，可以在水解过程中在水解容器中充入氮气。水解完毕之后采用真空蒸发系统除去大部分的盐酸，碱中和剩余的盐酸，过滤除去不溶性的残渣，得粗水解液；如果需要，可采用渗析或其他方法脱去盐分，制备低盐含量的菜籽蛋白水解液；采用喷雾干燥的方法可制备混合氨基酸粉，但纯度较低，视所用原料的蛋白质含量而定；采用等电点沉淀的方法分步对氨基酸进行沉淀，可得到混合氨基酸粉。总之，最后产品的形式根据实际需要确定。

尽管酸水解的方法有诸多的缺点，但制备水解度较高的菜籽蛋白水解产物时，酸水解的方法还是其他水解方法无法替代的。

6.6.2 菜籽蛋白的酶水解

采用蛋白酶适度水解菜籽蛋白，可以改善菜籽蛋白的功能特性，如吸水性和吸油性、起泡性和泡沫稳定性、乳化性和乳化稳定性。蛋白质水解也可以产生许多具有生理活性的小肽类物质，这类活性肽具有各种不同的生理活性，如 ACE（血管紧张素转换酶，angiotensin I-converting enzyme）抑制活性、清除自由基活性、抗氧化活性等。酶水解的方法是一种制备生理活性肽的有效方法。

各种蛋白酶均可用于水解菜籽蛋白，根据水解度等特殊要求选用特定的蛋白酶在一定条件下对菜籽蛋白进行水解，就可得到菜籽蛋白酶水解产物。

菜籽蛋白的酶水解工艺和其他蛋白质的水解工艺相同，其工艺流程见图 6-36。

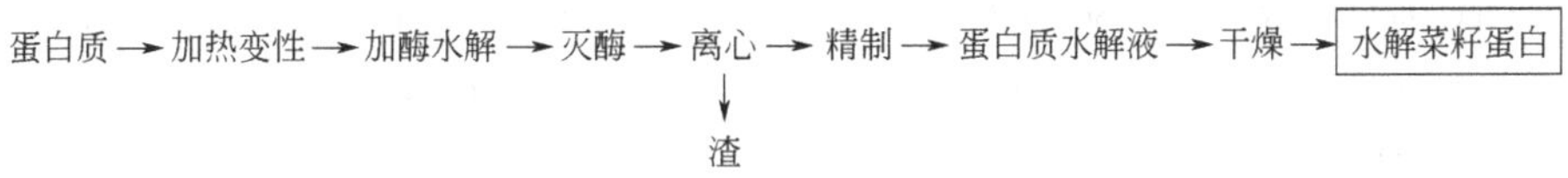

蛋白质 → 加热变性 → 加酶水解 → 灭酶 → 离心 → 精制 → 蛋白质水解液 → 干燥 → 水解菜籽蛋白
　　　　　　　　　　　　　　　　　↓
　　　　　　　　　　　　　　　　　渣

图 6-36　菜籽蛋白的酶水解工艺流程

首先将菜籽蛋白进行适度变性，使蛋白质易于水解，然后调节溶液的浓度，按照不同的酶添加不同的量，调节水解液的 pH 值至所用酶的最佳 pH，在一定的温度下进行水解，水解结束后调节溶液的 pH 值或加热到 90℃以上使蛋白酶失活，离心或过滤除去不溶性物质，水解液进行干燥即得水解产物，一般采用喷雾干燥的方法制备干粉；或直接进行下一步的加工和利用。

目前使用比较安全的水解方法是酶水解法。酶水解法的特点是操作条件容易控制，可以控制蛋白质的水解度，缺点是水解度较低，很难完全水解。

另外一种制取方法是水酶法制油同时得到菜籽蛋白酶水解产物，其主要工艺流程如图 6-37 所示。

图 6-37　水酶法同时制油和水解菜籽蛋白工艺流程

从菜籽蛋白具有很高的营养价值这一方面来说，菜籽蛋白肽就很具有应用价值，加上近年来研究发现，菜籽蛋白具有一定的抗氧化活性，且对一些肿瘤细胞有一定的抑制作用。

尽管菜籽蛋白是一种优质的蛋白质，而且到目前为止也对其进行了系统的研究，但是，由于各种因素的制约，菜籽蛋白除了作为饲用蛋白之外，还未能作为食用蛋白加以利用，因此无论是在工艺技术还是在应用方面都需要更深入的研究。

参考文献

[1] Niewiadomski H. Rapeseed［M］. New York：Elsever，1990.

[2] Naczk M，Amarowicz R，Sullivan A，et al. Current research developments on polyphenolics of rapeseed/ canola: a review [J]. Food Chemistry，1998，62（4）：489-502.

[3] Krause J P，Schwenke K D. Behaviour of a protein isolate from rapeseed (*Brassica napus*) and its main protein components——globulin and albumin——at air/solution and solid interfaces，and in emulsions [J]. Colloids and Surfaces B：Biointerfaces，2001，21：30-36.

[4] Sjodahl S，Rodin J，Rask L. Characterization of the 12S globulin complex of *Brassica napus*. Evolutionary relationship to other 11-12S storage globulins [J]. Eur J Biochem，1991，196（3）：617-621.

[5] Yoshie-Stark Y，Wada Y，Schott M，et al. Functional and bioactive properties of rapeseed protein concentrates and sensory analysis of food application with rapeseed protein concentrates [J]. LWT，2006，39：503-512.

[6] Bones A M，Rossiter J T. The enzymic and chemically induced decomposition of glucosinolates [J]. Phytochemistry，2006，67：1053-1067.

[7] Farges-Haddani B，Tessier B，Chenu S，et al. Peptide fractions of rapeseed hydrolysates as an alternative to animal proteins in CHO cell culture media [J]. Process Biochemistry，2006，41：2297-2304.

[8] Blaicher F M，Elstner F，Stein W et al. Rapeseed protein isolates：Effect of processing on yield and composition of protein [J]. J Agric Food Chem，1983，31：358-362.

[9] Dev D K，Kumar M D. Functional properties of rapeseed protein products with varying phytic acid content [J]. J Agric Food Chem，1986，34：775-780.

[10] Diosady L L，Tzeng Y M，Rubin L J. Preparation of rapeseed protein concentrates and isolates using ultrafiltration [J]. J Food Sci，1984，49：768-770，776.

[11] Nockrashy A S E，Mukherjee K D，Mangold H K. Rapeseed protein isolate by countercurrent extraction and isoelectric precipitation [J]. J Agric Food Chem，1977，25：193-197.

[12] Gillberg L，Tornell B. Preparation of rapeseed protein isolates [J]. J Food Sci，1976，41：1063-1069.

[13] Ismond M A H，Welsh W D. Application of new methodology to canola protein isolation [J]. Food Chemistry，1992，45：125-127.

[14] Jones J D. Rapeseed protein concentrate preparation and evaluation [J]. JAOCS，1979，56：716-721.

[15] Klockeman D M，Toledo R，Sims K A. Isolation and characterization of defatted canola meal protein [J]. J Agric Food Chem，1997，45：3867-3870.

[16] Lacroix M，Amiot J，Brisson G J. Hydrolysis and ultrafiltration treatment to improve the nutritive value of rapeseed proteins [J]. J Food Sci，1983，48：1644-1645.

[17] Mansour E H，Dworschak E，Lugasi A，et al. Effect of processing on the antinutritive factors and nutritive value of rapeseed products [J]. Food Chemistry，1993，47：247-252.

[18] Ohlson R，Anjou K. Rapeseed protein products [J]. JAOCS，1979，56：431-437.

[19] Schwenke K D，Kroll J，Lange R，et al. Preparation of detoxified high functional rapeseed flours [J]. J Sci Food Agric，1990，51：391-405.

[20] Schwenke K D. Rapeseed proteins// Hudson B J F. New and development sources of food proteins

［M］. New York：Chapman & Hall，1994.

［21］Sosulski F，Humbert E S，Bui K et al. Functional properties of rapeseed flours，concentrates and isolate ［J］. J Food Sci，1976，41：1349-1352.

［22］Sosulski F W. Rapeseed protein for food use. //Hudson B J F. Development in food protein ［M］. London：Applieid Science Publishers，1983.

［23］Tzeng Y M，Diosady L L，Rubin L J. Preparation of rapeseed protein isolate by sodium hexametaphosphate extraction，ultrafiltration，diafiltration，and ion-exchange ［J］. J Food Sci，1988，53：1537-1541.

［24］Xu L，Diosady L L. The production of chinese rapeseed protein isolates by membrane processing ［J］. JAOCS，1994，71：935-939.

［25］Zhou B，He Z，Yu H，et al. Protein from double-zero rapeseed ［J］. J Agric Food Chem，1990，38：690-694.

［26］Rödin J，Rask L. Characterization of the 12S storage protein of *Brassica napus* （cruciferin）：Disulfide bonding between subunits ［J］. physiologia plantarum，1990，79：421.

［27］Ericson M L，Rodin J，Lenman M，et al. Structure of the rapeseed 1.7 S storage protein，napin，and its precursor ［J］. J Biol Chem，1986，261 （31）：14576-14581.

［28］Rodrigues I M，Coelho J F J，Carvalho M G V S. Isolation and valorisation of vegetable proteins from oilseed plants：Methods，limitations and potential ［J］. Journal of Food Engineering，2012，109：337-346.

［29］Mäkinen S，Johannson T，Gerd E V，et al. Angiotensin I-converting enzyme inhibitory and antioxidant properties of rapeseed hydrolysates ［J］. Journal of Functional Foods，2012，4 （3）：575-583.

［30］Zhou C，Yu X，Qin X，et al. Hydrolysis of rapeseed meal protein under simulated duodenum digestion：Kinetic modeling and antioxidant activity ［J］. LWT-Food Science and Technology，2016，68：523-531.

［31］Wanasundara J P D，Abeysekara S J，McIntosh T C，et al. Solubility Differences of Major Storage Proteins of Brassicaceae Oilseeds ［J］. J Am Oil Chem Soc，2012，89 （5）：869-881.

［32］He R，He H Y，Chao D，et al. Effects of High Pressure and Heat Treatments on Physicochemical and Gelation Properties of Rapeseed Protein Isolate ［J］. Food Bioprocess Technol，2014 （7）：1344-1353.

［33］史志诚，牟永义. 饲用饼粕脱毒原理与工艺 ［M］，北京：中国计量出版社，1996.

［34］刘大川，张立伟，胡小泓，等. 富硒菜籽分离蛋白的制备及功能特性的研究 ［J］. 中国油脂，1994，19 （5）：14-18.

［35］王车礼，史美仁. 菜籽粕脱毒提取菜籽蛋白研究进展 ［J］. 中国油脂，1997，22 （4）：53-56.

［36］陆骑凤，倪培德. 菜籽热喷去毒研讨 ［J］. 中国油脂，1994，19 （1）：40-43.

［37］周明，张立生. 菜籽粕的脱毒及其饲用价值研究 ［J］. 安徽农业大学学报，1994，21 （2）：182-185.

［38］韩峰，高雪，周淑平，等. 菜籽饼粕脱毒新技术研究 ［J］. 贵州科学，1995，13 （3）：40-43.

［39］周世宁，钟英长. 菜籽粕发酵脱毒的一些影响因素 ［J］. 中山大学学报 （自然科学版），1996，35 （5）：91-95.

[40] 王车礼，史美仁. 菜籽粕脱毒提取菜籽蛋白研究进展 I，菜籽粕脱毒与菜籽浓缩蛋白制取 [J]. 中国油脂，1997，22（2）：56-58.

[41] 王车礼，史美仁. 菜籽粕脱毒提取菜籽蛋白研究进展 II，菜籽分离蛋白的制取 [J]. 中国油脂，1997，22（4）：53-57.

[42] 韦平英，马光庭. 限定性固体混合发酵菜籽饼脱毒的研究 [J]. 应用与环境生物学报，1999（5）：186-190.

[43] 蒋玉琴，李荣林，张玘华，等. 复合菌体系酶法脱毒菜籽粕饲喂肉鸡试验研究 [J]. 粮食与饲料工业，2000（2）：34-35.

[44] 张烈. 菜籽饼粕的脱毒处理与饲用技术 [J]. 畜禽业，2002（10）：26-27.

[45] 郭兴凤，周瑞宝，谷文英，等. As1.398 水解菜籽蛋白的酶水解条件的研究 [J]. 中国油脂，2001，26（1）：50-51.

[46] 郭兴凤，周瑞宝，汤坚，等. 菜籽蛋白的制备 [J]. 郑州工程学院学报，2001，22（1）：60-62.

[47] 慕运动，郭兴凤. 菜籽粕中的硫代葡萄糖苷在芥子酶作用下分解条件的研究 [J]. 中国油脂，1999，24（5）：51-52.

[48] 郭兴凤，付元，王炯烨，等. 菜籽蛋白酶水解产物抗氧化活性研究 [J]. 郑州工程学院学报，2004，25（2）：37-39.

[49] 郭兴凤，周瑞宝，汤坚，等. 酶水解菜籽蛋白衍生风味物质的研究——水解度对风味衍生物的影响 [J]. 郑州工程学院学报，2002，23（1）：48-49.

[50] 周瑞宝，王广润，郭兴凤，等. 提高菜籽粕生物学效价制油新工艺 [J]. 粮油加工与食品机械，2003（6）：37-39.

[51] 郭兴凤，周瑞宝，谷文英，等. 菜籽蛋白的酶水解——复合风味蛋白酶水解条件的研究 [J]. 粮油食品科技，2001，9（2）：32.

[52] 刘志强，曾云龙，吴苏喜，等. 水相酶解法菜籽蛋白提取液超滤工艺研究 [J]. 中国粮油学报，2004，19（1）：52-56.

[53] 董加宝，张长贵. 食用菜籽蛋白研究及应用 [J]. 粮食与油脂，2005（12）：11-13.

[54] 郭涛，黄桃菊，韩文忠，等. 油菜籽脱皮冷榨制备菜籽多肽的研究 [J]. 中国油脂，2005，30（9）：15-16.

[55] 王瑞红，郭兴凤. 菜籽蛋白的功能特性及其在食品中的应用 [J]. 食品工业，2016，37（2）：265-268.

[56] 王治平. 菜籽分离蛋白糖接枝改性及其功能、结构和消化吸收特性研究 [D]. 镇江：江苏大学，2016.

[57] 郭兴凤，薛园园. 赖丙氨酸特性及检测 [J]. 粮食与油脂，2009（5）：10-12.

[58] 胡娟，万楚筠，钮琰星，等. 水剂法提取双低菜籽脱皮冷榨饼中油脂和蛋白质的研究 [J]. 中国油脂，2014，39（8）：18-22.

[59] 党斌，杨希娟，孙小凤. 碱提和超声波辅助提取菜籽蛋白比较研究 [J]. 中国油脂，2012，37（3）：22-26.

[60] 冉仁森，陈锦屏，米瑞芳，等. 油菜籽菜籽蛋白提取研究进展 [J]. 食品工业，2013，34（11）：215-218.

［61］姜绍通，潘牧，潘丽军，等. 乙醇浸提法制备菜籽浓缩蛋白的工艺研究［J］. 食品科学，2009，30
（4）：123-126.

［62］刘玉兰，严佑君，马宇翔，等. 高温菜籽粕醇洗制取饲用浓缩蛋白工艺条件的研究［J］. 中国油脂，
2013，38（8）：14-17.

［63］章绍兵，王璋. 水酶法从菜籽中提取油及水解蛋白的研究［J］. 农业工程学报，2007，23（9）：213-219.

7

棉籽蛋白与工艺

棉籽(*Gossypium hirsutum* L.)中含有约 50%～55%棉籽仁,棉籽仁约含 30%～38%的蛋白质,脱脂后的棉籽饼粕为氨基酸平衡、营养丰富的蛋白质。系统研究棉籽蛋白性质和棉酚等的脱毒方法,制备脱毒棉籽饼粕蛋白用于替代豆粕和鱼粉,可以缓解蛋白质饲料的供需矛盾,促进养殖业的发展。

7.1 棉籽的组成和棉籽蛋白的特性

7.1.1 棉籽的结构和主要成分

棉籽是棉花加工脱去棉绒后的产物。商品棉籽有三种:一种为含棉酚色素腺的棉籽;另一种为不含棉酚色素腺的棉籽;还有一种抗棉铃虫 Bt 毒蛋白的抗虫棉棉籽。前两种棉籽的剖面和显微结构如图 7-1 所示,棉籽上附着有比棉绒更紧密、更坚硬、更粗糙,并与壳连在一起的残余纤维,叫做棉短绒。棉短绒约占棉籽质量的 8%～13%,主要由纤维素组成。棉短绒的直径大约是棉纤维直径的 2 倍,棉短绒的 90%～95%是纤维素,仅有少量的蜡、果胶、有机酸和灰分类无机物。棉短绒可作为纸张、胶卷、化工原料和硝化纤维炸药等,去除棉短绒可以提高棉籽蛋白和油脂产品品质和得率,有利于整个棉籽加工工艺。棉籽剥去棉籽壳后的棉籽仁透射电子显微镜观察棉籽蛋白和棉籽油主要含在有细胞壁包围的蛋白体 PB 和脂质体 LB 中,观察图 7-1 (c),细胞中还含有 PB 蛋白质体、LB 脂质体、CW 细胞壁、N 细胞核、Nue 核仁、PM 质膜和 MC 线粒体等组织。棉籽中多数为含棉酚色素腺即含棉酚的棉籽,无色素腺棉籽生产规模小,产量少。为了减少棉铃虫对棉籽的危害,目前商业棉籽多为转基因抗虫棉。

利用转基因,苏云金芽孢杆菌(bacillus thuringiensis)在芽孢形成时产生大量晶体蛋白(Bt-蛋白)技术,该蛋白对鳞翅目、双翅目和鞘翅目幼虫具毒杀作用，长期以来在农业生产上常被用作棉铃虫杀虫剂。这种杀虫蛋白田间抗虫试验证明，抗虫棉抗棉铃虫效果可达90%以上。这种转Bt-蛋白基因的棉花，对中国转基因棉花种植研究的经济效益显著。李雪源等人回顾新疆种植转基因抗虫棉的几十年发展历程，认为棉农种植转基因抗虫棉积极性高，转基因抗虫棉种植面积比例平均达到52.5%。陈松等人对转基因抗虫棉棉籽营养品质分析认为转Bt基因抗虫棉棉籽仁含蛋白36.8%、粗脂肪33.8%，与对照的非转基因棉籽相比差异不显著。转基因抗虫棉棉籽仁脂肪酸和氨基酸成分的营养品质同常规陆地棉一样，具有开发利用价值。超低棉酚的所谓无色素腺棉籽的棉酚含量远低于世界卫生组织规定的食用安全值，由于综合效益不显著，仅有少量种植。

(a) 含棉酚色素腺棉仁

(b) 无棉酚色素腺棉仁

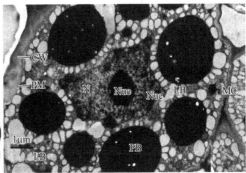
(c) 棉仁显微结构

图 7-1　棉籽仁剖面和显微结构

CW—细胞壁；PM—质膜；LB—脂质体；PB—蛋白质体；

N—细胞核；Nue—核仁；MC—线粒体

棉籽的外层是非常坚硬的棉籽壳，主要成分是纤维素和木质素。壳可占到棉籽总重的25%～40%，棉籽壳中大约含1%油、3%蛋白质。棉仁中壳的存在会降低仁的比例，加工中吸附一部分油降低产油量，同时也会影响脱脂后的棉籽饼粕蛋白利用，因此必须将它去除。

棉籽的主要营养成分聚集于棉籽仁，棉籽仁的蛋白质和油脂大约各占其干基重的30%，多数棉籽的蛋白质与油脂含量呈负相关关系。一般无腺棉籽品种比有腺品种含有更多的油脂及相对较少的蛋白质。蛋白质在棉籽中的含量在棉籽成熟期间基本保持不变，而油脂的含量在最后阶段会有所增长。棉籽仁中约含5%的粗纤维，这些碳水化合物主要是由果胶、戊聚糖形式的膳食纤维组成。棉籽仁中的淀粉含量不到1%，棉籽仁灰分的主要成分是磷和钾。

整粒棉籽中棉短绒占13%，棉籽壳占32%，棉籽仁占55%。脱绒棉籽中棉仁的组成为30.3%蛋白（$N \times 6.25$）、29.6%油、15.4%无氮浸出物、6.9%灰分、4.8%纤维和6.9%水分。棉籽中还含有抗营养的棉酚毒性成分。表7-1是整粒棉籽、脱绒棉籽和棉籽壳的主要成分含量。

表 7-1　棉籽干基主要成分表

名称	整粒棉籽	脱绒棉籽	棉籽仁	棉籽壳	名称	整粒棉籽	脱绒棉籽	棉籽仁	棉籽壳
干重/%	91.6	90	92.0	89.9	镁含量/%	0.35	0.41	ND	0.15
粗蛋白含量/%	22.5	25	29.6	5	磷含量/%	0.56	0.54	ND	0.08
粗脂肪含量/%	17.8	23.8	30.3	1.9	钾含量/%	1.14	1.18	ND	1.13
粗纤维含量/%	29.5	17.2	4.8	48.6	钠含量/%	0.0008	0.01	ND	0.0009
酸性纤维含量/%	38.8	26	ND	67	硫含量/%	0.2	ND	ND	0.05
中性纤维含量/%	47.2	37	ND	86.9	铜含量/(mg/kg)	7	11	ND	3.6
灰分含量/%	3.8	4.5	6.9	2.8	铁含量/(mg/kg)	50	108	ND	30.1
总棉酚含量/%	0.66	ND	ND	0.107	锰含量/(mg/kg)	15	14	ND	16.8
游离棉酚含量/%	0.68	ND	ND	0.049	钼含量/(mg/kg)	1.6	ND	ND	0.37
钙含量/%	0.14	0.12	ND	0.15	锌含量/(mg/kg)	33	36	ND	9.9

注：ND 表示未检测。

7.1.2　棉籽和饼粕蛋白的组成

棉籽中的蛋白质含量随品种和种植条件不同而不同。棉籽中的粗蛋白、粗脂肪等成分含量如表 7-2 所示，棉籽的氨基酸成分如表 7-3 所示。

表 7-2　棉籽饼粕的主要成分表

名称	含量	名称	含量
粗蛋白含量/%	21.8～28.2	磷含量/%	ND
酸性纤维含量/%	ND	钾含量/%	1.080～1.250
中性纤维含量/%	ND	钠含量/%	0.054～0.300
粗纤维含量/%	15.4～28.2	硫含量/%	ND
粗脂肪含量/%	15.4～23.8	铜含量/(mg/kg)	ND
灰分含量/%	3.8～4.9	铁含量/(mg/kg)	ND
总棉酚含量/%	ND	锰含量/(mg/kg)	ND
游离棉酚含量/%	ND	钼含量/(mg/kg)	ND
钙含量/%	0.12～0.33	锌含量/(mg/kg)	ND
镁含量/%	0.37～0.49		

注：ND 表示未检测。

表 7-3 棉籽的氨基酸成分　　　　　　单位：%

名称	棉籽	名称	棉籽
丙氨酸	1.51	赖氨酸	1.65
精氨酸	4.40	蛋氨酸	0.53
天冬氨酸	3.55	苯丙氨酸	2.03
胱氨酸	0.86	脯氨酸	1.39
谷氨酸	8.16	丝氨酸	1.63
甘氨酸	1.58	苏氨酸	1.21
组氨酸	1.03	色氨酸	0.49
异亮氨酸	1.17	酪氨酸	1.17
亮氨酸	2.23	缬氨酸	1.67

棉籽和饼粕中蛋白质含量高，各种氨基酸的比例符合营养规定模式值。棉籽蛋白是植物蛋白中为数不多的氨基酸比较平衡的蛋白质。

7.1.3　棉籽蛋白的组成和特性

棉籽中的蛋白质按超速离心方法可以分成低分子量 2S 清蛋白、中分子量 7S 球蛋白、高分子量 11S 球蛋白和多聚分子量 18S 蛋白组分。分子量较小的清蛋白富含生物活性物质和短肽，球蛋白的分子质量 220～240kDa，18S 蛋白是分子质量大于 500kDa 的多聚蛋白质。无论是分离蛋白还是浓缩蛋白，在生产过程中都需分离除去低分子量 2S 蛋白。商业棉籽蛋白制品中的主要成分也是球蛋白，球蛋白的功能特性决定了产品的性质。

棉籽 α-球蛋白的黏度（η）为 4.0mL/g，α-螺旋占二级结构的 5%，β-折叠占二级结构的 20%，有 6 个亚基，α-球蛋白中含糖量为 0.5%。当大豆球蛋白平均疏水性为 872，非极性侧链为 0.30、极性残基与非极性残基比值为 1.28 时，花生球蛋白分别为 860、0.29、1.73；而 α-棉籽球蛋白分别为 804、0.24 和 1.0；棉籽蛋白平均疏水性和 NPS（网络蛋白序列）值，都低于大豆蛋白、花生蛋白平均值，棉籽球蛋白在水中的分散性不如花生和大豆球蛋白。

棉籽高分子量蛋白质含有大约 0.5%的糖分，这些糖都是多聚糖蛋白。大约二分之一的糖在蛋白质亚基间起连接作用，在蛋白质分子折叠紧密的结构中，能够阻抗蛋白质水解作用。

用 SDS-PAGE 测定棉籽高分子量蛋白质有 6 个亚基，亚基的分子质量范围在 2.5～7kDa 之间，通过肽链连接，以非共价键如氢键和其他弱性疏水作用形成稳定的分子结构。

棉籽球蛋白都有缔合-解离现象，它们根据所在环境中的 pH、离子强度、蛋白质浓度和温度情况而变化。

商品棉籽分离蛋白中的蛋白质，主要是中分子量 7S 球蛋白、高分子量 11S 球蛋白。酸法浓缩棉籽蛋白产品中，还多一种 18S 多聚蛋白质。棉籽蛋白产品的商业应用价值是它在食品中的应用功能特性。由于高分子量棉籽蛋白种类繁多、结构复杂、在加工生产过程中变化多样，给稳定生产、提高产品质量增加许多难度。在生产和应用棉籽蛋白时，同其他植物蛋白一样，根据棉籽蛋白结构性质，诸如溶解、凝胶、持油、保水、营养等特性变化规律进行生产加工和食（饲）用应用。

7.2 棉酚的组成和物理化学特性

尽管棉籽蛋白的氨基酸组成合理、营养价值较高，又有一系列的应用功能特性，但棉籽饼粕中的蛋白至今未作为人类膳食营养物质应用到食品中，原因主要是其含有棉酚等抗营养的有毒有害物质。为开发利用棉籽蛋白，需要认识棉酚性质、毒性作用和脱毒方法。

7.2.1 棉酚色素和棉酚

棉籽中含有一种多酚类棉酚色素物质，主要存在于色素腺体中，称为棉酚色素腺。棉酚色素影响棉籽蛋白应用，色素腺也影响单胃动物和人食用。它们主要涉及棉酚、棉酚衍生物、棉酚色素腺体及其他对棉籽制品质量的影响。图 7-2 是棉籽剖开之后的切面，可以清晰地分辨出棉籽仁中的棉酚色素腺体。

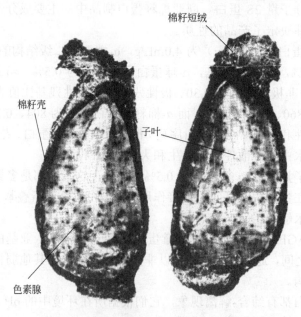

图 7-2　棉籽剖切面图

7.2.1.1 棉酚色素

在棉籽和棉籽粕中，至少有 15 种棉酚色素或者棉酚的衍生物。包括黄色的棉酚、二胺棉酚、6-甲氧基棉酚和6,6'-二甲氧基棉酚，棉籽紫红色素（1,2,4-三羟基蒽醌），橘黄色棉籽黄素，蓝色的棉籽蓝素和绿色的棉籽绿素。

（1）棉酚

棉酚存在于棉酚色素腺中，棉酚的分子式为 $C_{30}H_{30}O_8$。棉籽醇、棉籽毒都是它的俗称。按其结构式它被称为 1,1',6,6',7,7'-六羟基-5,5'二异丙基-3,3'-二甲基[2,2'-联二萘]-8,8'-二羧醛。图 7-3 是棉酚的三个互变异构体，它们是可以互相转变的：（a）是羟基醛结构；（b）为乳醇异构体（邻位羟基内醚）；（c）是环羧基异构体形式。

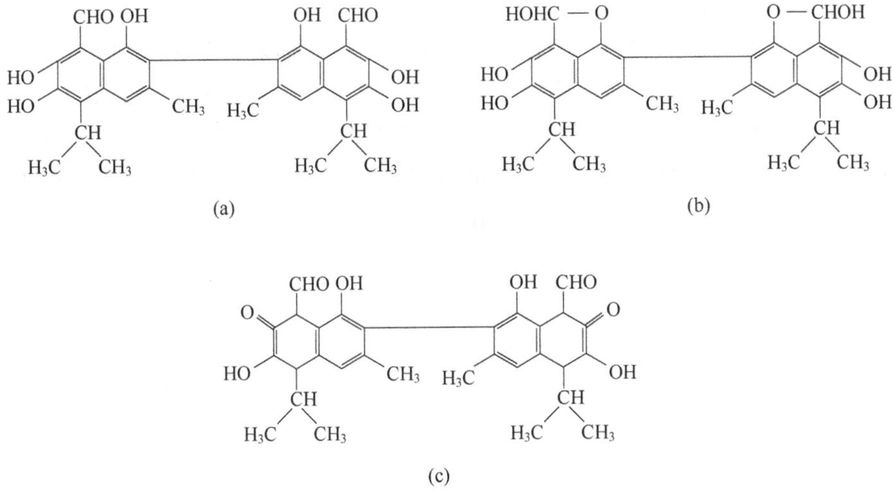

图 7-3　棉酚的各种互变异构体结构

棉酚具有显著的活性和具强酸的特性，同时还具有酚类和醛类化合物的性质。棉酚在稀碱水溶液中，能产生二元酸作用，生成中性盐。在醇溶液中，能够很快地反应氧化，如果与金属作用，能够生成带色的光亮化合物。棉酚的酚类基团很容易形成酯和醚。醛基与胺反应生成席夫碱（schiffbase），与有机酸反应，可以生成热不稳定的化合物。若与芳香胺反应，如与苯胺反应，生成二苯胺棉酚，这些性质对分析棉酚均具有重要应用意义。

棉酚的分子质量为 518.5Da，它可以溶于许多有机溶剂中。而在低沸点的石油醚（30～60℃）和水中不溶。结晶棉酚和它们的许多溶剂溶液都有光敏的特殊性质。在乙醚中得到的棉酚结晶，其熔点为 184℃；而用三氯甲烷得到的棉酚结晶，熔点为 199℃；轻质石油中得到的棉酚结晶，熔点是 214℃。

（2）棉籽蓝素

在棉籽粕中有一种发蓝色的物质，称为棉籽蓝素。它在 pH 变色范围内与指示剂作用变色。在酸性条件下变蓝，在碱性条件下先变绿，而后变黄。棉籽蓝素的分子式为 $C_{30}H_{30}O_8$，它也是棉酚的一种异构体，熔点 169℃。在真空条件下，可能会升华或分解。它能溶于乙醇、乙醚、三氯甲烷、乙酸和乙酸酐中，不溶于石油醚、苯、甲苯和水。它含有醛基，靠近醛基的是羟基，可能还有羰基，是个醌型结构。棉籽蓝素，可以从酸解的棉油皂脚中，用水浸提分离出来。也可以使用乙醇和石油醚的混合液进行浸提，再进行结晶纯化制备棉籽蓝素。

（3）二胺棉酚

棉籽二胺棉酚能耐很高的储存温度，分子式 $C_{30}H_{32}O_6N_2$，在 228～230℃熔化分解。苯胺和对茴香胺与棉酚反应，生成的二苯胺棉酚具有黄色的光泽，熔点 219～221℃，分子式 $C_{30}H_{34}O_7N_2$。

（4）棉籽紫红色素

棉籽紫红色素是棉酚的一种衍生物，属于一类被称为倍半萜类化合物的有机化合物。具有三个连续异戊二烯单元的萜烯。也是一种非常强的碱性化合物，分子式是 $C_{60}H_{56}N_2O_{13}$，平均分子质量为 1013.0922Da。在脂肪醇溶液中呈现黄色，在紫外光区没有特征的吸光度。推荐的棉籽紫红色素分子结构式如图 7-4 所示。

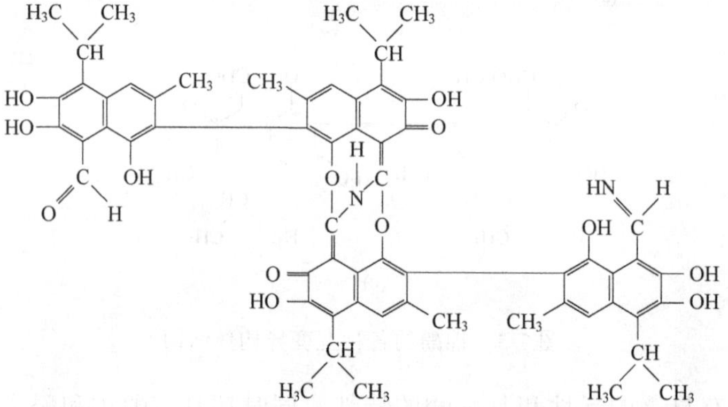

图 7-4　棉籽紫红色素的结构式

棉籽紫红色素能溶于二噁烷[二氧杂环己烷（CH_2）$_4O_2$]、丙酮、吡啶、三氯甲烷和苯，在石油醚甲醇、乙醇中只有微弱的溶解，不溶于水。棉籽紫红色素对热和光不稳定。而且棉籽紫红色素会分解成黄色物质，分解后的物质并不是棉酚。用酸水解棉籽紫红色素，可以水解生成棉酚。棉籽紫红色素与苯胺和对茴香胺反应，能够生成二苯胺棉酚和二-对茴香胺棉酚。

（5）棉籽黄素

棉籽粕中的棉籽黄素分子式为 $C_{34}H_{34}N_2O_8$，分子质量为 1022 Da。这种物质在 238～239℃时结晶体开始熔化继而分解。经酸水解的棉籽黄素，可以得到相当于棉籽黄素量 82%～86%的棉酚。

（6）棉籽绿素

用丙酮提取棉籽色素腺体，再进一步纯化，可以得到一种不稳定的棉籽绿素物质。它溶于三氯甲烷、甲醇、乙醇、丙酮和乙醚，而不溶于石油醚。在210℃加热时，棉籽绿素会变成棕色。对它成分分析：C62.82%、H6.09%、N1.90%、O21.09%、灰分8.10%。

（7）其他的棉酚色素腺

棉籽中还有熔点为146～149℃的黄色结晶物6'-甲氧基棉酚和6,6'-二甲氧基棉酚以及熔点为181～184℃的黄色结晶物6-甲氧基棉酚。

棉籽中有磷脂结合棉酚和亲水的可溶性结合棉酚。磷脂棉酚具有棉酚的生理活性，但亲水的可溶性结合棉酚，其生理活性相对比较小。在加工中游离棉酚容易与蛋白质结合生成结合棉酚。棉酚还包括单脱水棉酚和双脱水棉酚、半棉酚、6-甲氧基半棉酚、脱氧半棉酚、脱氧-6-甲氧基半棉酚等，都属于其他类型的棉酚。

（8）棉酚色素的光学特性

棉酚及其衍生物，在紫外光区和可见光区有一个吸收特性。棉酚的光谱特性，与所使用溶液、溶解温度和晶体模式有关。不同熔点（184℃、199℃和214℃）的棉酚三氯甲烷溶液，只在最大吸光度条件下才有紫外光吸收特性差别。表7-4列出了棉酚在紫外和可见光区时，它的三氯甲烷或乙醇溶液的最大吸光度。从毛棉油中分离出来的含氮棉酚色素的三氯甲烷溶液，显示出比较宽的（370～380nm）最大吸光度。在以80∶20的甲醇∶三氯甲烷溶剂中，测定棉酚磷脂的吸光度在370～400nm之间。

表7-4　棉酚色素的紫外、可见光吸光度

色素	溶液	最大吸光（nm）区
棉酚	三氯甲烷	276～279，288～289，362～365
棉籽蓝素	三氯甲烷	605
二胺棉酚	三氯甲烷	250，378
棉籽紫红色素	三氯甲烷	326～327，370，530～532，565～568
棉籽黄素	三氯甲烷	250～251，312～313，439～440
棉籽绿素	三氯甲烷	250，370，560
6-甲氧基棉酚	乙醇	235，288，369
6,6'-二甲氧基棉酚	乙醇	231，253，287，260，390

7.2.1.2　棉籽中的棉酚

20多个棉花品种，仅有4种是为利用其纤维而栽培的。两个杂交的二倍体品种 *G.barbadense* L.和 *G.hirsutum* L.是南美洲、北美洲和中美洲主要的栽培品种。*G.barbadense* L.和两个二倍体的亚洲品种——*G.arboreum* L.和 *G.herbaceum* L.是世界其他地区的主要栽培品种。棉花植物生长 5～6 个月，棉桃开始收获。每个棉桃有 3 个、4 个或 5 个花瓣，每个花瓣中含有数颗棉籽，棉籽壳上有很长的棉花纤维。从种子上脱去纤维，如轧 227kg 棉纤维，大约可得 375～397kg 棉籽（棉纤维：棉籽=0.57～0.6）。通常种子外壳脱纤维之后，以及短绒 *G.barbadense* L. 经过脱短绒，棉籽就露出光秃的黑色棉壳。

棉籽色素腺中的棉酚是主要的色素，其他与棉酚相关的物质除了 *G.barbadense* L.种子中含有甲氧基棉酚成分之外，含量很少。6-甲氧基棉酚和 6,6'-二甲氧基棉酚的含量在 *G.barbadense* L.种子中，约占棉籽色素腺的 30%。在其他方面，仅有微量的 *O-* 甲基取代的色素腺，这种现象是在 *G.hirsutum* L.种子中发现的。棉籽仁中的棉酚占仁重 0.33%～2.4%，通过调查分析 11 个棉籽种类发现，从无色素腺棉籽（*G.hirsutum* L.）到有色素腺的棉籽棉酚含量从 0～9%不等。

（1）棉酚色素的发育

棉籽中的棉酚色素多数都带有色泽。并集中于色素腺体之内。棉籽在发芽生长中，从开始生长的 4 天之内，棉花根尖中的棉酚含量由 0.08%急增到 6.23%。

棉籽胚乳发育是从盛花时期开始的，大约是花瓣打开 24～30h 开始发育胚乳。18d 之后在棉花胚的色素腺体内就发现了色素，32d 之后种子开始成熟。色素腺在刚开始发育时非常迅速，而在胚乳成熟时，就慢慢地发育。未成熟种子的棉酚不具备黄色和橘黄色的颜色特征。这种棉酚用苯胺处理，可以转变生成二苯胺棉酚。

（2）棉酚色素腺体

成熟的棉花种子外面有一层皮壳，壳外长有棉花短绒，壳里长有棉仁。棉籽的大小一般在 8～12mm，它的横切断面如图 7-2 所示。棉壳由棉短绒覆盖，从壳中把仁分离出来进行横切，在光学显微镜帮助之下，可以发现棉仁中有许多色素腺体。腺体的颜色由淡黄色到黄色、红色和紫色。它们中的各种色素腺体的色泽是不同的，它们的颜色与其生长的环境有关。棉酚色素体为圆球形和卵形，根据种子而定，按其长度大小来分，在 100～400mm 之间。色素腺体占仁重的 2.4%～4.8%。这些带色的腺体成分包含在单独的内网膜围起来的直径为 1～2mm 的包容物的腺体内。

棉酚占色素腺体质量的 39%～50%，棉籽紫红色素约占 0.612%～1.73%，棉籽绿素大约为 2.0%，腺体中有含氨基酸的糖残基的棉酚成分，色素腺体中还有游离的氨基酸和糖。每个色素腺体外都由一个含有纤维素、果胶、糖醛酸衍生物的薄壁围绕。这种壁很坚固，腺体在细胞中呈现一种封闭状态。

在棉籽加工中，把棉仁轧成薄片，用非极性溶剂浸出时色素腺壁有阻止有机溶剂的渗透作用。某些有机溶剂，即使用三氯甲烷浸出也需要延长浸出时间，才有可能把色素从色素腺中全部浸提出来。如果色素腺和水接触，且把它置于一个快速移动的细微粒子流中，色素腺就可以从棉仁中释放出来。有机或无机盐水溶液可以使色素腺体尽快破裂，并把色素释放出来。但是标准的硫酸铵和铅、镉、铜、镁、镍、锌的硫酸盐，以及钙、铁和镁的氯化（合）物，则不能很快使腺体破裂释放色素。

（3）无棉酚色素腺棉籽

无棉酚色素腺棉籽是利用没有色素腺、棉桃很小、绒产量很低、纤维质量差和成熟期晚的一种野生棉籽（原始）杂交育成的。无棉酚色素腺棉籽粕中的蛋白质，具有很高的营养价值，基本上无棉酚，可用作食品而且还有良好的功能特性。美国作为商品进行贸易的有三个等级：A 级的棉酚含量不超过 400mg/kg；AA 级的不大于 100mg/kg；AAA 级的不大于 10mg/kg。无棉酚色素腺棉籽可以达到最好的等级指标。

7.2.1.3　棉酚的分离、化学性质和分析

（1）棉酚的分离

棉酚最早是从液压机压榨生产的棉油皂脚中制备的一种比较纯的多酚类化合物。根据英文 gossyp（ium phen）ol 含义缩合，1899 年把它命名为棉酚（gossypol）。1918 年 Carrufh 应用乙醚分三步从棉籽中提取、分离、纯化和制备了二苯胺棉酚。1959 年 Pons 利用含棉酚的水化粗棉油磷脂（油脚），添加含有草酸的甲基乙基酮（2-丁酮）后回流反应对棉酚色素进行水解，使混合液冷却后分成两相，棉酚集中在上层的（酮）相中。用丁酮重复萃取水相中棉酚并浓缩。在棉酚浓缩液中加乙酸使棉酚生成醋酸棉酚（络合物）被沉淀分离出来。之后用己烷洗涤、活性炭脱色粗制醋酸棉酚，进一步用丁酮-乙酸溶液进行结晶纯化，就得到纯度大于 98%，带有黄色光亮的醋酸棉酚。

（2）棉酚的化学性质

① 棉酚的结构。棉酚化学分子式如图 7-3 所示。羟基醛异构体 [图 7-3（a）] 具棉酚正常醛反应性质，这也是在几种有机溶剂中的主要形式。图 7-3（b）被认为是六甲基醛，从乳醇所形成的异构体，对碱非常稳定，被认为在酸性条件下水解失去 2 个甲氧基所致。图 7-3（c）是棉酚脱水形成的环羰基异构体。

② 棉酚的醚类。棉酚对许多试剂很敏感，醚类形式的许多棉酚和它的衍生物，特别是阿朴棉酚和脱阿朴棉酚都比较稳定。

③ 棉酚的酯类。棉酚与有机酸反应即棉酚的酯化作用，特别是六醋酸（盐）酯，它的白色产品的熔点大约是 280℃，黄色产品的大约只有 185℃。六醋酸酯棉酚是棉酚和醋酸酐、醋酸钠在回流条件下反应生成的产物。

④ 棉酚的苯胺衍生物。棉酚与液体氨，或在通氨的三氯甲烷溶液中反应会生成二胺棉酚。1mol 棉酚与 2mol 苯胺作用，失去 2 分子的水得到 1 个二苯胺棉酚。用苯胺或茴香胺同棉酚反应，可用于测定棉酚，或用来测定与棉酚色素有关成分的测定。

⑤ 棉酚的氧化作用。棉酚很容易用菲林溶液和氨基硝酸银所还原，对氧也

非常敏感。在室温下，结晶棉酚在空气中就可以发生氧化作用，储存时经氧化作用会发生分解，通常需要避光存放。由于棉酚具有 4 个羟基（在 6,6' 和 7,7' 位置），所以它还具有抗氧化作用。

⑥ 棉酚的金属盐。棉酚与某些金属盐作用，具有抵消棉酚毒性的作用。在脱毒方面，无机盐用来钝化棉酚毒性。棉酚与强二元酸和中性的二钠盐、二钾盐反应。这种钠盐、钾盐可溶于水，而铅盐、铁盐却不溶于水。用 1∶1 的摩尔比，与二价铁离子反应，生成棉酚铁盐。pK_a 值平均为 7.3。以 1∶1 摩尔比也可以和三价铁离子反应，棉酚-三价铁离子反应产物的 pK_a 值为 6.75。把钙离子添加到可溶的铁-棉酚螯合物中，使它成为不溶性物质，起到钙、铁钝化棉酚的毒性作用。棉酚也可和其他金属如锡、锑和钼反应。

（3）棉酚的分析方法

大多数测定棉酚的方法，都使用可溶性溶剂浸出，再用芳香胺（指苯胺和对茴香胺）反应，再用重量法和分光光度法来测量其含量。早期的棉籽和棉籽制品中的棉酚测定分析方法是用乙醚进行浸出，再用含水丙酮为混合溶剂对棉酚提取后进行测定。

棉仁中的棉酚，可用 70% 的含水丙酮来提取 [丙酮和水的比例为 70∶30（体积比）]。而用 70% 的丙酮水溶液提取棉仁中的棉酚为游离棉酚（free gossypol），此棉酚不能直接用分光光度计来测定，而需用芳香胺和棉酚作用生成变色物质后来测定。溶于 70% 丙酮水溶液中的二胺棉酚，棉酚紫红色素与苯胺作用的产物，具有相同的颜色变化。因此，可以根据游离棉酚的数量，来测定包括棉籽色素在内棉酚含量。而用 70% 的丙酮水溶液不能把结合棉酚从棉仁中浸取出来。如果样品先用草酸处理，棉籽中的所有棉酚几乎都可以用同样方法进行提取。总棉酚是游离棉酚和各种结合棉酚的总量。结合棉酚就等于总棉酚减去游离棉酚的差。许多结合棉酚如果在水解中没有被水解，就难以测定出来。

棉酚的分光光度法测定需要作标准曲线。可以应用比较纯的棉酚，在实验室进行分光光度法测定时，绘制标准曲线。

7.2.2 棉籽饼粕中的棉酚

7.2.2.1 棉籽加工

商业上棉籽加工分四种方法，即液压机压榨法、螺旋压榨机压榨法、预压榨有机溶剂浸出法和有机溶剂直接浸出法。

在棉籽加工时，游离棉酚在粕中起着结合作用，目的是防止色素腺混入毛油中（同时也阻止蛋白质进入油中），以便使其在油中含量减少到最少。棉籽加工，例如棉籽制备、轧坯、蒸炒、压榨和溶剂浸出以及粕的脱溶剂，对棉酚色腺都有影响。粕中的游离棉酚及总棉酚的含量，与棉籽在不同条件下进行加工所得制品中的棉酚是有一定差别的。加工条件对游离酚比对总棉酚含量影响要大。

　　尽管每种加工工艺都有各自独特的工艺条件，以便获得最大和最好的棉油制品，但这些工艺基本都相似。棉籽通过清选、脱绒，再进行脱壳（脱壳是根据剪切原理而设计的），破壳后壳被分离、过筛，从而得到脱壳的棉仁。棉仁经挤压，使其轧成薄片，片厚 0.2～0.3mm，以便增大棉仁的表面积。棉坯经过蒸炒达到压榨制油的要求。一般控制蒸炒温度为 93～135℃，蒸炒 60～90min。轧辊轧坯，要求游离棉酚结合起来成为结合棉酚。蒸炒有助于回收棉油，而给游离棉酚创造结合成为结合棉酚的条件。

　　蒸炒棉籽后应用液压机压榨提取油脂时，最大压力达到 140.7kgf/cm^2（1kgf/cm^2=98kPa），液压机榨饼中残留有 4.5%～7.5%的棉籽油和 0.04%～0.10%的游离棉酚。应用螺旋压榨机压榨棉籽的压榨工艺中，压力高达 1407.7kgf/cm^2，榨饼中残油 2.5%～5%，游离棉酚含量 0.02%～0.05%。对于预压榨浸出法取油，约三分之二的棉油是通过压榨法得到的，榨饼重新破碎轧片，再用有机溶剂（如己烷）进行浸出回收另外三分之一的棉油。脱溶剂之后浸出棉籽粕中含有 0.4%～1.0%的棉油和 0.02%～0.07%的游离棉酚。当然，棉籽坯蒸炒之后，也可以用溶剂进行直接浸出。直接溶剂浸出的棉籽粕中残油明显比预榨浸出粕残留溶剂要高，但不会超过 1%。游离棉酚含量一般在 0.1%～0.5%之间，粕中总棉酚含量，是根据种子和种子加工条件以及预榨浸出制油的方式而定，粕中棉酚含量为 0.5%～1.2%。在一些使用直接溶剂浸出的工厂里，浸出之前棉仁不经蒸炒。

　　应用有机溶剂除去棉酚的加工方法在商业上广泛应用，除工业己烷外，包括丙酮、丁酮、二噁烷（二氧杂环己烷）乙醇、异丙醇、水和丙酮、乙醇或异丙醇的二元溶剂混合物，以及各种三元溶剂混合物，如丙酮-己烷-水，丙酮-环己烷-水和甲醇-己烷-水。通常使用这些溶剂能够成功地减少粕中棉酚的含量，使其粕中残留棉酚最小。

　　除去棉酚的各种机械加工方法，无论在实验室还是在实验工厂研究，包括商业己烷的分级浸出法，用溶剂浸出棉籽油，再粉碎进行风力（空气）分级法除去完整的棉酚色素腺，不仅减少了成品粕中的游离和总棉酚含量，而且也生产出色泽浅的棉籽浓缩蛋白。

　　美国南方地区研究中心，应用己烷浸提的旋流分离法（LCP），从棉仁中除去棉酚色素腺、脂质，并提取浓缩棉籽蛋白，此法在商业上得到了应用。这种加工方法是把原棉籽放入宽大内腔、无筛、撞槌式磨进行干法研磨，再把它悬浮于己烷中，用旋流分离心机把它分成富蛋白低棉酚溢流组分和含色素腺的底流物组分。这种无色素腺的溢流组分过滤之后，再经洗涤和脱溶剂，可以制得一种食用级的棉籽蛋白粉，游离棉酚低于 0.04%，总棉酚不大于 0.12%，以干基算，蛋白质含量为 68%，无油干物质得率为 45%。美国食品与药物管理局（FDA），已批准使用旋流法（LCP）的棉籽蛋白粉，游离棉酚低于 0.045%，可作为食品添加配料。下层底流出组分中含有很高的棉酚，可作为反刍动物的饲料。如果应用无色素腺棉仁，那么下层底流物中含有 50%～54%的蛋白质，也可以用作食品配料，或作为棉籽分离蛋白的生产原料。

7.2.2.2 棉籽蛋白制品中的棉酚色素

作为饲用蛋白资源，棉籽已有很久的历史。棉籽蛋白作食品配料可以提高食品的营养特性和功能特性。食用蛋白大于 50%的是棉籽粕粉，蛋白质含量为 70%以上的称为浓缩蛋白，蛋白质含量超过 90%为分离蛋白。三种形式的蛋白质制品，游离棉酚含量不大于 0.045%，这是参照美国 FDA 限定指标制定的。

一般棉籽加工时，游离棉酚结合在粕中，以防止在制油时落入油中。通常游离棉酚有生物活性（毒性），而结合棉酚没有生物活性。使用直接有机溶剂浸出制备的棉籽粕，游离棉酚含量最高（0.1%～0.5%），而螺旋压榨法制备的棉籽粕最低（0.02%～0.05%），预榨浸出法制备的棉籽粕，棉酚含量居中（0.02%～0.07%）。棉籽蛋白中含有赖氨酸，在加工时由于加热而使其受到破坏，这是棉酚与赖氨酸的游离 ε-氨基反应的结果。

7.2.3 棉酚对棉籽利用的影响

棉籽中的棉酚不易分离，加上游离棉酚含量高，产生不利的生理作用。加工棉籽时，蛋白质会和棉酚反应，生成结合棉酚，减少了蛋白质的数量，特别是会减少有效赖氨酸的含量。棉酚对棉籽粕的营养价值有很大影响。

7.2.3.1 棉酚对反刍动物的影响

棉籽蛋白主要作牛羊饲料。在美国棉花带地区以不同的比例给小牛喂棉籽粕，也包括菜牛、奶牛、小羊、绵羊和山羊的各个生长阶段进行试验，一些喂棉籽粕的小牛曾发生夜盲症、关节肿胀和食欲降低现象。可能某些现象与供给的有效蛋白质质量有关。

7.2.3.2 棉酚对家禽的影响

用棉籽饼粕作浓缩蛋白供给猪和鸡（火鸡、仔鸡和蛋鸡）非反刍动物的浓缩蛋白饲料，扩大应用范围都起到了良好的效果。用亚铁离子以 1∶1 摩尔比，与棉酚反应，可以生成 Fe^{2+}-棉酚盐（酯）进行深入试验。不仅可以使用铁离子，而且也可以使用其他的矿物盐，包括钙、钾、钠。推广矿物盐来钝化棉酚活性，把硫酸亚铁作为添加剂配到饲料中去，可以制成猪、鸡的饲料。一般来说，结合棉酚的生物活性会被钝化。

（1）棉酚对仔鸡的影响

一般认为经提纯的棉酚色素，如果在饲料中含量增多，会影响仔鸡生长的增重。而棉酚含量低的饲料，对鸡的生长没有多大影响。如果棉酚含量高，用这种饲料喂鸡时，因为鸡摄食减少，也会影响鸡的生长。在饲料中配 0.04%棉酚的15%的棉籽粕，这种饲料中含游离棉酚仅为 0.006%。应用矿物盐来抑制棉酚活性的具体做法是用 1 份棉酚配合 2 份铁，按这种质量比例进行配合，就可以防止因粮中游离酚高而影响仔鸡的生长。

（2）棉酚对蛋鸡的影响

棉籽粕用来喂鸡有可能使鸡蛋蛋黄脱色甚至成白色。这可能是棉酚所引起的变色作用。环丙基脂肪酸是引起变为粉红色的主要原因；但有些报道指出，鸡蛋黄的变色程度与游离棉酚有关系。鸡蛋蛋黄变色是由于母鸡摄入棉酚后才出现的现象，是棉酚和蛋黄中的铁反应所造成的。而环丙基酯是增强蛋黄变色的一种物质，延长储存期以及增加 pH 值，都可以促进蛋黄的变色。

用 Fe^{2+} 可以有效地防止棉酚对鸡的毒害影响，推荐的方法是使用 4 份铁配合 1 份棉酚。在总的饲料中铁高达 1600mg/kg，游离棉酚为 400mg/kg。棉酚的含量增加，一般会减少鸡蛋蛋黄的储存稳定性。

（3）棉酚对猪的影响

在饲料中添加铁离子有利于降低棉酚的毒性。使用矿物盐来钝化棉酚的活性，将棉籽粕单独用作蛋白源时，饲料中的棉酚比例不能大于 0.01%，一般每单位重的游离棉酚，添加以铁为 1 单位的硫酸亚铁，使猪的重量得到增加。而且在饲料中增加钙成分，可有助于钙钝化棉酚的活性作用。

（4）棉酚对人食用棉籽蛋白制品的影响

为缓和世界蛋白质资源的短缺现象，现已开发用棉籽生产食用浓缩蛋白。在世界各地，对于将棉籽蛋白添加到食品中去，是有发展意义的。如果把世界上棉籽的蛋白都作食用，就可以改善贫困国家四分之一人口的蛋白短缺现象。

为人类食用而生产的商品性棉籽浓缩蛋白产品是经部分脱脂并经过蒸炒的棉籽蛋白粉，或者相似的食品。其游离棉酚含量不超过 0.045%。另外，经烘烤，部分脱脂的棉籽蛋白粉被当作添加剂，主要用于焙烤食品。试验一种可以代替中美和巴拿马人食用的食物含有 18%~38% 的棉籽蛋白粉（58% 的玉米粉），这种食品分别在哥伦比亚、萨尔瓦多、洪都拉斯、尼加拉瓜、巴拿马和委内瑞拉进行过应用。试验混有棉籽蛋白的食品喂养儿童，对其发育有改善作用。1964 年，联合国粮农组织和世界卫生组织以及世界儿童基金会蛋白顾问组，对此进行了专项论证并写进修正草案中。这项草案中规定游离棉酚最大含量为 0.06%，总棉酚为 1.2%。

7.2.4 棉酚对生理的影响

7.2.4.1 棉酚的急性毒性

棉酚的经口急性毒性相对比较低，对其棉酚和与此有关的色素棉酚仅用少数种类动物进行了 LD_{50} 的试验。棉酚的大白鼠试验 LD_{50} 为（2.57±0.25）g/kg，小白鼠试验 LD_{50} 为（4.8±0.6）g/kg，大白鼠二胺棉酚试验 LD_{50} 为（3.27±0.22）g/kg，棉籽紫红色素试验 LD_{50} 为（6.68±0.11）g/kg，猪的经口棉酚试验 LD_{50} 为

0.55g/kg，大白鼠棉籽绿素试验 LD_{50} 为 0.66g/kg。

7.2.4.2 棉酚的慢性毒性

棉酚的经口急性中毒相对是比较低的，但长期摄入棉酚，尽管每次量比较少也会引起健康问题。棉酚对反刍动物影响不大，但对于年幼的小菜牛可能在瘤胃功能尚不健全之前对其有一定的影响。用菜牛进行棉酚毒性反应说明，棉酚引起食欲和消化不良。经剖解其尸体，发现脂肪肝变性、腹水、血液凝固时间加长。但用马来试验，没有发现与此有关的变化。棉酚对非反刍动物的生理影响是累积性地经试验对多种动物研究，从病理学观点分析，对大白鼠、狗、兔子、家禽和猪等动物进行的毒理试验列表汇总（表 7-5）。猫、豚鼠和兔子是不同品种的动物，对棉酚都是敏感的。猪、狗居中，大白鼠和家禽是最不敏感的。日粮中添加 0.02% 的棉酚，对猪这种动物来说，是引起中毒临界值。

表 7-5 棉籽中的棉酚和游离棉酚色素对非反刍动物的毒试验

动物种类	试验死前症状	验尸结果
大白鼠	食欲降低、增重率下降、腹泻、毛发脱落、贫血、红细胞、血红蛋白和完整的细胞数减少、精液流动性和生产量受到阻止、性行为减少	肠扩张和嵌塞，肠和胃充血和出血，肺和肾充血，十二指肠发炎，输精管变形，精子细胞中的线粒体扩张
猫	痉挛麻痹、一般发生在猫后腿、脉搏加快、呼吸困难、心律不齐	心脏和肺脏水肿、心脏肿大、坐骨神经变性
狗	神经后协调失控、昏呆木僵、昏睡、腹泻、厌食、重量减轻、呕吐	心脏肥大和心肺水肿、肝脏充血和出血、肠胃变小、脾和胆囊纤维化、内生殖器充血
兔	昏呆木僵、昏睡、食欲降低、腹泻，凝血酶原过少、四肢痉挛麻痹，体重减轻	小肠、肺、脑和腿骨出血、胆囊膨大、大肠水肿和嵌塞
家禽	食欲降低、体重下降、后腿无力、血红蛋白和红细胞量减少、蛋白和血清白蛋白与球白比值降低、卵蛋体积缩小、蛋黄变色、卵蛋孵化率降低	体腔内有积液；胆囊和胰腺肿大；肝脏变色；肝中有空泡和泡沫；肝、脾和肠黏膜蜡样色素沉积
猪	"猪肺病"或称猪呼吸困难症、软弱无力、消瘦、谷氨酸草酰乙酸转氨酶降低、体重下降、毛发变色；心（音）电图变化，腹泻、血红蛋白和血细胞比容降低、淋巴细胞减少	内腔出血和水肿、体脏内有积液；膀胱和甲状腺肿、电镜查心肌发现松弛、心脏肿大、肾脏脂质发生分解、脾脏萎缩、心肌受损

7.2.4.3 摄取棉酚的后果

对于非反刍动物，结合棉酚是可以摄取的，在代谢中一般没有变化，因此是无害的。但是在对狗进行研究中，结合棉酚通过胃肠道时释放出了游离棉酚。说明结合棉酚通过胃肠道时分解释放出游离棉酚。棉籽粕中的结合棉酚能使被饲喂的生蛋母鸡和鸡蛋蛋黄变色，归因于棉酚与蛋白结合形式的化合物，经蛋白水解酶消化，不能分解出游离棉酚，但结合棉酚通过水解，可使高达 50% 的结合棉酚转变成游离棉酚。

用同位素[14C]棉酚进行的生物半衰期试验，母鸡为 30h，猪是 78h，大白鼠是 48h，如果添加铁到日粮中去是 23h。用[^{14}C]棉酚喂鸡，如果摄入的[^{14}C]棉酚大量的是由粪便中排出体外，少量在尿中。鸡蛋中的棉酚是棉酚经吸收进入鸡体内，再经血液流动转到鸡蛋中，进入鸡体内的棉酚只有少部分会沉积在机体组织中。用[^{14}C]在棉酚的甲酰基和环结构中作标记的放射性棉酚喂猪并观察该放射性棉酚，结果发现机体组织中的[^{14}C]约占 25.1%，粪便中有 61.8%。说明猪消化道中吸收的棉酚要大于鸡，从而被认为猪的敏感性要大。研究中还发现在猪肝中有大量活性作用的棉酚，成为浓缩集中地，也即肝中浓度高，肾、脾和淋巴结中含量少，血液中的棉酚含量也不高。

7.2.4.4　食物成分对棉酚的影响

食物中矿物质的比例对棉酚的影响比较大，蛋白质的质量和数量的比例对棉酚的影响也比较大。日粮中铁有效地降低棉酚毒性作用。以兔子、大白鼠、猪和蛋鸡试验用矿物盐钝化棉酚的活性，得到明显的效果。在鸡饲料中添加一定比例的硫酸亚铁，按 0.5∶1～1∶1 的铁∶游离棉酚比例添加，配到玉米-棉籽粕的大鼠日粮中进行喂养试验，发现残留在肝中的含量降低以及毒性减轻现象。

7.2.4.5　棉籽蛋白对人食用的影响

含有棉酚的棉籽蛋白对人有广泛的生理意义和营养效果。棉籽蛋白可以缓解蛋白质短缺现象，经过加工处理的棉籽饼粕对人类的应用具有广阔前景。曾经应用游离棉酚含量 0.11%～0.20%的棉籽粕进行 4～5 个月试验，而没有产生不利影响。食用含 10%的棉籽粕粉的面包一年，观察食用者没有发现任何有害作用。1953年 Summers 等人试验焙烤食品中含有棉籽粉，以不加注明的方式放在美国阿克拉何马州的农机学院的自助餐厅中，销售了 18 个月而没有不良影响。在儿童食品中添加游离棉酚 0.057%，总棉酚 0.88%的 38%的棉籽蛋白粉，经长期观察也没有发生不良现象。在棉籽浓缩蛋白世界卫生组织/联合国粮农组织/世界儿童基金会的蛋白顾问团会议义摘报告中，介绍在危地马拉试验 2 年多，喂食含棉籽蛋白的食品，未发现中毒症状的证据。用含 LCP（旋液分离加工法）浓缩棉籽蛋白食物喂食儿童的试验中，均未发生中毒症状。

7.2.5　棉酚的利用

从经济观点出发，棉酚也许不是一件有利因素。但大量的棉酚如果能够提取出来，另作他用，无论对棉籽饼粕还是棉酚本身的作用都是件好事。估计世界上每年从制油进行水化炼油所制得的油脚中，就可以生产多达 30000t 棉酚。如果全世界的棉酚都加以利用，仅此一项，就有巨大的经济价值。

棉酚也可作抗氧化剂，还可作工业二烯化合物聚合作用的稳定剂。棉酚在低浓度情况下具有很强的抗氧化作用。人们已经注意到其可用于非食用制品如橡胶和石油工业。在溶液中，棉酚可以稳定维生素 A。用铁钝化棉酚有利于罐头储存期延长；棉酚可用于合成橡胶作为稳定剂。

棉酚可用作试剂，可以用来定性或定量地测定包括钼、铀、镍、钒和锑等成分。利用棉酚的杀虫活性，可作为抗虫剂，作棉铃虫驱虫剂，可以防治烟草夜蛾幼虫、红铃虫和其他害虫；棉酚具有抑制微生物生长的作用；棉酚的缩氨基硫脲和棉酚异烟碱酰羟硫脲是重要的抗结核药物。棉酚在抗肿瘤病研究应用中已有过报道，棉酚还有抗病毒活性，曾有人用棉酚进行雄性抗孕药物的试验等。

7.3 棉籽饼粕制取和混合溶剂脱毒工艺

7.3.1 棉籽加工和饼粕制备

7.3.1.1 清理、脱绒和剥壳

对棉籽加工首先是利用风选、筛分、磁铁技术将尘土、杂质和铁质金属除去，再用脱绒设备将短绒纤维从棉籽上去除。脱绒后的棉籽在工业中采用刀板和圆盘剥壳机对棉籽剥壳。壳通过筛分与仁分离，壳经吸风除去。壳中的棉籽仁成分需再筛分以提高棉籽仁得率。

7.3.1.2 轧坯

脱壳后，仁被轧坯以利于取油。这种对辊加工操作必须使出油途径最短，但不需要使细胞壁破裂。适当的棉籽水分含量对轧坯是必需的，如果水分含量太低，则采用水或水蒸气来"调质"，使棉籽的水分含量升高至11%。

尽管可用平行的对辊轧坯，但坯的厚度取决于所采用的取油方式，对于机械压榨料坯厚度在0.127～0.254mm，溶剂浸出料坯厚度为0.203～0.254mm。

7.3.1.3 蒸炒

蒸炒料坯的目的是使细胞壁破裂、控制水分含量、使蛋白质凝聚、钝化脂肪酶等，并降低油的黏度，使棉油容易溢出。由于热、水及物理联合作用，游离棉酚与蛋白质结合成低毒性结合棉酚，可起到提高脱脂棉籽饼粕营养的作用。

棉籽料坯通常在4～8层高的层式蒸炒锅中蒸炒。每一层的壁和底都有蒸汽夹层用于加热料坯。料坯喂入顶层，加热一定的时间，然后放入下层。在顶层添加水分达11%～12%。随着料坯向底层移动，水分蒸发并通过低层的通气口，排出直至达到最终要求的水分。对液压压榨机水分含量5%～6%，对膨化或螺旋压榨的水分含量3%。高温高水分蒸炒棉籽增加蛋白质结合棉酚含量。棉仁在上层蒸锅加热到90℃以上，料坯蒸炒120min后，低层料加热至110～132℃。过度蒸炒会降低棉籽粕的营养品质，使油和粕的色泽加深。

7.3.1.4 棉籽饼粕制备

棉籽脱脂主要应用机械螺旋压榨和己烷溶剂浸出。如果结合起来使用称为预榨浸出。预榨浸出方法是先用压榨法将其含油量降低1/2～2/3，再用溶剂浸

出法脱除残留的脂肪，制备棉籽蛋白含量45%～48%的棉籽饼粕。脱脂的棉籽油经过一系列精炼，制成成品棉籽油。采用液压压榨、螺旋压榨、直接溶剂法、预压榨浸出或挤压膨化浸出工艺，均可得到如表 7-6 所示的 0.06%～0.14% 游离棉酚、2%～5%脂肪和 46%～48%蛋白质的棉籽饼粕。它们的氨基酸组成见表 7-7。

表 7-6　不同工艺制得的棉籽饼粕的主要成分

名称	压榨棉籽饼	膨化溶剂浸出棉籽粕	名称	压榨棉籽饼	膨化溶剂浸出棉籽粕
干重/%	92.3	89.1	镁含量/%	0.65	0.66
粗蛋白含量/%	46.1	47.6	磷含量/%	1.14	1.2
粗纤维含量/%	11.4	11.2	钾含量/%	1.68	1.72
酸性纤维含量/%	18.1	17.3	钠含量/%	0.07	0.14
中性纤维含量/%	32.3	24.5	硫含量/%	0.43	0.44
粗脂肪含量/%	4.6	2.2	铜含量/（mg/kg）	10.9	12.5
灰分含量/%	7.2	7.5	铁含量/（mg/kg）	106	126
总棉酚含量/%	1.09	1.16	锰含量/（mg/kg）	18.7	20.1
游离棉酚含量/%	0.06	0.14	钼含量/（mg/kg）	2.4	2.5
钙含量/%	0.21	0.22	锌含量/（mg/kg）	62.8	63.7

表 7-7　　棉籽饼粕的氨基酸成分

名称	压榨棉籽饼	膨化溶剂浸出棉籽粕	名称	压榨棉籽饼	膨化溶剂浸出棉籽粕
丙氨酸/%	1.81	1.79	赖氨酸/%	1.57	1.96
精氨酸/%	4.4	4.86	蛋氨酸/%	0.7	0.78
天冬氨酸/%	4.02	4.27	苯丙氨酸/%	2.23	2.35
胱氨酸/%	0.64	0.69	脯氨酸/%	1.62	1.63
谷氨酸/%	8.47	9.15	丝氨酸/%	2.04	2.15
甘氨酸/%	1.83	1.87	苏氨酸/%	1.52	1.58
组氨酸/%	1.45	1.5	色氨酸/%	0.51	0.53
异亮氨酸/%	1.27	1.29	酪氨酸/%	0.98	1.04
亮氨酸/%	2.55	2.62	缬氨酸/%	—	1.83

7.3.2　棉籽饼粕混合溶剂浸出脱毒

7.3.2.1　棉酚脱除

用混合溶剂对全脂棉籽坯料同时进行脱脂脱毒处理，使棉酚与棉籽粕及棉酚与棉籽油彻底分开，得到无毒棉籽粕和无毒棉籽油。

考虑到从棉籽坯和棉饼中同时脱脂脱毒得到饲用棉籽粕和食用棉籽油，通常多选用混合溶剂，其中 6 号溶剂是传统的脱脂溶剂，对棉酚也有一定的脱除作用；利用己烷和丙酮、乙醇等有机溶剂一起进行脱脂脱毒作用。

在通用的混合溶剂中，丙酮、乙醇等有机溶剂占 20%左右，它们与 6 号溶剂混合后进入浸出器，浸提 2h，得到含有油脂的液相以及含有混合溶剂的固相棉籽粕。液相经回收溶剂后，得到毛油；固相烘干后即得到饲用棉籽粕。毛油经碱炼精制后，即得到食用棉籽油。

7.3.2.2　多元溶剂体系

有两种混合溶剂体系可满足棉籽饼同时脱脂脱毒的需要。一个是 6 号溶剂与乙醇混合物，简称为乙醇体系；另一个是 6 号溶剂与丙酮的混合物，简称为丙酮体系。

按体积计，在混合溶剂中乙醇占 10%～30%。江南大学（原无锡轻工业学院）曾利用乙醇体系从棉籽饼中同时脱脂脱毒取得了良好的效果，生产的棉籽蛋白制品，游离棉酚低于 0.04%。

6 号溶剂与市售乙醇（酒精）互溶性很差，在使用中，稍有疏忽，即出现乙醇与 6 号溶剂的分层现象，尤其当乙醇含水较多时，这种分层现象更为严重。这个问题在混合溶剂进入油脂浸出器之前不难解决，但在进入浸出器之后，即已无法保持互溶状态，有可能破坏浸出过程的连续性和稳定性，有可能降低脱脂脱毒效果。

乙醇与水互溶性甚好，有的油脂浸出器向回收 6 号溶剂中大量加入冷水，以降低 6 号溶剂的温度，而多数油脂浸出器应用过热蒸汽来烘干棉籽粕。为回收这部分乙醇，要有一套专用精馏设备，这在造价上很高，操作也很复杂。

棉酚呈弱酸性，与氢氧化钠及碳酸钠的水溶液反应生成二钠盐或二钾盐，呈姜黄色。棉酚极易氧化变质，它在乙醇溶液或碱性水溶液中对氧化剂很敏感，甚至在空气中即可以被空气中的氧所氧化。被氧化后，颜色变深，甚至呈棕黑色。用丙酮或丙酮与 6 号溶剂混合物对棉籽饼进行脱脂脱毒已有很多报道，如用丙酮直接浸渍棉籽饼，使其脱脂脱毒，棉籽粕中棉酚含量降至 0.03%以下，又如用 85%轻质汽油与 15%丙酮混合物浸出棉籽饼，使棉籽粕中棉酚含量降至 0.02%。

丙酮与 6 号溶剂互溶性甚好，不存在混合溶剂分层问题，这可以保证脱脂脱毒过程的连续进行，从而保证脱脂脱毒效果。丙酮与水互溶性很好，但它又不像乙醇那样与水形成共沸物，而且丙酮沸点只有 56℃，比水沸点低 44℃，比乙醇低 22℃，比 6 号溶剂下限（60℃）还低 4℃。这样，回收丙酮比回收乙醇要容易得多，棉籽粕中和棉籽油中丙酮的残留量也要少得多，同时也解决了饲料和食油中的异味问题。

用丙酮体系对棉籽饼同时进行脱脂脱毒优于乙醇体系。还应指出，两种混合溶剂体系还对棉籽饼中可能存在的少量黄曲霉毒素等有一定的萃取作用。棉籽饼用混合溶剂脱脂脱毒后，蛋白质含量可达到48%以上，是丰富的蛋白质资源。通常，大豆饼中蛋白质含量为43%，这里得到的棉籽粕蛋白质与豆饼不相上下。对棉籽粕进一步分析表明，它还富含 B 族维生素，如硫胺素、核黄素等，还含有相当数量的维生素 E。它的蛋白质含量比大米、小麦、玉米大约高 3 倍，而且各种氨基酸较之大米、小麦、玉米要高得多。由此可以认为，脱脂脱毒后的棉籽粕蛋白质是优质蛋白质，可用于饲料，也可食用。脱毒后的棉籽粕中，棉酚含量只有 0.02%～0.05%，它低于饲用棉籽饼粕中棉酚含量 0.12%标准，也低于或接近美国食用棉籽粕 0.045%标准，更低于联合国粮农组织的 0.065%标准。用混合溶剂对棉籽饼脱脂脱毒后产生的棉籽粕蛋白质用作饲料的试验应用是安全的。

在鸡饲料中含有游离棉酚小于 0.06%，对鸡的生产率、喂养效率及死亡率等均无影响；在饲料中加入这种棉籽粕 20%，喂养肉猪、肉鸡是安全的。

7.3.2.3 混合溶剂脱脂脱毒工艺

（1）工艺流程

棉籽混合溶剂脱脂脱毒工艺流程如图 7-5 所示。

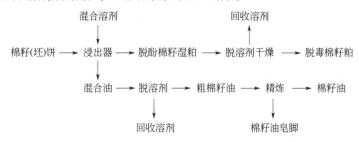

图 7-5 棉籽混合溶剂脱脂脱毒工艺流程

（2）主要设备

包括油脂浸出器、烘干机、溶剂蒸脱设备、乙醇精馏塔、溶剂储槽、混合溶剂储罐等。

（3）工艺参数

在平转浸出器料格中装料格容量 80%～85%的棉籽坯料（或饼），控制溶剂温度为 50～55℃，按 1：（1.0～1.2）（物料与溶剂）的质量比，采用大喷淋和滴干方式浸出 90～120min，进行脱脂脱毒，混合油浓度 8%～13%。

混合油通过过滤、蒸发器和汽提塔的毛油送进精炼工段，制备成品棉籽油。蒸发器蒸出来的混合溶剂经冷凝后，进入混合溶剂罐。汽提和蒸烘机出来的蒸汽也经冷凝后进入分离器，将工业己烷（6 号）溶剂与乙醇废水分开。6 号溶剂回混合溶剂罐，乙醇废水进入精馏塔，以回收乙醇，使乙醇也回混合溶剂罐。乙醇废水罐中的乙醇回收方法是采用预热器把乙醇废水罐中的乙醇和废水加热后，进行精馏，再经冷凝器冷却、回收乙醇循环使用。湿棉籽粕在蒸脱机中脱溶剂，湿粗烘干冷却制备脱毒棉籽粕。

如果用现有油脂浸出设备改造为混合溶剂对棉籽饼同时进行脱脂脱毒，方法很简单。在原来只有一套 6 号溶剂系统的基础上，再加一套乙醇或丙酮定量供应系统，并使这两种溶剂充分混合后，再一起进入浸出器即可完成。浸出器的操作条件、溶剂回收系统和棉籽粕烘干系统的操作条件已如上述。但必须强调，凡是有废水（不包括冷凝水）排放的场合，都必须集中起来，用一套有机溶剂精馏装置回收溶剂之后才可排放。在实际操作中，乙醇或丙酮定量供应系统上只需配置流量为 400～500kg/h 齿轮泵即可。

有机溶剂的精馏设备是在含有机废水的系统中通入热蒸汽，将其中的混合溶剂蒸出，冷凝后得到 6 号溶剂层（上层）和含有机物废水层（下层）。这种废水需用精馏设备回收有机溶剂。若混合溶剂使用乙醇体系，将得到含乙醇废水。从这种废水中回收乙醇的设备与操作近似于酿酒厂的乙醇精馏系统，它包括乙醇废水储槽、预热器、精馏塔、冷凝器、回流器及冷却器等。用乙醇精馏装置回收乙醇浓度可达 95%以上，而塔底排放的废水中，乙醇浓度只有 0.02%。

棉籽饼脱脂脱毒的有机溶剂两个体系有 3 种有机溶剂，即 6 号溶剂、乙醇、丙酮。除此之外，甲醇、异丙醇、三氯甲烷等有机溶剂也有很好的脱毒效果。但由于甲醇沸点只有 64℃，易挥发、有毒，可以致死，故一般生产中均不使用；异丙醇价格比较昂贵，与水形成共沸混合物，给分离带来困难；三氯甲烷有麻醉作用，在光的作用下，能被空气转化成有刺激性的氯化氢和有剧毒的光气，故不宜广泛应用。因此，就目前看来，通常用作混合溶剂的有 6 号溶剂、乙醇和丙酮3 种有机溶剂。6 号溶剂（沸点范围 60～75℃）又称石油醚、轻汽油，它是以正己烷为主要成分的烃类混合物。正己烷为无色挥发性液体，有微弱的特殊气味，相对密度为 0.6594，沸点为 68.74℃，不溶于水，但溶于乙醇、丙酮和乙醚。前面曾提及 6 号溶剂与乙醇的不互溶性，可能是由于 6 号溶剂是多种烃类混合物的缘故。6 号溶剂与乙醇的不互溶性，尤其当乙醇含水较多时，如 95%乙醇，则更是如此。而我们用精馏方法从乙醇废水中回收乙醇时，由于乙醇与水形成共沸物，回收的浓度只有95%，故其与 6 号溶剂的互溶性极差。用混合溶剂对棉籽饼同时进行脱脂脱毒时，要十分注意安全问题。这是由于这里使用的都是有机溶剂，它们沸点低、易挥发，并且其蒸气易与空气形成爆炸性混合物。在厂房、车间设计中必须按国家现行防火规范要求进行。

7.4　旋流法生产脱毒棉籽蛋白

7.4.1　旋流分离法脱毒原理

液体旋流分离法（LCP）是一种根据组成悬浮液各物料的密度、黏度、形状等物理性质的不同，借助旋流器对物料进行分级和分离的方法。旋流器是主要由圆筒和圆锥组成的容器，既可作分离也可作分级用。悬浮液由进料管沿切线方向进入圆筒部分，形成旋流，如图 7-6 所示。

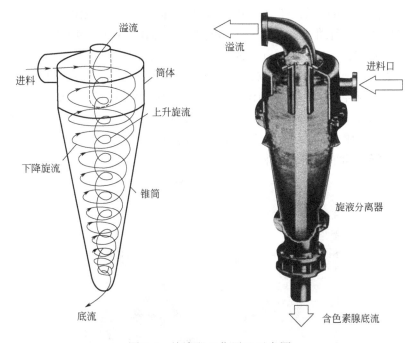

图 7-6　旋流器工作原理示意图

液体旋流器结构简单，没有活动部分，体积小，生产能力大，又能处理腐蚀性悬浮液。不仅可以用于液-固悬浮液的分离，而且在分级方面有显著优点。外层为下降旋流，内层为上升旋流。进入旋流器的料液由于旋转运动而产生离心力，下行到圆锥部分更加强烈。料液中的粗重颗粒受离心力的作用向器壁方向运动，并随外层螺旋流下降到出口，由底部作为底流而排出；细粒部分被上升的内旋流带经溢流管由顶部作为溢流排出。旋流器内的流体的运动是三维速度场，料液的运动由切向流动、轴向流动和径向流动组成，切向速度对分离的影响最大。由于液相和固相物质性质不同并借助于离心力的作用，悬浮液中所含微粒得以分级和分离。旋流器中流体力学规律比较复杂，其中最重要的速度分布为旋转切向速度，这是因为粒子所受的离心力系由此而产生。切向速度与进料速率和进料压力有关，并与其成正相关。垂直速度和径向速度也有重要的影响，前者表示内外层螺旋流的大小和溢流与底流间的分配情况，后者则表示由离心力的作用使粒子沿径向移动的速度。液体旋流器与气体旋流器（旋风分离器）在结构上明显不同之处是液体旋流器的圆筒部分短，锥形部分长，可以比较充分地发挥锥形部分作用，由于旋转半径小，故离心作用相对较大。

棉籽中的棉酚存在于棉仁棉酚色素腺体中（图7-7），将棉籽烘干控制到低水分含量进行粉碎，粉碎后的全脂棉籽粉置于己烷溶剂中，棉籽油溶于己烷，棉籽蛋白、棉籽细胞壁等多糖纤维和棉酚色素腺体都分散于己烷溶剂体系中（图7-7）。天然状态下的棉籽蛋白以直径 3～10μm 的蛋白体的形式，油脂以直径 0.2～0.5μm油体形式分散于由纤维素和半纤维素成分构成的棉籽细胞壁围成的细胞内，而棉酚色素腺体的直径为 40～400μm。棉酚色素腺体体积大，外层都是有亲水的特性，在己烷体系中是一个完整的颗粒。棉籽蛋白体也无法溶于己烷中，唯独棉籽油体在加热和机械搅拌动力作用下油滴外膜破裂，油脂溶于己烷中。棉酚色素腺体和棉籽蛋白都以固体形式分散悬浮于这种由棉籽油与己烷混合油为连续一体的体系中。对它们施加一定离心力，包括旋转流动离心作用，就可以将棉酚色素腺脱除，提取棉籽油和浓缩脱毒棉籽蛋白。

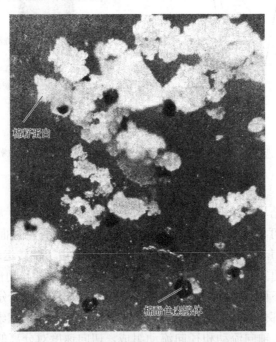

图 7-7　棉酚色素腺体、棉籽蛋白等分散在己烷溶剂中

运用离心分离的旋流方法先把棉酚色素腺体分离出去，然后再将棉籽蛋白和纤维素、多糖与己烷、棉籽油分开。己烷棉籽混合油经过溶剂回收再利用，粗棉籽油经过精炼包装达到食用要求。棉籽蛋白、纤维素和多糖经浓缩、干燥、包装，制成脱毒棉籽蛋白。

7.4.2　液体旋流分离工艺流程

旋流分离有单级和多级旋流工艺，根据产品质量要求决定采用单级或多级。

图 7-8 所示为单级旋流分离工艺流程。无论单级还是多级，其工艺流程大同小异。单级工艺流程说明如下。

脱绒后的光棉籽，经仔细脱壳，由脱壳设备出来的棉籽仁包括整的棉籽仁和某种程度破碎的棉籽仁，含有 3%或更少的棉籽壳。然后把棉籽仁干燥到水分含量 2.5%或更低（质量比）。干燥后的棉籽仁送入特别选定的粉碎机内进行粉碎，粉碎过的棉籽仁投入到在生产线上的混合机内，在此用经过计量的溶剂正己烷均匀调成浆液，然后把此浆液以大约 276kPa 的压力泵入旋流器在最大直径处的切向进料口，在离心力的作用下，使投入的液流沿旋流器的内壁圆周旋转，根据浆液物料投入的压力和流量，产生约 5000 倍于重力的离心力。由此离心力的作用，使那些较大、较重和较密实的颗粒有最小的表面积与质量之比（作为典型的例子，如卵形的色素腺体和棉籽仁组织的较大颗粒），并很快地向旋流器的圆周壁运动。这些颗粒基本上包含了所有的色素腺体、较大的棉仁颗粒和棉壳颗粒。在运动液流的作用下，这些颗粒经旋流器的锥形侧壁边旋转边向下流向底端，与少部分溶剂一起作为底流被排出。较细的棉籽粉，它们基本上不含色素腺体，由于它们有较大的表面积与质量比，它们向旋流器周壁运动慢得多，它们被运动的液流迫使经旋流器中心的溢流管向上运动，作为溢流从顶部排出。

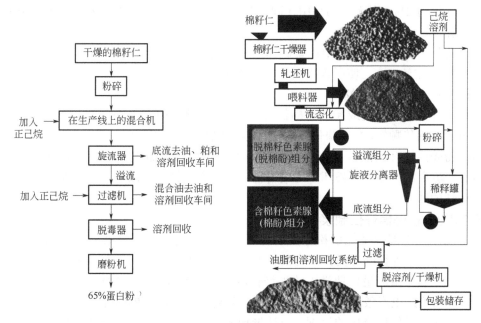

图 7-8 单级旋流分离工艺流程

由旋流器出来的溢流投入到连续真空滚筒过滤机，该种小型过滤机生产能力可达到固体产量为每小时 17.1kg/m³。在过滤时，应注意到滤饼有一种破裂倾向，会使脱脂效率降低，这个问题可以利用投入洗饼浆液来解决。

综上所述，单级旋流分离工艺就是把棉籽仁干燥、粉碎、用正己烷调浆、旋流分离、过滤脱脂、脱溶和磨碎，制得低棉酚高蛋白质浓缩物。其产品蛋白质含量达 65%以上。总回收量占投入旋流器的原始固形物的 46%（按重量计），工艺流程见图 7-8。

二级旋流分离工艺与单级旋流工艺基本相同，就是在单级旋流分离工艺基础上再加一级旋流器，把从第一级旋流器排出的底流用新鲜正己烷再调浆，然后再送入二级旋流器，从第二级旋流器排出的溢流返回到生产线上的混合机内，这样可把带入一级旋流器底流内的棉籽仁细粉进行回收，从而可以提高优质浓缩蛋白产品的回收量，可达到初始投入物料所含固形物质量的 50%。

7.4.3　旋流分离主要单元操作

7.4.3.1　棉籽仁的干燥

棉籽仁最好干燥到含水量为 1.5%～2.5%，其温度不超过 82.2℃。在浸出前干燥棉籽仁，防止由于脱脂使棉仁组织的水分提高。例如当棉仁的原始水分为8%和含油 33.5%时，经过浸出得到无油的粕中含水约 12%，在此水分含量时，色素腺体由于把水分传到腺体壁而变弱易破。如果同样的棉籽仁在浸出前被干燥到含水量约 2%，则无油的粕中（固体基）水分含量只有 3.0%，浓缩时不会影响色素腺体。

此外，干燥使棉籽仁中色素腺体趋于坚韧，并使色素腺体对其所存在的棉籽仁组织附着变疏松，使所含蛋白质在粉碎时更易碎。

7.4.3.2　棉籽仁的粉碎

棉籽仁经粉碎变成超细的棉仁组织颗粒和完整的色素腺体，大多数腺体都没有附着于棉仁颗粒，并且腺体没有破坏。振动喂料器把棉仁喂入盘式粉碎机粉碎，精细粉碎的棉籽仁很容易黏附于一般粉碎机的侧壁，引起粉碎机很快堵塞而不能运行。防止色素腺体被破坏，可采用粉碎腔大容积结构，以便降低颗粒向粉碎腔壁运动的速度。

7.4.3.3　粉碎棉籽仁制浆

在流程中混合是把已粉碎了的棉籽仁和计量过的正己烷喂入一个泥浆式挡板混合机内，进行剧烈而无冲击的搅拌。开始时正己烷经计量进入生产线上的混合机中，其流量应足以使进入的棉籽仁混合成含 17%～25%固体（按重量计）的浆液。当达到生产条件后，从第二个旋流分离器分离出来的溢流可以返回到混合机内，从而提供稀释用的溶剂，而计量加入的正己烷相应停止喂入。均匀混合的浆液直接由在生产线上的混合机排放到一个具有搅拌器的旋流器喂料罐内。

7.4.3.4　用旋流器分级

在旋流器喂料罐内被稀释的浆液维持在强烈搅拌之下，以保持所有的固体处在均匀的悬浮液内，并以 242～311kPa 的压力用泵喂入直径 76mm 的旋流器内，浆液内的悬浮颗粒在旋流器内发生分级和分离，分成底流和溢流排出。底流在旋流器的下端排出，其量为进入旋流器总浆液的10%～50%，含有约30%～45%的固体。溢流从旋流器的上端排出，其量为进入旋流器总浆液的50%～90%，含有10%～15%的固体。当分流时，溢流对底流的分流比最好是1∶1～9∶1。

分流比由调节底流容积式浆液泵的速度来控制，此泵位于旋流器的下口。溢流和底流的固体含量也由分流比来控制，但也受到喂入流中固体百分比的影响，以及固体的细度等级影响。

底流主要含有喂入浆液中全部完整的或破损的色素腺体、较粗的棉籽仁颗粒（但小于80目），这些固体含有1%～4%的棉酚和44%～59%的蛋白质。

单级旋流分离，底流排出后即去过滤，在过滤器内滤饼用正己烷洗涤而脱脂，然后送入脱溶器内。对于二级旋流分离，一级排出的底流被送到另一个搅拌罐内，在那里加入正己烷调浆，然后送入第二个76mm的旋流器内，回收细粉，提高回收率和减少用于来自第二个旋流分离器底流过滤所需的过滤器的尺寸。所得到的滤饼用正己烷在过滤器上洗涤，以便回收油，然后滤饼被送入脱溶单元。

溢流从旋流器顶部排出，进入搅拌的过滤器喂料罐。此溢流含有喂入流的细小固体，是其高蛋白低棉酚部分。

7.4.3.5 过滤

从第一个旋流器出来的溢流浆液含有约14%的高蛋白固体，由全封闭旋转真空滚筒过滤机回收，厚的滤饼中加入正己烷置换洗涤液，它可有效地把含脂量降到1%以下。溶剂与饼量之比为1.75∶1。当以此低溶剂洗涤比操作时，可观察到饼有一种破裂倾向，这会出现正己烷洗涤液沟道效应，而不能有效地洗涤出油脂。滤饼碎裂的这种倾向可利用来自浆液罐浆液喂入洗饼来解决。洗涤液大致放在滚筒水平轴附近。所得到的滤饼含溶剂约60%～65%。

7.4.3.6 脱溶

脱溶是在设计成用热来回收溶剂的设备内进行的。在脱溶时，饼的温度允许升到93.3℃以便促进灭菌。由于饼含水量很低，此温度对蛋白质质量或产品颜色产生的影响微乎其微。

7.4.3.7 磨碎

如上进行加热处理后，滤饼经过一个符合卫生要求的粉碎机磨成细粉并包装。当采用二级旋流分离时，终产品优质蛋白粉的蛋白质含量约65%或更高些，游离棉酚含量达0.045%或更少。

7.4.3.8 棉籽粉的粒度

棉籽仁被粉碎后，一般主要由细棉仁粉、色素腺体、含色素腺体的粗粒棉籽粉和壳类等部分组成。由于分离不彻底，总会有一部分含色素腺体的粗粒棉籽粉及少量色素腺体等物质混入溢流中。物料的粉碎粒度对粗粒物料等在溢流中混入量影响很大。因此，在棉籽仁粉碎时，应在不破坏色素腺体的前提下，尽量粉碎得细而均匀，并使其粒度分布控制在一个较少的范围内。

7.4.3.9　料液浓度

棉籽粕粉采用旋流分离法脱除色素腺体时，液体采用的是正己烷。当棉籽粉与正己烷相混合时，棉籽粉中的油脂被正己烷溶解，这时的己烷-棉籽油混合溶剂油的容量和黏度随棉油的数量增加而增大。不能被己烷溶解的固体颗粒，也随着固体粒子数量增加，进一步促使己烷-棉籽油体系中的液相黏度和密度增加。为了提高最佳工艺效果，棉籽粕粉与己烷的料液之比控制在 1∶4，即液体中含固量为 20%为宜。

7.4.3.10　液体旋流分离法（LCP）的应用与改进

在美国和印度等地曾采用液体旋流分离法生产低棉酚高蛋白质含量的棉籽蛋白粉。从溢流中得到的棉籽蛋白粉含蛋白质约 65%，其棉酚含量低于 0.045%，可作高蛋白食品和饲料原料；从底流中得到的棉籽粕含棉酚量较高，只能用作牛饲料。

从溢流中得到的高蛋白产品以 20%～30%的量加入人或禽畜日粮中，则人或动物体摄入的棉酚总量低于安全标准以下，对动物机体不产生任何不良影响。对棉籽蛋白制品的氨基酸成分的分析表明，经过旋流分离加工去除色素腺体的棉籽蛋白和无腺体蛋白的浓缩蛋白成分大致相同，氨基酸成分基本类似，但也有些不同。LCP 法得到的棉籽蛋白粉除作饲料外还可作食品的蛋白添加剂，其效价为 2.3～2.7。棉籽蛋白可作为肉的填充料，可掺在肉丸子、肉馅饼中。用棉籽蛋白作面粉的添加剂，可使面团的水合性能增强，延长食品的货架期，添加到炸制食品中可减少其吸油量。棉籽蛋白还可以在含蛋白质的饮料中使用，其蛋白质含量为 25%，这种饮料除棉籽粉外，还有谷物粉、多种维生素等，其成本只有牛乳的 1/3。

7.5　棉籽粕粉气力分级脱毒

7.5.1　气力分级脱毒工艺

早在 20 世纪 60 年代气力分级法已作为一种使用溶剂浸出方法，从有腺体棉籽粕中除掉色素腺体的技术进行研究。当时，虽然游离棉酚有了大幅度下降，可是分级得到的产品中的游离棉酚含量超过允许标准 0.045%，如果利用，需再用极性溶剂浸出。后来 S.Kadan 和 D.W.Freeman 等人提出了一种简单、特殊且经济的气体分级方法，用于从有腺体棉籽生产去毒的优质棉籽蛋白粉。这种新的棉籽蛋白粉是一种浓缩蛋白质，它的化学组成和特性以及它的清淡的风味和浅奶油色使其在饲料和食品方面的应用受到欢迎，用以生产具有增强营养价值和功能特性的产品。它的蛋白质含量约 65%（干基），蛋白质效率比可与酪蛋白媲美。蛋白质溶解度在浓度 0.02mol/L 氢氧化钠溶液中超过 95%，而预榨浸出的棉籽粉约为 50%。这种棉籽蛋白粉的特性与无腺体棉仁生产的棉仁粉是相类似的。

气体分级脱毒工艺的基本原理就是脱壳的棉籽仁经干燥、轧片、浸出和脱溶后，将所得到的棉仁粕磨成细粉，然后将细粉送入基本上干燥的、流动的无害气体介质中去，借此把富含蛋白质的细棉籽粉同富含棉酚的粗棉籽粉予以选择性地加以分离。这种在气流中的分离，是由于粉粒的不规则形态和平滑、卵形的色素腺体形态对气流阻力的差别按力学性质不同来分离的。加工中所用的特定气体速度一方面由气体本身性质，如密度、黏度等来决定，同时也取决于色素腺体的大小（一般为 100～400μm）和棉籽粉的粒度及其分离装置。对于任何特定情况，气体速度都可用常规实验法来确定。

任何气体介质，只要它对色素腺体和棉籽粉组织真正是惰性的，并且是无毒的，就可以用于气体分级。气体介质必须是干燥的（即不带入水分），以使粉粒体不黏结。可用的气体有空气、氧气、二氧化碳、臭氧以及稀有气体如氩、氖、氙、氦。一般情况下是气态的、非活性（对棉籽组织）烃类气体，如甲烷、乙烷和丙烷等。实际上，因为空气是易于取得易于使用的，生产成本低，所以在此方法中几乎全都使用空气作介质。正因如此，通常也称此法为空气分级法。

7.5.2 工艺流程

棉籽粉气力分级法脱毒工艺流程主要有两种，两者之不同点是第一次气体分级后，一种是把其细粉回收，粗粉部分再粉碎，然后再分级，见图 7-9；另一种是把细粉部分再分级，见图 7-10。

流程图 7-9 中，将棉籽经剥壳后，棉籽仁进行轧片，然后用溶剂浸出提油、脱溶，把得到的脱脂棉仁粕（片）粉碎后进行空气分级，所得到的细粉作为成品回收，粗粉部分再粉碎。再进行空气分级，细粉和粗粉分别回收。这是最初常用的气体分级工艺，此工艺中细粉部分游离棉酚含量不易控制。

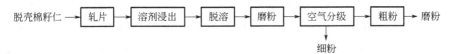

脱壳棉籽仁 →　轧片 →　溶剂浸出 →　脱溶 →　磨粉 →　空气分级 →　粗粉 → 磨粉
　　　　　　　　　　　　　　　　　　　　　　　　　　　　↓
　　　　　　　　　　　　　　　　　　　　　　　　　　　细粉

图 7-9　单级气力分级法棉籽蛋白粉工艺流程

经改进的工艺为多级气力分级如图 7-10 所示。在第一级空气分级以前，其工艺流程与图 7-9 所示工艺流程基本上是一致的；当第一级分级后，把所得到的细粉部分连续进行第二级、第三级分级，这样可以得到不同质量的多种产品。此工艺流程具体操作如下。

棉籽经脱壳基本上达到棉籽仁中无壳，然后在适当含水量(即含水量约 5%～12%)的情况下，在轧片机内轧片，生产出厚度约为 0.254～0.762mm 的棉籽仁片。在轧坯后，用温度约为 70～105℃的空气流在顺流型干燥机内对棉仁片直接进行干燥，得到含水量（按质量计）约为 1%～4%的白棉籽仁片，最好是含水量 2%或更少。把棉籽仁片干燥到含水量小于 4%，基本上没有破坏色素腺体，色素腺体能够经受住更剧烈的研磨，如精磨时色素腺体不破裂，可保证空气分级后的富集棉籽蛋白产品游离棉酚含量在 0.045%以下。

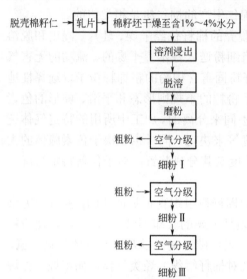

图 7-10　多级空气分级法棉籽蛋白粉工艺流程

棉籽仁片经干燥后用一定量的非极性溶剂在温度 20～40℃情况下浸出棉油，得到含脂量约 1%～3%的棉籽仁粕。为了空气分级顺利进行，粕中含油量应适当。实践表明，如果粕中含油量高于 3%，在空气分级时会降低产量，并且使产品中油脂含量过高，会超过 2%。如果粕中含油量低于 1%，色素腺体在磨粉时很容易破坏。脱脂后的棉籽仁粕直接而连续地进行脱溶剂，用加热办法回收溶剂。

　　然后，将脱溶的棉籽仁粕在一个冲击式粉碎机内，例如爪式粉碎机或锤片式粉碎机内粉碎，此种粉碎机被设计成能保证粉碎后 60%的物料颗粒尺寸在 25μm 以下，这样，色素腺体就不会发生明显的破坏，使产品中游离棉酚约为 0.045% 以下。把色素腺体从磨碎的棉籽仁粉中更好地分离出来是采用离心空气分级器，同时以离心和空气分级法来完成的（分离原理是在每个粒子上作用着两种相反的力，即离心力和空气的摩擦向心阻力）。适于此用途的装置可采用任何工业上的离心空气分级器。游离棉酚含量小于 0.045%的棉籽蛋白产品约为初始已脱脂物料质量的 35%～42%。经粉碎的棉籽粉以这种方法用空气分级就能生产第一级细粉，它约占初始脱脂未被分级粉的质量的 50%～60%。这种细粉再进一步被分级成第二级细粉和第三级细粉。第三级细粉是否还要进行再分级，这主要依据要求的产品的棉酚含量而定。把细粉逐步再分级的方法与单级气力分级流程的方法不同，以前的办法是把粗粒部分再分级。

　　根据棉籽种类和空气分级前的加工条件，第一级细粉和第二级细粉就可能已经是可采用的产品。多级气力分级工艺流程所述的把细粉再分级的加工办法可以生产出多种满足不同游离棉酚含量的棉籽蛋白产品。

　　当希望得到棉酚含量低于 0.045%的产品时，可以采用在分离步骤中或分离步骤以后加热而不降低营养价值的办法来达到。图 7-10 中的第一级和第二级细粉的游离棉酚含量可应用加热的办法再降低，以达到游离棉酚含量不超过

0.045%的要求。这样可以取消一两个分级步骤，以便大大地提高产品产量。高蛋白质含量、游离棉酚含量很低的棉籽蛋白粉可以在温度100～150℃时得到。

7.5.2.1 溶剂浸出前棉籽仁片中含水量对空气分级产品质量的影响

取 6.8kg 棉籽仁轧成厚度为 0.38mm 的薄片，分成 2 份，1 份干燥到含水量为 2%，另 1 份干燥到含水量为 5%，两份均在顺流干燥机内于 82℃时进行干燥。然后将干燥的棉籽仁片浸出脱脂。棉籽仁片用新鲜正己烷浸出，在一个篮式浸出器中用总溶剂对棉籽仁片比例为 2∶1 的正己烷量在 22℃进行浸出，浸出时间每道工序为 20min，浸出粕在 82℃负压下脱溶，一个周期为 2h。脱溶粕在具有孔眼直径为 0.41mm 筛片的锤片式粉碎机内进行粉碎。经粉碎的物料在离心空气分级器内进行空气分级三次，每次都以 2m³/min 的空气量再分级出细粉。细粉部分Ⅰ用转子速度 750r/min 获得；细粉部分Ⅱ用转子速度 850r/min 获得；细粉部分Ⅲ是最终产物，用转子速度 950r/min 获得。其实际结果见表 7-8。

由表 7-8 数据可见，在溶剂浸出前把棉籽仁片干燥到含水量 2%较好，这样可以获得含游离棉酚 0.045%以下的空气分级棉籽蛋白产品。

7.5.2.2 在溶剂浸出前棉籽仁片的干燥方法对空气分级产品的影响

取 13.6kg 棉籽仁轧成厚度为 0.38mm 的棉籽仁片，分成 3 份。每一份用三种干燥法之一进行干燥，于 82℃干燥到含水量为 2%。经干燥的棉籽仁片用溶剂浸出到含脂 1.8%，再经脱溶、粉碎和空气分级。其实验结果见表 7-9。

表 7-8 棉籽仁片中含水量对气体分级产品质量的影响

棉籽仁片含水量/%	空气分级棉籽蛋白粉成分					
	产出率/%	蛋白质/%	游离棉酚/%	总棉酚/%	水分/%	油脂/%
2	36	62.1	0.040	0.087	7.94	2.00
5	36	63.8	0.082	0.138	8.06	1.36

注：表中蛋白质百分比含量是用含氮量百分比数值乘以 6.25 计算得到的。

表 7-9 溶剂浸出前棉籽仁片的干燥方法对分级产品质量的影响

棉籽仁片干燥方法	空气分级棉籽蛋白粉成分					
	产出率/%	蛋白质/%	游离棉酚/%	总棉酚/%	水分/%	油脂/%
顺流	36	64.4	0.045	0.080	7.14	1.26
真空	35	65.6	0.064	0.124	7.54	1.02
叉流	32	65.8	0.065	0.114	7.40	1.15

注：表中蛋白质百分比含量是用氮含量百分比数值乘以 6.25 计算得到的。

由表 7-9 数据可见，顺流干燥机用于溶剂浸出前干燥棉籽仁片可以取得游离棉酚含量较低的空气分级产品。

7.5.2.3 棉籽仁粕中残油量对空气分级产品质量的影响

取 17.2kg 棉籽仁，经轧坯并干燥到含水量 2%进行实验分析。然后，干燥的棉籽仁片被分成 6 份，每份用 22℃正己烷在浸出篮内浸出成 6 种不同含油量的棉籽仁粕（含油量为 0.5%～2.5%）。在溶剂浸出粕脱溶后，同上述实验一样进行磨粉和空气分级，所得到的实验结果见表 7-10。

表 7-10 棉籽仁粕中残油量对空气分级产品质量的影响

棉籽仁粕中含油量/%	空气分级棉籽蛋白粉成分					
	产出率/%	蛋白质/%	游离棉酚/%	总棉酚/%	水分/%	油脂/%
2.5	31	60.9	0.040	0.080	7.74	1.50
1.9	35	63.0	0.045	0.083	7.36	1.03
1.58	35	64.1	0.051	0.089	7.40	0.81
1.40	40	65.0	0.070	0.112	6.66	0.75
1.00	38	65.9	0.080	0.150	8.00	0.68
0.50	41	67.1	0.081	0.155	7.80	0.41

注：表中蛋白质百分含量是用氮含量百分比数值乘以 6.25 计算得到的。

分析表 7-10 可以看出随着棉籽仁粕中含油量增加，空气分级得到的游离棉酚含量逐渐降低。然而，空气分级产品产量却随着含油量的增加而减少。由此可见，当棉籽仁粕中含油量约为 2%时，可以得到比较理想的产品。

7.5.2.4 加热对降低空气分级产品质量的影响

（1）高温短时间受热

取 1.81kg 棉籽仁，轧片后干燥到含水量 2%，经溶剂浸出到含脂量 1.6%，然后脱溶、磨粉和进行空气分级实验研究。所得到的细粉Ⅲ部分占初始磨粉的35%，把它装在一个布袋内，布袋的织孔大得足以让空气很容易地通过样品而流动。装有细粉Ⅲ部分的袋子经 150℃高速顺流干燥机加热，样品以 5min 的时间间隔进行取样。实验结果见表 7-11。

表 7-11 高温短时间受热对空气分级产品质量的影响

加热时间/min	空气分级棉籽蛋白粉				
	有效赖氨酸[①]	蛋白质/%	游离棉酚/%	总棉酚/%	含水量/%
0	3.90	64.1	0.042	0.054	6.68
5	3.90	65.4	0.038	0.058	3.60
10	8.91	65.4	0.036	0.058	2.88
15	3.89	66.1	0.033	0.056	1.66
20	3.92	65.3	0.028	0.061	1.50

① 有效赖氨酸量是以 16g 氮中含赖氨酸质量（g）表示的。

注：表中蛋白质百分比含量是用氮含量百分比数值乘以 6.25 计算得到的。

实验应用高速气流干燥机的高温短时间受热，可以降低空气分级产品中的游离棉酚含量，而不损坏蛋白质质量（以有效赖氨酸表示）。

（2）低温长时间受热

取 2.27kg 棉籽仁轧片后干燥到含水量 2%，溶剂浸出到粕中残油 1.7%，脱溶并磨碎，进行实验分级。经磨碎得到的脱脂粉进行一次空气分级，以 $2m^3/min$ 的空气量和转子转速 650r/min 制得空气分级棉籽蛋白，其产品产量为初始粕的 48%。把空气分级的棉籽蛋白粉放入一个烘箱中加热，在实验中以 121℃进行不同时间的加热，实验所得的结果见表 7-12。

表 7-12　低温长时间受热对空气分级产品质量的影响

受热时间 / h	有效赖氨酸/%	蛋白质/%	游离棉酚/%	总棉酚/%	水分/%
0	3.96	61.7	0.118	0.170	7.56
1	3.93	64.8	0.079	0.168	2.84
2	3.95	65.3	0.061	0.163	1.96
3	3.91	65.6	0.058	0.160	1.80
4	3.89	65.6	0.045	0.163	1.64

利用有效的加热处理方法来降低游离棉酚的含量在很短的加热时间内即可完成。

7.5.2.5　棉籽壳类物质对空气分级产品质量的影响

取含水量 8%的棉籽仁 4.5kg，经人工挑选棉籽壳类物质，使所有的可见棉籽壳类物质都从棉籽仁中经挑选除掉。棉籽仁被轧成 0.38mm 厚的薄片，然后在气流干燥机内以 82℃干燥到含水量 2%。被干燥的棉籽仁片用溶剂浸出到残油量 1.8%，然后脱溶进行分级实验。在脱溶以后，棉籽仁粕被分成 3 份，用装有 0.41mm 筛孔的筛片锤式粉碎机进行粉碎。其中一份是原状粉碎，另两份是加入不同量的棉籽壳后粉碎，其中一份含壳量为 2%，另一份含壳量为 4%。物料粉碎后进行空气分级，其实验结果见表 7-13。

表 7-13　壳类物质对空气分级产品质量的影响

棉籽壳含量/%	空气分级棉籽蛋白粉				
	产出率/%	蛋白质/%	游离棉酚/%	总棉酚/%	水分/%	油脂/%
0	35	64.3	0.040	0.083	7.40	1.20
2	35	63.8	0.091	0.091	8.00	1.26
4	36	63.6	0.215	0.150	7.48	1.38

注：表中蛋白质百分比含量是用氮含量百分比数值乘以 6.25 计算得到的。

由表 7-13 可见，为了得到游离棉酚含量最低的产品，去壳棉籽仁应在粉碎前尽可能多地把棉籽壳类物质除去。

7.6 棉籽饼粕的其他脱毒工艺和食用棉籽蛋白

7.6.1 微生物脱毒方法及工艺

自然界存在着各种各样的微生物，在新陈代谢过程中能分解利用各种有机物和无机物，参与自然界的物质循环。微生物可以降解自然界大多数的物质，而不同的微生物能降解利用不同的物质，有些可以降解或转化有毒的物质，如汞、苯等，棉籽饼粕也不例外。棉籽饼粕的微生物脱毒法是近年来研究成功的一种新技术，它是利用微生物在发酵过程中对棉酚毒素的转化作用而达到脱毒的目的。脱毒同时又增加了棉籽饼粕的营养价值，这是微生物脱毒所具有的特点。

7.6.1.1 坑埋发酵法

棉籽饼粕以 1∶1 的比例加水搅湿，然后坑埋 60d 左右，利用棉籽饼粕或泥土中存在的微生物进行自然发酵，达到脱毒的目的。这是国内首先使用微生物将棉籽饼粕脱毒的方法，目前还有采用。由于坑埋法的生产周期长，干物质损失大（约 15%），不宜用于工业化生产。

7.6.1.2 瘤胃液微生物发酵法

在 20 世纪 50 年代，人们便发现成年反刍家畜具有避免棉酚中毒的生理现象。1960 年 Roberts Gelder 等发明了一项专利，即用牛羊的瘤胃微生物对棉籽饼进行发酵脱毒。该方法是将棉籽饼粉碎成粉末，加水调成糊状，接种牛羊瘤胃物冻干品，再添加一定量的新鲜瘤胃液和还原剂，充分混合后在 40℃发酵 48h，然后压滤干燥即为产品。该方法克服了用理化方法脱毒会造成营养损失和其他不利因素的缺点。但这种方法需要用牛羊的瘤胃物冻干品，还需添加新鲜的瘤胃液，这些都很受客观条件限制，而且采用该方法脱毒时需将棉籽饼加大量的水调成糊状，脱毒后的物质要经压滤除去过多的水分，然后烘干；另外，瘤胃微生物需在厌氧条件下才能发酵，需要加入还原剂制造厌氧环境，发酵时要求的温度也较高（40℃），所以该方法一直未能实施规模生产。

7.6.1.3 微生物固体发酵

在自然界分离筛选出数株霉菌具有去除棉籽饼粕中游离棉酚的能力，通过固体发酵将棉籽饼粕脱毒，达到较理想的效果。20 世纪 90 年代，我国各地有不少科研单位相继研究棉籽饼粕的微生物脱毒方法，例如山东大学、西北农业大学、湖南农学院、河北兴济生物技术研究所等，他们采用酵母、霉菌、食用菌等单一菌株或混合菌株进行固体发酵，均能达到脱毒目的。这些方法，除了所用的菌种不同外，固体发酵的工艺基本相同。

利用霉菌的脱毒工艺主要依据是菌体上的蛋白质或其他大分子与游离棉酚

结合成无毒或低毒的结合棉酚而得以固定。添加棉酚或醋酸棉酚的液体培养基，经发酵后菌体呈灰褐色，而培养液呈黄褐色（棉酚或醋酸棉酚的颜色），比对照（不发酵）浅得多。经测定也证明发酵后溶液中棉酚浓度显著减少，说明游离棉酚被菌体吸收或结合。

文献报道游离棉酚与棉籽饼中的蛋白质、磷脂和糖类共价结合而成结合棉酚。游离棉酚经结合后机体难以消化，一般无毒。因此，棉籽饼中的游离棉酚也可能与菌丝中的蛋白质或其他大分子结合而形成结合棉酚，起到脱毒的作用。有关微生物的脱毒机制，有待进一步研究。

（1）菌株的选育

通过从垃圾土、棉田和霉变的棉籽饼中采样，分离到 90 多株具有耐受棉酚能力的霉菌，经过诱变选育出 20 株棉酚耐受能力较强的突变株，再经过不断比较，选育出 5 个脱毒力较强、生长快的菌株。参考有关资料，根据各菌株的形态特征、生化反应等特点对 5 个菌株进行了初步鉴定，初步确定一株为梨孢帚霉菌属（*Scopulariopsis* sp.）两株为曲霉属（*Aspergillus* sp.），一株为串珠霉属（*Monillia* sp.），另外一株为红曲霉属（*Monascus* sp.）。

（2）菌株对棉酚的脱毒率

将选育出来的 5 个菌株接种在棉籽饼进行发酵，烘干取样测定游离棉酚的含量，并与未经发酵的棉籽饼（对照）的游离棉酚含量进行比较，结果是 5 个菌株对游离棉酚的脱毒率均高于 60%，其中 2 株霉菌的脱毒率达 74%，见表 7-14。

表 7-14 固体发酵的棉酚脱毒率

项目	对照 I	对照 II	01	37	57	78	G-1
游离棉酚/%	0.045	0.030	0.008	0.008	0.009	0.008	0.009
微生物脱毒率/%	—	—	74.1	74.1	69.2	72.3	68.5
总脱毒率/%	—	32.7	82.5	82.5	79.2	81.4	78.8

注：对照（Ⅰ）棉籽饼粕不做任何处理；对照（Ⅱ）棉籽饼粕经过相同条件处理（灭菌、调湿、烘干）但不接种。菌种：01 *Scopulariopsis* sp.，37 *Monillia* sp.，57 *Aspergillus* sp.，78 *Monascus* sp.，G-1 *Aspergillus* sp.。

（3）营养分析

棉籽饼发酵后的干物质较发酵前减少 6%～9%，这是由于微生物在生长过程中消耗了部分的碳源，同时把部分原料转化为菌丝蛋白。发酵后棉籽饼的蛋白质含量略有增加，氨基酸含量也相应有所提高，见表 7-15。

（4）安全性分析

对 5 株霉菌的固体发酵物进行黄曲霉毒素 B_1 的测定，由表 7-16 结果显示这 5 株霉菌均不产生黄曲霉毒素 B_1。发酵物的 B_1 毒素含量均低于食品允许含量标准（10μg/kg 以下），更低于饲料中允许含量标准。所以利用这些菌株将棉籽饼脱毒用作饲料蛋白是安全可靠的。

表 7-15 棉籽饼固体发酵前、后蛋白质和主要氨基酸含量

成分	发酵前（对照）	发酵后	成分	发酵前（对照）	发酵后
蛋白质/%	39.54	41	缬氨酸/%	1.765	1.963
水分/%	5.57	6.64	甲硫氨酸/%	0.458	0.404
天冬氨酸/%	3.289	3.339	异亮氨酸/%	1.091	1.217
苏氨酸/%	0.910	1.047	亮氨酸/%	2.124	2.291
丝氨酸/%	1.067	1.233	酪氨酸/%	1.005	1.084
谷氨酸/%	8.397	8.816	苯丙氨酸/%	1.969	2.100
脯氨酸/%	1.060	1.281	赖氨酸/%	1.578	1.656
甘氨酸/%	1.513	1.635	组氨酸/%	1.057	1.076
丙氨酸/%	1.445	1.699	精氨酸/%	4.335	4.145
胱氨酸/%	0.553	0.603	氨基酸总含量/%	34.14	36.19

表 7-16 受检菌株固体发酵物黄曲霉毒素 B_1 含量　　　　单位：μg/kg

项目	对照 I	对照 II	01	37	57	78	G-1
黄曲霉毒素 B_1	4.6	—	5.8	7.7	6.6	—	4.2

（5）小试动物毒性试验

将 40 只幼龄美国国家卫生研究所（NIH）小白鼠分成四组，每组 10 只，以经过固体发酵和未经发酵（对照）的棉籽仁粉作主要蛋白源制成不同含量的日粮喂养。经 75d 观察，日粮中分别含有 40%经发酵和未经发酵原料的两组小白鼠各有 2 只死亡，但体重增长率发酵组较未发酵组高 30%左右。全部日粮用未经发酵的棉籽仁粉的小白鼠，在喂养 40 d 后全部死亡。而全部日粮用发酵棉籽仁粉的小白鼠只有 2 只死亡，其余 8 只生长速度慢，增重率较小，生长受到一定的抑制。结果说明发酵后的棉籽仁粉毒性有所下降。

7.6.1.4　脱毒工艺

由于脱毒后的棉籽饼主要用作饲料蛋白，而它又是低价值的饲料原料，生产成本不能太高。选用固体发酵脱毒，有以下几个优点：投资少、耗能低、工艺简单、生产成本低和无污水要处理等。选用霉菌脱毒，因它较适宜于固体发酵，菌种扩大容易，生长温度和水分要求比细菌和酵母低。所用菌种必须粗生快长，以便缩短发酵周期，物料亦无需灭菌。由于菌种生长快，发酵时很快便形成优势，可抑制其他杂菌的生长。图 7-11 所示是棉籽饼粕微生物脱毒工艺流程。

（1）生产菌种

菌丝呈白色，细长，孢子黄色或黄绿色，近球形，好氧，粗生快长，在 pH5.0～7.0 的介质中生长良好，最适生长 pH6.0～6.5。最适生长温度 28～30℃，产生蛋白酶和淀粉酶，故能降解利用各类淀粉质原料转化为菌体蛋白。菌种是此项生产

技术的关键。菌种扩大比较容易，能适合大规模生产。一般菌种要经过三级扩大，先是从一级斜面菌种扩大为二级菌种，再扩大为三级菌种，最后扩大为生产菌种。生产菌种要纯，不能有杂菌污染。

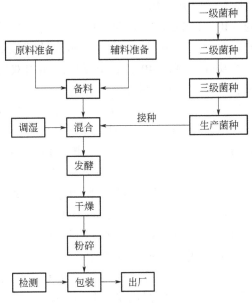

图 7-11　棉籽饼粕微生物脱毒工艺流程

（2）原料及其处理

主要原料为棉籽饼粕，占配比的 85%～95%；辅料则为麦麸、玉米粉等。产品的粗蛋白含量取决于棉籽饼粕的质量。由于棉籽品种不同和制油工艺的差异，其蛋白质含量有很大的差别。原料最好使用棉籽仁饼，由于其不带壳，营养成分含量高，粗纤维较低，产品质量有保证。带壳压榨的棉籽饼尽可能不要选用，若要使用，要过筛脱壳，以便把过多的壳和棉絮筛出。

接种前原料要进行下列准备，即机械压榨棉籽饼粉碎成细度约为 20 目。粉碎机筛片孔径约为 2mm，原料粉碎过细不利于发酵时通风透气，过粗影响微生物脱毒。棉籽饼（粉）的蛋白质含量以 35%～40% 为标准。原料要新鲜，发霉的原料不要使用。

（3）接种、调湿和混合

接种量控制在 1%～1.5% 之间，其增减要按原料的新鲜程度、气温等因素来掌握，目的是要使生产菌尽快形成优势。生产菌种有少量结块，应在密封的条件下粉碎再接种。加水量为物料的 50%～60%，可以按室内的相对湿度加以调整，经卧式混合机混合，再加水进行搅拌混合，直到均匀即可。

（4）发酵、烘干和成品粉碎包装

浅层发酵时，物料堆放厚度一般在 3～5cm 之间，气温高时最好不要超过

3cm，否则难以散热，室温保持在 25～30℃ 之间。深层发酵时，大规模生产一般用通曲床，物料厚度在 20～30cm 之间，夏天薄一些，冬天则放厚一些，通风量要控制在适当的范围；温度控制在（30±2）℃ 左右，过低则应保温，过高时要开风机吹风降温；发酵时间为 20～24h。

加热空气温度为 140～150℃，时间为 10min 左右，烘干后产品水分含量低于 12% 为标准。烘干后的产品大小不一，有些结成小块或成颗粒状，色泽也不一（棉籽壳呈黑色），需要粉碎细度为 40 目。干燥后成品用双层袋包装，内层为塑料薄膜，外层为编织袋，每袋净重 40kg。

脱毒棉籽饼粕作为一种饲料蛋白，应定期抽样全面测定粗蛋白、粗纤维、脂肪、灰分、水分、钙、磷七大指标。同时测定其氨基酸含量，以供用户拟订配方作参考。在生产时要求每个批次产品一定要检测粗蛋白、水分和游离棉酚的含量，以确定产品的质量是否达到要求，达不到质量指标的不能出厂。

棉籽饼粕脱毒前后游离棉酚的含量一般如下：脱毒前游离棉酚含量为 0.06%～0.09%，脱毒后游离棉酚含量为 0.02%～0.04%。在抽样检测的 14 批产品中，游离棉酚含量的平均值为 0.032%，这个结果低于联合国粮农组织所提出的粗棉籽粉作为饲料原料，游离棉酚含量在 0.04%（或以下）时可安全使用的标准，平均脱毒率为 41%。而对于游离棉酚含量达 0.07% 以上的原料，脱毒率可达 53%。由于一般饲料配方棉籽饼用量不超过 20%，因此饲料中的游离棉酚含量均少于 0.01%。

测定棉籽饼脱毒前后的营养成分，发现脱毒后棉籽饼的粗蛋白增加 5.57%，粗脂肪略有减少，粗纤维减少 5.52%，具体数字见表 7-17。

表 7-17 棉籽饼发酵前后成分的比较

成分	发酵前	发酵后	成分	发酵前	发酵后
干物质/%	91.0	91.2	灰分/%	6.4	7.58
粗蛋白/%	41.64	47.21	磷/%	1.02	1.09
粗脂肪/%	0.9	0.86	钙/%	0.36	0.28
粗纤维/%	12.9	7.38			

7.6.1.5 饲养试验

华南农业大学畜牧系主持樱桃谷鸭饲养试验，河南省农业科学院畜牧兽医研究所家畜研究室主持肉鸡饲养试验，他们均采用国家规定的试验方法进行试验。由于棉籽饼饲料蛋白含蛋白质量较高，营养较全面，实验商品鸭没有营养缺乏现象，上市成活率达 98.86%。

发酵脱毒棉籽饼不但营养价值高，而且适口性好。利用发酵脱毒饼粕蛋白代鱼粉、代豆粉，或全部代鱼粉和豆饼饲喂肉用仔鸡，其生产性能与鱼粉加豆饼日粮的对照组不尽相同，但差异不显著 ($p>0.05$)。试验各组生产性能基本达到该鸡种要求，说明发酵脱毒饼粕蛋白完全可以代替鱼粉和豆饼，发酵脱毒饼粕蛋白的能量和赖氨酸含量不及鱼粉和豆饼，日粮中大量配用时应加入油脂并加大赖氨酸的用量。试验组与对照组相比成活率和屠宰率无明显差异，试验内各试验组未发现中毒死亡现象，剖检观察主要脏器均正常。由此可见发酵脱毒饼粕蛋白使用是安全的，对各项屠宰指标无不良影响。

棉籽饼粕微生物脱毒工艺的整个过程都比较温和，而且不外加任何化学制剂、有机溶剂等，不会破坏其原有的营养成分，也不会因残存的有机溶剂而产生异味。相反，它能在脱毒的同时产生菌体蛋白和维生素。测定结果表明，发酵后的棉籽饼，其蛋白质和氨基酸的含量都得到提高。此外，真菌发酵后还能产生香味。因此，经过微生物脱毒后，棉籽饼的营养价值和适口性均有所提高和改善。这是本法优于其他脱毒工艺的独特之处。

微生物脱毒工艺，因采用固体发酵方法，既简化了设备和工艺流程，又能满足脱毒要求，是一种投资少、投产快、成本低、三废少、效率高的脱毒工艺。

7.6.2 棉籽饼粕的化学脱毒工艺

7.6.2.1 脱毒原理

去除棉籽饼粕毒素的方法中，比较简单易行的是在棉籽饼粕中加入化学脱毒剂，通过脱毒剂与饼粕中的有毒物质棉酚发生化学反应而达到去毒目的。常用的化学脱毒剂有硫酸亚铁（$FeSO_4 \cdot 7H_2O$）、氧化钙（CaO）、氢氧化钙 [$Ca(OH)_2$]、氢氧化钠（$NaOH$）、尿素 [$CO(NH_2)_2$]、苯胺（C_6H_7N）、氨（NH_3）等，其中以硫酸亚铁和氢氧化钙脱毒效果最好，成本最低。

硫酸亚铁的去毒机理是亚铁离子（Fe^{2+}）能与棉酚"螯合"生成"棉酚铁"，这种结合物不易被动物体所吸收，而是随粪便排出体外。通常添加铁盐的剂量为亚铁离子与游离棉酚的比例 1:1 即可。由于亚铁离子占含 7 个结晶水的硫酸亚铁（$FeSO_4 \cdot 7H_2O$）重量的 1/5，所以换算为添加七水硫酸亚铁的用量为棉酚含量的 5 倍。硫酸亚铁去毒成本低，操作简便，是生产饲料级棉籽粕的经济有效方法。

根据亚铁离子对棉籽饼内棉酚的解毒作用，用亚铁离子对棉籽饼粕去毒。在肉鸡饲料和蛋鸡饲料内按亚铁离子量对饼粕中所含游离棉酚量之比分别为（1~2）:1 和 4:1 添加硫酸亚铁。如果加入 1%的石灰，有脱毒增效作用。

尽管有人在棉籽加工过程中的蒸炒工段添加硫酸亚铁可有效地钝化棉籽中的游离棉酚，达到脱除棉籽饼粕毒性作用，但此种方法由于棉籽未脱脂前二价铁离子与大量棉籽油脂接触，金属离子促进棉籽油氧化，影响棉籽油的稳定性，因此不可取。通常是在棉籽脱脂后，用二价金属离子（铁、钙等）与棉籽饼粕充分混合，即可达到钝化游离棉酚毒性的目的。在脱脂后的粕输送过程中喷洒硫酸亚铁溶液进行脱毒。如果喷洒硫酸亚铁后水分含量高，需要烘干，这样有利于棉籽饼粕的储存。根据上述原理，棉籽饼粕添加硫酸亚铁脱毒，也可制成添加、混合、干燥成套脱毒机组进行脱毒。

7.6.2.2 棉籽饼粕硫酸亚铁脱毒机组工艺流程

脱毒机组的脱毒烘干装置是采用流动床干燥原理，烘干装置是采用循环式气流干燥方式。粉碎的棉籽饼粕卸入料斗，同时加入硫酸亚铁粉末和石灰粉末，经上料绞龙送入混合机混合均匀，再启动水泵将定量的热水喷入混合机，水与物料混合进行第一段搅拌脱毒，然后卸入副料箱，水平绞龙将副料箱内的物料均匀喂入热风管，经换热器加热的空气在风机的负压作用下，水平绞龙喂入的物料气流进风管，经旋风分离器闪蒸脱水干燥，关风器，而料斗再回到水平绞龙，使物料反复循环，进行第二段烘干脱毒。待物料水分降到安全储存标准，由水平绞龙下部的出料口卸出。整个工艺流程如图 7-12 所示。

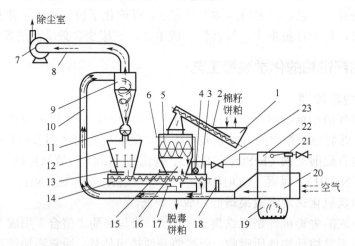

图 7-12　棉籽饼粕硫酸亚铁脱毒机组工艺流程

1—料斗；2—上料绞龙；3—泵水箱；4—水泵；5—混合机；6—喷淋管；7—风机；8—吸风管；

9—旋风分离器；10—热风管；11—关风器；12—主料箱；13—主料箱插板；14—水平绞龙；

15—副料箱插板；16—副料箱；17—卸料插板；18—温度计；19—炉灶；

20—换热器；21—浮球阀；22—烟道热水器；23—进水阀

7.6.2.3 棉籽饼喂养效果

采用该机组生产的脱毒棉籽饼，喂养禽类 180 天后鸭、鸡、鹅解剖化验证明，禽肉中残留棉酚含量为 1～4mg/kg，禽肝中残留棉酚含量为 2～8mg/kg。对用脱毒棉籽饼养殖 150 天后的鱼体解剖化验证明，鱼体残留游离棉酚含量为 6.4～7.7mg/kg。上述动物体内残留棉酚含量均低于游离棉酚含量规定的 200mg/kg 安全标准。

用脱毒棉籽饼生产配合饲料与单纯用粮食喂猪比较，每只猪平均少用粮72.6kg，节约 36.5%，每只猪平均净增重 17.25kg，净增重率提高 32%，单位成本降低 30%。

7.6.3 棉籽饼粕膨化脱毒工艺

7.6.3.1 棉籽饼粕膨化脱毒原理

膨化加工的主要设备是膨化机，物料进入膨化机内，处于高温高压下，被强制性地充分混合和组织化，当物料从排料口瞬间高速排放到常压条件下时，由于气（汽）体的迅速膨胀，物料成分的结构发生物理化学变化，棉籽中的游离棉酚在挤压机中与蛋白质结合，生成稳定低毒的结合棉酚，起到钝化棉籽毒性作用，棉籽蛋白也发生组织化，从而提高其消化吸收率、原料的利用率和营养价值。采用膨化与施用硫酸亚铁脱毒剂同时进行脱毒时，效果更好。

7.6.3.2 棉籽饼粕干法膨化机脱毒工艺流程和设备

（1）挤压膨化脱毒系统工艺流程

挤压膨化脱毒工艺（图 7-13）由清理粉碎、混合、挤压膨化、冷却、包装和排风除尘等部分组成。当采用膨化与施用脱毒剂同时进行脱毒时，脱毒添加剂可加入混合机进行混合，并在高压高温下强制与游离棉酚作用，起到高效脱毒作用。

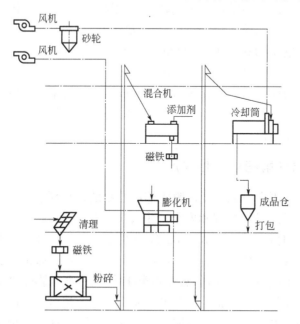

图 7-13　棉籽饼粕挤压膨化脱毒工艺流程

（2）棉籽饼粕膨化脱毒效果

以螺旋压榨棉籽饼为原料，加入不同的脱毒剂，做了不同脱毒方案的对比进行膨化脱毒试验，其结果见表 7-18。

表 7-18　棉饼膨化脱毒效果

项目	未加脱毒剂	加尿素	加硫酸亚铁和生石灰
物料含水量/%	1.96	20.86～26.59	21.48～26.22
膨化腔温度/℃	115	119～128	117～126
物料通过腔体时间/s	50	50	50
原始棉酚量/%	0.081	0.081	0.081
脱毒后棉酚量/%	0.035	0.026～0.033	0.0013～0.013
脱毒率/%	56.5	59～68	84～98

通过膨化处理的棉籽饼可有效地降低游离棉酚含量，并且添加或不添加脱毒剂，膨化效果有显著差别。不加脱毒剂膨化的效果较差。因此，对棉饼粉中游离棉酚含量在 0.08%以下的，可不加脱毒剂膨化，脱毒率为 50%～60%；在 0.08%以上的，可在膨化前加入脱毒剂，脱毒率可达 60%～90%或更高。两者均可达到安全饲用标准，又由于膨化时间短，故营养损失小。游离棉酚降至低于 0.02%的水平。

将棉籽饼脱毒饵料与常规养鱼饲料作对比试验，棉籽饼膨化脱毒饵料能够安全用于鲢、鳙、草、鲤、鲂鱼的养殖，没有发现中毒症状。对鱼体化验结果表明：鱼体残留棉酚含量在 0.00064%～0.00077%之间，远远低于食用植物油卫生标准中对棉籽油中游离棉酚含量规定的 0.02%的标准。

上述试验说明棉籽饼粕膨化脱毒，具有成本低、效果好、经济效益显著等特点。棉籽饼粕蛋白资源，采用膨化方法对棉籽饼粕进行加工，不仅可以脱毒，而且可以改善其营养价值。

7.6.4　食用棉籽蛋白粉和相关产品

食品级的棉籽蛋白产品，要求脱脂棉籽粕粉的蛋白质含量在 45%～50%，生产工艺符合食品级的操作规程和安全卫生管理条件。半商业化规模生产技术生产的浓缩棉籽蛋白的蛋白质含量大于 65%，分离蛋白的棉籽蛋白含量大于 90%。类似于大豆蛋白及其制品质量指标，完全符合食品级标准。通常脱脂食品级棉籽粕蛋白的原料可用于制备食用挤压-蒸煮谷类-棉籽蛋白混合膨化食品，也可以用作单胃动物蛋白质原料。某些加工工艺可以完全脱除游离棉酚，但要加工成食品级的棉籽蛋白产品，生产工艺必须按照安全、卫生、符合食品级规定和提高产品得率进行加工生产。

7.6.4.1　加工工艺

无黄曲霉毒素的高质量棉籽，经清选、脱棉短绒、脱壳制备的棉仁，再经轧坯、蒸炒调质处理后，使用连续螺旋榨油机压榨、预压榨-溶剂浸出，或直接溶剂浸出，脱除棉籽仁中的油脂生产食用级的棉籽粕粉。严格控制加工工艺的水分、温度、加工时间，维持天然棉籽蛋白的质量，粕中游离棉酚含量限制在 0.045% 以下。加工中的最大温度不超过 120℃。利用游离棉酚与蛋白质结合的特性，减少棉籽粕中游离棉酚的含量。

7.6.4.2 原料

棉籽要适于食用要求：杂质含量≤1%，水分含量≤10%，油中游历脂肪酸含量≤1.8%，变色棉籽仁不超过 5%。

有效控制棉籽蛋白粉中的游离和总棉酚含量，原料加工之前的储藏期间，防止棉酚与赖氨酸结合，水分要小于 12%，温度在 50℃以下。生产工艺中的溶剂和机械润滑剂都要使用食品级的产品，溶剂要选己烷，不允许使用苯和二氯甲烷。

无色素腺食品级无游离棉酚的棉籽，有利于生产食用棉籽蛋白粉，因此要单独加工生产，防止与有色素腺有毒棉籽交叉污染。

7.6.4.3 食用棉籽蛋白主要成分分析

按照食品要求生产的食品级的棉籽蛋白产品，主要成分和卫生指标如表 7-19、表 7-20 所示。食用棉籽蛋白粉或掺谷类成分的棉籽蛋白混合物，还要具有用一定的检出方法检测不出昆虫、昆虫肢体、鼠类毛发和鼠类排泄物的特点。

表 7-19 食用棉籽蛋白主要成分分析

成分	棉籽蛋白粕粉		成分	棉籽蛋白粕粉	
	螺旋压榨或预榨浸出	脱棉酚加工产品		螺旋压榨或预榨浸出	脱棉酚加工产品
水分含量/%	≤8	≤5.0	游离棉酚含量/%	≤0.06	≤0.045
粗蛋白（$N×6.25$）含量/%	≥45	≥65	总棉酚含量/%	≤1.2	≤0.3
粗脂肪含量/%	≤6	≤1.5	有效赖氨酸含量/［g/16g(N)］	≥3.6	≥3.9
灰分含量/%	≤5	≤9	可溶性蛋白含量（占总蛋白量）/%	≥65	≥99
酸不溶灰分含量/%	≤0.1	≤0.1	己烷含量/（mg/kg）	≤170	≤60
粗纤维含量/%	≤5	≤2.5	砷含量/（mg/kg）	≤0.2	≤0.2

注：酸不溶性灰分：指外来污染的泥沙矿物成分，数值不超过 0.1%。

表 7-20 食用棉籽蛋白微生物和卫生指标

生物体	产品中的数量
活菌体	≤50000 个/g
酵母和霉菌	≤100 个/g
大肠埃希菌	不得检出
沙门菌	不得检出

棉籽蛋白粉中的黄曲霉毒素控制在≤30μg/kg。棉籽蛋白粉经动物喂养进行蛋白质效率比值的评价试验，当酪蛋白为 2.5 时，棉籽蛋白粉为 1.6 或更高。

其他有效脱棉酚的加工食品级棉籽蛋白方法，包括旋流分离法，己烷、乙醇（或丙酮）混合溶剂脱棉酚，膜分离等方法，至今还没有大规模的商业化生产。

近期的转基因抗虫棉棉籽商业化，由于棉籽蛋白中含有苏云金芽孢杆菌（*Bacillus thuringiensis*）毒素蛋白基因。这种成分经蛋白酶的消化作用后，产生具有活性毒性肽（简称 Bt 基因抗虫成分），对昆虫具有抗虫作用。尽管对含 Bt 基因抗虫棉籽进行了动物喂养安全实验，但要把这种含有 Bt 抗虫基因的棉籽蛋白用作食品，还会有许多新的食用安全和营养课题需要研究。

参考文献

［1］ Bunkelmann J，Corpas F J. Trelease R N. Four putative，glyoxysome membrane proteins are instead immunologically-related protein body membrane proteins ［J］. Plant Science，1995，106：215-226

［2］ Central institute for cotton research nagpur. glanded and glandless. http：//www. cicr. org. in.

［3］ Cater C M，Mattil K F，Meinke W W，et al. Cottonseed protein food products ［J］. J Am Oil Chem Soc，1977，54：90A.

［4］ Elangovan A V，Tyagi P K，Shrivastav A K，et al. GMO（Bt-Cry1Ac gene）cottonseed meal is similar to non-GMO low free gossypol cottonseed mealfor growth performance of broiler chickens ［J］. Animal Feed Science and Technology，2006，129：252-263.

［5］ Inglett G E，Ultrastructure related to cotton and peanut processing and products. symposium：seed protein ［J］. AVI Publishing Company，1972：212-223.

［6］ Kadan R S，Freeman D W，et al. Air classification of defatted，glanded cottonseed flours to produceedible protein product ［J］. Journal of Food Science，1979，44（5）：1522-1524.

［7］ Kadan，et al. Process for produccing a low gossypol protein product from glanded cottonseed：US04201709A ［P］. 1980-05-06.

［8］ Lee T T T，Leu W M. Sesame oleosin and prepro-2S albumin expressed as a fusion polypeptide in transgenic rice were split，processed and separately assembled into oil bodies and protein bodies ［J］. Journal of Cereal Science，2006，44：333-341.

［9］ Li L，Li J R，Zhu S J，et al. Nutrients，ultrastructures，and Cd subcellular localization in the cottonseeds of three upland cotton cultivars under Cd［J］. Journal of Soil Science and Plant Nutrition，2014，14（2）：278-291.

［10］ Lusas E W，Lawhon J T，et al. Potential for edible protein products from glandless cottonseed// Proceedings of glandless cottonseed conference ［C］. Dallas：USDA，Agricultural Research Service，1977：125-130.

［11］ Moure A，Sineiro J，et al. Functionality of oilseed protein products：A review ［J］. Food Research International，2006，39：945-963.

［12］ Prakash V，Narasingarao M S. Stractural similarities among the high molecular weight protein fractions of oulseeds [J]. J Biosci，1988：13（2）：171-180.

[13] Scheffler J A， Romano G B. Modifying gossypol in cotton（*Gossypium hirsutum* L.）：A Cost Effective Method [J]. The Journal of Cotton Science，2008，12：202-209.

[14] Tsalikia E， Pegiadoub S，Doxastakisc G. Evaluation of the emulsifying properties of cottonseed protein isolates [J]. Food Hydrocolloids，2004，18：631-637.

[15] Tunc S，Duman O. Thermodynamic properties and moisture adsorption isotherms of cottonseed protein isolate and different forms of cottonseed samples [J]. Journal of Food Engineering，2007，81：133-143.

[16] Wadsworth J I，Hayes R E，et al. Optimum protein quality food blends [J]. Cereal Foods World，1979，24（7）：274.

[17] 陈松，黄骏麒. 转基因抗虫棉棉籽营养品质分析 [J]. 江苏农业科学 1996，6：25-26.

[18] 顾玉兴. 棉籽仁坯混合溶剂浸出去毒 [J]. 粮食与饲料工业，1998，（1）：21-22.

[19] 贾德君. 棉籽蛋白发泡粉生产工艺及其应用的研究 [J]. 大连轻工业学院学报，1999，18（3）：210-221.

[20] 李雪源，王俊铎，等. 新疆转基因抗虫棉发展回顾、现状及建议 [J]. 中国公共卫生，2005，21（10）：1253-12154.

[21] 王振华，于学军，孙东弦. 棉籽蛋白生产中原料的预处理工艺 [J]. 中国油脂，2001，6（2）：82-83.

[22] 尚阳阳. 我国转基因棉花成本收益研究 [D]. 武汉：华中农业大学，2011.

[23] 史志成. 牟永义. 饲用饼粕脱毒原理与工艺 [M]. 北京：中国计量出版社，1996：74-88，92-139.

[24] Megan F. Biochemical properties of some high molecular weight subunits of wheat glutenin [J]. Journal of Cereal Science，1998（3）：17-27.

[25] Lindsay M P， Skerritt J H. Examination of the structure of the glutenin macropolumer in wheat flour and doughs by stepwise reduction [J]. Journal of Agricultural and Food Chemistry，2000，46：3447-3457.

8

谷类蛋白与工艺

8.1 小麦蛋白及其生产工艺

8.1.1 小麦的结构和主要成分

小麦（*Triticum aestivun* L.）是世界上最早栽培的粮食作物之一，大约在 1 万年以前，人类就开始种植小麦。小麦也是世界上种植面积最大、种植范围最广的粮食作物，目前，其总产量占粮食作物的 27.4%，占主粮的 52.9%。

我国是世界上最早种植小麦的地区之一。在安徽省亳县钓鱼台发掘出了距今 4000 年的炭化麦粒，经科学鉴定，它是我国现存最古老最完整的小麦化石标本，被历史学家称为中国古小麦。早在春秋战国以前，我国的文字中就已经有了"麦"字，在当时的黄河流域和淮河流域小麦就已普遍种植。

目前，我国小麦在种植面积和产量上是仅次于水稻的主要粮食作物，几乎全国各地都有种植，北起黑龙江，南至海南岛，西起新疆，东至沿海地区，从华北平原到青藏高原到处都有小麦种植。其中主要产区集中在黄河、淮河流域，种植小麦较多的省（自治区）主要有河南、山东、河北、安徽、黑龙江、四川、陕西、新疆、甘肃、湖北、山西、江苏、内蒙古等。这 13 个省（自治区）的小麦产量占全国的 90% 以上，种植面积占全国的 85% 以上。其中冬小麦种植面积占 84%，而春小麦只占 16% 左右。

小麦籽粒是由麸皮、胚乳和胚三部分组成（图 8-1）。麸皮由上皮、下皮、管状细胞和种皮组成；胚乳由糊粉细胞层、细胞纤维壁、淀粉粒和蛋白质间质等组成；胚由根冠、根鞘、初生根、角质鳞片、芽鞘和芽等组成。小麦各部分的蛋白质、淀粉、脂肪等成分列在表 8-1 中。

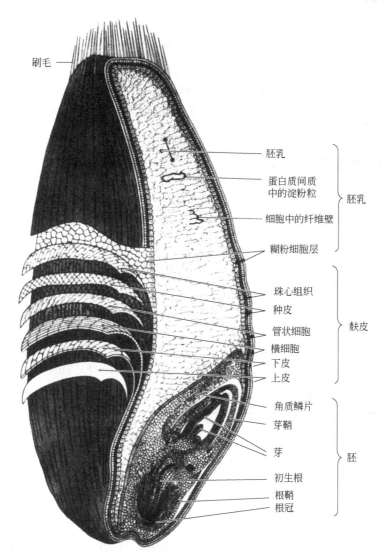

图 8-1 小麦籽粒的结构

表 8-1 小麦籽粒不同部位蛋白质、淀粉、脂肪等成分

部位	粗蛋白/%	粗脂肪/%	淀粉/%	还原糖/%	戊聚糖/%	纤维素/%	灰分/%
整粒小麦	12.1	1.8	59.2	2.0	6.7	2.3	1.8
麸皮	15.7	0.0	0.0	0.0	51.1	11.1	8.1
糊粉层	24.3	8.1	0.0	0.0	39.0	3.5	11.1
胚乳	8.0	1.6	72.6	1.6	1.4	0.3	0.5
胚	26.3	10.1	0.0	26.3	6.6	2.0	4.6

小麦蛋白质主要分布在胚、胚乳和麸皮中。小麦中蛋白质的种类和含量与小麦粉加工和食用品质密切相关，受遗传、生长环境等诸多因素的影响，其中最重要的组分是面筋蛋白。面筋蛋白由醇溶蛋白和麦谷蛋白组成，二者通过二硫键和其他分子间相互作用维持小麦粉面团中面筋的网络结构，使面团具有特殊的黏弹性，这是小麦能够加工成各种各样面制食品的化学基础，也是小麦区别于其他谷物典型的特征。

8.1.2　小麦蛋白的分类

8.1.2.1　小麦蛋白质含量差异

小麦籽粒中蛋白质含量差异很大，平均为 13.4%，比其他谷物如玉米、稻谷、大麦及高粱都高，但平均含量低于黑麦及燕麦（表 8-2）。

表 8-2　几种主要谷物籽粒

谷物	小麦	玉米	大麦	黑麦	燕麦	稻谷	高粱
蛋白质含量/%	13.4	10.3	10.1	13.6	22.4	8.5	12.4

小麦籽粒中的蛋白质含量与小麦品种/类型有关，从表 8-3 可以看出：我国小麦品种蛋白质含量与国外相比差异不显著，但是不同品种之间差异显著。

表 8-3　国内外不同类型小麦蛋白质含量比较[①]

小麦品种	中国北方冬麦	中国南方冬麦	美国硬红冬麦	澳大利亚标准冬麦	中国春麦	中国硬红春麦	加拿大春麦
蛋白质含量（以干基计）/%	13.2～14.1	12.5～13.2	12.3～13.4	13.5	13.2～13.7	13.6～14.1	14.3～15.8

① 引自刘广田. 中国小麦品质问题与科研主攻方向。

8.1.2.2　小麦蛋白质分类

蛋白质的分类基本上是依据 1907 年 Osborne 的工作进行的，近几年，随着色谱、电泳、凝胶层析和超速离心技术的迅速发展，发现这种分类方法有一定的缺陷，因为有一些蛋白质组分彼此相互交叉。许多研究者对这种分类方法做了适当的改进，但基本上是对该方法的补充和完善，因此 Osborne 的蛋白质分类系统仍是目前广泛采用的分类方法。该方法主要根据蛋白质在不同介质中溶解性的不同，分为四类。

① 清蛋白（albumin）：也叫水溶性蛋白，溶于纯水和低浓度的盐溶液，这类蛋白质加热时发生凝集。

② 球蛋白（globulin）：即盐溶蛋白，不溶于纯水，溶于低浓度的盐溶液，但在高浓度盐溶液中不溶。根据不同的盐浓度，球蛋白表现出典型的盐溶和盐析现象。

③ 醇溶蛋白（gliadin）：这类蛋白质既不溶于纯水，也不能溶于稀盐溶液中，然而在醇溶液（如 70%的乙醇溶液）中则是可溶的。

④ 麦谷蛋白（glutenins）：是溶于稀酸或稀碱溶液的一类蛋白质。

按照该分类方法，小麦蛋白质的组成可以用图 8-2 表示。

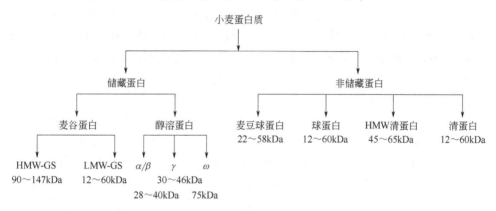

图 8-2　小麦籽粒蛋白质的组成

（1）清蛋白和球蛋白

这两种蛋白主要位于小麦籽粒的糊粉层和胚中，在胚乳中也有少量的分布，属于籽粒中的可溶性蛋白质，分别占小麦籽粒蛋白的 9%和 5%左右。这两种蛋白质中富含赖氨酸，肽链结构、组成及基因的染色体定位不同，对此研究者的看法有较大差异，但其功能主要是作为参与各种代谢的酶。清蛋白和球蛋白主要与小麦的营养品质有关。清蛋白相对含量的遗传符合加性模型；球蛋白相对含量的遗传符合加性-显性基因效应模型。研究发现，清蛋白含量的遗传不符合加性-显性模型，球蛋白含量的遗传符合加性-显性模型，且以加性效应为主。对小麦籽粒蛋白质及组分含量进行数量遗传分析表明，小麦籽粒蛋白质组分含量在品种间表现有一定差异，清蛋白、球蛋白含量主要受非加性效应控制。清蛋白和球蛋白富含赖氨酸，对营养品质有利，而对面包和方便面加工品质不利；清蛋白氨基酸组成比较平衡，特别是赖氨酸、色氨酸和蛋氨酸含量较高，清蛋白含量与麦谷蛋白、干面筋含量、面包体积、面包评分之间呈显著或极显著负相关。

（2）醇溶蛋白和麦谷蛋白

醇溶蛋白和麦谷蛋白属于小麦籽粒中的储藏蛋白，主要分布在小麦的胚乳中，分别占小麦籽粒蛋白质的 40%和 46%左右。储藏蛋白是小麦面筋的主要成分，大量研究表明：小麦面筋蛋白的组成及结构是影响小麦加工及食用品质的主要因素。麦谷蛋白是一种非均质的大分子聚合体，分子质量约为 40～300kDa，而聚合体分子量高达数百万。每个小麦品种的麦谷蛋白由 17～20 种不同的多肽亚基组成，靠分子内和分子间的二硫键连接，呈纤维状；氨基酸组成大部分是极性氨基酸，彼此之间容易发生聚集作用，肽链间的二硫键和极性氨基酸是决定小麦面团强度的主要因素，麦谷蛋白主要与面团的弹性即抗延伸性有关。醇溶蛋白主要是单体蛋白，分子质量较小，约为 35kDa，没有亚基结构和分子间二硫键，单肽链间主要通过氢键、疏水键以及分子内二硫键连接，从而形成比较紧密的三维结构，呈球形。一般由非极性氨基酸组成，故醇溶蛋白影响小麦面团的黏性和膨胀性能，主要与面团的延伸性有关。氨基酸分析表明：面筋蛋白中含有大量的谷氨酰胺（Gln）和脯氨酸（Pro）及非极性氨基酸，带电氨基酸含量较少。半胱氨酸（Cys）尽管含量很少（≈2%），但是对面筋蛋白的结构和功能有着非常重要的作用，大部分的半胱氨酸以氧化的形式存在，在籽粒成熟、碾磨、面团加工烘焙过程中形成蛋白质分子内或分子间二硫键（S—S）。断开面筋蛋白中的二硫键，面筋黏度会急剧下降。尽管非共价键（如氢键、离子键、疏水键）的能量不如共价键高，但是对面筋蛋白聚集和面团结构的形成有重要的作用。例如，氢键被破坏（如用尿素）后面团强度减弱，而用重水代替普通的水后可以增强面团强度；离子键的存在对面团强度有积极作用；疏水键的存在可以促进面筋结构的稳定。非共价键不同于其他键，随着温度的升高，它们的能量会增加，这会增加烘焙中面筋结构的稳定性。麦谷蛋白及醇溶蛋白和水发生水合作用形成面筋，并以适当的比例相结合才能共同赋予小麦面团特有的黏弹性，两者单独存在或者比例不适当，都无法形成质量好的面团结构。不同小麦品种麦谷蛋白和醇溶蛋白的含量、比例及结构有明显的差异，导致了小麦面团的黏弹性不同，因而造成加工品质的差异。小麦面筋蛋白的组成及相互作用如图 8-3 所示。

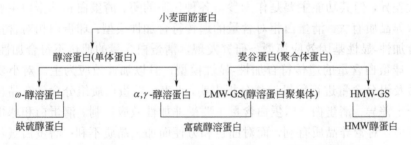

图 8-3　小麦面筋蛋白的组成及相互关系

8.1.3　小麦面筋蛋白的组成与结构

8.1.3.1　麦谷蛋白

麦谷蛋白分子是自然界最大的蛋白质分子之一，麦谷蛋白以聚合体的形式存在，内含 β-折叠结构较多，富含 Gln 和 Cys，是由多肽链通过分子间二硫键连接而成的非均质的大分子聚合体蛋白，由 17～20 个多肽亚基构成，呈纤维状。分子质量为 $5 \times 10^4 \sim 1 \times 10^7$ Da。主要由高分子量麦谷蛋白亚基（HMW-GS）和低分子量麦谷蛋白亚基（LMW-GS）组成，另外还有一种富含 S 的麦谷蛋白成分（DSG）。HMW-GS 分子质量为 $8×10^4\sim1.3×10^5$Da，占谷蛋白的 10%。LMW-GS 分子质量为 $1×10^4\sim7×10^4$Da，占 90%。麦谷蛋白聚合体主要由 HMW-GS 和 LMWGS 通过链间二硫键连接而成，其构成模型主要有两种观点：一是 HMW-GS 通过 LMW-GS 相互连接在一起；二是 HMW-GS 通过链间二硫键头尾相连形成"主干"，然后 LMW-GS 再与 HMW-GS 剩余的 4 个半胱氨酸残基相连，形成一个带有"分支"的结构。Megan（1998）通过逐步还原研究了麦谷蛋白聚合体的解聚行为，发现聚合体的各组分按一定的顺序从聚合体中脱离出来，并非随机解聚，其解聚特点说明麦谷蛋白聚合体的组成具有等级体系。Lindsay（2000）研究了麦谷蛋白聚合体的聚合行为，研究发现：含两个以上半胱氨酸残基的亚基能够整合到麦谷蛋白聚合体中，起链的延伸作用；含一个半胱氨酸残基的亚基也能够整合到麦谷蛋白聚合体中，但是起链的终止作用，二者都是随机整合到聚合体中，但是前者的整合具有线性方向性，而后者没有。不含半胱氨酸残基的醇溶蛋白不能整合到麦谷蛋白聚合体中，只是起聚合体空间填充物的作用。通过这种方式，构成一个具网脉的网状结构。从以上聚合体的聚合及解聚特性看，聚合体的构成似乎更支持第二种观点，即它是一种具有"分支"的结构。另外，Pierre Feillet（1989）在研究了 DSG 的物理化学特性后，提出了 DSG 与 LMW-GS 的连接模型，他认为 DSG 通过氢键与 LMW-GS 连接，然后 DSG 之间通过链间二硫键相连，这样 DSG 就间接地将 LMW-GS 连在了一起。如果这种模型成立，再结合上面的模型，就可以解释大的聚合体的形成机理：小的聚合体以"分支"模式构成，作为分"分支"的 LMW-GS 又可通过 DSG 间接连接在一起，这样小的聚合体就逐步积聚成了大聚合体。

（1）低分子量麦谷蛋白亚基（LMW-GS）

麦谷蛋白分为两类——高分子量麦谷蛋白亚基（HMW-GS）和低分子量麦谷蛋白亚基（LMW-GS）。HMW-GS 也称为 A 亚基，分子质量为 90~147kDa，LMW-GS 又分为 B 亚基、C 亚基和 D 亚基。B 亚基分子质量为 40~50kDa，属于碱性蛋白，也是低分子量麦谷蛋白亚基的主要组分，它们的迁移率比 α-醇溶蛋白，β-醇溶蛋白和 γ-醇溶蛋白小，C 亚基分子质量为 30~40kDa。它们的等电点变幅较宽，由弱酸性到强碱性，它们的迁移率和 α-醇溶蛋白，β-醇溶蛋白和 γ-醇溶蛋白近似；D 亚基分子质量为 55~70kDa，迁移率比 B 和 C 亚基慢，属于胚乳中主要的酸性蛋白亚基。

RP-HPLC 分析表明，LMW-GS 比 HMW-GS 有更高的表面疏水性。LMW-GS 是麦谷蛋白的主要部分，它和 α-醇溶蛋白、β-醇溶蛋白、γ-醇溶蛋白的分子质量及氨基酸组成有关。同样，LMW-GS 包括 N-末端、C-末端区域。N-末端区域（图 8-4 中序列片段Ⅰ）中的重复单元富含 Gln 和 Pro，如 QQQPPFS；C-末端区域（图 8-4 中序列片段Ⅲ、Ⅴ）和 α-醇溶蛋白、β-醇溶蛋白、γ-醇溶蛋白序列片段Ⅲ、Ⅴ相似。LMW-GS 包含 8 个 Cys 残基，其中 6 个残基所在位置和 α-醇溶蛋白、β-醇溶蛋白、γ-醇溶蛋白的相似，形成链内 S—S 键（图 8-4），另外 2 个半胱氨酸残基分别位于片段 Ⅰ和Ⅳ，由于空间位置，它们只能和其他的谷蛋白形成链间 S—S 键。

LMW-GS 的 N-末端重复区域存在大量的 β-折叠结构，形成规则的螺旋结构，具有刚性。而非重复的 C-末端区域富含 α-螺旋结构，形成紧凑的结构。

对于低分子量麦谷蛋白亚基（LMW-GS）的研究与高分子量麦谷蛋白亚基（HMW-GS）相比要少。但也有许多学者对低分子量麦谷蛋白亚基进行了研究。低分子量麦谷蛋白亚基的分离和鉴别主要采用电泳技术，包括两步单向电泳、一步单向电泳、SDS-PAGE、A-PAGE 和双向电泳等。

在 SDS-PAGE 电泳图谱上，麦谷蛋白可以被分为 A、B、C、D4 个区。低分子量麦谷蛋白亚基分别由第 1 部分同源群染色体短臂上的紧密连锁的基因控制，统称为 Glu-3 位点，该位点与 Gli-1 位点紧密连锁。另外还有位于 1B、1D 染色体短臂上的位点 Glu-2 控制 D 组亚基。Glupta 等用不同的电泳方法先后分离了 LMW-GS，对 LMW-GS 的变异进行了研究。研究表明，LMW-1 与差的烘烤品质有关，LMW-2 与好的烘烤品质有关。

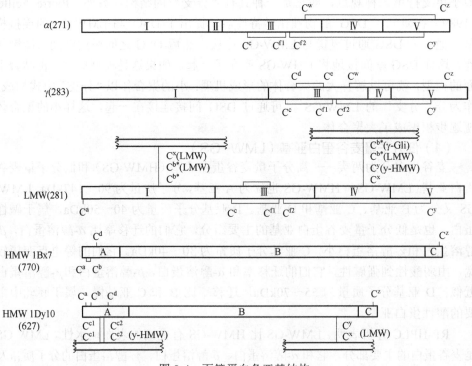

图 8-4　面筋蛋白各亚基结构

（2）高分子量麦谷蛋白亚基（HMW-GS）

Payne 等率先采用 SDS-PAGE 技术分析了 HMW-GS 的组成，发现 HMW-GS

由位于第一组同源染色体长臂上的基因（1A、1B、1D）编码。每个基因位点由一个高分子量 X-型亚基和一个低分子量 Y-型亚基组成，并总结了大约 300 种面包小麦的等位基因顺序，表明 Glu-A1 位点有 3 种等位基因（编码 3 种不同亚基：1、2*、Null），Glu-B1 位点有 11 种等位基因（编码 14 种不同的亚基：6、7、8、9、13、14、15、16、17、18、19、20、21、22），Glu-D1 位点有 6 种等位基因（编码 6 种不同的亚基：2、3、4、5、10、12）。不同品种的小麦包含 3~5 种不同的 HMW-GS（理论上应有 6 种），即 Glu-A1 仅编码 1Ax 亚基，而 Glu-B1 和 Glu-D1 均可编码相应的 X-型和 Y-型的亚基。组成麦谷蛋白的另一类亚基 LMW-GS 由位于另一组同源染色体短臂上的 Glu-A3、Glu-B3 和 Glu-D3 的基因位点编码。Gupta 和 Shepherd 总结了来自 32 个国家的 222 种六倍体小麦的等位基因顺序，表明 Glu-A3 位点有 6 种等位基因，Glu-B3 位点有 9 种等位基因，Glu-D3 位点有 5 种等位基因。我国小麦中 HMW-GS 大部分和国外相同，但也有一些特殊的亚基出现，所以导致品质差异很大。

HMW-GS 占麦谷蛋白的一小部分。每个 HMW-GS 是根据基因组编码（A、B、D）、亚基类型（X-、Y-）和在 SDS-PAGE 上的迁移率（1~12）来命名的。HMW-GS 包含 3 个结构区域（图 8-4）：无重复的 N-末端区域（A），包含 81~104 个残基；重复的中心区域（B），包含 480~680 个残基；无重复的 C-末端区域（C），包含 42 个残基。其中区域 A 和 C 含有大量的带电残基和绝大多数甚至全部的 Cys 残基，其中一部分用于形成分子间二硫键以稳定高分子麦谷蛋白多聚体；区域 B 含有大量的 Gln、Pro、Gly 和少量的 Cys（0 或 1），以重复的六肽 QQPGQG 作为主链，中间穿插六肽（如 YYPTSP）和三肽（如 QQP 或 QPG）。HMW-GS 的氨基酸组成说明了中心重复区域具有亲水性，N-末端、C-末端区域具有疏水性。X-型、Y-型亚基的主要区别在于区域 A 和 B。例如：X-型亚基（除了 Dx5）包含 4 个 Cys，3 个位于区域 A，1 个位于区域 C（图 8-4），其中区域 A 中的 2 个形成链内 S—S 键，其他 2 个都形成链间 S—S 键。亚基 Dx5 的特殊之处在于，在区域 B 始端还有 1 个 Cys，形成链间 S—S 键。Y-型亚基包含 7 个 Cys，5 个位于区域 A，还有 2 个分别位于区域 B 和 C。目前仅发现 Y-型亚基区域 A 中相邻的 2 个 Cys 平行和另一个 Y-型亚基相应的残基形成链间 S—S 键，区域 B 中的 Cys 和 LMW-GS 的一个 Cys 形成 S—S 键。

HMW-GS 中心区域重复序列通过 β-转角形成松弛的 β-螺旋结构，这是一种特殊的超二级结构，β-转角呈重复规则的分布，在 β-转角区域中疏水性和形成氢键能力强的氨基酸较多。β-螺旋结构对面团的弹性具有决定性的作用。无重复的区域 A 和 C 是含有规则的 α-螺旋的球状结构，HMW-GS 和 LMW-GS 如同"扩链剂"一样，通过链间 S—S 键增大聚合体，来提高面团强度和稳定性。"扩链剂"重复区域大的比重复区域小的更能有效提高面团强度和稳定性。至今发现，HMW-GS 和 LMW-GS 之间唯一的交联，是通过 X-HMW-GS 中区域 B 上 1 个

Cys 残基和 LMW-GS 中 C-末端区域上 1 个 Cys 残基交联形成的 S—S 键。HMW-GS 聚合体的主链是通过尾尾或首尾相连的，侧链至少含有 4 个不同的 Cys 残基。LMW-GS 通过 N-末端、C-末端区域上的 Cys 形成线形的聚合体。聚合的终止区是谷胱甘肽或含有奇数个 Cys 残基的醇溶蛋白。麦谷蛋白聚合体主要是通过分子间形成的 S—S 键来稳定结构。根据 NMR 和 AFM 研究发现，在相邻 HMW-GS 之间及 HMW-GS 和其他蛋白之间形成的氢键在稳定面筋蛋白结构方面起着重要的作用。而氢键的形成主要是由于存在大量的 Gln。

利用改良的两步一向（two-step one-dimensional）SDS-PAGE 分析了几种小麦低分子量麦谷蛋白亚基（LMW-GS）组成（表 8-4），用 70%热乙醇提取总谷蛋白，11%分离胶进行第一步 SDS-PAGE 分离，电泳 1h 后切取顶端 1cm 胶条并置于巯基乙醇溶液进行还原钾还原后的胶条于 11%～16.5%的梯度胶进行第二步 SDS-PAGE，分离结果显示两步一向 SDS-PAGE 可以彻底除去清蛋白、球蛋白和醇溶蛋白对 LMW-GS 分离的背景干扰，提高 LMW-GS 的分辨率。对几种小麦低分子量麦谷蛋白亚基分析表明 LMW-GS 组合比 HMW-GS 更为丰富。每种小麦含有 2～5 种 B 亚基和 2～4 种 C 亚基。我国小麦中 B 亚基、C 亚基的总数一般为 4～8 种。

20 世纪 80 年代被称为"高分子量麦谷蛋白亚基的 10 年"，是对 HMW-GS 研究最为活跃的 10 年，起先锋作用的是 Payne 及其同事们。

Bekes 利用基因重组实验发现，当同时加入等位基因 5 和 10 或 2 和 12 时，对品质的提升作用比 5、10 或 2、12 单独加入时更明显，其最佳加入比例为 1∶1。Payne 等以 SDS 沉降值作为面包烘焙品质的代表指标研究了 300 多种欧洲小麦特殊亚基等位基因与其面包制作品质之间的关系，发现 1D 和一些 1B 等位基因中，X-型、Y-型结合的亚基对对面包制作品质的贡献比两者单亚基贡献之和还大，据此排出了基因对面包制作品质影响大：Giu-A1 中，2* > 1 > Null；Glu-B1 中，17+18=13+16=7+8 > 7+9 > 6+8 >7；Glu-D1 中，5+10 > 4+12 > 2+12 > 3+12。对面包制作品质影响最大的等位基因是：1Dx5+1Dyl0、1Ax2 #、1Axl、1Bx7+1By8、1Bx17+1Byl8，并提出了高分子量麦谷蛋白亚基品质评分系统。

利用色谱测定出全蛋白和合成的多肽，从而可以知道氨基酸序列及二级结构，通过对重复区的研究证实 HMW-GS 中有不同类型的 β-反螺旋，并且可能是重叠的。Shewry 等在总结大量研究结果的基础上提出了麦谷蛋白亚基的结构模型（图 8-5），并认为这种结构是不稳定的，极易变性，根据就是 Field 等（1987）的研究结果，他们发现一个纯化的 HMW-GS 亚基用 6mol/L 氧化胍处理时会发生不完全变性，而用硫氰酸胍处理则使其完全变性。在 SDS（或脲）存在时残基的二级结构可能与 SDS-PAGE 测出的不规则的高分子量有关。除了由 SDS-PAGE 显示的异常的高分子量外，每个亚基的相对泳动率在 4mol/L 脲中则观察不到，这表明是残基结构造成的这种现象。通过在体外利用嵌合体基因的转录和翻译，并探索了不同泳动率的 1Dy10 和 1Dy12 的分子基础，发现泳动率的差别是由于C-末端重复区域有 6 个氨基酸的取代不同，因此 Shewry 等认为这些取代基造成了 1Dy10 亚基中形成较规则的螺旋结构，所以不易变性，类似的差异也可以解释亚基 1Dx2 和 1Dx5 异常的相对泳动率。

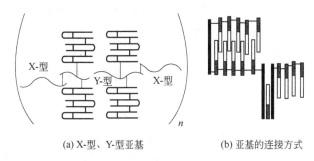

(a) X-型、Y-型亚基　　　　(b) 亚基的连接方式

图 8-5　HMW-GS 的结构模型

（3）麦谷蛋白大聚合体（glutenin macropolyper）

麦谷蛋白大聚合体是小麦胚乳储藏蛋白中分子量最大、结构最为复杂的蛋白质，麦谷蛋白大聚合体含量及粒度分布影响小麦面粉的加工与食用品质。虽然面筋蛋白质对面团烘烤品质的作用机理至今还不十分清楚，但是麦谷蛋白大聚合体已成为小麦品质研究中的一项重要内容。Orth 和 Bushuk 在 1972 年就已指出，不溶于乙酸的麦谷蛋白与一些烘烤指标高度相关。后来的一些研究者在采用不同方法研究聚合体的作用时都发现不溶性麦谷蛋白聚合体与烘烤品质的这种正相关作用，但在麦谷蛋白大聚合体与品质参数相关性研究中，以何种方式比较其与品质的相关程度，结果又存在一定差异。Gupta 认为，与总蛋白质含量相比，面粉中的总聚合体蛋白质并不是预测面团强度的最佳指标，他指出，SDS 不溶性聚合体蛋白在总蛋白质中的比例或在总聚合体蛋白质中的相对比例（二者与品质都强烈相关）为预测面团强度提供了最可靠的判断指标。Eva Johansson 的研究也表明，不同小麦品种面筋强度的变异不是由于总的聚合体蛋白含量增加引起的，而是因为聚合体蛋白质中 SDS -可溶性成分向 SDS 不溶性大聚合体蛋白质转变引起的，而且这种转变可能主要归因于 HMW-GS 的增加而导致 Glu 与 Gli 之比的增大。最近 Bean 在采取快速方法测定面粉中不溶性麦谷蛋白聚合体时发现，供试的硬红冬小麦样品的不溶性聚合体蛋白质的含量与一些烘烤参数相关，其中面粉蛋白质含量与不溶性聚合体的含量高度相关，而不溶性聚合体蛋白的相对含量（不溶性聚合体蛋白质含量/面粉蛋白质含量）仅仅是微弱地与面粉蛋白质含量相关联，这表明，具有高面粉蛋白含量的品种，不一定形成高百分比的不溶性聚合体蛋白质。同时，他也发现，不溶性聚合体的相对含量与面粉吸水率、和面时间以及烘烤和面时间都显著相关。但是 Bean 在比较不溶性聚合体蛋白质绝对含量与面包烘烤体积相关性时，其结果与 Gupta 等的结果不一致，前者认为，不溶

性麦谷蛋白聚合体的绝对含量与面包烘烤体积相关性更高。Weegles 等研究把 SDS 提取后的残余物（包括胶状蛋白层和淀粉层）中的含氮量作为 GMP 的近似含量，指出 GMP 的含量与品质性状，包括面包体积和面团的某些物理特性如拉伸仪的最大抗拉伸阻力（R_{max} 值）及面团延展性等都有显著的相关性，这种相关性比粗蛋白含量、Osborne 组分等与这些品质性状的相关性大得多。用双缩脲法测定的 GMP 含量与 Weegles 的测定结果一致，GMP 含量与面团形成时间（$r=0.274$），稳定时间（$r=0.396$）和面包体积（$r=0.615$）的相关性都达 1% 的显著水平，与粗蛋白含量相比，GMP 含量对面团稳定时间和面包体积的影响要显著得多。

8.1.3.2 醇溶蛋白

小麦醇溶蛋白约占小麦面粉总量的 4%～5%，是胚乳中的主要储藏蛋白。醇溶蛋白可用 70% 乙醇或其他有机溶剂从面筋蛋白中抽提出来。醇溶蛋白为单体蛋白，结构紧密呈球形，分子质量为 $3×10^4～7.5×10^4$Da。根据其各组分在单向酸性电泳（A-PAGE）中的迁移率，可分为 α-（迁移最快），β-、γ-、ω-醇溶蛋白（迁移最慢）。后来根据氨基酸和 N-末端序列分析将醇溶蛋白主要分为 3 组，α/β-、γ-、ω-醇溶蛋白。其中 α/β-醇溶蛋白平均分子质量为 $3.1×10^4$Da，γ-醇溶蛋白为 $3.5×10^4$Da，ω-醇溶蛋白为 $4×10^4～7×10^4$Da。这 4 种蛋白组分分别占醇溶蛋白总量的 25%、30%、30% 和 15%。醇溶蛋白分子无亚基结构，单肽依靠分子内二硫键和分子间的氢键、范德华力、静电力及疏水键联结，形成较紧密的三维结构，氨基酸组成多为非极性。

醇溶蛋白是由一多基因家族编码的，其基因编码有特殊的位置。编码 α/β-醇溶蛋白多肽的基因成簇（基因紧密连接）位于第 6 组染色体短臂上（指 Gli-2 位点），这个位点的等位基因指 Gli-A2，Gli-B2，Gli-D2。而编码 γ-醇溶蛋白，ω-醇溶蛋白多肽的基因成簇位于第 1 组染色体短臂上（指 Gli-1 位点），这个位点的等位基因指 Gli-A1，Gli-B1，Gli-D1。其中 Gli-1 位点与编码 LMW-GS 的 Glu-3 位点紧密相连。从各组分氨基酸组成来看，α/β-，γ-醇溶蛋白为富硫醇蛋白，ω-醇溶蛋白为贫硫醇蛋白。ω-醇溶蛋白富含 Gln、Pro 和 Phe，约占整个组成的 80%，蛋氨酸含量 <0.1%，完全缺乏 Cys，故不能形成 S—S 键。然而，ω-醇溶蛋白表面疏水性不如 α/β-醇溶蛋白，γ-醇溶蛋白高。由于它的一些侧链带电残基的存在，使得 ω-醇溶蛋白是面筋蛋白中亲水性最强的一部分。由 Gli-D1 控制形成的 ω-醇溶蛋白 N-末端区域主要的重复序列富含 Gln 和 Pro 残基，如 PQQPFPQQ。ω-醇溶蛋白中 Gln 和 Pro 的含量比 α/β-醇溶蛋白，γ-醇溶蛋白中的高。α/β-醇溶蛋白，γ-醇溶蛋白中亮氨酸（Leu）含量较高，基本氨基酸含量较低，硫含量较高。α/β-醇溶蛋白、γ-醇溶蛋白有着明显不同的 N-末端、C-末端区域。N-末端区域（占整个蛋白的 40%～50%）主要的重复序列富含 Gln、Pro、Phe、Tyr，并且 α/β-醇溶蛋白，γ-醇溶蛋白的各不相同。α/β-醇溶蛋白的重复单元为 12 肽，如

QPQPFPQQPYP，通常重复 5 次并且伴有单个残基的替换。γ-醇溶蛋白的典型重复单元为 QPQQPFP，其重复高达 16 次并伴有其他残基的插入。α/β-醇溶蛋白、γ-醇溶蛋白的 C-末端区域是相似的。C-末端区域无重复序列，与 N-末端区域相比，Gln 和 Pro 的含量要少。通常，α/β-醇溶蛋白，γ-醇溶蛋白的 C-末端区域分别含有 6 个和 8 个 Cys，相应形成 3 和 4 个分子内 S—S 键，阻止和麦谷蛋白形成交联。从二级结构来看，ω-醇溶蛋白的结构不是紧密压实的，主要为 β-转角和少量的 α-螺旋、β-折叠结构，虽然 β-转角有规则地分布于整个肽链，但由于分子中 Cys 的缺乏，肽链间不能交联形成弹性聚合物。α/β-醇溶蛋白，γ-醇溶蛋白的 N-末端区域具有 β-转角结构，这点和 ω-醇溶蛋白相似，但由于 β-转角在肽链上分布的不规则，使之不能形成 β-螺旋结构，因而分子不具有弹性；C-末端区域含有大量的 α-螺旋和 β-折叠结构，主要含有球状结构，以 α-螺旋为主。醇溶蛋白中三种组分比例，因小麦种类和生长环境不同会有所差异，一般 α/β-醇溶蛋白，γ-醇溶蛋白含量较多是主要成分，ω-醇溶蛋白含量较少。由于基因点突变，一小部分醇溶蛋白含有奇数个 Cys，它们或者自己结合，或者和麦谷蛋白连接。醇溶蛋白的这种形式被认为是麦谷蛋白聚合的终止子。

8.1.4 小麦蛋白的流变学特性

8.1.4.1 可溶性蛋白的流变学特性

清蛋白和球蛋白统称为小麦种子可溶性蛋白，分别占种子蛋白的9%和5%左右，是细胞质中的酶蛋白，其主要功能是作为各种代谢的酶，可溶性蛋白仅占很小的一部分。由于技术的限制，对可溶性蛋白的研究较为有限。Odriguez-Loperena 等（1975）发现小麦可溶性蛋白主要是清蛋白和面包制作品质和面团流变学特性有密切的关系；另外还发现高度聚合的可溶性蛋白的量，尤其是高度聚合的清蛋白含量与面包制作品质有明显的负相关性。同时，可溶性蛋白对极性脂质有很高的亲和特性，从而影响面团的流变学特性和最终面包的体积。其中清蛋白的含量与小麦面粉的蛋白质含量有极显著的正相关性。

8.1.4.2 面筋蛋白的流变学特性及其与加工品质的关系

醇溶蛋白为主要为面团提供延展性；麦谷蛋白是一种非均质的大分子聚合体，其肽链间的二硫键和极性氨基酸是决定面团强度的主要因素，它赋予面团以弹性。事实上，麦谷蛋白和醇溶蛋白共同形成面筋，并以一定的比例相结合时才能赋予面团特有的性质，面粉中麦谷蛋白与醇溶蛋白的含量比值决定小麦面团的加工品质。醇溶蛋白含量高的面粉在面团发酵时持气能力好，但在焙烤时持气能力不好；麦谷蛋白含量高的面粉在面团发酵、焙烤时持气能力都不好。面粉中的麦谷蛋白含量比蛋白含量更能解释面包体积的差异，即蛋白组成和结构的差异是造成不同小麦烘焙品质出现差异的主要原因。面粉的"质"是指蛋白质的结构和组成，有关蛋白质的结构、组成与小麦功能特性之间的关系在谷物化学中是一个非常重要的研究课题。

（1）高分子量麦谷蛋白亚基（HMW-GS）对小麦品质的作用

英国科学家 Payne 最早研究发现 Glu-D1 /5+10 亚基对面包加工品质有利，而 2+12 亚基面包加工品质很差。随后，Branland 等证明：面团韧性（tenacity）P 值与面团强度（strength）W 值及 Zeleny 沉淀值与 7+9 亚基，5+10 亚基高度正相关；而 2+12 亚基却与这些指标呈显著负相关。1 亚基和 W 值，23 亚基和 17+18 亚基与面团膨胀势（swelling）G 有显著相关关系。另外含有 23 亚基的品种和面时间显著偏短，粉质仪吸水量高，湿面筋含量较高。Butow 等（2003）研究指出：当 7+8 亚基和 5+10 亚基结合时，面团筋力最强；相反，当 7+9 亚基与 2+10 亚基结合时面团的筋力最弱。这些优质亚基作用的机理可能是由于小麦聚合蛋白溶解产生了分子量大小不同的片段而导致对面团筋力不同的作用效果。

通过不同比例添加的方法研究 HMW-GS 面团品质的作用发现：和面时间、最大抗延阻力、面团衰变值以及面包高度随 HMW-GS 添加量增大，而变大但面团的延伸性却逐渐变小。添加 HMW-GS 5+10 亚基和单独添加 5 亚基和 10 亚基发现：5+10 亚基对面团的最大抗延阻力及面包高度有明显提高趋势，而且 5+10 亚基对面团流变学特性改善效果比分别添加 5 亚基、10 亚基要大得多；相比之下，7+8 亚基则表现出 7 亚基与 8 亚基的累加效应，7 亚基的作用明显大于 8 亚基。Susanne 把 HMW 按 1%比例添加到基质面粉中。所有蛋白亚基都做以下处理：还原未氧化、还原后氧化（用 $KBrO_3$、KIO_3 氧化剂）添加到面粉中发现不论 HMW 氧化与否，面团的最大抗延阻力都极显著增大；不论添加还原的 HMW 还是氧化后的 HMW，面包体积明显变大。

针对我国小麦 HMW-GS 与传统面条的加工品质研究发现，小麦高分子量麦谷蛋白亚基（HMW-GS）1、17+18 和 5+10 是改善品种面条品质的优质亚基，其中 Glu-A1 位点的亚基 1 尤为重要。

（2）醇溶蛋白的流变学特性及其与小麦加工品质之间的关系

醇溶蛋白几乎没有抗延阻性，对面团的黏性和面团的持气能力有重要作用。Fido 等研究表明：所有的醇溶蛋白亚基都降低面团筋力，对面团弱化能力由大到小为：ω-醇溶蛋白＞α-醇溶蛋白≈β-醇溶蛋白＞γ-醇溶蛋白；在增加拉伸性方面：γ-醇溶蛋白＞α-醇溶蛋白≈β-醇溶蛋白≈ω-醇溶蛋白。S. Uthayakumaran 认为醇溶蛋白对小麦品质的影响机理为：醇溶蛋白是通过不同的分子量大小和疏水性对面团品质产生影响的。通过研究 α-醇溶蛋白+β-醇溶蛋白、γ-醇溶蛋白、ω-醇溶蛋白片段及小麦醇溶蛋白微量添加对面团流变学特性的影响表明：添加全部醇溶蛋白导致和面时间、最大抗延性降低，同时面包高度减小，但面团的延伸性增强。在添加不同的醇溶蛋白亚基时发现：γ-醇溶蛋白减小和面时间，并且最大抗延性程度最大；ω-醇溶蛋白对面包高度减小作用最明显；相比之下，α-醇溶蛋白+β-醇溶蛋白对面包高度减小的作用最小。因此，面包体积和醇溶蛋白亚基的分子量大小呈显著关系；和面时间、最大抗延阻力以及延伸能力与醇溶蛋白片段的疏水性有显著关系。Khatkar 等对醇溶蛋白以及不同的醇溶蛋白亚基对面包加工品质的关系进行了深入研究，结果表明：添加总醇溶蛋白和不同的醇溶蛋白亚基都导致面团筋力下降，具体表现为和面时间缩短、面团稳定时间缩短。作用由大到小为：ω-醇溶蛋白，γ-醇溶蛋白，β-醇溶蛋白，α-醇溶蛋白。添加醇溶蛋白能显著提高法式面包的体积，ω-醇溶蛋白对面包体积作用不大。主要原因是 ω-醇溶蛋白属于贫硫蛋白，它不能与其他面筋蛋白形成二硫键，只能以非共价键的形式结合，所以对面团加工品质影响不大。

（3）低分子量麦谷蛋白亚基的流变学特性及与加工品质的关系

有研究认为：醇溶蛋白对面团品质几乎没有直接影响，其作用方式主要通过与之紧密连锁的低分子量麦谷蛋白亚基来发生，而且醇溶蛋白本身赖氨酸含量很低，对小麦营养价值作用也不大。对意大利通心面品质的关系研究发现：硬粒小麦中面筋强度的差异主要是由与醇溶蛋白紧密连锁的 LMW-1 和 LMW-2 造成的。LMW-1 和 LMW-2 具有不同的分子量和等电位点，与 γ-42 和 γ-45 醇溶蛋白非常相似。含有这两种醇溶蛋白的小麦加工通心面的质量不同主要与这两种低分子量麦谷蛋白有关。

LMW 蛋白在加热的时候更能够加大硫键之间的聚合程度，对面条表面硬度和弹性有明显改善。尽管能够改善面团筋力 W 值，但 LMW-GS 作用比 HMW-GS 显得更明显；在面团抗流变方面，LMW-GS 对面团筋力影响更明显。运用 Brabender 拉伸仪测量的面团弹性与延伸性对 LMW-GS 多个等位基因位点合成的低分子量麦谷蛋白亚基进行等级划分，且得出结论。不同分子量的 LMW-GS 对小麦品质也有显著影响，46.7kDa 和 52.0kDa 的 LMW-GS 能显著提高西北春小麦面团筋力（W）；44.8kDa 和 52.7kDa 能显著降低面团筋力。最近研究发现在中国面包小麦中，Glu-1 中的 1 亚基，14+15 亚基，17+18 亚基，5+10 亚基和 Glu-3 中的 Glu-B3g 亚基，Glu-A3b 亚基，Glu-A3d 亚基能显著改善面筋质量。目前可以肯定的是在延伸性方面 Glu-A3 的 d 亚基＞e 亚基；弹性方面 Glu-B3 的 b 亚基好于 f 亚基。由于面团流变学特性中有少数指标与 LMW-GS 有关，因此单纯地利用个别指标对 LMW-GS 分级是目前看来还不太可靠。

（4）面筋蛋白的综合作用

通过不同比例添加的方法研究 HMW-GS 与 LMW-GS 对面团品质的作用时发现：面团的混合时间、最大抗延阻力、面团衰变值以及面包高度随 HMW-GS 与 LMW-GS 比例的增大而变大，但面团的延伸性却逐渐变小。面包体积在添加了氧化的 LMW 或 HMW 与 LMW 混合物条件下显著变小。把总面筋蛋白（gluten）、醇溶蛋白、HMW-GS 和 LMW-GS 全部提取出来以后，通过微量添加的方法研究面团品质的变化。结果发现，面筋蛋白的添加导致面团和面时间增加，面团筋力显著变大，衰变值降低，面筋蛋白对面团流变学特性作用效果介于直接添加麦谷蛋白或醇溶蛋白效果之间。就 HMW-GS 和 LMW-GS 对面团筋力改变而言，LMW-GS 的作用可能比 HMW-GS 还要明显。麦谷蛋白与醇溶蛋白含量比例不变的情况下，逐渐增加二者混合物添加量，面包体积逐渐变大。麦谷蛋白含量与小麦籽粒蛋白含量、湿面筋含量、面筋指数、干面筋含量呈显著正相关；与面团韧性、弹性、延伸性以及面团筋力也呈显著正相关；与拉面食用韧性、黏性以及总评分呈显著正相关。HMW-GS 含量与小麦湿面筋和干面筋含量呈显著正相关；与面筋指数呈显著负相关。HMW-GS 含量与拉面最终评分呈显著负相关，而LMW-GS 与拉面最终评分呈显著正相关。在同样的蛋白质水平上，LMW-GS 相对含量与拉面的食用品质显著正相关。

8.1.5　小麦面筋蛋白的应用

　　小麦面筋作为一种纯天然的食品添加剂，在食品安全等方面具有无可比拟的优势，已被广泛应用于各种面制食品中。1997 年 FDA 将其列为 GRAS（一般公认安全的，generally regarded as safe）。

　　小麦面筋蛋白在食品中的应用主要体现在两个方面：作为蛋白质营养补充剂，在以小麦为主要原料的食品中，面筋主要用于对蛋白含量低于理想值的面粉进行强化，添加活性面筋可以改善面粉的品质；作为传统的面团增筋剂，可以改善小麦粉面团的流变学特性和面包的烘焙品质（小麦面筋蛋白传统用途而且仍将用于各种烘焙食品中）。另外小麦面筋蛋白还可以应用在香肠鱼糕等肉制品加工中，改善和提高肉制品的弹性；小麦面筋粉添加于谷类早餐或午餐食品中，使之与强化过的谷类早餐和牛奶同食，口味极佳，营养又好。最近几年，面筋蛋白粉还被加工成糊状或纤维状蛋白制品，取代牛肉饼、饺子、烧卖等食品中的肉糜，防止了加热过程中脂肪和肉汁的流失。在饲料工业中，由于其强力的黏附能力，当面筋蛋白与饲料中的其他成分充分拌和后，很容易形成颗粒，投放到水中吸水后因其中的饲料颗粒被充分包络在湿面筋网络结构中并悬浮于水中，所以营养不会损失，大大提高了动物对其利用率。然而随着对小麦面筋蛋白独特结构和功能特性的不断认识，其用途逐步扩展到其他非食品领域。

8.1.6　小麦面筋蛋白（谷朊粉）的生产

8.1.6.1　小麦面筋蛋白的生产工艺

　　小麦面筋蛋白的生产可以分成两部分：先分离出湿面筋，再对湿面筋进行干燥。面筋的分离方法有：湿法（原料为小麦粉，主要包括物理法——马丁法、菲斯卡法、拜特法和雷肖法，化学法——通过调 pH 分离面筋，酶法——用酶水解提取面筋）、干法（小麦粉的空气分离法）、溶剂法（小麦粉或小麦粒的溶剂分离法）等多种方法。目前普遍采用的是湿法分离，其基本原理是利用面筋蛋白与淀粉两者相对密度不同进行离心分离。小麦面筋蛋白的生产工艺如下：

小麦粉→湿面团→湿面筋→造粒→干燥→面筋粒→粉碎→面筋粉

（1）马丁法

将小麦粉和水以 0.4∶（0.6～1）的比例在搅拌器内混合揉成面团，放置 0.5～1h 左右，再用水冲洗，去除淀粉和浆液即得面筋。这种古老的制造方法，作业简单，面筋得率高，质量好（若分离软麦粉可添加少量的无机盐，尤其是 NaCl）。但是马丁法在水洗过程中有 8%～10% 甚至 20% 可溶性盐类，蛋白质、游离糖类等物质随水流失，而且用水量大，一般为小麦粉质量的 10～17 倍。马丁法是一种传统方法。马丁法的工艺过程如下：

```
      小麦粉←一定温度的水
        ↓
      和面机
        ↓
      静置（0.5～1h）
        ↓
一定温度的水→冲洗→湿面筋→烘干机→分级和筛理→小麦面筋蛋白
        ↓
      淀粉乳
```

（2）拜特法——连续式工艺

拜特法产生于第二次世界大战期间，也可称为变性马丁法，区别在于熟面团的处理，马丁法是水洗面团得到面筋，拜特法是将面团浸在水中切成面筋粒，用筛子筛理而得到面筋。拜特法工艺流程如下：

```
小麦粉→水→和面机→静置→切割泵→振动筛→面筋→泵→振动筛→湿面筋
                                        ↓
                                      淀粉乳
```

具体操作是将小麦粉与水（水温 40～50℃）连续加入双螺旋搅拌器，外螺旋叶将物料搅入底部而内螺旋叶以相反方向作用。水与粉的比例范围是 0.7∶1～1.8∶1（软麦粉 0.7∶1 和 1.2∶1，硬麦粉 1.2∶1 和 1.6∶1，蛋白质含量很高的小麦粉可高达 1.8∶1）。混合后的浆液静置片刻之后进入切割泵，同时加入冷水（水与混合液之比是 2∶1～5∶1），在泵叶的激烈搅拌下面筋与淀粉分离，这时的面筋呈小粒凝乳状，经 60～150 目的振动筛筛理，筛出面筋凝乳，在用水喷洒使面筋从筛上落下，这时获得的面筋其干基蛋白质含量为 65%，经第二道振动筛水洗后的面筋其干基蛋白质含量为 75%～80%。该法的用水量最多为小麦粉质量的 10 倍，比较经济，而且设备较马丁法先进。

（3）雷肖法

将小麦粉与水以 1∶（1.2～2.0）的比例在卧式搅拌器内混合成均匀的浆液，用离心器将液浆分成轻相（面筋相）和重相（淀粉相）两部分，淀粉相经水冲洗后干燥得一级淀粉；面筋相用泵打入静置器，在 30～50℃静置 10～90min，使面筋水解成线状物，如果温度超过 60℃，面筋就会部分或全部变性凝固，但低于

25℃不能水解。最后再加水进入第二级混合器，并激烈搅拌混合生成大块面筋后分离取出。

这种方法的特点是不但可以得到纯淀粉，而且可以得到非常纯的天然面筋，面筋的蛋白含量在80%以上；工艺时间短，细菌污染极小；用少量水，工艺水可以循环利用。

雷肖法的工艺过程如下：

```
                        水                            水
                        ↓                            ↓
小麦粉→混合器→卧式混合器→离心器→水洗器→干燥→一级淀粉
                                      ↓
                              静置器←  工艺水
                                      ↓
    干燥←分离器←二级混合器←工艺水
        ↓
    干燥器←离心器←工艺水
```

（4）旋液分离法

将小麦粉与水以 1∶1.5 的比例充分混合后用泵导入旋液分离器，分离器内温度为 30～50℃，轻相面筋在分离器内形成线状，用筛（孔径 0.3～0.2mm）滤出轻相（面筋），并将重相淀粉从浆水中分离出来，为使淀粉与纤维分离，最后一道工序要用新鲜水洗，洗出 A 级淀粉，余下的浆液再经过旋液分离器和筛网提出 B 级淀粉及可溶性物质。

利用该法生产的小麦面筋蛋白又称活性面筋粉，是将小麦粉中的蛋白质分离提取并烘干而成的一种粉末状产品，它的蛋白质含量可高达 75%～85%，蛋白质的氨基酸组成较齐全，是一种营养丰富、物美价廉的纯天然植物性蛋白源。主要作为添加剂用于面粉、方便面、火腿肠、高档水产品及宠物饲料等的生产，在食品与饲料安全性方面具有优势。该生产线于 2002 年 4 月建成投产，采用"全旋流"法工艺，设备全部国产化，投资小，操作简单，工艺稳定，设备运转良好，生产成本低，产品质量高且稳定。

与国内同规模的引进生产线相比，该生产线具有明显的优势：投资约为进口设备的八分之一；维修方便，容易解决备用品配件问题，费用低；能适应不同品质的原料，不用停机就可以调试出良好的结果；没有高速、精密、昂贵运转设备，可操作性强，稳定性高；小麦面筋蛋白产品质量达到或超过引进生产线的产品质量指标；各项工艺技术指标，消耗指标均达到或超过引进生产线。目前按此工艺设计的 1.5 万吨生产线的设计工作已基本结束，正进行最后的论证审定工作。该项目的成功将会推动我国小麦深加工的发展，提高我国小麦综合利用的经济价值，增强企业的市场竞争能力，对稳定小麦生产、保证国家粮食生产安全也将起一定作用。

近年来，对用小麦而不是用干法加工的小麦粉生产面筋和淀粉进行了多次尝试。以整麦粒为原料具有独特的优点：可省去干法加工的工本费用并避免干法加工所产生的损伤；在购买小麦的时候，能详细说明所需小麦的类型及蛋白质含量，从而保证了产品的质量。

化学法与酶法均以全麦为原料，通过加水和添加剂浸泡，分离出面筋、淀粉、麸皮和胚四种物质，这种全麦分离在工艺过程中需添加一定量的试剂从而提高成本。

不添加任何化学试剂的全麦分离法的工艺流程如下：

```
                              淀粉
                               ↑
全麦→浸泡→轧片→水化→初级分离→淀粉浆→淀粉净化→面筋、麸皮、胚
              ↓
           初级分离      活性面筋
              ↓
           二级分离
              ↓
           麸皮、胚
```

8.1.6.2　小麦面筋粉的干燥工艺

小麦粉湿法分离所得的面筋必须干燥才能成粉，但如果温度控制不当，生产出的小麦粉就失去活性。20 世纪 60 年代工业上普遍采用的干燥方法之一是气力式环形烘干机，其生产的面筋粉粒细、色浅黄、活性好、水分 10%（质量分数）、蛋白质 80%（质量分数，以干基计）。

干燥小麦面筋的其他方法介绍如下。

① 真空干燥。真空干燥是生产活性面筋的最早方法之一。湿面筋在真空干燥之前必须先切成小块装入盘内，加热后面筋块膨胀，盘与盘之间要留有余地，面筋干燥后取出再磨成面筋粉。这种面筋粉为淡色，绝大部分保持自然活性。

② 喷雾干燥。为了保证面筋能顺利喷出，需先稀释再由泵打入喷嘴，使之喷出细物质火星面筋粉。稀释试剂常为氮、二氧化碳和有机酸等。

③ 圆筒干燥。圆筒干燥分双圆筒和单圆筒，喷物干燥的面筋液亦可用于这种形式干燥并可添加氨、二氧化碳和乙酸，这是一种分散干燥法，干燥后的面筋变性最少。

④ 冷冻干燥。冷冻干燥的面筋粉生产面包时烘焙性能损失最小，面包体积最大。若冷冻前采用干冰和液氮就能生产出白色、高质量的面筋粉。

8.1.7　小麦面筋蛋白的改性研究现状

8.1.7.1　蛋白质的功能特性

蛋白质在食品及食品基料中的基本特性可以归纳为两个方面：营养特性和功能特性，营养特性对食品的可接受性没有直接影响，但与摄取食品的机体的营养密切相关。蛋白质的功能特性是指在加工、处理、储藏、制备和消费过程中影响

蛋白质在食品中的应用，同时影响食品质量的某些物理、化学特性的总称，例如吸水性（即水分保持性）、吸水膨胀性、黏性、胶凝性、乳化性、吸油性、发泡性、组织化功能以及漂白和着色性等。蛋白质的功能特性决定了其在食品加工、储藏、制备过程中的特性及作为食品基料的可适用性。目前世界上发达国家蛋白质消费已经超过人体需要，因此他们更关注食品中蛋白质的功能特性而不是其营养价值。这是因为各种蛋白质都有不同的功能特性，在食品加工过程中发挥出不同的功能，赋予最终产品引人注目的商品特性，因此对于大多数食品而言，食品的品质和可接受性主要依赖于蛋白质的起泡、乳化和凝胶等功能特性。

一种蛋白质在食品中要想表现出较好的特性，必须具有多种功能特性，例如蛋清蛋白是许多食品中最理想的蛋白质，具有起泡、乳化等多种特性。任何一种蛋白质的功能特性本质上都与其理化和结构特性有关，这些特性包括蛋白质的分子大小、形状、氨基酸组成、净电荷分布、疏水基团/亲水基团比值和蛋白质的二级、三级、四级结构排列。

一些理化特性一般被认为是蛋白质的功能特性，这些理化特性包括：溶解性、乳化性和起泡特性，其他特性还包括：吸水/吸油特性、凝胶和凝聚特性、黏度和搅打特性、质构特性、黏附特性。蛋白质的溶解性，一般表示为蛋白质分散指数和氮溶解指数，是蛋白质最重要的功能特性。其他功能特性（如起泡特性、乳化性和凝胶特性）则依赖于蛋白质的初始溶解性，但是一些研究者则持不同的观点，Mangino 认为在许多应用中，在合理的溶解度范围（35%～95%）内，蛋白质的溶解度并不是决定其功能特性的主要因素。

蛋白质诸多功能特性是蛋白质的两大分子特性的体现，即水动力学特性和表面性质。水动力学特性主要与蛋白质大小、形状及分子柔顺性有关，而表面性质则是由蛋白质表面的亲水/疏水及立体特征所决定。黏度、凝胶、增稠及组织化等功能特性主要是水动力学特性的表现，而诸如吸湿特性、分散性、溶解性、起泡性、乳化性、保水性与保油性及对风味的吸附特性则是由蛋白质的表面性质所决定。与蛋白质组成相比，水动力学特性更容易受到蛋白质的物理形状和大小的影响，而蛋白质表面性质则主要受氨基酸组成、分布以及折叠方式的制约。

按照 Naki 和 Powrie 的观点，食物蛋白质的功能特性包括三大类：水化性质（取决于蛋白质-水相互作用），主要包括：水吸收及保留、湿润性、黏着性、溶解度和黏度（后者被称为水动力学性质）；蛋白质-蛋白质相互作用有关的性质，这种特性在产生沉淀、凝胶作用和形成各种其他结构（例如蛋白质面团和纤维）时才有实际意义；表面性质，这类性质主要与蛋白质表面张力、乳化作用和泡沫特征有关。这些功能性彼此之间不是完全独立的，而是相互影响、相互联系。例如，凝胶作用不仅包括蛋白质-蛋白质的相互作用，而且也涉及蛋白质-水分子之间的相互作用；黏度和溶解度同时取决于蛋白质-水和蛋白质-蛋白质之间的相互作用；除了和蛋白质表面性质有关外，乳化性能还受溶解度（水化性质）的影响等。

影响蛋白质功能特性的因素很多，归纳起来主要包括：内因、外因和加工条件。大部分外因和加工处理方式或加工条件都是食品中采用的方式，所以加工和储藏条件也应该属于这个范畴；内因是指蛋白质固有的特性，是对蛋白质进行改性的前提和基础。在所有能够改变蛋白质功能特性的方法中，目前食品学家更钟情于蛋白水解酶。

8.1.7.2 蛋白质结构与功能特性之间的关系

蛋白质结构与功能特性之间的关系主要体现在其亚基组成、亲/疏水性、氧化/还原状态、分子积聚状态、亚基缔合/解离形式、热变性和热积聚、功能基团修饰或分解、蛋白质/多糖相互作用、蛋白质/脂肪相互作用等方面。pH 值、温度、离子强度、变性剂（尿素与胍）、表面活性剂（SDS）、还原剂等因素对植物蛋白的结构有很大影响，进而影响蛋白质的功能特性。溶解性、起泡性、凝胶性、热凝聚性、乳化性与食品蛋白分子量分布、亚基大小/组成、亚基解离/聚合性质、二硫键多寡及其热稳定性、亲水/疏水性有密切联系。例如，11S 球蛋白组分含量丰富的大豆分离蛋白（SPI）凝胶性、起泡性好，但乳化性差；而 7S 蛋白组分多的 SPI 乳化性好，但起泡性差。花生球蛋白中酸性亚基耐热性较差；碱性亚基完全不耐热，伴花生球蛋白及 2S 蛋白耐热性较强。SPI 的 7S 亚基和 11S 的酸性亚基容易被酶解，而 11S 的碱性亚基则较难被酶解。

亚基的亲/疏水性、分子积聚反应和亚基缔合/解离反应对蛋白质的溶解性及热稳定性至关重要。在酸性条件下，大豆 11S 蛋白能通过二硫键形成大小不同的多聚体而发生沉淀，还原剂如 Cys、GSH、$Na_2S_2O_3$ 能使蛋白质的溶解度增加，但明显降低其热稳定性。另外各种巯基还原剂可不同程度地增加蛋白质的热敏感性及蛋白酶水解敏感性，而且蛋白酶抑制剂的氧化/还原状态与其蛋白酶水解敏感性有关。

蛋白质氧化/还原状态对植物蛋白凝胶性、乳化性和成膜性有着关键性的影响。例如 11S 的热变性凝胶比 7S 凝胶有较高拉伸应力、剪切力、硬度和保水性，11S 大豆球蛋白膜比 7S 膜有较高的张力强度和弹性。凝胶性、乳化性和成膜性与蛋白构型变化有密切关系，如二硫键、氢键和疏水键等。超高压处理导致 SPI 分子发生降解、伸展，二硫键部分断裂，内部疏水基团外露，使其巯基含量和相对疏水性均增大、蛋白质表面性质和形成凝胶的能力加强，而且形成的凝胶细腻、持水性高，但凝胶强度有所降低。

在植物蛋白食品体系中，蛋白质与多糖及脂肪类物质之间的交互作用是影响蛋白乳浊体系稳定性最重要的因素，与蛋白质在蛋白乳浊体系中的热稳定性及亲/疏水性也有密切的关系。多糖影响蛋白分散液的热力学稳定性，可以强化变性蛋白的凝集，有助于胶凝过程进行。蛋白质与多糖的相容可赋予食品良好的胶体质构特性。共混液态体系形成的凝胶 G′随卡拉胶浓度的增加而增加，而且胶体熔点也升高。胶体强度也随卡拉胶浓度的增加而增加，添加低浓度 NaCl 可以增加凝胶 G′和凝胶强度。通过流变学和质构分析，发现蛋白乳浊体系稳定性与大豆蛋白在乳浊体系中的亲/疏水性有关。尽管如此，目前对于蛋白质结构与功能特性之间的内在关系尚缺乏深入的研究。

8.1.7.3　蛋白质改性研究

目前，蛋白质的改性方法包括物理改性、化学改性和酶法改性三类。另外，通过基因以及蛋白质工程法改良蛋白质也具有很好的发展前景。

（1）化学改性

化学改性具有反应简单、应用广泛和效果显著等特点。化学改性主要是对蛋白质多肽中的一些氨基、羟基、巯基及羧基进行改性，从而改善包括溶解性、表面性质、吸水性、凝胶性能及热稳定性等功能特性。化学改性的实质是通过改变蛋白质的结构、净电荷、疏水基团而起到改变其功能特性的目的，主要包括：酰化、脱酰胺、磷酸化、糖基化即 Mallaid 反应、共价交联等。目前国外部分植物蛋白的化学改性已实现了工业化生产，如美国 PTI 公司生产的 SUPRO®SPI 系列产品，SUPRO™XT 系列产品具有良好的溶解性和分散性，可用于液体和粉状蛋白饮料；SUPRO™ EX 系列具有极高的凝胶成形特性，可提高肉制品的黏弹和组织结构；PRO-COTE® 是 DuPont 公司和 PTI 公司于 2001 年 3 月联合推出的大豆化学改性聚合物，是一类可降解和可再生的纸张表面涂料。

（2）物理改性

物理改性是通过适度的热变性、机械处理、挤压、冷冻、质构化、超声波和添加增稠剂等方式改变蛋白质高级结构和分子间的聚集方式，从而改善蛋白的功能性和营养特性。物理改性不会影响蛋白质的一级结构，实际上物理改性是在控制条件下蛋白质的定向变性，具有费用低、无毒副作用、作用时间短以及对产品营养性质影响较小等优点。

（3）酶法改性

酶法改性是目前食物蛋白改性的研究重点，蛋白质酶法改性包括聚合改性和酶解改性，尤其是通过酶解改性提高食物蛋白功能特性更是近来食品科学领域关注的重点。蛋白质酶解是指蛋白质在酶的作用下降解成肽类以及更小分子——氨基酸的过程，通过酶解产生的酶解蛋白理化特性较原始蛋白明显改善，酶解是改造蛋白质组成及结构、实现蛋白质功能多元化、提高蛋白质应用价值的最有效的途径之一。由于植物蛋白功能特性比动物蛋白差，所以对植物蛋白酶解改性实现产物用途多样化更为重要。酶解因其反应速度快、条件温和、专一性强、安全性高而且易于控制，已经成为提高蛋白质各种功能特性和增加其应用范围的一种有效的方法。酶解技术具有很多优点，包括：反应过程温和、产物安全性高；不同的蛋白底物通过各种酶作用以后可生成具有相同性质的产物；虽然底物蛋白来源、结构、组成和性质不同，但经过酶处理后可生成具有同一性质的酶解产物。正是由于具有这种特点，酶解技术才具有巨大的研究和应用空间，从而为利用低值蛋白质资源生产功能性食品基料、提高附加值、满足人们健康需要提供了可能。

（4）小麦面筋蛋白的改性

由于小麦面筋蛋白独特的结构及氨基酸组成导致其溶解性较差，因此，对小麦面筋蛋白的改性主要集中于对其增溶方面，但也涉及对其他功能特性的改善。

热处理是小麦面筋蛋白改性最常用的方法，Weegels 等研究了不同含水量的小麦面筋蛋白在 80℃以上温度条件下加热处理功能特性的变化。研究发现：在低水分含量（<20%）时，面筋蛋白中大分子即麦谷蛋白提取率和乙酸不溶性蛋白的疏水性降低；高水分含量时面筋蛋白中二硫键含量增加，分子发生不可逆的构型变化。温度>90℃时，醇溶蛋白开始逐步聚合，α-醇溶蛋白、β-醇溶蛋白和 γ-醇溶蛋白中的分子内二硫键参与二硫键-巯基之间的交互作用。SE-HPLC 分析发现：加热到 130℃以上时，醇溶蛋白峰降低，而麦谷蛋白峰升高，表明醇溶蛋白和麦谷蛋白之间发生了部分转换。Hayta 和 Schofield 发现从 30℃加热到 50℃会造成面筋蛋白的弹性模量下降，超过 50℃加热处理会强化这种结构，而且麦谷蛋白比醇溶蛋白更易受到热处理的影响。

高压处理也可以改变面筋蛋白的理化性质和某些功能特性。超声已经被用来增加麦谷蛋白的溶解性，超声对小麦面筋蛋白的影响从本质上和面团搅拌相似，在面团搅拌过程中的剪切力造成大分子麦谷蛋白的断裂，因此增加了其溶解性，另外利用 SE-HPLC 检测发现小麦面筋蛋白经过超声处理后麦谷蛋白分子之间的连接发生了改变。

Grace 等发现小麦蛋白脱酯处理后，再进行脱乙酰化处理，其功能特性和感官特性都大为提高，并在此基础上申请了相关专利。Woodar 等用 1.0 mol/L HCl 溶液，75℃处理 30min 得到的去酰胺面筋蛋白有很好的溶解性、乳化性及起泡性，但酸去酰胺由于作用温度高，而且在酸的催化下难以控制肽键水解程度，蛋白质也发生部分变性。Finly 研究表明：小麦面筋蛋白经适度酸处理后在水果酸性饮料中的溶解性明显增加；Wu 等发现适度酸水解后，面筋蛋白功能特性提高；碱性 pH 条件下（pH=10）经胰凝乳蛋白酶水解脱酰胺后小麦面筋蛋白功能特性（溶解性和乳化性）显著提高，特别是在 pH5～8 范围内的溶解性达到明显改善，因为原始面筋蛋白在这一 pH 范围内是不溶的。史新慧等对用酸改性面筋蛋白进行了初步探索，在盐酸浓度为 0.3mol/L、70℃下作用 30min，溶解度从 3.0%上升到 54.8%，乳化性有明显提高。而用碱催化去酰胺改性后，对蛋白质中赖氨酸有破坏，毒理研究表明对小鼠肾有毒害作用。脱酰胺方法将面筋蛋白中大量的谷氨酰胺和天冬酰胺中的氨基转化成羧基，从理论上讲，脱酰胺并不首先影响蛋白质的分子量，但蛋白质水解则使分子体积减小而提高了溶解性。琥珀酰化处理也可以提高小麦面筋蛋白的溶解性。

通过上述物理及化学改性得到的面筋蛋白尽管溶解性有所提高，但是大部分面筋蛋白仍然是不溶的。

随着蛋白酶解技术研究的不断深入，利用酶解改性小麦面筋蛋白功能特性已经引起世界各国的极大兴趣。Bollecker 等研究表明纯化的醇溶蛋白酶解后，其溶解度提高，但其他功能特性并未提高。Mimouni 等研究了脱酰胺处理和酶水解对小麦面筋蛋白功能特性的影响，结果表明脱酰胺后再进行酶水解可以显著改善其起泡性能和乳化性能；Kato 等用链霉蛋白酶（pronase）处理的面筋蛋白和葡聚糖以 1∶5 的比例，在 60℃、79%的相对湿度下反应三周，其溶解性和乳化性都有显著提高。蛋白酶/酸水解后，利用转谷氨酰胺酶（TGase）催化交联，小麦面筋蛋白的功能特性（溶解性、表面特征-疏水性、乳化性和起泡性）得到明显改善，同时发现 TGase 催化交联后蛋白的苦味完全消失；利用 TGase 辅以 Lys 改性小麦面筋蛋白，起泡性及泡沫稳定性明显改善。

如果控制小麦面筋蛋白水解时的水解度（14%），水解后的面筋蛋白溶解性可以提高87%，而且能在较大的 pH 范围内溶解。Linares 等发现不同水解度得到的酶解产物中，可溶部分具有好的功能特性，可溶部分中的亲水性肽/疏水性肽比例受 DH、pH 及盐浓度的影响。Popineau 等利用胰凝乳蛋白酶在添加 Cys 的条件下进行限制性酶解制备小麦面筋蛋白水解物，利用两种不同截留（150kg/mol 和 50kg/mol）的无机超滤膜分离酶解物，截留物中富含疏水性肽，透过液中富含亲水性的肽，同时研究了酶解物在 pH4 和 pH6.5 及两种盐浓度条件下（0.2%和 2%NaCl）的起泡性及乳化性，结果表明酶解物表现出较好的起泡性，但泡沫稳定性差，透过液只在 pH6.5 时产生泡沫，这些泡沫非常不稳定，只能维持很短的时间，透过液不表现乳化性。截留物产生较好而且稳定性的泡沫，在稳定乳浊液方面比完整的酶解物更有效，截留物对絮凝有较强的抵抗力，截留物的功能特性受 pH 及离子强度的影响不大，添加低浓度 Cys（5mg/g 面筋）对酶解物、截留物和透过液的组成（亲水性和疏水性组成）没有影响，但可以提高可溶性水解物的得率。利用酶解提高小麦面筋蛋白功能特性是有效的，但上述报道中均是利用小麦面筋蛋白中结构相对简单而且相对容易溶解的醇溶蛋白为原料进行的，利用麦谷蛋白特别是混合的面筋蛋白研究目前国外尚未报道。

8.2　玉米蛋白与工艺

8.2.1　玉米的结构与主要成分

由图 8-6 看出玉米（*Zea mays* L.）是由 5.2%玉米（麸）皮、11.1%胚芽（包括幼芽、幼根、胚根和角质鳞片）、82.9%胚乳和 0.8%根冠组成。玉米（麸）皮中主要含有 83.6%的纤维素、0.1%的脂肪、3.7%的蛋白质、7.3%的淀粉和 5.3%的其他成分；胚芽主要含有 14.4%的纤维素、33.2%的脂肪、18.4%的蛋白质、8.0%的淀粉和 26.4%的其他成分；胚乳主要含有 3.2%的纤维素、0.8%的脂肪、8.0%

的蛋白质、87.6%的淀粉和 0.4%的其他成分；根冠主要含有 77.7%的纤维素、3.8%的脂肪、9.1%的蛋白质、5.3%的淀粉和 4.1%的其他成分。玉米蛋白主要集中在胚芽和胚乳中，不论是干法还是湿法玉米加工，胚芽都被分离出来单独进行制油脱脂，获得脱脂玉米胚芽饼粕。湿法玉米加工，主要是生产玉米淀粉及其玉米淀粉衍生物，有大量的玉米胚乳蛋白会混入淀粉废水中，经过沉淀、浓缩和干燥，制成玉米黄浆蛋白粉，又称玉米谷朊粉。脱脂玉米胚芽饼粕和玉米黄浆蛋白粉中

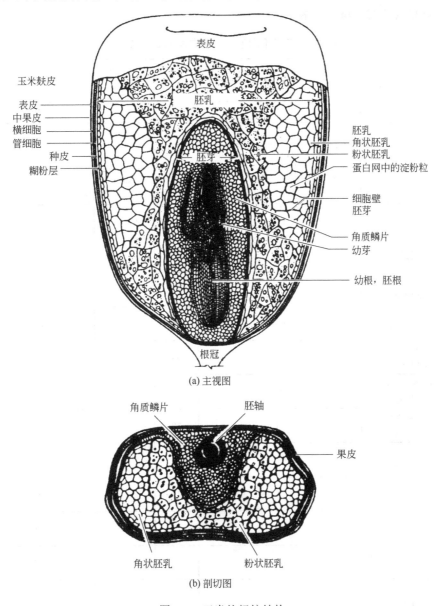

(a) 主视图

(b) 剖切图

图 8-6　玉米的籽粒结构

的蛋白质成分、结构和性质有别，用途各异。研究玉米蛋白的结构、组成和性质，以便使玉米蛋白得到综合开发应用。

整粒玉米含有39%醇溶蛋白、8%清蛋白、9%球蛋白和34%谷蛋白。胚乳中主要是醇溶蛋白和谷蛋白。胚芽中是清蛋白、球蛋白、谷蛋白，醇溶蛋白含量仅为5%（表8-8）。玉米胚乳蛋白质的赖氨酸含量很低，而玉米胚芽中的赖氨酸相对含量较高，玉米胚芽蛋白质和氨基酸适于人和动物营养需要。玉米不同部位的蛋白质和氨基酸含量列于表8-4中。

表8-4 玉米不同部位的蛋白质和氨基酸成分

项目	醇溶蛋白	清蛋白	球蛋白	谷蛋白
整粒玉米蛋白含量/%	39	8	9	34
胚乳蛋白含量/%	47	4	4	39
胚芽蛋白含量/%	5	30	30	25
可溶于	60%～90%乙醇，70%～90%异丙醇，含水丙酮，乙醇-苯，乙醇-三氯甲烷，乙醇-硝基甲烷，乙二醇	水	0.5mol/L NaCl	稀碱（pH10）+0.6%ME（2-巯基乙醇）稀碱（pH 10）+0.5%SDS（十二烷基硫酸钠）
丙氨酸含量/（mg/100g）	110	85	60	79
精氨酸含量/（mg/100g）	10	43	72	30
天冬氨酸含量/（mg/100g）	41	73	58	49
谷氨酸含量/（mg/100g）	166	86	114	131
甘氨酸含量/（mg/100g）	17	93	73	62
组氨酸含量/（mg/100g）	8	16	25	18
异亮氨酸含量/（mg/100g）	31	28	23	18
亮氨酸含量/（mg/100g）	151	49	45	29
赖氨酸含量/（mg/100g）	1	44	41	85
蛋氨酸含量/（mg/100g）	10	10	—	18
苯丙氨酸/胱氨酸含量/（mg/100g）	43	21	28	25
脯氨酸含量/（mg/100g）	94	45	33	27

项目	醇溶蛋白	清蛋白	球蛋白	谷蛋白
丝氨酸含量/ （mg/100g）	52	48	53	73
苏氨酸含量/ （mg/100g）	24	45	28	47
酪氨酸含量/ （mg/100g）	31	49	49	34
缬氨酸含量/ （mg/100g）	31	50	50	49

8.2.2 玉米蛋白工艺

8.2.2.1 玉米谷朊粉和玉米胚芽饼粕蛋白工艺

玉米蛋白是在玉米加工中，无论是干法玉米磨粉或湿法生产玉米淀粉都要分出胚芽，胚芽经过脱脂制取玉米饼粕蛋白。玉米湿法加工成玉米淀粉时，脱胚芽后的胚乳蛋白质集中在玉米淀粉废水中，经浓缩、干燥制成玉米谷朊粉。表 8-4 中数据说明玉米谷朊粉中的主要成分是醇溶蛋白和谷蛋白，尽管营养价值受限，但因它含有丰富的醇溶蛋白，是特殊工业的原料。玉米胚芽饼粕中的蛋白质营养价值高，是蛋白质营养源。

通常的玉米干法加工，主要是将玉米磨成玉米粉，供应人们直接或进一步加工成食品应用。干法玉米粉中，如果含有玉米油脂则容易氧化产生醛酮类苦味物质，影响玉米粉口感品质。因此，玉米粉加工时尽量将含油量高的胚芽脱掉。干法加工中玉米胚芽应及时进行加热干燥处理，钝化玉米胚芽中的脂肪氧化酶，减少玉米油脂氧化，降低玉米胚芽油脂游离脂肪酸含量和过氧化值。干法玉米胚芽加工脱脂生产玉米油脂和玉米胚芽饼粕，与湿法玉米胚芽脱脂工艺基本原理一样。玉米蛋白生产仅以湿法玉米加工为例进行介绍。

8.2.2.2 玉米湿法加工工艺

玉米湿法加工工艺流程如图 8-7 所示。

8.2.2.3 玉米淀粉、谷朊粉和玉米胚芽的分离

玉米淀粉的工业用途很广，不论是淀粉还是乙醇、葡萄糖、果糖、柠檬酸等一些淀粉衍生物，都需要将玉米淀粉从玉米中分离出来。玉米加工时，将清选的玉米置于亚硫酸水中浸泡，待组织结构软化，通过粉碎机粉碎，用旋分器分出湿玉米胚芽。玉米胚芽经干燥到制油和脱脂玉米饼粕工段。脱玉米胚芽的玉米胚乳经过进一步细磨，分出玉米淀粉，用气流干燥方法脱水后，得到成品玉米淀粉。在分离玉米淀粉的同时，玉米谷朊粉含在分离的淀粉废水中，经浓缩、干燥，制成不同蛋白质含量规格的成品玉米谷朊粉。谷朊粉的蛋白质含量分别为 25%、45%和65%3 种。其他脂肪、淀粉、粗纤维、灰分、氨基酸、维生素和微量元素

等成分含量见表 8-5 和表 8-6。

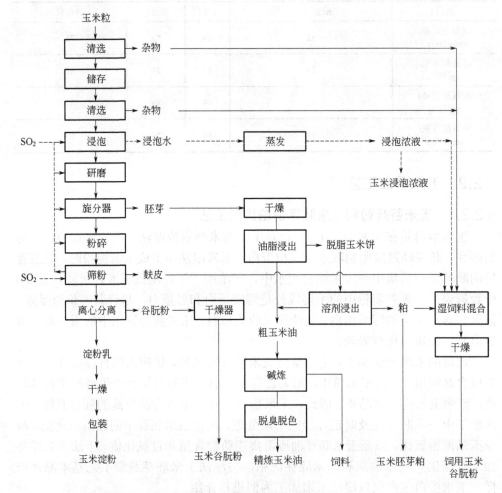

图 8-7　玉米湿法加工工艺流程

图 8-8 是湿法加工生产玉米淀粉、玉米胚芽、麸皮纤维和谷朊粉工艺流程图。

玉米经清选、亚硫酸水浸泡后，进行粗磨，用多级曲面筛分离出胚芽。胚芽到胚芽加工段进行脱脂，生产脱脂玉米胚芽饼粕。脱胚芽的玉米胚乳部分经细磨，用多级曲面筛分离出玉米纤维素。湿玉米纤维经脱水、干燥制成食用玉米纤维。脱胚芽、脱玉米纤维后的玉米淀粉经多级处理和旋流分离器，分出微量泥沙等非淀粉杂质后，经气流干燥，制成精品玉米淀粉。

8.2.2.4　玉米胚芽加工

玉米胚芽加工工艺流程可参见图 8-9，主要是提取玉米胚芽油，同时得到玉米胚芽饼粕蛋白质。具体操作可根据胚芽原料、生产规模、设备条件适当选择工艺。加工原理和工艺要求与其他油料加工基本都相同。

（1）清理

玉米胚芽混杂有较多的玉米粉、碎粉和皮屑，需要用双层振动筛进行筛理，以减少玉米胚芽的损失。制玉米淀粉回收的玉米胚芽，混杂有皮屑和胚根鞘等杂质，需要用清洁水连续漂洗几次，如工厂备有旋流分离器，可利用旋流所产生的离心作用分离出胚芽。

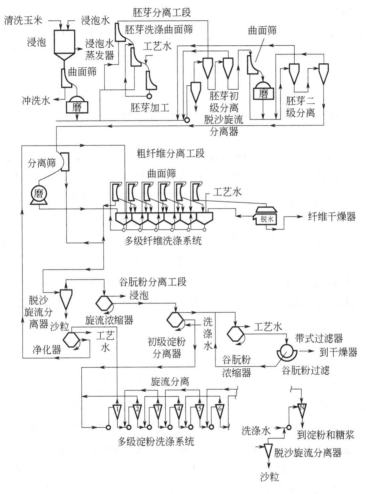

图 8-8 湿法加工生产玉米加工工艺流程图

（2）干燥

在制玉米糁和玉米淀粉过程中回收的玉米胚芽经清理后，含有较高的水分，酶的活性较强又易于微生物繁殖，从而造成油脂变质和酸败，既影响油脂产品的产量和品质，又会降低饼粕的利用价值。为保持玉米胚芽在储存和运输中的新鲜度，经清理后的玉米胚芽，需及时对胚芽加热钝化脂肪分解酶以防止游离脂肪酸升高，同时起到对玉米胚芽的脱水烘干作用。玉米胚芽制取油脂的软化工序为调节水分含量至 10% 以下，这会使料坯的塑性发生变化，有利于玉米胚芽轧坯。常用设备为热风烘干机或热蒸汽辊筒烘干机。工艺要求料坯在软化时不宜急于高温处理，以防蛋白质过早变性，而使料坯失去弹性进而影响轧坯、蒸炒和榨油处理。

（3）轧坯

玉米胚芽经软化处理后，随即经辊筒轧坯机轧成 0.3～0.4mm 的薄片，使细胞结构遭受破坏，油路缩短，便于料坯的蒸炒和压榨。

料坯进入蒸炒设备蒸炒时的水分含量不低于 12%，经 40～50min 蒸炒后使料坯温度超过 100℃的升温过程中，料坯的水分含量由 12% 逐渐降至 3%～4%，料坯颜色渐变至棕红色，且能闻到香气而不能出现焦香。料坯在整个蒸炒过程中受到先蒸后炒的双重作用过程，同时缓慢地调节和控制料坯入榨的水分、温度、塑性和弹性，使蛋白质变性、细胞胶体结构遭受破坏和所含油黏度降低，为料坯榨取油准备条件。

湿磨法制得的玉米胚芽晒干后含有 2%～4% 的水分和 44%～50% 的油脂，如此高的含油量是由于在浸泡过程中，胚芽中的糖类、淀粉及蛋白质类部分溶解在水里随水相排出的结果。采用压榨法制油工艺，从这种胚芽中可制得 89%～94% 的毛油。该工艺主要用在仅有几台螺旋榨油机的小型工厂。由于维修费用高，较大型工厂利用预压榨浸出工艺即用螺旋榨油机进行预压榨使饼中残油为 18%～22%，随后再用溶剂对饼进行浸出以获得更多的油脂来提高产量。通常将预压榨毛油和浸出毛油储于同一储罐。采用预压榨浸出工艺，胚芽油回收率可达 97%～98%。用干磨法制得的玉米胚芽含有 20%～25% 的油脂，低于手工分离的胚芽油量（约 33%），这是因为残余的胚乳仍黏附在胚芽上。作为低含油物料，干磨胚芽常用溶剂浸出法直接浸出制油。

（4）压榨

油脂制取的方法有压榨法、萃取法和水剂法，采用的设备与生产规模又可分木榨、螺旋榨与液压机榨，用于玉米胚芽油的制取大多在小规模较大车间或辅助车间进行，所以采用螺旋榨油机最为适宜，机型可按生产规模而定，规模稍大的生产厂，可选用连带蒸炒设备组装的 200 型螺旋榨油机，此设备蒸炒兼备、运转连续、使用操作简便，料坯蒸炒、榨油在一组设备中一次完成。当蒸炒的料坯温度达到 115～120℃、水分含量为 2%～4% 时，则直接进入压榨机榨油，此时室温需保持 30～40℃，料坯初始进料少，待榨机正常运转后，榨膛温度上升，然后均匀进料、出油与出饼，能闻到饼粕香味，饼片坚实，表面光滑，背面有裂纹，出油正常；若蒸炒温度偏低则料坯水分含量偏高，饼片松软，水汽很浓，油色不正，发白起泡，出油减少；若蒸炒温度过高，料坯水分含量过低，则饼色过深，出口冒青烟且有焦味，油色深，出油也减少。运转正常的榨机一般榨油转速根据设备性能而定，200 型榨油机控制为 8r/min，料坯在榨膛受压榨后的饼片厚度为 5～6mm，饼粕中的残油率为 5%～6%，饼粕含 45% 的蛋白质。

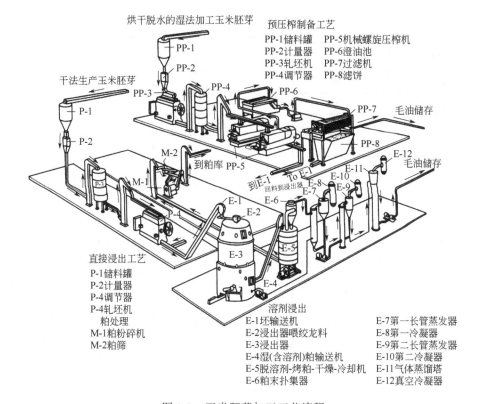

图 8-9 玉米胚芽加工工艺流程

图 8-9 是一个大型玉米胚芽加工厂的玉米加工示意图。它有两种不同原料的压榨和有机溶剂浸出加工工艺。湿玉米胚芽经烘干脱水后，进入储料罐经计量器计量后，用轧坯机将玉米胚芽轧成 0.3～0.4mm 的厚度。再用蒸炒锅调节物料水分和进入榨油机温度，待料坯温度达到 110℃、水分含量为 2%～3% 时，用榨油机进行压榨，粗玉米油经澄油池、过滤机到油脂精炼工段进行加工。

干法中玉米胚芽进入储料罐经计量器计量后，进入干燥调节器，再用轧坯机轧坯（粉碎）后，物料进入浸出器进行脱脂。浸出粗玉米油经混合溶剂蒸发到玉米油脂精炼工段加工精制，成为食用玉米油。

玉米胚芽加工脱脂，无论是机械压榨或是有机溶剂浸出，脱脂后的玉米胚芽饼粕均含有丰富的蛋白质、脂肪、淀粉、粗纤维、灰分、氨基酸、维生素和微量元素等营养成分（表 8-5，表 8-6），是良好的营养物质。

表 8-5 玉米谷朊粉和玉米胚芽饼粕主要成分（以干基计）

成分	饲用玉米谷朊粉	含 41% 蛋白质的玉米谷朊粉	含 60% 蛋白质的玉米谷朊粉	玉米胚芽粕粉
粗蛋白/%	25.60	46.80	67.20	22.3

成分	饲用玉米谷朊粉	含41%蛋白质的玉米谷朊粉	含60%蛋白质的玉米谷朊粉	玉米胚芽粕粉
粗脂肪/%	2.40	2.40	2.40	4.10
饱和脂肪酸/%	1.20	0.50	0.50	0.50
不饱和脂肪酸/%	1.90	1.90	1.90	3.30
亚油酸/%	1.15	1.15	1.15	1.95
淀粉/%	15.60	NA	15.6	26.70
粗纤维/%	9.70	4.80	2.2	13.10
酸溶纤维/%	13.0	9.00	5.0	NA
灰分/%	7.50	3.40	1.80	4.20
无氮浸出物/%	53.4	43.4	25.0	58.00
丙氨酸/%	1.70	3.70	5.80	1.60
精氨酸/%	0.87	1.53	2.31	1.43
天冬氨酸/%	1.30	2.70	4.00	1.60
胱氨酸/%	0.49	0.73	1.10	0.44
谷氨酸/%	3.70	9.60	15.3	3.6
甘氨酸/%	0.94	1.65	2.33	1.20
组氨酸/%	0.68	1.06	1.55	0.76
异亮氨酸/%	0.98	2.46	2.82	0.76
亮氨酸/%	2.44	7.92	11.33	1.97
赖氨酸/%	0.71	0.87	1.12	0.98
蛋氨酸/%	0.41	1.14	1.98	0.64
苯丙氨酸/%	0.90	3.05	4.45	0.98
脯氨酸/%	1.96	4.0	6.10	6.10
丝氨酸/%	0.94	1.97	3.71	1.09
苏氨酸/%	0.87	1.56	2.46	1. 19
酪氨酸/%	0.94	1.97	3.71	1.09
缬氨酸/%	1.22	2.40	3.43	1.31

注：NA 表示没有参考数据。

8.2.2.5　玉米醇溶蛋白工艺

　　玉米谷朊粉中含有醇溶蛋白和谷蛋白，醇溶蛋白具有良好的成膜等特殊的功能用途，是食品工业、医药、化工的原料。醇溶蛋白能够溶于 60%～90% 的乙醇和 70%～90% 的异丙醇。利用乙醇或异丙醇从淀粉工业生产的谷朊粉中萃取、分离、纯化醇溶蛋白具有潜在的经济效益。图 8-10 就是用异丙醇作溶剂从玉米谷朊粉中萃取生产醇溶蛋白的工艺。

表8-6 玉米谷朊粉和玉米胚芽饼粕维生素和矿物质元素

维生素和微量元素	饲用玉米谷朊粉	含41%蛋白质的玉米谷朊粉	含60%蛋白质的玉米谷朊粉	玉米胚芽粕粉
维生素 H 含量/（mg/kg）	0.36	0.20	0.21	0.24
胡萝卜素含量/（mg/kg）	7	18	34	2
复合维生素 B 含量/（mg/kg）	1684	391	391	1785
叶酸含量/（mg/kg）	0.3	0.3	0.3	0.2
肌醇含量/（mg/kg）	5923	NA	2102	NA
烟酸含量/（mg/kg）	79	55	66	33
泛酸含量/（mg/kg）	15.1	11.2	3.9	4.6
吡哆醇（维生素 B_6）含量/（mg/kg）	14.8	8.8	7.6	6.8
核黄素含量/（mg/kg）	2.5	1.8	2.2	4.2
维生素 B_6 含量/（mg/kg）	2.2	0.2	0.3	4.9
维生素 A 含量/（IU/g）	NA	24.5	48.9	NA
维生素 E 含量/（mg/kg）	14	34	26	94
叶黄质含量/（mg/kg）	42	191	326	NA
钙含量/%	0.36	0.16	0.08	0.04
氯含量/%	0.25	0.07	0.10	0.04
铬含量/（mg/kg）	<1.5	NA	<1.5	<1.5
钴含量/（mg/kg）	0.10	0.08	0.05	NA
铜含量/（mg/kg）	52	30	29	5
碘含量/（mg/kg）	0.07	NA	0.02	NA
铁含量/（mg/kg）	471	423	313	370
镁含量/%	0.36	0.06	0.09	0.34
锰含量/（mg/kg）	26	8	7	4
钼含量/（mg/kg）	0.96	NA	0.67	0.56
磷含量/%	0.82	0.50	0.54	0.47
钾含量/%	0.64	0.03	0.21	0.31
硒含量/（mg/kg）	1	0.30	1.11	0.92
钠含量/%	1.05	0.10	0.06	0.08
硫含量/%	0.23	0.39	0.72	0.33
锌含量/（mg/kg）	72	190	35	114

注：NA 表示没有参考数据。

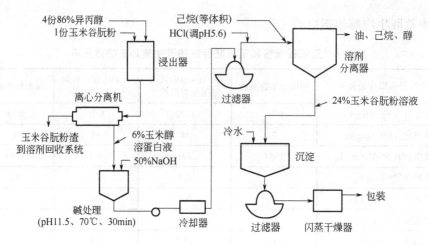

图 8-10　异丙醇作溶剂萃取生产醇溶蛋白工艺流程

具体工艺是用 1 份谷朊粉与 4 份 86% 的异丙醇混合搅拌，进行浸出。浸出液经卧式螺旋分离机，分出含异丙醇溶剂的谷朊粉渣，溶剂回收循环使用，残渣干燥后饲用或作肥料。离心得到 6% 玉米醇溶蛋白液，用 50% 的 NaOH 溶液（pH11.5）在 70℃温度下反应 30min。然后冷却过滤，再用 HCl 中和至 pH5.6 后，用等体积的己烷进行萃取，分离油脂、己烷和异丙醇，得到浓度为 24% 的玉米谷朊粉溶液，用冷水洗涤、沉淀，经过滤、闪蒸干燥，制成玉米醇溶蛋白。

8.3　高粱、稻米蛋白与工艺

8.3.1　高粱的结构和主要成分

8.3.1.1　高粱的结构

高粱（*Sorghum bicolor* L.）的颖果经脱壳后称为高粱米，是一种食（饲）用谷类。商业高粱米由杂交品种的谷粒脱壳而成，呈扁平球的形状（4mm 长，2mm 宽，2.5mm 厚），千粒重 25～35g，密度通常为 1.26～1.38g/cm³。高粱种子由三个主要部分组成，即果皮、胚乳和胚芽（胚）（图 8-11），它们分别占高粱米重的 6%、84% 和 10%。果皮可以细分为三个部分，即外果皮、中果皮和内果皮。外果皮上通常布满像蜡一样的薄膜。中果皮由包含许多淀粉小粒的 3～4 个细胞层和包含少数淀粉小粒的细胞构成。高粱

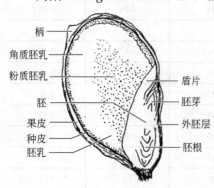

图 8-11　高粱种子剖面示意图

是唯一已知的在这个部位含有淀粉的谷类。内果皮由交叉细胞和管细胞组成。

　　图 8-12 是高粱种子剖面显微图。（a）为高粱的横切面，（b）是高粱果皮组成部分，（c）、（d）、（e）为高粱的胚乳扫描电镜显微结构图，明显地看出含淀粉的淀粉粒、蛋白体和淀粉颗粒之间的蛋白质等。胚乳中蛋白质和淀粉的相对比例是影响谷物硬度和密度的最重要因素。每个胚乳细胞都由薄的细胞壁、蛋白质基质、蛋白质体和淀粉颗粒组成。淀粉颗粒的大小为 4～25μm（平均 15μm）。在角

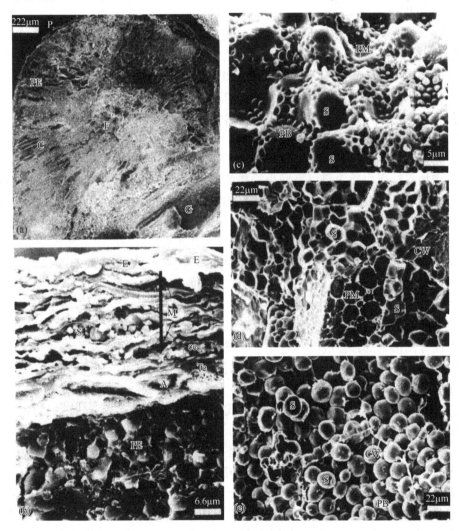

图 8-12　高粱种籽剖面显微结构图

（a）高粱横切面；（b）高粱果皮；（c）角质胚乳；（d）、（e）粉状胚乳

P—果皮；PE—外胚乳；C—角质胚乳；F—粉质胚乳；G—胚；PE—外果皮；M—中果皮；CC—交叉细胞；　Te—外种皮；A—糊粉粒；S—淀粉颗粒；PB—蛋白体；PM—蛋白质基质；CW—细胞壁

质胚乳中，蛋白质在淀粉颗粒之间具有连续界面，蛋白质体嵌入基质中。角质胚乳的外部部分称为外围胚乳，由几层紧密堆积的细胞组成，其中包含大量蛋白质和小的淀粉颗粒。胚乳中的淀粉颗粒是多边形的，通常含有在蛋白质中嵌入淀粉的凹痕。角质胚乳是半透明的（玻璃质的）。另一方面，粉状的胚乳具有不连续的蛋白质网络，胚乳细胞中的淀粉颗粒松散堆积。因此，在球形淀粉颗粒和蛋白质基质颗粒之间会出现小的空隙，这些空隙会衍射光产生不透明构象。

成熟的高粱米中含有比较多的单宁酸，胚乳和糊粉层主要的成分是淀粉等营养储藏组织，这些细胞含有大量的包含植酸盐的蛋白体、油体、微量元素和酶。高粱的胚中含有大量油脂、蛋白质、酶和微量矿质元素。

高粱米分为褐色的、白色的和黄色的，褐色的高粱米含有较多的单宁酸，影响营养价值，而白色和黄色高粱米单宁含量较少。

8.3.1.2　高粱的主要营养成分

高粱的主要成分列于表 8-7 中。高粱的成分受遗传和环境因素影响，高氮肥料会增加谷粒蛋白质含量以及减少淀粉的数量。高粱的成分与玉米类似，含有高达 70%～80%支链淀粉和 20%～30%直链淀粉。然而，蜡质或黏高粱的淀粉是100%的支链淀粉，它的性质与蜡质玉米相似。通常，高粱的脂肪比蜡质玉米低1%并具有较多的蜡质。高粱的蛋白质有一定的可变性，一般比玉米高 1%～2%。高粱的胚乳、胚芽和种皮中的蛋白质含量比例分别为 80%、16%和 3%。高粱醇溶蛋白含量约占总蛋白质含量的 50%。高粱醇溶蛋白是疏水的，富含脯氨酸、天冬氨酸和谷氨酸，赖氨酸含量很少。醇溶蛋白含量比较高，主要集中于高粱的蛋白体中。谷蛋白是第二个含量较高的蛋白质，且很难萃取，它是溶在稀释的碱或酸中被分离出来的。谷蛋白是高分子量蛋白质，它在胚乳的结构中形成（蛋白质基质）。清蛋白和球蛋白分别溶于水和稀盐溶液。胚芽中的蛋白质含有较高的赖氨酸成分。高粱蛋白质的限制性氨基酸，第一个是赖氨酸，其次是苏氨酸。赖氨酸的含量仅相当于 FAO/WTO 推荐的模式值的 45%，商品高赖氨酸高粱的赖氨酸含量也只有推荐值的 52%。

不同高粱中可溶性糖类的成分含量不同，总糖含量依据高粱不同成熟时期而有所变化。糖含量随着生理成熟在逐渐减少。蔗糖、葡萄糖和果糖是成熟高粱中主要的可溶性糖，麦芽糖是可溶性含量较小的糖。棉籽糖、葡萄糖/果糖在含糖类型的高粱中，与正常的高粱相比具有较高的含量。高粱中的戊聚糖是水/碱溶性的，整粒高粱中，分别含有 0.9%和 0.42%的水溶性的和碱溶性的戊聚糖。大部分的高粱戊聚糖主要存在于果皮中。果皮中的戊聚糖几乎都是碱溶性的。戊聚糖的碳水化合物含量为 68%～85%；葡萄糖和阿拉伯糖是较大含量的碳水化合物。大部分的粗纤维是果皮和胚乳细胞壁成分。纤维主要是纤维素、半纤维素和少量的木质素组成。通常，在这些成分中含有酚类化合物，如阿魏酸和咖啡酸。

　　胚芽和糊粉层是脂质含量的主要地方。胚芽含油量约占总油含量的80%。脂肪酸成分主要是亚油酸、油酸和棕榈酸。高粱中的微量元素和维生素分别列在表8-8中，钙的含量较低，大部分的磷存在于植酸分子中。

表8-7　高粱的主要成分

成分		含量/%	范围	成分		含量/%	范围
粗蛋白（N×6.25）		11.6	8.1～16.8	必需氨基酸	赖氨酸	2.1	1.6～2.6
粗脂肪		3.4	1.4～6.2		亮氨酸	14.2	10.2～15.4
粗纤维		2.7	0.4～7.3		苯丙氨酸	5.1	3.8～5.5
灰分		2.2	1.2～7.1		缬氨酸	5.4	0～5.8
无氮浸出物		79.5	65.3～81.0		色氨酸	1.0	0.7～1.3
纤维素	酸不溶性可食纤维	7.2	6.5～7.9		蛋氨酸	1.0	0.8～2.0
	酸可溶性可食纤维	1.1	1.0～1.2		苏氨酸	3.3	2.4～3.7
蛋白质组分	醇溶蛋白	52.7	39.3～72.9		组氨酸	2.1	1.7～2.3
	谷蛋白	34.4	23.5～45.0		异亮氨酸	4.1	2.9～4.8
	球蛋白	7.1	1.9～10.3				

表8-8　高粱中的主要微量元素和维生素及其含量

微量成分和维生素	含量一	含量二	微量成分和维生素	含量一	含量二
钙/%	0.05	0.03	维生素		
磷/%	0.35	0.35	硫胺/（mg/kg）	4.62	4.84
钾/%	0.38	0.37	核黄素/（mg/kg）	1.54	1.76
钠/%	0.05	NA	尼克酸/（mg/kg）	48.40	53.24
镁/（mg/kg）	0.19	0.02	维生素 B₆/（mg/kg）	5.94	10.34
铁/（mg/kg）	50.00	50.00	泛酸/（mg/kg）	12.54	12.76
钴/（mg/kg）	3.10	NA	胆碱/（mg/kg）	761.20	NA
铜/（mg/kg）	10.80	7.92	生物素/（mg/kg）	2.90	NA
锰/（mg/kg）	16.30	18.70	叶酸/（mg/kg）	0.20	NA
锌/（mg/kg）	15.40		胡萝卜素/（mg/kg）	32	NA

注：NA表示没有参考数据；含量一和含量二为不同的参考文献数据。

8.3.1.3　单宁酸及多酚化合物

　　所有的高粱籽粒都含有酚类化合物，这些化合物对高粱的营养价值有较大的影响。酚类化合物可分为三种类型，即酚酸、黄酮和单宁酸。高粱都含酚酸，而且大部分也含黄酮，但是唯一的褐色高粱含有较多的单宁酸。酚酸是肉桂酸的衍生物（图 8-13）。黄酮由 2 个部分组成：一是来自肉桂酸的 $C_6 \sim C_3$ 的片段和另一个 C_6 片段的辅酶 A 组成。高粱黄酮的主要基团是黄烷化合物，黄烷-3-en-3-醇是一种花色素。单宁酸是低聚 5～7 个黄烷-3-醇的单位。在强酸中，这样的低聚化合物解聚会产生花色素。

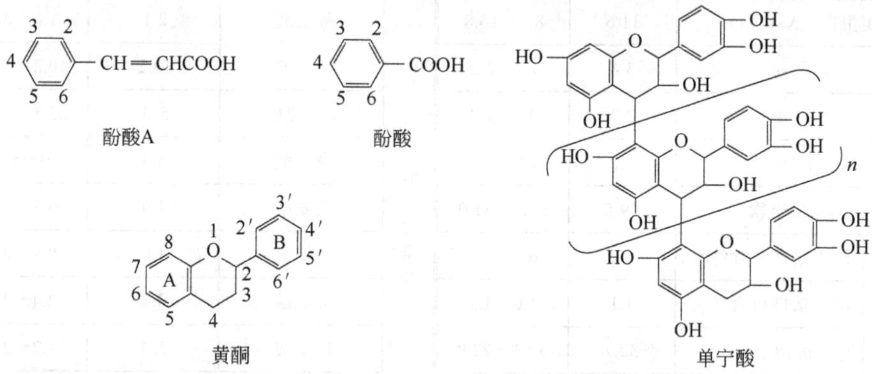

图 8-13　高粱中的酚酸、黄酮和单宁酸的结构

　　高粱中的单宁酸具有防止昆虫、鸟类和微生物的侵蚀作用，但对人类和牲畜营养有不利因素。酚酸、黄酮和单宁酸的基本结构如图 8-13 所示。

8.3.1.4　高粱的加工和利用

　　尽管我国的高粱主要用于酿酒工业，但还是以淀粉加工为例说明高粱蛋白的生产方法。图 8-14 是湿法高粱淀粉生产工艺流程。高粱也可以像玉米一样进行湿法加工，在生产高粱淀粉时，可将高粱浸泡水中浓缩、干燥生产饲用高粱谷朊粉；也可在淀粉废水中沉淀高粱谷朊粉，经干燥生产高粱谷蛋白粉；利用湿法生产高粱淀粉是分离出来的高粱胚芽，按照玉米胚芽压榨或浸出脱脂的生产工艺，生产高粱胚芽脱脂饼粕。高粱的湿法和干法脱胚芽，生产高粱谷蛋白粉和脱脂胚芽粕粉，工艺与玉米相似，具体操作参考玉米加工。高粱湿法加工的浸泡废水中，含有较高的多酚类化合物，如果进行浓缩、干燥，所得谷朊粉中会含有较高的单宁等化合物，影响蛋白质的利用。但胚芽和脱脂胚芽饼粕中的单宁含量由于高粱的水浸泡而降低，所以起到了脱除单宁等多酚化合物的作用。

　　高粱淀粉加工中的浸渍液浓缩生产的饲用高粱谷蛋白粉和高粱谷朊粉，以及高粱胚芽脱脂生产的高粱胚芽粕，三种高粱蛋白制品主要成分和氨基酸组成分别列在表 8-9 和表 8-10 中。

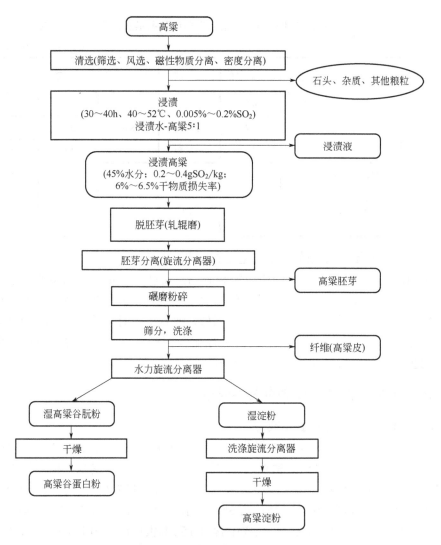

图 8-14 湿法高粱谷蛋白粉、高粱胚芽和高粱淀粉生产工艺

表 8-9 高粱蛋白制品主要成分

成分	饲用高粱谷蛋白粉	高粱谷蛋白粉	成分	饲用高粱谷蛋白粉	高粱谷蛋白粉
粗蛋白 ($N \times 6.25$) 含量/%	25.0	41.7	钙含量/%	0.09	0.02
粗脂肪含量/%	8.4	4.1	磷含量/%	0.59	0.17
粗纤维含量/%	6.8	2.0	维生素 B_1 含量 /(mg/kg)	5.72	4..18
无氮浸出物含量/%	48.4	40.8	维生素 B_2 含量 /(mg/kg)	11.88	—
灰分含量/%	7.7	0.7	尼克酸含量/(mg/kg)	100.98	49.28

表 8-10　饲用高粱谷蛋白粉、高粱谷蛋白粉和高粱胚芽粕氨基酸组成

单位：g/100g 蛋白质

氨基酸	饲用高粱谷蛋白粉	高粱谷蛋白粉	高粱胚芽粕	氨基酸	饲用高粱谷蛋白粉	高粱谷蛋白粉	高粱胚芽粕
精氨酸	4.3	2.7	6.8	苯丙氨酸	4.6	5.8	4.6
组氨酸	2.7	1.8	3.4	苏氨酸	8.6	3.0	3.4
异亮氨酸	4.4	5.1	4.5	色氨酸	0.8	1.0	1.0
亮氨酸	11.4	16.4	8.7	缬氨酸	5.8	5.7	6.7
赖氨酸	3.0	1.3	4.0	粗蛋白（$N \times 6.25$）含量/%	22.3	44.5	21.6
蛋氨酸	1.7	1.6	1.6				

8.3.1.5　高粱蛋白制品的营养试验结果分析

饲用高粱谷蛋白粉、高粱谷蛋白粉和脱脂高粱胚芽粕蛋白制品主要用于动物喂养。由于高粱蛋白制品中单宁和纤维素含量较高，不适于蛋鸡喂养，但是可作为喂猪的饲料蛋白质。由于赖氨酸含量偏低，喂养小牛时，通常用 10%的高粱谷蛋白粉添加 20%的豆粕作为饲料蛋白进行配合饲料喂养。高粱谷蛋白粉用作绵羊饲用蛋白资源，可以完全替代棉籽饼粕。

8.3.2　稻谷的结构和米糠的主要成分

8.3.2.1　稻谷的结构和主要成分

稻谷是（*Oryza sativa* L.）的颖果，其籽粒由谷糠（俗称稻糠、大糠）、种皮、胚乳和胚芽组成（图 8-15）。稻谷经砻谷机脱除稻糠后得到糙米，糙米经碾米机脱去种皮、糊粉层和胚，得到食用大米。谷糠占稻谷的 20%，其他成分占 80%。糙米中胚乳占 93%、胚占 4%、麸皮占 3%。胚乳含 90.2%淀粉、7.8%蛋白质、0.5%脂肪、0.4%纤维素、0.6%灰分。麸皮中含有 15.2%蛋白质、20.1%的脂肪、10.7%纤维素、9.6%灰分、16.0%淀粉、28.4%其他物质。碾米得到的种皮、糊粉层和胚称之为米糠。

稻谷碾米各制品中粗蛋白含量，与其他谷物一样，稻米中胚芽和糊粉层（碾米后成为米糠组分）的蛋白质含量比胚乳高。蛋白质含量通常由凯氏氮乘以 5.95 来计算。稻谷经碾米加工成产品的相关制品中的粗蛋白质质量分数，按换算系数 $N \times 5.95$ 计算，分别为稻谷 5.6～7.7、糙米 7.1～8.3、精米 6.3～7.1、米糠 11.3～14.9、稻壳 2.0～2.8。大米胚乳中高达 95%的蛋白质存在于离散颗粒形式称为蛋白质体（PBs）中。颗粒直径范围为 1～4μm。稻谷胚乳中蛋白体有 PB-Ⅰ 和 PB-Ⅱ 两种类型。如在电子显微镜下观察到的，PB-Ⅰ 显示为球形，而 PB-Ⅱ 显示为不规则的晶体形态。PB-Ⅰ 是在液泡中生成的蛋白体，富含谷醇溶蛋白，约占米

蛋白质的 20%。PB-Ⅱ是在内质网高尔基体的致密囊泡中衍生的蛋白体，占米蛋白的 60%～65%。据奥斯本传统的分类方法，糙米的清蛋白、球蛋白、醇溶蛋白和谷蛋白的比例范围为（3.0～18.7）∶（0～17）∶（1.6～20.6）∶（55.0～88.1）和 0.9～9.9。这些比例和各部分的范围差异，取决于大米的品种、成熟度以及提取条件。

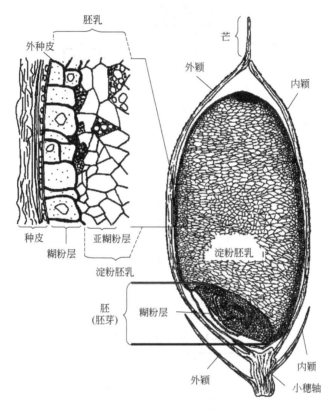

图 8-15　稻谷籽粒的结构

8.3.2.2　稻谷的加工和米蛋白的生产

（1）稻谷的加工工艺

稻谷的加工和米糠生产工艺流程如图 8-16 所示。

稻谷经清选、砻谷机脱谷糠（稻壳）碾制出精米，同时分离出包括米胚芽的米糠。米糠经过压榨或有机溶剂浸出脱脂，制备蛋白质含量在 16%～20%的米糠饼粕（参看玉米胚芽加工）。

（2）米糠的主要成分

大米米糠含有 15%～16%的蛋白质、18%～20%的脂肪、51%的碳水化合物和肌醇等成分（表 8-11）。米糠中的主要蛋白质是清蛋白和球蛋白，样品中的清蛋白-球蛋白-谷醇溶蛋白-谷蛋白的比例为 37∶36∶5∶22。

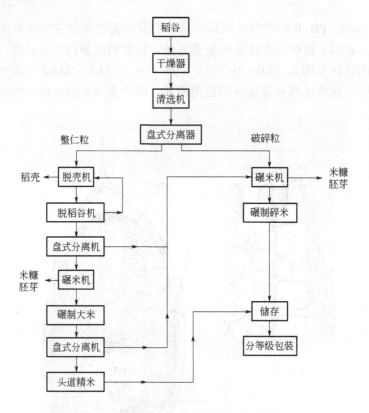

图 8-16　稻谷加工和米糠生产工艺流程

表 8-11　米糠的主要成分

成分	含量	成分	含量	成分	含量
粗蛋白含量/%	14.50	灰分含量/%	8.00	维生素 E 含量/mg	25.61
粗脂肪含量/%	20.50	肌醇含量/%	1.50	维生素 B 含量/mg	56.95
水分含量/%	6.0	γ-谷维醇含量/mg	245.15	总膳食纤维含量/%	29.00
总碳水化合物含量/%	51.00	植物甾醇含量/mg	302.00	可溶性膳食纤维含量/%	4.00

8.3.3　米糠蛋白的制取

米糠的常规加工脱脂从而制取米糠饼粕蛋白工艺如同小麦、玉米胚芽加工工艺。具体操作参看相关工艺。以下就米蛋白提取、加工进行介绍。

（1）米糠饼粕蛋白

大米加工中的米糠经压榨或有机溶剂浸出提取油脂后，得到的脱脂米糠（米糠）粕，含有 20%左右蛋白质。油饼是采用压榨法制取油脂后的米糠饼，粕则是采用溶剂浸出法制取油脂后的残渣。脱脂米糠饼粕的主要成分见表 8-12。

表 8-12　脱脂米糠饼粕主要成分

饼粕类型	水分/%	粗脂肪/%	粗蛋白/%	粗纤维/%	无氮浸出物/%	灰分/%
机榨饼	10.28	8.67	15.95	8.03	47.63	9.45
浸出粕	9.23	2.42	19.25	9.43	49.71	9.97

从表 8-12 可以看出，米糠饼粕中含量较高的为可溶性无氮浸出物（其中主要是淀粉），其次为粗蛋白、粗脂肪和粗纤维等，其中灰分主要为植酸钙镁，而植酸钙镁通过水解后约含有 20%左右的肌醇。因此，米糠饼粕不仅可直接作为牲畜饲料，而且还可用来制取饴糖、酒、醋、蛋白质、植酸钙、植酸和肌醇等。

（2）米糠蛋白的成分和营养

米糠蛋白质中有清蛋白、球蛋白、谷蛋白以及醇溶蛋白。这 4 种蛋白质质量比例为 37∶36∶22∶5，其中可溶性蛋白质约占 70%，与大豆蛋白接近，米糠蛋白质中必需氨基酸齐全，生物效价较高。将米糠与大米中的蛋白质相比较，前者的氨基酸组成更接近 FAO/WHO 的推荐模式（表 8-13），营养价值可与鸡蛋相媲美。

表 8-13　米糠蛋白、大米蛋白及鸡蛋蛋白中必需氨基酸组成

项　　目	米糠蛋白	大米蛋白	鸡蛋蛋白	WHO 推荐模式
赖氨酸/%	5.8	4.0	5.6	5.5
苏氨酸/%	3.9	3.5	5.2	4.0
色氨酸/%	1.6	1.7	1.6	1.0
半胱氨酸+蛋氨酸/%	3.9	3.9	6.3	>3.5
缬氨酸/%	5.5	5.8	6.8	5.0
亮氨酸/%	8.4	8.2	9.3	7.0
异亮氨酸/%	4.5	4.1	5.0	4.0
苯丙氨酸+酪氨酸/%	11.1	10.3	5.6	>6.0

值得一提的是，米糠蛋白还有一个最大的优点即低过敏性，它是已知谷物中过敏性最低的蛋白质。当今食品工业的发展趋势显示植物性来源的蛋白质在膳食补充和食品加工中的地位日益重要。人们为了减少饱和脂肪酸的摄入，对动物性蛋白质不敢过多食用，植物性蛋白质不仅可弥补膳食中蛋白质的不足，还含有一些具有生理活性的物质（如大豆中的异黄酮，米糠中的 γ-谷维醇），有一定的防治心血管疾病的功能，所以，米糠蛋白还可以用于中老年人营养强化及作为保健食品的原料。

米糠蛋白的营养价值虽然较高，但在天然状态下与米糠中植酸、半纤维素等的结合会妨碍它的消化与吸收。天然米糠中蛋白质的 PER（蛋白质功效比）值为 1.6～1.9，消化率为 73%，经稀碱液提取的米糠浓缩蛋白质的 PER 为 2.0～2.5，与牛奶中的酪蛋白接近（PER 为 2.5），消化率高达 90%，为了提高米糠蛋白的利用价值，宜将其从天然体系中提取出来。

目前世界上仅有少数国家生产大米蛋白，且主要以米粉或碎米为原料，以米

糠为原料的产品很少。米糠蛋白中因含有较多的二硫键，以及与体系中植酸、半纤维素等的聚集作用而不易被普通溶剂，如盐、醇和弱酸等溶解。另外，米糠的稳定化处理条件、米糠粕的脱溶方式对米糠蛋白的溶解性也会产生严重影响。湿热处理下蛋白质非常容易变性，在中性 pH 条件下，氮溶解性指数（NSI）较之未经加热处理的下降 80%。pH 是影响米糠蛋白溶解性的最重要因素之一，米糠蛋白的等电点在 pH4～5 范围，当 pH<4 时，米糠蛋白的溶解度有小幅上升，但在 pH>7 时，米糠蛋白的溶解度会显著上升，pH>12 时，90%以上的蛋白质会溶出。因此以往在米糠蛋白的提取中常用较高浓度的 NaOH 溶液，碱法提取虽然简便可行，但是在碱浓度过高的情况下，不仅影响到产品的风味和色泽（提取物的颜色较深），而且蛋白质中的赖氨酸与丙氨酸或胱氨酸还会发生缩合反应，生成有毒的物质（对肾脏有害），丧失食用价值。目前，植物蛋白的生产工艺一般要求在高温条件下（>50℃），避免使用过高的碱浓度（pH<9.5）。NaCl 浓度对米糠蛋白的溶解度也有一定影响，在较低浓度下（0.1mol/L）有促进米糠蛋白溶解的作用；而在较高浓度下（1.0mol/L）又会降低蛋白质的溶解性。六偏磷酸盐可使米糠蛋白质的提取率稍有提高，二硫键解聚试剂 Na_2SO_3 和半胱氨酸对米糠蛋白提取率的增加有明显作用。有人曾研究物理处理对米糠蛋白提取率的影响，米糠被磨细后，提取液中蛋白质的含量会略微增加，均质后还会进一步增加，所以利用物理方法来增进米糠蛋白的提取率。

作为食品加工助剂的酶，因其作用条件温和，在加工过程中不会产生有害物质。利用各种酶制剂（蛋白酶、糖酶、植酸酶等）对米糠蛋白的提取进行了深入的研究，显示加入蛋白酶是提高米糠蛋白提取率的有效手段。在 pH=9、45℃作用条件下，水解度（DH）为 10%时，米糠蛋白的提取率达到 92%，比对照组增加了 30%。在 Na_2SO_3 或 SDS 存在下，DH 为 2%时，蛋白质的提取率也会从 74%增至 80%以上。经过蛋白酶作用的米糠蛋白，溶解性显著增加，乳化活性和乳化稳定性均有提高，可以在中等酸性的体系中使用等。利用风味酶 Flavozyme 则可解决酶解产品的苦味问题。利用现代分级技术超滤、HPLC 还可以得到一些新的高附加值产品，如谷氨酸类的鲜味物质。

8.3.4　米糠蛋白的应用及新产品开发

米糠蛋白及其系列水解产物可以用在很多食品中，如焙烤制品、咖啡伴侣、搅打奶油、糖果、填充料、强化饮料、汤料以及其他调味品等。米糠蛋白不仅可作为营养强化剂，还会带来一些功能性质例如结合水或脂肪的能力、乳化性、发泡性、胶凝性等，用于液体或半固体物料中的稳定化和增稠作用，用在蛋糕糊和糖霜中的发泡作用，用在肉制品中的乳化、增稠及黏结作用。

另外，控制蛋白酶的水解进程，制备具有生理活性的功能肽，是目前国内外食品、医药领域研究的热点。以大米中的清蛋白为原料，通过酶解作用生成有增强免疫功能的活性肽（八肽）研究已取得进展。已知米糠中清蛋白的含量是大米中的 6～7 倍，利用米糠中的清蛋白开发活性肽具有较大的前景。

参考文献

［1］ Altschul A M. Processed pLant protein foodstuffs ［M］. New York：Academic Press，1958.

［2］ Arcalis E，Peters J，Melnik S，et al. The dynamic behavior of storage organelles in developingcereal seeds and its impact on the production ofrecombinant proteins ［J］. Cereal seeds，2014，5（439）：1-12.

［3］ Bienvenido O J，Arvin P P T. Gross structure and compositionof the rice grain//Rice ［M］. https：//doi.org/10.1016/B978-0-12-811508-4.00002-2.

［4］ Chateigner-Boutin A L，Suliman M，Bouchet B. Endomembrane proteomics reveals putative enzymes involved in cell wall metabolism in wheat grain outer layers ［J］. Journal of Experimental Botany，2015，66（9）：2649-2658.

［5］ Gianibelli M C，Larroque O R，MacRitchie F，et al. Characterization of wheat endosperm proteins ［J］. Journal of Cereal Science（Online review），2007：1-20.

［6］ Gu Z，Glatz C E. Aqueous two-phase extraction for protein recovery from corn extracts ［J］. Journal of Chromatography B，2007，845：38-50.

［7］ Grosch W，Wieser H. Redox Reactions in Wheat Dough as Affected by Ascorbic Acid ［J］. Journal of Cereal Science，1999，29：1-16.

［8］ Humphis A D L，McMaster T J，Miles M J，et al. Atomic force microscopy（AFM）study of interactions of HMW subunits of wheat glutenin ［J］. Cereal Chemistry，2000，77：107-110.

［9］ Hamada J S. Ultrafiltration of partially hydroiyzed rice bran protein to recover value-added products ［J］. JAOCS，2000，77（7）：779-784.

［10］ Johnson L A. Corn：production，processing，and utilization//Lorenz K J，Kulo K. Handbook of cereal science and technology ［M］. New York：Marehl Dekker，INC，1991：55-102.

［11］ Kasarda D D，Carnlo J M，Rousset M，et al. Advances in cercal science and technology ［M］. Minnesota：St Paul AACC，1976.

［12］ Liu X，Sun Q. Microspheres of corn protein，zein，for an ivermectin drug delivery system ［J］. Biomaterials，2005，26：109-115.

［13］ Mattern P J. Wheat//Lorenz K J，Kulo K. Handbook of cereal science and technology ［M］. New York：Marchl Dekker，INC，1991：1-54.

［14］ Marc G，Dongli H，Imen L，et al. An integrated "multi-omics" comparison of embryo and endosperm tissue-specific features and their impact on rice seed quality ［J］. Plant Science，2017，8：1-23.

［15］ Mosse J，Hut J C，Baudet J. The amino acid composition of whole sorghum grain in relation to its nitrogen content ［J］. Cereal Chem，1988，65（4）：271-277.

［16］ Nico B，Quondamatteo F，et al. Interferon β-la prevents the effects of lipopolysaccharide on embryonic brain microvessels research report ［J］. Developmental Brain Research，2000，119：231-242.

［17］Payne P I，Lawrence G J. Catalogue of alleles for the complex gene loci Glu-A1，Glu-B1 and Glu-D1 which code for high-molecular-weight subunits of glutenin in hexaploid wheat ［J］. Cereals Research Communication，1983，11：29-35.

［18］Payne P I，Law C N，Mudd E E. Control by homoeologous group 1 chomosomes of the high-molecular- weight subunits of glutenin，a major protein of wheat endosperm ［J］. Theoretic and Applied Genetics，1980，58：113-120.

［19］Pogna P E，Autran J C，Mellini F，et al. Chomosome 1B-encoded gliadins and glutenin suhunits in durum wheat：genetics and relationship to gluten strength ［J］. Journal of Cereal Science，1990，11：15-34.

［20］Philip W B，Gibum Y. Regulation of aleurone development in cereal grains ［J］. Journal of Experimental Botany，2011，62（5）：1669-1675.

［21］Rooner L W，et al. Sorghum//Lorenz K J，Kulo K. Handbook of Cereal Science and Technology［M］. New York：Marchl Dekker，INC，1991：233-270.

［22］Reyes F C. Chung T，et al. Delivery of prolamins to the protein storage ［J］. The Plant Cell，2011，23：769-784.

［23］Sissons M J，Bekes F，Skerritt J H. Isolation and functionality testing of low molecular weight glutenin subunits ［J］. Cereal Chemistry，1998，75：30-36.

［24］Sharp R N. Rice. Production，Processing and utilization//Lorenz K J，Kulo K. Handbook of cereal science and technology ［M］. New York：Marchl Dekker，INC，1991：301-330.

［25］Wrigley C W. Giant proteins with flour power ［J］. Nature，1996，381：738-739.

［26］Wieser H，Bushuk W，MacRitchie F. The polymeric glutenins//Wrigley C，Bekes F，Bushuk W. Gliadin and glutenin：The unique balance of wheat quality［M］. St. Paul：American Association of Cereal Chemistry，2006：213-240.

［27］Wieser H. Chemistry of gluten proteins ［J］. Food Microbiology，2007，24：115-119.

［28］Zheng Y，Wang Z. Protein accumulation in aleurone cells，sub-aleurone cellsand the center starch endosperm of cereals ［J］. Plant Cell Rep，2014，33：1607–1615.

［29］Megan F. Biochemical properties of some high molecular weight subunits of wheat glutenin ［J］. Journal of Cereal Science，1998（3）：17-27.

［30］Lindsay M P，Skerritt J H. Examination of the structure of the glutenin macropolumer in wheat flour and doughs by stepwise reduction ［J］ Journal of Agricultural and Food Chemistry，2000，46：3447-3457.

9

其他植物蛋白与工艺

9.1　油茶籽饼粕蛋白与工艺

油茶籽是油茶（*Camellia oleifera* Abel.）树的种子。带外果皮油茶籽、脱壳油茶籽仁实物图和油茶籽仁显微结构如图9-1所示。

(a) 带外果皮的油茶籽实物　　(b) 脱壳油茶籽仁实物　　(c) 油茶籽仁显微结构图

图9-1　油茶籽、油茶籽仁实物图和油茶籽仁显微结构图

OB—油体；CW—细胞壁；SG—淀粉粒；PB—蛋白体；OD—油滴

油茶果实由外果皮和种子（也称种籽，油茶籽）两部分组成，每果内含种籽1～4粒。种子包含在外果皮中，其重量约占油茶果实的38.7%～40.4%。油茶籽为双子叶无胚乳种子，外形呈椭圆或半圆球形，由种皮（即茶壳）和种仁（即茶仁）两部分组成。

油茶籽背圆腹扁，长约2.5cm。壳占种子重的30.6%～34.0%，含较多色素，呈棕黑色，极其坚硬，主要由半纤维素、纤维素和木质素组成，含油极少，含较多的油茶皂苷（达 5.4%左右）。为降低饼粕残油率和提高副产品的利用价值，油茶籽需去壳后再制油。油茶籽整籽含油 30%～40%，含仁率为 50%～72%。仁为淡黄色，仁中含油 40%～50%、粗蛋白 9%、粗纤维 3.3%～4.9%、皂苷 8%～16%、无氮浸出物 22.8%～24.6%。

用电子显微镜观察油茶籽的子叶细胞（图 9-1），油茶籽的油脂、蛋白质、淀粉等都以油体、蛋白体和淀粉粒亚细胞的形式，存在于子叶细胞内。

油茶籽脱壳榨油脱脂后，剩余 65%的饼粕中，含有 20%的蛋白质、6%～8%的脂肪、33%的糖类。2016 年我国种植 400.92 万 hm^2，全国油茶产量与 2010 年相比增加了 107.22 万 t，加工生产油茶籽油后的油茶籽饼粕含有丰富的蛋白质。由于油茶籽饼（或粕）中含有 8%～13%的具有特殊刺激性气味、溶血和毒鱼作用的皂苷，以及一定量的涩味物质单宁，适口性不好，限制了其在畜禽饲料中的应用。通常将油茶籽饼粕当作燃料烧掉，或作肥料施用。

随着畜牧业和饲料工业发展以及油茶籽油的价格攀升，油茶林栽种面积扩大，油茶籽饼粕作为配合饲料的原料，越来越引起人们的重视。油茶籽饼粕的脱毒方法、脱毒工艺、营养价值和作为蛋白饲料资源的研究工作得到发展。

油茶籽饼粕的脱毒方法主要有碱液浸泡法、微生物发酵法、热水提取法和有机溶剂法等四种方法。碱液浸泡法由于浸泡时间长，饼粕中部分营养成分被破坏，而且不易形成工业化生产。微生物发酵法工艺简单、成本低，但工业化生产工艺不成熟，只适宜家庭土法生产。热水提取法和有机溶剂法工艺成熟，有些单位进行了中试试验，效果明显。本文主要介绍热水提取法和有机溶剂提取法脱毒生产工艺及其脱毒结果。

9.1.1　油茶皂苷的结构及其生理活性

茶皂苷（Tea saponin），又称为茶籽皂素，存在于山茶属植物的种子中。我国从 1958 年开始研究皂苷，近年来对茶皂苷的部分性质、利用途径进行了研究。现已证明，山茶属植物种子中的皂苷均属三萜类皂苷。油茶籽饼粕中提取的皂苷是一种多糖基的三萜类化合物，也是一种优良的多羟基天然两性表面活性剂。以茶皂草精醇-A 为例，其结构式如图 9-2 所示。

油茶皂苷的结构组成复杂，由 5～7 种茶皂草精醇组成。油茶皂苷与其他植物皂苷一样，也具有多种生理功能。其水溶液对动物的红细胞有溶血作用，可能是由于皂苷与血液中的大分子结合生成复盐所致。皂苷溶血的最低浓度称为溶血指数，油茶皂苷的溶血指数为 1mg/kg。如在油茶皂苷溶液中加入甾醇或固醇类物质，这种溶血作用就会消失。

油茶皂苷对冷血动物的毒性较大，仅 3.8mg/kg 油茶皂苷就可使健壮的鱼死亡。但油茶皂苷在碱性条件下很容易失去活性而变得无毒。

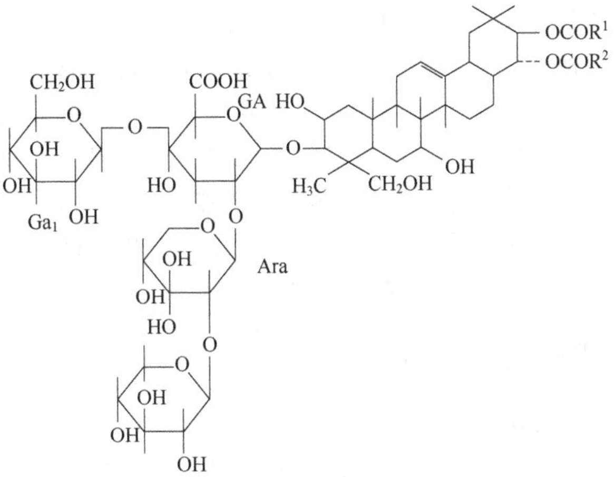

图 9-2 茶皂草精醇-A 结构式

R^1,R^2—低级脂肪酸；GA—葡萄糖醛酸；Ara—阿拉伯糖；Ga$_1$—半乳糖

9.1.2 油茶籽饼粕脱毒原理

油茶籽饼粕的脱毒主要是利用油茶皂苷的性质，采用物理和化学方法进行脱毒。油茶皂苷在酸性条件下水解，产物是茶皂草精醇-B 和阿拉伯糖、木糖、半乳糖及葡萄糖醛酸。油茶皂苷在碱性条件下水解，水解产物是茶皂草精醇-A 和当归酸。油茶籽饼粕碱液脱毒及微生物脱毒方法，是利用在不同条件下水解产生不同产物而脱毒的。热水浸提法、有机溶剂法是利用油茶皂苷溶于水以及醇类的性质进行萃取脱毒的。

用水和有机溶剂浸提油茶籽饼粕原料，使毒素皂苷、单宁类等可溶性物质溶解而离开原料进入溶液，是固-液浸出（或固-液萃取）过程。这种过程是传质过程之一，物质由于扩散作用而从一相转移到另一相。

油茶籽饼粕的浸出过程包含三个步骤。首先是水（或溶剂）渗透到原料颗料内部含有溶质（皂苷）的细胞组织内，溶解其中的溶质，在细胞组织内形成胞内溶液。其次是胞内溶液扩散到原料颗料的表面。最后是溶质从原料颗料与浸出液的接触界面向浸出液的主体中扩散。当原料内、外溶液的浓度相等时（实际上常难达到），扩散作用停止。这时须放去浸出液，再换入低浓度的溶液或清水继续浸出原料，使扩散作用又重新进行直到建立新的平衡为止。

采用逆流连续浸出时（连续转液的罐组浸出也与此近似），溶剂与原料沿着相反的方向做相对运动，清水（或溶剂）先浸出即将排出的粕渣，而浓的浸出液浸出新加入的原料，以保持最大的浓度差。

原料被浸出的次数（n）与罐组罐数（m）相等，即 $n=m$。若每次浸出足够长的时间，原料内外的溶液浓度可达到平衡。

罐组逆流浸出比单罐多次浸出的优点是能同时得到较高的浸出率和较高的浸出液浓度，而且消耗的溶剂少，缺点是需要较多的浸出罐。

在固体物料固定的罐组逆流浸出中，清水（溶剂）仍然从尾罐进入，按逆流原则逐次前进并浸出，最后在首罐内浸出新原料后成为浸出液放出。但原料从加入罐（成为首罐）开始到变为粕渣（成为尾罐）排出为止，始终停留在同一罐内，尾罐排出饼渣后加入新料，成为新的首罐。因此，罐组内的每一个罐都轮流依次地从首罐、次首罐陆续成为次尾罐、尾罐。

9.1.3　油茶籽饼粕脱毒工艺

9.1.3.1　原料的筛选和净化

油茶籽原料经脱壳、榨油机榨油和溶剂浸出脱脂后制成油茶籽饼粕，经过粉碎除铁石杂质后送去浸出脱毒工序。为了满足浸出对粉碎度的要求，粉碎后的原料须经筛选除去粉末，大块颗粒返回再次粉碎，筛选除去石块、碎木屑、铁石杂质而得到符合工艺粒度要求的物料。比较成熟的工艺是先将油茶籽脱壳（脱壳率达 95%以上），然后榨油（或浸出油脂），最后将所得的饼粕进行脱毒。脱毒方法有热水法和有机溶剂法。

9.1.3.2　热水法脱毒工艺

热水法主要是用热水代替有机溶剂浸出皂苷脱毒。试验研究表明，用 80℃的热水浸出皂苷，其浸出率较高，饼粕中皂苷的残留率较低，但同时饼粕中的蛋白质、糖类损失增加。其工艺流程如图 9-3 所示。

榨油后的油茶籽饼粕，经过翻晒或风干、除去杂质等预处理，含水率在 15%以下，经过振动筛筛选，除去铁块等大块杂物，然后送到锤式粉碎机破碎，经过振动筛筛选，大块的送回锤式粉碎机破碎，碎块、粒料送入双辊破碎机粉碎，使原料的颗粒在 60 目以下。将粉碎好的原料送入浸出罐用热水浸出，每次浸出 1.0h，浸出温度保持在 60～80℃之间，浸出 6 次，总浸出时间 6h。待浸出结束后，进行过滤，过滤后的粕渣送入干燥设备干燥。干燥一般采用洞道式干燥，也有采用立式干燥器、厢式干燥器干燥。为了使饼粕中的营养成分不被破坏损失，干燥温度控制在 60～80℃之间。直接干燥法可采用烟道气作传热介质；间接干

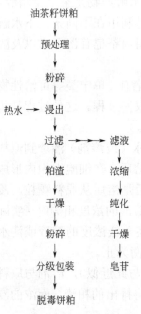

图 9-3　油茶籽饼粕热水脱毒工艺流程

燥可采用蒸汽作热源，空气作传热介质。将干燥好的粕渣送入粉碎机粉碎，使其颗粒度在 80 目以下，然后分级、检验、包装，得脱毒油茶籽饼粕产品。将几次的滤液合并，送入浓缩罐浓缩，浓缩到一定浓度后经过除脂、脱色等纯化处理，经旋风干燥器干燥，得副产物油茶皂苷产品。

热水浸出脱毒中，为了达到脱毒效果，要严格控制工艺条件。原料颗粒太大，不利于水分子渗入、扩散，浸出效果不好，脱毒不彻底；原料颗粒度太小，又容易堵料。同时，在浸出过程中，热水温度不宜太高，避免营养成分的破坏损失，例如蛋白质在一定的温度下水解成氨基酸，溶于水而随滤液排掉；热水温度太低，分子运动变慢，浸出时间过长，不利于浸出的进行，生产效益不高。在粕渣的干燥中，也要严格控制温度，防止干燥温度过高或物料受热不均匀致使物料部分高温炭化，营养成分损失严重。热水脱毒法的主要工艺条件见表 9-1。

采用热水浸出法脱毒，其主要营养成分基本上能满足作配合饲料的要求，同时设备、工艺简单，技术容易掌握，成本低，投资少，而且不需要有机溶剂，经济可行。但是采用热水浸出法，工作效率比有机溶剂浸出法低，且消耗能量大，设备利用率低。另外饼粕中的主要营养成分如蛋白质、糖类、脂肪因部分溶于水而损失。因此，饼粕的营养价值比采用有机溶剂浸出法低一些。

油茶籽饼粕在热水脱毒过程中，营养成分含量随浸出次数的增加而下降，因此要严格控制浸出次数。研究结果表明，饼粕浸出 6 次后其皂苷残量降至 3% 以下，喂猪的适口性较好，可以作为一种新型的饲料资源进行开发。

表 9-1　热水法脱毒的主要工艺条件

工艺条件	工艺参数	工艺条件	工艺参数
原料水分/%	<10	浸出温度/℃	60～80
原料粉碎粒度/目	<60	浸出次数（n）	6
热水温度/℃	60～80	浸出总时间/h	6
液料比	3	干燥温度/℃	80

9.1.3.3　有机溶剂法脱毒工艺

油茶籽饼粕有机溶剂法脱毒所采用的主要溶剂是甲醇、乙醇和异丙醇。目前国内主要采用乙醇萃取法，实验用 80% 的乙醇溶液所浸的毒素（皂苷）量要比用 90% 的乙醇多一倍，但随同浸出的单糖、乳糖也相应增加。其工艺流程如图 9-4 所示。

脱壳榨油后的油茶籽饼粕原料，经过翻晒或风干处理，其含水率在 5%～8% 以下。然后经过筛选、除铁等脱壳除杂净化处理后，送入锤式粉碎机破碎（浸出法生产油脂的粕不需此工序），经过振动筛筛选，大块料送回粉碎机破碎，碎块、粒料送双辊破碎机粉碎，使原料的颗粒在 60 目以下。将粉碎好的原料用 6 号溶

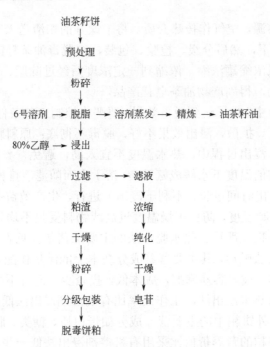

图 9-4　油茶籽饼粕有机溶剂脱毒工艺

剂油脱脂（浸出法生产油脂的饼粕不需此工序），滤液经过蒸馏，精炼得优质茶油，蒸出饼渣中的残留溶剂。脱脂后的饼粕用 80%乙醇溶液连续浸出脱毒，每次浸出时间 0.5h，浸出温度保持在 40～60℃之间，浸出 5 次，液料比 2.5，总浸出时间为 2.5h。滤液经过浓缩（回收溶剂）、脱色等纯化处理，经旋风干燥器干燥，得副产物皂苷产品。粕渣送入干燥设备干燥，干燥温度控制在 60～80℃之间，经过干燥，其含水量在 5%以下。将干燥好的饼粕，送入粉碎机粉碎，使其颗粒度在 80 目以下。然后经过分级、检验、包装，得脱毒油茶籽饼粕产品。油茶籽饼粕有机溶剂脱毒工艺的工艺参数如表 9-2 所示。

表 9-2　油茶籽饼粕有机溶剂脱毒的主要工艺参数

工艺条件	工艺参数	工艺条件	工艺参数
原料含水率/%	5～8	浸出时间/h	2.5
原料粉碎粒度/目	<60	浸出液耗量/（t/t）	0.25
乙醇浓度/%	80	干燥温度/℃	60～80
液料比	2.5	产品粒度/目	<80
浸出次数（n）	5	产品含水率/%	<5
浸出温度/℃	40～60	皂苷残留量/%	<3

　　生产工艺的优点是：①饼粕的综合利用价值高，可以得油脂、油茶皂苷和饼

粗（饲料原料）三种产品；②脱毒工艺简单，容易操作控制，脱毒效益高、效果好；③适于工业化生产，一般的乡镇企业也可生产；④产品质量好，油茶籽饼粕在脱毒过程中，主要营养成分蛋白质、糖类与脱毒前相比，损失很少，这比热水浸出法优越；⑤本生产工艺可采用单罐多次浸出、罐组逆流浸出，浸出剂（溶剂）可回收多次利用，耗量不大，能耗少。

大型油茶籽饼粕脱毒工艺，可参考第3章大豆醇法浓缩蛋白章节内容，小型脱毒可利用罐组式和平转浸出器进行，工艺包括原料的粉碎、输运、浸出脱毒和脱毒饼粕干燥等。

油茶籽饼粕经锤式粉碎机粉碎后，由输送设备送入浸出器。油茶籽饼粕含油较高，先用己烷溶剂进行脱脂，脱脂工艺中应用易燃易爆的己烷，严格按有机溶剂浸出操作规程生产。脱脂后的油茶籽饼粕，用80%的乙醇进行浸出，脱除皂苷等毒性成分。脱毒油茶籽饼粕经脱乙醇溶剂后干燥成为饲用油茶籽饼粕。

9.1.3.4 热水和乙醇脱毒油茶籽饼粕主要成分比较

热水和80%乙醇溶剂浸出脱毒，制取的脱毒油茶籽饼粕的蛋白质等主要成分和氨基酸组成及含量分别列与表9-3、表9-4中。

表9-3 热水和乙醇脱毒油茶籽饼粕蛋白质等成分

方法	干物质/%	蛋白质/%	脂肪/%	粗纤维/%	糖类/%	无氮浸出物/%	钙/%	磷/%	皂苷/%
热水法	89.40	13.04	4.10	18.68	27.49	23.06	0.24	0.21	2.93
乙醇法	89.62	18.08	2.70	16.92	31.02	22.47	0.25	0.20	2.03

表9-4 热水和乙醇脱毒茶籽粕氨基酸组成 单位：%

氨基酸组成	80℃热水	80%乙醇	氨基酸组成	80℃热水	80%乙醇
天冬氨酸/%	0.16	0.16	蛋氨酸/%	4.82	4.85
苏氨酸/%	3.77	3.77	异亮氨酸/%	4.85	4.85
丝氨酸/%	5.12	5.12	亮氨酸/%	7.82	7.82
谷氨酸/%	16.98	16.98	酪氨酸/%	6.44	6.47
脯氨酸/%	0.81	0.81	苯丙氨酸/%	6.47	6.42
甘氨酸/%	5.39	5.39	组氨酸/%	6.20	6.20
丙氨酸/%	5.93	5.39	赖氨酸/%	8.89	8.89
胱氨酸/%	0.02	0.01	精氨酸/%	6.20	6.20
缬氨酸/%	5.93	5.94			

油茶籽饼粕用作配合饲料的原料，必须先经过脱壳榨油，否则饼粕中纤维素的含量高，喂猪适口性差。同时，油茶籽饼粕在脱毒处理过程中，不论是采用热水法，还是采用乙醇法，一部分营养成分含量是随浸出次数的增加而下降的，因

此，要严格控制浸出次数和浸出时间。

9.1.3.5 脱毒油茶籽饼粕的饲养试验

脱壳榨油后的油茶籽饼粕经过脱毒后，含有较高的蛋白质、糖类、脂肪等营养物质，是一种优良的畜禽蛋白饲料原料。有研究者曾做过油茶籽饼粕脱毒及养猪试验，取得了一定成效。贵州省畜牧兽医研究所曾利用未脱壳的脱毒油茶籽饼粕配成日粮做喂鸡试验，鸡的采食量正常，日增重与菜籽饼粕日粮接近，且无生理反应，只是因油茶籽饼粕含纤维素高（30%）而消化率不高，影响了营养成分的吸收。

中国科学院长沙农业现代化研究所采用瘘管技术，用脱壳脱毒油茶籽饼粕配制成饲料，进行猪的喂养和营养吸收利用的研究，并对其饲用价值进行了评价。从干物质消化率（DMD）和能量消化率看出，油茶籽饼粕和菜籽饼粕与相应日粮比较均显略低，但油茶籽饼粕比菜籽饼粕的消化率高。三种日粮除能量和无氮浸出物（NFE）两项外，均无显著性差异（$p > 0.05$）。基础日粮的能量和无氮浸出物消化率均比其他两种高（$p < 0.05$）。可消化蛋白利用率，油茶籽饼粕日粮高达 53.79%，比菜籽饼粕日粮的 37.76% 相对提高 42.45%，说明油茶籽饼粕是一种优良的蛋白饲料资源，具有开发利用价值。采用 15% 脱壳脱毒油茶籽饼粕加 85% 基础日粮组成试验日粮喂猪，其采食正常。试验猪无中毒反应和生理现象发生，喂猪增重效果良好，肉质正常。

9.1.4 油茶籽饼粕的其他应用

（1）鱼虾养殖清塘

脱壳油茶籽饼粕中含有 12% 油茶皂苷。油茶皂苷味苦而辛辣，其水溶液有很强的起泡能力，对动物红细胞有溶血作用，对冷血动物的毒性较大。对用鳃呼吸的动物如鱼类、软体动物等的毒性极大，在低浓度下即可使鱼、虾、水蛭等中毒死亡。中毒原因是油茶皂苷使鱼类的鳃上皮细胞的通透性增加，使血浆中维持生命的重要电解质渗出。也有人认为是油茶皂苷使鳃等呼吸器官发生麻痹所致。对水生鱼类有杀灭作用，可以杀灭各种野杂鱼，对水生植物无毒杀作用。

油茶籽饼粕消毒具有成本低、去毒快的特点。几亩（1亩=666.67m²）或几十亩的小池塘，进水 30～40cm 深，按 20g/m³ 的浓度将油茶籽饼粕浸泡一昼夜后，均匀泼洒即可。若同时加生石灰一起泼洒，还可杀死多种病原体。上百亩的大池塘也可不用浸泡，把油茶籽饼粉碎后均匀撒于池塘中，但干撒的药效比浸泡要慢。用油茶籽饼粕消毒一般 2 周左右毒性消失，可进水放苗养殖。

（2）油茶籽饼粕防治鱼虾病

油茶籽饼粕还是治疗鱼类出血病及细菌性烂鳃病、赤皮病和肠炎的好药物。在 5—9 月份鱼病高发季节，每亩池塘用新鲜油茶籽饼粕 2～4kg，分成很多小块分散放于池中，让毒素在池塘中缓慢浸出，不仅可以杀死鱼体表和鳃部的病原体，还可杀死各种寄生虫及虫卵，对未发病鱼类有预防作用，对发病鱼类有明显治疗效果。油茶籽饼粕还是养虾池中清除害鱼的首选药物，由于油茶籽饼粕对虾的致死浓度比鱼的高，约为 40 倍，所以养虾池中有敌害鱼类时，可用油茶籽饼粕 15～20g/m³ 杀死敌害鱼类而对虾没有伤害。

9.2 蓖麻籽蛋白工艺

蓖麻籽是一年生大戟科蓖麻属植物蓖麻（*Ricinus communis* L.）的种子。蓖麻原产于埃及、埃塞俄比亚和印度，后来移植到巴西、泰国、阿根廷、美国等。我国栽培的蓖麻系由印度传入，约 1400 多年历史。蓖麻的世界年种植面积约 330 万 hm²，年产蓖麻籽约 120 万 t。主要生产国有印度、中国和巴西。我国常年种植面积约 27 万 hm²，蓖麻籽年产量 30 万 t 左右。

9.2.1 蓖麻籽的结构和主要成分

9.2.1.1 蓖麻籽的结构

蓖麻籽按茎的颜色可分为红茎型与青茎型；按果实上肉刺的有无，可分为有刺型与无刺型；又可根据种子的大小分为大粒型和小粒型。

蓖麻籽（图 9-5）由种皮、种阜、胚乳、子叶、胚所组成。种皮约为全籽重的 17%～39%，分为外种皮和内种皮。外种皮坚硬，内种皮为柔软薄壁细胞组织。种子略窄的一端有肾型种阜，它是种皮的附生物，由珠孔附近的珠被扩展而成。有的种阜的中央有一条横沟，在种子的略平一面的尖端，紧靠种阜。合点在略平一面的钝端。珠孔在隆起一面的尖端，紧靠种阜。胚乳很大、白色，将胚包在其中，胚有二片薄膜状白色子叶，上有明显的脉纹以及胚根、胚茎、胚芽。

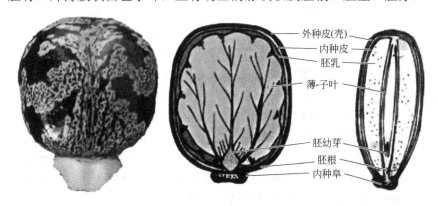

图 9-5 蓖麻籽图

蓖麻籽所含的蛋白质和油脂主要集中在胚乳中，胚乳的横切面的电子显微图片如图 9-6 所示。蓖麻蛋白和蓖麻油都是以亚细胞蛋白体（PB）和油体（OB）

形式存在于细胞中。成熟的蓖麻籽胚乳的蛋白体中，一部分蛋白质以结晶形式存在于蛋白体基质中，植酸盐存在于蛋白体中的含植酸盐的球体（G）中。蓖麻油脂也是以圆球体形式存在，圆球体的外层由一种含脂蛋白、维生素 E 的单分子膜包围。天然状况下蓖麻油体和蓖麻籽蛋白体独立存在。

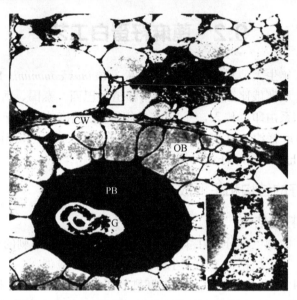

图 9-6　蓖麻籽胚乳电子显微图

CW—细胞壁；PB—蛋白体；OB—油体；G—蛋白体中的含植酸盐的球体

9.2.1.2　蓖麻籽的主要成分

在通常情况下，全籽含水 6.8%，仁中含水 4.16%，壳中含水 9.5%，容重为 544kg/m³，原料含杂 0.75%。籽粒可分为皮壳和籽仁两部分，其含壳量约为 25%～30%，皮壳的主要成分是纤维素、半纤维素、色素、植酸盐和灰分，籽仁为籽重的 70%～75%，主要成分为油和蛋白质，籽内还有一些较活泼的解脂酶。蓖麻籽的干基主要化学成分：粗脂肪 48%～50%，碳水化合物 13%，蛋白质 18%，纤维素 12.5%，无氮化合物 23%，灰分 2.5%。

蓖麻油的主要成分为 12-羟基十八烯酸甘油酯，约占 90%，是稀有的近于纯甘油酯质，性质独特，是植物油中宝贵的工业用油。种植蓖麻的目的就在于获取蓖麻油。蓖麻籽榨油后的蓖麻籽饼粕含有 32%～36% 的粗蛋白。由于蓖麻籽中含有蓖麻毒蛋白、蓖麻碱和蓖麻糖蛋白等毒性成分，尽管蓖麻蛋白质的蛋氨酸含量比大豆高 40%，但脱脂蓖麻籽饼粕仍无法饲用。

9.2.1.3　蓖麻籽的毒性成分

蓖麻籽中含有蓖麻毒蛋白（Ricin）、蓖麻碱、变应原、蓖麻血球凝集素等毒性物质和抗营养含氮化合物（表 9-5），它们影响蓖麻蛋白的利用。

表 9-5 蓖麻籽所含毒性物质性质与含量

名称	蓖麻毒蛋白	蓖麻碱	变应原	血细胞球凝集素
在蓖麻籽中的含量（质量分数）/%	0.5～1.5	0.15～0.20	5～9	0.005～0.015
性质	高分子蛋白毒素，遇热变性成无毒蛋白质，溶于水、稀酸和盐溶液，遇50%硫酸铵沉析，有抗原性，具有蛋白分解作用和血球凝集作用	白色针晶或柱晶，熔点201.5℃，易溶于水、三氯甲烷和热乙醇，难溶于乙醚、石油醚、苯。中性，不成盐，可被高锰酸钾还原	白色固体粉末，可渗析，溶于水，沸水不稳定，不溶于有机溶剂，溶于25%乙醇，不溶于75%乙醇，具有蛋白质和糖类的特征反应，有抗原性	高分子蛋白毒素，等电点pH7.8，与热不稳定，100℃加热30min被破坏

（1）蓖麻毒蛋白

蓖麻毒蛋白是高分子蛋白毒素，存在于蓖麻籽蛋白质中，占籽重的 0.5%～1.5%，占脱脂饼粕的 2%～3%。用 X 射线结晶数据绘制的蓖麻毒蛋白三维空间模型如图 9-7 所示。蓖麻毒蛋白包含两种不同的蛋白链（几乎每种为 30kDa）——A链和 B 链，它们之间通过二硫键进行连接。A 链（RTA）是一个含有 267 个氨基酸、8 个 α-螺旋和 8 个 β-折叠的球蛋白。B 链（RTB）含有 262 个氨基酸，形状类似于一个哑铃。在每个末端连接的是半乳糖（或称乳糖环），两边允许以氢键与糖（半乳糖，N-乙酰基半乳糖胺）相连。由二硫桥将 RTA 与 RTB相连。

蓖麻毒蛋白（Ricin）毒性作用机理：Ricin 通过 RTB 连接在细胞表面含有半乳糖末端的糖蛋白和脂蛋白上进入组织细胞，每个细胞可以结合106～108 个 Ricin 分子。一些脂蛋白、转铁蛋白、生长因子和激素都可能参与Ricin 分子的结合吸收作用。Ricin 只有通过高尔基体（TGN）进入胞质溶胶中

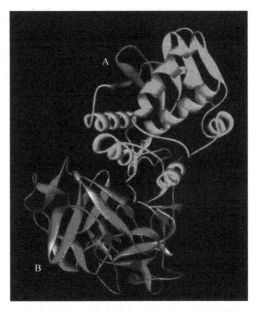

图 9-7 蓖麻毒蛋白的空间模型

才能发挥毒性作用。Ricin 进入细胞后，部分被溶酶体降解，部分又回到细胞表面，仅少量进入到高尔基体中。通过高尔基体逆向转运，Ricin 到达内质网。一旦进入胞质溶胶，RTA 便会催化核糖体的脱嘌呤作用，1min 便可导致 1500 个核糖体失活，从而抑制蛋白质合成。Ricin 不仅具有 N-糖苷酶活性，使核糖体失活；当 RTB 与细胞膜表面的受体结合后，信号从膜受体到核的转导过程中，还能诱

导细胞凋亡、细胞因子的产生和脂质体过氧化等毒性作用。

蓖麻毒蛋白可以以粉末、烟雾、弹丸的形式存在，可以溶解于水或弱酸性溶液中。

吸入蓖麻毒蛋白的症状包括急性高烧、胸闷、咳嗽、呼吸困难、恶心和关节痛，并且这些症状会在吸入毒素 4～8h 后表现出来。在吸入毒素 18～24h 后会由于呼吸道的坏死和肺部毛细血管的破裂导致肺水肿的出现，在 36～72h 后，将会导致呼吸困难，最后中毒者会由于缺氧而死。

蓖麻毒蛋白是热不稳定的高毒性蛋白，有凝集红细胞、胆固醇悬浮液和其他阴离子悬浮液的性能。对蓖麻毒蛋白的某些生理特性研究试验证明，金属铜能够破坏蓖麻毒的血细胞凝集性能，产生溶血作用，若将甘氨酸或氰化钾加入铜-蓖麻毒溶液中，能阻止溶血作用，而凝集性能不会恢复。所以，铜可以降低蓖麻毒毒性。据报道，蓖麻毒蛋白的解毒可通过热处理或溶剂萃取和热处理相结合完成。

蓖麻毒蛋白是一种蛋白质合成抑制剂，在蓖麻毒素中是毒性最剧烈的一种，1kg 蓖麻毒蛋白可毒死 360 万人，连眼镜蛇毒、氢氰酸都无法与它相比。蓖麻毒蛋白对动物毒性极大，但在水中煮沸或经加压蒸汽处理即凝固变性，失去毒性。

蓖麻籽饼粕用 HCl 水溶液（pH 约为 3.8）于 110～115℃加热 2h，蓖麻毒蛋白可转化为无毒而有营养的化合物；用 95%乙醇萃取蓖麻籽饼粕可使其完全解毒；用蓖麻酸钠、高锰酸钾、过氧化氢及卤素处理，亦可解毒。已经发现，波长为 225～250nm 范围的紫外线可消除蓖麻毒蛋白毒性。

（2）蓖麻碱

蓖麻碱学名为 3-氰基-4-甲氧基-1-甲基-2-吡啶酮，分子式为 $C_8H_8N_2O_2$，分子量为 164.17。

蓖麻碱结构式：

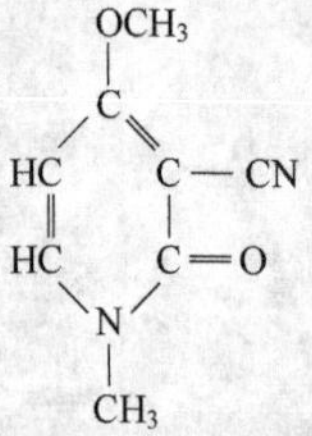

蓖麻碱为白色针状或柱状晶体。熔点 201.5℃，在 170～180℃、20mmHg（1mmHg=133.3Pa）时升华，易溶于热水和三氯甲烷，在热乙醇中亦有一定溶解度，但在乙醚、石油醚和苯中溶解度小。其碱性溶液能使高锰酸钾还原，同时生成氢氰酸，如果被动物摄入会引起中毒、死亡。

蓖麻碱在蓖麻的幼嫩绿叶、干燥子叶、胚轴和根、籽壳、发芽籽以及蓖麻籽饼粕中含量分别为 0.7%～1.0%、3.3%、1%、1.5%、0.1%～0.2%、0.3%～0.4%。

通常蓖麻碱占蓖麻籽重的 0.15%～0.2%，在脱脂饼粕中占 0.3%～0.4%。蓖麻碱属高毒性物质，可引起呕吐，呼吸抑制，肝和肾受损。饲喂试验表明：饲料中蓖麻碱含量超过 0.01%时，能抑制鸡的生长；含量超过 0.1%时，鸡将中毒麻痹死亡。蒸汽和石灰处理不会降低其含量，但用有机酐金属卤化物和碱金属氢氧化物溶液可萃取饼粕中蓖麻碱。美国已有由叶子及饼粕提取蓖麻碱作为杀虫剂的报道。蓖麻碱的水解物是无害的。

（3）变应原

蓖麻变应原是多糖-蛋白质的聚合物，在蓖麻籽饼粕中含量约为 12.5%。许多种子中含有变应原，但组成各异。蓖麻籽变应原 CB-1A（castor bean allergens）的组成和性质与棉籽变应原 CS-1A（cotton seed allergens）甚为相近。

变应原存在于蓖麻籽仁内不含油脂的胚乳部分，含量为 0.4%～5%，是由少量的多糖（2%～3%）与蛋白质聚合而成的糖蛋白。其所含蛋白质的组成，除精氨酸较高外，还有不含色氨酸的特点。

变应原为白色粉末状固体，可渗析。在水溶液内用玻璃纸膜渗析，经 362h，渗析出 58.4%。它溶于水，在沸水中不稳定，不溶于脂肪溶剂，对不同浓度的酒精溶液具有不同的溶解度：溶于 25%酒精，不溶于 75%酒精。

变应原具有双缩脲反应——紫色、米伦反应——红色、水合茚三酮反应——深蓝色、莫利胥反应——紫红色等显色反应。变应原与一般蛋白质不同，它不被乙酸铅沉析。

变应原具有强烈的过敏活性并具有抗原性，1mg/kg 浓度的变应原水溶液即可使过敏症患者发生阳性皮肤反应，将它注入动物体内，会产生抗性。

蓖麻变应原毒性：对白鼠注射 1.5g/kg 体重的变应原不会致死；对人只过敏，不致死。

（4）血细胞凝集素

血细胞凝集素是高分子蛋白质，对一定的糖分子有特异亲和力，它与蓖麻毒蛋白同时存在于籽仁中。血细胞凝集素遇热不稳定，100℃加热 30min 被破坏，所以在机榨饼或预榨浸油饼粕中，血细胞凝集素和蓖麻毒蛋白同时变性而失去活性。

9.2.2 蓖麻籽脱脂和饼粕蛋白制备

蓖麻籽的主要加工目的是生产蓖麻油。植物油料加工的各种加工方法，都可以用来加工蓖麻籽。由于蓖麻籽含油高，主要采用压榨法或预压榨-有机溶剂浸出法工艺脱脂，制取脱脂蓖麻籽饼粕。压榨法又分冷压榨和加热压榨。通常冷压榨生产的蓖麻油色泽浅，脱脂蓖麻籽饼粕蛋白质变性程度小，蓖麻毒蛋白的毒性也大。图 9-8 是典型的加热法预压榨-有机溶剂浸出（热榨-浸出）工艺脱脂制取脱脂蓖麻籽饼粕。

蓖麻油是一种特殊的植物油，它黏度高，相对密度大，在室温下难溶于石油醚，因此它的加工工艺和参数与其他植物油有所不同。以下就加热预压榨-浸出工艺及设备的操作做一概述。

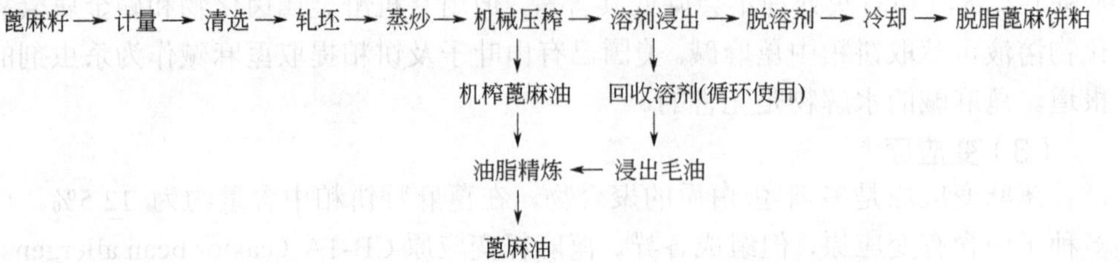

蓖麻籽 → 计量 → 清选 → 轧坯 → 蒸炒 → 机械压榨 → 溶剂浸出 → 脱溶剂 → 冷却 → 脱脂蓖麻饼粕

机榨蓖麻油　　　回收溶剂(循环使用)

油脂精炼 ← 浸出毛油

蓖麻油

图 9-8　蓖麻籽热榨-浸出工艺流程图

9.2.2.1　蓖麻籽的预处理与压榨

蓖麻籽适合采用链条斗式提升机和水平皮带式输送机，因为蓖麻籽为高含油油料，它外壳较脆，稍受外力作用极易破碎，而破碎后的外壳本身又特别锋利坚硬，特别是用气力输送时，对输送设备磨损和破坏性较大。如果用带式斗式提升机，蓖麻籽易在皮带辊中被碾碎，而破碎的蓖麻籽又造成皮带打滑。气力输送设备和螺旋输送设备均造成蓖麻籽破壳率增加。在选用和操作链条斗式提升机时，应避免回料现象发生，以防过多的蓖麻籽被挤破。

蓖麻籽外壳光滑，流动性好，宜选用装有两层筛板的吸风振动平筛。因吸风平筛清选效果好，蓖麻籽破碎率低。国内的蓖麻籽外形尺寸通常为 13mm、8.5mm 和 6mm 左右，根据上述尺寸及在实际生产中蓖麻籽中的细杂黏度大、易黏筛的特点，平筛的上层板孔径宜选用中 14～16mm（大于蓖麻籽外形尺寸中最大值 1～3mm，以大 1.5～2mm 为最佳），下层筛板孔径宜选用 5～6mm（略小于籽外形尺寸的最小值），这样既保证了蓖麻籽的清选，又降低了工人清筛次数。

筛选后的蓖麻籽用皮带输送机送至蒸炒或烘干工段，在皮带输送机上悬挂有电磁铁，皮带表面到电磁铁工作表面的距离为 150mm 左右，可有效地去除铁杂。

由于蓖麻籽的黏度很大，在 20℃下的黏度为 0.95～1.1Pa·s，因此，蓖麻油不适用于不加温入榨。热榨是蓖麻籽通过蒸炒，温度达到 95～120℃，用螺旋榨油机进行压榨。通常采用的工艺是用螺旋榨油机进行预榨，饼残油降至 18% 以下，然后进行浸出。螺旋榨油法的关键在于控制好蓖麻籽的蒸炒温度，当蒸炒温度超过 120℃时，油品质量急剧下降，颜色加深。

蒸炒采用立式蒸炒锅，炒锅的排气管上装有风机，使蓖麻籽得到干燥，采用 $5.9×10^5～7.8×10^5$Pa 的间接蒸汽进行加热。炒锅的底层装有直接汽喷管，以调整入榨的水分，保证预榨饼成形，蒸炒时间控制在 40～60min。螺旋压榨法的毛油含渣量高，一般在 8%～10%，毛油在进入精炼车间以前，必须尽快地进行油渣分离，如果油在含渣和含水的条件下保存 24h，油的酸价就会成倍增长。

螺旋压榨法和液压压榨法相比，虽然有许多不利之处，但它的自动化程度高，一次性投资低，只要控制好蒸炒温度，同样可获得质量较好的油，并可使预榨饼残油降至 12%，以利于浸出。

油和渣分离得及时与否，直接影响着毛油的颜色，应把新榨出的毛油放在 105℃烘箱内保温，然后过滤。由于蓖麻油的黏度大，含胶质多，因此油渣分离比较困难，常用的方法有板框过滤和卧式螺旋离心机分离。

采用板框过滤，工人劳动强度大，但滤出的毛油含渣量低，一般在 0.1%以下。过滤时毛油最好不经过沉渣池，这样大小杂质一起过滤，可以改善过滤效果，减小过滤压力，降低毛油中胶质含量，板框过滤时油温不得低于 80℃，否则过滤困难。

采用卧式螺旋离心分离，油中含渣量高，一般在 3%左右，精炼损失大，而且大量的油渣造成卧式螺旋转子磨损，为减少油中含渣量，可向毛油储罐中加入 2%～4%的水，并充分搅拌，使小颗粒充分吸水膨胀，分离后，油中大约含水 1%～1.5%。加水后因分离效果的改善，造成分离机排渣困难，这可在分离机的排渣室中加入少量的油进行稀释解决。卧式螺旋分离虽然有许多缺点，但工人劳动强度低，自动化程度高，车间环境干净。

9.2.2.2 蓖麻籽热榨-浸出工艺

清理好的籽进入炒锅进行蒸炒，蒸炒热榨-浸出工艺条件如表 9-6 所示。

表 9-6 蓖麻籽蒸炒热榨-浸出工艺主要参数

蒸炒热榨工艺参数		浸出工艺参数	
日处理量	120t/d	日处理量	80t/d
进籽水分	6%～8%	饼温	约 70℃
出籽水分	5%～6%	浸出温度	58～60℃
搅拌速度	16r/min	溶剂温度	58℃
蒸炒时间	40～60min	进蒸脱机直接蒸汽	$3.0×10^5$Pa
蒸炒温度	95～105℃	冷却后粕温	不高于环境温度（25℃）
压榨榨机转速	41r/min	空气进蒸脱机温度（粕冷却）	平均 20℃
油中含渣	8%～10%	蒸脱出溶剂气体的温度	>75℃
饼水分	约 7%	毛油含杂	±1%
油水分	0.3%～0.7%	饼残油	13%～20%
垫片厚度	最厚 0.75mm，最薄 0.2mm	浸出时间	90～120min
饼残油	13%～20%	蒸脱后粕温	120℃
油温	约 90℃	粕残油	1%～1.5%
		粕水分	（12±1）%

9.2.2.3 蓖麻油的精炼

蓖麻油和其他油脂相比，羟基值高，相对密度和黏度大。因此，蓖麻油无法采用离心分离式连续碱炼。热榨浸出所得蓖麻油通过中和（间歇）脱皂精炼。中和脱皂后的油由泵打入真空脱色罐脱色，脱色后的油进行过滤和冷却，冷却油温小于 80℃。

9.2.2.4 脱脂蓖麻籽饼粕主要成分

蓖麻籽饼粕与大豆饼粕主要成分比较见表 9-7。

表 9-7 蓖麻籽饼粕与大豆饼粕主要成分比较

项目	脱脂蓖麻籽饼	脱脂蓖麻籽粕	大豆饼粕
粗蛋白含量/%	34.9	39.0	43.0
粗脂肪含量/%	7.4	1.5	5.4
粗纤维含量/%	33.9	35.3	5.7
粗灰分含量/%	6.5	6.8	5.9
钙含量/%	1.1	1.15	0.3
磷含量/%	0.6	0.63	0.5
猪代谢能/（MJ/kg）	7.9	8.6	11.9
鸡代谢能/（MJ/kg）	7.5	8.5	11.1

蓖麻籽饼粕的氨基酸组成与大豆饼粕氨基酸组成的比较见表 9-8。

表 9-8 蓖麻籽饼粕与大豆饼粕及氨基酸组成比较

组成成分	去毒蓖麻籽饼	大豆饼粕
水分含量/%	8.3	6.5
蛋白质含量/%	41.50	40.50
赖氨酸含量/%	3.40	5.58
蛋氨酸含量/%	1.90	1.30
色氨酸含量/%	1.30	1.47
苯丙氨酸含量/%	4.40	5.29
苏氨酸含量/%	3.70	4.23
亮氨酸含量/%	6.40	8.58
异亮氨酸含量/%	5.50	4.33
缬氨酸含量/%	6.80	5.32

脱脂蓖麻籽饼、脱脂蓖麻籽粕的营养成分与大豆饼粕比较：它们都是很好的饲料蛋白源；由于前者含有蓖麻毒蛋白等抗营养成分，限制了蓖麻籽饼粕的利用。

9.2.3 蓖麻籽饼粕的脱毒方法

脱脂蓖麻籽饼粕中含蛋白质 34%～39%，含氨基酸量与大豆饼粕接近。两者均尚有不足，如蓖麻籽饼粕中蛋氨酸比大豆饼粕中高46%，而大豆饼粕中赖氨酸比蓖麻籽饼粕高64%，若两者混合作饲料，则可达到氨基酸互补的作用。蓖麻籽饼粕中赖氨酸含量比玉米高。蓖麻籽制取蓖麻油后，每年可提取近4万吨饲用蛋白。由于脱脂蓖麻籽饼粕中含有毒性成分而制约蓖麻籽饼粕的利用。

蓖麻籽饼粕中毒素的含量随制油的方法不同而不同。冷榨饼最高；高温机榨饼中的毒蛋白在高达130℃的温度下分子结构变化而失去毒性。

蓖麻籽饼粕在制油工艺中经热处理，其中的毒蛋白、血球凝集素等蛋白质类成分因受热变性而失去毒性。蓖麻碱和变应原等抗营养成分，需要进行脱毒处理。蓖麻籽饼粕脱毒方法很多，有化学法、物理法、微生物法及联合法。挤压膨化法属物理法与化学法的联合使用，是加入脱毒添加剂，通过挤压膨化脱除毒素。化学法中有酸处理法、碱处理法、酸碱联合法、酸醛法、碱醛法、石灰法、氨处理法等。有些脱毒方法造成营养成分破坏，有的流失营养成分，有的脱毒效果欠佳、适口性不好。

（1）化学法脱毒

化学法脱毒工艺流程如图9-9所示。

将水、饼粕、化学药剂按比例加入耐腐蚀并带有搅拌的去毒罐中，开启搅拌，按照所需温度、压力，通（或不通）蒸汽，维持一定时间，则可出料进行离心分离（或压榨分离），饼粕中水分小于9%时即得成品，冷却包装。若直接配制饲料或用户离饲料厂较近，脱毒饼粕可不经烘干直接用于配制饲料。干燥设备一般可用气流烘干机。几种化学法脱毒效果见表9-9。

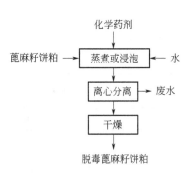

图9-9 化学法脱毒工艺流程简图

表9-9 几种化学法脱毒效果

序号	脱毒方法	变应原/%	蓖麻碱/%	粗蛋白/%
0[①]	未脱毒	3.1	0.29	35.31
1	石灰法	0	0.083	31.17
2	氢氧化钠法	0	0	—
3	氨处理法	1.52	0.10	—
4[②]	未脱毒	3.77	0.22	34.89
5	10%盐水浸泡	0.80	0.02	24.11
6	10%碳酸钠浸泡	0.94	0.036	25.21
7	3%盐酸浸泡	0.07	0.042	34.08
8	3%盐酸加8%甲醛	0.04	0.031	32.61

① 未脱毒相对于石灰法、氨处理法。
② 未脱毒相对于盐水、碳酸钠等溶液浸泡处理。

化学法脱毒残毒量少，工艺比较简单，操作不复杂，但由于引入了酸、碱或醛类等化学物质，脱毒罐材质要求较高，通常需选用搪瓷或搪玻璃。另外由于加入了化学物质，降低了饼的营养价值并带来了重复污染，因此近年来人们致力于物理法脱毒的研究，并取得成效。物理法脱毒工艺是通过加热、加压（或不加压）、水洗等过程，将毒素从饼粕中转移到水溶液中，再通过分离、洗涤将粗蛋白洗净。

（2）物理法脱毒

物理法脱毒的工艺条件及脱毒前后成分的变化分别列于表9-10及表9-11中。

表 9-10　几种物理法脱毒的工艺条件

序号	方法名称	工艺条件
1	沸水洗涤	饼用 100℃沸水洗 2 次
2	蒸汽处理	120～125℃蒸汽处理 45min
3	常压蒸煮	饼加水拌湿，常压蒸 1h，沸水洗 2 次
4	加压蒸煮	饼加水拌湿，120～125℃蒸汽处理 45min，80℃水洗 2 次
5	热喷法	饼加水拌湿，用 0.2MPa 压力 120～125℃蒸汽加热 1h 后打开容器喷放出料
6	膨爆法	对壳粕分离后的粕通蒸汽（120～140℃，40～60min）；加压到 0.3～1MPa，喷放，用 80℃水洗 1～2 次

表 9-11　几种物理法脱毒前后成分变化（干基）

序号	方法名称	变应原/%	蓖麻碱/%	粗蛋白/%
0	未脱毒	3.100	0.290	35.310
1	沸水洗涤法	0.970	0.060	30.820
2	蒸汽处理	0.979	0.140	33.920
3	常压蒸煮	0.190	0.040	29.760
4	加压蒸煮	0.480	0.050	31.200
5[①]	未脱毒	3.768	0.220	34.890
6	热喷法	1.960	0.020	34.460
7	膨爆法	0.004	0.004	≥50

① 未脱毒相对于热喷法和膨爆法。

（3）热喷法脱毒工艺

热喷法脱毒工艺流程及生产设备流程见图 9-10 和图 9-11。

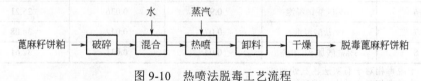

图 9-10　热喷法脱毒工艺流程

将饼粕与水拌湿，经进料漏斗装入压力罐内，密封后通入由锅炉提供的蒸汽，当压力达 0.2MPa、温度 120～125℃时，维持一定时间，打开压力罐排料球阀，喷出的饼粕沿排管进入卸料罐，压力突减至常压。脱毒饼经干燥得成品。

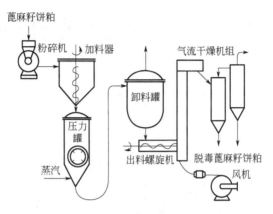

图 9-11　热喷法脱毒生产设备流程

热喷主机包括压力罐和蒸汽锅炉两部分，压力罐是密闭受压容器，是对饼粕进行热蒸汽处理，并施行喷放的专用设备；蒸汽锅炉提供蒸汽。辅机包括加料罐、卸（压）料罐，前者储存一定量的饼粕，容积与压力罐相匹配，可供装料用；卸料罐是接受经脱毒的带压饼粕，在此罐内压力泄净。烘干设备可选用粮食烘干的通用设备，如气流烘干机。应用物理、化学和微生物等脱毒方法的对比试验结果，证明热喷压力 0.2MPa，120℃处理 60min，去毒效果最好，蓖麻碱的去除率达 89%，变应原的去除率达 71%。该方法简单易行，成本较低，避免了化学药剂的重复污染，便于工业化生产。但由于热喷操作压力偏低未经水洗，脱毒不彻底，加之脱毒前蓖麻籽饼粕又未进行壳粕分离，产品中粗纤维含量高，影响了畜禽的吸收率。

（4）膨爆法脱毒工艺

膨爆法脱毒与热喷法有相似之处，不同之处在于先进行壳、粕分离，对粕单独进行高温喷放处理，达到要求温度后，再通入压缩空气，达到高压，压力高于热喷法，粕结构更加膨松。喷出物再经热水洗涤，毒素含量明显降低，脱毒效果大为提高。膨爆法脱毒包括壳、粕分离和粕去毒两个过程。

蓖麻籽饼粕中除粕外，尚含 60%皮壳（亦称壳子），壳子的主要成分是纤维、灰分、多缩聚糖、色素、植酸盐等。若将皮壳全部进入配合饲料，显然壳子不易被消化吸收。脱毒前进行壳粕分离，即可提高动物对其吸收率，也为壳与粕分别加工处理提供了可能。蓖麻籽饼粕的壳与粕在密度上有少许的差异，运用液体（如水）对其进行分选，使之分离成壳子、粕和含少许毒素的水溶液。

主要工艺条件：浸泡饼∶水（固液质量比）=1∶（1～4）；浸泡温度为常温；

浸泡时间为 5～6h；打浆液浓度为 25%～50%；打浆温度为常温。

壳粕分离工艺流程与生产设备流程见图 9-12 和图 9-13。

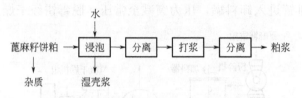

图 9-12　壳粕分离工艺流程图

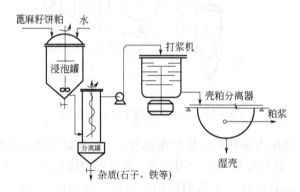

图 9-13　壳粕分离生产设备流程图

浸泡时将饼与水按比例放入浸泡池（或罐），室温下不间断搅拌浸泡 5～8h，使其充分软化。用泵或送料螺旋将料送入杂质分离罐，为使罐内形成翻腾的液流，边搅拌边加入水，借水的浮力使饼粕翻起，由分离罐上侧出料口排出进入打浆机。而石块、铁器等杂质沉积在罐底的收集器，积累一定量后，打开阀门排出杂质，防止铁器、石块等进入打浆机。

打浆是利用打浆机的刀刃将饼进一步打碎，壳尽量保留完整并呈大片状。打浆后的壳与粕基本脱离粘连。饼浆进入壳粕分离器（水力分离器或水力旋流分离器）后要重复多次给壳粕分离器内加水、搅拌、沉淀，分别得到湿壳和粕浆。壳、粕液沉淀后分离得到壳子、粕液和含毒素的水溶液。

经壳、粕分离过程，壳中含粕率小于等于 2%（以壳为基），粕中含壳率小于等于 10%（以粕为基准），完全满足壳与粕分别加工处理的要求。含毒素的水溶液经提毒后，水可循环使用。

粕中毒素深深地包含在粕内部，难以驱除，通过高温高压喷放，其组织变得膨胀，毒素得以与水充分接触而释放于水中，膨爆液经离心脱水，得到的湿粕用热水洗涤，粕中毒素脱除干净，毒素留在洗涤水中。

主要工艺条件：粕浓缩温度为常温；粕浓缩出料浓度为 50%～60%；膨爆温度为 120～140℃；持续时间为 40～60min；膨爆压力为 0.3～1MPa；洗涤水温度

为≥80℃。

粕脱毒工艺流程和生产设备流程见图 9-14 和图 9-15。

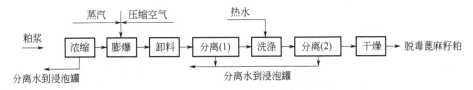

图 9-14　膨爆法粕脱毒工艺流程图

由壳粕分离过程来的粕浆浓度约 10%～20%，由浆料泵送到粕浆高位槽，再连续进入离心浓缩机，经浓缩至浓度 50%～60% 的粕浆进入浓液浆储罐，由其内的浓浆泵泵入密闭的膨爆器中，通直接蒸汽，温度升至 120～140℃，压力达 0.1～0.2MPa，持续 40～60mm，再由空压机通入压缩空气，达 0.3～1MPa 时，打开出料阀门，粕浆喷到卸料罐中。此时气体迅速顺管道排出，膨爆液经离心分离机脱水得湿粕。由于该湿粕水分中含有少量毒素，故再将湿粕用 80℃ 以上适量水冲洗 1～2 次，离心去水，再经烘干得脱毒粗蛋白。

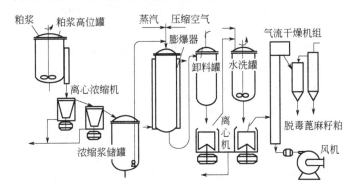

图 9-15　膨爆法脱毒设备流程

主要设备有膨爆器、气体压缩机、卸料罐等。膨爆器是一密闭压力容器，是对蓖麻籽粕进行加温加压处理并进行膨爆的专用装置。气体压缩机用于膨爆前向膨爆器内通入压缩空气。卸料罐是利用旋液分离原理，接受高温压力喷放物料使之缓冲泄压接料的容器，容积与膨爆器相匹配。其他设备如粕浆储料罐，是一个带搅拌和侧流出口的钢制密闭容器；离心浓缩机选用上出料且密闭的离心机；浓缩浆储罐内带浓浆泵以使出料；离心分离机采用任何型式均可；气流干燥机组采用粮食干燥通用气流干燥机。

膨爆法的脱毒效果是脱毒方法中效果最好的。由于该方法先进行壳与粕的分离，专门对蓖麻籽粕进行脱毒处理，故脱毒后的粕，粗蛋白含量高，加之脱毒彻底，残毒含量蓖麻碱小于 0.004%，变应原小于 0.004%，该含量完全达到饲喂安全水平，可提高在配合饲料中的掺入量，用来作为配合饲料中代替豆饼使用，适口性好，吸收率高。蓖麻饼分离出的壳加工成壳粉可进一步开发利用。脱毒过程工艺用水可经提取毒素后循环使用。

（5）挤压膨化法

挤压膨化法也是一种综合物理化学加工法。脱脂的蓖麻籽饼粕经粉碎、筛分后，与定量的碱性化合物进行混合，达到一定湿含量后，将混合物送入挤压膨化机进行高温、高压的瞬间反应，再经干燥、冷却、筛分即得脱毒蓖麻籽粕成品。

挤压膨化是利用螺杆汽塞对物料的挤压升温增压，在出口处突然减压，从而使物料得以膨化。目前，挤压膨化已作为一种先进的熟化工艺被广泛应用于饲料加工业中。它可加工的原料有大豆、玉米、豆粕、棉粕、鱼粉、羽毛粉及肉骨粉等，生产的全价配合饲料有乳猪料、鸡料、鱼虾饲料、宠物料等。将挤压膨化用于蓖麻籽饼粕脱毒始于 20 世纪 90 年代初，是由美国得克萨斯的 A&M 的食品蛋白开发研究中心推出这一工艺的。应用该工艺对蓖麻毒蛋白的去除率为 100%，对变应原的去除率为 98%。该工艺在泰国的曼谷建成了年产 16000t 脱毒蓖麻饼的生产装置，我国广西北海万利油脂工业公司 1992 年也引进了这种生产装置。

由于挤压膨化机内的高热高压及剪切作用，加之碱液的存在可以破坏蓖麻毒素，使其中的毒蛋白和血细胞凝集素失活，并大大降低变应原及蓖麻碱的含量，从而达到脱毒的目的。蓖麻籽饼粕膨化后，物料中所含毒素一方面由于分子变化而降解，另一方面与物料中的碱液脱毒剂结合而失活，经饲喂试验证明，脱毒效果和饲养效果都很好。膨化提高了蓖麻籽饼粕在饲料中的添加量，使饲料生产商可以尽可能地选用比较便宜的蓖麻籽饼粕替代大豆及豆粕，大大降低了饲料成本，也使得蓖麻籽饼粕这一难以利用的原料成为优质的蛋白饲料。

膨化脱毒蓖麻籽粕的工艺如下：

饼粕原料→除杂→粉碎→碱液喷淋→混合→调质→膨化→干燥冷却→粉碎→成品计量包装

利用蓖麻籽毒性成分的物理化学特性，脱脂蓖麻籽粕添加一定的试剂，经过高温、高剪切力挤压膨化，有效地脱毒。脱毒蓖麻籽粕的蛋白质含量及氨基酸组成变化不大。去毒蓖麻饼可作为饲料，其所含蛋白质可被动物利用，去毒饼粕比未去毒饼粕对动物的增重、饲养利用率有改进效果，对组织影响则有明显的改变效果。去毒饼粕作配合饲料作用，掺入量不应太高，以 10%～20%为宜，否则会引起组织异变，抑制生长，饲料的利用率降低。蓖麻毒素对鸡的肝部有影响，对其余脏器无明显影响。

（6）饲用蓖麻饼粕质量指标

饲用蓖麻籽饼粕质量指标见表 9-12。

表 9-12　饲用蓖麻籽饼粕质量指标

项目	热喷法	挤压膨化法	膨爆法
色泽	褐色		
气味	固有香味		
外观	粉粒状		
蓖麻碱/%	≤0.03		≤0.01
变应原/%	≤0.8	CB-IA<200mg/kg	CB-1A<0.004mg/kg
粗蛋白/%	≥32	36.7～41.5	≥50（壳粕分离）
粗脂肪/%	≤3	1～1.2	
粗纤维/%	≤33	26.3～30.5	≤10
水分/%	≤14	9～12	
钙/%	≥1	1.7	
磷/%	≥0.4		
粗灰分/%	≤7	6～8	
氮/%		5.2	
钾/%		0.77	

（7）去毒蓖麻籽饼粕的动物饲喂试验和脱毒蓖麻籽饼粕应用

早在 1930 年 Bate 和 Battger，就报道过，给母牛饲喂蓖麻籽饼粕没有不良影响。1967 年 Marion 曾用含 0.36%毒蛋白的蓖麻籽饼饲喂成年肉牛，没有发现任何中毒现象。1984 年 Reddy 等报道过，在奶牛日粮中加入 30%的未脱毒蓖麻籽饼没有影响营养成分的消化率和瘤胃发酵特征。1985 年 Parushotham 对绵羊饲喂含 30%蓖麻籽饼（含毒蛋白 0.22%）的日粮，6 个月后出现中毒症状，中毒绵羊的粪和尿呈暗红色，病理解剖发现肾脏、肝脏和消化道发生坏死性病变和出血点，表明毒蛋白首先侵袭消化道和肾脏。

内蒙古自治区农牧业科学院贺健等于 1988 年曾用热喷处理蓖麻籽饼饲喂绵羊，日增重比饲喂未处理的蓖麻饼提高 16.97%，羊毛长度增长 4.08%。内蒙古农牧学院畜牧系以内蒙古黑猪进行了饲养试验。掺入 10%、20%、30%脱毒蓖麻籽饼进行试验，大白鼠体重增长率随掺入蓖麻籽饼的增多而相应降低，食物利用率亦随之降低。掺入 10%、20%脱毒饼组与对照组无显著差异；30%脱毒饼组在中期增长率低于对照组，而末期又与对照组无显著差异；两个 20%组增重率较接近，与对照组无显著差异。在实验中期和末期，从尾部取血做血象检查，结果表明掺入不同比例脱毒饼对大鼠无明显影响，各项血液指标正常，脏器病理组织解剖检查无明显病变。

应用上述脱毒蓖麻籽饼粕作蛋白质资源，添加到饲料中进行喂养鸡、猪和反刍动物实验。以 10%的比例代替豆饼喂鸡 56 天，产蛋量、蛋重、受精率和孵化率与豆饼对照组均无显著差异。以 5%～15%高压热喷蓖麻籽饼替代豆饼喂猪实验，后期添加量高达 20%，都不影响猪的生长发育和生产性能，与豆饼一样可靠。

反刍动物对蓖麻籽饼中的毒性成分耐受率更高。经高温处理的蓖麻籽饼对绵羊无毒害，日粮添加量 10%、20%、30%均不影响其采食量、养分消化率、氮平衡和钙平衡。用高压热喷处理的蓖麻饼饲喂绵羊，日增重量比未脱毒对照组提高17%，羊毛增加 41%，蛋白质利用率提高 15%～20%。

9.2.4　蓖麻毒蛋白等成分的利用

9.2.4.1　蓖麻毒蛋白的抗癌作用

近年来科学研究发现，蓖麻毒蛋白通过聚核糖体的降解，起到抑制蛋白质合成的作用，间接地能使核糖核酸酶活性增加。它是艾氏腹水癌蛋白合成的强抑制剂，对 RNA 合成有中等程度抑制能力，对 DNA 合成无作用。动物实验表明，对 S-180 有 30%～40%的抑制率，对腹水型肝癌小鼠的生命延长率为 250%～300%。对艾氏腹水癌不仅能在早期抑制其生长，而且当肿瘤已经发展几天后还能完全抑制其生长。1 分子蓖麻毒蛋白足以杀灭 1 个艾氏腹水癌细胞。临床用于子宫颈癌，皮肤癌，有较好的疗效。并对顽癣，湿疹等有明显的疗效。

9.2.4.2　蓖麻毒蛋白与生物农药

随着人类对环境保护的重视及化学农药开发的难度加大，植物源农药的开发成了当今农药开发的新热点。蓖麻毒蛋白由于是从植物中直接提取的，可以自然分解，对环境污染小，故用蓖麻毒蛋白作为农药或以蓖麻毒蛋白作为先导化合物开发生物农药正受到广泛重视。尹秀玲利用蓖麻籽和根叶的蓖麻毒素成分作为杀虫剂，应用于农作物的杀虫，取得一定的效果。印度利用淘米水和蓖麻籽的熬出物防治椰子害虫二疣犀甲，效果显著。赵建兴等用不同溶剂提取的蓖麻粗提物对天幕毛虫、桃蚜及小菜蛾进行杀虫剂试验，结果表明，毒蛋白对害虫具有触杀作用。由于昆虫核糖体 RNA 有对 N-糖苷酶敏感的共有序列，Ricin 能抑制昆虫的蛋白质合成，而植物自身能免受毒害，因此，有可能用 Ricin 开发出生物农药。

9.3　叶蛋白工艺

9.3.1　叶蛋白的种类与结构

植物叶资源十分丰富，许多树叶及农作物茎叶蛋白质含量高，适口性好，制得的叶粉可直接添加到畜禽日粮中以替代部分粮食饲料。叶粉除含有丰富的蛋白质外，还含有脂肪、维生素、矿物质等，其营养价值很高。在不影响树木及农作物生长的条件下，植物叶经过适时采集晾晒加工和储藏后添加到畜禽日粮中，不但能丰富营养，提高生产性能，还可节约部分粮食。我国已对数十种树叶的叶蛋白及饲养效果进行了研究，表 9-13 为部分植物叶粉蛋白质含量。

表 9-13　植物叶粉蛋白质含量（干基）

叶粉种类	蛋白质含量/%	叶粉种类	蛋白质含量/%
紫苜蓿叶粉	17～23	苎麻叶粉	24～26
槐树叶粉	16～26	棉叶粉	22.5
杨叶粉	8～13	芦笋叶粉	26.5
鲁梅克斯 K-1 杂交酸模（简称鲁梅克斯）叶粉	33.3	大豆叶粉	15
田菁子叶粉	43.2～46.1	泡桐树叶粉	9.5～19.3

叶蛋白是绿叶植物中所特有的蛋白，也是由氨基酸所组成，其中包括人们常说的其他食物中所含有的 20 种氨基酸和 8 种人体必需氨基酸。叶蛋白与种子蛋白的最大差别在于这种绿叶蛋白质具有酶的活性，且又是单一种类的蛋白质。这种绿叶蛋白在植物生长过程中，把空气中的二氧化碳经光合作用转换成碳水化合物。由于它能催化绿叶中营养成分的合成，而且有酶的功能。国际生物化学家将其命名为核酮糖双磷酸羧化酶（ribulose lisphosphate carbo xylase/oxygenase，EC.4.1.1.39）。叶蛋白的分子质量为 550kDa，是由 8 个大的亚基和 8 个小的亚基所组成，其形状如扁圆球体。尽管各种植物绿叶的遗传基因不同，但叶蛋白都具有上述共性。

叶蛋白在绿叶中的作用是促进叶绿素吸收二氧化碳进行光合作用产生碳水化合物。它具有酶的功能，同样具备由氨基酸组成的蛋白质的物理性质。

叶蛋白的氨基酸组成几乎完全一样（表 9-14），天冬氨酸和谷氨酸残基与碱性的组氨酸、精氨酸和赖氨酸的比例趋于 1.25∶1.0，使叶蛋白具有微酸性。这种特性使叶蛋白在食品工业，特别是制作饮料方面具有特殊用途。另外叶蛋白在 pH 值接近中性时仍具有较高的可分散特性。叶蛋白分子结构图显示极性氨基酸残基都分布在蛋白质的表面，而非极性氨基酸的侧链掩埋在分子内部，这成为叶蛋白可溶性高的理论依据。

表 9-14　叶蛋白氨基酸组成　　　　　　　单位：mol/mol

氨基酸	菠菜	紫苜宿	烟叶
苯丙氨酸	4.49	4.73	4.34
天冬氨酸	9.67	9.46	9.44
苏氨酸	7.31	5.47	6.12
丝氨酸	3.10	3.00	3.86
谷氨酸	10.39	9.30	12.03
脯氨酸	5.38	4.83	5.17
甘氨酸	9.38	10.34	10.12

氨基酸	菠菜	紫苜宿	烟叶
丙氨酸	8.61	9.06	9.16
缬氨酸	7.04	7.09	6.38
蛋氨酸	1.79	2.12	1.69
异亮氨酸	3.90	4.88	3.34
亮氨酸	9.38	10.05	9.21
酪氨酸	4.89	4.19	4.65
赖氨酸	5.02	5.37	5.30
组氨酸	3.27	3.45	2.69
精氨酸	6.33	6.21	5.99

天然叶蛋白中，巯基基团很多，这些基团对于蛋白形成良好的凝胶特性起关键作用。

9.3.2 叶蛋白的分离方法

从植物叶中分离所得到的叶蛋白主要是分子质量为 550kDa、在绿叶中有酶活性的蛋白质，也有少量其他蛋白质成分。可根据植物油料蛋白和动物奶蛋白生产工艺提取蛋白质，也可利用先进的超滤技术，从植物叶汁中，分离纯化生产出蛋白质含量大于 90%的微带乳白且不含叶绿素的叶蛋白。用超滤技术还可以分别回收小分子的叶蛋白。进而提高其蛋白质得率。如果进行结晶生产叶蛋白，可以通过结晶法进一步提高纯度。但不同工艺生产的蛋白质，其物理化学性质差异很大。

9.3.2.1 叶蛋白的营养价值

从叶子中分离出来的叶蛋白，可以作为食品级蛋白加以应用。从营养学角度分析，叶蛋白中的必需氨基酸几乎完全符合 FAO/WHO 推荐的人体需要的模式值（表 9-15）。叶蛋白的氨基酸评分高达 98 分以上。缬氨酸和异亮氨酸可以与鸡蛋白中蛋清蛋白相比。赖氨酸含量与所有豆类蛋白相当。因此，叶蛋白是一种营养性能良好的植物蛋白。经动物喂养已证明鲁梅克斯叶蛋白良好的营养特性。

表 9-15 叶蛋白必需氨基酸成分与 FAO/WHO 模式值比较 单位：g/100g

氨基酸	FAO/WHO	全鸡蛋	酪蛋白	大豆粕	叶蛋白	化学评分
赖基酸	5.5	6.4	8.0	6.9	6.5	>100
色氨酸	1.0	1.2	1.3	1.3	2.7	>100
苏氨酸	4.0	5.0	4.3	4.3	5.7	>100
半胱氨酸＋蛋氨酸	3.5	5.5	3.5	2.4	3.4	98

氨基酸	FAO/WHO	全鸡蛋	酪蛋白	大豆粕	叶蛋白	化学评分
缬氨酸	5.0	7.4	7.4	5.4	6.7	>100
异亮氨酸	4.0	6.6	6.6	5.1	4.9	>100
亮氨酸	7.0	8.8	10.0	7.7	9.4	>100
酪氨酸＋苯丙氨酸	6.0	10.1	1 1.2	8.9	12.8	>100

近期应用胰蛋白酶对大豆 11S 球蛋白、叶蛋白和牛血清白蛋白进行体外消化试验。结果证明，胰蛋白酶水解叶蛋白的水解率，虽低于牛血清白蛋白，但远高于大豆球蛋白。

9.3.2.2　叶蛋白的功能特性（食品应用特性）

在食品工业中需要了解蛋白质的物理特性、功能性，以便强化所生成食品的品质。例如肉食加工中的火腿肠，需要添加高功能性大豆分离蛋白，以利用它的凝胶、吸油、保水等性质生产高质量的火腿肠产品。目前，国内生产的大豆分离蛋白的功能性不能完全达到生产的要求，仅双汇集团一家每年需进口大量高功能性大豆分离蛋白。

植物叶蛋白的特殊结构，使其凝胶性、乳化能力、溶解分散度和起泡特性远比大豆分离蛋白要好。

（1）溶解性

溶解性指蛋白质分散于水中的能力。一般情况，溶解性与 pH 值、温度有一定关系。菠菜叶蛋白的溶解性由 pH5.6 到 pH8.3，在温度 4℃时，溶解度由 5.7%上升到 9.5%；而在 37℃，酸性 pH5.6 时，仅溶解 2.2%；而到 pH8.4 时，溶解 9.8%。这种随 pH 和温度变化的溶解特性，对于制造叶蛋白饮料有重要的指导参考价值。当然，叶蛋白的溶解度与制取叶蛋白的工艺有关。但总的来说，叶蛋白的溶解度比任何一种大豆分离蛋白都要高。如 pH3.0 时，叶蛋白 100%溶解，而大豆蛋白却较小。

（2）凝胶性和吸水保油性

蛋白质凝胶作用是食品中很普遍的一种组织结构发生变化的现象（如鸡蛋清蛋白凝固、豆腐等）。不论以任何浓度所形成的凝胶，都比大豆蛋白好。叶蛋白在质量分数 5%时形成的凝胶强度，相比大豆分离蛋白高 15（g）。叶蛋白的吸水和保油性质，也比大豆分离蛋白高。例如，pH3 的叶蛋白吸水性为 393%，而大豆蛋白仅为 191%～272%；pH3 叶蛋白吸油能力为 375%，而大豆蛋白只有143%～244%。

（3）乳化特性

乳化和成膜是食用蛋白质的两个重要表面活性特性。叶蛋白乳化试验得出的乳化特性列于表 9-16 中。无论用任何浓度的蛋白（叶蛋白和大豆分离蛋白），还是以 20%、40%玉米油进行乳化试验，结果以 pH3.0 的叶蛋白与玉米油混合的乳化能力最强。

表 9-16　烟叶叶蛋白的乳化特性

蛋白质和乳化条件	不同质量分数不同种类的蛋白质黏度/10^{-3}Pa·s			
	1%	2%	4%	6%
以 20%玉米油与结晶叶蛋白	8	8	12	25
pH8.5 叶蛋白与 20%玉米油	6	22	45	99
pH3.0 叶蛋白与 20%玉米油	43	281	539	5941
大豆蛋白与 20%玉米油	35	127	442	696
以 40%玉米油与结晶叶蛋白	19	26	45	97
pH8.5 叶蛋白与 40%玉米油	30	33	117	284
pH3.0 叶蛋白与 40%玉米油	44	535	10379	＞50000
大豆分离蛋白与 40%玉米油	40	140	978	18915

由表 9-16 中数据可以看出，由 pH3.0 制造的叶蛋白与 40%玉米油生成的乳化物质为均匀黏稠状，且组织坚实，类似西餐食品中的布丁。

（4）发泡特性

天然鸡蛋蛋白可以生产蛋糕，但植物蛋白中的大豆蛋白却很难胜任。其原因就是鸡蛋白的发泡性能良好，而大豆花生等蛋白没有这种特性。烟叶叶蛋白发泡特性研究结果列于表 9-17 中。

表 9-17　烟草叶蛋白的发泡特性

蛋白质	发泡能力	泡沫稳定性/mL				增加发泡体积/%	
	/（mL/30s）	10min	30min	1h	2h	加糖前	加糖后
结晶蛋白	99	48	42	30	24	673	780
pH8.5 叶蛋白	102	54	52	51	34	570	640
pH3.0 叶蛋白	106	60	59	58	52	633	670
鸡蛋蛋清	75	18	16	14	10	600	633
大豆分离蛋白	53	6	6	4	4	0	0

表 9-17 说明，不论何种叶蛋白，其发泡能力、泡沫稳定性和增加发泡体积都远大于鸡蛋蛋白。因此，叶蛋白也可以替代鸡蛋用于生产糕点食品。另外，由于胆固醇含量低，可作老人保健食品。由表 9-17 还可看出大豆分离蛋白没有这种功能特性不能作为蛋糕发泡剂使用。

综上所述，叶蛋白诸项功能特性良好。因此是食品功能性添加剂的重要资源。

根据以上对其他叶蛋白的功能性分析比较，鲁梅克斯叶蛋白功能性较好。

9.3.3 叶（粉）蛋白生产工艺

9.3.3.1 紫苜蓿叶粉生产工艺

紫苜蓿为多年生草本，主根长，多分枝。茎通常直立，近无毛，高30~100cm，有许多品种。从根茎着生一些茎，茎上长出羽状覆叶，开10~70朵簇生的紫花。喜阳光，在空气湿度不高的情况下，耐高温。

紫苜蓿一般是单独种植的，但也可与禾本科草或其他豆类作物混种。可用作青绿粗饲料，干草、青储料或牧草，尽管它不易啃草过短，在有灌溉条件的地区广泛种植。其叶片的营养价值很高，其干叶常作为维生素 A 和其他养分的一种来源添加在家畜饲料中，所占比例为2.5%~5%。在母猪的妊娠期和泌乳期，至少在其日粮中添加10%的紫苜蓿叶粉。遗憾的是，在制作干草时，其叶片易于脱落。好干草可用机械脱粒，这样茎就可用作粗饲料，叶可用作混合精饲料。太阳晒制的叶片所含的维生素 A，比人工干燥的叶片所含维生素 A 要少。紫苜蓿含有丰富的维生素K，其他如维生素C、维生素B也相当丰富。紫苜蓿以"牧草之王"著称，不仅产量高，而且草质优良，各种畜禽均喜食。

新鲜紫苜蓿中含 80%的水分，机械烘干或晒干脱水后的紫苜蓿粉，含有16%~18%的粗蛋白、19%~22%粗纤维、10%~12%灰分、2.7%~3%粗脂肪和47%~49%无氮浸出物。

成套机械干燥机组干燥工艺如图 9-16 所示。燃油或燃气加热空气至230℃到转鼓干燥机中，紫苜蓿被加热干燥脱水后，经冷却、磨粉、收集、包装制成紫苜蓿粉。紫苜蓿叶粉的主要成分如表 9-18~表 9-20 所示。

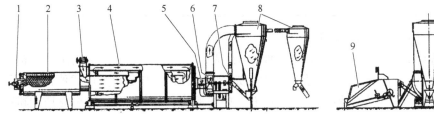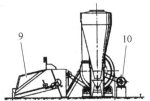

图 9-16 紫苜蓿叶粉干燥机组

1—油气燃烧炉；2—加热炉；3—输送机；4—转鼓干燥机；5—控制仪表；6—排风机；

7—冷却磨机；8—集料器；9—喂料器；10—电机

表 9-18 紫苜蓿粉主要成分

成分	干重/%	成分	干重/%
纤维素	30	金属离子	6

续表

成分	干重/%	成分	干重/%
粗蛋白（$N×6.25$）	18	单宁	3
淀粉、糖和果胶	11	皂苷	1.0
木质素	10	叶绿素	0.4
粗脂肪	3.5	叶黄素	0.04
有机酸	7	麦黄酮	0.02

表 9-19　紫苜蓿粉必需氨基酸成分

成分	样品中含量/(g/100g)	蛋白质中含量/(g/100g)	成分	样品中含量/(g/100g)	蛋白质中含量/(g/100g)
粗蛋白（$N×6.25$）	19.5		蛋氨酸	0.3	1.5
精氨酸	1.0	4.9	苯丙氨酸	1.0	5.1
组氨酸	0.4	2.2	苏氨酸	1.0	4.6
异亮氨酸	1.0	5.2	色氨酸	0.4	2.1
亮氨酸	1.5	7.9	缬氨酸	1.1	5.6

表 9-20　紫苜蓿叶中 B 族维生素含量

成分	含量/（mg/kg）	成分	含量/（mg/kg）
胆碱	880	叶酸	8.8
肌醇	2090	硫胺素	6.6
核黄素	15.4	维生素 H	330
尼克酸	39.6	硫辛酸	605
泛酸	35.2		

9.3.3.2　鲁梅克斯叶蛋白生产工艺

鲁梅克斯 K-1 杂交酸模是于 1990 年育成的高产、营养、经济的蔬菜、饲养兼用多效能植物树。1995 年引入我国，先后在 10 多个省市区多点试种和大面积示范成功，亩产鲜草盐碱荒地 10t 左右，中等肥力田地达 20t。鲁梅克斯干粉粗蛋白含量为 30%～40%，相当于大豆的蛋白质含量，是玉米的 4 倍，是小麦、紫苜蓿的 1.1 倍，还含有 18 种氨基酸和丰富的 β-胡萝卜素、维生素 C 及多种矿物质；鲁梅克斯利用生长期长。一次种植可连续收割利用 10～15 年。鲁梅克斯鲜叶含蛋白质2.6%，粗脂肪含量明显高于一般牧草、叶类蔬菜和豆类蔬菜，粗纤维含量叶簇期为 10%～13%，抽茎现蕾期在 17%～21% 之间，比一般牧草低，维生素 C 明显高于一般蔬菜，β-胡萝卜素高于胡萝卜，有益矿物质硒、铁、锌、钾、磷、钙的含量均比菠菜、胡萝卜的含量高或相近，有害元素铅、砷等均远远低于国际允许限量值。

（1）鲁梅克斯的主要成分

鲜叶含水分 92%，脱水干燥后的叶粉所含粗脂肪、粗蛋白、粗纤维、维生素、微量元素和氨基酸含量列于表 9-21 中。

表 9-21 鲁梅克斯叶粉的主要成分

项目	成分	项目	成分
水分含量/%	92.26	赖氨酸含量/（g/100g）	2.25
粗脂肪含量/%	6.21	蛋氨酸含量/（g/100g）	0.63
无氮浸出物含量/%	38.16	色氨酸含量/（g/100g）	0.43
灰分含量/%	1.12	苏氨酸含量/（g/100g）	1.66
粗纤维含量/%	20.67	缬氨酸含量/（g/100g）	2.22
粗蛋白含量/%	33.84	异亮氨酸含量/（g/100g）	1.50
钙含量/（mg/kg）	1990	精氨酸含量/（g/100g）	2.03
磷含量/（mg/kg）	1160	组氨酸含量/（g/100g）	0.88
镁含量/（mg/kg）	262	脯氨酸含量/（g/100g）	0.14
钾含量/（mg/kg）	3194	苯丙氨酸含量/（g/100g）	2.01
铅含量/（mg/kg）	0.066	酪氨酸含量/（g/100g）	1.33
锰含量/（mg/kg）	32.6	亮氨酸含量/（g/100g）	3.28
砷含量/（mg/kg）	<0.04	胱氨酸含量/（g/100g）	0.16
硒含量/（mg/kg）	0.00786	丙氨酸含量/（g/100g）	2.83
铁含量/（mg/kg）	27.2	甘氨酸含量/（g/100g）	1.85
锌含量/（mg/kg）	6.94	丝氨酸含量/（g/100g）	1.56
β-胡萝卜素含量/（mg/kg）	64.0	谷氨酸含量/（g/100g）	4.66
维生素 C 含量/（mg/kg）	28.33	天冬氨酸含量/（g/100g）	3.20
维生素 B_2 含量/（mg/kg）	0.588		

（2）鲁梅克斯叶蛋白的开发利用

鲁梅克斯叶蛋白（干基）含量接近大豆，又有良好的营养和功能特性。在 pH3 的酸性条件下制得的叶蛋白具有特殊的功能特性，如乳化特性、发泡特性、溶解性和凝胶性，远好于大豆分离蛋白，是一种具有潜在应用前景和可观经济效益的蛋白质添加剂。根据市场需要生产不同规格膏状、粉状食品配料，满足不同层次需要。

在生产食品级叶蛋白时，会产生副产物，如提取蛋白质后的残渣和废水富含一定量的蛋白质、维生素和微量营养元素。对其进行浓缩、干燥制成鲁梅克斯饲用粉。也可将鲁梅克斯鲜叶经烘干制成饲用叶粉。

9.3.3.3　叶蛋白的应用

鲜叶直接添加到饲料中应用，工业生产的叶粉，因为蛋白质含量高，又富含其他维生素和微量元素，可按比例添加到动物饲料。约 60%的叶粉用于禽类的混合饲料，在牛饲料中添加 10%或直接喂养，猪饲料中添加 10%～15%，火鸡的饲料中添加 25%，兔子的饲料中添加高达 50%，都可以有效地替代豆粕蛋白饲料。

9.4　酵母和藻类蛋白工艺

9.4.1　酵母与酵母蛋白

9.4.1.1　酵母的主要成分

酵母的主要成分如表 9-22 所示，酵母的氨基酸成分及含量列于表 9-23 中。

表 9-22　酵母的主要成分

成分	含量/%
粗蛋白	40～50
粗脂肪	1～2
粗纤维	约 10
灰分	6～10
碳水化合物（糖原）	32～40

表 9-23　酵母的氨基酸成分及含量

氨基酸	干物质中含量/（g/100g）	蛋白质中含量/（g/100g）	氨基酸	干物质中含量/（g/100g）	蛋白质中含量/（g/100g）
组氨酸	2.7	4.8	缬氨酸	2.8	5.0
精氨酸	2.4	4.3	蛋氨酸	0.65	1.2
赖氨酸	3.1	5.5	苏氨酸	2.4	4.3
亮氨酸	3.8	6.8	苯丙氨酸	2.1	3.8
异亮氨酸	2.5	4.5	色氨酸	0.6	1.1

9.4.1.2　酵母水解浸提物工艺

图 9-17 是酵母自体水解生产酵母浸提物的工艺流程。

酵母细胞虽被看作是低等植物，但它的干物质中，一半是由蛋白质所组成。这些物质也可以利用它自身的蛋白酶，进行自体分解而水解，水解产物也称之为水解植物蛋白（HVP）。酵母是微生物进行培养生产的。在酱油生产中使用了发酵或称之为蛋白酶水解相类似的方法。酵母细胞具有许多酶源或复合酶源，酶解后能释放出肽、氨基酸、糖和核酸。可以辅助添加纤维酶、蛋白酶进行酵母细胞壁和蛋白质水解。

　　酵母细胞在培养繁殖时，温度必须保持在低于45℃。因为在较高温度它们会很容易受到自体分解。每种水解酶的作用，都有它自己的风味特性。依据风味因素和可能性，结合价格因素，选择合适的自体分解酶源。

　　对于废酵母原料，要进行洗涤和过滤，以便除去苦味，或在高压（$98\times10^5\sim199\times10^5Pa$）高温（40～70℃）下加工进行脱苦味。

　　使用蛋白酶水解进行质壁分离的自体分解工艺，首先要通过提高渗透压来完成。初始阶段，酵母蛋白扩散通过细胞壁，其他组分残留在细胞内。由蛋白酶水解系统引起的蛋白酶水解，使细胞壁发生破裂。进行质壁分离可以用不同的处理方式，通常在酸性条件下进行热水解。在有机或无机盐存在下，可以加有机溶剂如乙醇。某些加工实例中，第一步是先进行自体分解，然后在碱性条件下，使用均质方法来分裂细胞壁，或者使用热振荡方式来破碎细胞壁。生产中使用有机溶剂，可以抑制微生物生长，避免微生物污染。

　　正常的自体分解，要求温度在30～60℃，pH5.5～6.3，时间24h。严格控制自

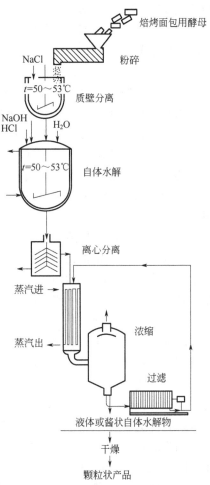

图9-17　酵母自体水解生产酵母浸提物工艺流程

体分解的条件，减少碳水化合物降解程度。再加上其他酶也有可能会使自体分解的效率降低。自体分解，也可以用硫胺或者吡哆醇（维生素B_6）、壳聚糖、单甘油酯、双甘油酯和三甘油酯开发新产品。使用外源酶也有优点，特别是在蛋白水解酶活性不足而导致质量差时，或产率低的情况下，须采用外源酶。各种蛋白酶或核糖核酸酶，都可用作外源酶。

　　每种自体分解产物，都有它自己的风味和气味差别。事实上，采样自体分解产物能够鉴别酵母源。在惰性气体中进行自体分解，可以防止氧化。自体分解后，可以利用离子交换树脂处理。或者把自体水解物置于pH7.0～8.5，95℃条件下灭酶处理。

在 pH 自体水解条件下进行 16h 的水解，然后，在恒定的 pH 条件下继续 3～4h 的分解。如果自体分解在变化不定的 pH 条件下进行，将会导致不良的风味前驱物质产生。反之，在恒定的 pH 下水解，良好风味成分会增加。如图 9-16 所示，在恒定的 pH 值条件下，用面包酵母直接水解产生鸡肉风味特征的酵母浸提物。大多数没有反应的氨基酸、肽和核糖等成分，可以在蒸煮时继续反应，形成煮制或烤制鸡风味特征。由于自体水解速度不如酸水解快，结果使用面包酵母进行长时间水解，自体水解物的颜色会变黄，但这种色泽又是最理想的鸡肉风味特征。质壁分离和自体水解是在隔热的容器中。在带有搅拌速度、控制温度和 pH 值条件下进行的。自体水解约在 50℃、19～24h 后才完全水解。自体水解物中含有不溶性的细胞膜（酵母聚糖）物质，可用专用酵母分离机使其离心分离除去。清洁新鲜的自体分解物可以浓缩成酱状物料或与载体一起喷雾干燥成具有肉食风味调味粉料。

用脱苦味啤酒酵母或压榨面包酵母作衍生风味酵母源。质壁分离对生成类似鸡肉风味特征有一定的影响。面包酵母质壁分离在温度 50～55℃时进行。酵母细胞在具有 NaCl 的 pH 溶液内，分解时间不大于 45min。在同样温度下用控制自体分解进行质壁分离，可使最终自体分解物达到煮鸡风味最理想的前驱物质，有利于生产理想的鸡肉风味。

浓缩时，加热有利于钝化酶并使风味品质提高。这些自体分解物的风味在当作温和鸡肉风味使用时，酵母味较弱。同样的加工方法，也可以用不同的酵母源进行生产，使酵母水解或酸水解植物蛋白一起衍生，生产类似于肉的调味料，以便广泛用于肉汤、汤包和配制食品作优质风味剂。事实上，蛋白水解物或酵母自体水解物，其风味总离不开它们的植物特性，生产的产品有时会有少量的异味。

如果利用啤酒厂生产的废酵母进行生产，需要在自体水解前进行除杂、洗涤和脱啤酒花等苦味成分，其他工艺同面包酵母水解。

我国废弃啤酒酵母资源丰富，随着啤酒工业的迅速发展，废弃啤酒酵母的排放量将更多。啤酒酵母细胞含有丰富的蛋白质、核酸、维生素、矿物质和有机酸等营养成分，特别是蛋白质的含量高。但因酵母细胞壁坚韧并具特有的酵母臭，适口性较差，全细胞不易被消化和吸收。采用自溶法将细胞内的蛋白质降解成氨基酸，核酸降解成核苷酸，再将这些成分设法提取出来制成抽提物再消费，将能大大改善和提高废弃酵母的利用价值。提取后的酵母残渣仍可作饲料蛋白源，其适口性和消化性均好。

9.4.2 藻类与藻类蛋白

9.4.2.1 海藻的种类和成分

藻类种类繁多，在海水中的海带、紫菜、海苔等称为海藻，碱性水湖泊中有螺旋藻等水藻。藻类的蛋白质含量与品种有关，海藻中的紫菜的干基蛋白质含量高达 40%。海藻的主要成分如表 9-24 所示。

表 9-24　海藻的主要成分（干基）

种类	粗蛋白含量/%	粗脂肪含量/%	糖含量/%	粗纤维含量/%	灰分含量/%	维生素A含量/(IU/g)	维生素B₁含量/(IU/g)	维生素B₂含量/(IU/g)	尼克酸含量/(IU/g)
日本溪（藻）菜（*Prasiola japoniea*）	42.0	1.8	46.0	5.6	4.7	2.8	5.2	8.8	—
海苔菜（*Enteromorpha eompressa*）	21.5	0.3	64.0	7.5	6.9	30.0	0.6	8.1	80.3
礁膜海苔菜（*Monostroma nitidura*）	16.0	0.2	66.6	5.3	12.1				
海带（*Laminaria japonica*）	8.6	1.3	60.9	8.5	25.8	5.2	0.9	3.8	21.1
裙带菜（*Undaria pinnatifida*）	15.1	1.8	57.0	4.8	22.0	5.8	1.8	1.7	1.20
异鞭海藻（*Heterochordaria abietina*）	22.4	5.1	46.5	6.3	19.9	—	—	—	—
江篱海藻（*Gracilaria confervoides*）	14.0	1.2	66.7	8.0	15.2	48.5	0	1.8	—
紫菜（*Porphyra tenera*）	40.2	0.8	44.7	5.3	9.0	445	2.8	14.0	110

海带也是最常见的产量多的海藻，干基海带中含有 12.6%蛋白质和 21.8%的灰分（微量元素），干海带的主要成分如表 9-25 所示。

表 9-25　100g 干海带的主要成分（干基）

成分	含量	成分	含量
灰分/%	21.8	镍/(mg/kg)	1.3
粗蛋白/%	12.6	钼/(mg/kg)	0.3
粗脂肪/%	0.4	铁/(mg/kg)	437
粗纤维/%	5.0	铅/(mg/kg)	7.9
钠/%	2.5	锡/(mg/kg)	<5
钾/%	5.3	锌/(mg/kg)	170
钙/%	1.0	钛/(mg/kg)	18
镁/%	0.6	铬/(mg/kg)	1.4
碘/%	0.5	银/(mg/kg)	0.2
磷/%	0.3	铜/(mg/kg)	4.6
硅/%	0.6	锰/(mg/kg)	<20
氯/%	5.9	硼/(mg/kg)	28
硫/%	3.1	核黄素/(mg/kg)	3.6
钴/(mg/kg)	0.4	尼克酸/(mg/kg)	6.9

9.4.2.2　螺旋藻的主要成分

螺旋藻属于蓝藻门、颤藻科，细胞内没有真正的细胞核，又称蓝绿藻。螺旋藻的细胞结构原始，且非常简单，在显微镜下可见其形态为螺旋丝状，故而得其名。螺旋藻中：蛋白质（干基）含量高达 60%～70%，相当于鸡蛋的 5 倍，且消化吸收率高达 95%以上；维生素及矿物质含量极为丰富，包括维生素 B_1、维生素 B_2、维生素 B_6、维生素 B_{12}、维生素 E、维生素 K 等，并含锌、铁、钾、钙、镁、磷、硒、碘等元素，容易被人体吸收；类胡萝卜素含量是胡萝卜的 1.5 倍，维生素 B_{12} 含量是猪肝的 4 倍，铁含量是菠菜的 23 倍。

螺旋藻中含有 5%脂肪，含有大量的 γ-亚麻酸，且不含胆固醇。γ-亚麻酸是一种人体必需的不饱和脂肪酸，具有调节血脂、调节血压、降低胆固醇的作用。螺旋藻中的螺旋藻多糖具有抗辐射损伤和改善放疗、化疗引起的不良反应的作用。

9.4.3　海藻粉和螺旋藻分离蛋白工艺

（1）饲用海藻粉生产工艺

海洋中的海藻，蕴藏着极大的生产利用潜力。在我国浅海及滩涂生长着大量的绿藻门、褐藻门和红藻门三个门类中的野生海藻。在水温15℃左右时，裙带菜、海带、孔石莼等生长最快，数量亦多；而到高温季节，在低潮线附近的马尾藻尤多，其次是鼠尾藻和萱藻。海藻含有丰富的矿物质元素、蛋白质和维生素，可以将其加工成饲用海藻粉，作为饲料的添加剂。图 9-18 为饲用海藻粉生产工艺流程。

图 9-18　饲用海藻粉生产工艺流程

主要工艺操作要求：

① 采集野生海藻。应在夏初至秋季。此时海藻生长茂盛，营养成分含量较高。

② 清洗去泥。应在采集现场，利用海水漂洗干净，沥净水后运往另地晒干。

③ 去湿干燥。沥净水的海藻要尽快铺开晾晒，可利用天然日光干燥，经三四个晴朗日，晒至含水分 13% 左右。由于海藻含盐较高，会回潮。在粉碎前应再晒一两天。

④ 破碎制粉。晒干的海藻，按藻种分别加工粉碎。粉碎时宜采用二级粉碎法。即用破碎机破碎成较大粗粉，再用粉碎机粉碎至细粉末状物料。

⑤ 计量配制。由于不同种野生海藻所含的营养成分有差异，在加工时需经适当配制，生产出养分较稳定的复合藻粉。

⑥ 均匀混合。各种藻粉密度不一，在混合时应注意充分混合均匀，避免物料分级。

⑦ 计量打包。可根据使用情况，包装成不同重量。

⑧ 复合藻粉。此即为藻粉初级产品与其他饲料营养物质的混合物，可配制成藻粉饲料及添加剂。

海藻粉在储存及使用时还需注意以下几点。

① 海藻原料含盐量较大，易吸潮，应存放在通风干燥的场所，发霉的海藻原料不宜使用。

② 藻粉能量较低，使用时注意添加比例，一般不作为单独饲料源进行饲喂。据报道，在饲料中添加比例 2%～10 %为佳，笔者在试验中添加比例为 2%～5%，效果良好。开始使用时，应逐渐加量，让动物有个适应过程。

海藻粉作为饲料饲喂生长育肥猪，肉仔鸡，产蛋鸡试验中，增产效果明显。经 2 年多批饲养试验证明：野生海藻粉对上述试验对象无不良反应，不影响其适口性，对畜禽的生长速度、产蛋量等有明显的效果，且可生产高碘蛋，可防治地方甲状腺肿等病。由此可见，野生海藻中含有丰富的营养物质，且必需氨基酸种类齐全，将其以一定比例加入饲料中对畜禽无副作用且可改善畜禽生产性能。因此，野生海藻是一种极有研究价值、经济价值和开发利用潜力的野生饲料资源。

（2）食用海藻粉生产工艺

选用食用级的海带为原料，经过一系列纯化加工（图9-19）可生产具有海藻风味和保持海藻有效营养成分的纯制海藻粉。具体工艺如下。

海带 ⟶ 除泥沙 ⟶ 清洗 ⟶ 干燥 ⟶ 粉碎 ⟶ 筛分 ⟶ 灭菌 ⟶ 检测 ⟶ 计量 ⟶ 包装 ⟶ 成品使用海藻粉

图 9-19　食用海藻粉生产工艺流程

工艺操作要点：按照上述工艺进行严格操作，将洗净的海带烘干、粉碎、过筛，经紫外线照射灭菌后，进行包装。

产品质量要求达到食用级，粉末状（100%通过 40 目标准筛，其中 80%通过 60 目筛），保持海带原有褐藻绿色，呈海带固有藻香味、无异味。水分含量≤14%，灰分含量≤22%，粗蛋白含量 6%～8%，粗脂肪含量 0.2%～0.4%，碘含量≥0.15%，食盐含量≤1.5%，海藻多糖 20%～25%，甘露醇糖 12%～18%，海藻淀粉 1%～2%。

（3）螺旋藻分离蛋白制备工艺

螺旋藻干粉蛋白质含量高达 60%，其必需氨基酸组成接近 FAO 推荐模式值，利用制取分离蛋白方法，也可以制备螺旋藻分离蛋白。图 9-20 是冯志彪等人制备螺旋藻分离蛋白工艺流程。制备的螺旋藻分离蛋白具有蛋白质含量高和吸油、保水、乳化等功能特性。

工艺要点：将 10 倍的水添加到螺旋藻粉的浸取容器中，在搅拌条件下，用 NaOH 碱液调浸出液的 pH8～9.5，40～50℃温度条件下浸取 2h，然后离心分离，渣要进行洗涤和二次分离，残渣干燥后用作饲料。两次分离的浸提液集中进行酸沉淀，沉淀时用酸调 pH3.8～4.2 并静置 20～30min，分离出乳清水，凝乳进行洗涤、用 NaOH 中和至 pH（7.1±0.2）、在 130～140℃灭菌 15～20s，并迅速冷却至 50℃进行干燥，然后包装制成螺旋藻分离蛋白粉。

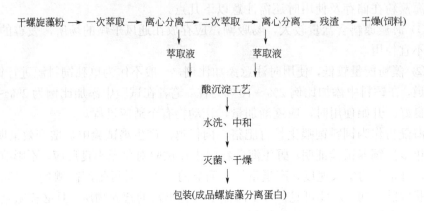

图 9-20　螺旋藻分离蛋白工艺流程

产品性状：淡绿色的松散粉状，有淡淡的藻粉味，无霉味。产品水分含量≤7%，粗蛋白含量≥90%，灰分含量≤3.8%，pH6.8～7.2。

螺旋藻主要用作特殊营养食品，用它生产食用级分离蛋白成本较高，可能会制约螺旋藻分离蛋白的发展。如果用酶水解螺旋藻分离蛋白，制备特殊活性螺旋藻活性肽，将推动螺旋藻蛋白产品开发。

9.5　其他植物蛋白与工艺

9.5.1　油桐籽饼粕蛋白与工艺

大戟科油桐属的油桐（*Vernicia fordii*）和木油桐（*Vernicia montana*，又称千年桐）栽培很广，是重要的油漆工业油料树种。树形修长，亦是极佳的观景与行道树。

由油桐和木油桐的种子榨取的桐油，是重要的工业油料，用途十分广泛。雌株（母树）之分，公树只开花授粉而不结实，母树受粉后结实。果实为球形，果皮上有皱纹和筋。十一月成熟，每果内含桐籽 3～6 粒，果皮比三年桐硬，含油率也比三年桐低。

9.5.1.1　油桐籽成分

油桐果实的结构见图 9-21，外层是 5～6mm 果皮，果皮内包含 3～5 个种子（油桐籽），种皮 0.1mm 厚，含籽率 25%～33%，籽含仁率 50%～60%，仁中含油 55%～65%，仁中含蛋白 12%～14%。常把油桐种子和木油桐种子通称为桐籽。

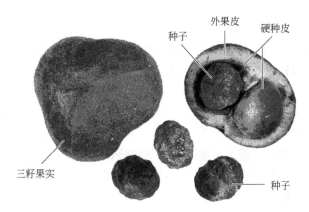

图 9-21 油桐果实的结构

　　桐籽主要用途就是生产桐油。桐籽压榨脱脂后的饼粕，含有 25%～30% 的蛋白质，每年桐籽加工有超过 20 万 t 的桐籽饼粕可以开发应用。鲜果通过采摘、干燥、剥壳、仁壳分离，粉碎、蒸炒、压榨（或机溶剂）脱脂，制取脱脂桐籽饼粕（参考前面章节油料加工）。桐籽饼粕的主要成分和蛋白质的氨基酸成分分别列于表 9-26、表 9-27 中。如果把桐籽的种皮脱净、压榨，再用溶剂脱脂，就会得到蛋白质含量高达 46% 的桐仁饼粕。

表 9-26　桐籽饼粕主要成分

成分	含量/%	成分	含量/%
粗脂肪	6.1	灰分	5.4
粗蛋白	28.0	磷酸	1.3
粗纤维	42.9	钾	2.7
戊聚糖	11.8		

表 9-27　桐籽饼粕中氨基酸成分含量

氨基酸（蛋白质）	不同计算基准下的氨基酸含量/%			
	在桐籽饼中	在饼蛋白中	在桐仁粕中	在仁蛋白中
蛋白质	28.0（商品）	—	46.5（脱皮净仁）	—
精氨酸	2.1	9.0	4.7	10.5
组氨酸	0.4	1.8	0.8	1.9
异亮氨酸	1.2	4.7	2.1	4.4
亮氨酸	1.5	7.5	3.0	8.0
赖氨酸	1.1	4.6	2.2	4.7
蛋氨酸	0.4	1.6	1.0	2.0
苯丙氨酸	1.0	4.1	2.1	4.6
苏氨酸	0.4	4.1	0.9	4.0
缬氨酸	1.5	7.1	3.0	7.7

9.5.1.2　脱脂桐籽饼粕抗营养成分

桐籽饼粕中含有的桐酸衍生物、萜类酯和皂苷等物质，是主要的有毒成分。桐酸为含有 3 个不饱和双键脂肪酸（$C_{17}H_{29}COOH$），食用后对胃肠道有强烈的刺激作用，可引起呕吐、腹痛、腹泻；吸收入血后经肾排泄时直接损害肾脏，可引起中毒性肾病，尿中出现蛋白及红细胞；肝脏可受损，引起中毒性肝病。此外，亦可损害神经系统和脾。桐籽饼粕中的毒性化合物，一类是不溶于醇、醚等有机溶剂的热不稳定化合物；另一类是可溶于常见有机溶剂的热稳定化合物；还有一类是可溶于水的中等耐热化合物。桐籽饼粕毒性大，适口性不好，易使饲喂动物中毒死亡。

9.5.1.3　桐籽饼粕脱毒

在桐籽加工过程中，由于机械压榨，可以在加热蒸炒、压榨或溶剂浸出脱溶剂时，脱除热不稳定、易挥发的毒性成分。或者在利用不含硫的有机溶剂脱脂时，同时浸出脱毒。可用含水乙醇浸出桐籽饼粕中的毒性成分，生产脱毒桐籽饼粕。实验研究证实：经乙醇萃取处理的桐籽粕基本无毒，可作为饲料。但这样的处理也会降低桐籽饼粕中其他营养成分的含量。有关脱毒工艺，参看前面有关章节。

9.5.2　油棕果仁蛋白与工艺

9.5.2.1　油棕果仁的结构和成分

油棕（*Elaeis guineensis*）是棕榈科油棕属乔木，是一种重要的热带油料作物。由其果实中的果肉（中果皮）和果仁（棕仁）均可压榨出植物油，分别被业界称为棕榈油和棕榈仁油，可供食品工业和制造业使用。油棕果实（简称棕果）结构如图 9-22 所示。

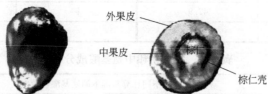

外果皮
中果皮
棕仁
棕仁壳

图 9-22　油棕果实结构

油棕果实经杀菌、压榨脱棕榈油后，残渣中含有纤维和棕仁。棕仁的主要成分见表 9-28。

表 9-28　棕仁的主要成分

成分	含量	成分	含量
蛋白质（$N\times6.25$）/%	8.8	维生素 B_1/（IU/g）	1.0
油脂/%	52	维生素 B_2/（IU/g）	0.5
无氮浸出物/%	23.6	烟碱/（IU/g）	2.8
纤维素/%	5.2	泛酸/（IU/g）	0.7
灰分/%	2.0		

9.5.2.2 棕仁加工工艺

经破碎、脱除硬壳分离出的棕仁，再经粉碎、轧坯、蒸炒、压榨或有机溶剂浸出，脱除棕榈仁油后，得到棕仁饼粕。脱壳棕仁加工工艺如图 9-23 所示。

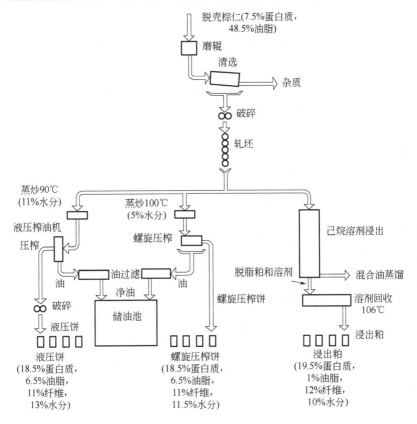

图 9-23　棕仁加工工艺图

棕仁加工可以分成三种方法：间歇式液压榨、连续螺旋压榨和有机溶剂浸出。

棕仁很坚硬，需要用差速立式五辊，或双对辊破碎机破碎。在蒸炒锅中先润湿加热后蒸炒脱水。然后进行压榨或预榨-有机溶剂浸出脱脂。

在 20 世纪 70 年代，海南热带油脂研究所和南海、南滨农场，曾经利用泥浆密度分离方法，将棕仁壳和棕仁分开，棕仁烘干、破碎、蒸炒，利用小型 95 型螺旋榨油机压榨加工，脱除棕榈仁油后，棕仁饼含有 8% 的油脂和 18% 的蛋白质。

经不同制油方法压榨和溶剂浸出脱脂的棕仁饼粕主要成分列于表 9-29 中。

表 9-29　棕仁饼粕主要成分　　　　　　　　　单位：%

成分	螺旋压榨棕仁饼	液压压榨棕仁饼	浸出棕仁粕
蛋白质（$N\times6.25$）/%	18.7	18.5	22.7
油脂/%	6.5	6.5	1.0

续表

成分	螺旋压榨棕仁饼	液压压榨棕仁饼	浸出棕仁粕
水分/%	11.5	13	10.0
无氮浸出物/%	50.0	50.0	50.0
纤维素/%	11.0	11.0	12.0
灰分/%	4.0	4.0	4.5
Ca/%	0.36	ND	ND
P/%	0.6	ND	ND

注：ND 表示未检测。

棕仁粕，通常含有 19%～21% 的蛋白质，分析其氨基酸成分接近大豆豆粕。表 9-30 是棕仁粕与大豆粕氨基酸成分比较。

表 9-30　棕仁粕与大豆粕氨基酸成分比较

单位：g/100g（以干基计）

成分	棕仁粕	大豆粕	成分	棕仁粕	大豆粕
精氨酸	2.4	2.65	缬氨酸	0.80	0.88
组氨酸	0.34	0.42	天冬氨酸	1.60	1.72
异亮氨酸	0.61	0.62	谷氨酸	3.42	4.01
亮氨酸	1.14	1.20	脯氨酸	0.60	0.62
赖氨酸	0.61	0.68	丝氨酸	0.77	0.92
蛋氨酸	0.34	0.32	甘氨酸	0.84	0.92
苯丙氨酸	0.74	0.74	色氨酸	0.19	—
酪氨酸	0.47	0.53	丙氨酸	0.82	0.76
苏氨酸	0.60	0.68	胱氨酸	—	—

9.5.2.3　棕仁饼粕动物喂养

由于棕仁饼粕含有 18% 蛋白和 6% 脂肪以及较高含量的纤维素，可作为蛋白质、脂肪添加到反刍动物饲料中。在奶牛饲料中增加蛋白质和能值，每头每天添加 2.1～3.9kg 棕仁饼，饲养后奶牛乳脂增加 0.4%，产奶量也提高 10%。绵羊对棕仁饼粕纤维的消化率为 44.8%，也是一种较好的饲料。在商品猪的饲料中替代 30%～35% 蛋白质源，在蛋鸡饲料中的添加量控制在 8%，也可在马的饲料中添加以补充蛋白质和能量饲料的需要。

9.5.3　红花籽饼粕蛋白

红花籽是红花（*Carthamus tinctorius*）的种子，含有 60%～70% 的仁和 30%～40% 的壳。壳中含有 55%～62% 的粗纤维、30%～32% 的无氮浸出物、4%～5% 的

油脂、3.5%～4.5%的粗蛋白和1%～2%的灰分。仁中主要含有60%～65%油脂、25%～30%的蛋白质和某些糖。

红花籽经过仁壳分离得到红花籽仁。红花籽仁经轧坯、蒸炒和压榨或预榨-有机溶剂浸出脱脂后，可制备脱脂红花籽饼粕。红花籽也可带壳压榨，脱脂后纤维素含量高。表9-31列出的是红花籽饼粕主要成分含量。

表9-31　红花籽饼粕主要成分　　　　　单位：g/100g（以干基计）

类型	水分	粗蛋白	粗纤维	灰分	粗脂肪	无氮浸出物	Ca	P
含壳饼	7.3	30.5	24.9	6.1	7.0	29.5	0.12	0.59
脱壳饼	8.0	49.7	9.0	8.2	6.0	22.1	0.06	1.10

红花籽饼粕蛋白中含有较高的谷氨酸（25.8%）、天冬氨酸（11.2%）、精氨酸（9.4%）、亮氨酸（6.0%）、缬氨酸（5.3%）和甘氨酸（5%）。蛋氨酸、赖氨酸、色氨酸含量低，成为限制性氨基酸。

低温脱脂的脱壳红花籽粕，用pH8～9的NaOH溶液浸提，分离残渣后，再用pH5～6的HCl溶液沉淀，按照分离蛋白工艺操作，可以生产蛋白质含量达87%～96%的红花籽分离蛋白。

红花籽饼粕中含有多酚类葡萄糖苷，具有苦味，影响红花籽饼粕蛋白动物饲用时的适口性。分离蛋白加工中，多酚类葡萄糖苷已经随水进入到乳清中，除了少量多酚氧化可给分离蛋白加深色泽，并不影响其食用。如果用水浸提红花籽饼粕，可以有效脱除多酚类葡萄糖苷等抗营养因子。酚类物质主要集中在红花籽壳中，如果有效脱除皮壳，则会大大降低红花籽饼粕中的多酚类葡萄糖苷成分。

9.5.4　绿豆、蚕豆蛋白、氨基酸

绿豆（Vigna radiata）、蚕豆（Vicia faba）脂肪含量低（1.2%～2.5%），无氮浸出物（主要是淀粉）含量高（60%），蛋白质含量23%～32%。由绿豆、蚕豆等豆类提取的商品蛋白质都是生产豆类淀粉时的副产物。豆类淀粉生产工艺类似于玉米淀粉，但浸泡、粉碎时比玉米加工工艺简单。表9-32、表9-33分别列出它们的主要营养成分和氨基酸含量。

表9-32　绿豆和蚕豆的主要营养成分（以100g干物质计）

成分	绿豆	蚕豆
蛋白质/g	23.6	32.5
脂肪/g	1.2	1.63
碳水化合物/g	58.2	61.0
灰分/g	4.0	1.45
钙/mg	133	180

成分	绿豆	蚕豆
磷/mg	356	660
镁/mg	183	135
钾/mg	—	120
铁/mg	11	—
硫胺/mg	0.50	0.52
核黄素/mg	0.10	0.16
尼克酸/mg	1.70	1.8

表 9-33　绿豆和蚕豆蛋白质中的氨基酸含量　　　　单位：g/100g

氨基酸	绿豆	蚕豆
赖氨酸	8.1	7.1
蛋氨酸	0.5	0.7
胱氨酸	0.7	0.8
精氨酸	5.5	8.9
甘氨酸	3.4	4.1
组氨酸	2.9	2.4
异亮氨酸	3.7	4.0
亮氨酸	7.1	7.1
苯丙氨酸	4.9	4.3
酪氨酸	2.5	3.2
苏氨酸	3.3	3.4
缬氨酸	4.1	4.4
丙氨酸	3.9	4.1
天冬氨酸	11.5	11.2
谷氨酸	13.8	15.0
羟脯氨酸	—	—
脯氨酸	3.7	4.0
丝氨酸	4.7	4.5
蛋白质（$N×6.25$)/%	22.9	26.2

9.6　美藤果蛋白工艺

9.6.1　美藤果结构和成分

南美油藤（*Plukenetia volubilis*）是一种属于大戟科星油藤属的油料植物。该植物原产于秘鲁亚马孙河流域国家，近年来在我国云南引种栽培成功。南美油藤的果实呈星形（图9-24），其种子俗称美藤果，由种仁与壳组成，种仁占种子重的 64.4%，种壳占种子重的 35.6%。种仁富含蛋白质（27g/100g）、油脂（35～60g/100g）、维生素 E、矿物质、多酚和不耐热的苦味物质。美藤果主要化学成分如表 9-34 所示。美藤果蛋白质主要成分是水溶性 3S 储藏蛋白。

图 9-24 南美油藤的果实和种子

表 9-34 美藤果化学成分

成分	含量	成分	含量
水分/%	3.3～8.32	牛油酸（$C_{20:1}$）/%	N.A
脂质/%	33.4～54.3	总多不饱和脂肪酸/%	77.5～84.4.
蛋白质/%	24.2～27.0	α-亚麻酸（$C_{18:3}$，$\omega3$）/%	12.8～16.0
碳水化合物/%	13.4～30.9	ω-6：ω-3	0.81～1.12
碳水化合物中膳食纤维含量/%	72.4	总生育酚/（mg/100g）	78.6～137.0
灰分	2.7～6.46	α-生育酚/（mg/100g）	1.13～1.27
总饱和脂肪酸/%	7.9～9.1	β-生育酚/（mg/100g）	0.67～0.95
棕榈酸（$C_{16:0}$）/%	1.6～2.1	γ-生育酚/（mg/100g）	56.8～81.4
硬脂酸（$C_{18:0}$）/%	1.1～1.3	δ-生育酚/（mg/100g）	29.2～67.8
总单不饱和脂肪酸/%	8.4～13.2	菜油甾醇/（mg/100g）	7.1～8.8
油酸（$C_{18:1}$，$\omega9$）/%	3.5～4.7	豆甾醇/（mg/100g）	21.2～26.9
牛膝酸（$C_{18:1}$，$\omega11$）/%	0.23～0.29	β-谷甾醇/（mg/100g）	45.2～53.2

9.6.2 美藤果饼粕蛋白

美藤果经剥壳、仁壳分离得到美藤果仁。美藤果仁经粉碎、加热、蒸炒、螺旋压榨机压榨，制取美藤果初榨油。粗制美藤果油经过滤、精制，制成食用美藤果油。压榨脱脂后的另一种产品就是美藤果饼粕，通常含有40%~50%粗蛋白和10%的粗脂肪。这种含油饼还可以经溶剂浸出脱脂，生产粗蛋白含量高达60%的美藤果粕。美藤果饼或粕，含有蛋白质，可以直接用作动物饲料蛋白添加剂。也可以通过使用木瓜蛋白水解酶和牛角瓜酶蛋白酶，对脱脂美藤果饼粕中蛋白质进行水解，分别生产出蛋白质含量81%和43%的两种具有生物活性的蛋白质水解肽产品PH-P和PH-C。它们的氨基酸成分列于表9-35中。

表 9-35　美藤果蛋白水解物的氨基酸成分

氨基酸	含量/（g/kg）		氨基酸	含量/（g/kg）	
	PH-P	PH-C		PH-P	PH-C
必需氨基酸			非必需氨基酸		
半胱氨酸	21	12	甘氨酸	12	12
酪氨酸	61	57	谷氨酸	69	72
苏氨酸	5	6	天冬氨酸	33	34
缬氨酸	27	25	精氨酸	<0.05	<0.05
蛋氨酸	4	5	丙氨酸	13	12
异亮氨酸	32	25	脯氨酸	17	15
亮氨酸	76	50	丝氨酸	9	9
赖氨酸	110	109	总计	153	154
组氨酸	52	46			
苯丙氨酸	73	61			
色氨酸	13	14			
总计	474	410			

引自：Rawdkuen S，Rodzi N，Pinijsuwan S。

注：PH-P 为粗木瓜蛋白酶产生的美藤果蛋白水解物；PH-C 为牛角瓜酶蛋白酶产生的美藤果蛋白水解物。

参考文献

[1] Akaranta O，Anusiem A C I，A bioresource solvent for extraction of castor oil ［J］. Industrial Crops and products，1996，5：273-277.

[2] Anandan S，Anil Kumar G K，et al. Effect of different physical and chemical treatments on detoxification of ricin in castor cake ［J］. Animal Feed Science and Technology，2005，120：159-168.

［3］Douillard R，Mathan O. Leaf protein for food use：potential of rubisco［J］. New and Developing Sources of Food Proteins，1994：306-330.

［4］Gutiérrez a L F，Rosada L M，Jiméneza Á. Chemical composition of sacha inchi（*Plukenetia volubilis* L.）seeds and characteristics of their lipid fraction［J］. Grasas y Aceites，2011，62（1）：76-83.

［5］Pirie N W. Leaf protein and other aspects of fodder fractionation［M］. Cambridge：Cambridge Univesity Press，1978.

［6］Rawdkuen S，Rodzi N，Pinijsuwan S. Characterization of sacha inchi protein hydrolysates produced by crude papain and calotropis proteases［J］. LWT-Food Science and Technology，2018，98：18-24.

［7］Rawdkuen S，Murdayanti D，Ketnawa S，et al. Chemical properties and nutritional factors of pressed-cake from tea and sacha inchi seeds［J］. Food Bioscience，2016，15：64-71.

［8］Shearer H L，Turpin D H，et al. Characterization of NADP-dependent malic enzyme from developing castor oil seed endosperm［J］. Archives of Biochemistry and Biophysics，2004，429：134-144.

［9］Osafune T，Ehara T，Satoh Y，et al. The occurrence of non-specific lipid transfer proteins in developing castor bean fruits［J］. Plant Science，1996，113：125-130.

［10］Youle R J，Huang A H C. Protein bodies from the endospenm of castor bean［J］. Plant Physiol，1976，58：703-709.

［11］崔志英，江青艳，蓖麻饼的饲用广东饲料［J］. 2003，12（6）：15-18.

［12］戴益源. 大面积低产油桐林改良配套技术［J］. 西北林学院学报，1999，14（3）：45-51.

［13］冯志彪，李冬梅. 螺旋藻分离蛋白的制备技术［J］. 山西食品工业，2000（3）：4-4.

［14］郭瑛，黄凯. 海藻饲料的开发及利用［J］. 广西畜牧兽医，1999，15（3）：41-42.

［15］金征宇，李星. 蓖麻饼粕的饲用开发［J］. 粮食与饲料工业，1995（5）：26-29.

［16］姜锦鹏，高和坤，柳丽. 野生饲料资源——海藻［J］. 饲料研究，1999，8：19-20.

［17］史志成，牟永义. 饲用饼粕脱毒原理与工艺［M］. 北京：中国计量工业出版社，1996，10：239-261.

［18］赵丹，谢达平. 蓖麻毒蛋白研究［J］. 粮食与油脂，2005（5）：3-5.

［19］郑建仙. 食用蛋白新资源——叶蛋白［J］. 食品与机械，1992，27（1）：39-40.

［20］钟文辉，吴小荣，殷蔚申. 废弃啤酒酵母自溶研究［J］. 郑州粮食学院粮学报，1996，17（1）：12-14.

［21］孔浩. 中国油茶生产布局演变研究［D］. 哈尔滨：东北林业大学，2019.

［22］周立新，黄凤洪. 蛋白饲料资源的开发利用［J］. 粮食与饲料工业，1999（4）：21-23.

［23］周瑞宝. 特种植物油料加工工艺，［M］. 北京：化学工业出版社，2009.

10

组织化植物蛋白与工艺

10.1 组织化植物蛋白概述

10.1.1 组织化植物蛋白的定义

组织化植物蛋白（texturized vegetable protein，TVP），简称组织蛋白，俗称人造肉，是一种以植物蛋白粉为基本原料，根据营养或技术的需要，添加合适的辅料或者不添加任何辅料，通过物理或者化学的方法改变蛋白质的组织结构，形成具有一定弹性和纤维状，具有动物肌肉组织结构和类似于肉类咀嚼感的高蛋白食品。一般植物蛋白原料多为大豆分离、浓缩蛋白、低温脱脂豆粕粉等。也包括花生蛋白、小麦蛋白、豌豆蛋白、菜籽蛋白以及其他植物蛋白。

最早也是最常用的是大豆蛋白，大豆蛋白是完全蛋白，不含胆固醇，氨基酸平衡，含有大豆异黄酮、低聚糖等对人体生理机能有特殊作用的功能性成分，可以预防很多"现代文明病"。花生蛋白，具有跟大豆相同的优点——不含胆固醇，富含多种人体必需的氨基酸，而且没有大豆那样难以处理的豆腥味，含有的胰蛋白酶抑制剂、凝集素等抗营养物质仅为大豆的20%，制作的组织蛋白更易被消化。近年较为热门的组织蛋白原料是小麦面筋蛋白，在营养方面氨基酸组成比较齐全，在结构方面小麦蛋白吸水后形成的湿面筋具有优良的乳化性、热凝固性、黏弹性、延展性以及薄膜成型性，自古就是传统食品中素鸡、素鸭的优质原料。

10.1.2 组织化植物蛋白产品类型

组织化植物蛋白主要根据加工的植物蛋白原料来源、加工过程原料水分含量以及组织蛋白的形状等来进行分类。

（1）以植物蛋白原料来源的不同进行分类

组织化植物蛋白产品根据植物蛋白原料的来源可以分为组织化大豆蛋白（texturized soy protein，TSP）、组织化花生蛋白（texturized peanut protein，TPP）、组织化小麦蛋白（texturized wheat protein，TWP）等。美国 Beyond Meat 公司以豌豆蛋白为基本植物蛋白原料生产的组织蛋白用于替代汉堡、火腿中鸡肉、牛肉等。目前市场上的组织化植物蛋白95%以上采用大豆蛋白为主要原料。

（2）以加工过程原料水分的含量进行分类

目前市场组织蛋白产品多以挤压法进行生产，水分在挤压法制备组织化植物蛋白时是个关键的影响因素。水分的高低会影响原料输送、物料混合和挤压等关键工艺参数，因此，一般按照加工过程的水分含量将组织化植物蛋白分为两大类：低水分组织化植物蛋白（也称干法组织化蛋白）和高水分组织化植物蛋白（也称湿法组织化蛋白）。低水分组织化植物蛋白一般物料水分含量低于40%，主要产品为一般的组织蛋白等，产品形状有颗粒、条状和块状等，表面粗糙，结构疏松多孔，组织化度较低，咀嚼性差，食用前需要复水，可作为添加辅料，冷冻制品和肉类制品中较为常见。高水分组织化植物蛋白又称拉丝蛋白，物料水分通常在40%～70%，产品水分含量相应比低水分产品高，表面较平整光滑，富有弹性，成丝致密，组织化度高，口感耐嚼，类似动物肌肉纤维结构，不需要复水，可即食，膳食纤维、低聚糖、皂苷等生理活性成分可以较好保留。两种产品的区别较大，详见表10-1。

表 10-1 低、高水分组织蛋白制备的基本特征比较

项目	低水分组织蛋白	高水分组织蛋白
发展年代	最早见于 Anelly（1964）的专利，工业化生产始于20世纪70年代后期	技术起源于20世纪80年代的日本和法国，90年代中期美国开始研究
挤压机	单/双螺杆挤压机	带冷却模头的双螺杆挤压机
原料	要求范围较宽，以脱脂（或部分脱脂）豆粕和浓缩蛋白为主要原料	原料要求严格，以分离蛋白和低变性脱脂豆粕为主要原料
原料含水率	20%～40%	40%～70%
产品特性	产品最终水分含量低（通常低于10%），呈膨化的海绵状结构；色泽、大小、形状和风味多样；食用前需要复水处理（非即食性）	产品最终水分含量高（通常为40%～60%），其外观和质地与动物肉类极为相似；可冷冻或冷藏处理，具有即食、即用的特点
用途	主要用于肉制品（腊肠、火腿等）的添加物，代替部分肉类蛋白以提高产品的吸水、吸油能力，亦应用于面食、肉类和调味品中及一些纤维状食品的成形上	可作为主菜进行多种方式的烹饪加工，广泛应用于烹饪主菜（素鸡、素肉）、快餐食品、冷冻食品等领域
市场发展状况	技术成熟，市场上的主流产品	技术和市场未成熟，今后的发展方向

（3）根据组织蛋白的形状分类

挤压法制备组织蛋白的主机设备是螺杆挤压机，经过简单更换模具，即可改

变产品的形状，生产出不同外形和花样的产品，如片状、条状、球状、星状等，如图 10-1 所示。也有在挤压成型后二次加工形成不同形状和用途的组织蛋白，如经过粉碎形成粉状、粒状等。

图 10-1　不同形态的组织蛋白

10.1.3　组织化植物蛋白在食品工业中的应用

目前，组织化蛋白在食品中有着广泛的应用，如肉制品、方便食品、菜肴、休闲食品、保健食品等。在市场上主要有三种消费群体：一是因为宗教信仰而饮食受到限制的人群，食用组织化蛋白代替肉类；二是由于期望更加合理饮食习惯而寻找代替肉的类似模拟物的人；三是想要寻找价格更加低廉的蛋白来源的人。所以，食用组织蛋白的人包括越来越多的素食主义者和想减少胆固醇摄入量的人群。组织蛋白被用来替代肉类作为肉的模拟物，例如汉堡、片状午餐肉、火腿、热狗等。虽然肉类制品中蛋白质含量很高，但也会产生负面影响，例如胆固醇、脂肪摄入量过多。然而，许多人仍然喜欢肉的味道和口感，所以肉的模拟物已经成为一种切实可行的能够提供足够营养成分的替代品，而且可以降低胆固醇、脂肪的摄入量。由于组织化蛋白具有良好的保油性、吸水性，在食品中加入适量的组织化蛋白，不仅能够降低组织蛋白的生产成本，还能增加产品的蛋白含量，同时还能够补充多种微量元素，使氨基酸的含量更加完善，提高消化率。据报道，作为人造肉领域的领头羊 Beyond Meat（图10-2）上市后股价连续暴涨，目前麦当劳、肯德基、泰森食品等行业巨头，都在评估人造肉食材进入菜单的可能性，汉堡王和雀巢也陆续公布了人造肉产品计划。2017 年初，美国另一家制造植物人造肉的科技公司 Impossible Foods 完成位于加利福尼亚州奥克兰的大型工厂，每月可产出 100 万磅（约合45.4万 kg），按照肉牛的平均产肉率计算，这相当于处理完一个两千多头牛的农场。他们更预计 2018 年该工厂的产能会再提升至每年 250 万磅（约合113.6万 kg），可以生产约 2500 万个麦当劳单层牛肉芝士汉堡所需的牛肉饼。Impossible Foods 公司走出美国，香港成了它第一个落脚城市。

图 10-2 人造肉汉堡源自美国两大素食肉公司（Impossible Foods 和 Beyond Meat）

随着人们生活质量的提高和工作节奏的加快，公众健康出现日益恶化的趋势，"三高"患者和一些慢性病患者的比例日益增多，引发人们对健康的日益关注。由于饮食习惯和爱好的问题，人群中患肥胖症、高血压、心脑血管等疾病的比例越来越高。2015 年 10 月，世界卫生组织下属的国际癌症研究机构开始把红肉和加工肉类列为"对人类致癌可能性较高"的物质。

植物组织蛋白具有类似肉的结构和口感，但又没有肉类产品中的高脂肪和胆固醇含量，一定程度上可代替肉类产品。植物组织蛋白安全营养，可一定程度上缓解和改善"三高"、肥胖等的发生。组织蛋白受到素食人群和患文明病等人群的青睐，同时也因其营养健康的优点，成为越来越多人合理膳食的搭配食材，组织化蛋白的市场将更为广阔。表 10-2 为目前组织蛋白的应用途径、生产现状、应用状况以及市场发展趋势。

表 10-2 组织蛋白的应用现状与发展趋势

应用领域	生产现状	应用 TVP 状况	市场发展趋势
肉制品	2018 年，我国肉产品总量约 8517 万吨。熟肉制品产量占肉类总产量的比重还不到 10%，而同期发达国家熟肉制品已占到肉类总产量的 50%以上 产业分布以双汇、金锣、雨润为主的大型企业和众多小企业构成	TVP 主要用于低端的碎肉制品和灌肠制品 TVP 为终端产品提供了很好的蛋白替代及持水、持油特性	TVP 特有的蛋白特性，在熟肉制品新产品开发中，占到越来越重要的位置 未来五年，肉制品行业对 TVP 的需求量约为 15 万～25 万吨（2012～2018 年熟肉制品增长了约 120 万吨）
速冻食品	水饺制品年产量约为 500 万吨，增长速度＞15% 河南产量约 350 万吨，以三全、思念为代表。目前全国市场 7/10 水饺、1/2 的火腿肠、1/3 的方便面产自河南	TVP 为水饺馅料的填充物，替代部分甚至全部瘦肉 TVP 良好的持水、持油为馅料添加更多的增味剂提供良好的载体 拉丝蛋白在制作饺子皮过程中可适量加入以增加韧性及抗冻裂性	农村速冻水饺市场基本空白，发展空间很大，将继续增加组织蛋白的用量 城市市场中，未来五年，高端拉丝蛋白代替部分瘦肉的需求量会达到 5 万～10 万吨/年以上

续表

应用领域	生产现状	应用 TVP 状况	市场发展趋势
方便面	我国方便面年产量约 1000 万吨，占世界 1/2，消费量占 1/3 产业分布以康师傅、统一、今麦郎、白象等一线品牌所垄断	TVP 主要用于替代汤料包里的瘦肉 也有部分厂家尝试在面块里添加部分 TVP 以改善口感。目前，TVP 需求量为 5 万吨	未来五年 TVP 需求量至少增加 50%，达到 10 万吨以上 拉丝蛋白用量大幅度增加
出口+其他		普通酒店及家庭使用 TVP 越来越普遍，使用量会越来越大	可开发出各种不同的用法 市场前景普遍看好，增长潜力较大

　　组织化蛋白除了在食品工业中的应用外，还可进行蒸、煮、炒、炖、烤、炸等家庭主菜形式的烹饪，因为其耐受高温的特性，减小了肉制品在高温的作用下组织结构的破坏程度，保证了肉制品的咀嚼性、弹性等质量品质的稳定，如图 10-3、图 10-4 所示。

图 10-3　低水分组织蛋白制作的凉拌菜肴　　图 10-4　高水分组织蛋白制作的鱼香肉丝

10.2　组织蛋白生产方法

　　组织化植物蛋白生产方法有不少文献报道，总体可归纳成如下三种基本工艺，采取此三种工艺所生产的产品都具有较为明显的肉类纤维结构。

10.2.1　挤压法

　　将食品挤压技术应用于组织蛋白的研究始于 20 世纪 60 年代。挤压法（extrusion texturization）产量大，能生产纤维状产品，产生很少需要处理的副产品，因此是一种最常用的加工组织蛋白的方法。

10.2.1.1　生产原理

　　以大豆蛋白为例，脱脂大豆蛋白粉或浓缩蛋白加入一定量的水分，在挤压膨化机里强行加温加压，即在热和机械剪切力的联合作用下蛋白质变性，结果使大豆蛋白分子定向排列并致密起来，在物料挤出瞬间，压力降为常压，水分子迅速蒸发逸出，使大豆组织蛋白呈现层状多孔而疏松，外观显示出肉丝状。

组织蛋白的生产过程是在专用设备（挤压膨化机）里以物理化学的方法完成的。它通过膨化机腔内的高温、高压对低温粕粉进行机械揉合和挤压，改变蛋白质分子的组织结构，使其成为一种易被人体消化吸收的食品。用来膨化的原料可以是低温脱脂豆粕粉，或是蛋白质含量为70%的浓缩蛋白粉，或是分离蛋白等。生产时，将蛋白质原料与适量水分、添加物混合搅拌后，送入挤压膨化机内，强行加温加压。经一定时间后，蛋白质分子排列整齐，成为具同方向性的组织结构形式，同时凝固起来，成为纤维蛋白质，咀嚼感与肉类相似。大豆低温脱溶粕中含有胰蛋白酶抑制素、尿素酶以及血细胞凝聚素等一些抗营养物质，影响动物及人体的消化吸收，经过在膨化机内的高压、高温处理后，胰蛋白酶抑制素等抗营养物质的活性被破坏了，因而改善了大豆蛋白的消化吸收性，提高了大豆蛋白的营养效能；另一方面，采用湿热处理也能显著提高蛋白质的营养性能。同时，研究了不同操作温度对膨化蛋白质的质量的影响，见表10-3，在三种（低温、中温、高温）操作中，物料水分含量大的，功率消耗也相应地高些。就胰蛋白酶抑制素的破坏情况、尿素酶的残留量、氮溶解指数（NSI）以及营养价值来看，以中温的效果更好一些。

表 10-3　不同温度对膨化蛋白质质量的影响

预处理情况	极限温度/℃	胰蛋白酶抑制素破坏率/%	尿素酶活性（pH）	氮溶解指数（NSI）/%	蛋白质功效比值（PER）
低温 65～100℃	110～117	95.5	0.0～0.3	15.7～17.2	2.24～2.53
中温 71～102℃	121～124	97.6～99.1	0.05～0.06	17.2～20.8	2.24～2.53
高温 88～104℃	135～143	95.5	0.0～0.04	12.3～15.0	2.04～2.46

10.2.1.2　生产工艺

（1）一次膨化法

工艺流程为：原料及添加物（碱，盐）→加水搅和→挤压膨化→切割成形→干燥冷却→拌香着色→包装→成品。

（2）二次膨化法

将经过膨化的蛋白质制品再继续进行一次膨化，这样物品无论从口感还是从营养上来说，更近似于肉制品，因此，此法广泛用于仿肉制品的生产。工艺流程为：原料及添加物（碱、盐）→加水搅和→预膨化→二次膨化→切割成形→干燥冷却→拌香着色→包装→成品。

10.2.1.3　典型的大豆组织蛋白生产工艺

图 10-5 为美国 Wenger 挤压机制造公司组织蛋白生产工艺流程。

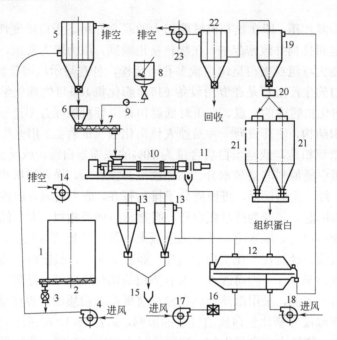

图 10-5　美国温格尔（Wenger）公司大豆组织蛋白工艺流程

1—原料粉储仓；2—定量输送绞龙；3—封闭阀；4—高压风机；5—集粉器；6—料斗；7—喂料绞龙；

8—调和缸；9—定量泵；10—膨化机；11—切割刀；12—干燥冷却器；13—旋风分器；

14,17,18,23—风机；15—集粉罐；16—空气加热器；19—旋风分离器；

20—除铁器；21—成晶罐；22—布袋除尘器

　　经过粉碎的低温脱脂豆粕经过原料粉储仓（1）、定量输送绞龙（2）、封闭阀（3）由高压风机（4）送入集粉器（5），物料由料斗（6）、喂料绞龙（7）流到膨化机（10）。必要时在绞龙（7）内加适量水分进行调节，一般加水为 20%～30%，并根据需要调整 pH 值，pH 值低于 5.5，会使挤压工作十分困难，而 pH 大于 8.5，会使产品带苦味，色泽变深，对于大豆组织蛋白制品来说，pH 的最佳正常范围可考虑在弱碱条件下，有利于二硫键的形成；氯化钠的添加能增加复水产品的结实性和强化 pH 的调节效果，一般添加量低于 3%。为改善产品的营养价值、风味及口感，在膨化前后可以适当添加一些盐、碱、磷脂、色素、漂白剂、香料及维生素 C、维生素 B、氨基酸等。大部分添加物一般先溶解到调和缸（8），然后由定量泵（9）打入膨化机（10）。另一些添加物，如色素、香料、维生素等需在物料膨化后再加入，因为这些物料在高温条件下易发生变性或挥发。

10.2.2　水蒸气膨化法

　　蛋白质颗粒在蒸汽环境下加热，并进行压力的快速释放，可以使蛋白质膨化和组织化，此工艺类似于即食谷物颗粒的膨化。Dunnings、Tsuchiya 采用连续式蒸汽组织化装置，可使产品膨化成原来的 3 倍大小，在水中能很快复水，具有非常柔和的味道，用作肉类产品添加物，但是在单独用它来生产类肉物时，很难达到所要求的黏性和纤维状结构。

10.2.2.1 生产原理

水蒸气膨化法系采用高压蒸汽，将原料在 0.5s 时间内加热到 210～240℃，使蛋白质迅速变性组织化。

10.2.2.2 工艺流程

水蒸气膨化法工艺流程如图 10-6 所示。

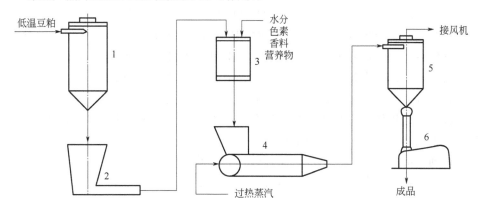

图 10-6 组织蛋白水蒸气膨化法工艺流程

1—暂存料斗；2—计量喂料器；3—混合器；4—蒸汽组织化装置；5—旋风分离器；6—切碎机

水蒸气膨化法生产组织化蛋白是先用风机将低温脱脂粕粉吸入暂存料斗（1），然后经容积式计量喂料器（2）把粕粉均匀地送入混合器（3）中，并在混合器内加入适量的水分、色素、香料、营养物等，使其与料均匀混合，再落入蒸汽组织化装置（4）中进行膨化。膨化机所用的过热蒸汽温度为 210～240℃，压力在 1MPa 以上。膨化后的组织化蛋白进入旋风分离器（5），在此排除废蒸汽，再落入切碎机（6）切割成标准大小的颗粒体，即为组织化蛋白制品。

本工艺特点：用高压过热蒸汽加压加热，在较短时间内促使蛋白质分子变性凝固化，能明显地除去原料中的豆腥味，以保证产品质量。同时，产品水分只有 7%～10%，节省了干燥装置，简化了工艺过程。

10.2.3 纺丝黏结法

纺丝黏结法（fiber spinning）最早由 Boyer 提出，由一些合成纤维所采用的纤维生产工艺发展而成。

10.2.3.1 生产原理

纺丝黏结法的生产原理是将高纯度的大豆分离蛋白溶解在碱溶液中，大豆蛋白分子发生变性，许多次级键断裂，大部分已伸展的亚单位形成具有一定黏度的纺丝液。将这种纺丝液通过有数千个小孔的隔膜，挤入含有食盐的乙酸溶液中，在这里蛋白质凝固析出，在形成丝状的同时，使其延伸，并使其分子发生一定程度的定向排列，从而形成纤维。

首先将大豆分离蛋白用稀碱液调和成蛋白质浓度为 10%～30%、pH 为 9～13.5 的纺丝液。纺丝液黏度直接影响着产品的品质，在一定条件下，纺丝液的黏度越大，可纺丝性越好，而其黏度主要取决于蛋白质的浓度、加碱量、老化时间及温度。通常情况下在一定温度下老化一段时间后（一般约 1h）可出现纺丝性，而纺丝液的 pH 一般都较高（pH10 以上），在这种条件下蛋白质容易发生水解，产生赖丙缩合物等有毒物质，一般 pH 越高、老化时间越长、老化温度越高，越易生成有毒物质。为了保证大豆蛋白质的高营养性及安全性，应尽量缩短纺丝液的老化时间：一般情况下，纺丝操作应在调浆后 1h 内完成。

另一方面，纺丝液的黏度随着老化时间延长而降低，若在 1h 内完成纺丝操作，会由于纺丝液的黏度差异而影响蛋白纤维的质量，轻者出现纤维粗细不均，重者会出现断丝或不成丝，为了解决这个问题，可以在纺丝液中加入适量的二硫键阻断剂，常用的有半胱氨酸、亚硫酸钠、亚硫酸钾、巯基乙醇等，这样，纺丝液在老化过程中，黏度不仅不会降低，而且还会提高，并且黏度在 1h 内变化不明显。

二硫键阻断剂的添加量，一般半胱氨酸添加量为 0.3～3.0mg/100g（蛋白质），亚硫酸钠或亚硫酸钾添加量为 5.0～50mg/100g（蛋白质），巯基乙醇添加量为 0.4～40mg/100g（蛋白质）。

经调浆后老化的喷丝液，经喷丝机的喷头被挤压到盛有食盐和乙酸溶液的凝结缸中，蛋白质凝固的同时进行适当的拉伸，即可得到蛋白纤维。挤压喷丝时，压力要稳定，大小要适当，否则不仅蛋白纤维粗细不均，还会降低喷丝头的使用寿命。

对蛋白纤维一定程度的拉伸可以调节纤维的粗细和强度。在拉伸过程中，蛋白质分子发生定向排列，蛋白纤维的强度增强，在一定限度内，拉伸度越大，分子定向排列越好，纤维强度越高，另外纤维强度还受原料品质、碱的浓度、蛋白质浓度、乙酸的浓度以及共存盐类的影响。黏结成形即将单一的或复合的蛋白纤维加工成各种仿肉制品，需经黏结和压制等工序来完成，常用的黏合剂有蛋清蛋白以及具有热凝固性的蛋白质、淀粉、糊精、海藻胶、羧甲基纤维素钠等，也有利用蛋白纤维碱处理后表面自身黏度来黏合的。

为了使仿肉制品具有良好的口感和风味，可在调制黏结剂时加入一些风味剂、着色剂及品质改良剂、植物油，使仿肉制品柔软且具有良好风味。

10.2.3.2　工艺流程

纺丝黏结法模拟肉工艺流程如图 10-7 所示。

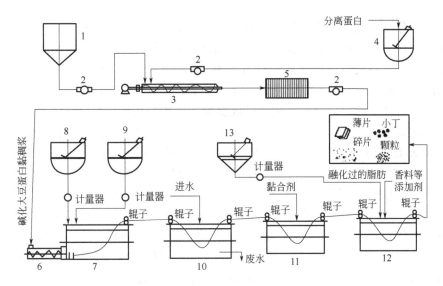

图 10-7 纺丝黏结法模拟肉工艺流程

1—碱液罐；2—定量泵；3—螺旋混合泵；4—溶解罐；5—过滤器；6—喷浆器；7—凝结槽；

8—盐水罐；9—酸液罐；10—水洗罐；11—黏结罐；12—包脂肪罐；13—脂肪储罐

将分离蛋白倒入溶解罐（4）中调节成浓度为 10%～30%的纺丝液与从碱液罐（1）中成形并定量出的碱液在螺旋混合泵（3）中混合均匀，控制 pH 为 9～13.5，而后通过过滤器（5）进入喷浆器（6），喷成丝状后在凝结槽（7）中凝结，再通过辊子压延拉伸变细，经水洗、黏结成形，最后抹涂脂肪、香料等各种添加剂后成为模拟肉产品。

10.3 挤压技术在组织蛋白生产中的应用

10.3.1 挤压法生产组织蛋白的发展历程和现状

挤压法（挤压技术）生产组织化大豆蛋白始于 1964 年，McAnelly 利用一个可以承受高压的容器，将脱脂豆粉与水调和成面团，在此容器内进行膨化，生产出多孔的、非常有弹性的颗粒状产品。1970 年，Atkinson 开始利用单螺杆挤压机连续化生产组织化大豆蛋白。该产品体积膨大、呈多孔状，有一定取向性质的纤维结构，产品具有很好的咀嚼性和弹性，被称为模拟肉制品。组织化大豆蛋白开始大规模工业化生产，逐渐成为用途广泛的食品配料之一。目前国内外市场上，低水分组织化植物蛋白的研究和应用已经较为成熟，如拉丝蛋白是广大消费者所喜爱的一种素食产品，营养健康。据不完全统计，目前中国大陆从事组织化大豆蛋白生产的企业已超过 60 余家。

高水分组织化植物蛋白国外起步较早，始于 20 世纪 80 年代末，且加工工艺较成熟，相关研究很多，如 MacDonald Ruth S 等人认为高水分挤压的方法可被认为是生成高品质蛋白质食品的有用方法。在国内，高水分挤压组织蛋白的研究受到国外影响，近十五年间研究逐步深入起来，以大豆蛋白为原料的高水分组织化植物蛋白基本成熟，如王洪武等以低温脱脂豆粕为挤压原料，物料水分含量在 38%~44% 的范围内成功生产出高水分组织化大豆蛋白。魏益民等利用引进的德国 Brabender 公司生产的 DSE-25 型实验室双螺杆挤压机，以低变性脱脂豆粕为原料，物料水分含量高达 55% 的情况下仍然可以生产出质量较好的组织化大豆蛋白。薛晓程等利用法国 Clextral 公司生产的 EV-25 型双螺杆挤压机研究了谷朊粉原浆与大豆浓缩蛋白复合挤压组织化，水分最高可达 65%，结果表明复合组织化蛋白的质量能够得到明显改善。孙志欣等人以感官评价为目标函数得到高水分挤压组织化的最佳工艺参数：物料含水率为 55%、机筒温度为 150℃、螺杆转速为 208 r/min、大豆分离蛋白添加量为 34%，此时测得产品组织化度为 2.19，组织化状态明显。高扬等人的研究说明通过改变物料的配比及其含水量可以得到不同物理特性的蛋白产品，丰富产品种类，可以为高水分组织化蛋白产品的生产应用提供一定的理论依据。

也有少量研究以谷朊粉（干粉）为原料制备高水分组织蛋白，薛晓程等分析了 5 种不同筋度小麦谷朊粉对组织蛋白质构和感官品质的影响，结果表明：挤压组织化蛋白产品的黏聚性与谷朊粉的持水力呈显著正相关，感官评分与面筋指数呈极显著的正相关。张丙虎等人对小麦谷朊粉挤压组织化进行探讨，得出选择蛋白质含量和谷蛋白含量适中的谷朊粉作为主料挤压时，可得到具有合适硬度和组织化度的产品。郑建梅认为高水分挤压最优参数组合为：物料湿度 52.70%~53.49%，套筒温度 159.08~162.02℃，螺杆转速 154.39~165.61r/min，喂料速度 21.66~23.32g/min。但谷朊粉因其吸水后原料的特殊性，研究起来相对困难，发展缓慢，所以大多研究均是将谷朊粉与大豆蛋白复配进行研究，如蒋华彬以小麦蛋白为主料，复配大豆分离蛋白、花生蛋白、豌豆蛋白等植物蛋白，综合考虑组织化蛋白产品色泽品质、质构特性和感官品质，较适宜的挤压工艺为水分含量 49%，螺杆转速 330r/min，喂料速度 10~11kg/h，挤压温度 170℃。洪滨等人以大豆分离蛋白和小麦蛋白为原料挤压生产高水分组织蛋白，结果表明：原料体系中分离蛋白含量增加有利于组织蛋白结构中各化学键的形成，可改善蛋白产品形成良好的组织化状态。郑绍珊等研究表明，谷朊粉与豆粕在合适的比例做出的挤压组织蛋白产品感官评分、组织程度和外观较佳。

10.3.2 挤压法生产组织蛋白的主要设备

挤压机是生产组织蛋白质量高低的关键设备。在现代食品工业中广泛使用的是螺杆式挤压机，主要由套筒、喂料装置、内部的螺杆、加热装置和控制系统组成。最常见的有单螺杆挤压机和双螺杆挤压机。由于单螺杆挤压机不易清洗、物料温差大和难以喂粉末状物料，只适用于简单的膨化食品、膨化饲料等，在应用当中受到一定的限制。双螺杆挤压机种类繁多，如按啮合程度可分为完全啮合型、部分啮合型和非啮合型；按两螺杆相对旋转方向可分为同向旋转和逆向旋转。生产组织蛋白的挤压机通常选择较大长径比（一般大于 20）的同向旋转完全啮合的高剪切双螺杆挤压机。表 10-4 为单、双螺杆挤压机的主要区别。

表 10-4　单螺杆和双螺杆挤压机的主要区别

项目	单螺杆挤压机	双螺杆挤压机
物料输送方式	主要依赖物料与螺杆、物料与机筒间的摩擦力来输送	物料依靠两螺杆之间的啮合进行输送
加工能力	生产能力较小，能源消耗大	生产能力较大，节能降耗
原料适应性	只适用于含水及含油量不高，具有一定颗粒状的物料	适用性强，适应物料较宽的颗粒范围，高含水、含油物料均可
物料最大水分限制	10%～30%（不超过 40%）	5%～95%
机筒内物料热分布	不均匀	均匀
逆流产生程度	高	低
设备耐久性	大	比单螺杆稍差
螺杆剪切力	强	弱

调质是在挤压前通过添加适量的水或者蒸汽进行调温和调湿处理，从而达到杀灭有害细菌，促进淀粉糊化，使蛋白质变性，提高蛋白质消化率，初步使大豆蛋白粉料预熟化，从而达到更有利于挤压膨化的目的。

原料的特性、蒸汽的质量和调质参数的选择对调质效果有主要的影响。原料特性中粒度对调质的影响最为重要，它对膨化大豆的转化利用率、加工成本有着重要的影响。有研究表明：减小粉碎粒度可提高蛋白质体外消化率，增加蛋白质的溶解度，因此，在实际生产中应选用合适的粉碎粒径进行调质膨化。粉碎粒度越细越有利于调质，但过细增加电耗，粉碎机的产量降低。

蒸汽的质量对调质工艺也尤为重要，蒸汽在调质器中主要以传导和对流的方式进行热交换。调质过程中蒸汽要选用优质的干饱和蒸汽，避免使用湿蒸汽，蒸汽压一般在 0.2～0.5MPa，压力波动一般不应超过 0.05MPa。调质参数中调质时间、水分和温度被称为直接影响调质的三大要素。提高调质温度有助于减少细菌对膨化料的污染，使胰蛋白酶抑制因子失活，蛋白质变性，提高大豆蛋白的生物效价、营养物质的消化率和饲料的转化率。当调质温度在 80℃左右，水分大于 15%时，灭菌效果可以达到 98%以上。但温度较高时，会使物料维生素活性下降，导致赖氨酸不可利用，转化形成赖丙氨酸，还会引起美拉德反应。调质时间是体现调质器性能最直接的参数，在温度和水分相对稳定的条件下，其长短直接决定了调质的效果。

目前，国内外制备组织蛋白的主要设备大致如下。

（1）X系挤压膨化机组

X-155CB型、X-175型和X-200型是美国Wenger共同研究生产的3种主要膨化机。这类设备都不是单一的，而是以机组形式出现，带有很多的配套设备，如预混合器、喂料器等。

工作原理为：首先使得低温脱溶豆粕粉进入喂料器，不断经喂料螺旋输入预调器内。在预调器中加入适量水分、营养物质和调味剂等，预调后送入混合机进行充分混合与搅拌，形成湿面团，湿面团再流入膨化机膛内做进一步的挤压、捏合、蒸煮。膨化机膛体由壳体和螺旋轴组成。挤压产生的高压、高温和高湿环境使蛋白质分子产生变化，在出口排出长条状产品，由于外界压力低，蛋白条状物中水分迅速减压蒸发，使产品膨化为孔状物，再经切割机切成长短不同的颗粒状膨化蛋白产品。

（2）BCT型挤压膨化机组

这类设备是瑞士布勒公司生产的双螺杆挤压膨化机组，机组涵盖的产能范围广，从实验室级别到高产能生产型机器齐全，设备特点是：

① 螺杆有优越的进料特性，能连续生产，入口部件有宏观的设计，保证不受原料温度、湿度、颗粒大小的影响。

② 维修用时极短，螺杆离合器便于使螺杆由花键轴上快速取出清洗和改装。

③ 高效的动力分配分叉齿轮系统所占用空间小，用极微的噪声传递扭矩至挤压螺杆（由于能耗小，所需的冷却量也小），水平式的拼合机壳，容易进入清理。

④ 简单的润滑系统，轮箱联体的润滑油喂入系统是强制驱动，监视点减至一个，保证较高的热容量并简化机器的清理。

⑤ 最低的维修率，用法兰直接联轴减速轮箱，不需其他额外传动部件。

⑥ 机械安全性好，摩擦离合器有电子监控措施，可避免机件受损。

⑦ 为适应产品，可改变挤压头的长短及形状。由于机壳部件是用标准件结构组合的，并且螺杆部件是插接的，故可根据产品的需要而改变。

⑧ 产品的形状适于市场的需要。易改变的模具、转速、可移动割具中有数量不同的割刀，可使产品有不同的形状。

（3）ZZ-70和DJ-68型挤压机

70型和68型植物蛋白挤出机是国内小型企业使用最多的单螺杆挤压膨化机。生产厂家比较多。该机是根据大豆、花生等高蛋白饼粕的物理特性设计制造的。能生产机制腐皮、素鸡翅、豆龙、牛排，豆筋等组织化蛋白产品。更换模头或刀具还可加工成条状、节状、筒状等形状。

（4）调质设备

调质设备是高性能双螺杆挤压机系统中必不可少的配置。物料在调质器中得到的能量占总能量的 50%，调质不仅可以降低挤压机系统的能量消耗，而且可以在剪切强度条件下使物料熟化。调质设备已成为高性能挤压膨化机生产必不可少的配置，是膨化工艺的主要组成部分，没有优良的调质设备，难以获得优质高产、低能耗的膨化效果。不同的调质系统见图 10-8。

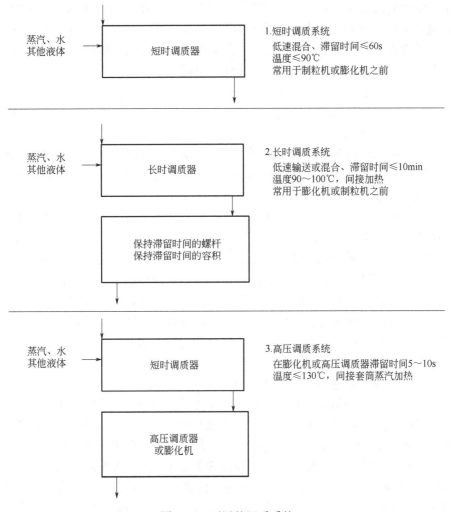

图 10-8 不同的调质系统

国内大豆调质选用的调质器多为双轴异径差速调质器。由美国 Wenger 公司发明的用于挤压膨化的双轴桨叶式调质器就是双轴异径差速调质器（又称DDC），其由两个不同半径的筒体焊接而成，筒体内部装有两根带有桨叶且转速不同的搅拌轴，小筒桨叶的转速约为大筒桨叶的 2 倍，在 200～300 r/min 左右。粉料主要靠不同角度桨叶的推动力沿着筒体向前推进，在筒体内既有单轴的绕轴螺旋运动，同时又被桨叶抛向另一轴，参加另一轴的螺旋运动，因此粉料的局部运动呈"8"字形，增加了粉料的运动路线，延长了粉料在调质器内的滞留时间，使粉料在调质器内达到杀毒灭菌和充分预熟化的目的。通过调节桨叶的角度可以来调整粉料的滞留时间，粉料在 DDC 内的滞留时间可以控制在十几秒至 240s 范围内。DDC 筒体中部设有多个蒸汽注入口，每个注入口都带有可单独调节蒸汽添加量的旋转把手，并在蒸汽管路上使用稳定安全的蒸汽疏水阀和减压阀，以确保通入调质器内的是压力稳定的干饱和蒸汽。此外，蒸汽不应沿着垂直的方向进入调质器内，应该从切线方向进入，沿着搅拌轴的方向喷出使其与粉料的混合更加充分。双轴异径差速调质器在运行过程中通过桨叶的翻抛实现较高的自清洁能力，有效避免了物料粘壁滞流现象。但粉料在调质过程中前后交叉，做不到先进先出，有时也会有较高的残留量。目前双轴异径差速调质器在水产及高品质畜禽饲料的膨化方面应用较多。

世界上知名的挤压机生产厂家美国的 Wenger、Anderson 公司、德国的 KAHL 公司、荷兰的 Almex 公司、奥地利 ANDRITZ 公司等在调质器、挤压机等的设计和制造领域处于领先地位，多种调质方式和装置应用于大豆的膨化。世界最大的挤压机生产厂家美国 Wenger 公司长期以来一直致力于挤压机系统，包括进料装置、调质器、挤压机、切割机以及后续干燥、冷却、自动控制等系统的深入研究和实际应用，调质系统从单轴调质器、双轴调质器逐渐发展到双轴差速调质器、多重调质器等，以及根据最终产品的品质如水分、密度的要求实现在线监测、反馈和控制，为客户提供全方位、各种需求的技术和系统，值得国内挤压机厂家学习和借鉴。目前，国内大型饲料机械企业如江苏牧羊集团、江苏正昌集团等在调质器的生产上质量接近国际先进水平，能够满足精细调质的要求。但是，一些中小企业生产的质量不高，难以满足高能效的生产要求。

（5）质量指标及主要技术经济指标

测定组织蛋白的组织结构和其他特性的方法有许多种，这些方法用来测定各种挤压条件下对产品特性的影响以及生产过程中的操作质量标准，如粒度分布与 TVP 的复水特性和功能特性有关，容重可以表示 TVP 的膨化程度，吸水性是 TVP 的一个重要功能特性，完整性指数可以用来测定复水后 TVP 的质地结构，测定复水后 TVP 的组织结构的方法也有多种，但尚未完全符合要求，有待进一步深入研究。表 10-5 为低温豆粕和组织蛋白质量指标，表 10-6 是生产组织蛋白的主要参数。

表 10-5　低温豆粕和组织蛋白质量指标

项目	低温豆粕	组织蛋白
化学成分		
氮溶解指数（NSI）/%	50～80	10
水分含量/%	6～12	6

项目	低温豆粕	组织蛋白
蛋白质含量（$N \times 6.25$）/%	56（干基）	50，60，70
粗纤维量/%	4	3
灰分含量/%	6	6
碳水化合物含量/%		34，24，16
最大脂肪含量/%	1	$\leqslant 1$
物理性状		
容重/（g/cm³）	0.65～0.70	0.10～0.15，0.32～0.37
粒子大小/cm×cm	—	$\phi(2\sim3)\times3$，$\phi0.5\times1$
气味	—	无

表 10-6　生产组织蛋白的主要参数

项目	昭和	日清	不二	味之素	三 I	EMI
通过 100 目/%	—	97	—	100	—	
加水量/%	20～30	20～30	20	20～30	15～35	
加磷脂量/%	2～3	0.2～0.3	—	—	—	
温度控制/℃	150	150	135～145	150～200	—	
出口水分含量/%	15～16	—	12	10～15	15～24	
成品组织蛋白含水量/%	8	6～8	—	—	7～8	
成品粒度	—		通过 6～42 目筛 92%	—	—	
氮溶解指数（NSI）/%	—	10		—	—	
膨化机类型	W-200 型	W-200 型	W-200 型	—	E750	
转速/（r/min）	200	200～500	250			
功率/kW	210	210			149	
耗汽量/（kg/t）	—	—	—	—	0.45	0.45
装机容量/kW	—	—	—	—	295	292.4
耗水量/（m³/t）	—	—	—	—	0.5	
冷却水量/（m³/t）	—	—	—	—	1.4	

10.4　植物蛋白挤压组织化的机理分析与评价研究

10.4.1　植物蛋白挤压组织化的机理分析

已经清楚地证明植物蛋白在挤压或类似的加工过程中，能组织化成框架式物体，具有类似纤维的性能。在逻辑性讨论挤压参数对组织化加工的影响之前，需要了解蛋白质的组成、结构、性质和功能等（前面章节已详述，这里不再赘述）以及由于受热、pH变化和剪切而使其变性的情况。

（1）热变性

在组织化中，热变性是一关键参数。这种变性是不可逆，其变性程序描述于图10-9中。当蛋白质和水的温度增高，由于蛋白质丧失其原有球状蛋白的三维形状，蛋白质被强烈展开。为了展开，必须破坏离子键、二硫键、氢键和范德华（van der Walls）力等所组织和固定的分子。展开后，相对的成直线的蛋白质链变得自由而进行重新定向和再组合，这样分子内键形成和保持变性后纤维状态。Cumning等断定在挤压环境中受热，使绝大多数的水溶蛋白质破碎成细小亚单元或变成不溶性和/或被再排列。

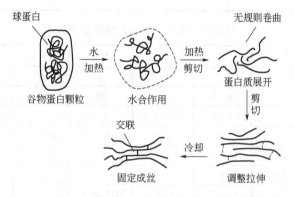

图10-9　蛋白质变性机理示意图

水分在生物聚合物熔融过程中起着重要的作用。首先水分作为塑化剂，可以增加蛋白质链的柔性和弹性，降低其玻璃化转变温度，从而使物料在达到热分解前到达熔融状态。干燥的蛋白质和多糖之所以不能熔融，是因为其熔融温度高于热分解温度；其次水分还可以降低熔融体的黏度；第三，水分还参与到许多在挤压机内发生的化学反应中，或作为反应产物而对化学反应起到抑制作用。另外，水分的蒸发（或闪蒸）还对挤出物的形态产生重要影响。

通过加入较大量的硫元素（100～5000mg/kg）或其他含硫试剂，证实在纺丝纤维中，二硫键提供主要的接合力。Jenkns认为二硫键能改善TVP的结构，这间接地意味着二硫键的重要性。接着Burgess和Stanley做了一系列试验，指出蛋白质链的交联是通过蛋白质链上自由羧残基与氨残基之间的酰胺键而出现。以此资料为热基础，图10-9中也表示出分子内酰胺键由于挤压作用使蛋白质分子再聚合。大致地显示出，通过提供交联用氨基和羧基的数量，有可能控制其交联程度和组织化程度。

（2）化学键的变化

维持天然状态蛋白质高级空间结构的作用力主要是一些所谓的弱作用（或称非共价键或次级键），包括氢键、范德华力、疏水作用、离子键和二硫键等。蛋白质的变性需要打乱原来的化学键和形成新的化学键，这些变化形式与受热或反应相关。之前，组织化形成机理研究中争议的焦点之一是挤压过程中是否有异肽键的形成。近年来的研究表明，组织化产品网状结构的维持没有异肽键的参与，即一般不会发生蛋白质分子链的断裂，也不会有新的蛋白质产生，起主要作用的是二硫键和非共价键。肽键和二硫键作为维持蛋白质原始结构的主要共价键，仍然是目前研究挤压过程中蛋白质分子作用力变化的重要研究对象。总体来说，上述的大部分假设近年来已经得到了试验的证实，但仍有一些疑问需要做进一步的研究和探讨。例如，蛋白质的有序二级结构的破坏程度及其影响因素（即有序二级结构能否完全丧失），蛋白质分子去折叠化、相对线性化以及各种有序结构向无序结构的转变过程、转变机理；蛋白质分子侧链之间的相互作用和聚合问题；小麦醇溶蛋白或麦谷蛋白的含量、物料水分、挤压温度、机械剪切力之间的相互匹配和优化问题；机械剪切力与喂料速度、挤压速度、挤压温度之间的相互关系问题；非二硫键对蛋白质纤维网络结构形成的影响和贡献度等。

挤压产品复杂的空间结构由氢键、疏水作用和二硫键等弱的相互作用形成，而各种作用的贡献度则跟挤压温度、水分含量、机械剪切力等工艺条件密切相关。有研究表明，无论是大豆分离蛋白、小麦谷朊蛋白还是花生蛋白，挤压温度与生成品中二硫键的含量显著负相关，而自由巯基含量与挤压温度显著正相关，与水分含量显著负相关。在低水分条件下，二硫键和疏水作用、氢键三者对挤压产品结构的维持都很重要；在高水分条件下，二硫键在维持产品结构的作用力方面不明显。机械剪切对二硫键的形成具有两种效应，一方面，使蛋白质分子之间的二硫键不断被破坏，从而降低了二硫键的含量；另一方面，也能导致大量蛋白质分子巯基基团暴露，从而增加与氧气发生化学反应的概率，进一步促进新的二硫键的形成。

总之，温度、水分、压力等物理条件的改变造成了蛋白质二级结构的破坏与重聚，其过程极其复杂多变，加上挤压机所具有的"黑箱"特点，不同研究者得到的试验结果和组织化机理分析存在着较大的差异。

（3）挤压工艺及系统参数研究

组织蛋白的挤压组织化过程是一个复杂的过程，其影响因素很多，主要可分为原料因素、挤压机因素和操作参数三种。原料因素包括原料组分构成、粒度等，挤压机因素包括螺杆构型和模头结构等，操作因素包括物料水分含量、喂料速度、螺杆转速、套筒温度等。国外有部分学者把挤压机因素和操作因素转化为物料温度和单位质量能耗，简化变量。蛋白质原料组成复杂，对产品特性要求不同，因而挤压组织化体系是一个多输入多输出的系统，很多指标综合评价方法也被应用于挤压工艺参数优化中，常用的有响应面法、神经网络模型、综合指数法、模糊综合评价法、主成分分析法等。

（4）纤维的形成

Knsella 描述了挤压螺杆中的组织化过程。在此过程中，球状蛋白和糊粉层多糖粒子吸水而散开，在挤压螺杆和模板的剪切场内出现了这些分子的直线排列和蛋白质外膜。热变性促使蛋白质基体成类似纤维状的构型，在热的蛋白质物体内部存在有游离水。结果当水分在挤压机模板处瞬间闪蒸时形成气泡，使产品具有由纤维和薄层外膜组成的多孔结构。

Huang 和 Rha 认为剪切对蛋白质聚合螺旋圈的切断和直线排列起重大作用。在螺杆和模板的剪切环境内能使分子直线排列，因为在小的模孔中常会发生较高的剪切率，就能得到较多的直线排列。Aguilera 等用 Wenger X-5 型挤压机，挤压含 25%水分的大豆粗粒，筒体温度 145℃，模板温度 120℃，当挤压螺杆一停止旋转，迅速卸下筒体和模板，沿着螺杆长向取下样品，放在电子显微镜下观察，研究组织化过程连续发展的现象，结果显示出混捏过程存在于螺杆的绝大部分长度上，直到螺杆的最末端处已升温为止。在螺杆末端处，蛋白质细胞被保护而定向呈纤维状，模板处压力的释放又创造新的表面和形成纤维。

对用一台挤压机进行工作和混捏蛋白质物料去创造 TVP 内纤维的必要性，在文献中是有些争论的。很明显，在挤压过程中，剪切场结合流动而使蛋白质分子直线排列，所以流动是一基本要素。

在非挤压过程中，则剪切力是在热的变性蛋白质粒子从压力环境中释放至大气中的膨胀过程中产生的。

在大豆蛋白的组织化中，必须了解食品成分中，蛋白质约占 50%，其余是碳水化合物（低麦糖和复合糖类），纤维和灰分。Smith 提出的观点是挤压机在使蛋白质变性的同时，也加热了碳水化合物。结果混合物在膨胀时，蛋白质母体内所含的纤维是由碳水化合物的片屑包埋而成，其最后结构被称为"Plaxiamillar"，同时也含有长宽比大于 1 的气囊，气囊的长度向是顺着挤压物流动方向的，当复水时，最后呈膨泡结构，具有组织性、黏性和煮肉的外观、天然状态。

针对植物蛋白组织化生产技术的工艺研究，国内外很多学者及挤压机厂商都已经做了大量工作，从上市产品来看也应该取得了很多成绩，但鲜有公开文献报道。

10.4.2 组织蛋白的品质评价

国内外对组织化蛋白的标准处于起步阶段，还没明确定义组织蛋白的标准。目前对组织蛋白的评价标准研究方法各不相同。Carrillo 等研究了鹰嘴豆的挤压组织化，以蛋白质的营养品质（如体外消化率和 PER 值）和吸水指数、水溶性指数及色差值等作为评价指标。Lin 等通过感官（硬度、黏性、弹性、咀嚼性等）结合电镜观察评价，对产品的组织结构做了分析。国家标准对非发酵性豆制品及面筋卫生标准规定如下，感官要求：具有本品种的正常香、色、味、不酸、不黏、无异味、无杂质、无霉变；理化指标：砷含量（以 As 计）≤0.5mg/kg，铅含量（以 Pb 计）≤1.0mg/kg；食品添加剂按照 GB 2760 规定进行测定；卫生指标（定型包装的产品）：细菌总数≤750 个/g，大肠菌群≤40MPN/100g，致病菌不得检出。膨化食品卫生标准如下，感官要求：具有该品种特有的正常色泽、气味和滋味，不得有异物、发霉、酸败及其他异味；理化指标：砷含量（以 As 计）≤0.5mg/kg，铅含量（以 Pb 计）≤0.5mg/kg；黄曲霉毒素 B_1≤5μg/kg，卫生指标：菌落总数≤10000CFU/g，大肠菌群≤90MPN/100g，致病菌不得检出。

（1）感官评价

相对于成果众多的组织化机理研究和挤压工艺研究，值得关注的是作为肉类替代品，组织蛋白与真正肉类的结构相似化程度及感官品质，仍然是制约消费者接受与否的关键要素。

针对低水分仿肉拉丝蛋白，主流评价方法除了感官评价和组织化度，借鉴肉制品的评价方法采取的嫩度，考虑低水分拉丝蛋白干燥后、复水后使用的商品特性而采用的产品密度、吸水率，考虑其功能性而采用的持水率、吸油率等。针对高水分仿肉拉丝蛋白，作为研究的热门，主流评价方法除了感官评价，研究更多的是质地分析和微观结构分析。

高水分和低水分仿肉拉丝蛋白的感官评价方法较为相似，因为拉丝蛋白本身的熟化程度非常高，一般都是直接针对未经调味调色的拉丝蛋白进行感官评价，常用指标一般可分为外观、风味和质地，其中质地指标一般占据最多权重比例。低水分和高水分组织蛋白参考评价方法如表 10-7、表 10-8 所示。

表 10-7　低水分拉丝蛋白胚感官评价标准

序号	分数	外观形态	组织状态	口感风味
1	1～3	很易分散，颜色很深	基本无纤维化结构	有异味，咬劲差
2	4～6	易分散，碎片状，颜色较深	较弱的纤维化结构	稍有异味，弹性差
3	7～9	质地不均匀，结构密实，颜色较浅	较明显的纤维化结构	基本无异味，较爽口
4	10	质地均匀，结构紧密，颜色较浅	纤维化结构明显	有香味，富有弹性

低水分拉丝蛋白胚感官评价方法：沿用前人方法，将样品放在 60℃的水中复水 50 min，在铁丝网上晾 5 min 后进行感官评价。选取 5 名对拉丝蛋白较为熟悉的食品专业人士或从业人员组成感官评价小组，从外观形态、组织状态、口感风味三个方面对样品进行感官评价。感官评分设计表见表 10-7，其中，外观形态、组织状态、口感风味的权重系数分别为 0.2、0.4、0.4，最高得分为 10。

表 10-8　高水分拉丝蛋白胚感官评价标准

序号	分数	色泽	平整性	口感	组织状态
1	1～3	颜色很深，较重焦黑现象	形状不规整不平整，表面很粗糙，毛刺很多	嚼劲很差	基本无纤维化结构，松散不成形

续表

序号	分数	色泽	平整性	口感	组织状态
2	4～6	颜色较深， 少量焦黑现象	表面较平整，毛刺较多	嚼劲 稍差	较弱的纤维化结构， 片状稍微成形
3	7～9	颜色较浅， 无焦黑现象	表面基本平整，毛刺较少	嚼劲 较好	较明显的纤维化结构， 结构紧密，成形较好
4	10	颜色明亮， 无焦黑现象	表面十分平整，无毛刺	嚼劲 明显	纤维化结构明显质地均匀， 结构紧实，成形方正

高水分拉丝蛋白胚感官评价方法：将样品制成 10cm×2.5cm×0.5cm 的长方体（A）和 2.5cm×2.5cm×0.5cm 的长方体（B）两种形态的样品，各准备 5 块。从色泽、平整性、口感和组织状态 4 个方面对样品进行感官评价，A 样品用于评价色泽和平整性，B 样品用于评价口感和组织状态。感官评分设计见表 3，其中色泽、平整性、口感、组织状态的比例系数分别为 0.1、0.1、0.4、0.4，各项评分范围为 1～10 分，最后计算综合得分。

（2）质构测定

一般来说，材料的力学性能取决于材料的化学成分和材料的微观结构，具有纤维排列结构的材料，在平行于纤维方向与垂直于纤维方向的力学性能普遍存在着显著的差别即存在各向异性，因此，拉丝蛋白的各向异性指数（anisotropy index，AI）或组织化度（texturization degree）一直被当作拉丝蛋白的纤维化程度的主流评价方法，如图 10-10～图 10-13 所示。组织化度最早由 Noguchi（1989）

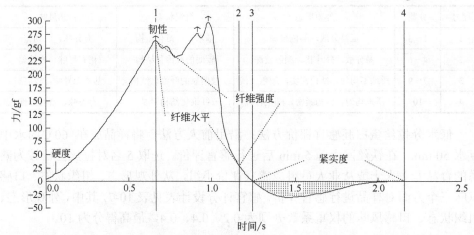

图 10-10 复水后组织蛋白剪切试验图

（1gf=9.80665×10⁻³N）

硬度（hardness）—15gf 起始至 5s 的剪切力值，反映样品的硬度，gf；

韧性（toughness）—第一个破裂峰强度，越大相对越韧，gf；

纤维强度—50gf 的距离，越小反映样品的纤维强越大，mm；

紧实度（firmness）—曲线上的负峰值面积反映样品的紧实度或纤维强度，gf·s

提出，使用纵向拉伸力与横向拉伸力的比值（FL/FV）来表示挤压组织化产品纤维化结构的形成程度，王洪武、李里特等都采用同样的方法来表示挤压组织化蛋白产品中的纤维化强度。之后，王丙虎参照此方法，以横向和纵向的剪切力比值来表示高水分拉丝蛋白的组织化程度。另外一个评价拉丝蛋白的主流评价方法是食品质地分析方法，如质地剖面分析（texture profile analysis，TPA），或以质构仪的质地剖面分析模式为主，辅以感官评价指标（硬度、分层性、弹性、咀嚼性等），缺点在于无法描述纤维化形成程度。但根据大多数文献报道，这几种方法得到的指标均无法准确地与植物蛋白挤出制品的纤维化程度相对应，或者与感官分析结果之间存在着较大的偏离。

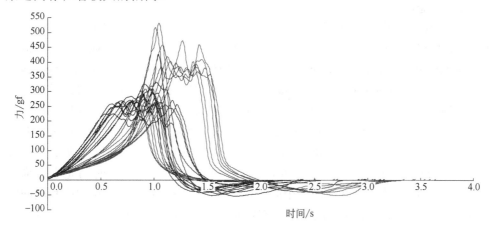

图 10-11　多种低水分组织蛋白剪切试验结果

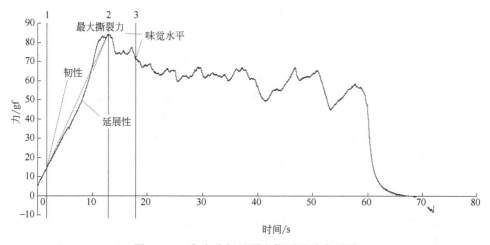

图 10-12　高水分组织蛋白撕裂试验典型图

韧性（toughness）—15gf 到最大峰值的梯度，值越大样品韧性越强，gf/s；

延展性（extensibility）—15gf 起始至第一个破裂峰的距离，反映样品的延展性，mm；

最大撕裂力（tear force）—曲线上最大峰值反映样品的最大撕裂力，gf；

线性位移（linear distance）—曲线上最大峰值至往前 5s 的线性位移，反应口感层次性，gf·s

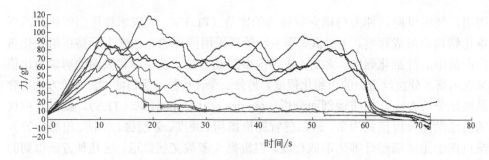

图 10-13　多种高水分组织蛋白撕裂试验结果分布图

（3）其他方法

针对微观结构观察法和质构分析法存在测试前样品需要破坏性预处理、分析时间长以及分析过程烦琐等弊端，近年来一些其他新技术包括荧光偏振技术（fluor-escence polarization spectroscopy）、图像处理技术（image-processing technology）、光子迁移技术（photon migration method）、实时光学扫描技术等也得到了快速发展。Yao 等发明了用荧光偏振光技术测定高水分拉丝蛋白的组织化度。Ranasinghesagara 等发明了相关性更高、可以自动定量分析高水分拉丝蛋白的纤维化程度的图像处理技术。Ranasinghesagara 等发明了无损、瞬时检测高水分拉丝蛋白纤维化度的光子迁移法。Ranasinghesagara 等加入了实时的光学扫描系统，实现了扫描模拟肉产品的整个面积，从而可得到产品中纤维化程度和取向的直观二维图。近年来的新方法基本上都得到了产品中纤维化程度和取向的直观二维图，但与质地剖面分析及组织化度相比，依旧存在着标准化程度低、定义模糊、操作复杂、成本昂贵等缺点，目前仍然无法成为评价挤压组织化产品特性的主流方法。

因为统一的标准难以达成，学者们逐渐转向努力构建针对特定产品的标准。低水分拉丝蛋白，目前主要用途是复水后作为肉制品的添加物，因而主要采用颜色、膨化系数（包括径向、轴向和体积膨化率）、容积密度（bulk density）、水溶性指数（WSI）、吸水性指数（WAI）、质构和机械特性（包括硬度、脆度、断裂强度、剪切力、抗拉伸力等）、持水性、吸油率等来评价；高水分拉丝蛋白，主要被用于制作能代替肉类的仿肉类食品，因此主流评价指标为颜色、TPA（包括硬度、弹性、黏着性、内聚性、咀嚼度等）、机械特性（剪切力、抗拉伸力等）、组织化度等。

目前国内外对蛋白组织化程度的定量评价方法和完善的仿肉类组织蛋白感官评价体系一直都没有被建立起来。究其原因可能是组织蛋白产品质量各个指标之间相关性强，原料组成复杂，对产品特性要求不同，研究者对评价指标和评价方法各取所需，没有统一的衡量标准，限制了该类产品大规模工业化生产的发展，很大程度上也影响了植物蛋白精深加工的发展，尤其是高附加值食品和工业产品的开发。

10.4.3　高、低水分挤压组织化蛋白品质对比研究

（1）感官评价

高、低水分挤压组织化蛋白是两种不同状态的产品，郑邵珊等采用中试规模的挤压机，以谷蛋白粉和脱脂豆粕搭配制备复合组织化蛋白，以质构特性（组织化度、TPA 指标）和感官评分作为评价指标，研究挤压组织化蛋白的品质间的关系。从感官指标上对低水分产品复水样与高水分产品进行对比分析，表 10-9 为感官评价数据结果。

表 10-9　不同水分含量的组织化蛋白产品感官评价数据

序号	物料含水量	外观形态	组织状态	口感风味	评分
1	20%	3	2	3	2.6
2	25%	5	5	5	5.0
3	30%	6	7	6	6.5
4	35%	8	8	9	8.4
5	40%	8	9	9	8.8
6	45%	8	10	8	8.8
7	50%	8	9	8	8.4
8	55%	8	10	8	8.8
9	60%	8	9	9	8.8
10	65%	10	8	7	8.0

表 10-9 结果显示，物料含水率较低时，挤压过程不易顺利进行，产品组织化程度较低，外观、口感均较差，产品品质较差。水分含量由 20%升至 30%，产品的外观、组织化程度渐渐改善，水分含量由 30%增至 35%时，挤压产品的感官评价各项得分明显提高；水分含量由 40%升至 60%，产品感官评价各项得分均较高，变化不大，具有较好的外观和口感，组织化程度高。低水分产品表现为，复水时水溶物越来越少，高水分产品表现为外观越来越光滑整洁；产品的组织化程度和口感在数值上均表现为先增大后减小的趋势，直观表现为低水分产品纤维丝短粗，弹性好，嚼劲差，高水分产品纤维丝细长韧性强，耐咀嚼。总体而言，高水分组织化产品各项感官指标普遍比低水分产品好。

（2）高、低水分挤压组织化蛋白物性研究

低水分产品复水样与高水分产品的物性特性数据结果如表 10-10 所示。

表 10-10　不同水分含量的组织化蛋白物性参数分析

样品	硬度 /kg	黏着性 /（gf/s）	回复性 /%	内聚性 /%	弹性 /%	胶黏性 /×10³	咀嚼性 /×10³	组织化度
20%	2.61±0.31	−0.77±0.01	40.71±5.15	0.70±0.00	93.31±4.45	1.83±0.07	1.70±0.31	0.76±0.26

续表

样品	硬度 /kg	黏着性 /（gf/s）	回复性 /%	内聚性	弹性 /%	胶黏性 /×10³	咀嚼性 /×10³	组织化度
25%	1.89±0.51	−0.96±0.03	41.36±2.71	0.78±0.00	94.96±3.17	1.46±0.13	1.38±0.21	0.87±0.31
30%	1.41±0.46	−1.50±0.03	36.22±0.01	0.77±0.00	111.84±4.89	1.11±0.08	1.34±0.33	1.12±0.48
35%	1.65±0.08	−1.72±0.06	33.36±1.51	0.74±0.02	93.70±2.05	1.22±0.05	1.14±0.02	1.20±0.371
40%	1.61±0.121	0.07±0.02	47.20±0.01	0.86±0.01	102.81±1.55	1.38±0.11	1.42±0.17	1.89±0.16
45%	7.12±0.30	−11.29±0.21	52.07±4.47	0.85±0.01	90.93±1.11	6.15±0.03	5.62±0.23	1.31±0.01
50%	6.92±0.31	−45.19±0.33	50.32±2.16	0.87±0.01	86.29±0.62	6.01±0.21	5.19±0.11	1.78±0.43
55%	7.51±0.26	−16.60±0.51	53.78±3.17	0.88±0.01	89.61±1.49	6.64±0.16	5.94±0.28	1.80±0.13
60%	7.38±0.53	−40.64±0.28	48.39±0.01	0.85±0.02	85.19±4.21	6.25±0.04	5.34±0.51	2.07±0.27
65%	6.69±0.21	−101.02±0.37	46.59±1.12	0.88±0.00	70.08±386	5.85±0.18	4.05±0.13	1.77±0.21

　　从表 10-10 可以看出，产品的硬度、胶黏性和咀嚼度的变化规律一致，表现为两极分化的趋势，低水分产品间，硬度、胶黏性和咀嚼度差异不显著；高水分挤压组织化蛋白产品间硬度、胶黏性和咀嚼度差异也不显著，但是高、水分挤压组织化蛋白产品间存在着显著性的差异，高水分产品普遍较低水分产品的数值高；黏着性和弹性的变化规律一致，随着水分含量的增加而降低；回复性和内聚性的变化规律一致，高水分产品普遍较低水分产品的数值高。低水分产品形式主要是膨化型，产品疏松多孔，复水后弹性好，口感较为绵软，嫩度好，而耐咀嚼性相对较差，由于复水造成低水分产品表面浮纹脱落，以及表面水分的润滑作用，产品黏着性较小；而高水分产品结构致密，弹性差，产品嫩度差，而咀嚼性强，口感类似于牛肉干等。组织化度随水分含量的增加差异显著，高湿产品组织化程度普遍比低水分产品高。

（3）高、低水分挤压组织化蛋白组织化结构研究

　　从宏观和微观两方面进行对比分析，低水分、高水分产品的组织化程度有着明显的差别，结果分别见图 10-14、图 10-15。

(a) 低水分复水产品　　　　　　　　　　　　　　(b) 高水分产品

图 10-14　高、低水分挤压组织化蛋白产品宏观结构

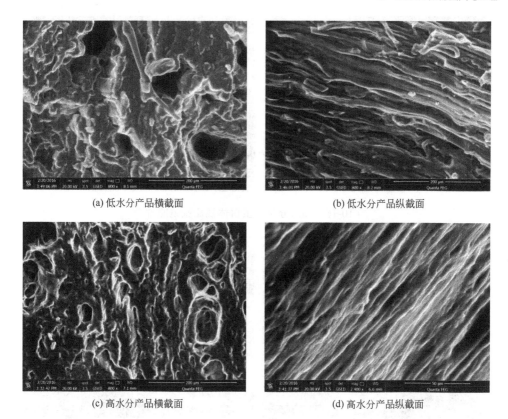

(a) 低水分产品横截面　　　　　　　　(b) 低水分产品纵截面

(c) 高水分产品横截面　　　　　　　　(d) 高水分产品纵截面

图 10-15　高、低水分挤压组织化蛋白产品微观结构

　　图 10-14 和图 10-15 分别为高、低水分挤压组织化蛋白产品宏观和微观结构图，其中图 10-15（a）和图 10-15（b）为低水分产品复水样下的微观结构图，图 10-15（c）和图 10-15（d）为高湿挤压样品直接测定。由宏观图可知，低水分挤压组织化蛋白纤维丝较粗，高水分挤压产品纤维丝细腻丰富。通过扫描电镜观察高、低水分挤压组织化蛋白的微观结构。由横截面图 10-15（a）和图 10-15（c）可看出低水分产品结构松散，纤维丝略乱，高湿产品结构密实，纤维排列整齐。由纵截面图 10-15（b）和图 10-15（d）可看出明显的片层和纤维拉伸状结构，两种挤压组织化蛋白产品的微观结构均定向取向，形成纤维化结构，然而高水分挤压组织化蛋白产品纤维化程度更强，纤维丝更为细腻丰富，层状结构整齐规律，组织结构更好。

　　由图 10-16，图 10-17 可看出高湿拉丝蛋白普遍结构密实，纤维化程度差别也较大，分层现象明显，纤维排列整齐。由纵截面图可看出明显的片层和纤维拉伸状结构，两种拉丝蛋白产品的微观结构均有明显的定向取向，形成了纤维化结构，高水分拉丝蛋白普遍纤维化程度更高，纤维丝更细腻丰富，层状结构更加整齐规律。

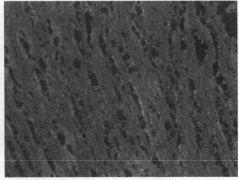

图 10-16　高水分拉丝蛋白体视显微镜照片

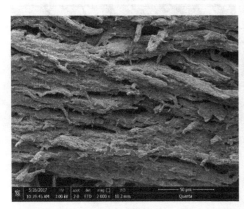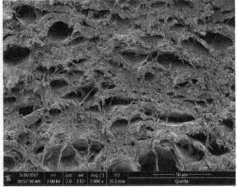

图 10-17　高水分拉丝蛋白冻干扫描电镜图片

参考文献

［1］McAnelly J K. Method for producing a soybean protein products and the resulting product：US3142571［P］. 1964-07-28.

［2］薛晓程. 谷朊粉原浆流变特性及制备组织化蛋白工艺和品质研究［D］. 郑州：河南工业大学，2018.

［3］Ahdogan H. High moisture food extrusion［J］. International Journal of Food Science and Technology，1999，34（3）：195-207.

［4］李里特. 食品物性学［M］. 北京：中国农业出版社，2001.

［5］Lin S，Huff H E，Hsieh F. Texture and chemical of soy protein meat analog extruded at high moisture［J］. Journal of Food Science，2000，65（2）：264-269.

［6］Sun Y，Muthukumarappan K. Changes in functionality of soy based extrudates during single-screw extrusion processing［J］. International Journal of Food Properties，2002，5（2）：379-389.

［7］贾旭. 小麦谷朊粉在大豆蛋白挤压组织化中的应用研究［D］. 郑州：河南工业大学，2010.

［8］郑绍珊. 谷朊粉特性及其挤压组织化蛋白品质优化研究［D］. 郑州：河南工业大学，2016.

［9］张氽. 花生蛋白挤压组织化技术及其机理研究［D］. 杨凌：西北农林科技大学，2007.

［10］康立宁. 大豆蛋白挤压组织化技术和机理研究［D］. 杨凌：西北农林科技大学，2007.

［11］Carrillo J M，Moreno C R，Hernandez IL C，et al. Optimisation of extrusion Process to transform hardened chickpeas（*Cicer Arietin* L）into a useful product［J］. Journal of the Science of Food and Agriculture，2002，82：1718-1728.

［12］豆洪启. 挤压膨化大豆工艺及其品质的研究［D］. 郑州：河南工业大学，2013.

［13］Barrows F T，Stone D A J，Hardy R W. The effects of extrusion conditions on the nutritional value of soybean meal for rainbow trout（*Oncorhynchus mykiss*）［J］. Science Direct，2007，1-4（265）：244-252.

［14］Riaz M N. Expander and Extruder in Pet Food，Aquatic and Livestock Feeds［M］. Clenze：AgruMedia GmbH，2007.

［15］Sajid A. Extrusion Processing：Technology and Commercialization Short Course［D］. Manhattan：Kansas State University，2012.

［16］Khatkar B S，Barak S，Mudgil D. Effects of gliadin addition on the rheological，microscopic and thermal characteristics of wheat gluten［J］. International Journal of Biological Macromolecules，2013，53：38-41.

［17］Krintiras G A，Diaz J G，van der Goot A J，et al. On the use of the couette cell technology for large scale production of textured soy-based meat replacers［J］. Journal of Food Engineering，2016，169：205-213.

［18］Rasheeda F，Hedenqvistb M S，Kuktaitea R，et al. Chemistry of gluten proteins［J］. Food Microbiol，2007，24：115-119.

［19］Ranasinghesagara J，Hsieh F，Yao G. A photon migration method for characterizing fiber formation in meat analogs［J］. Journal of Food Science，2006，71（5）：227-231.

［20］Stanley D W，Deman J M. Structural and mechanical properties of textured proteins［J］. Journal of Texture Studies，2007，9（1-2）：59-76.

［21］孙照勇. 植物蛋白复合挤压组织化特性研究［D］. 北京：中国农业科学院，2009.

［22］王洪武，周建国，林炳鉴. 双螺杆挤压机工艺参数对组织蛋白的影响［J］. 中国粮油学报，2001，16（2）：54-58.

［23］魏益民，康立宁，张氽. 食品挤压理论与技术（中卷）［M］. 北京：中国轻工业出版社，2009.

［24］徐添. 谷朊粉挤压改性制备小麦组织蛋白的工艺和应用研究［D］. 合肥：合肥工业大学，2013.

［25］Yao G，Liu K S，Hsieh F. A new method for characterizing fiber formation in meat analogs during high moisture extrusion［J］. Journal of Food Science，2004，69（7）：303-307.

［26］张丙虎. 小麦谷朊粉挤压组织化特性研究［D］. 北京：中国农业科学院，2010.

［27］郑建梅. 谷朊粉挤压组织化技术及产品结构研究［D］. 杨凌：西北农林科技大学，2012.

［28］钟昔阳，姜绍通，等. 谷朊粉麦醇溶蛋白与麦谷蛋白基本性质研究［J］. 食品科学，2009，20（23）：47-51.

［29］Dekkers B L，Emin M A，Boom R M，et al. The phase properties of soy protein and wheat gluten in a blend for fibrous structure formation［J］. Food Hydrocolloids，2018，79：273-281.

［30］薛晓程，李兴奎，安红周，等. 谷朊粉原料特性与挤压组织化蛋白品质关系的研究［J］. 河南工业

大学学报（自然科学版），2017（04）：29-34.

[31] Dekkers B L，Boom R M，Jan van der Goot A. Structuring processes for meat analogues [J]. Trends in Food Science & Technology，2018，81:25-36.

[32] Gwiazda S，Noguchi A，Saio K. Microstructural studies of texturized vegetable protein products：Effects of oil addition and transformation of raw materials in various sections of a twin screw extruder [J]. Food Microstructure，1987，6：57-61.

[33] Cheftel J C，Kitagawa M，Quéguiner C. New protein texturization processes by extrusion cooking at high moisture levels [J]. Food Reviews International，1992，8（2）：235-275.

[34] LinS，Huff H E，Hsieh F. Extrusion process parameters，sensory characteristics，and structural properties of a high moisture soy protein meat analog [J]. Journal of Food Science，2002，67（3）：1066-1072.

[35] GB/T 5009.51—2003. 非发酵豆制品及面筋卫生标准的分析方法 [S].

[36] 康立宁. 大豆蛋白高水分挤压组织化技术和机理研究 [D]. 杨凌：西北农林科技大学，2007.

[37] Lin S，Huff H E，Hsieh F. Texture and chemical characteristics of soy protein meat analog extruded at high moisture [J]. Journal of Food Science，2000，65（2）：264-269.

[38] Lin S，Huff H E，Hsieh F. Extrusion process parameters sensory characteristics and structural properties of a high moisture soy protein meat analog [J]. Journal of Food Science，2002，67（3）：1066-1072.

[39] Yao G，Liu K S，Hsieh F. A new method for characterizing fiber formation in meat analogs during high moisture extrusion [J]. Journal of Food Science，2004，69（7）：303-307.

[40] Ranasinghesagara J，Hsieh F，Yao G. An image processing method for quantifying fiber formation in meat analogs under high moisture extrusion [J]. Journal of Food Science，2005，70（8）：450-454.

[41] 陈锋亮，魏益民，姚刚，等. 高水分挤压组织化蛋白纤维取向度光学评价方法研究 [J]. 中国粮油学报，2014，29（1）：66-71.

[42] Ranasinghesagara J，Hsieh F，Yao G. A photon migration method for characterizing fiber formation in meat analogs [J]. Journal of Food Science，2006，71（5）：227-231.

[43] Grabowska K J，Tekidou S，Boom R M，et al. Shear structuring as a new method to make anisotropic structures from soy–gluten blends [J]. Food Research International，2014，64：743-751.

[44] Dekkers B L，Nikiforidis C V，van der Goot A J. Shear-induced fibrous structure formation from a pectin/SPI blend [J]. Innovative Food Science and Emerging Technologies，2016，36：193-200.

[45] Krintiras G A，Göbel J，Bouwman W G，et al. On characterization of anisotropic plant protein structures [J]. Food & Function，2014，5：3233-3240.

[46] Krintiras G A，Göbel J，van der Goot A J，et al. Production of structured soy-based meat analogues using simple shear and heat in a Couette Cell [J]. Journal of Food Engineering，2015，160：34-41.

[47] Krintiras G A，Diaz J G，van der Goot A J，et al. On the use of the couette cell technology for large scale production of textured soy-based meat replacers [J]. Journal of Food Engineering，2016，161：205-213.

[48] 徐献忠，刘大全，刘雯雯. 食品质感性能的主客观评价技术分析[J]. 食品安全质量检测学报，2016，3：1095-1101.

［49］陈树鹏. 小麦谷朊蛋白挤压组织化形成机理及定量表征［D］. 郑州：郑州大学. 2018.

［50］孙志欣，于国萍，朱秀清，等. 高湿挤压技术生产组织化大豆蛋白工艺的优化研究［J］. 大豆科技，2009（03）：44-48.

［51］刘明，蒋华彬，刘艳香，等. 复配蛋白对小麦蛋白挤压组织化产品特性的影响［J］. 粮油食品科技，2018，26（06）：1-6.

［52］洪滨，解铁民，高扬，等. 原料体系对高水分组织蛋白纤维化结构的影响［J］. 中国粮油学报，2016，31（02）：23-27.

［53］Burgess LD，Stanley D W. A possible mechanism for thermal texturization of soybean protein［J］. Canadian Institute of Food Science & Technology Journal，1976，9（4）：228-231.

［54］Kinsella J E，Texturized proteins: fabrication，flavoring，and nutrition［J］. CRC critical reviews in food science and nutrition，1978，10（2）：147-207.

［55］Huang F F，Rha C. Protein structures and protein fibers—a review［J］. Polymer Engineering & Science，1974，14（2）：81-91.

［56］Aguilera J M，Kosikowski F V. Ultrastructural changes occurring during thermoplastic extrusion of soybean grits［J］. Journal of Food science，1976，41（5）：1209-1213.

［57］Smith O B. History and status of specific protein-rich foods. Extrusion-processed cereal foods［C］. //Milner M. Protein-enriched cereal foods for world needs. Assoc Cereal Chem，1969：140.